EUL VERLAG

EINZELSCHRIFTEN

Thomas Schiffer
Untersuchung der Segmentberichterstattung nach IFRS 8 von deutschen Unternehmen und Überarbeitungsnotwendigkeiten aus Investorsicht
Lohmar – Köln 2015 ♦ 260 S. ♦ € 57,- (D) ♦ ISBN 978-3-8441-0399-1

Niclas Rüffer
The Allocation of Innovation Promotion Programs – An Empirical Analysis
Lohmar – Köln 2015 ♦ 316 S. ♦ € 62,- (D) ♦ ISBN 978-3-8441-0405-9

Heidi Hoffmann
Krisenmanagement in Wirtschaftsunternehmen – Eine empirische Untersuchung zur Übertragbarkeit der Erkenntnisse der High-Reliability-Forschung
Lohmar – Köln 2015 ♦ 188 S. ♦ € 48,- (D) ♦ ISBN 978-3-8441-0408-0

David Thomas
Gestaltung effizienter BI-Prozesse in informationsintensiven Dienstleistungsunternehmen – Ein informationslogistischer Ansatz zur Auswahl einer effizienten Prozessvariante
Lohmar – Köln 2015 ♦ 468 S. ♦ € 69,- (D) ♦ ISBN 978-3-8441-0410-3

Christoph Siepermann
Logistikkostenrechnung auf Basis von Prozeßteilkosten – Konzeption und Fallbeispiel
2., vollständig überarbeitete und erweiterte Auflage
Lohmar – Köln 2015 ♦ 92 S. ♦ € 38,- (D) ♦ ISBN 978-3-8441-0412-7

Meike Knop
Urlaub im Kloster – Eine empirische Analyse der Übernachtungs- und Kursangebote deutscher Klöster
Lohmar – Köln 2015 ♦ 424 S. ♦ € 67,- (D) ♦ ISBN 978-3-8441-0413-4

Frank-Benjamin Heim
Erfolgsfaktoren für Internal Corporate Venturing in Großunternehmen – Eine empirische Analyse
Lohmar – Köln 2015 ♦ 444 S. ♦ € 68,- (D) ♦ ISBN 978-3-8441-0419-6

JOSEF EUL VERLAG

Dr. Frank-Benjamin Heim

Erfolgsfaktoren für Internal Corporate Venturing in Großunternehmen

Eine empirische Analyse

EUL VERLAG

Bibliografische Information der Deutschen Nationalbibliothek

Die Deutsche Nationalbibliothek verzeichnet diese Publikation in der Deutschen Nationalbibliografie; detaillierte bibliografische Daten sind im Internet über <http://dnb.d-nb.de> abrufbar.

Dissertation, Bergische Universität Wuppertal, 2015

ISBN 978-3-8441-0419-6
1. Auflage September 2015

JOSEF EUL VERLAG GmbH
Brandsberg 6
53797 Lohmar
Tel.: 0 22 05 / 90 10 6-6
Fax: 0 22 05 / 90 10 6-88
E-Mail: info@eul-verlag.de
http://www.eul-verlag.de

Bei der Herstellung unserer Bücher möchten wir die Umwelt schonen. Dieses Buch ist daher auf säurefreiem, 100% chlorfrei gebleichtem, alterungsbeständigem Papier nach DIN 6738 gedruckt.

Vorwort

Die vorliegende Arbeit wurde im September 2014 von der Schumpeter School of Business and Economics der Bergischen Universität Wuppertal als Dissertation angenommen. Sie entstand im Rahmen meiner externen Promotion am dortigen Lehrstuhl für Unternehmensgründung und Wirtschaftsentwicklung & UNESCO-Lehrstuhl für Entrepreneurship und Interkulturelles Management. Die nachfolgenden Zeilen dienen der Danksagung an all jene, die in besonderer Weise zum Gelingen dieser Dissertation beigetragen haben.

Zunächst danke ich meiner Doktormutter, Frau Professor Dr. Christine Volkmann, welche mir als Diskussionspartnerin stets wertvolle Denkanstöße gab und mir den notwendigen Freiraum bei der Verfolgung meines Forschungsvorhabens ließ. Zudem danke ich Herrn Professor Dr. Gerhard Arminger für seine konstruktiven Hinweise zum empirischen Teil und für die Erstellung des Zweitgutachtens. Darüer hinaus bin ich meinem Kollegen und Freund Herrn Dr. Florian Mes zu Dank verpflichtet, der mir bei der Definition des Forschungsrahmens wichtige Impulse gab.

Des Weiteren Danke ich meinem Arbeitgeber, der goetzpartners MANAGEMENT CONSULTANTS GmbH, für die Möglichkeit der uneingeschränkten Konzentration auf diese Arbeit durch regelmäßige Freistellungen. Auch danke ich allen Studienteilnehmern für ihre Zeit und Offenheit beim Ausfüllen meines Fragebogens und das damit mir entgegengebrachte Vertrauen.

Schließlich Danke ich meiner Verlobten, Frau Anna-Melina Würfel, M.A., welche mir in dieser nicht immer leichten Zeit stets verständnisvoll, geduldig und unterstützend zur Seite stand. Ganz besonderer Dank jedoch gebührt meinen Eltern, Frau Ursula Krügel-Heim und Herrn Dipl. Ing. Werner Heim, welche mir im Leben alle Möglichkeiten gaben und damit den Grundstein für diese Promotion legten. Ihnen widme ich diese Arbeit.

München, im August 2015 Frank-Benjamin Heim

Inhaltsverzeichnis

Abbildungsverzeichnis

Tabellenverzeichnis

Die Abbildungen und Tabellen stehen auch digital unter dem Link
http://www.eul-verlag.de/pdf-wz/9783844104196_Grafiken.zip
zum Download bereit.

Abkürzungsverzeichnis

α	Chronbachs Alpha
Anm. d. Verf.	Anmerkungen des Verfassers
β	standardisierter Regressionskoeffizient (BETA-Wert)
b	nicht-standardisierter Regressionskoeffizient
bspw.	beispielsweise
bzw.	beziehungsweise
ca.	circa
CAGR	Compound Annual Growth Rate | durchschnittliche jährliche Wachstumsrate
CE	Corporate Entrepreneurship
CEO	Chief Executive Officer
CFO	Chief Financial Officer
CIO	Chief Innovation Officer
CTO	Chief Technology Officer
CP	Corporate Parent | Mutterunternehmen
CV	Corporate Venturing
CVC	Corporate Venture Capital
d.h.	das heißt
€	Euro
ECV	External Corporate Venturing
Eds.	Editors | Herausgeber
EO	Entrepreneurial Orientation
et. al.	und andere
etc.	et cetera
EVA	Economic Value Added
EVM	Externes Venture Management
f.	folgende
ff.	fortfolgende
F&E	Forschung und Entwicklung
ggf.	gegebenenfalls

Jg.	Jahrgang
H	Hypothese
Hrsg.	Herausgeber
ICV	Internal Corporate Venturing
i. d. R.	in der Regel
i. e. S.	im engeren Sinne
i. w. S.	im weiteren Sinne
IP	Intellectual Property | geistiges Eigentum
IPO	Initial Public Offering | Börseneinführung
IRR	Internal Rate of Return
IVM	Internes Venture Management
kum.	kumuliert
LBO	Leveraged Buy-out
LP	Limited Partnership
M&A	Mergers & Acquisitions
MA	Massachusetts
Max.	Maximum
MBI	Management Buy-in
MBO	Management Buy-out
MbO	Management by Objectives
Min.	Minimum
Mio.	Millionen
Mrd.	Milliarden
N	Stichprobengröße
n/a	Daten nicht verfügbar
NIÖ	Neue Institutionenökonomik
No.	Number
Nr.	Nummer
NVD	New Venture Division

p	Signifikanzniveau
PU	Portfoliounternehmen
ρ	Rangkorrelationskoeffizient Spearman's Roh
r	bivariater Bravais-Pearson-Korrelationskoeffizient
R^2	Bestimmtheitsmaß
R^2_{korr}	korrigiertes Bestimmtheitsmaß
R&D	Research and Development | Forschung und Entwicklung
ROCE	Return on Capital Employed
ROI	Return on Investment
ROS	Return on Sales | Umsatzrendite
Σ	Summe
σ	Standardabweichung
S.	Seite
sog.	sogenannt
τ	Rangkorrelationskoeffizient Kendall's Tau
TKA	Transaktionskostentheorie / Transaktionskostenansatz
u.	und
u. a.	unter anderem
US$	US-Dollar
USA	United States of America | Vereinigte Staaten von Amerika
usw.	und so weiter
VC	Venture Capital
VCG	Venture Capital Gesellschaft
VE	Venture-Einheit
vgl.	vergleiche
VM	Venture Management
Vol.	Volume
vs.	Versus | gegen
VU	Venture-Unterstützungsfunktion

$\bar{x}$	arithmetisches Mittel
$\tilde{x}$	Median
z. B.	zum Beispiel
zit.	zitiert
zugl.	zugleich
zzgl.	zuzüglich
~	ungefähr
+	schwachsignifikant auf Signifikanzniveau $p \leq 0{,}10$
*	signifikant auf Signifikanzniveau $p \leq 0{,}05$
**	hochsignifikant auf Signifikanzniveau $p \leq 0{,}01$

1 Einleitung

1.1 Ausgangssituation

Heutige Großunternehmen[1] stehen in einem immer dynamischeren, durch Diskontinuitäten und Strukturbrüche gekennzeichneten marktlichen und technologischen Umfeld sowie globalen Wettbewerb. Niedrigere Kosten, höhere Qualität, zusätzliche Produkteigenschaften, größere Auswahl oder besserer Kundenservice werden schnell vom Wettbewerb adaptiert und bilden kein dauerhaftes Alleinstellungsmerkmal mehr. Großunternehmen müssen sich in einem sich verschärfenden und beschleunigenden Innovationswettbewerb[2] behaupten, denn „innovation and an ability to continually redefine the competitive playing field are among the skills that define corporate performance in the global economy of the twenty-first century”[3]. Um überlebensfähig zu bleiben, sind die Unternehmen gezwungen, flexibel auf Umweltveränderungen zu reagieren und die damit einhergehenden Chancen für Neugeschäft proaktiv zu ergreifen.[4] Hierzu müssen sich die Unternehmen ständig neu erfinden, um in innovativer Weise nachhaltige Wettbewerbsvorteile am Markt zu generieren.[5] Auch ist es für Unternehmen von hoher strategischer Bedeutung, die Marktchancen von neuen technologischen Potenzialen und vor allem deren mögliche Substitutionswirkung richtig zu prognostizieren.[6] Daher steht das Thema „Innovation“ nicht nur in den High-Tech-, sondern auch in den sog. Low-Tech-Industrien ganz oben auf der Agenda der Unternehmen. Innovationen sind „the only lasting competitive advantage”[7], da sie die Basis für neue und nachhaltige Produkt-Markt-Felder als auch Kosten- und Differenzierungspotenziale gegenüber dem Wettbewerb bilden. Hierbei kommt radikalen bzw. disruptiven Innovationen eine besondere Bedeutung zu, da diese völlig neue Märkte schaffen und/oder die Wettbewerbssituation einer Branche grundlegend verändern.[8] „Firms failing to invest in radical or breakthrough innovation may achieve a certain degree of success, but limit their growth potential and put their longterm survival at risk [...]. Conversely by being first to recognize and exploit opportunities for radical innovation, firms

[1] Großunternehmen sind nach der Kommission der Europäischen Gemeinschaften (2003) Unternehmen, die mehr als 250 Personen beschäftigen und die entweder einen Jahresumsatz von mehr als 50 Mio. € erzielen oder deren Jahresbilanzsumme sich auf mehr als 43 Mio. € beläuft (vgl. Artikel 2 des Anhangs zur Empfehlung 2003/361/EG – Empfehlung der Kommission vom 6. Mai 2003 betreffend die Definition der Kleinstunternehmen sowie der kleinen und mittleren Unternehmen – Amtsblatt der Europäischen Union Nr. L 124/36 vom 20. Mai 2003 – Bekannt gegeben unter Aktenzeichen K(2003) 1422).

[2] Unter Innovationswettbewerb wird „der wirtschaftliche Leistungswettstreit zwischen Wirtschaftssubjekten am Markt auf der Grundlage des Hervorbringens und der Diffusuion von Innovationen“ verstanden (Gabler 1997, S. 1912).

[3] Kuratko et al. 2011, S. 9.

[4] Vgl. Gerpott 1999a, S. 291.

[5] Vgl. Kuratko et al. 2011, S. 8.

[6] Vgl. Pfeiffer 1999, S. 421.

[7] Välikangas 2003, S. 64.

[8] Vgl. Gerpott 1999b, S. 40.

can control the direction of the market to their benefit, gaining competitive advantage while placing pressure on its rivals […].“[9]

Allerdings unterliegen Großunternehmen aufgrund ihrer bürokratischen und verkrusteten Strukturen, Prozesse und (Management-)Systeme einer hohen Innovationsträgheit.[10] „Radical changes are likely to be rejected and minor ones ignored.“[11] Darüber hinaus hemmen Routinen, Ressourcenverteilungskämpfe und Risikoüberlegungen die frühen Phasen des Innovationsprozesses – dies gilt insbesondere für radikale bzw. disruptive Innovationen.[12] Unternehmerisches Denken und Handeln wird behindert und die Hervorbringung sowie Durchsetzung von Innovationen erschwert.[13]

Das Corporate Entrepreneurship in der Manifestation[14] des Corporate Venturing und im Besonderen des Internal Corporate Venturing bildet vor diesem Hintergrund eine Möglichkeit, die erlahmende Innovationskraft von Großunternehmen zu revitalisieren und verkrustete Strukturen aufzubrechen.[15] Hierbei werden neue Geschäftseinheiten in Form (teil-)autonomer Organisationseinheiten innerhalb der Grenzen von Großunternehmen auf Basis von Innovationen aufgebaut.[16] Ausgestattet „with a mandate to innovate“[17] sind diese mit der Hervorbringung von Innovationen betraut und besitzen die Freiheit, in einer unternehmerischen Art und Weise abgegrenzt vom übrigen Unternehmen zu agieren.[18] Ziel ist die Trennung der Innovationsaktivitäten von den Beschränkungen und Routinen des operativen Geschäfts und damit die Trennung des innovativen vom operativen System.[19] In diesem Zusammenhang kann Internal Corporate Venturing als Führungskonzept für die Hervorbringung von Innovationen verstanden werden, welches die Organisationsebene in Form des internen Venture Managements mit der Personalebene in Form des Intrapreneuring verbindet und einen wesentlichen Beitrag zur Unternehmensentwicklung leistet.[20] Ziel ist die Kombination der Vorteile der bürokratisch-rationalen Strukturen der Großunternehmen mit den Vorteilen der individuell-flexiblen Strukturen von jungen Wachstumsunternehmen.[21] Während Großunternehmen über bewährte Strukturen, Prozesse, (Management-)Systeme sowie umfangreiche und

[9] D. J. Kelley et al. 2005, S. 24.
[10] Vgl. C. W. L. Hill & Rothaermel 2003, S. 257.
[11] Goldenberg et al. 2001, S. 78.
[12] Vgl. Fast 1979, S. 271; Siemer 1991, S. 116; Saly 2001, S. 132; Haid 2004, S. 102 u. 263; Elfring 2005, S. 1.
[13] Vgl. Haid 2004, S. 102; Burr 2004, S. 184; Elfring 2005, S. 1.
[14] Jüngere Ansätze beschreiben die Manifestation von Corporate Entrepreneurship durch Corporate Venturing. Vgl. Miles & Covin 2002, S. 21 f.; Michalski 2002, S. 313; Barmettler 2006, S. 34; Mes 2011, S. 118.
[15] Vgl. Bitzer 1991, S. 13 ff.; Gaitanides & Wicher 1985, S. 415; Rind 1981, S. 169.
[16] Vgl. Burgelman 1984a, S. 156 f.; Hauschildt 1992, S. 1031; Birkinshaw 1997, S. 208; G. S. Day & Schoemaker 2000, S. 27; Birkinshaw et al. 2002b, S. 10; Maine 2008, S. 360.
[17] McBeth & Rimac 2004, S. 20.
[18] Vgl. Bailey 1984, S. 361.
[19] Vgl. Burgelman 1985, S. 39 u. 44.; Burgelman & Sayles 1986, S. 133.
[20] Vgl. H. Klein 2002, S. 29; Chrisman et al. 2005, S. 1; Mes 2011, S. 129 ff.
[21] Vgl. R. W. Peterson 1967, S. 68 f.; Gaitanides & Wicher 1985, S. 414 f.; Süssmuth Dyckerhoff 1995, S. 69.

bewährte Ressourcen und Kompetenzen verfügen und damit Organisations-, Erfahrungs- sowie Kostenvorteile besitzen, liegen die Vorteile junger Wachstumsunternehmen in der Innovationsmotivation, in kurzen und direkten Kommunikationswegen sowie der Kultur, wodurch diese schneller und flexibler auf unvorhersehbare Marktentwicklungen reagieren können.[22] Dabei kann der Innovationsverbund aus Großunternehmen und jungem Wachstumsunternehmen als Symbiose verstanden werden, welche zu einem gestärkten Unternehmensentwicklungspotenzial beitragen kann.[23]

1.2 Fragestellung und Zielsetzung

Es herrscht in der Literatur weitgehend Einigkeit darüber, dass Internal Corporate Venturing ein wesentliches Element zur systematischen Entwicklung und Nutzung von Innovationen für Unternehmen bildet.[24] Allerdings legen Studien dar, dass lediglich 5% der internen Venture-Einheiten Neugeschäft in Form neuer Geschäftseinheiten für das Unternehmen generieren: „Recent research into corporate venturing units and corporate incubators by both Ashridge and London business schools concluded that less than 5 per cent of corporate venturing units created new businesses that were taken up by the parent company. Moreover, many failed to make any positive contribution."[25] Damit stellt sich die Frage nach den Ursachen des Innovationserfolgs, den sog. Erfolgsfaktoren.[26] Die Anzahl der Beiträge lässt auf die Wichtigkeit der Auseinandersetzung mit Erfolgsfaktoren im Rahmen der Gründungsforschung schließen.[27] Im Gegensatz zur umfangreichen theoretischen Untersuchung existieren jedoch bisher nur wenige empirische Arbeiten, welche sich umfassend mit der Evaluation von Erfolgsfaktoren für Internal Corporate Venturing in Großunternehmen befassen. Insbesondere fehlt es an empirisch gestützten Aussagen hinsichtlich der Determinanten für den Erfolg von Internal Corporate Venturing sowie der Quantifizierung deren Erfolgseinflusses. Hieraus ergeben sich die folgenden beiden Forschungsfragen:

- Welche Faktoren beeinflussen den Erfolg von ICV in Großunternehmen?
- Wie stark ist der Einfluss der Faktoren auf den Erfolg von ICV in Großunternehmen?

Ziel der Arbeit besteht in der explorativen Untersuchung der Ursachen des Erfolgs von Internal Corporate Venturing und der Stärke des Einflusses einzelner Erfolgsfaktoren. Dabei geht es um die Identifikation von Gesetzmäßigkeiten zwischen dem Erfolg (als abhängige Variable) und

[22] Vgl. Stringer 2000, S. 75.
[23] Vgl. Schrottke 2005, S. 83.
[24] Vgl. u. a. Bhardwaj et al. 2006, S. 248; Keil et al. 2009, S. 601.
[25] Birkinshaw & Campbell 2004, S. 11.
[26] Vgl. u. a. Hauschildt & Salomo 2007, S. 35.
[27] Zu einem Überblick vgl. Fallgatter 2005, S. 61 ff.; Fallgatter 2002, S. 150 ff.; Vgl. zur Kritik der Erfolgsfaktorenforschung u. a. Nicolai & Kieser 2002; March & Sutton 1997.

den erfolgsbeeinflussenden Größen (als unabhängige Variablen), die sich auf Korrelations- und Regressionsanalysen stützen. Basierend auf dem Stand der Forschung werden hierzu Hypothesen abgeleitet und anschließend im Rahmen einer quantitativ fundierten Analyse empirisch getestet. Der wissenschaftliche Beitrag dieser Arbeit liegt demnach im Wesentlichen in der Generierung und Testung von Hypothesen hinsichtlich von Erfolgsfaktoren für Internal Corporate Venturing.

1.3 Aufbau der Arbeit

Um ein einheitliches Verständnis zu schaffen und um die Vergleichbarkeit dieser Arbeit mit anderen wissenschaftlichen Untersuchungen zu ermöglichen, werden in einem ersten Schritt die begrifflichen und konzeptionellen Grundlagen festgelegt. Da sich die vorliegende Arbeit mit den Ursachen für erfolgreiche Innovationen im Rahmen von Internal Corporate Venturing auseinandersetzt, werden in Kapitel 2.1 zunächst die Begriffe „Innovation", „Innovationsmanagement" und „Open Innovation" definiert. Hierauf aufbauend beschäftigt sich Kapitel 2.2 mit den Begriffen „Entrepreneurship", „Entrepreneur" und „Corporate Entrepreneurship", da Innovationen grundsätzlich sowohl von Individuen als auch von Unternehmen hervorgebracht werden können. In Kapitel 2.3 wird auf die Manifestation des Corporate Entrepreneurship durch das Corporate Venturing eingegangen und zwischen External Corporate Venturing und Internal Corporate Venturing differenziert. Die nächsten drei Kapitel beschäftigen sich mit zentralen Theorien innerhalb des Internal Corporate Venturing und deren wesentlichen Elementen. Da es sich beim Corporate Entrepreneurship und damit auch beim Internal Corporate Venturing um einen prozessorientierten Ansatz handelt, in dessen Mittelpunkt die Stimulierung innovativer Ressourcenkombinationen steht, wird in Kapitel 2.4 auf den Ressourcenbasierten Ansatz eingegangen. Des Weiteren eignen sich zur Erklärung des Innovationsverhaltens von Großunternehmen institutionenökonomische Ansätze, weshalb in Kapitel 2.5 die Neue Institutionenökonomik aufgegriffen wird. Darüber hinaus steht das Internal Corporate Venturing im direkten Wettbewerb mit der unabhängigen Venture-Capital-Industrie. In Kapitel 2.6 wird daher auf die Ansätze und Strukturen der Venture-Capital-Industrie eingegangen, um deren Anwendbarkeit als integraler Bestandteil des Internal Corporate Venturing untersuchen zu können.

Wie erwähnt, wird Internal Corporate Venturing im Rahmen dieser Arbeit als Führungskonzept für die Hervorbringung von Innovationen verstanden, welches die Organisationsebene in Form des internen Venture Managements mit der Personalebene in Form des Intrapreneuring verbindet und einen wesentlichen Beitrag zur Unternehmensentwicklung leistet. Daher wird im Rahmen dieser Arbeit zwischen organisations-, personen- und strategieorientierten Ansätzen unterschieden. In Kapitel 3 wird auf die organisationsorientierten Ansätze eingegangen. Kapitel 3.1 beschäftigt sich mit dem Top-down-Ansatz des Venture Managements und Kapitel 3.2 konform zur Fragestellung dieser Arbeit mit dem internen Venture Management. In den Kapiteln 3.3 und 3.4 wird auf die beiden Konstrukte Integrationsgrad bzw. Finanzierung eingegangen, und es werden entsprechende Hypothesen hinsichtlich Erfolgsfaktoren von Internal Corporate Venturing abgeleitet. Analog werden in Kapitel 4 personenorientierte Ansätze thematisiert. Kapitel 4.1 greift den Bottom-up-Ansatz des Intrapreneurings auf, und Kapitel 4.2. beschäftigt sich mit dem Intrapreneur. Die Ausführungen zu den Konstrukten Anreiz- und Vergütungssysteme bzw. Abbruch und Lernpotenziale sowie die Ableitung diesbezüglicher Hypothesen finden sich in Kapitel 4.3 bzw. 4.4. Internal Corporate Venturing ermöglicht die Revitalisierung bzw. strategische Erneuerung von Unternehmen – in Kapitel 5 wird daher auf strategieorientierte Ansätze eingegangen. Kapitel 5.1 beschreibt die Strategieformulierung und Kapitel 5.2. deren Implementierung. Kapitel 5.3 beschäftigt sich mit dem Konstrukt Innovationsstrategie, wobei weitere Hypothesen abgeleitet werden.

Die empirische Untersuchung erfolgt in Kapitel 6. Kapitel 6.1 umfasst das Konzept und die Methode. In Kapitel 6.2 werden die Variablen operationalisiert. In Kapitel 6.3 findet zunächst eine deskriptive Analyse statt, bevor in Kapitel 6.4 bzw. 6.5 die bivariate Analyse zur Testung der Hypothesen bzw. die multiple Analyse vorgenommen wird.

In Kapitel 7.1 werden die Ergebnisse dieser Arbeit zusammengefasst, und in Kapitel 7.2 wird der Beitrag zu Entrepreneurshipforschung und Managementpraxis aufgeführt und Implikationen für zukünftige Arbeiten erörtert.

2 Begriffliche und konzeptionelle Grundlagen

2.1 Innovation

2.1.1 Innovationsbegriff

In der betriebswirtschaftlichen Forschung gibt es unterschiedliche definitorische Ansätze zum Innovationsbegriff.[28] Innovationen können sowohl von Individuen als auch von Unternehmen hervorgebracht werden. Im letzteren Fall spricht man von „Corporate Innovation“[29].[30]

Der Innovationsbegriff im Sinne technisch-ökonomischer Entwicklung ist maßgeblich durch das Werk „Theorie der wirtschaftlichen Entwicklung“[31] von Joseph Schumpeter geprägt. Generell unterscheidet Schumpeter zwischen Invention, Innovation und Diffusion.[32] Eine Invention ist lediglich eine Erfindung und damit eine Lösung für naturwissenschaftliche oder technische Problemstellungen.[33] Eine Invention kann generell geplant oder ungeplant sein. Um eine geplante Invention handelt es sich dann, wenn die ursprünglich gesetzten Ziele erreicht werden. Bei einer ungeplanten Invention spricht man von einem Serendipitäts-Effekt.[34] Daher wird unter einer Invention „im Allgemeinen die Erfindung bzw. Entdeckung einer erstmaligen technischen Realisierung einer Problemlösung verstanden“[35].

Zur Innovation wird eine Invention erst durch deren Umsetzung und Vermarktung. Eine Innovation muss sich sowohl innerhalb einer Organisation als auch am Markt durchsetzen, zumindest in der Rückschau.[36] Die Innovation weist also einen stärkeren ökonomischen bzw. durchsetzungsorientierten Bezug auf als die lediglich an der technischen Machbarkeit orientierte Invention.[37] Schumpeter (1934) spricht in diesem Zusammenhang von der „Durchsetzung neuer Kombinationen“[38], wobei er den Begriff „Innovation“ erst 1939 gebraucht.[39] Daher kann der Begriff der Innovation im ökonomischen Kontext definiert werden „als neue Problemlösung technischer, wirtschaftlicher, organisationaler oder sozialer Art, die im Unternehmen oder am Markt umgesetzt wird“[40].

[28] Für einen Überblick unterschiedlicher Definitionen des Innovationsbegriffs vgl. z. B. Hauschildt 1997, S. 4 ff.; Hauschildt & Salomo 2007, S. 4 ff.
[29] Vgl. Van de Ven & Engleman 2004.
[30] Im Rahmen dieser Arbeit werden die Begriffe „Innovation“ und „Corporate Innovation“ synonym verwendet.
[31] Schumpeter 1911.
[32] Vgl. Schumpeter 1961, S. 91.
[33] Vgl. D. Specht & Möhrle 2002, S. 116 f.
[34] Vgl. Brockhoff 1999, S. 35.
[35] Volkmann & Tokarski 2006, S. 83.
[36] Vgl. Hauschildt 1997, S. 6.
[37] Vgl. Burgelman et al. 2001, S. 4.
[38] Schumpeter 1934, S. 100.
[39] Vgl. Schumpeter 1939, S. 87.
[40] Volkmann & Tokarski 2006, S. 83.

Die Diffusion umschreibt letztlich die gesellschaftliche Verbreitung der Innovation. In diesem Zusammenhang lässt sich die Imitation von der Innovation abgrenzen, deren Unterschied in einem späteren Markteintrittszeitpunkt besteht.[41] „Der Begriff der Imitation beschreibt die Nachahmung und somit eine wiederholte Anwendung einer bestehenden Problemlösung, eines Produktes, einer Dienstleistung oder eines Prozesses.“[42]

Der Begriff „Innovation“ ist vom lateinischen Verb innovare (erneuern) abgeleitet. Einheitliches Merkmal einer Innovation ist, dass es sich hierbei zumindest innerhalb eines Bezugssystems um eine Neuerung handelt. Innovationen müssen sich demnach nicht nur durchsetzen, es handelt sich bei ihnen auch immer um etwas Neuartiges. Dies bedeutet nicht nur eine Änderung dem Grade, sondern auch der Art nach.[43] Im Ergebnis handelt es sich um qualitativ neuartige Produkte oder Verfahren, die sich gegenüber dem vorangegangenen Zustand „merklich“ – wie auch immer das zu definieren ist – unterscheiden.[44] Da an die Stelle des Alten etwas Neues tritt, beschreibt Schumpeter in diesem Zusammenhang Innovation als einen destruktiven Prozess der „schöpferischen Zerstörung“[45].

Bezug nehmend auf die Neuartigkeit werden zur Definition des Innovationsbegriffs in der Literatur häufig verschiedene Dimensionen herangezogen.[46] Übereinstimmend mit einem überwiegenden Teil der Literatur wird im Folgenden eine Differenzierung nach inhaltlicher Dimension (was ist neu?), Intensitätsdimension (wie neu?) sowie subjektiver Dimension (neu für wen?) vorgenommen.[47] Die häufig zudem aufgeführte prozessuale Dimension (wo beginnt, wo endet die Neuerung?), wird im Rahmen des Innovationsmanagements betrachtet.

2.1.1.1 Inhaltliche Dimension

Schumpeter (1928) unterscheidet zwischen den folgenden fünf Innovationsarten: (1) Herstellung eines neuen oder wesentlich veränderten Produktes, (2) Einführung einer neuen Produktionsmethode, (3) Erschließung eines neuen Absatzmarktes, (4) Erschließung neuer Bezugsquellen oder Rohstoffe und (5) Schaffung neuer Organisationen der Industrie.[48] Im Folgenden wird in Bezug auf das Innovationsobjekt prinzipiell nur zwischen den ersten beiden Arten – der Produkt- und der Prozessinnovation – unterschieden.[49] Eine Innovation ist damit „a new

[41] Vgl. u. a. Brockhoff 2000, S. 44 ff.
[42] Volkmann & Tokarski 2006, S. 86.
[43] Vgl. Hauschildt & Salomo 2007, S. 3.
[44] Vgl. Hauschildt 1997, S. 6; Hauschildt & Salomo 2007, S. 7.
[45] Schumpeter 1911, S. 157.
[46] Vgl. z. B. Hauschildt 1997, S. 7 ff.; Gerpott 1999b, S. 39 ff.; Benkenstein 2001, S. 690 ff.; Vahs & Burmester 2002, S. 72 ff.
[47] Vgl. Hauschildt & Gemünden 2011, S. 24; Hauschildt & Salomo 2007, S. 8.
[48] Vgl. Schumpeter 1911, S. 100.
[49] Vgl. Schumpeter 1928, S. 483. Zahn & Weidler (1995) unterscheiden drei Dimensionen des „integrierten Innovationsmanagements“: (1) technische Innovationen (Produkte, Prozesse, technisches Wissen, (2) organisationale Innovationen (Strukturen, Kulturen, Système) und (3) geschäftsbezogene Innovationen (Erneuerung der

product or service, or a new process or method for accomplishing a task"[50]. Ein Produkt ist grundsätzlich ein Wirtschaftsgut, welches materieller oder auch immaterieller Art sein kann.[51] Eine Produktinnovation erfüllt neue Zwecke oder vorhandene Zwecke in einer völlig neuartigen Weise.[52] Das Ziel der Produktinnovation ist eine Steigerung von Marktanteil und Umsatz. Ansoff (1965) unterscheidet in diesem Zusammenhang vier Entwicklungspfade, wobei die Produktinnovation der „Produktentwicklung" und „Diversifikation" angehört.[53] Im Falle der Produktentwicklung können Produktvariation und Produktdifferenzierung unterschieden werden. Bei der Produktvariation wird ein bestehendes Produkt durch ein technisch verbessertes ersetzt.[54] Bei der Produktdifferenzierung wird ein Produkt lediglich um Varianten ergänzt.[55] Unter einer Produktdiversifikation wird ein vollkommen neues Nutzenbündel verstanden.[56]

Während sich die Produktinnovation direkt auf ein bestimmtes Wirtschaftsgut bezieht, bestimmt sich die Prozessinnovation vor allem durch eine neuartige Faktorkombination und einen Vorteil bei der Produktion eines Gutes hinsichtlich Kosten, Qualität, Sicherheit und Schnelligkeit.[57] Prozesse sind Abfolgen von „Aktivitäten, die in ihrer logischen, funktionsübergreifenden Verknüpfung der Erstellung von Produkten und Leistungen dienen"[58]. Es handelt sich also um „neue, in dem Anwendungsbereich noch nicht praktizierte Verfahren, Prozesse oder Fertigungssysteme"[59]. Da eine Prozessinnovation damit lediglich im Unternehmen stattfindet[60] und ihr der Vermarktungsaspekt fehlt, handelt es sich nach der Definition Schumpeters um keine Innovation im Sinne dieser Arbeit. In Anlehnung an die herrschende Meinung wird deshalb im Folgenden nicht weiter zwischen Produkt- und Prozessinnovation differenziert, da Produktinnovationen den Prozessinnovationen vorausgehen[61] bzw. Prozessinnovationen zu Produktinnovationen führen können[62].[63]

Branchenstruktur, der Marktstrukturen und –grenzen, der Spielregeln) (vgl. Zahn & Weidler 1995, S. 362 ff.). In der Literatur wird teilweise noch die Sozialinnovation genannt, welche jedoch nach herrschender Meinung nicht Teil der originären Aufgabe des betriebswirtschaftlichen Technologie- und Innovationsmanagements ist (vgl. Gerpott 1999b, S. 40).

[50] Kuratko et al. 2011, S. 33.

[51] Vgl. Thom 1980, S. 33; D. Specht & Beckmann 1996, S. 16; Veryzer 1998, S. 306.

[52] Vgl. Hauschildt & Gemünden 2011, S. 24.

[53] Die Produkt-Markt-Matrix von Ansoff (auch Ansoff-Matrix genannt) sieht vier alternative Entwicklungspfade vor: Marktdurchdringung (bestehende Produkte und bestehende Märkte), Marktentwicklung (bestehende Produkte und neue Märkte), Produktentwicklung (neue Produkte und bestehende Märkte) sowie Diversifikation (neue Produkte und neue Märkte) (vgl. Ansoff 1965, S. 98 f., 109).

[54] Vgl. u. a. Büschken & von Thaden 2000, S. 555.

[55] Vgl. u. a. Büschken & von Thaden 2000, S. 560 ff.

[56] Vgl. u. a. Büschken & von Thaden 2000, S. 567, J. Becker 1998, S. 149.

[57] Vgl. Hauschildt & Gemünden 2011, S. 24; Hauschildt 1997, S. 9.

[58] Pleschak & Sabisch 1996, S. 20.

[59] Seibert 1998, S. 107.

[60] Vgl. Meißner 1987, S. 66.

[61] Vgl. u. a. Utterback 1996.

[62] Vgl. Lehmann 1994, S. 39.

[63] Im Folgenden werden, sofern nicht anders angegeben, die Begriffe „Innovation", „Produktinnovation" bzw. „Dienstleistungsinnovation" sowie „Prozessinnovation" synonym verwendet

2.1.1.2 Intensitätsdimension

In Abhängigkeit des Neuheitsgrades eines Produktes oder Prozesses wird häufig zwischen inkrementeller (geringfügiger) sowie radikaler bzw. disruptiver (fundamentaler) Innovation differenziert.[64] Während bei einer inkrementellen Innovation die bestehenden konkurrierenden Produkte wettbewerbsfähig bleiben, werden diese durch radikale bzw. disruptive Innovationen[65] substituiert.[66] Radikale bzw. disruptive Innovationen definieren somit völlig neue Märkte und/oder verändern grundlegend die Wettbewerbssituation einer Branche.[67] In diesem Zusammenhang definiert Utterback (1994) radikale Technologien als solche mit „the potential for delivering dramatically better product performance or lower production cost, or both"[68]. Hingegen definiert Keenan (2003) generische Technologien als solche, welche „will yield benefits for a wide range of sectors of the economy and/or society"[69]. Hauschildt & Gemünden (2011) unterscheiden hinsichtlich des Innovationsgrades einer Markt- (signifikanter Wertzuwachs aus Sicht der zukünftigen Nutzer), Technologie- (Veränderungen in System- und Komponententechnologien), Organisations- (Veränderungen von Strategie, Struktur, Prozessen, Kompetenzen, Kultur und Anreizsystemen) und Umfelddimension (Einfluss von Innovationen auf das Unternehmensumfeld).[70]

2.1.1.3 Subjektive Dimension

Im Rahmen der subjektiven Dimension geht es darum, aus wessen Perspektive ein Produkt oder Prozess als neu zu bezeichnen ist. Individualistische Ansätze stellen das Individuum in den Mittelpunkt, welches erstmalig ein neues Produkt oder Verfahren nutzt bzw. anwendet.[71] Diese Ansätze sind jedoch aus betriebswirtschaftlicher Sicht wenig geeignet, die subjektive Dimension einer Innovation im Sinne dieser Arbeit zu beschreiben. Unternehmen sind soziale Gebilde, in denen die Urteilsbildung weitgehend institutionalisiert ist. Daher folgt die vorliegende Arbeit einer industrieökonomischen Bestimmung des Innovationsbegriffs. Demnach ist eine Innovation ein Produkt oder Prozess, welches bzw. welcher innerhalb eines Unternehmens und zugleich innerhalb einer Branche erstmalig eingeführt wird.[72]

---

[64] Die Dichotomie des Neuheitsgrades einer Innovation wird in der Literatur durch eine Vielzahl von Begriffspaaren beschrieben wie z. B. „diskontiniuerlich" versus „kontinuierlich". Für weitere Beispiele vgl. z. B. Hauschildt 1997, S. 12; Hauschildt & Salomo 2007, S. 16.
[65] Im Rahmen dieser Arbeit werden die Begriffe „radikal" und „disruptiv" synonym verwendet.
[66] Vgl. Afuah 1998, S. 30.
[67] Vgl. Gerpott 1999b, S. 40.
[68] Utterback 1994, S. 158.
[69] Keenan 2003, S. 132.
[70] Vgl. Hauschildt & Gemünden 2011, S. 27 f.
[71] Vgl. Hauschildt & Gemünden 2011, S. 30.
[72] Vgl. Hauschildt 1997, S. 18; Hauschildt & Salomo 2007, S. 26.

Im Sinne dieser Arbeit ist eine Innovation damit ein neuartiges Produkt bzw. neuartiger Prozess, wodurch völlig neue Märkte definiert werden und/oder die Wettbewerbssituation grundlegend geändert wird, und welches bzw. welcher innerhalb eines Unternehmens und zugleich innerhalb einer Branche erstmalig eingeführt wird.

2.1.2 Innovationsmanagement

Veröffentlichungen der Innovationsforschung beziehen sich überwiegend auf das produzierende Gewerbe.[73] Der Dienstleistungsbereich spielt in diesem Zusammenhang eher eine geringe Rolle, und Innovationen entstehen in der Regel eher zufällig im operativen Geschäft.[74]

Grundsätzlich können und müssen Innovationen gemanagt werden.[75] Analog der Definition des Innovationsbegriffs, besteht das Ziel des Innovationsmanagements in der systematischen Hervorbringung radikaler bzw. disruptiver Innovationen und deren Durchsetzung innerhalb des Unternehmens sowie am Markt. Hierbei kann zwischen Innovationsmanagement auf Projekt- und Portfolioebene differenziert werden. Innovationsprojekte sind zeitlich, sachlich und/oder räumlich begrenzt und zeichnen sich durch einmalige spezifische Zielvorgaben sowie häufig knappe Ressourcen aus.[76] „Ein Projekt ist [...] als eine Menge von Aktivitäten zu verstehen, die innerhalb einer befristeten Zeit und in bewusster Isolierung von dem übrigen betrieblichen Geschehen zu vollziehen sind [...].“ [77] Das Innovationsmanagement beginnt mit dem Initiierungszeitpunkt, sobald „die Realisierung einer Idee den Erwerb von zusätzlichem Wissen erfordert und dazu verschiedene Faktoren zu kombinieren sind“[78]. Die Portfolioperspektive hingegen spiegelt die Sicht der Unternehmensleitung wider und fokussiert auf eine Maximierung des Portfolio-Erfolgs.[79] „Wer in dieser Weise das Innovationsgeschehen als ein Geflecht von Innovationsprojekten versteht, die einander ergänzen, mit unterschiedlichen Laufzeiten nebeneinander verlaufen, sich ablösen, aufeinander folgen, sieht die Unternehmung als Innovationssystem.“[80] Da die vorliegende Arbeit die Erfolgsfaktoren eines systematischen

[73] Vgl. Sundbo 1997. S. 433 f.
[74] Vgl. Biermann 1999, S. 74.
[75] Vgl. Tidd et al. 2005.
[76] Vgl. Hauschildt 1997, S. 86; Pleschak & Sabisch 1996, S. 299 ff.
[77] Vgl. Hauschildt 1997, S. 86. Grewe (2012) charakterisiert Projekte als "risikobehaftet, zeitlich und kostenbezogen befristet, oft umfangreich und komplex, mit definiertem bzw. zu definierendem Ziel, relativ neuartig sowie als funktionsübergreifende Zusammenarbeit" (Grewe 2012, S. 44).
[78] Brockhoff 2000, S. 33. Falkenberg (2013) beschreibt einen Ideenmanagementprozess aus fünf Schritten: „Eine Idee mit konkreter Problem- und Lösungsbeschreibung wird von einem Ideengeber in den Prozess eingesteuert (1. Einreichung). Eine Prüfung über die Konformität der Idee gemäß den jeweiligen Regelungen entscheidet über die Annahme oder Ablehnung der Idee (2. Annahmeentscheidung). Die Lösungsbeschreibung wird nun hinsichtlich wirtschaftlicher Umsetzung begutachtet (3. Begutachtung). Der Realisierung des Vorschlages (4. Realisierung) folgt die Bewertung von materiellen oder immateriellen Vorteilen (5. Prämierung/Anerkennung).“ (Falkenberg 2013, S. 28).
[79] Vgl. Hauschildt & Salomo 2005, S. 18.
[80] Hauschildt & Salomo 2005, S. 18.

und damit kontinuierlichen Innovationsmanagements betrachtet, steht die Portfolioperspektive im Mittelpunkt.

Im Rahmen des Innovationsmanagements kann grundsätzlich zwischen Funktion und Institution des Managements unterschieden werden.[81] Während sich die Funktion des Managements auf dispositive Tätigkeiten wie Planung, Organisation, Führung, Durchsetzung und Kontrolle bezieht, beschreibt die Institution des Managements den formellen, organisatorisch zuständigen und mit der betrieblichen Macht ausgestatteten Personenkreis.[82] Demnach umfasst das Innovationsmanagement dispositive, nicht ausführende Aktivitäten zur bewussten Gestaltung des Innovationssystems.[83] Unter das Innovationssystem fallen sowohl die Prozesse als auch die Institution, innerhalb derer diese Prozesse ablaufen.[84] Im Rahmen dieser Arbeit wird das Innovationssystem auf das Unternehmen und dessen unmittelbare Partner beschränkt.[85] Die Kernaufgabe jedes Innovationssystems besteht in der Gestaltung des einzelnen Innovationsprozesses.[86] Der Innovationsprozess steht im Zentrum der Betrachtung und ist in das System des Unternehmens einzubinden.[87] Innovationen sind nur dann erfolgreich, wenn „sie nicht zufälligen Charakter tragen, sondern systematisch vorbereitet und durchgesetzt werden und wenn die einzelnen Innovationsprozesse richtig aufeinander abgestimmt sind“[88] – wobei in der Literatur kein Standardmodell zum Innovationsprozess existiert, sondern es eine Vielzahl an Phasenmodellen gibt. Phasenmodelle stellen „eine logische Abfolge von untereinander verknüpften Stufen einer bewusst-systematischen Problemanalyse und deren Lösungsmöglichkeiten“[89] dar. Dabei variiert sowohl Bezeichnung bzw. Inhalt der Phasen als auch der Beginn bzw. das Ende des Innovationsprozesses.[90] Standardwerke, die in diesem Zusammenhang häufig in wissenschaftlichen Publikationen zitiert werden, stammen von Hauschildt, Gerpott und Brockhoff.[91] Vorliegende Arbeit orientiert sich am Modell von Brockhoff.

Zu Beginn des Innovationsprozesses steht die Idee. Hierbei handelt es sich erst um eine unscharf abgegrenzte Vorstellung der Neuerung. Erfolgsversprechende Neuerungen werden im nächsten Prozessschritt technisch zu Prototypen weiterentwickelt (Technological Readiness)[92].

[81] Vgl. u. a. Hauschildt 2004, S. 29.
[82] Vgl. Staehle 1999, S. 65 ff.
[83] Hierbei kann zwischen „Informations- und Kommunikationssystem“, „Organisationssystem“ sowie „Personalsystem“ unterschieden werden (vgl. Hübner 2002, S. 162 ff.).
[84] Vgl. Hauschildt & Salomo 2007, S. 32.
[85] Das Begriffsverständnis wird in der Literatur auch weiter gefasst und bezieht sich auf das jeweilige nationale, politisch-gesellschaftliche Umfeld der Innovationstätigkeit (vgl. Pleschak & Sabisch 1996, S. 35 ff.).
[86] Für einen umfassenden Literaturüberblick zur Prozessperspektive in der Innovationsforschung vgl. Wolfe 1994, S. 409 ff.
[87] Vgl. Corsten 1989b, S. 6.
[88] Pleschak & Sabisch 1996, S. 39.
[89] Brose 1982, S. 42.
[90] Vgl. u. a. Pleschak & Sabisch 1996, S. 6.
[91] Vgl. Hauschildt 1997; Gerpott 1999a; Brockhoff 1999.
[92] Der Technology Readiness Level (TRL), zu Deutsch etwa Technologie-Reifegrad, gibt auf einer Skala von 1 bis 9 an, wie weit entwickelt eine Technologie ist.

Ab jetzt kann von einer Erfindung in Form einer geplanten oder ungeplanten (Serendipitäts-Effekt) Invention gesprochen werden. In einer nächsten Phase wird durch Investition in Fertigung und Marketing die Invention ökonomisch zum Markteintritt weiterentwickelt (Market Readiness). Bei einer erfolgreichen Durchsetzung der Invention im Unternehmen und am Markt entsteht die Produkt- bzw. Prozessinnovation.[93] Im Anschluss daran geht das Innovationsobjekt in das Routinegeschäft über.[94] „Dies ist der Zeitpunkt, an dem die Zuständigkeit des Innovationsmanagements endet und die des funktional oder divisional zuständigen Managements beginnt."[95] Das Management von Innovationen unterscheidet sich grundlegend vom Management sich wiederholender Routineentscheidungen.[96]

Abbildung 2-1: Phasen des Innovationsprozesses

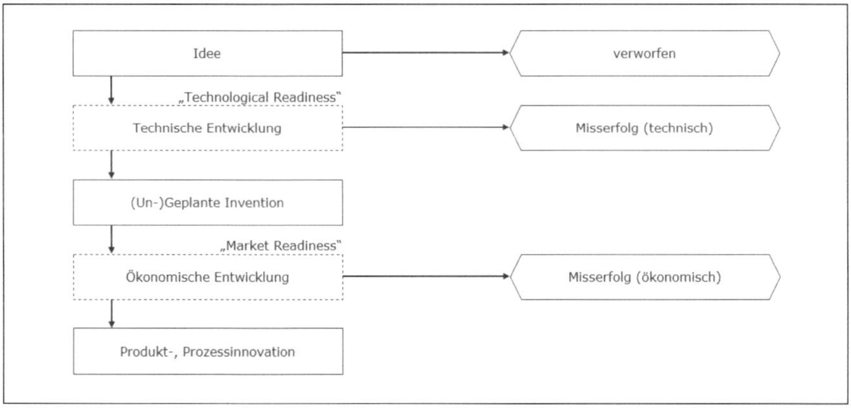

Quelle: Eigene Darstellung in Anlehnung an das Phasenmodell von Brockhoff 1999, S. 36.

In Abhängigkeit des Managements inkrementeller bzw. radikaler Innovationen kann zwischen evolutionärem und revolutionärem Innovationsmanagement differenziert werden.[97] Der Terminus „evolutionär" (lat.: evolvere, dt.: sich entwickeln)[98] bezieht sich dabei auf eine kontinuierliche Weiterentwicklung des bestehenden Geschäfts mittels unterschiedlicher Modifikationen an sich lediglich sukzessive verändernde exogene Faktoren über einen lang anhaltenden Zeitraum.[99] Ein evolutionäres Innovationsmanagement richtet sich daher auf geschäftsfamiliäre

93 Vgl. Brockhoff 1999, S. 27 f.
94 Vgl. Seibert 1998, S. 111.
95 Hauschildt & Salomo 2007, S. 27.
96 Vgl. Kieser 1984. S. 50; Hauschildt & Gemünden 2011, S. 34.
97 Vgl. Linz 2001; Tushman & Nadler 1986; O'Reilly & Tushman 2004; Greiner 1972; Tushman & O'Reilly 1996
98 Vgl. Langenscheidt 2005.
99 Vgl. Tushman & O'Reilly 1996, S. 12.

inkrementelle Innovationen, die das Ergebnis eines operativ–administrativen Managementmodus sind.[100] Der Terminus „revolutionär“ (lat.: revolvere, dt.: zurückwälzen)[101] umfasst hingegen eine signifikante Abkehr vom Status Quo durch ein kontinuierliches Hinterfragen des bestehenden Geschäfts.[102] Hierbei wird eine sprunghafte, unternehmensweite Erneuerung initiiert.[103] Ein revolutionäres Innovationsmanagement hat demnach die Schaffung neuer Erfolgspotenziale, die außerhalb des bisherigen Geschäfts liegen, durch das gezielte Herbeiführen radikaler bzw. disruptiver Innovationen zur Hauptaufgabe.[104] Ein revolutionäres Innovationsmanagement fokussiert auf „new skills, new ways of thinking and innovative managerial approaches to cope and eventually prevail”[105]. In der amerikanischen Literatur werden die Fähigkeiten, neue und innovative Wettbewerbsvorteile kontinuierlich zu generieren, auch als dynamisch bezeichnet (Dynamic Capabilities).[106] Demnach benötigt ein effektives Innovationsmanagement die simultane Ausführung beider Modi im Sinne zweierlei Prozessarten: „A spiral stage-gate process for radical innovation and a linear stage-gate process for incremental innovation.“[107] Die vorliegende Arbeit beschäftigt sich jedoch ausschließlich mit radikalen Innovationen und damit mit dem revolutionären Innovationsmanagement.

In diesem Zusammenhang ist das Innovationsmanagement vom Management der Forschung und Entwicklung (F&E)[108] abzugrenzen.[109] Die Forschung und Entwicklung bildet eine Teilmenge der Innovationsaktivitäten eines Unternehmens.[110] Sie verfolgt im Wesentlichen einen evolutionären Ansatz.[111] F&E-Management umfasst sowohl Aufgaben der Grundlagen und angewandten Forschung sowie der (Prototyp-)Entwicklung.[112] F&E-Prozesse sind planbarer und leichter zu institutionalisieren als andere Bereiche des Innovationsmanagements.[113] Grundsätzlich existieren drei Arten der Forschung & Entwicklung: Interne F&E (alle Aktivitäten werden innerhalb des eigenen Unternehmens ausgeführt), kooperative F&E (die Aktivitäten werden gemeinsam mit anderen Unternehmen bzw. Organisationen im Forschungsverbund durchgeführt) und externe F&E (Vertrags- und Auftragsforschung durch fremde Unternehmen bzw. Organisationen).[114]

[100] Vgl. Danneels & Kleinschmidt 2001, S. 361; Linz 2001, S. 84.
[101] Vgl. Langenscheidt 2005.
[102] Vgl. Mezias & Glynn 1993, S. 80; Linz 2001, S. 81.
[103] Vgl. Mezias & Glynn 1993, S. 78.
[104] Vgl. Leifer et al. 2000, S. 5; G. S. Day & Schoemaker 2004, S. 7.
[105] G. S. Day & Schoemaker 2004, S. 4.
[106] Vgl. u. a. Eisenhardt & Martin 2000, S. 1105 ff.
[107] W. L. Miller 2006, S. 8 f.
[108] Im Folgenden F&E.
[109] Vgl. u. a. Geschka 1970, S. 54 ff.; Brockhoff 1999, S. 50 f.; Gerpott 1999b, S. 55 ff.
[110] Vgl. Bürgel et al. 1996, S. 14 ff.; G. Specht et al. 2002, S. 16 ff.; Hübner 2002, S. 142 ff.
[111] Vgl. u. a. Hauschildt & Salomo 2007, S. 33.
[112] Vgl. Hübner 2002, S. 143; Hauschildt 2004, S. 30; D. Specht & Beckmann 1996, S. 18 ff.
[113] Vgl. D. Specht & Beckmann 1996, S. 19; Hauschildt 2004, S. 31; Hauschildt & Salomo 2007, S. 33.
[114] Vgl. D. Specht & Möhrle 2002, S. 61 f.

Zudem ist das Innovationsmanagement vom Technologiemanagement abzugrenzen, welches „die Bereitstellung, die Speicherung und die Verwertung neuen technologischen Wissens, insbesondere aus den Gebieten der Natur- und Ingenieurwissenschaften“[115], umfasst. „Durch das Technologiemanagement wird in einem systematischen Vorgehen neues Wissen aus unternehmensinternen und unternehmensexternen Quellen unter dem Einsatz von bereits verfügbarem Wissen sowie weiteren Produktionsfaktoren erzeugt.“[116] Das Technologiemanagement fokussiert auf den Inventionserfolg. Als Teil des strategischen Managements beschäftigt sich das Technologiemanagement mit der „Aufrechterhaltung der technologischen Wettbewerbsfähigkeit“[117] und damit mit konzeptionellen Fragen zur Rolle der Technologie im Unternehmen.[118] Neben neuen Technologien richtet sich das Technologiemanagement damit im Wesentlichen auf die strategische Erhaltung der vorhandenen Technologien im Rahmen von konzeptioneller Entwicklung und Wissensmanagement.[119] Revolutionäres Innovationsmanagement hingegen fokussiert vor allem auf den Bruch mit überkommenen Technologien und die Durchsetzung neuer Technologien.[120]

Abbildung 2-2: Wissens-, Technologie-, F&E- und Innovationsmanagement

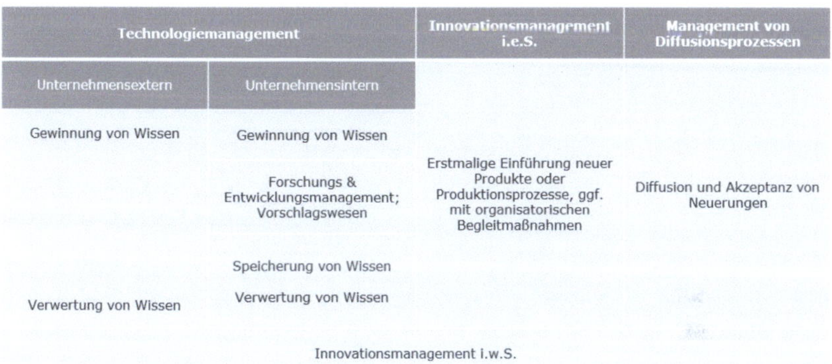

Quelle: Brockhoff 2011, S. 42.

Die vorliegende Arbeit befasst sich ausschließlich mit dem revolutionären Innovationsmanagement und damit mit der Hervorbringung radikaler bzw. disruptiver Innovationen und deren

[115] Brockhoff 2001, S. 21.
[116] Brockhoff 2011, S. 41.
[117] Grefermann & Röthlingshöfer 1974, S. 10.
[118] Vgl. Gerpott 1999b, S. 137 ff.; G. Specht et al. 2002, S. 39 ff., Hübner 2002, S. 144 ff., 154 ff.
[119] Vgl. Brockhoff 2002.
[120] Vgl. Hauschildt & Salomo 2007, S. 34.

Durchsetzung innerhalb des Unternehmens sowie am Markt. Dabei umfasst der Innovationsprozess alle Phasen von der Ideengenerierung über die Invention (Erfindung) bis hin zur Innovation (Durchsetzung der Invention im Unternehmen sowie am Markt). Der Betrachtungshorizont dieser Arbeit endet mit der Überführung des Innovationsobjekts in das Routinegeschäft. Im Hinblick auf den Erfolg des Innovationsmanagements steht die Portfolioperspektive im Mittelpunkt, da im Rahmen dieser Arbeit eine systematische und damit kontinuierliche Implementierung untersucht wird.

2.1.3 Open Innovation

Open Innovation [121] bietet die Möglichkeit der Generierung von Ideen und Lösungsansätzen durch die systematische Einbindung verschiedener interner sowie externer Stakeholder. Es handelt sich somit um einen offenen Innovationsprozess, bei dem neue Ideen sowohl von innerhalb als auch von außerhalb des Unternehmens kommen und somit unternehmensexternes und komplementäres Wissen entlang des gesamten Innovationsprozesses global erschlossen werden kann.[122] Gassmann & Enkel (2004) unterscheiden drei Hauptprozesse von Open Innovation: (1) Die Internalisierung von externen Ideen (outside-in), (2) die Externalisierung von internen Ideen (inside-out) und (3) die gemeinsame Entwicklung von Ideen und deren Weiterentwicklung mit externen Partnern (coupled process).[123] Damit geht es um eine Öffnung des Innovationsprozesses in Form einer Ergänzung der traditionellen „Inside-out"- durch eine „Outside-in"-Perspektive. Durch Open Innovation lassen sich sowohl die Anzahl der Ideen erhöhen als auch die Wahrscheinlichkeit für deren erfolgreiche Weiterentwicklung zu Inventionen und Innovationen. [124] Darüber hinaus können die eigenen F&E-Mittel effizienter eingesetzt und Innovationsvorhaben effizienter sowie schneller durchgeführt werden, da nicht vorhandene, aber kurzfristig erforderliche Ressourcen und Kompetenzen nicht aufgebaut werden müssen.[125]

Das unternehmensinterne Wissen bildet dabei die Grundlage für die Identifizierung von relevantem externen Wissen und unter Umständen auch für dessen Nutzung im Unternehmen nach

[121] Der Begriff „Open Innovation" wurde erstmals von Henry Chesbrough erwähnt (vgl. Chesbrough 2001) und durch sein Standardwerk „Open Innovation – The New Imperative for Creating and Profiting from Technology" (vgl. Chesbrough 2003) in jüngster Zeit etabliert und geprägt.

[122] Santos et al. sprechen von „Metanational Innovators", welche weltweites Innovation Sourcing bzw. globale Innovationsprozesse nutzen (vgl. Santos et al. 2004).

[123] „(1) The outside-in process: Enriching a company's own knowledge base through the integration of suppliers, customers, and external knowledge sourcing can increase a company's innovativeness. (2) The inside-out process: The external exploitation of ideas in different markets, selling IP and multiplying technology by channelling ideas to the external environment. (3) The coupled process: Linking outside-in and inside-out by working in alliances with complementary companies during which give and take are crucial for success." Gassmann & Enkel 2004, S. 1.

[124] Vgl. Trott & Hartmann 2009, S. 715 ff.

[125] Vgl. Chesbrough 2004, S. 23 ff.; Gassmann & Fuchs 2001, S. 349 f.

einer Absorption. Cohen et al. (1990) verstehen in diesem Zusammenhang unter dem Begriff „Absorptive Capacity" eine besonders kritische Komponente der Innovationsfähigkeit, welche beschrieben wird als „the ability of a firm to recognize the value of new, external information, assimilate it, and apply it to commercial ends is critical to its innovative capabilities. We label this capability a firm's absorptive capacity and suggest that it is largely a function of the firm's level of prior related knowledge"[126]. In Anlehnung an Cohen et al. (1999) beschreiben Schreyögg & Smidt (2010) ein praktiken-basiertes Modell der Absorptionsfähigkeit mit drei Phasen: (1) Akquisition (Identifikation und Aufnahme relevanter Informationen aus der Unternehmensumwelt), (2) Integration (Analyse, Interpretation und Integration des aufgenommenen Wissens in bestehende Strukturen) und (3) Exploitation (Nutzung des assimilierten und transformierten Wissens, um bestehende Kompetenzen und Ressourcen zu erweitern bzw. neue zu entwickeln).[127]

Abbildung 2-3: Ein praktiken-basiertes Modell der Absorptionsfähigkeit

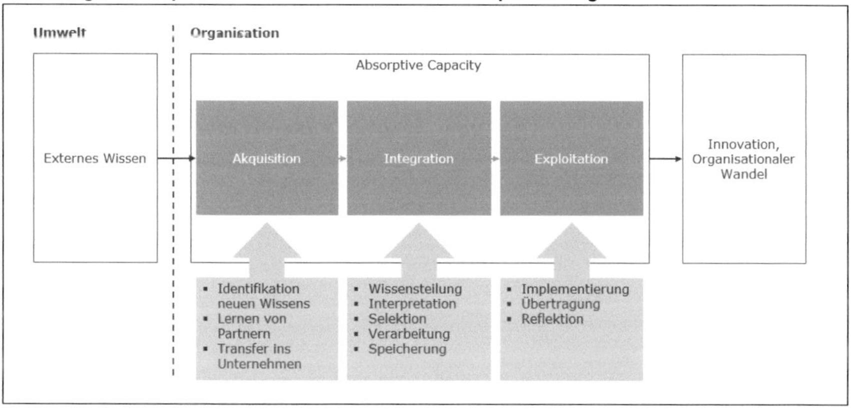

Quelle: Schreyögg & Schmidt 2010, S. 478.

Die drei Komponenten setzen sich wiederum aus spezifischen Teilfähigkeiten zusammen. Für die Akquisition sind dies die Identifikation neuen Wissens, das Lernen von Partnern und der Transfer ins Unternehmen. Die Integration umfasst die Wissensteilung, Interpretation, Selektion, Verarbeitung und Speicherung. Unter der Exploitation werden die Implementierung, die Übertragung und die Reflexion subsumiert.[128] Dabei können die Akquisition, die Assimilation und die Exploitation als getrennte Phasen verstanden werden, die nacheinander durchlaufen werden müssen, um Wettbewerbsvorteile zu erzielen. Die organisationale

[126] Vgl. Cohen et al. 1990, S. 128.
[127] Vgl. Schreyögg & Schmidt 2010, S. 477 f.
[128] Vgl. Schreyögg & Schmidt 2010, S. 477.

Absorptionsfähigkeit basiert damit auf organisationalen Lernprozessen.[129] Als Folge kann ein Unternehmen durch Investitionen in die organisationale Absorptionsfähigkeit seine Ressourcenbasis erweitern. Zudem sind Umweltfaktoren sowie Unternehmensstrategien ursächlich für die Auswahl externer Quellen.[130]

Unter dem Aspekt einer effizienten externen Wissensbeschaffung sind die Vorteile einer kombinierten Verwertung von internem und – exklusiv bzw. nicht exklusiv nutzbarem – externem Wissen sowie die Kosten für den Wissenstransfer zu berücksichtigen.[131] Da das im Unternehmen vorhandene Wissen die Kosten der Erlangung des externen Wissens beeinflusst, kann zur Senkung der Kosten des Wissenstransfers zusätzliches internes Wissen erzeugt werden.[132] Allerdings kann eine effiziente interne sowie externe Wissensbeschaffung auch beeinträchtigt werden. Das „Not-Invented-Here"-Syndrom (NIH) beschreibt eine negative Einstellung gegenüber externem Wissen aufgrund einer vermeintlichen Monopolstellung: „The Not-Invented-Here (NIH) syndrome is defined as the tendency of a project group of stable composition to believe it possesses a monopoly of knowledge of its field, which leads it to reject new ideas from outsiders to the likely detriment of its performance."[133] Umgekehrt kommt es beim „Buy-In"-Syndrom (BI) zu einer wirtschaftlich ungerechtfertigten Bevorzugung des externen gegenüber dem internen Wissen.[134]

Abbildung 2-4: Contrasting principles of Closed and Open Innovation

Closed innovation principles	Open innovation principles
The smart people in our field work for us.	Not all of the smart people work for us so we must find and tap into the knowledge and expertise of bright individuals outside our company.
To profit from R&D, we must discover, develop, produce and ship it ourselves.	External R&D can create significant value; internal R&D is needed to claim some portion of that value.
If we discover it ourselves, we will get it to market first.	We don't have to originate the research in order to profit from it.
If we are the first to commercialize an innovation, we will win.	Building a better business model is better than getting to market first.
If we create the most and best ideas in the industry, we will win.	If we make the best use of internal and external ideas, we will win.
We should control our intellectual property (IP) so that our competitors do not profit from our ideas.	We should profit from others' use of our IP, and we should buy others' IP whenever it advances our own business model.

Quelle: Chesbrough 2003, S. 38.

[129] Zum organisationalen Lernen vgl. Kapitel 4.4.3.
[130] Vgl. Teece 1986, S. 285 ff.
[131] Vgl. Brockhoff 1995, S. 27 ff.
[132] Vgl. Brockhoff 2011, S. 47.
[133] R. Katz & Allen 1982, S. 7.
[134] Vgl. Lichtenthaler 2001, S. 83.

Chesbrough (2003) verdeutlicht, inwieweit sich die Denkweise von Open Innovation von den traditionellen Innovationsprinzipien des Closed Innovation unterscheidet: „A company commercializes both ist own ideas as well as innovations from other firms and seeks ways to bring its in-house ideas to market by deploying pathways outside its current business.“[135]

Trott & Hartmann (2009) sprechen allerdings hinsichtlich der Gegenüberstellung von Closed und Open Innovation von einer „false dichotomy“ und merken an: „The only distinguishing difference is that in the Open Innovation model, ideas (technologies, knowledge) can freely 'fly in' and 'fly out' of the funnel that runs from opportunity scanning to business incubation.”[136] Dieser Auffassung folgend, bildet Open Innovation im Rahmen dieser Arbeit einen Teilbereich von ICV, bei dem die Idee von außerhalb kommen kann, das Innovationsprojekt jedoch innerhalb der Unternehmensgrenzen verfolgt wird.

2.2 Entrepreneurship

In der Literatur existieren unterschiedliche, sich teilweise ergänzende, aber auch widersprechende Definitionen der Begriffe „Entrepreneurship“ und „Entrepreneur“.[137] Eine allgemein gebräuchliche Definition existiert nicht.[138] Zudem haben die Begriffe im Deutschen kein Äquivalent.[139]

Der englischsprachige Begriff „Entrepreneurship“ entspricht aus einzelwirtschaftlicher Perspektive am ehesten dem deutschen Wort „Unternehmertum“.[140] Ausgangspunkt des Entrepreneurship bildet die unternehmerische Gelegenheit[141]: „Entrepreneurship [...] begins with an opportunity, which can be defined as a favorable set of circumstances creating a need or an opening for a new business concept or approach.“[142] Das Ziel des Entrepreneurs besteht in der Ausschöpfung der unternehmerischen Gelegenheit.[143] Dabei kommt es vor allem auf den richtigen Zeitpunkt (Window of Opportunity) an. „Timing is everything when it comes to new ideas, and the concept of a window means there is an optimal time period during which a new concept can be implemented with a reasonable chance of success. One can introduce something

---

135 Chesbrough 2003, S. 37.

136 Vgl. Trott & Hartmann 2009, S. 729.

137 Vgl. Bruyat & Julien 2000, S. 165 ff.

138 Für einen Überblick hinsichtlich der Vielfalt an Definitionen zum Begriff „Entrepreneurship“ vgl. z. B. Fallgatter 2002, S. 15 f.

139 Vgl. Fallgatter 2002, S. 13.

140 Vgl. Volkmann & Tokarski 2006, S. 2; Kaufmann 2003, S. 16. Nachfolgend werden die Begriffe „Entrepreneurship“ und „Unternehmertum“ synonym verwendet.

141 Eine unternehmerische Gelegenheit basiert auf der Annahme eines wirtschaftlichen Ungleichgewichts wie beispielsweise Arbitragen oder Informationsasymmetrien (vgl. Volkmann & Tokarski 2006, S. 60).

142 Kuratko et al. 2011, S. 32.

143 Vgl. Shane & Venkataraman 2000, S. 217; Shane 2003, S. 4.

too early (before the market exists) or too late (once the market is saturated or new technologies have begun to emerge)."[144]

Grundsätzlich kann in der Entrepreneurship-Forschung zwischen der „Discovery Theory“ und der „Creation Theory“ differenziert werden. Die Theorien unterscheiden sich hinsichtlich des Verständnisses, wodurch die unternehmerische Gelegenheit hervorgerufen wird. Die Discovery Theorie geht davon aus, dass die unternehmerische Gelegenheit exogen durch eine Veränderung innerhalb einer Branche oder eines Marktes entsteht.[145] Diese Veränderung kann technologischer, politischer, regulatorischer, sozialer und/oder demografischer Art sein.[146] Es handelt sich demnach um eine tatsächlich und objektiv vorhandene unternehmerische Gelegenheit, unabhängig vom Denken und Handeln des Entrepreneurs.[147] Kirzner (1973) nennt in diesem Zuge als wesentliche Komponente des Entrepreneurship „the ability to perceive opportunities which others have not yet noticed [...] to see where new products have become unexpectedly valuable to customers and where new methods of production, unknown to others, become feasible“[148]. Jedoch bringt erst der Entrepreneur „agency to opportunity“[149], indem er diese unternehmerische Gelegenheit erkennt und ausschöpft. Shane und Venkataraman (2000) proklamieren: „[E]ntrepreneurship is concerned with the discovery and exploitation of profitable opportunities."[150] Zentral für diese Sichtweise ist der sog. Individual-Opportunity Nexus, der den Kern des Entrepreneurship mit der Verbindung aus Entrepreneur und unternehmerischer Gelegenheit beschreibt.[151] Shane und Venkataraman (2000) definieren diesem Verständnis folgend Entrepreneurship als „the nexus of two phenomena: the presence of lucrative opportunities and the presence of enterprising individuals"[152]. Entrepreneurship bezieht sich damit nicht nur auf Unternehmensgründungen, sondern auf den übergeordneten Kontext des Entdeckens, Bewertens und Ausschöpfens unternehmerischer Gelegenheiten.[153] Entrepreneurship umfasst „acts of organizational creation, renewal, or innovation that occur within or outside an existing organization“[154]. Da die unternehmerische Gelegenheit ex ante

[144] Kuratko et al. 2011, S. 33.
[145] Vgl. Kirzner 1973, S. 10.
[146] Vgl. Shane 2003, S. 23.
[147] Vgl. Shane 2000, S. 448.
[148] Kirzner 1973, S. 81.
[149] Shane 2003, S. 7.
[150] Shane & Venkataraman 2000, S. 217.
[151] Vgl. Shane & Venkataraman 2000, 217; Shane 2003, S. 7.
[152] Shane & Venkataraman 2000, S. 218. Da in früheren Ansätzen Opportunitäten und Personen häufig isoliert betrachtet werden, legt dieser Ansatz das Fundament einer neuen Forschungsrichtung (vgl. Aulinger 2003, S. 21 ff.).
[153] Vgl. Shane & Venkataraman 2000, S. 218.
[154] P. Sharma & Chrisman 1999, S. 17.

existiert und klar erfasst und abgegrenzt werden kann, handelt der Entrepreneur hierbei unter Risiko[155].[156]

Die Creation Theorie hingegen beschreibt die Entstehung einer unternehmerischen Gelegenheit als endogen durch den Entrepreneur generiert. Die unternehmerische Gelegenheit entsteht durch proaktives Denken und Handeln des Entrepreneurs im Rahmen der Schaffung von etwas Neuem.[157] Serasvathy (2001, 2008) spricht vom Effectual Entrepreneur („effectuator"), der eine unternehmerische Gelegenheit auf Basis seiner individuellen Ressourcen und Wertesysteme kreiert: „[A]n imaginative actor who seizes contingent opportunities and exploits any and all means at hand to fulfill a plurality of current and future aspirations, many of which are shaped and created through the very process of economic decision making and are not given a priori."[158] Hierbei steht der Entrepreneur in einem interdependenten, iterativen Verhältnis aus Aktion und Reaktion mit der Umwelt (Branche oder Markt), welche das Denken und Handeln des Entrepreneurs mitbestimmt sowie selbst hierdurch beeinflusst wird.[159] Der Entrepreneur agiert dabei unter Unsicherheit[160], da die unternehmerische Gelegenheit nicht ex ante existiert, sondern durch das Denken und Handeln des Entrepreneur geschaffen wird und damit nicht vorab vollumfänglich erfasst und abgegrenzt werden kann.[161] Eine solche Situation ist „characterized by rapid change, unanalyzable technology, unpredictable shocks and trial and error learning"[162]. Knight (1921) beschreibt wahre unternehmerische Tätigkeit mit dem Agieren unter Unsicherheit und der Übernahme der hierbei entstehenden Konsequenzen durch den Entrepreneur.[163]

Im Rahmen dieser Arbeit wird demnach unter Entrepreneurship das Entdecken, Kreieren, Bewerten und Ausschöpfen unternehmerischer Gelegenheiten zur Schaffung von etwas Neuem verstanden.

---

155 Risiko ist diversifizierbar und überwälzbar, da man die möglichen zukünftigen Ereignisse und die Wahrscheinlichkeiten ihres Eintretens ex ante kennt und erfassen kann (vgl. F. H. Knight 1921).

156 Vgl. Shane 2003, S. 7.

157 Vgl. Baker & Nelson 2005; Gartner 1985; Sarasvathy 2001.

158 Vgl. Sarasvathy 2001, S. 262. Vgl. auch Sarasvathy 2008, S. 16.

159 Vgl. Bruyat & Julien 2000, S. 170 ff.

160 Bei einer Entscheidung unter Unsicherheit ist zwar die Menge der möglichen eintretenden Zustände bekannt, nicht jedoch deren Eintrittswahrscheinlichkeit und deren Ergebnis. Bei einer Entscheidung unter Risiko ist zumindest die Wahrscheinlichkeit des Eintritts eines Zustandes bekannt (vgl. Kreysel 2006, S. 129). Damit ist Unsicherheit im Gegensatz zu Risiko nicht diversifizierbar und überwälzbar (vgl. F. H. Knight 1921).

161 Vgl. Berger & Luckmann 1967.

162 Daft & Lengel 1986, S. 558.

163 Vgl. F. H. Knight 1921.

2.2.1 Entrepreneur

Die Verwendung des Begriffs „Entrepreneur“[164] (französisch „entreprendre“: etwas unternehmen) reicht bis in die Mitte des 18. Jahrhunderts zurück. Damals führte ihn der irische Volkswirt Richard Cantillon (1680-1734) in die ökonomische Theorie ein, wobei er vor allem die Bereitschaft, ökonomische Risiken einzugehen, betonte.[165] Der Begriff zielte dabei auf die Selbstständigkeit ab, welche mit einer ungewissen und unsicheren Vergütung bzw. Verzinsung verbunden ist. Der Begriff „Entrepreneur“ entspricht am ehesten dem deutschen Wort „Unternehmer“.[166]

Die beiden oben beschriebenen Theorien – Discovery und Creation Theorie – haben dabei eine direkte Auswirkung auf das Verständnis des Entrepreneurs. Der Ansatz der Discovery Theorie ist im Wesentlichen auf Kirzner zurückzuführen, welcher als Vordenker der sog. Österreichischen Schule[167] gilt. Dabei wird der Entrepreneur als jemand betrachtet, der auf exogene Veränderungen reagiert.[168] Es wird davon ausgegangen, dass eine unternehmerische Gelegenheit das Ergebnis exogener Veränderungen darstellt und objektiv – unabhängig vom Denken und Handeln des Entrepreneurs – besteht. Drucker (2002) schreibt in diesem Zusammenhang: „[T]he entrepreneur always searches for change, responds to it, and exploits it as an opportunity.“[169] Dies lässt den Schluss zu, dass sich Entrepreneure von Nicht-Entrepreneuren hinsichtlich der Fähigkeit unterscheiden, unternehmerische Gelegenheiten wahrzunehmen und auszuschöpfen. Kirzner (1973) begründet den Unterschied damit, dass Entrepreneure eine stärkere Alarmbereitschaft („alertness“)[170] hinsichtlich unternehmerischer Gelegenheiten aufweisen, welche vor allem im Vorhandensein von Informationsasymmetrien gesehen werden. Die Funktion des Entrepreneurs besteht damit für Kirzner (1973) in der Beseitigung dieser Marktungleichgewichte auf Angebotsseite, was über die unternehmerische „Findigkeit bezüglich bisher unbekannter Gelegenheiten“[171] erreicht wird. Der Entrepreneur „muß einzig und allein herausfinden, wo Käufer zuviel bezahlen und Verkäufer zu wenig erhalten, und diese Diskrepanz dadurch beseitigen, dass er bei letzteren kauft und an erstere etwas billiger

[164] Zur Definition des Begriffs „Entrepreneur“ können drei Phasen unterschieden werden: (1) Vor-Neoklassik – Cantillon, R. (1680-1734), Say, J.-B. (1767-1832), (2) Neoklassik – Menger, C. (1840-1921), Knight, F. H. (1885-1972) und (3) Post-Neoklassik – Schumpeter J. (1883-1950), Kirzner I. M. (*1930) (vgl. Welzel 1995, S. 41 ff.)

[165] Vgl. Cantillon 1755. Vgl. hierzu auch P. Sharma & Chrisman 1999, S. 12. Hinsichtlich der historischen Begriffsentwicklung sei in diesem Zusammenhang auch auf Gartner 1990, McMullan & Long 1983 und Hisrich 1986 hingewiesen.

[166] Volkmann & Tokarski 2006, S. 2. Schumpeter (1934) bezeichnet in „The Theory of Economic Development“, der englischen Version von seiner „Theorie der wirtschaftlichen Entwicklung“, den Unternehmer ebenso als „Entrepreneur“. Nachfolgend werden die Begriffe „Entrepreneur“ und „Unternehmer“ synonym verwendet.

[167] In den USA wird für diese ökonomische Tradition die Bezeichnung „Neo-Austrians“ gebraucht.

[168] Vgl. Kirzner 1973, S. 66 ff.; Kirzner 1997, S. 62 ff.

[169] Drucker 2002, S. 25.

[170] Kirzner 1973, S. 67.

[171] Kirzner 1978, S. 32.

verkauft“[172]. Der Entrepreneur wird damit zum Finder von Arbitragemöglichkeiten[173]. Dieser Gedanke wird auch von Drucker (2007) aufgegriffen. Für ihn besteht unternehmerisches Handeln darin, dass der Entrepreneur Ressourcen aus einem Zustand niedrigerer Produktivität in einen Bereich höherer Produktivität umleitet („shift ressources from areas of low productivity and yield to areas of higher productivity and yield”[174]).

Hingegen ist der Entrepreneur bei Schumpeter (1911, 1934), der Creation Theorie folgend, derjenige, welcher die Veränderung auslöst. Er beschreibt den Unternehmer als wesentlichen Motor der wirtschaftlichen Dynamik, der unternehmerische Gelegenheiten erkennt, aufgreift und wirtschaftlich umsetzt. Dabei definiert er den Entrepreneur als „schöpferischen Zerstörer“[175], der durch innovative Kombination von Ressourcen den Wandel befördert.[176] Der Entrepreneur ist damit die treibende Kraft in der Durchsetzung bzw. Realisierung immer neuer Faktorkombinationen. Dieser Gedanke findet sich auch in den Arbeiten von Casson (1982) wieder, welcher die Entscheidungen des Entrepreneurs über den Einsatz knapper Ressourcen in den Mittelpunkt stellt. Er definiert den Entrepreneur als „someone who specializes in making judgmental decisions about the coordination of scarce resources”[177]. Ronstadt (1984) unterscheidet drei wesentliche Elemente des Entrepreneurship: (1) Entrepreneur, (2) unternehmerische Gelegenheit und (3) durch den Entrepreneur erworbene oder entwickelte Ressourcen, um die unternehmerische Gelegenheit zu verfolgen.[178] Entrepreneure müssen sich demnach nicht zwingend ex ante von Nicht-Entrepreneuren unterscheiden. Die Unterscheidung zwischen Entrepreneuren und Nicht-Entrepreneuren besteht ex post und damit im Wesentlichen im Denken und Handeln während des interdependenten, iterativen Prozesses der Gestaltung bzw. Ausschöpfung der unternehmerischen Gelegenheit.[179] Trotz der offensichtlichen Unterschiede zwischen Discovery und Creation Theorie sind beide Theorien nicht unvereinbar. Änderungen,

---

[172] Kirzner 1978, S. 33.

[173] Arbitrage wird hierbei als die Tätigkeit des Vermittelns zwischen Angebot und Nachfrage und damit als Spekulation im ursprünglichen Sinne des latainischen Wortstames verstanden. Letztendlich scheint die in der Finanzwirtschaft herrschende Auffassung von Arbitrage als vollkommen sichere, gewinnbringende Transaktion ohne jeglichen Zeitbedarf wenig realitätsnah und deshalb für unsere Zwecke im Hinblick auf die Unternehmerfunktion wenig sinnvoll zu sein (vgl. u. a. Schneider 1995, S. 36-38).

[174] Drucker 2007, S. 25.

[175] Die schöpferische Zerstörung bezieht sich zum einen auf die Erweiterung technisch funktionsfähiger Produkte, welche mit der Einführung neuartiger Produkte und Produktionsverfahren einhergehen, und zum anderen auf festgefahrene Marktstrukturen bzw. Wettbewerbspositionen. Damit kann sich die schöpferische Zerstörung sowohl auf Neuerungen von Technologien oder Produkten als auch auf gesamte Märkte oder Branchen beziehen. Hiermit geht eine verbesserte Ressourcenallokation und Wettbewerbsfähigkeit einher (vgl. Volkmann & Tokarski 2006, S. 8).

[176] Vgl. Schumpeter 1911, S. 157.

[177] Vgl. Casson 1982, S. 23.

[178] Vgl. Ronstadt 1984, S. 28.

[179] Vgl. Sarasvathy 2001, S. 262.

die ein Entrepreneur auslöst, können für andere der Anlass sein, darauf zu reagieren, was wiederum zu Änderungen führt.[180]

Zur Definition des Begriffs „Entrepreneur" können im Wesentlichen drei theoretisch fundierte Ansätze differenziert werden: Neben der Definition über dessen Funktion oder Aufgabe (functional approach) existiert eine Definition über dessen Eigenschaften (traits approach), sowie eine Definition über das gezeigte Verhalten (behavioral approach) – wobei die Definition über das Verhalten theoretische Überschneidungen mit der funktionalen Definition aufweist. Diese Arbeit folgt der Definition des Entrepreneurs über sein Handeln[181], welches im Gegensatz zu psychischen Abläufen beobachtbar ist.[182]

Tabelle 2-1: Zentrale Annahmen Discovery-Theorie und Creation-Theorie

	Discovery Theorie	Creation Theorie
Unternehmerische Gelegenheit	Entsteht exogen, unabhängig vom Denken und Handeln des Entrepreneur	Entsteht endogen, hervorgerufen vom Denken und Handeln des Entrepreneur
Entrepreneur	Unterscheidet sich vom Nicht-Entrepreneur ex ante	Unterscheidet sich vom Nicht-Entrepreneur ex post
Denken und Handeln	Risiko	Unsicherheit

Quelle: Eigene Darstellung in Anlehnung an Alvarez & Barney 2007, S. 127.

Dies spielt auch vor dem Hintergrund der Messbarkeit von ICV-Erfolgsfaktoren eine Rolle: „The issue of measurability also gives advantage to a behavior model of entrepreneurship. Specially, behavior is, by definition, overt and demonstrable. Knowing the behavioral manifestations of entrepreneurship, we can reliably, verifiably, and objectively measure the entrepreneurial level of firms. This is important because the development of entrepreneurial process knowledge hinges on our ability to accurately differentiate between more and less entrepreneurial firms."[183] Darüber hinaus ist unternehmerisches Verhalten auch beeinflussbar und damit managebar: „Firm-level entrepreneurial behavior is affected by and therefor can be

[180] Vgl. z. B. Casson 1987, S. 151.
[181] Die Funktionen des unternehmerischen Handelns des Entrepreneurs sind Bestandteil der Classical School des Entrepreneurship (vgl. Cunningham & Lischeron 1991, S. 50 f.).
[182] Unter Handeln wird jede physische Aktivität verstanden, die im Gegensatz zu psychischen Abläufen grundsätzlich von anderen beobachtbar (und damit ojektiv feststellbar) ist (vgl. Dorsch 1976, S. 646).
[183] Covin & Slevin 1991, S. 8.

managed through the creation of particular organizational strategies, structures, systems, and cultures. As such, a behavior model of entrepreneurship allows for considerable managerial intervention, and the entrepreneurial process can be viewed as much less serendipitous, mysterious, and unknowable."[184]

Covin & Slevin (1991) manifestieren die Effektivität des Entrepreneurs anhand seines Beitrags zum Unternehmenserfolg, welcher wiederum eine Funktion aus organisatorischem und persönlichem Verhalten darstellt.[185] Entsprechend bezeichnet Ripsas (1997) den Handlungsprozess des Entrepreneurs als Entrepreneurship.[186] Diese Sichtweise wurde von Stevenson (1983) begründet, wobei bestimmtes – meist organisationales Handeln – als entrepreneurial bzw. unternehmerisch eingestuft wird.[187] Er beschreibt Entrepreneurship als einen „approach to management", der sich auszeichnet durch „the pursuit of opportunity without regard to resources currently controlled"[188]. In diesem Zusammenhang spricht er vom „Promotor" und stellt diesem den „Trustee" gegenüber, welcher sich lediglich an der effizienten Nutzung vorhandener Ressourcen für einen vorbestimmten Zweck orientiert und damit formal-administrativ handelt.[189] Stevenson (1983) unterscheidet damit Verhalten zwischen den beiden Extremen „Entrepreneurial Domain" sowie „Administrative Domain".[190] Entrepreneurship wird also als ein Prozess definiert, bei dem ein Entrepreneur unternehmerische Gelegenheiten unabhängig von den zu diesem Zeitpunkt vorhandenen Ressourcen zu nutzen versucht.[191] Damit entfällt eine Unterscheidung in Entrepreneur und Intrapreneur[192], sobald sich diese wie Promotoren verhalten: „Entrepreneurship is an approach to management that can be applied in start-up situations as well as within more established businesses."[193] Drucker (1985) schreibt in diesem Zusammenhang: „Entrepreneurship is based upon the same principles, whether the entrepreneur is an existing large institution or an individual starting his or her new venture single-handed.

[184] Covin & Slevin 1991, S. 8.
[185] Vgl. Covin & Slevin 1991, S. 8.
[186] Vgl. Ripsas 1997, S. 57.
[187] In seiner Definition beschreibt Stevenson sechs Dimensionen, auf deren Handlungsebenen sich ein Entrepreneur durch spezifische Verhaltensweisen vom Nicht-Entrepreneur unterscheidet: (1) Strategic Orientation, (2) Resource Orientation, (3) Management Structure, (4) Reward Philosophy, (5) Growth Orientation und (6) Entrepreneurial Culture (vgl. Stevenson 1983, S. 3-10).
[188] Stevenson 1983, S. 3.
[189] Vgl. Stevenson 1983, S. 3.
[190] Vgl. Stevenson 1983, S. 4.
[191] Vgl. Stevenson & Jarillo 1990, S. 23. Kuratko et al. (2011) unterteilen Entrepreneurship in sechs Prozessphasen. (1) „Identifying the opportunity", (2) „Defining the business concept", (3) „Assessing the resource requirements", (4) „Acquiring the necessary resources", (5) „Implementing and managing the concept" und (6) „Harvesting the venture" (vgl. Kuratko et al. 2011, S. 32 ff.).
[192] Pinchot (1985, 1988) prägt den Begriff „Intrapreneur" (vgl. Pinchot 1985, S. 32; Pinchot 1988, S. 13). Dieser wird häufig auch als „Unternehmer im Unternehmen" (vgl. Süssmuth Dyckerhoff 1995, S. 11) bezeichnet. Intrapreneuring ist ein Kunstwort und entwickelte sich durch das Zusammenfügen der Begriffe „intracorporate" und „entrepreneuring" (vgl. Pinchot 1985, S. 10; Walz & Barth 1990, S. 358).
[193] Stevenson 1983, S. 12. Er bezeichnet die Unterscheidung zwischen Entrepreneur und Intrapreneur sogar als „false dichotomy".

[…] The rules are pretty much the same, the things that work and those that don't are pretty much the same, and so are the kinds of innovation and where to look for them. In every case there is a discipline we might call Entrepreneurial Management."[194] Allerdings herrscht in der Literatur größtenteils Einigkeit über die Innovationsträgheit von Großunternehmen, wodurch die Durchsetzung von Entrepreneurship erschwert wird.[195] „These companies often long for some of the spark, innovation, speed and risk taking that they once had, but which have slowly eroded under the weight of size, bureaucracy, complex processes and hierarchy."[196] Dieser Auffassung folgend beschreiben Hart et al. (1995) die Ausschöpfung einer unternehmerischen Gelegenheit in Abhängigkeit der Kompetenzen sowie branchenspezifischen Erfahrungen des Entrepreneurs und damit zunächst vielmehr „opportunity-driven" als „resource-driven".[197] Dies gilt jedoch lediglich für das Entdecken einer unternehmerischen Gelegenheit, da hierbei fehlende Ressourcen die Wahrnehmung des Entrepreneurs nicht einschränken.[198] Die Ausschöpfung einer unternehmerischen Gelegenheit hingegen verlangt selbstverständlich den Zugriff auf die hierfür notwendigen Ressourcen und Kompetenzen, wodurch dem Entrepreneur auch eine Ressourcenbeschaffungsfunktion zukommt.[199] Hisrich (1985) stellt den wertschöpfenden unternehmerischen Prozess in den Mittelpunkt und damit die finanziellen, sozialen sowie persönlichen Risiken des Entrepreneurs dem monetären Erfolg sowie der persönlichen Befriedigung und Unabhängigkeit gegenüber: „[T]he process of creating something new with value by devoting the necessary time and effort, assuming the accompanying financial, psychic, and social risks, and receiving the resulting rewards of monetary and personal satisfaction and independence."[200] Timmons (1999) definiert Entrepreneurship als „way of thinking, reasoning, and acting that is opportunity obsessed, holistic, in approach, and leadership balanced"[201]. Timmons & Spinelli (2003) fügen noch den Nachsatz „for the purpose of value creation and capture"[202] hinzu. „Entrepreneurship bezieht sich dabei auf Denk-, Argumentations- und Handlungsweisen, die durch die Erkennung und Wahrnehmung von unternehmerischen Gelegenheiten gekennzeichnet sind. Entrepreneurship ist weiter charakterisiert durch den begrenzten Einsatz von Ressourcen und die Übernahme von persönlichen und finanziellen Risiken, die im Verhältnis zu den Chancen durch den Entrepreneur möglichst genau kalkuliert werden."[203] Die Ausführungen zeigen, dass die

[194] Drucker 1985, S. 143.
[195] Vgl. C. W. L. Hill & Rothaermel 2003, S. 257.
[196] Thornberry 2001, S. 526.
[197] Vgl. M. M. Hart et al. 1995, S. 18.
[198] Vgl. Schönenberger 2005, S. 22; Süssmuth Dyckerhoff 1995, S. 55; Stevenson & Jarillo 1990, S. 23.
[199] Vgl. Süssmuth Dyckerhoff 1995, S. 55.
[200] Hisrich & Brush 1985, S. 18; Hisrich & Peters 2002, S. 10; Hisrich et al. 2007, S. 8.
[201] Timmons 1999, S. 27.
[202] Timmons & Spinelli 2003, S. 47; Timmons & Spinelli 2009, S. 101.
[203] Volkmann & Tokarski 2006, S. 4.

Begriffe „Entrepreneurship“ und „Entrepreneur“ sich gegenseitig bedingen und nicht strikt voneinander getrennt werden können.

Tabelle 2-2: Übersicht von Definitionen zum Entrepreneurship bzw. Entrepreneur

Quelle	Definition Entrepreneurship bzw. Entrepreneur
Cantillon (1755)	Selbständigkeit mit einer ungewissen, unsicheren Vergütung bzw. Verzinsung
Knight (1921)	Gewinne erzielen durch das Eingehen und Inkaufnehmen von Unsicherheiten und Risiken
Schumpeter (1934)	Die Realisierung/Verwirklichung von neuen Faktorkombinationen – neue Produkte, neue Serviceleistungen, neue Rohstoffquellen, neue Produktionsmethoden, neue Märkte, neue Formen der Organisation
Casson (1982)	Entscheidungen über den Einsatz knapper Ressourcen treffen
Hisrich & Brush (1985) [Original] [modifizierte Version in Hisrich & Peters (2002)]	Entrepreneurship ist ein Prozess, bei dem etwas Neues geschaffen wird – unter Übernahme der dazugehörigen finanziellen, persönlichen und sozialen Risiken sowie der aus dem Prozess resultierenden monetären Vergütung sowie persönlichen Befriedigung und Unabhängigkeit
Hart et al. (1995)	Das Streben nach Chancen und Gelegenheiten, ohne Berücksichtigung der gegenwärtig zur Verfügung stehenden Mittel, abhängig von der bisherigen Auswahl der Gründer und beruhend auf ihren branchenspezifischen Erfahrungen
Timmons (1999)	Entrepreneurship ist eine Denk-, Argumentations- und Handlungsweise, gekennzeichnet durch die Besessenheit von einer unternehmerischen Gelegenheit, einem ganzheitlichen Ansatz und einem ausgewogenen Führungsverhalten

Quelle: Volkmann & Tokarski 2006, S. 5.

2.2.2 Corporate Entrepreneurship

Im Hinblick auf die Bedeutung des Begriffs „Corporate Entrepreneurship“ (CE)[204] mangelt es in der Literatur an Einheitlichkeit. Unbestritten ist hingegen, dass „corporate entrepreneurship is not about business as usual. It is about unusual businesses or unusual approaches to business”[205]. Damit bildet CE den Oberbegriff für sämtliche unternehmerische Aktivitäten innerhalb eines Unternehmens, die simultan sowie auf unterschiedlichen Ebenen erfolgen können.[206]

Die vorangegangene Definition von Entrepreneurship als das Entdecken, Kreieren, Bewerten und Ausschöpfen unternehmerischer Gelegenheiten zur Schaffung von etwas Neuem, erlaubt es, bestehende Großunternehmen in den Kontext der Entrepreneurship-Forschung zu stellen.[207] Ein solches Verständnis trägt auch der Tatsache Rechnung, dass CE im Kontext von Großunternehmen zunehmend an Bedeutung gewinnt.[208] Diese Arbeit folgt der Auffassung Burns (2005), welcher die zentrale Aufgabe des CE in der Übertragung der Prinzipien des Entrepreneurship auf bestehende Großunternehmen sieht: „The very DNA of the entrepreneur must, somehow, be replicated in the larger corporate entity.“ Dabei bezeichnet er „the ability

[204] Nachfolgend CE.
[205] Thornberry 2001, S. 529.
[206] Vgl. Brazeal 1993, S. 79.
[207] Vgl. Shane & Venkataraman 2000, S. 218; P. Sharma & Chrisman 1999, S. 17.
[208] Vgl. Grichnik et al. 2010, S. 4.

to lead and manage this larger entrepreneurial organisation“ als „entrepreneurial management“ und grenzt dieses vom „traditional management” ab.[209]

Analog der verhaltensorientierten Definition des Entrepreneurs können auch Organisationen als sich unternehmerisch verhaltende (entrepreneurial behavior) Entitäten betrachtet werden[210] – wobei unternehmerisches Verhalten im weitesten Sinne verstanden wird als „comprehensive term that captures all actions taken by a firm's members that relate to the discovery, evaluation, and exploitation of entrepreneurial opportunities“[211]. Verhalten bildet das zentrale und wesentliche Element im unternehmerischen Prozess.[212] Kuratko et al. (2011) definieren daher CE als „a term used to describe entrepreneurial behavior inside established mid-sized and large organizations"[213]. CE umfasst also die Generierung, Entwicklung und Implementierung innovativen Verhaltens innerhalb einer Organisation.[214] Diese Sichtweise von CE fokussiert auf Innovation und „centers on enhancing the company's ability to acquire and act upon innovative skills and capabilities"[215]. Das unternehmerische Handeln erfolgt dabei auf allen Unternehmensebenen unter Berücksichtigung der strategischen Ausrichtung durch das Top-Management.[216] Zahra (1993) spricht von „unique needs of particular entrepreneurship activities at different organizational levels" und unterscheidet hierbei in „cororate level“, „business level“ sowie „functional level“.[217] CE wird daher häufig mit „Unternehmertum im Unternehmen“[218] umschrieben.[219] Mair (2005) definiert unternehmerisches Handeln innerhalb einer bestehenden Organisation als „a set of activities and practices by which individuals at multiple levels autonomously generate and use innovative resource combinations to identify and pursue opportunities“[220]. CE unterstützt und fördert damit eine kontinuierliche Hervorbringung von Innovationen.[221]

Diese Auffassung von CE orientiert sich damit stark am Verständnis des Entrepreneurs nach Schumpeter (1911, 1934), der durch innovative Kombination von Ressourcen Märkte oder Branchen aus dem Gleichgewicht bringt und durch „schöpferische Zerstörung“ vorantreibt.[222]

[209] Burns 2005, S. 13 f.
[210] Vgl. Covin & Slevin 1991, S. 20.
[211] Kuratko et al. 2005, S. 704.
[212] Vgl. Covin & Slevin 1991, S. 8.
[213] Kuratko et al. 2011, S. 11.
[214] Vgl. Damanpour 1991, S. 556.
[215] Kuratko et al. 2011, S. 12.
[216] Vgl. Covin & Slevin 1991, S. 7.
[217] Zahra 1993a, S. 7. „These activities may take place at the corporate, division (business), functional, or project levels, with the unifying objective of improving company's competitive position and financial performance" (vgl. Zahra 1991, S. 262).
[218] Wie im vorangegangenen Kapitel definiert, werden die Begriffe „Entrepreneurship“ und „Unternehmertum“ sowie „Entrepreneur“ und „Unternehmer“ synonym verwendet.
[219] Vgl. hierzu auch Haid 2004, S. 57.
[220] Mair 2005, S. 51.
[221] Vgl. Elfring 2005, S. 3.
[222] Vgl. Schumpeter 1911, S. 157.

Das Ziel des CE besteht demnach in der Förderung unternehmerischen Denkens und Handelns innerhalb einer bestehenden Organisation und damit der Schaffung eines unternehmerisch agierenden Unternehmens.[223]

Es herrscht in der Literatur weitestgehend Einigkeit darüber, dass es sich bei CE um einen prozessorientierten Ansatz handelt. Im Zenrum dieses Prozesses steht die Stimulierung innovativer Ressourcenkombinationen in bestehenden Unternehmen.[224] Es geht darum, die sich bietenden unternehmerischen Gelegenheiten frühzeitig zu entdecken, zu bewerten und mittels Innovationen auszuschöpfen.[225] Covin & Miles (1999) merken in diesem Zusammenhang an: „[W]ithout innovation there is no corporate entrepreneurship.“[226] Die innovative Kombination von Ressourcen benötigt sowohl unternehmerisch denkende und handelnde Individuen (Intrapreneure) als auch ein unterstützendes unternehmerisches Umfeld innerhalb der Organisation: „Thus, realizing new combinations of resources that lead to innovative products, processes [...] on the one hand require individuals with a particular entrepreneurial behavior and on the other hand an organizational environment which not only tolerates but even supports these explorative activities.“[227] Bei der Schaffung eines solchen unternehmerischen Umfelds, welches unternehmerisches Denken und Handeln fördert, betonen mehrere Studien die zentrale Rolle des mittleren Managements.[228] Dabei besteht die Aufgabe des CE im Wesentlichen im „managing the conflict between the new and the old and overcoming the inevitable tension that such conflict produces for management“[229].

Burgelman (1983) versteht CE in diesem Zusammenhang als Prozess, wobei durch interne Entwicklung das Unternehmen diversifiziert[230] und durch neue Ressourcenkombination eine neue Geschäftseinheit auf Basis einer Produkt- bzw. Prozessinnovation innerhalb des bestehenden Unternehmens aufgebaut wird.[231] Hierdurch können innovative Ressourcenkombinationen verfolgt werden, ohne das Kerngeschäft zu vernachlässigen oder zu gefährden.[232] Ziel ist es dabei, den Kompetenzbereich des Unternehmens auszuweiten und damit den Handlungsspielraum zur Ausschöpfung der sich bietenden unternehmerischen Gelegenheiten zu

---

[223] Vgl. u. a. Guth & Ginsberg 1990, S. 5; Barringer & Bluedorn 1999, S. 422; Thornberry 2001, S. 526 ff; Wiklund & Shepherd 2003, S. 1308; Haid 2004, S. 90.

[224] Vgl. u. a. Covin & Slevin 1991, S. 7; Stopford & Baden-Fuller 1994a, S. 522; Saly 2001, S. 11. Saly (2001) sieht darin die Möglichkeit zum Aufbau dynamischer Fähigkeiten (dynamic capabilities) für einen dynamischen Fit zwischen Unternehmen und Umwelt (vgl. Saly 2001, S. 23).

[225] Vgl. D. J. Kelley et al. 2005, S. 38 ff. Stevensons (1983) Ansicht hinsichtlich des Ausschöpfens von sich bietenden unternehmerischen Gelegenheiten lässt sich auf das Entrepreneurship bestehender Unternehmen übertragen, wobei sich dies branchenabhängig manifestiert (vgl. Brown et al. 2001, S. 965).

[226] Covin & Miles 1999, S. 49.

[227] Elfring 2005, S. 2.

[228] Vgl. u. a. Kanter 1985; Floyd & Woolridge 1990, 1992, 1994; Ginsberg & Hay 1994; Pearce et al. 1997.

[229] Dess et al. 2003, S. 358.

[230] Vgl. Burgelman 1983a, S. 1349.

[231] Vgl. Burgelman 1983a, S. 1349; Jennings & Lumpkin 1989, S. 489. Zahra (2001) beschreibt CE ebenfalls als einen Prozess zum Aufbau neuer Geschäftseinheiten (vgl. Zahra 1991, S. 262).

[232] Vgl. u. a. March 1991; Christensen et al. 2002; O'Reilly & Tushman 2004.

erweitern: „[E]xtending the firm's domain of competence and corresponding opportunity set through internally generated new resource combinations."[233] In diesem Zusammenhang nennt Vesper (1984) drei wesentliche Dimensionen von CE: (1) „new strategic direction", (2) „autonomous business creation" und (3) „initiative from below"[234] – wobei CE sowohl jede einzelne Dimension sein kann als auch jede Kombination daraus. Guth & Ginsberg (1990) ergänzen dieses Verständnis durch die Transformation und strategische Erneuerung des gesamten Unternehmens, welche hierdurch notwendig wird.[235] Damit entwickelten sie einen der ersten Ansätze zur Integration von CE in das strategische Management von Unternehmen, womit CE die Schnittstelle zwischen Entrepreneurship und strategischem Management aufgreift.[236] Sie argumentieren, dass CE aus zwei Prozessen besteht: dem Aufbau neuer Geschäftseinheiten innerhalb des bestehenden Unternehmens sowie einer strategischen Erneuerung[237] oder Revitalisierung[238].[239] Entsprechend ist CE nach der häufig zitierten Definition von Sharma & Chrisman (1999) „the process whereby an individual or a group of individuals, in association with an existing organization, create a new organization or instigate renewal or innovation within that organization"[240]. In Anlehnung an diese Auffassung beschreiben Dess et al. (2005) die zwei Elemente des CE als „the creation and pursuit of new venture opportunities and strategic renewal"[241] – also zum einen als den Aufbau einer neuen Geschäftseinheit innerhalb des bestehenden Unternehmens auf Basis einer Innovation und zum anderen als die grundlegende strategische Erneuerung des Unternehmens aufgrund der neuen Ressourcenkombination und der damit verbundenen Änderungen entlang der Wertschöpfungskette

[233] Burgelman 1984a, S. 154.

[234] Vesper 1984, S. 294 ff.

[235] Vgl. Guth & Ginsberg 1990, S. 5. CE wird häufig auch in drei Phasen unterteilt: (1) Innovation, (2) Neu-Gründung und (3) Erneuerung. Zahra (1995) sieht CE als „the sum of a company's innovation, strategic renewal and corporate venturing" (vgl. Zahra 1995, S. 277). Sharma & Chrisman (1999) definieren CE als „the process whereby an individual or a group of individuals, in association with an existing organization, create a new organization or instigate renewal or innovation within that organization" (vgl. P. Sharma & Chrisman 1999, S. 18). Ling et al. (2008) definieren CE analog durch drei Dimensionen: (1) Innovation (Produkt- oder Prozessinnovation), (2) Strategic Renewal (organisatorische Erneuerung durch strategische und strukturelle Veränderung) und (3) Corporate Venturing (Aufbau neuer Geschäftseinheiten) (vgl. Ling et al. 2008, S. 557). Im Rahmen dieser Arbeit wird jedoch davon ausgegangen, dass Innovationen die Gründung neuer Geschäftseinheiten bedingen.

[236] Vgl. Hitt & Ireland 2000, S. 47 f.

[237] Vgl. Stopford & Baden-Fuller 1994a, S. 521 ff.

[238] Vgl. Müller-Stewens 1992, S. 267.

[239] Dess et al. (2003) unterscheiden in diesem Zusammenhang „organizational rejuvenation", „strategic renewal" und „domain redefinition" (vgl. Dess et al. 2003, S. 354 f.).

[240] P. Sharma & Chrisman 1999, S. 18.

[241] Vgl. Dess et al. 2005, S. 147.

sowie ggf. des Geschäftsmodells.[242] Diese beiden Ziele werden durch die Umwelt, die strategische Führung, den bisherigen Erfolg sowie die Organisation beeinflusst.[243] Dabei kann CE formale sowie informale Aktivitäten zum Aufbau neuer Geschäftseinheiten innerhalb Großunternehmen auf der Basis von Produkt- und Prozessinnovationen umfassen: „[C]orporate entrepreneurship may be formal or informal activities aimed at creating new businesses in established companies through product and process innovations."[244] Salvato et al. (2009) betonen dabei die Fähigkeit, interne Widerstände systematisch zu beseitigen, um das Unternehmen durch innovative Geschäftsinitiativen neu zu definieren.[245] Birkinshaw (1997) definiert eine solche Initiative als „a discrete, proactive undertaking that advances a new way for the corporation to use or expand ist resources. An initiative is essentially an entrepreneurial process beginning with the identification of an opportunity and culminating in the commitment of resources to that opportunity"[246]. Da hierdurch die strategische Ausrichtung des Unternehmens signifikant verändert wird, beschreiben Miles & Covin (2002) CE auch als „strategic lever"[247].

Damit wird im Rahmen dieser Arbeit CE als das Entdecken, Kreieren, Bewerten und Ausschöpfen unternehmerischer Gelegenheiten durch Individuen (Intrapreneure) oder einer Gruppe von Individuen innerhalb einer bestehenden Organisation durch den Aufbau neuer Geschäftseinheiten sowie strategischer Erneuerung definiert. Hierzu bedarf es der Erschließung neuer Kompetenzen, um den Handlungsspielraum zu erweitern und auf sich bietende unternehmerische Gelegenheiten reagieren zu können. Ziel von CE als organisatorischer Prozess ist die Förderung unternehmerischen Denkens und Handelns auf allen Ebenen innerhalb einer Organisation und damit die Schaffung eines unternehmerisch agierenden Unternehmens. Voraussetzung ist die Integration von CE in das strategische Management des Unternehmens.

2.2.3 Dimensionen von Corporate Entrepreneurship

Es besteht weitestgehend Einigkeit darüber, dass CE den langfristigen Erfolg von Unternehmen positiv beeinflusst.[248] Uneinigkeit hingegen besteht hinsichtlich der Ausgestaltung sowie der Erfolgsfaktoren einer solchen Übertragung von Entrepreneurship auf die Unternehmensebene.

---

[242] Covin & Miles (1999) unterscheiden vier Ausprägungen von CE: (1) eine dauerhafte Regeneration – „sustained regeneration", (2) eine Neuorganisation interner Strukturen und Prozesse – „organizational rejuvenation", (3) eine strategische Erneuerung – „strategic renewal" und (4) eine Neudefinition von zentralen Geschäftsfeldern durch eine Veränderung der Produkt-Markt-Matrix – „domain redefinition" (vgl. Covin & Miles 1999, S. 50). Dess et al. (2003) unterscheiden die letzten drei Ausprägungen (vgl. Dess et al. 2003, S. 354-355).

[243] Vgl. Guth & Ginsberg 1990, S. 7.

[244] Zahra 1991, S. 262. Vgl. auch Zahra et al. 2000, S. 947 ff.

[245] Vgl. Salvato et al. 2009, S. 279 ff.

[246] Birkinshaw 1997, S. 207.

[247] Miles & Covin 2002, S. 21.

[248] Vgl. u. a. Zahra & Covin 1995, S. 43 ff.; Covin & Slevin 1993, S. 26 f.; Salv 2001, S. 1 und S. 17.

Da die Zielsetzung von CE in der Schaffung eines unternehmerisch agierenden Unternehmens besteht, stellt sich die Frage nach der Ausgestaltung der unternehmerischen Haltung („Entrepreneurial Posture“).[249] Dabei kann die unternehmerische Ausrichtung von Unternehmen durch das Konzept „Entrepreneurial Orientation“ (EO)[250] nach Lumpkin & Dess (1996) reflektiert werden.[251] Diese wird in der Literatur durch unterschiedliche Dimensionen charakterisiert. Ein in diesem Zusammenhang vielfach zitierter Ansatz geht auf Miller (1983) zurück, welcher feststellt, dass ein unternehmerisch Handelnder „engages in product market innovation, undertakes somewhat risky ventures and is first to come up with ‚proactive‘ innovations, beating competitors to the punch“[252]. Covin & Slevin (1991) bauen hierauf auf und beschreiben unternehmerische Organisationen anhand von drei Dimensionen: „[F]irms with entrepreneurial postures are risk taking, innovative, and proactive.“[253] Barringer & Bluedorn (1999) sehen ebenfalls diese drei Dimensionen: „The main assumption that underlies the notation of corporate entrepreneurship is that it is a behavioral phenomenon and all firms fall along a conceptual continuum that ranges from highly conservative to highly entrepreneurial. Entrepreneurial firms are risk taking, innovative and proactive. In contrast conservative firms are risk adverse, are less innovative, and adopt a more ‘wait and see’ posture. The position of a firm on this continuum is referred to as its entrepreneurial intensity.”[254] Dabei wird die Intensität des unternehmerischen Verhaltens durch unternehmensinterne (Strategie, Organisation) und -externe Faktoren (Umwelt) bestimmt.[255] Unternehmen in volatilen Märkten weisen eine höhere Risikobereitschaft, Innovativität und Proaktivität auf als jene in stabilen Märkten.[256]

Die empirische Forschung in jüngerer Zeit hat jedoch gezeigt, dass eine Unterteilung von EO in die fünf Dimensionen „risk taking“, „innovativeness“, „proactiveness“, „autonomy“ und „competitive aggressiveness“ bessere Schlussfolgerungen hinsichtlich des Einflusses auf den Unternehmenserfolg erlaubt.[257] Diese Dimensionen werden im Folgenden kurz beschrieben.

---

[249] Vgl. Russel 1999, S. 65; Covin & Slevin 1991, S. 10.

[250] Nachfolgend EO.

[251] Vgl. Lumpkin & Dess 1996, S. 135 ff.

[252] D. Miller 1983, S. 770.

[253] Vgl. Covin & Slevin 1991, S. 7. Miller (1983) merkt hierzu an: „In general, theorists would not call a firm entrepreneurial if it changed its technology or product-line (…) simply by directly imitating competitors while refusing to take any risk. Some proactiveness would be essential as well. By the same token, risk taking firms that are highly leveraged financially are not necessarily entrepreneurial. They must also engage in product-market or technical innovation” (vgl. D. Miller 1983, S. 780).

[254] Barringer & Bluedorn 1999, S. 422.

[255] Vgl. Zahra 1991, S. 262.

[256] Vgl. Naman & Slevin 1993, S. 147; Barringer & Bluedorn 1999, S. 422.

[257] Vgl. Dess et al. 2005, S. 147 ff.; Barmettler 2006, S. 31. Stopford & Baden-Fuller (1994) beschreiben EO ebenfalls anhand von fünf Dimensionen: (1) Proactiveness, (2) Aspiration beyond current Capabilities, (3) Team-Orientation, (4) Capability to resolve Dilemmas und (5) Learning Capability (vgl. Stopford & Baden-Fuller 1994a, S. 521 ff.).

2.2.3.1 Risikobereitschaft

Risikobereitschaft bildet eine zentrale Dimension unternehmerischer Orientierung. Wie bereits beschrieben, agiert ein Entrepreneur bei der Entdeckung, Kreierung, Bewertung sowie Ausschöpfung unternehmerischer Gelegenheiten grundsätzlich unter Risiko, wenn nicht gar unter Unsicherheit.[258] Hierbei muss er Fehlschläge und damit finanzielle sowie persönliche Risiken wie z. B. einen Reputationsverlust oder aber auch einen Imageschaden des Unternehmens akzeptieren.[259]

Die Hervorbringung einer Innovation setzt demnach Risikobereitschaft voraus, welche nach Morris & Kuratko (2002) verstanden werden kann „as both an individual-level trait as well as an organizational-level concept“[260]. Sie beschreiben den Zusammenhang zwischen Risiko und Innovation dabei als u-förmig, wobei das Imitieren einer Innovation sowie das Hervorbringen einer radikalen/disruptiven „breakthrough“ Innovation mit einem höheren Risiko verbunden ist als die Entwicklung einer dazwischenliegenden „continuous“ bzw. „dynamically continuous“ Innovation.[261]

Die Etablierung eines risikobereiten Unternehmens bedarf einer erhöhten Fehlertoleranz.[262] Diese bildet für Bitzer (1991) ein wesentliches Element des Intrapreneuring.[263] Zudem gehört zur Adressierung persönlicher Risiken die Bereitstellung eines „clear set of post-venture career options“[264]. Dabei setzt der Umgang mit Risiken und die Förderung eines risikoorientierten Denkens und Handelns „a reasonable awareness of the risks involved, and an attempt to manage these risks”[265] voraus. Denn „it is not gambling” und „[o]nly carefully managed risk is likely to lead to competitive advantages“[266]. Grundlegend hierfür ist die Fähigkeit eines Unternehmens, aus Erfolgen und Misserfolgen zu lernen.[267]

2.2.3.2 Innovativität

Innovativität ist ein konstitutives Merkmal eines unternehmerisch agierenden Unternehmens.[268] Lumpkin & Dess (1996) beschreiben Innovativität als „a firm‘s tendency to engage in and support new ideas, novelty, experimentation, and creative processes that may result in new

---

[258] Vgl. Kapitel 2.2.
[259] Vgl. u. a. Dess et al. 2005, S. 152; Morris & Trotter 1990, S. 133; Thom 1980, S. 28.
[260] Morris & Kuratko 2002, S. 41.
[261] Vgl. Morris & Kuratko 2002, S. 124. Vgl. auch Kotler 1996, S. 307 ff.
[262] Vgl. u. a. Peters & Waterman 1983, S. 243; Bitzer 1991, S. 28; Strebel 1995; S. 14.
[263] Vgl. Bitzer 1991, S. 28.
[264] Brody & Ehrlich 1998, S. 58.
[265] Morris & Trotter 1990, S. 133.
[266] Dess et al. 2005, S. 152.
[267] Vgl. u. a. Chesbrough 2000, S. 40; Brody & Ehrlich 1998, S. 58.
[268] Vgl. u. a. Lumpkin & Dess 1996, S. 143; Brown et al. 2001, S. 954 ff.

products, services, or technological processes"[269]. Diese Auffassung stellt eine kontinuierliche Bereitschaft und Fähigkeit der Mitarbeiter auf allen Unternehmensebenen zur Gründung neuer Geschäftsbereiche auf Basis radikaler/disruptiver Innovationen in den Mittelpunkt.[270] Dabei bringt die Innovationsbereitschaft die Offenheit gegenüber sich bietenden unternehmerischen Gelegenheiten und die Innovationsfähigkeit – das Fähigkeitspotenzial zur Erkennung, Kreierung, Bewertung und Ausschöpfung dieser Opportunitäten und damit zum Hervorbringen von Innovationen – zum Ausdruck.[271] Als wesentliche Einflussfaktoren auf die Innovationsbereitschaft können Führungsverhalten, Motivation[272], Information, Kommunikation sowie Unternehmenskultur gesehen werden.[273]

2.2.3.3 Proaktivität

Genau wie Innovativität ist auch Proaktivität ein konstitutives Merkmal eines unternehmerisch agierenden Unternehmens.[274] Analog der Definition der Innovation als ein Produkt, welches innerhalb eines Unternehmens und zugleich innerhalb einer Branche erstmalig eingeführt wird (subjektive Dimension)[275], ist ein Unternehmen nach Miller (1983) proaktiv, wenn es als erstes Unternehmen einer Branche mit einem neuen Produkt in den Markt eintritt.[276] Allerdings stellt der Eintritt als Pionier nach Stopford & Baden Fuller (1994) kein zwingendes Merkmal für Proaktivität dar, da auch die Imitation von Pionierleistungen innerhalb kürzester Zeit proaktiv sein kann.[277] „Thus, a proactive firm is a leader rather than a follower, because it has the will and foresight to seize new opportunities, even if it is not always the first to do so."[278] Diesem Verständnis folgen auch Srivastava & Lee (2005), für welche proaktive Unternehmen „First Mover" darstellen, wobei sie unter dem Begriff auch frühe Nachfolger subsumieren.[279] Analog der Definition von CE ist ein Unternehmen damit dann proaktiv, wenn es die Fähigkeit besitzt,

[269] Lumpkin & Dess 1996, S. 142. Nach Lumpkin & Dess (1996) lässt sich die Innovativität von Großunternehmen in einem Kontinuum abbilden, welches aus Innovationsobjekt (Produkt-, Prozessinnovation) sowie Innovationsgrad (inkrementelle, radikale Innovation) besteht. Sie stellen in diesem Zusammenhang auch einzelne Messmethoden für Innovativität vor (vgl. Lumpkin & Dess 1996, S. 143 ff.).

[270] Vgl. u. a. Saly 2001, S. 12; Gebert et al. 2001, S. 263; Haid 2004, S. 93; Gerpott 2005, S. 149.

[271] Vgl. Gmeiner 1997, S. 155 f.; Haid 2004, S. 93.

[272] Für einen einheitlichen wissenschaftlichen Sprachgebrauch ist es sinnvoll, zwischen den Begriffen „Motiv", „Motivation" und „motivieren" zu unterscheiden: Motiv bezeichnet einen inneren Beweggrund eines Individuums für ein bestimmtes Verhalten, welches häufig auf ein bestimmtes Ziel gerichtet ist. Motivation bezeichnet die Verknüpfung aller in einer bestimmten Situation bei einem Individuum wirksamen Motive. Motivieren steht für die Einflussnahme auf die Motivation eines Individuums, welche sowohl durch außenstehende Personen aber auch durch das Individuum selbst erfolgen kann (vgl. Heimerl & Sichler 2012, S. 447 ff.).

[273] Vgl. Gmeiner 1997, S. 155 f.

[274] Vgl. u. a. Stopford & Baden-Fuller 1994a, S. 521 ff.

[275] Vgl. Kapitel 2.1.1. Vgl. Hauschildt 1997, S. 18; Hauschildt & Salomo 2007, S. 26.

[276] Vgl. D. Miller 1983, S. 771. Vgl. auch Zahra 1993a, S. 9.

[277] Vgl. Stopford & Baden-Fuller 1994a, S. 523.

[278] Lumpkin & Dess 1996, S. 146.

[279] Vgl. Srivastava & Lee 2005, S. 461. Hierbei berücksichtigen sie die Wettbewerbssituation sowie die Zeitabstände zwischen den Markteintritten. Dess et al. (2005) beschreiben den Pionier als Industrieführer, welcher jedoch nicht zwangsläufig der Erste am Markt sein muss (vgl. Dess et al. 2005, S. 151).

unternehmerische Gelegenheiten frühzeitig zu erkennen, zu kreieren, zu bewerten und auszuschöpfen.[280] Proaktivität bezieht sich damit auf das Ergreifen von Opportunitäten als einer der Ersten auch außerhalb bestehender Handlungsfelder.[281] „With such a forward looking perspective, proactive firms have the desire to be pioneers, thereby capitalizing on emerging opportunities."[282] Nach Lumpkin & Dess (1996) umfasst Proaktivität „to how a firm relates to market opportunities in the process of new entry. It does so by seizing initiative and acting opportunistically in order to shape the environment, that is, to influence trends and, perhaps, even create demand"[283]. Damit wird auch eine aktive Mitgestaltung unternehmerischer Gelegenheiten (sog. Industry Shaping) als proaktives Verhalten beschrieben[284], wobei „[s]haping consists of attempting to change the environment in a direction that would benefit the firm. Shapers intent entirely new products for which demand is only latent, or alter the basic structure of their industry, or develop entirely new ways to compete"[285]. Ziel ist in diesem Zusammenhang eine aktive, vorteilsstiftende Beeinflussung der unternehmerischen Gelegenheit. Wie im vorangegangenen Kapitel beschrieben, handelt das Unternehmen hierbei jedoch unter Unsicherheit, da die unternehmerische Gelegenheit nicht ex ante existiert und damit die Gefahr besteht, dass sich diese zu Beginn von der späteren deutlich unterscheidet.[286] „[S]haping isn't always advisable. It offers the highest reward, but also the highest risk."[287]

2.2.3.4 Autonomie

Nach Dess et al. (2005) kann unter Autonomie eine „[i]ndependent action by an individual or team aimed at bringing forth a business concept or vision and carrying it through to completion"[288] verstanden werden. Autonomie kann durch Separation erzielt werden. Durch die Trennung von bestehenden Strukturen, Prozessen, (Management-)Systemen und anderen

[280] Vgl. hierzu auch Haid 2004, S. 98.
[281] Vgl. Dess et al. 2005, S. 150.
[282] Vgl. Wiklund & Shepherd 2005, S. 75.
[283] Lumpkin & Dess 1996, S. 147. Lumpkin & Dess (1996) stellen Passivität der Proaktivität gegenüber, weobei Passivität bezeichnet „[I]ndifference or an inability to seize opportunities or lead in the market place" (vgl. Lumpkin & Dess 1996, S. 147).
[284] Vgl. Lumpkin & Dess 1996, S. 147; Hamel & Prahalad 1995, S. 79, Porter 1991, S. 115. Afuah (1999) beschreibt in diesem Zusammenhang eine Kombination aus drei Strategien, mit denen eine unternehmerische Gelegenheit aktiv mitgestaltet werden kann: (1) „Blocking" (Verhinderung der Imitation eigener Innovationen durch andere Unternehmen), (2) „Runing" (kontinuierliche Hervorbringung von Innovationen auch durch Kanibalisierung eigener Produkte) und (3) „Teaming Up" (Kooperation mit anderen Unternehmen zur Festlegung von Industriestandards) (vgl. Afuah 1999, S. 99 ff.).
[285] Coyne & Subramanian 1996, S. 21.
[286] Vgl. Kapitel 2.2.
[287] Coyne & Subramanian 1996, S. 21.
[288] Dess et al. 2005, S. 148.

„corporate antibodies“[289] wird ein unternehmerisches Umfeld geschaffen, welches unternehmerisches Denken und Handeln ermöglicht und fördert.[290] Damit erhöht sich die Wahrscheinlichkeit für signifikante Innovationssprünge.[291]

2.2.3.5 *Wettbewerbsaggressivität*

Unter Wettbewerbsaggressivität verstehen Dess et al. (2005) „[a]n intense effort to outperform industry rivals. It is characterized by a combative posture or an aggressive response aimed at improving position or overcoming a threat in a competitive marketplace”[292]. Lumpkin & Dess (1996) grenzen Wettbewerbsaggressivität von Proaktivität ab, wobei „proactiveness has more to do with meeting demand, whereas competitive aggressiveness is about competing for demand”[293]. Während sich Proaktivität damit auf das Verhalten eines Unternehmens gegenüber unternehmerischen Gelegenheiten bezieht, beschreibt Wettbewerbsaggressivität das Verhalten gegenüber Wettbewerbern.[294] Nach Lumpkin & Dess (1996) steht Wettbewerbsaggressivität für Reaktivität und damit für schnelles Reagieren auf Handlungen von Wettbewerbern.[295] Hierzu gehören z. B. drastische Preissenkungen, Imitation von Produkten oder Geschäftsmodellen oder auch die Vorankündigung neuer Produkte.[296] Eine hohe Wettbewerbsaggressivität muss jedoch nicht zwangsläufig zu Wettbewerbsvorteilen führen, da z. B. zu aggressives Verhalten unter Umständen rufschädigend sein kann.[297] Eine zu hohe Wettbewerbsaggressivität kann daher alle am Markt agierenden Unternehmen negativ beeinflussen, weshalb aggressives Wettbewerbsverhalten limitiert und kanalisiert erfolgen sollte und die jeweiligen Auswirkungen im Vorfeld genau abzuwägen sind.[298] Dies zeigt sich auch in den Beobachtungen von Smith et al. (2001): „[T]he leaders' fear of getting involved in rounds of escalating cutthroat competition may cause them to react less aggressively.”[299]

Ein unternehmerisch handelndes Unternehmen weist eine starke Ausprägung aller fünf Dimensionen und damit von CE auf.

[289] Mason & Rohner 2002, S. 70; Thornberry 2003, S. 338.
[290] Vgl. Pinchot 1985, S. 10.
[291] Vgl. Michalski 2002, S. 13.
[292] Dess et al. 2005, S. 148.
[293] Lumpkin & Dess 1996, S. 147.
[294] Vgl. auch Barmettler 2006, S. 33.
[295] Vgl. Lumpkin & Dess 1996, S. 147.
[296] Vgl. Dess et al. 2005, S. 151 f.
[297] Vgl. Dess et al. 2005, S. 152.
[298] Vgl. Smith et al. 2001, S. 69.
[299] Smith et al. 2001, S. 69.

2.3 Corporate Venturing

Corporate Venturing (CV)[300] erfährt in der Wissenschaft seit Mitte der 1960er Jahre erhöhte Aufmerksamkeit.[301] In der Literatur besteht jedoch keine einheitliche Verwendung des Begriffs. Jüngere Ansätze beschreiben die Manifestation von CE durch CV.[302] Entsprechend definieren Sharma & Chrisman (1999) CV als „corporate entrepreneurial efforts that lead to the creation of new business organizations within the corporate organization"[303]. Als Komponente des CE fokussiert CV damit auf den Aufbau neuer Geschäftseinheiten innerhalb und außerhalb der Grenzen bestehender Unternehmen auf Basis von Innovationen[304], wobei zu diesem Zwecke (teil-)autonome Organisationseinheiten – sog. Venture-Einheiten (VE) [305] – installiert werden.[306] Ausgestattet „with a mandate to innovate"[307] sind diese mit der Hervorbringung von Innovationen betraut und besitzen die Freiheit, in einer unternehmerischen Art und Weise abgegrenzt vom übrigen Unternehmen zu agieren. [308] Damit bieten die VE den innovationsbereiten Mitarbeitern ein Umfeld, in dem diese Innovationsvorhaben unbelastet vom Tagesgeschäft entwickeln und durchsetzen können.[309] „The term refers to the practice of establishing a separate corporate venture [...] unit controlled by the parent firm and with the

[300] Nachfolgend CV.

[301] Vgl. u. a. Hippel 1976; Fast 1981; Rind 1981. Campbell & Birkinshaw (2004) unterscheiden vier Arten des CV: „eco-system venturing" („making minority investments in complementary businesses to stimulate the eco-system"), „innovation venturing" („stimulating entrepreneurial activity within an existing function"), „harvest venturing" („turning spare corporate resources into cash") und „private equity venturing" („participating directly in the venture capital (VC)/private equity industry") (vgl. A. Campbell & Birkinshaw 2004, S. 7 ff.).

[302] Vgl. Miles & Covin 2002, S. 21 f.; Michalski 2002, S. 313; Barmettler 2006, S. 34; Mes 2011, S. 118. Covin & Miles (1999) unterteilen den Aufbau neuer Geschäftseinheiten im Rahmen von CE in zwei Komponenten: (1) „Corporate Venturing" und (2) „Intrapreneurship" (vgl. Covin & Miles 1999, S. 48). Thornberry (2001) fügt noch zwei Komponenten hinzu, indem er vier sich überlappende Typen anführt: (1) „Corporate Venturing", (2) „Intrapreneuring", (3) „Organizational Transformation" und (4) „Industry Rule Breaking" (vgl. Thornberry 2001, S. 527 ff.). Hieran orientiert, unterscheidet Birkinshaw (2003) „[f]our basic schools of thought": (1) „Corporate Venturing" („new business ventures need to be managed separately from the mainstream business"), (2) „Intrapreneurship"(„focuses on the individual employee and his or her propensity to act in an entrepreneurial way"), (3) „Entrepreneurial Transformation" („manipulating the firm's culture and organization systems, thereby inducing individuals to act in a more entrepreneurial way") und (4) „Bringing the market inside" („structural changes that can be made to encourage entrepreneurial behavior. It uses the metaphor of the marketplace to suggest how large firms should manage their resource allocation and people management systems, and it argues for greater use of such market techniques as spin-offs and corporate venture capital operations") (vgl. Birkinshaw 2003, S. 57).

[303] P. Sharma & Chrisman 1999, S. 19.

[304] Vgl. Servatius 1988, S. 171; P. Sharma & Chrisman 1999, S. 12, Kuratko et al. 2011, S. 11; S. A. Hill et al. 2009, S. 3.

[305] Nachfolgend VE. Im Folgenden werden, sofern nicht anders angegeben, die Begriffe „Venture-Einheit", „Corporate Venture" und „Gründungseinheit" synonym verwendet.

[306] Vgl. Burgelman 1984a, S. 156 f.; Hauschildt 1992, S. 1031; Birkinshaw 1997, S. 208; G. S. Day & Schoemaker 2000, S. 27; Birkinshaw et al. 2002b, S. 10; Maine 2008, S. 360. Die VE besitzen weitgehende Freiheit von den Beschränkungen im CP. Hanan (1969) spricht von „an entrepreneurial concept that enjoys remarkable freedom from typical corporate restraints" (vgl. Hanan 1969, S. 44). Der Prozess der Etablierung solcher VE wird in der Literatur auch als incubative Entrepreneurship bezeichnet (vgl. Kuratko et al. 1990, S. 50).

[307] McBeth & Rimac 2004, S. 20.

[308] Vgl. u. a. Hippel 1976, S. 163; Burgelman 1984b, S. 33; Bailey 1984, S. 361.

[309] Vgl. u. a. Hansen et al. 2001, S. 75 ff.

purpose of developing new business opportunities for financial and/or strategic gain."[310] Lohfert (2003) bezeichnet die VE auch als durchführende Organisationseinheiten.[311] Sie bestehen demnach „to nurture and develop start-up businesses for their parent company"[312]. Schumpeter merkte schon 1975 an, dass Großunternehmen ihre Innovationsaktivitäten in dedizierten Abteilungen bündeln sollten, deren Mitarbeiter ausschließlich an der Hervorbringung von Innovationen arbeiten.[313]

Ausgangspunkt dieser Überlegung bildet die Annahme, dass in bestehenden Großunternehmen bürokratische und verkrustete Strukturen, Prozesse und (Management-) Systeme vorherrschen, welche unternehmerisches Denken und Handeln behindern und keine idealen Rahmenbedingungen für die Hervorbringung radikaler bzw. disruptiver Innovationen bilden.[314] „Pursuing new business ventures is difficult in particular within large established firms when these ventures represent radical innovations that differ substantially from the existing businesses, routines and capabilities."[315] Die Installation derartiger (teil-)autonomer VE erlaubt es, Innovationsaktivitäten getrennt von der Routine des laufenden Geschäfts durchzuführen und Risiken zu verlagern.[316] Zum einen können neue Geschäftseinheiten gebildet werden, ohne die bestehenden Geschäftsbereiche des Mutterunternehmens (CP)[317] zu beeinflussen oder zu gefährden.[318] Zum anderen ermöglicht die (teilweise) Segregation von den operativen Strukturen des CP den neuen Geschäftsbereichen „that they can focus on entrepreneurial activities without pressure from business units"[319]. Maine (2008) merkt hierzu an: „Also the incumbent firms have far more resources and complementary assets than the start-up firms, large firms also tend to screen their in-house new product development according to current customers and current technological and production capabilities [...] and the culture appropriate to efficient resource allocation and new product development in the business units of large firms also stifles the culture of experimentation required for the inherently higher risks of radical innovation."[320] Eine Initiierung und Durchsetzung von radikalen Innovationsprojekten in der Primärorganisation hingegen würde Widerstände bestehender Geschäftsbereiche hervorrufen und die Erfüllung des Tagesgeschäfts gefährden.[321] Damit bildet CV „a platform for organizations that makes the search for new and relevant business ideas a part of the company's day-to-

[310] S. A. Hill et al. 2009, S. 3.
[311] Vgl. Lohfert 2003, S. 202.
[312] Birkinshaw 2005, S. 20.
[313] Vgl. Schumpeter & Salin 1975, S. 158.
[314] Vgl. Haid 2004, S. 102; Burr 2004, S. 184; Elfring 2005, S. 1.
[315] Elfring 2005, S. 1.
[316] Vgl. Hanan 1969, S. 45.
[317] Nachfolgend CP. CP = Corporate Parent.
[318] Vgl. P. Sharma & Chrisman 1999, S. 19.
[319] Coveney et al. 2002, S. 39.
[320] Maine 2008, S. 361.
[321] Vgl. Haid 2004, S. 283.

day strategy“[322]. Ziel ist die Auflösung von Innovationsbarrieren durch die Verbindung und Kombination der Vorteile bürokratisch-rationaler Strukturen der Großunternehmen mit den individuell-flexiblen Strukturen von jungen Wachstumsunternehmen.[323] „Corporate venturing allows insulation from the organizational constrains within established firms in mature markets, which strongly favour incremental innovation over radical innovation. Established firms tend to allocate internal research and development (R&D) resources in a risk-averse fashion, avoiding innovations that overturn their technology or production capabilities. [T]he predominant objective for corporate venturing is to overcome this known limitation, in order to pursue the strategic renewal and growth of the firm.”[324] Während Großunternehmen über bewährte Strukturen, Prozesse, (Management-)Systeme sowie umfangreiche Ressourcen und Kompetenzen verfügen und damit Organisations-, Erfahrungs- sowie Kostenvorteile besitzen, liegen die Vorteile junger Wachstumsunternehmen in der Innovationsmotivation, in kurzen und direkten Kommunikationswegen sowie der Innovationskultur, wodurch diese schneller und flexibler auf unvorhersehbare Marktentwicklungen reagieren können. [325] „Der Innovationsverbund zwischen dem gereiften, etablierten Unternehmen und der jungen Gründungseinheit kann somit als Symbiose sich genetisch in extrem unterschiedlichen Entwicklungsstadien befindlicher Unternehmungen eine Vielzahl beiderseitig positiv wirkender Einflüsse hervorbringen und zu einem gestärkten Unternehmensentwicklungspotenzial beitragen.“[326]

Von Hippel (1977) definiert CV entsprechend als „an activity which seeks to generate new businesses for the corporation in which it resides through the establishment of external and internal corporate ventures“[327]. Bei einem solchen Corporate Venture[328] handelt es sich um „jede neue geschäftliche Aktivität, die entweder im Rahmen einer bestehenden Unternehmung oder durch die Gründung einer neuen Unternehmung verwirklicht wird“[329]. Damit weist CV in Abhängigkeit der Positionierung der neuen Geschäftseinheit aus der Sicht des CP entweder einen internen oder einen externen Fokus auf.[330] Werden die VE innerhalb der Grenzen und damit als rechtlicher Bestandteil des CP installiert („activities that result in the creation of organizational entities that reside within an existing organizational domain“), wird von Internal Corporate Venturing (ICV)[331] gesprochen; bilden diese rechtlich eigenständige Unternehmen, an denen das CP beteiligt ist („activities that result in the creation of semi-autonomous or

[322] Mason & Rohner 2002, S. 43.
[323] Vgl. R. W. Peterson 1967, S. 68 f.; Gaitanides & Wicher 1985, S. 414 f.; Süssmuth Dyckerhoff 1995, S. 69.
[324] Maine 2008, S. 359.
[325] Vgl. Barmettler 2006, S. 1; Stringer 2000, S. 75.
[326] Schrottke 2005, S. 83.
[327] Hippel 1977, S. 163.
[328] Im Folgenden werden, sofern nicht anders angegeben, die Begriffe „Corporate Venture“, „Gründungseinheit“ und „Venture-Einheit“ synonym verwendet.
[329] Nathusius 1979b, S. 63.
[330] Vgl. P. Sharma & Chrisman 1999, S. 19; Gaitanides & Wicher 1985, S. 415.
[331] Nachfolgend ICV.

autonomous organizational entities that reside outside the existing organizational domain"), wird dies als External Corporate Venturing (ECV)[332] bezeichnet.[333] Dabei ist der Ort der Umsetzung des Innovationsvorhabens maßgeblich, und es ist unerheblich, ob die Idee innerhalb oder außerhalb des CP entstanden ist[334], wobei „internal corporate ventures are both higher risk and higher potential reward than external corporate ventures"[335]. Covin & Miles (2007) sprechen zudem von Joint Corporate Venturing als „a form of external CV in which the parent company coinvests with another established parent organization(s) in the creation of a new, external business"[336]. Die drei Formen des CV schließen sich dabei nicht gegenseitig aus, sondern sind komplementär zueinander.[337] ICV wird in der Literatur auch mit dem Begriff „Incubator Entrepreneurship" umschrieben: „Incubative entrepreneurship refers to the creation of semiautonomous units within the existing organization for the purpose of: sensing external and internal innovative developments; screening and assessing new venture opportunities; and initiating and nurturing new venture developments."[338] Die VE fungieren damit als stimulierender Nukleus zur Schaffung und Förderung eines unternehmerisch denkenden und handelnden Unternehmens.[339] CV umfasst sowohl Aktivitäten zur Hervorbringung von Innovationen als auch zur strategischen Erneuerung des Unternehmens: „Some CV activities frequently build upon the firm's innovations in new markets or by introducing new products. Other CV initiatives may lead to significant changes in a company's business, strategy or competitive profile, renewing the firm's operations."[340]

Neben der Differenzierung in ICV sowie ECV können zudem drei Ebenen für CV-Aktivitäten unterschieden werden: (1) CP, (2) Venture-Unterstützungsfunktion (VU)[341] und (3) VE.[342] Die VU fungiert dabei als Intermediär und dient als zentrale Schnittstelle zwischen CP und VE.[343] Die Aktivitäten der VU beziehen sich auf ein Portfolio an VE. Als Investitionsvermittler verwaltet die VU somit u. a. den Risikokapitalfonds.[344] Zudem umfassen ihre Aufgaben im

---

[332] Nachfolgend ECV. Hiervon abzugrenzen sind juristisch und strukturell vollkommen unabhängige Ventures wie beispielsweise Start-ups (vgl. Stringer 2000, S. 74).

[333] Vgl. Roberts 1980, S. 73 ff.; P. Sharma & Chrisman 1999, S. 19 f. Vgl. auch Rind 1981, S. 173; Hauschildt 1992, S. 1031; G. S. Day & Schoemaker 2000, S. 27; Nathusius 1979b, S. 23; Müller-Stewens & Bretz 1991, S. 550; Zahra 1991, S. 261; Gaitanides & Wicher 1985, S. 416 f; Miles & Covin 2002, S. 22; Elfring 2005, S. 3 und 5; Freese 2006, S. 17; Covin & Miles 2007, S. 183; Maine 2008, S. 359; S. A. Hill & Birkinshaw 2008, S. 426; S. A. Hill et al. 2009, S. 5; Mes 2011, S. 125 ff.

[334] Vgl. Roberts & Frohman 1972, S. 71 ff.; Nathusius 1979b, S. 157; Miles & Covin 2002, S. 22.

[335] Maine 2008, S. 360.

[336] Covin & Miles 2007, S. 183.

[337] Vgl. Miles & Covin 2002, S. 35.

[338] Kuratko et al. 1990, S. 50. Vgl. hierzu auch Narayanan et al. 2009, S. 59.

[339] Vgl. Schmid 1986, S. 70; Haid 2004, S. 103-104.

[340] Narayanan et al. 2009, S. 59.

[341] Nachfolgend VU.

[342] Vgl. Narayanan et al. 2009, S. 61.

[343] Vgl. Miles & Covin 2002, S. 23.

[344] Vgl. Barmettler 2006, S. 41.

Wesentlichen die Alternativensuche, -bewertung und -auswahl sowie die kontinuierliche Betreuung der VE.[345] Zudem sichert die VU die Unterstützung des Top-Managements und stellt die notwendigen Ressourcen für die VE bereit.[346] Während die Aktivitäten der VE sofort im Innovationsprozess wirksam werden, machen sich die der VU erst mittelbar bemerkbar.[347] Erfolgt die Unterstützung der VE in Form einzelner Personen oder bestehender Abteilungen neben ihren eigentlichen Aufgaben, wird von einer integrierten Funktion gesprochen; eine eigens zur Unterstützung der VE eingerichtete Organisationseinheit außerhalb der operativen Unternehmensstruktur des CP wird hingegen als separierte Funktion bezeichnet.[348]

Miles & Covin (2002) bezeichnen das Vorhandensein einer VU als indirektes CV und beschreiben auf Basis der beiden Dimensionen (intern-extern sowie direkt-indirekt) vier Arten von CV: (1) „Direct-Internal Venturing", (2) „Direct-External Venturing", (3) „Indirect-Internal Venturing" und (4) „Indirect-External Venturing".[349] „The primary difference between direct-internal and indirect-internal venturing is the source of venture support and funding. If the entrepreneurial activities are directly supported by the corporation through its operating or strategic budgets, then the activity is direct-internal venturing. However, if there is a separate, independent investment intermediary that functions as an internal corporate venturing fund, then the venturing is termed indirect-internal."[350]

Mit CV werden grundsätzlich strategische und/oder finanzielle Ziele verfolgt.[351] Finanzielle Ziele beziehen sich analog zu Venture-Capital-Gesellschaften (VCG)[352] auf die Realisierung von Kapitalgewinnen durch die Steigerung des Wertes der VE[353] sowie auf einen Beitrag zu den Umsatz- und Gewinnzielen des CP[354]. Unter strategischen Zielen können im Wesentlichen der Zugang zu neuen Technologien („Window on Technology"[355])[356], organisatorisches Lernen und damit der Aufbau von Ressourcen und Kompetenzen[357], die Hervorbringung von

[345] Vgl. Nathusius 1979a, S. 164; H. Klein 2002,S. 188 ff.
[346] Vgl. Schrottke 2005, S. 104; H. Klein 2002, S. 174 ff; Mes 2011, S. 170.
[347] Vgl. Siemer 1991, S. 101.
[348] Vgl. H. Klein 2002, S. 188.
[349] Vgl. Miles & Covin 2002, S. 23 ff.
[350] Miles & Covin 2002, S. 31.
[351] Vgl. u. a. Chesbrough 2002, S. 91; Siegel et al. 1988, S. 234 ff; S. A. Hill et al. 2009, S. 5; Narayanan et al. 2009, S. 64.
[352] Nachfolgend VCG. Vgl. Kapitel 2.6.
[353] Vgl. Schefczyk 2000, S. 17.
[354] Vgl. Zahra 1991, S. 259 ff.
[355] Der Begriff „Window on Technology" geht vermutlich auf das Konzept der „Strategic Windows" zurück (vgl. Abell 1978, S. 21 ff.). Hierdurch sollen neue technologische Entwicklungen frühzeitig erkannt (Technologiebeobachtung) und zukunftsfähige Technologien rechtzeitig in das Großunternehmen übertragen werden (Technologietransfer) (vgl. Schuster 2003, S. 40).
[356] Vgl. Seeliger 2004, S. 180.
[357] Vgl. McGrath et al. 1994, S. 351 ff.

Innovationen[358], Internationalisierung[359] sowie die strategische Erneuerung [360] subsumiert werden.[361]

2.3.1 External Corporate Venturing

Im Rahmen des ECV erfolgt der Aufbau neuer Geschäftseinheiten außerhalb der Grenzen des bestehenden CP.[362] Die VE bilden demnach rechtlich eigenständige Unternehmen, sind jedoch Teil der Gesamtorganisation.[363] Das CP ist an den externen VE entweder beteiligt oder hat direkt bei deren Gründung mitgewirkt.[364] Ziel ist ein Wissenstransfer von der innovativen externen Gründungseinheit in das CP. ECV ist damit ebenso wie ICV ein integraler Bestandteil des Innovations- und Technologiemanagements.[365]

Nach Keil (2000) lässt sich ECV in drei weitere Ansätze unterteilen: (1) Corporate Venture Capital, (2) Venture Alliances und (3) Transformational Arrangements.[366]

2.3.1.1 Corporate Venture Capital

Corporate Venture Capital (CVC)[367] ist eine Sonderform des Venture Capital (VC)[368] auf Unternehmensebene und genau wie VC ein Finanzierungskonzept.[369] Maula (2001) definiert CVC als „equity or equity-linked investments in young, privately held companies, where the investor is a financial intermediary of non-financial corporations"[370]. Es handelt sich somit um eine Form der Finanzierung mit Beteiligungs- bzw. beteiligungsähnlichem Kapital, in deren Rahmen ein Großunternehmen (nicht ein Unternehmen aus dem Finanz- und Bankensektor) mittels einer rechtlich eigenständigen CVC-Einheit als Finanzintermediär[371] externen VE

---

358 Vgl. Baden-Fuller 1995, S. 3 ff.
359 Vgl. Birkinshaw 1997, S. 207 ff.
360 Vgl. Guth & Ginsberg 1990, S. 5.
361 Vgl. Hornsby et al. 2002, S. 254; Thornhill & Amit 2001, S. 26; Narayanan et al. 2009, S. 69.
362 Vgl. Kapitel 2.3.
363 Vgl. Block & MacMillan 1993, S. 14.
364 Vgl. Gaitanides & Wicher 1985, S. 418.
365 Vgl. Kreysel 2006, S. 43.
366 Vgl. Keil 2000, S. 109 ff.; Keil 2001, S. 1 ff. Diese Unterteilung ist gängig in der Literatur. Vgl. auch Freese 2006, S. 17 ff. und Mes 2011, S. 125 ff.
367 Nachfolgend CVC.
368 Nachfolgend VC. Vgl. Kapitel 2.6.
369 Vgl. Kreysel 2006, S. 35; Chesbrough 2002, S. 90 ff.; Schween 1996, S. 17; Sorrentino & Williams 1995, S. 61 f.
370 Maula 2001, S. 9.
371 „Als Finanzintermediäre können Institutionen bezeichnet werden, die im Rahmen von Finanzbeziehungen in eigenständige Vertragsverhältnisse mit Investoren einerseits und Eigen- und Fremdkapitalnehmern andererseits eintreten. [...] Dazu nehmen die Intermediäre Zahlungsmittel der Kapitalanbieter entgegen (=Anlageleistung) und stellen diese den Kapitalnachfragern zur Verfügung (=Finanzierungsleistung). Somit werden durch die Intermediäre direkte Finanzbeziehungen zwischen Kapitalanbietern und -nachfragern durch indirekte Finanzbeziehungen ersetzt" (vgl. Schefczyk 2006, S. 86).

Eigenkapital zuführt.[372] Das Großunternehmen erwirbt hierbei in der Regel eine Minderheitsbeteiligung.[373] Die CVC-Einheit übernimmt dabei eine Mittlerrolle zwischen dem Großunternehmen und den externen VE.[374] Für das Großunternehmen besteht jedoch auch die Möglichkeit, in einen durch eine VCG verwalteten Fonds zu investieren, worüber wiederum Beteiligungen an unabhängigen VE erworben werden.[375] Ist ein derartiger Finanzintermediär in Form einer CVC-Einheit oder einer VCG zwischengeschaltet, wird von „Indirect-External Venturing" und ansonsten von „Direct-External Venturing" gesprochen.[376] Die Phasen des sequentiellen CVC-Prozesses lehnen sich an dem auf Tyebjee/Bruno (1984)[377] zurückgehenden VC-Prozess an.[378] Die Prozessphasen werden dabei wiederholt durchlaufen.[379] Neben dieser Finanzierungsfunktion stellt das Großunternehmen den externen VE zudem eine Beratungsfunktion für das Venture Management sowie das interne Netzwerk aus Lieferanten, Produktion und Kunden zur Verfügung.[380]

CVC hat eine langfristige Perspektive, und die Großunternehmen verfolgen damit sowohl finanzielle Ziele – in Form von Kapitalgewinnen bei der Veräußerung von erfolgreichen Beteiligungen – als auch strategische Ziele.[381] In diesem Zusammenhang wird häufig auf Mitwirkungs- und Entscheidungsrechte zugunsten eines größeren Unternehmensportfolios und der damit verbundenen Erweiterung der strategischen Einblicke verzichtet.[382] Zu den strategischen Zielen gehören vornehmlich der Zugang zu Schlüsselressourcen wie neuen Technologien (Window on Technology)[383], die Übertragung von Innovationsimpulsen aus den externen VE auf das Großunternehmen bzw. der Zugang zu qualifizierten und erfahrenen Mitarbeitern sowie die Generierung neuer Wachstumsmöglichkeiten durch die Förderung komplementärer Produkte oder Dienstleistungen.[384] Die externen VE hingegen sind im Wesentlichen an einem langfristigen finanziellen Engagement des Großunternehmens, einer darüber hinausgehenden Unterstützung in Form von materiellen und personellen Ressourcen, Markt-, Technologie- und Managementerfahrung sowie dem internen Lieferanten- und Kundennetzwerk interessiert.[385]

[372] Vgl. Ernst et al. 2005, S. 233; Kreysel 2006, S. 37.
[373] Vgl. Nathusius 1979a, S. 524; Nathusius 1979b, S. 195.
[374] Vgl. Freese 2006, S. 22.
[375] Vgl. Schween 1996, S. 122. Ist das Großunternehmen einziger Investor, spricht man auch von einem „Dedicated Funds" oder „Focused Funds"; investieren mehrere Unternehmen, spricht man von einem „Third Party Funds" (vgl. Bleicher & Paul 1987, S. 66; Keil 2000, S. 109).
[376] Vgl. Miles & Covin 2002, S. 23 ff. Vgl. Kapitel 2.3.
[377] Vgl. Tyebjee & Bruno 1984, S. 1051 ff.
[378] Vgl. Kreysel 2006, S. 67.
[379] Vgl. Gompers & Lerner 1999, S. 3 f.
[380] Vgl. Schween 1996, S. 21.
[381] Vgl. Ernst et al. 2005, S. 233, Schween 1996, S. 21; Sykes 1990, S. 39 f.
[382] Vgl. Poser 2003, S. 244 ff.
[383] Vgl. Kapitel 2.3.
[384] Vgl. Ernst et al. 2005, S. 235; Witt 2005, S. 259 ff.; Keil 2001, S. 5; Macharzina 1999, S. 568 f.
[385] Vgl. Kreysel 2006, S. 53 ff.; Freese 2006, S. 79; Schween 1996, S. 74.

2.3.1.2 Venture Alliances

Neben der Finanzierungsfunktion des CVC konzentrieren sich Ansatze der Venture Alliances zudem verstärkt auf die Zusammenarbeit zwischen Großunternehmen und externer VE. Hierzu gehören die Ansätze „Direct Minority Investments“, „Joint Ventures“, „Non-equity Alliances“ und „Venture Nurturing“. [386] Bei Direct Minority Investmets handelt es sich um eine Minderheitsbeteiligung eines Großunternehmens an einer externen VE ohne Zwischeninstanz mit Fokus auf strategischen Zielen.[387] Im Zuge von Joint Ventures wird eine separate VE von mehreren Unternehmen gegründet.[388] Handelt es sich bei den Gründern um zwei Unternehmen unterschiedlichen Reifegrades im Sinne einer Potenzialkombination, wie z. B. ein Großunternehmen und ein Start-up, so wird auch von „New Style Joint Venture“ gesprochen.[389] Non-equity Alliances basieren auf Verträgen und nicht auf einer Eigenkapitalbeteiligung.[390] Beim Venture Nurturing rückt die aktive Unterstützung und Betreuung der externen VE durch das Großunternehmen noch stärker in den Vordergrund.[391]

Abbildung 2-5: Terminologische Abgrenzung von Corporate Venturing

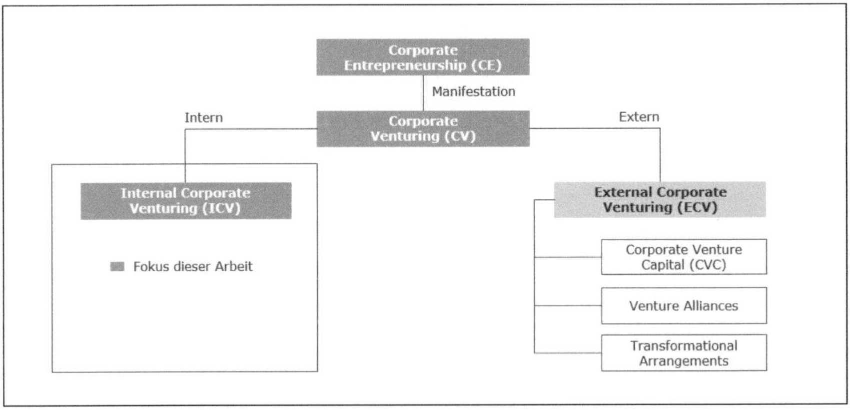

Quelle: Eigene Darstellung

2.3.1.3 Transformational Arrangements

Der Ansatz der Transformational Arrangements lässt sich weiter in die Bereiche „Acquisitions“, „Spin-offs“ und „Venture Merging & Melding“ unterteilen.[392] Im Rahmen von Acquisi-

[386] Vgl. Barmettler 2006, S. 40; Keil 2001, S. 5; Gaitanides & Wicher 1985, S. 418.
[387] Vgl. Keil 2001, S. 5.
[388] Vgl. Gaitanides & Wicher 1985, S. 419; Keil 2001, S. 6.
[389] Vgl. Schmid 1986, S. 87.
[390] Vgl. Keil 2001, S. 6.
[391] Vgl. H. Klein 2002, S. 172 f.; Schween 1996, S. 16 ff.; Roberts 1980, S. 135; Nathusius 1979b, S. 221 f.
[392] Vgl. Barmettler 2006, S. 41; Keil 2001, S. 6.

tions erwirbt das Großunternehmen Mehrheitsanteile an einem externen VE (Internalisierung).[393] Hingegen handelt es sich bei Spin-offs um eine Externalisierung von internen VE, an denen das Großunternehmen zumindest eine Minderheitsbeteiligung hält.[394] Unter Venture Merging & Melding wird der Zusammenschluss mehrerer externer VE zu einer neuen organisatorischen Einheit verstanden.[395]

2.3.2 Internal Corporate Venturing

2.3.2.1 Konzept

Mit dem Innovationsgrad steigen sowohl der Investitions- als auch der Zeit- sowie der Ressourcenbedarf eines Innovationsvorhabens, und das Risiko eines Misserfolgs erhöht sich überproportional.[396] Die Hervorbringung radikaler bzw. disruptiver Innovationen bedarf zum einen die Durchführung von Innovationsvorhaben, ohne das Kerngeschäft zu vernachlässigen, und zum anderen eine Erweiterung des Optionenraums über das Kerngeschäft hinaus.[397] Dies erfordert den Entzug des Innovationsprojekts von der routinemäßigen Behandlung im Geschäftsalltag.[398] Burgelman fordert die Trennung des innovativen vom operativen System aufgrund von Strukturinkompatibilitäten, welche er auf Unterschiede in den Zielvorstellungen (strategische Interessenskonflikte) sowie in den Arbeitsweisen (administrative Interessenskonflikte) beider Bereiche zurückführt.[399] Nur durch die Freiheit der VE, in einer unternehmerischen Art und Weise (teil-)autonom von den bestehenden Geschäftseinheiten zu agieren, können in Großunternehmen Innovationshemmnisse überwunden und Risiken verlagert werden. „Internal corporate venturing involves an individual (intrapreneur) or group being provided with total responsibility for a product within a corporation, and then given the freedom to run this division in an entrepreneurial manner in isolation from the rest of the corporation. The 'intrapreneur' is an employee with the space to function as free market entrepreneur with the limits agreed upon himself and the corporation."[400]

Zur Trennung des innovativen vom operativen System merkt Williamson (1975) an: „[A] division of effort between the new product innovation process on the one hand, and the management of proven resources on the other may well be efficient."[401] Eine Möglichkeit der effizienten Trennung dieser unterschiedlichen Systeme besteht für Burgelman (1985) darin, „to

[393] Vgl. Keil 2001, S. 6, Gaitanides & Wicher 1985, S. 420.
[394] Vgl. Narayanan et al. 2009. S. 59; Keil 2001, S. 6; Gaitanides & Wicher 1985, S. 419.
[395] Vgl. Barmettler 2006, S. 41.
[396] Vgl. Hauschildt & Salomo 2007, S. 21.
[397] Vgl. Kapitel 2.2.2. Vgl. auch D. J. Kelley et al. 2005, S. 23.
[398] Vgl. Hauschildt & Salomo 2007, S. 22.
[399] Vgl. Burgelman 1985, S. 39 u. 41.; Burgelman & Sayles 1986, S. 133.
[400] Bailey 1984, S. 361 zitiert nach H. Klein 2002, S. 29.
[401] Williamson 1975, S. 206.

maintain the innovation process within the administrative boundaries of the firm, but to separate it from its operating system"[402].

Tabelle 2-3: Gegenüberstellung von operativem und innovativem System

#	Characteristics	Operating system	New venture division
1	Historical perspective	Established	None
2	Size	Large	Small
3	Environments	Complex and relatively stabel	Simple and very dinamic
4	Interdependence among businesses		Low: requires performance control
5	Co-ordination mechanisms	Formalized mutual adjustment and standardization of skills	Real-time mutual adjustment and direct supervision
6	Strategic behavior	Induced	Autonomous
7	Strategy making mode	Strategic planning	Experimentation-and-selection
8	Objectives	Relatively stable	Rapidly changing
9	Innovation activity	Incremental improvements	Radical newness
10	Managerial personnel	Homegeneous	Heterogeneous
11	Individual orientations and behavior	Corporate and rule oriented	Individualistic and opportunistically oriented
12	Emphasis in performance	Solidity and reliability: meet the plans	Initiative and risk taking: exceed expectations

Quelle: Burgelman 1985, S. 44.

Die Verfolgung einer radikalen Innovation rechtfertigt sich nur, wenn diese einen besonders hohen Markterfolg erwarten lässt.[403] Eine radikale bzw. disruptive Innovation darf somit „kein Zufallsprodukt sein, sondern das Ergebnis eines bewusst vollzogenen Prozesses der Problemdefinition und der Zielbildung"[404]. Dabei betreffen radikale bzw. disruptive Innovationen „das gesamte Unternehmen, berühren alle wichtigen Funktionsbereiche und auch ‚weiche' Eigenschaften der Organisation. Sie verlangen eine ganzheitliche Perspektive"[405].

Wie beschrieben, bildet ICV einen solchen ganzheitlichen Ansatz für Großunternehmen zur Hervorbringung radikaler bzw. disruptiver Innovationen. „Internal corporate venturing enables radical innovation within established firms in mature markets. Without effectively designed and managed internal corporate ventures, the organizational constraints of established firms will strongly favour incremental innovation over radical innovation."[406] Tief in der Organisation verankert stimuliert ICV unternehmerisches Denken und Handeln auf allen Ebenen und trägt zur Bildung der Unternehmensstrategie bei.[407] Daher wird in der Literatur im Rahmen der Gestaltung von ICV als Komponente von CE häufig zwischen organisations-, personen- und

402 Burgelman 1985, S. 39.
403 Vgl. Totterdell et al. 2002, S. 359.
404 Hauschildt & Salomo 2005, S. 16.
405 Hauschildt & Salomo 2007, S. 21.
406 Maine 2008, S. 359.
407 Vgl. Kapitel 2.3. Vgl. auch Mason & Rohner 2002, S. 8; Buckland et al. 2003, S. 4; Mes 2011, S. 131.

strategieorientierten Ansätzen unterschieden[408]. Das wesentliche Element des organisationsorientierten Ansatzes ist dabei das interne Venture Management (IVM)[409], das des personenorientierten Ansatzes das Intrapreneuring.[410] Dabei kann das IVM als Top-down-Ansatz verstanden werden, während das Intrapreneuring als Bottom-up-Ansatz stimulierend auf das unternehmerische Denken und Handeln der Mitarbeiter wirkt.[411] Daher wird ICV als Führungskonzept für die Hervorbringung radikaler Innovationen verstanden, welches die Organisationsebene in Form des IVM mit der Personalebene in Form des Intrapreneuring verbindet und einen wesentlichen Beitrag zur Unternehmensentwicklung leistet.[412] Im Rahmen dieser Arbeit wird das IVM weiter in die Konstrukte Integrationsgrad sowie Finanzierung unterteilt und das Intrapreneuring in die Konstrukte Anreiz- und Vergütungssysteme sowie Abbruch und Lernpotenziale. Zudem wird das Konstrukt Innovationsstrategie betrachtet.

Abbildung 2-6: Führungskonzept ICV

Quelle: Eigene Darstellung

Die Identifikation von Erfolgsfaktoren von ICV in Großunternehmen und die Ableitung entsprechender Hypothesen erfolgt für die beschriebenen Konstrukte vor dem Hintergrund des Ressourcenbasierten Ansatzes, den Instrumenten der VC-Industrie sowie der Neoinstitutionalistischen Finanzierungstheorie – und damit den Ansätzen der Property-Rights-Theorie, dem Transaktionskostenansatz und der Agency-Theorie. Diese Ansätze und Theorien werden im Folgenden kurz systematisiert. Auf den Wissensbasierten Ansatz wird in Kapitel 4.4.4 eingegangen.

[408] Vgl. Covin & Miles 1999, S. 50 ff.; Haid 2004, S. 102.
[409] Nachfolgend IVM. Vgl. zum IVM Kapitel 3.2.
[410] Vgl. P. Sharma & Chrisman 1999, S. 20 ff., Freese 2006, S. 17.
[411] Vgl. Bitzer 1991, S. 31.
[412] Vgl. H. Klein 2002, S. 29, Chrisman et al. 2005, S. 1; Mes 2011, S. 129 ff.

2.3.2.2 *Historische Entwicklung*

ICV findet seit mittlerweile einigen Jahrzehnten sowohl in der Entrepreneurshipforschung als auch in der Managementpraxis Berücksichtigung.[413] Seither durchlief das CV-Konzept mehrere Phasen mit unterschiedlich starkem Interesse.[414] Mitte der 1960er Jahre führten die Erfolge der unabhängigen VC-Industrie zur Bildung erster CV-Fonds in Großunternehmen.[415] In dieser Zeit verfügten ca. 25% der Fortune 500 Unternehmen über ein eigenes CV-Programm.[416] Das verfolgte Ziel bestand im Wesentlichen in der Generierung eines „Window on Technology" für das CP.[417] Ende der 1970er Jahre flachte diese Entwicklung durch den Rückgang des Marktes für Neuemissionen ab, bevor Anfang der 1980er Jahre das Wachstum der Computer- und Elektronikindustrie zu einer erneuten Stimulierung von CV beitrug.[418] Nach einem weiteren Rückgang sorgten Mitte der 1990er Jahre die Erfolge neuer Technologien (u.a. Internet, Telekommunikation, Biotechnologie) sowie der New Economy für eine wiederholte Zunahme des Interesses an CV-Aktivitäten. [419] ICV erfuhr in dieser Zeit vor allem erhöhte Aufmerksamkeit in Großunternehmen beim Versuch, Ansätzen der VC-Industrie auf die Unternehmensebene zu übertragen.[420] Die letzte große Zäsur erfolgte im Zuge der Finanz- und Wirtschaftskrise im Jahr 2001. Seit 2010 kann erneut eine Zunahme des Interesses an CV-Aktivitäten in vielen Industrien beobachtet werden.[421]

2.3.2.3 *Stand der Forschung*

ICV findet in der Wissenschaft und Forschung seit Mitte der 1960er Jahre hohe Aufmerksamkeit, wobei ICV als eigenständiger Forschungsbereich seit Ende der 1970er Jahre besteht.[422] Daher liegen hierzu umfangreiche theoretische Untersuchungen vor. Die ersten Arbeiten beschäftigten sich mit Diversifikationseffekten sowie der effektiven Ausgestaltung von ICV-Prozessen und -Strukturen.[423] In den späten 1980er sowie 1990er Jahren lag der Fokus vor allem auf dem finanziellen Beitrag und den Erfolgsfaktoren von ICV.[424]

Den theoretischen Bezugsrahmen vieler Arbeiten bilden der Ressourcenbasierte Ansatz (Resource-based view), welcher sich im Wesentlichen auf Penrose (1959) und Wernerfelt (1984)

---

413 Vgl. Hippel 1977; Fast 1978b; Fast 1981; Rind 1981.
414 Vgl. Block & MacMillan 1993; Gompers & Lerner 1998a; Chesbrough 2000; Birkinshaw et al. 2002b; Gompers 2002.
415 Vgl. Gompers & Lerner 1998b; Lerner 2001.
416 Vgl. Rind 1981.
417 Vgl. zum Begriff "Wondow on Technology" Kapitel 2.3.
418 Vgl. Leten & van Dyck 2012.
419 Vgl. Birkinshaw et al. 2002b.
420 Vgl. Brody & Ehrlich 1998; Chesbrough 2000; Chesbrough 2002; Birkinshaw & Hill 2003; S. A. Hill et al. 2009.
421 Vgl. Lerner 2012.
422 Vgl. Hippel 1976; Roberts 1980.
423 Vgl. Fast 1977; MacMillan & Day 1987.
424 Vgl. A. Miller et al. 1988; Siegel et al. 1988; Zahra 1991; Zahra 1993b; Zahra 1996; Venkataraman et al. 1992.

stützt[425], sowie der Wissensbasierte Ansatz (Knowledge-based View), wobei Wissen als wichtigste Ressource betrachtet wird[426].[427] Hierauf Aufbauend wurde im Speziellen der Zusammenhang von ICV-Erfolg und die Entwicklung bzw. Nutzung von CP-Ressourcen durch die VE untersucht.[428]

Im Zuge der Frage nach der Vertrags- und Organisationsgestaltung wird häufig auf institutionenökonomische Ansätze zurückgegriffen – im Besonderen auf die Neue Institutionenökonomik[429], welche Alchian & Demsetz (1972) in ihrer grundlegenden Arbeit prägen.[430] Bedeutende Ansätze sind in diesem Zusammenhang die Property-Rights-Theorie (Coase (1960), Alchian (1965), Demsetz (1967))[431], die Transaktionskostentheorie (Coase (1937), Williamson (1975))[432] sowie die Principal-Agent-Theorie (Alchian & Demsetz (1972), Ross (1973), Jensen & Meckling (1976))[433]. Seit Mitte der 1990er Jahre wird zudem der Transfer von Ansätzen und Strukturen der Venture-Capital-Industrie[434] auf die Unternehmensebene analysiert.[435]

Grundlage des ICV bildet die Entrepreneurshipforschung, welche umfassend im Kapitel 2.2 aufgegriffen wurde. Hinsichtlich der Gestaltung von ICV als Komponente von CE wird in der Literatur häufig zwischen organisations-[436], personen-[437] und strategieorientierten[438] Ansätzen unterschieden, wobei das wesentliche Element des organisationsorientierten Ansatzes das IVM[439] bildet, und das des personenorientierten Ansatzes das Intrapreneuring[440] darstellt.[441]

Organisationsorientierte Ansätze beschäftigen sich mit der Frage nach der effektiven Ausgestaltung der innovationsfördernden Strukturen, den sog. Venture-Strukturformen (Hanan (1976); Nathusius (1979); Roberts (1980); Burgelman (1984); Gaitanides & Wicher (1985); Servatius (1986, 1988))[442]. Während einige Autoren die Segregation der VE vom CP empfehlen (Drucker (1985); Kanter (1985); Christensen (1997))[443], betrachten andere die Integration als

[425] Vgl. Penrose 1959; Wernerfelt 1984.
[426] Vgl. u.a. Grant 1996.
[427] Vgl. Kapitel 2.4 und 4.4.4.
[428] Vgl. McGrath et al. 1994; Dougherty 1995; Sorrentino & Williams 1995.
[429] Vgl. Kapitel 2.5.
[430] Vgl. Alchian & Demsetz 1972.
[431] Vgl. Coase 1960; Alchian 1965; Demsetz 1967. Vgl. Kapitel 2.5.1.
[432] Vgl. Coase 1937; Williamson 1975. Vgl. Kapitel 2.5.2.
[433] Vgl. Alchian & Demsetz 1972; Ross 1973; Jensen & Meckling 1976. Vgl. Kapitel 2.5.3.
[434] Vgl. Kapitel 2.6.
[435] Vgl. Brody & Ehrlich 1998; Chesbrough 2000; Chesbrough 2002; Birkinshaw & Hill 2003; S. A. Hill et al. 2009.
[436] Vgl. Kapitel 3.
[437] Vgl. Kapitel 4.
[438] Vgl. Kapitel 5.
[439] Vgl. Kapitel 3.2.
[440] Vgl. Kapitel 4.1.
[441] Vgl. Kapitel 2.3.2.1.
[442] Vgl. Hanan 1976; Nathusius 1979b; Roberts 1980; Burgelman 1984a; Gaitanides & Wicher 1985; Servatius 1986; Servatius 1988. Vgl. auch Kapitel 3.2.1 und 3.2.2.
[443] Vgl. Drucker 1985; Kanter 1985; Christensen 1997.

vorteilhaft (Hamel (2001); Buckland et al. (2003))[444], und wieder andere argumentieren situationsspezifisch (Burgelman (1984); Roberts & Berry (1985); Chesbrough (2002))[445].[446] Fragen zur Finanzierung werden häufig unter Zuhilfenahme von Instrumenten der Venture-Capital-Industrie diskutiert (Brody & Ehrlich (1998); Chesbroug (2000, 2002); Birkinshaw & Hill (2003); Hill et al. (2009))[447].[448] Hierzu gehören beispielsweise die Installation sog. Quasi-Fonds[449] als Möglichkeit der Syndizierung sowie die Stufenfinanzierung (sog. Staging oder Staged Financing)[450] als Instrument der Kapitalrationierung. Pinchot (1988) empfiehlt darüber hinaus dem Autonomiestreben der Intrapreneure durch ein Intra-Kapital-System nachzukommen.[451]

Pinchot (1985, 1988) prägt auch den Begriff des „Intrapreneuring" sowie des Intrapreneurs im Rahmen der personenorientierten Ansäte.[452] Diese beschäftigen sich vorrangig mit der Ausgestaltung von Anreiz- und Vergütungssystemen, sowie den Möglichkeiten des organisationalen Lernens, welches ein verwandtes Konzept des Wissensbasierten Ansatzes bildet (Knyphausen-Aufseß (1995), Teece et al. (1997))[453]. Die Diskussion bezüglich der Anreiz- und Vergütungssysteme erfolgt hierbei ebenfalls häufig vor dem Hintergrund des Transfers von Instrumenten der Venture-Capital-Industrie (z.B. Carried Interest) auf die Unternehmensebene.[454] Zur Realisierung von Effekten des organisatorischen Lernens werden des Weiteren vorrangig das Lernen aus (Miss-)Erfolgen und das experimentelle Lernen durch erhöhte Fehlertoleranz thematisiert (Cortsen 1989)[455].

Strategieorientierte Ansätze basieren im Wesentlichen auf den Erkenntnissen des strategischen Managements. Grundlage des strategischen Managements bilden die Werke von Chandler (1962), Ansoff (1965) und Andrews (1971)[456], welche gleichzeitig den Ausgangspunkt für die präskriptive (vorschreibende) Richtung des strategischen Managements darstellen. Die Werke von Porter (1980, 1985)[457] verhalfen dieser Richtung zu weiterer Popularität. Als Alternative entwickelten Mintzberg (1978) und Quinn (1980)[458] die deskriptive (beschreibende) Richtung. Deskriptive Ansätze beschreiben, wie Strategien in der Realität in Unternehmen entstehen.

---

[444] Vgl. Hamel 2001; Buckland et al. 2003.
[445] Vgl. Burgelman 1984a; Roberts & Berry 1985; Chesbrough 2002.
[446] Vgl. Kapitel 3.3.
[447] Vgl. Brody & Ehrlich 1998; Chesbrough 2000; Chesbrough 2002; Birkinshaw & Hill 2003; S. A. Hill et al. 2009.
[448] Vgl. Kapitel 3.4.
[449] Vgl. Kapitel 3.4.1
[450] Vgl. Kapitel 3.4.2.
[451] Vgl. Pinchot 1988.
[452] Vgl. Pinchot 1985; Pinchot 1988. Vgl. auch Kapitel 2.2.1, 4.1 und 4.2.
[453] Vgl. Knyphausen-Aufseß 1995; Teece et al. 1997. Vgl. Kapitel 4.4.4.
[454] Vgl. Kapitel 4.3.2.
[455] Vgl. Corsten 1989a. Vgl. Kapitel 4.4.3 und 4.4.5.
[456] Vgl. A. D. Chandler 1962; Ansoff 1965; Andrews 1971.
[457] Vgl. Porter 1980; Porter 1985.
[458] Vgl. Mintzberg 1978; Quinn 1980.

Hieraus ergibt sich die Frage und wissenschaftliche Diskussion nach der Planbarkeit von Strategien bzw. nach der Umsetzbarkeit geplanter Strategien.[459] In diesem Zusammenhang entwickelte Burgelman (1983) ein Interaktionsmodell, welches auf der Arbeit von Bower (1970) und dem Bower-Burgelman-Prozessmodell (B-B-Modell) aufbaut, um das Innovationspotenzial aller Mitarbeiter eines Großunternehmens in die Strategiebildung einzubeziehen.[460] Hierbei ist der Strategiebildungsprozess zum einen als iterativer Ressourcenallokationsprozess zu verstehen, bei dem mehrere bottom-up initiierte Innovationsvorhaben um die Unterstützung sowie die begrenzten Ressourcen des CP konkurrieren, und zum anderen ist dieser nicht alleinige Aufgabe des Top-Managements, sondern umfasst Handlungen sowie Entscheidungen auf allen Unternehmensebenen.[461]

Im Gegensatz zur fundierten theoretischen Diskussion existieren jedoch nur wenige empirische Analysen, welche sich umfassend mit den ICV-Erfolgsfaktoren befassen. Zudem beziehen sich die bisherigen Forschungsarbeiten lediglich auf eine stark begrenzte Anzahl von Variablen und/oder auf einzelne Aspekte.

Die Arbeiten zum Integrationsgrad kommen zu unterschiedlichen Ergebnissen. Eine positive Korrelation zwischen ICV-Erfolg und der Segregation der VE von den Strukturen, Prozessen und (Management-)Systemen des CP erkennen Ginsberg & Hay (1994), welche diese mit einer hieraus resultierenden höheren Flexibilität der VE begründen.[462] Block (1982), Burgelman (1985), Kanter (1985), Block (1989), Sykes & Block (1989), Dougherty (1995), Dess et al. (1999), Birkinshaw et al. (2002), Hill & Birkinshaw (2008) sowie Burgers et al. (2009) kommen zur gleichen Erkenntnis, erklären dies jedoch vorrangig mit den unterschiedlichen Anforderungen von Großunternehmen und VE sowie der Herauslösung der VE aus den bürokratischen und verkrusteten Strukturen des CP.[463] Für eine Integration hingegen sprechen die Arbeiten von von Hippel (1976), Lengnick-Hall (1992), Chandler & Hanks (1994), Thornhill & Amit (2001) sowie McGrath et al. (2006), wobei der ICV-Erfolg im Wesentlichen mit dem Zugriff der VE auf die Ressourcen des CP sowie des leichteren Wissenstransfers zwischen VE und CP verbunden wird.[464] Einen situationsspezifischen Zusammenhang zwischen dem

[459] Vgl. Kapitel 5.
[460] Vgl. Bower 1970; Burgelman 1983a; Burgelman 1983b; Burgelman 1983c. Vgl. auch Bower & Doz 1979; Noda & Bower 1996. Vgl. Kapitel 5.
[461] Vgl. Noda & Bower 1996.
[462] Vgl. Ginsberg & Hay 1994.
[463] Vgl. Block 1982; Burgelman 1985; Kanter 1985; Block 1989; Sykes & Block 1989; Dougherty 1995; Dess et al. 1999, Birkinshaw et al. 2002b, S. A. Hill & Birkinshaw 2008; Burgers et al. 2009.
[464] Vgl. Hippel 1976; Lengnick-Hall 1992; G. N. Chandler & Hanks 1994; Thornhill & Amit 2001; McGrath et al. 2006.

Integrationsgrad und dem ICV-Erfolg sehen wiederum Miller et al. (1991), Sorrentino & Williams (1995), Shah et al. (2008), Johnson (2012) sowie Garrett & Covin (2013).[465]

Block & Ornati (1987) sowie Block & McMillan (1993) konstatieren einen positiven Einfluss des Einsatzes von Meilensteinen auf den ICV-Erfolg.[466] Im Rahmen der Finanzierung von Innovationsvorhaben bilden Meilensteine u.a. die Grundlage der Stufenfinanzierung (sog. Staging oder Staged Financing), wobei Innovationsprojekte in einzelne Finanzierungsrunden unterteilt werden. Werden die Meilensteine nicht planmäßig erreicht, kann das CP eine Anschlussfinanzierung der VE ablehnen.[467]

Darüber hinaus bilden Meilensteine auch die Basis erfolgsabhängiger Anreiz- und Vergütungssysteme. Die Arbeiten von Kanter (1985), Sathe (1985), Block & Ornati (1987), Sykes (1992), Covin & Miles (1999), Kuratko et al. (2001) sowie Dushnitsky & Shapira (2010) betonen den positiven Einfluss einer erfolgsabhängigen und risikokonformen Ausgestaltung der Anreiz- und Vergütungssysteme für VE-Mitarbeiter auf den ICV-Erfolg, welche den VE-Mitarbeitern entsprechende Handlungs- und Entscheidungsräume geben.[468] In diesem Zusammenhang sehen Sieger et al. (2013) einen positiven Einfluss einer psychologischen Eigentümerschaft der VE-Mitarbeiter auf den ICV-Erfolg.[469]

Hinsichtlich organisatorischer Lerneffekte zeigen Arbeiten, dass sowohl eine hohe Fehlertoleranz (Jennings & Lumpkin (1989))[470] als auch das Lernen aus Misserfolgen (Maidigue & Zirger (1985), Cope (2011), Yamakawa et al. (2013))[471] einen positiven Effekt auf den ICV-Erfolg haben.

Einen positiven Effekt der iterativen Einbindung der VE in den Strategieentwicklungsprozess in Form eines Top-down- und Bottom-up-Ansatzes konstatieren die Arbeiten von Guth & Ginsberg (1990), Covin & Slevin (1990), Stopford & Baden-Fuller (1994) sowie Crockett et al. (2013).[472] In diesem Zusammenhang betonen Kanter (1985), Floyd & Woolridge (1992), Ginsberg & Hay (1994), Pearce et al. (1997), Hornsby et al. (2002) sowie Hornsby et al. (2009) die Wichtigkeit der Rolle des mittleren Managements.[473]

Zudem zeigen die Analysen von von Hippel (1976), MacMillan et al. (1986), Knight (1987); Sathe (1989), Zirger & Maidigue (1990), Kuratko et al. (2001) sowie Garrett & Neubaum (2013)

[465] Vgl. A. Miller et al. 1991; Sorrentino & Williams 1995; Shah et al. 2008; Johnson 2012; Garrett & Covin 2013.
[466] Vgl. Block & Ornati 1987; Block & MacMillan 1993.
[467] Vgl. Kapitel 3.4.2.
[468] Vgl. Kanter 1985; Sathe 1985; Block & Ornati 1987; Sykes 1992; Covin & Miles 1999; Kuratko et al. 2001; Dushnitsky & Shapira 2010.
[469] Vgl. Sieger et al. 2013.
[470] Vgl. Jennings & Lumpkin 1989.
[471] Vgl. Maidique & Zirger 1985; Cope 2011; Yamakawa et al. 2013.
[472] Vgl. Guth & Ginsberg 1990; Covin & Slevin 1990; Stopford & Baden-Fuller 1994a; Crockett et al. 2013.
[473] Vgl. Kanter 1985; Floyd & Woolridge 1992; Ginsberg & Hay 1994; Pearce et al. 1997; Hornsby et al. 2002; Hornsby et al. 2009.

einen positiven Einfluss von Top-Management-Commitment und -Unterstützung auf den ICV-Erfolg.[474]

Mit der grundsätzlichen Fragestellung einer Übertragung von Ansätzen und Strukturen der VC-Industrie auf die Unternehmensebene im Sinne des CV beschäftigt sich u.a. die Arbeit von Hill et al. (2009).[475]

2.4 Ressourcenbasierter Ansatz

Der Ressourcenbasierte Ansatz (Resource-based view) stützt sich im Wesentlichen auf die Arbeiten von Penrose (1959) sowie Wernerfelt (1984) und geht davon aus, dass verteidigungsfähige Wettbewerbsvorteile[476] (sustainable competitive advantages) auf die einem Unternehmen zur Verfügung stehenden internen als auch die über Kooperationen eingebundenen externen Ressourcen sowie deren Kombination und Nutzung zurückzuführen sind.[477] Dem Ansatz liegen die vier Basistheoreme der Ressourcenheterogenität („heterogenity"), der Immobilität von Ressourcen („imperfect mobility"), der Ex-ante-Wettbewerbsbeschränkung („ex-ante limits to competition") und der Ex-post-Wettbewerbsbeschränkungen („ex-post limits to competition") zugrunde.[478] Ressourcenheterogenität basiert auf einer heterogenen Ausstattung sowie einzigartigen Nutzung von Ressourcen, worüber Effizienzunterschiede und das verschiedene Potenzial zur Erzielung von verteidigungsfähigen Wettbewerbsvorteilen von Unternehmen einer Branche erklärt werden.[479] Demnach bestimmt sich der Markterfolg eines Unternehmens über die bessere Kombination und Nutzung dieser Ressourcen und/oder deren Überlegenheit im Vergleich zum Wettbewerb.[480] Rumelt (1984) bezeichnet die mit Intransparenz einhergehenden Ex-ante-Unsicherheiten und Know-how-Defizite der Wettbewerber hinsichtlich der Kausalstruktur der Ressourcen eines Unternehmens als „causal ambiguity" und begründet die ex post auftretenden Renditeunterschiede mit dem Vorliegen von Imitationsbarrieren („isolating mechanisms").[481] Es stehen also die internen Ressourcen eines Unternehmens im Vordergrund: „[G]rowth is governed by a creative and dynamic interaction between a firm's productive resources and its market opportunities. Available resources limit expansion; unused resources (including technological and entrepreneurial) stimulate and largely determine the

[474] Vgl. Hippel 1976; MacMillan et al. 1986; R. M. Knight 1987; Sathe 1989; Zirger & Maidique 1990; Kuratko et al. 2001; Garrett & Neubaum 2013.

[475] Vgl. S. A. Hill et al. 2009.

[476] Ein verteidigungsfähiger Wettbewerbsvorteil liegt dann vor, wenn er durch Wettbewerber nicht dupliziert werden kann (vgl. Barney 1991, S. 102).

[477] Vgl. Penrose 1959; Wernerfelt 1984.

[478] Vgl. Welge & Al-Laham 2012, S. 91 ff.

[479] Vgl. Foss 1997, S. 10. Vgl. hierzu auch die Ansätze des traditionellen strategischen Managements von Ansoff 1965; Andrews 1971; Hofer & Schendel 1978.

[480] Vgl. S. G. Winter 1995, S. 173; Cool & Dierickx 1994, S. 35 f.; Foss et al. 1995, S. 8; Burr 2004, S. 114 f.

[481] Vgl. Rumelt 1984, S. 561 ff.

direction of expansion. While product demand may exert a predominant short-term influence, over the long term any distinction between 'supply' and 'demand' determinants of growth becomes arbitrary." [482] Ressourcenimmobilität bezeichnet den Umstand, dass bestimmte Ressourcen nicht oder nur eingeschränkt auf Faktormärkten handelbar sind. Dies gilt insbesondere für unternehmensspezifische (idiosynkratische) Ressourcen, die außerhalb eines bestimmten Unternehmens vollständig an Wert verlieren, sowie spezifische Ressourcen im Allgemeinen („asset specificity"), deren Austausch über Märkte mit hohen Transaktionskosten verbunden ist. [483] Ex-ante-Wettbewerbsbeschränkungen beziehen sich auf die Unvollkommenheit von Faktormärkten aufgrund von Informationsasymmetrien hinsichtlich des Wertes einer Ressource bei deren Beschaffung: „Firms can only obtain greater than normal returns from implementing their product market strategies when the cost of resources to implement those strategies is signifikant less than their economic value, i.e. when firms create or exploit competitive imperfections in strategic factor markets." [484] Ex-post-Wettbewerbsbeschränkungen zielen auf eine begrenzte Substituierbarkeit („imperfect substitutability") und eine begrenzte Imitierbarkeit („imperfect imitability") strategisch relevanter Ressourcen und Kompetenzen ab.[485]

Das übergeordnete Ziel des Ressourcenorientierten Ansatzes besteht in der Generierung ökonomischer Renten auf Basis eines verteidigungsfähigen Wettbewerbsvorteils.[486] Barney (1994) definiert den Begriff der ökonomischen Rente wie folgt: „A firm earns an economic rent when it earns a rate of return on the resources and capabilities it controls greater than what is needed to attract those resources and capabilities to the firm."[487]

Wernerfelt (1984) beschreibt eine Ressource als „anything which could be thought of as a strength or weakness of a given firm [...] (tangible or intangible) assets which are tied semipermanently to the firm"[488]. Neuere Arbeiten gehen jedoch dazu über, Ressourcen als positiv besetzt zu betrachten. Barney (1991) definiert Ressourcen entsprechend als „all assets, capabilities, organizational processes, firm attributes, information, knowledge etc. controlled by a

[482] Penrose 1960, S. 1.
[483] Vgl. Williamson 1975.
[484] Barney 1986, S. 1232.
[485] Vgl. u. a. Welge & Al-Laham 2012, S. 94 f. McGrath (1995) merkt an : „Absent market worth, a venture will never extract profits from customers in competitive markets. Absent firm worth, a venture will struggle for management commitment and attention and will in all probability be straved of critical resources. Absent insulation, advantages will be rapidly matched or blocked by competitors" (McGrath 1995, S. 124).
[486] Im Rahmen des Ressourcenbasierten Ansatzes können im Wesentlichen vier Arten an ökonomischen Renten unterschieden werden: (1) Ricardo-Renten (auf Basis ungleicher Ressourcenverteilung und Verfügungsgewalt über knappe Ressourcen) (vgl. Ricardo 1817), (2) Schumpeter-Renten (auf Basis ressourcenbasierter Produkt- bzw. Prozessinnovationen) (vgl. Schumpeter 1950), (3) Bain-Renten (auf Basis einer monopolartigen Stellung des Unternehmens am Markt) (vgl. Bain 1959) und (4) Quasi-Renten (auf Basis besserer Ressourcennutzung bzw. Ressourcenüberlegenheit) (vgl. B. Klein et al. 1978).
[487] Barney 1994, S. 116.
[488] Wernerfelt 1984, S. 172.

firm that enable the firm to conceive of and implement strategies that improve efficiency and effectiveness"[489]. Dabei unterscheidet er drei Kategorien: (1) Physisches Kapital (Gebäude, Maschinen, Zugang zu Rohstoffen), (2) Humankapital (Mitarbeiter) und (3) Organisationales Kapital (Strukturen, Prozesse, Systeme).[490] Grant (1991) fügt die Kategorien (4) Technologie (Produkte, Prozesse), (5) Reputation und (6) Finanzen hinzu.[491]

Kompetenzbasierte Ansätze („Core-Competency Approach") wiederum führen Wettbewerbsvorteile eines Unternehmens auf eine einzigartige Ausstattung unternehmenseigener Kompetenzen („competencies") und Fähigkeiten („capabilities") zurück.[492] Damit steht die prozessuale Betrachtung der Ressourcennutzung und der dazu erforderlichen Fähigkeiten im Mittelpunkt.[493] Kompetenzen sind komplexe Ressourcenbündel und ergeben sich aus der Kombination der aufgeführten Ressourcen.[494] Erst wenn einzelne Ressourcen effektiv und effizient koordiniert und eingesetzt werden, gewinnen diese an strategischem Wert.[495] „A firm may achieve rents not because it has better resources, but rather the firm's distinctive competence involves making better use of its resources."[496]

Burr (2004) subsumiert unter Kompetenzen die technologischen Fähigkeiten eines Unternehmens und fasst diese gemeinsam mit organisatorischen Routinen unter dem Begriff „Kernkompetenzen"[497] zusammen.[498] Dabei stützt er sich auf Dosi et.al (1990), welche Kernkompetenzen als „a set of differentiated technological skills, complementary assets, and organizational routines and capacities"[499] definieren. Damit bilden die Kernkompetenzen eines Unternehmens dessen wesentliche technische Fähigkeiten sowie organisatorische Routinen.[500] Kernkompetenzen stellen „Querschnittsfähigkeiten auf der Ebene des Gesamtunternehmens" dar, wohingegen „technische oder organisatorische Fähigkeiten auf der Ebene eines einzelnen Unternehmensbereichs (Division, Abteilung, Team)"[501] angesiedelt sind.

Die einem Unternehmen zur Verfügung stehenden Ressourcen und Kompetenzen bestimmen somit dessen bearbeitbare Märkte sowie dessen Markterfolg. Ein dynamisches, durch Diskon-

---

[489] Barney 1991, S. 101.
[490] Vgl. Barney 1991, S. 101.
[491] Vgl. Grant 1991, S. 119.
[492] Vgl. hinsichtlich eines Überblicks zur Kompetenzdiskussion Hamel & Prahalad 1995; Krüger & Homp 1997.
[493] Vgl. Welge & Al-Laham 2012, S. 101.
[494] Vgl. Burr 2004, S. 116.
[495] Vgl. Sanchez et al. 1996, S. 27.
[496] Penrose 1959, S. 54.
[497] Für Kernkompetenzen als Konstrukt des strategischen Managements vgl. z. B. Andrews 1971; Ansoff 1965; Hofer & Schendel 1978. Nachfolgend werden die Begriffe „Kompetenz(en)" und „Kernkompetenz(en)" synonym verwendet.
[498] Vgl. Burr 2004, S. 125 ff.
[499] Dosi et al. 1990 zitiert nach Collis 1991, S. 51.
[500] Vgl. Strautmann 1993, S. 31 ff.
[501] Burr 2004, S. 129.

tinuitäten und Strukturbrüche gekennzeichnetes marktliches Umfeld erfordert also eine ständige Erneuerung sowie Rekombination der Ressourcen.[502] „To achieve a sustained competitive advantage, companies have to alter their resource base and renew their competencies again and again, in order to achieve congruence with their changing environment and to match the modified requirements. Therefore, companies have to be able to build, adapt, integrate, reconfigure, and release competencies."[503] Diese Fähigkeit wird unter dem Begriff „Dynamic Capabilities" subsumiert. Teece et al. (1997) definieren Dynamic Capabilities „as the firm's ability to integrate, build, and reconfigure internal and external competences to address rapidly changing environments"[504]. Dynamic Capabilities tragen im Wesentlichen zur Erzielung von Schumpeter-Renten auf Basis von Produkt- und Prozessinnovationen bei.[505] Schumpeter-Renten „are returns due to discovery and innovation of new combinations of resources in uncertainty"[506]. Unter Unsicherheit ist der Ex-post-Wert der innovativen Ressourcenkombination ex ante nicht bekannt. Da die Schumpeter-Rente sich aus der Differenz beider Werte ermittelt, ist diese nach den Arbeiten von Knight (1921) und Rumelt (1987) bei fehlender Unsicherheit gleich null.[507] Im Umkehrschluss bedeutet dies, dass ein Unternehmen nur dann Schumpeter-Renten erzielen kann, wenn es diesem gelingt, die Unsicherheit hinsichtlich eines Innovationsvorhabens intern zu reduzieren, während diese für den Wettbewerb bestehen bleibt.[508] Voraussetzung hierfür ist also ein unternehmensindividuelles und -spezifisches Verständnis des kausalen Zusammenhangs zwischen unternehmerischer Gelegenheit und innovativer Ressourcenkombination. „[T]he experimental learning created through venturing allows a firm to create firm-specific and idiosyncratic insight into future possibilities. [I]ts new ways of combining resources should reflect this insight."[509] Alchian & Demsetz (1972) merken hierzu an: „Efficient production with heterogeneous resources is a result not of heaving better resources but knowing more accurately the relative productive performance of those resources."[510]

Nelson & Winter (1982) argumentieren, dass die Kombination von Ressourcen in Form von Kompetenzen sowie deren Rekonfiguration als Dynamic Capabilities mit der Zeit zu Routinen werden.[511] Dabei handelt es sich um erlernte bzw. erlernbare organisatorische Fähigkeiten, welche umso leichter umgesetzt werden können, je häufiger sie praktiziert werden.[512] Diese

[502] Vgl. Montgomery 1995, S. 263.
[503] Herrmann et al. 2007, S. 94.
[504] Vgl. Teece et al. 1997, S. 516.
[505] Vgl. Teece et al. 1997, S. 527.
[506] Birkinshaw & Hagström 2000, S. 87.
[507] Vgl. F. H. Knight 1921; Rumelt 1987.
[508] Vgl. Amit & Schoemaker 1993, S. 40.
[509] Vgl. McGrath et al. 1994, S. 355.
[510] Alchian & Demsetz 1972, S. 793.
[511] Nelson & Winter 1982, S. 124.
[512] Vgl. Teece et al. 1997, S. 521.

basieren auf repetitiven Aktivitätsmustern innerhalb eines Unternehmens sowie auf organisatorischem Lernen und sind demnach nicht ohne Weiteres vom Wettbewerb duplizierbar: „Routines are repetitive patterns within an organization and often have a tacit dimension to them, meaning that they are difficult to identify or replicate. [...] Consequently, no two firms are likely to develop identical routines, and it is often difficult for one firm to copy routines originated in another."[513]Kompetenzen „entstehen durch eine unternehmensinterne Transformations- und Veredelungsleistung sowie durch eine unternehmensspezifische Kombination von Ressourcen [...]. [...] Die Kombinationsleistung besteht insbesondere in der Einbindung der Unternehmensressourcen in Unternehmensprozesse, die über jahrelange kontinuierliche Verbesserung dieser Prozesse durch individuelles und organisatorisches Lernen sowie durch effektive Organisation (vielleicht) zu besonderen Routinen und Kompetenzen des Unternehmens werden"[514]. Dabei hängt die Effizienz organisatorischen Lernens im Wesentlichen von der Komplementarität der bestehenden zu den neu zu entwickelnden Ressourcen und Kompetenzen ab.[515] „There is a close relation between the various kinds of resources with which a firm works and the development of ideas, experience, and knowledge of its managers and entrepreneurs."[516] Kompetenzen sowie Dynamic Capabilities basieren auf explizitem sowie implizitem Wissen des Unternehmens, welches in der Vergangenheit gewonnen wurde und zukünftig in ähnlicher Art und Weise genutzt werden kann.[517] Wobei dieses Wissen eng mit der Erfahrung einzelner Personen und Gruppen verbunden ist: „Experience produces increased knowledge about things and contributes to 'objective' knowledge in so far as its results can be transmitted to others. But experience itself can never be transmitted; it produces a change – frequently a subtle change – in individuals and cannot be separated from them."[518] Die Kompetenzen und Routinen basieren damit auf einzelnen Mitarbeitern und Gruppen bzw. Teams eines Unternehmens.[519] „Thus, teams form the context in which new, idiosyncratic routines become established in the firm."[520] Wernerfelt (1989) merkt hierzu an: „We are here talking about team effects. Let us assume we are working in a group whose functioning depends on interaction between specialists in several areas, As in any such group, we will develop a set of routines over time. We will learn what other members can do, will do, and want to do. We will learn what they mean when they say something – e.g., 'soon'. And we will learn how to

[513] McGrath et al. 1994, S. 353. Vgl. hierzu auch Van de Ven 1986, S. 594.
[514] Burr 2004, S. 176. Zudem ist ein Fremdbezug von Ressourcen und Kompetenzen durch Akquisition eines anderen Unternehmens oder extern bezogene Vorprodukte und Dienstleistungen möglich.
[515] Vgl. Teece & Pisano 1994, S. 18.
[516] Penrose 1959, S. 85.
[517] Vgl. Burr 2004, S. 133.
[518] Penrose 1959, S. 53.
[519] Teamarbeit „is production in which (1) several types of resources are used and (2) the production is not a sum of seperable outputs of each cooperating resource" (vgl. Alchian & Demsetz 1972, S. 779).
[520] McGrath et al. 1994, S. 355.

solve recurrent conflicts. The point is that no two groups will develop the same social structure. In particular, some groups will end up with more efficient patterns of interaction."[521]

Neben Ressourcen, Kompetenzen und Dynamic Capabilities erwähnt Burr (2004) die visionär prospektiven Fähigkeiten eines Unternehmens und seines Managementteams als vierte Ebene.[522] Hierunter versteht er die Vorgabe von Unternehmenszielen sowie von Märkten und Technologien bzw. Produkten, auf welche die Ressourcen konzentriert werden sollen. Dies impliziert die Annahme und schwierige Anforderung an das Management eines Unternehmens, in der Lage zu sein, die zur Generierung eines verteidigbaren Wettbewerbsvorteils notwendigen Ressourcen zu identifizieren und sie sich anzueignen: „[I]mplicit assumption that capable strategic managers will somehow be able to develop superior insights into the most likely outcomes in dynamic markets and will therefore be able to lead the firm to internalize the right set of resources [...]."[523]

Abbildung 2-7: Ebenen des Ressourcenbasierten Ansatzes

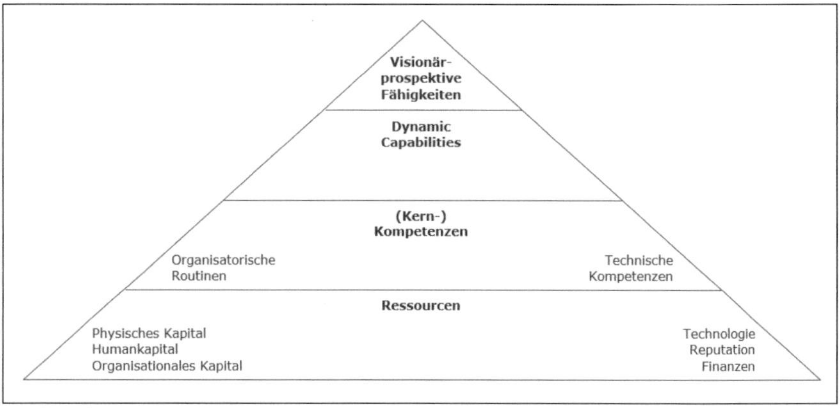

Quelle: Eigene Darstellung in Anlehnung an Burr 2004, S. 132.

[521] Wernerfelt 1989, S. 7.
[522] Vgl. Burr 2004, S. 134 ff.
[523] Sanchez 1993, S. 269.

2.5 Neue Institutionenökonomik

Die neoklassische Finanzierungstheorie[524] geht von vollkommenen und vollständigen Kapitalmärkten aus.[525] Finanzierungsformen stellen hierbei lediglich unterschiedliche Aufteilungsregeln unsicherer, zukünftiger Erträge dar.[526] Die CV-Finanzierung von Innovationsvorhaben ist jedoch durch ein erhebliches Maß an Risiko und Unsicherheit gekennzeichnet. Neben positiven Transaktionskosten liegt eine asymmetrische Informationsverteilung zwischen CP (Investor) und VE (Gründungsunternehmen) vor, welche auf beiden Seiten zu Anreizproblemen führt und deren Reduzierung Transaktionskosten verursacht.[527] „Besitzt der Kapitalgeber gegenüber dem Kapitalnehmer einen Informationsnachteil, so ist er mit der Kapitalüberlassung nicht nur der Unsicherheit ausgesetzt, die aus den leistungswirtschaftlichen Risiken resultiert, er geht vielmehr zusätzliche Risiken ein, die im Verhalten des Kapitalnehmers begründet sind."[528]

Geeignet für eine Erklärung des Innovationsverhaltens von Großunternehmen in einem dynamischen, durch Diskontinuitäten und Strukturbrüche geprägten Markt sind institutionenökonomische Ansätze – und im Besonderen die Neue Institutionenökonomik.[529] Unter dem Begriff werden verschiedene Forschungsansätze subsumiert, welche sich mit der Frage einer effizienten Gestaltung von Institutionen – insbesondere Vertrags- und Organisationsgestaltung – auseinandersetzen.[530] Alchian & Demsetz (1972) beschreiben in ihrer grundlegenden Arbeit zur Neuen Institutionenökonomik ein Unternehmen als „Nexus von Verträgen". [531] Die Betrachtung wird dabei weg von der Vorstellung der Produktionsfunktion hin zur Organisationsstruktur gelenkt, in welcher mehrere Faktor- und Ressourceneigentümer diese zusammenlegen.[532] Aus Sicht der Neuen Institutionenökonomik stellt damit ein Unternehmen eine legale

---

[524] Markowitz 1952 und Tobin 1957 legten mit ihren Arbeiten zur „Portfolio-Selection" den Grundstein der heutigen Finanzierungstheorie. Hauptaufgabe der neoklassischen Finanzierungstheorie ist die Bewertung von Wertpapieren als Anrecht auf zukünftige und in ihrer Höhe unsichere Zahlungsströme (vgl. Hartmann-Wendels 1987, S. 17). Modelle der neoklassischen Finanzierungstheorie sind u. a. das Irrelevanztheorem, MM-Theorem (Modigliani & Miller 1958), und das Capital Asset Pricing Modell, CAPM (Sharpe 1964).

[525] Ein vollkommener Kapitalmarkt weist folgende Eigenschaften auf: (1) Friktionslosigkeit: keine Transaktionskosten, Steuern und regulatorischen Hemmnisse; (2) Vollkommener Wettbewerb: Marktpreise können durch die Marktteilnehmer (Preisnehmer) nicht beeinflusst weden; (3) Informationssymmetrie und -effizienz: Kostenloser Zugang zu Information aller Marktteilnehmer und symmetrische Informationsverteilung; (4) Rationalverhalten: Marktteilnehmer sind Nutzenmaximierer, welche rational handeln (vgl. Copeland & Weston 1988, S. 194).

[526] Vgl. R. H. Schmidt 1985, S. 423 f.

[527] Informationsasymmetrie und Transaktionskosten bilden die wesentlichen Kriterien für die nachfolgende Betrachtung. Die weiteren Kriterien eines vollkommenen Kapitalmarktes sind im Rahmen des ICV aber ebenfalls nicht zutreffend.

[528] Hartmann-Wendels 2001, S. 119.

[529] Vgl. hierzu u. a. Picot et al. 1996, S. 39 und 50; Picot et al. 2002, S. 54 ff; Burr 2004, S. 99.

[530] Vgl. Kreysel 2006, S. 109.

[531] Vgl. Alchian & Demsetz 1972, S. 777 ff.

[532] Vgl. Voigt 2009, S. 81.

Friktion in Form eines Netzwerkes aus Verträgen dar.[533] Ausgangspunkt bildet die Annahme, dass menschliches Verhalten durch Institutionen gelenkt wird, wobei eine Institution charakterisiert ist als „ein auf ein bestimmtes Zielbündel abgestelltes System von Normen einschließlich deren Garantieinstrumente, mit dem Zweck, das individuelle Verhalten in eine bestimmte Richtung zu steuern. Institutionen strukturieren unser tägliches Leben und verringern auf diese Weise dessen Unsicherheiten"[534]. Allen institutionenökonomischen Ansätzen liegen die Annahmen des Methodologischen Individualismus[535] (das Unternehmen ist keine „Black Box" [536], sondern ein Zusammenschluss von Individuen), der eingeschränkten bzw. begrenzten Rationalität („bounded rationality"[537] ; die Individuen treffen ihrer Intention nach rationale Entscheidungen – satisfizierende Handlungsergebnisse[538]) sowie der individuellen Nutzenmaximierung[539] (die Individuen verfolgen eigene Ziele entsprechend ihren jeweiligen Präferenzen) zugrunde.[540] Der Methodologische Individualismus betont die Verschiedenartigkeit der Individuen eines Unternehmens und deren vielfältige Präferenzen, Ziele und Ideen und begreift ein Unternehmen damit als Zusammenschluss von Einzelpersonen und nicht als Kollektiv.[541] Die eingeschränkte bzw. begrenzte Rationalität (unvollkommene individuelle Rationalität) erachtet die Präferenzen der Individuen als unvollständig und über die Zeit veränderlich.[542] Zudem führen positive Transaktionskosten dazu, dass die Individuen nicht mehr als vollständig informiert gelten können, da der unbegrenzte Erwerb von Wissen zu teuer bzw.

[533] „Das Unternehmen ist identisch mit einer bestimmten Menge von Marktbeziehungen, die bei einem zentralen Vertragspartner zusammenlaufen" (vgl. Göbel 2002, S. 170).

[534] R. Richter 1994, S. 4.

[535] Der Begriff des Methodologischen Individualismus geht laut Vanberg 1975, S. 86, auf Schumpeter 1970, S. 88 ff. zurück.

[536] Hierbei wird davon ausgegangen, dass ein Unternehmen seine Ziele als Kollektiv verfolgt. „The firm is a 'black box' operated so as to meet the relevant marginal conditions with respect to inputs and outputs, thereby maximizing profits, or more accurately, present value" (vgl. Jensen & Meckling 1976, S. 306 f.).

[537] H. A. Simon 1957 verwendet den Begriff der eingeschränkten bzw. begrenzten Rationalität („bounded rationality") zur Bezeichnung der Tatsache, dass Individuen zwar als der Intention nach rational, aber nicht hyperrational sind. Demnach sind diese „nicht in der Lage, (1) alle denkbaren Alternativen wahrzunehmen, (2) alle Konsequenzen denkbarer Alternativen abzuschätzen und (3) eine vollständige und konsistente Bewertung möglicher Ergebnisse vorzunehmen" (Erlei et al. 2007, S. 7). Diese Ansicht bildet die Grundlage für die Sinnhaftigkeit von regelgeleitetem Handeln und damit der Wichtigkeit von Regeln bzw. Regelsystemen (Institutionen) zur Kanalisierung von Verhalten (vgl. Heiner 1983).

[538] Der Begriff „Satisfice" wurde durch H. A. Simon 1956 geprägt und setzt sich aus den englischen Wörtern satisfying (befriedigend) und suffice (genügen) zusammen. Die wesentlichen Elemente des Satisficing-Modells sind: „(1) Der Mensch ist nicht fähig zu optimieren; (2) um in komplexer Umwelt handlungsfähig zu bleiben, hält er sich an (Routine-)Regeln; (3) zur Lösung neuer Probleme setzt er sich Anspruchniveaus und strebt nach befriedigenden Lösungen" (Erlei et al. 2007, S. 8). D. h., „dass Individuen nicht nach vollkommener Informationsversorgung, vollständiger Bewertung aller Handlungsalternativen und Erreichung maximaler Zielbeiträge streben, sondern sich aufgrund ihrer begrenzten Informationsaufnahme- und Informationsverarbeitungskapazität mit der Erreichung eines zufriedenstellenden Informationsstandes begnügen" (Burr 2004, S. 100).

[539] Das dahinterliegende Individualprinzip besagt, dass das Individuum sein Handeln an den eigenen Präferenzen orientiert und diese den einzigen Referenzpunkt der Beurteilung möglicher Problemlösungen darstellen (vgl. Buchanan 1987, S. 585 ff.).

[540] Vgl. R. Richter & Furubotn 2010, S. 3 f.; R. Richter & Furubotn 1999, S. 238; Burr 2004, S. 100.

[541] Vgl. R. Richter & Furubotn 2010, S. 3.

[542] Vgl. North 1978, S. 972 ff. Vgl. auch Williamson 1975.

unmöglich ist.[543] Dazu kommt eine begrenzte Informationsaufnahme- und Informationsverarbeitungskapazität der Individuen. Im Rahmen der individuellen Nutzenmaximierung wird angenommen, dass die Individuen eigene Interessen verfolgen und ihren Nutzen unter den Nebenbedingungen der bestehenden institutionellen Ordnung maximieren.[544]

Der Finanzierung junger Unternehmen widmet sich ein eigenes Forschungsgebiet (Entrepreneurial Finance).[545] Zur Analyse einer effizienten Ausgestaltung des ICV als eine komplexe Finanzierungsform und -institution wird in der Literatur überwiegend auf die Neoinstitutionalistische Finanzierungstheorie zurückgegriffen.[546] Diese basiert auf der Theorie der New Institutional Economics, welche hauptsächlich von Coase (1937) und Williamson (1975) entwickelt wurde.[547] Die Neoinstitutionalistische Finanzierungstheorie begreift die organisatorischen und vertraglichen Institutionen als Kern von Finanzierungsproblemen.[548] Übertragen auf das Konzept des ICV steht somit die institutionelle Gestaltung der Beziehungen zwischen CP und VE – und dies ggf. unter Einbeziehung einer VU – im Zentrum der Betrachtung. Bedeutende Ansätze der Neoinstitutionalistischen Finanzierungstheorie sind die Property-Rights-Theorie, die Transaktionskostentheorie sowie die Principal-Agent-Theorie[549].[550] Nachfolgend werden diese drei Richtungen in ihren Grundformen erläutert.

2.5.1 Property-Rights-Theorie

Die Property-Rights-Theorie geht im Wesentlichen auf die Arbeiten von Coase (1960), Alchian (1965) und Demsetz (1967) zurück.[551] Sie ist primär ein Ansatz der Organisationstheorie und -gestaltung, dessen Fokus auf einer Effizienzbeurteilung verschiedener Formen der Unternehmensorganisation liegt.[552] Die Property-Rights-Theorie basiert auf vier Grundbausteinen: den sog. Property Rights, der individuellen Nutzenmaximierung, den externen Effekten sowie den Transaktionskosten.

[543] Vgl. North 2005, S. 5.
[544] Vgl. R. Richter & Furubotn 2010, S. 3.
[545] Vgl. Gompers & Sahlman 2002, S. 1.
[546] Vgl. u. a. R. H. Schmidt 1985, S. 426; Schween 1996, S. 7 ff.; Schefczyk 2006, S. 43 ff.; Kreysel 2006, S. 106 ff.
[547] Vgl. Coase 1937; Williamson 1975.
[548] Vgl. R. H. Schmidt 1985, S. 426.
[549] Im Rahmen dieser Arbeit wird der Originalterminus verwendet.
[550] Ein guter Überblick findet sich z. B. bei Picot 1991, S. 145 ff. und Hax 1991, S. 55 ff.
[551] Vgl. Coase 1960; Alchian 1965; Demsetz 1967. Vgl. auch die Ausarbeitungen von Furubotn & Pejovich 1972 sowie Alchian & Demsetz 1972.
[552] Vgl. Picot & Michaelis 1984, S. 252 ff.

Dabei bestimmen die Property Rights den Wert eines Gutes, welches zwischen Marktteilnehmern ausgetauscht wird.[553] In der deutschsprachigen Literatur werden Property Rights regelmäßig mit dem Begriff „Verfügungsrechte“[554] gleichgesetzt.[555] Diese bezeichnen die mit einem materiellen oder immateriellen Gut verbundenen und den Wirtschaftssubjekten aufgrund von Rechtsordnungen und Verträgen zustehenden Handlungsrechte, welche rechtlich, sozial und institutionell legitimiert sind.[556] Picot et al. (1996) definieren Property Rights entsprechend als „die mit einem Gut verbundenen und Wirtschaftssubjekten aufgrund von Rechtsordnungen und Verträgen zustehenden Handlungs- und Verfügungsrechte“[557]. Damit bestimmen nicht die physischen Eigenschaften den Wert eines Gutes, sondern die mit diesem Gut verbundenen Verfügungsrechte.[558] Im Zentrum der Property-Rights-Theorie steht die Beurteilung und Erklärung der Entstehung, Ausgestaltung und Verteilung dieser Verfügungsrechte.[559] Dabei können grundsätzlich absolute (Privateigentum), relative (freiwillig, vertraglich geschlossene) und andere Rechte und Konventionen unterschieden werden.[560]

Wie allen institutionenökonomischen Ansätzen liegt auch der Property-Rights-Theorie die Annahme der individuellen Nutzenmaximierung der Wirtschaftssubjekte zugrunde.[561] Demnach wird das nutzenmaximierende Individuum versuchen, die Verfügungsrechte zu seinen Gunsten auszulegen.[562]

Das Ausmaß der externen Effekte sowie der damit verbundene Wohlfahrtsverlust als Folge der Handlung der Wirtschaftssubjekte bestimmt sich aus der Spezifikation[563] der Verfügungsrechte.[564] Sind diese nicht vollständig spezifiziert, wird der wirtschaftliche Zustand eines Marktteilnehmers durch die Handlung eines anderen Marktteilnehmers beeinflusst, und es

---

553 Vgl. Furubotn & Pejovich 1972, S. 1139.

554 Verfügungsrechte bestehen aus einem Bündel (vgl. Furubotn & Pejovich 1972, S. 1139) von vier Teilrechten: (1) Recht zur Nutzung eines Gutes – usus, (2) Recht zur wesentlichen Veränderung eines Gutes – abusus, (3) Recht/Pflicht zum Einbehalt der sich aus der Nutzung eines Gutes ergebenden Erträge/Verluste – usus fructus und (4) Recht der Veräußerung oder Übertragung eines Gutes oder einzelner Teilrechte – Veräußerungsrecht (vgl. Dietl 1993). Da diese Teilrechte auf verschiedene Individuen gleichzeitig verteilt sein können, spricht man in Abhängigkeit von deren Anzahl von einer konzentrierten, verdünnten sowie stark verdünnten Property-Rights-Struktur (vgl. Picot et al. 2002, S. 56). Die Verdünnung (Attenuation) beschreibt dabei die Einschränkung der Ausübung von Handlungsrechten (vgl. Furubotn & Pejovich 1972, S. 1144).

555 Zu Grundbegriffen und Abgrenzungen von Verfügungsrechten vgl. R. Richter & Furubotn 1999, S. 80-100.

556 Vgl. Picot 1991, S. 145; Kreysel 2006, S. 110.

557 Picot et al. 1996, S. 39.

558 Vgl. Demsetz 1967, S. 347; Tietzel 1981, S. 210; Furubotn & Pejovich 1972, S. 1139.

559 Vgl. Heitzer 2000, S. 129.

560 Vgl. R. Richter & Furubotn 1999, S. 88-96. Auf die anderen Rechte und Konventionen wird im Rahmen dieser Arbeit nicht weiter eingegangen.

561 Vgl. Picot 1991, S. 145.

562 Vgl. Picot et al. 2002, S. 60.

563 Verfügungsrechte sind vollständig spezifiziert, wenn ein Individuum alle Nutzungsrechte (unter Nutzungsrechte werden die ersten beiden Teilrechte subsumiert, während die letzten beiden das Ergebnis aus dem Rechtsstandpunkt verteilen – vgl. Kreysel 2006, S. 111) an einem Gut besitzt (vgl. Tietzel 1981, S. 215).

564 Vgl. Picot et al. 2002, S. 57.

ergeben sich positive sowie negative externe Effekte.[565] Diese entstehen aufgrund einer Differenz zwischen privatem und gesamtwirtschaftlichem Nutzen.[566] Je vollständiger die Verfügungsrechte spezifiziert sind, desto größer ist der Anreiz des Eigentümers, diese effizient zu nutzen und zur gesamtwirtschaftlichen Wohlfahrt beizutragen, und desto geringer sind damit die externen Effekte.[567] Einer vollständigen Spezifikation der Verfügungsrechte stehen die sog. Transaktionskosten entgegen. Diese werden durch die Herausbildung, Zuordnung, Übertragung und Durchsetzung der Verfügungsrechte verursacht.[568] In diesem Zusammenhang sind vor allem Informations- und Kommunikationskosten, die bei der Anbahnung, Vereinbarung, Abwicklung, Anpassung und Kontrolle einer Austauschbeziehung anfallen, zu nennen.[569] Die Transaktionskosten umfassen nicht nur monetäre, sondern die gesamten ökonomischen Nachteile.[570] Damit gilt die Struktur an Verfügungsrechten als ökonomisch optimal, wenn die Summe aus Transaktionskosten und dem durch externe Effekte bedingten Wohlfahrtsverlust minimiert wird.[571]

Eine effiziente Ausgestaltung von ICV ist mit komplexen interorganisatorischen Verfügungs- und Kontrollbeziehungen verbunden.[572] Innovationsfördernde Organisationsstrukturen stellen Property-Rights-Verteilungen dar. [573] Es können umfassende Verfügungsrechte in den VE konzentriert werden, wobei sich das CP gleichzeitig bestimmte Teilrechte sichert.[574] Die Herausbildung, Zuordnung, Übertragung und Durchsetzung der Teilrechte verursacht jedoch Transaktionskosten. [575]

Durch eine gezielte Zuordnung von Verfügungsrechten und damit von Nutzungs- (Recht zur Nutzung und wesentlichen Veränderung eines Gutes – usus und abusus) und Resudialrechten (Recht/Pflicht zum Einbehalt der sich aus der Nutzung eines Gutes ergebenden Erträge/Verluste – usus fructus) kann das Mitarbeiterverhalten beeinflusst und unternehmerisches Denken und Handeln stimuliert werden.[576] In dieser Arbeit findet die Property-Rights-Theorie demnach bei der Analyse einer effizienten Ausgestaltung der Organisationsstruktur sowie der Anreiz- und

---

[565] Vgl. R. Richter & Furubotn 1999, S. 100 f.

[566] Vgl. Tietzel 1981. Positive externe Effekte liegen vor, wenn der gesamtwirtschaftliche Nutzen den privaten Nutzen eines Wirtschaftssubjektes übersteigt (einzelnen Individuen fallen nicht alle Erträge ihrer Nutzung eines Gutes zu) – negative externe Effekte (einzelne Individuen müssen nicht die durch Ihre Nutzung eines Gutes anfallenden Verluste tragen) im umgekehrten Fall (vgl. Tietzel 1981, S. 212).

[567] Vgl. R. Richter & Furubotn 1999, S. 1.

[568] Vgl. Tietzel 1981, S. 211; Gäfgen 1983, S. 2; Picot 1991, S. 145.

[569] Vgl. Picot & Dietl 1990, S. 178.

[570] Zur weiteren Konkretisierung des Begriffs der Transaktionskosten vgl. Gäfgen 1983, S. 7 f.

[571] Vgl. Picot 1991, S. 145; Picot et al. 2002, S. 59.

[572] Vgl. Ein Unternehmen kann als dynamisches Geflecht von Vertragsbeziehungen verstanden werden (vgl. u. a. Alchian & Demsetz 1972; Fama 1980).

[573] Vgl. Picot & Schneider 1988, S. 96-105; Picot 1991, S. 146.

[574] Vgl. Maselli 1997, S. 148 f.

[575] Vgl. Kreysel 2006, S. 113.

[576] Vgl. Linz 2001, S. 34, Picot & Schneider 1988, S. 96.

Vergütungssysteme und der Finanzierung von Innovationsvorhaben im Rahmen des ICV Anwendung.[577]

2.5.2 Transaktionskostentheorie

Die Transaktionskostentheorie[578] wurde durch die Arbeit von Coase (1937), in der er die neoklassische Modellannahme kostenloser Marktnutzung infrage stellt, begründet und von Williamson (1975) aufgegriffen und weiterentwickelt.[579] Die Transaktionskostentheorie ist wie die Property-Rights-Theorie ein Ansatz der Organisationstheorie und -gestaltung. Sie eignet sich in besonderer Weise zur Analyse institutioneller Regelungen und für eine ökonomisch basierte Begründung effizienter Organisationsformen.[580] Sie fokussiert auf die effiziente Koordination, insbesondere auf die Beherrschung und Überwachung wirtschaftlicher Leistungsbeziehungen.[581] Die Transaktionskostentheorie beschäftigt sich mit der Frage, welche Transaktionsarten in welcher Organisationsform am kostengünstigsten durchgeführt werden können.[582] Die Finanzierungsbeziehungen sind so zu gestalten, dass die Transaktionskosten minimiert werden.[583] Dabei handelt es sich um einen komparativen Ansatz, welcher nicht die effizientesten (starke Auslese) sondern die jeweils effizienteren (schwache Auslese[584]) Koordinationsformen hervorbringt: „Cetris paribus wird bei gegebenen Einflußgrößen diejenige Koordinationsform gewählt, die die vergleichsweise geringsten Transaktionskosten verursacht.“[585] Eine Transaktion umfasst den Prozess zur Klärung und Vereinbarung eines Leistungsaustausches.[586] Hierbei besteht ein enger Zusammenhang zwischen Transaktionstheorie und Property-Rights-Theorie, da eine Transaktion die Übertragung von Verfügungsrechten umfasst. Allerdings bildet bei der Transaktionskostentheorie die Transaktion – und nicht wie bei der Property-Rights-Theorie die mit der Transaktion verbundenen Rechte – die elementare sozioökonomische Untersuchungseinheit.[587]

Im Rahmen des ICV führen der hohe Innovationsgrad radikaler bzw. disruptiver Innovationen und die Informationsineffizienzen der jungen VE sowie die aufgrund der hohen Unsicherheit unvollständigen Verträge zwischen CP und VE zu erheblichen Transaktionskosten.[588] Bei den

[577] Vgl. Kreysel 2006, S. 112.
[578] Zum Begriff der Transaktionskosten vgl. z. B. Picot 1982, S. 270; Michaelis 1985, S. 78-100; Albach 1988, S. 1160 f.
[579] Vgl. Coase 1937; Williamson 1975.
[580] Vgl. Picot 1991, S. 146.
[581] Vgl. Williamson 1988, S. 571 ff.
[582] Vgl. Ebers & Gotsch 1999, S. 225.
[583] Vgl. Hartmann-Wendels 2001, S. 122.
[584] Zum Konzept der schwachen Auslese vgl. H. A. Simon 1983, S. 69.
[585] Picot 1991, S. 149.
[586] Vgl. Picot 1982, S. 269.
[587] Vgl. Commons 1934, S. 4-8.
[588] Vgl. Kreysel 2006, S. 108.

Transaktionskosten handelt es sich im Wesentlichen um „Informations- und Kommunikationskosten, die bei der Anbahnung, Vereinbarung, Kontrolle und Anpassung wechselseitiger Leistungsbeziehungen auftreten“[589]. Grundsätzlich lassen sich zwei Arten von Transaktionskosten herausstellen, welche sich hinsichtlich des Zeitpunktes des Vertragsabschlusses unterscheiden:[590]

1. Ex-ante-Transaktionskosten: Diese fallen bis zum Vertragsabschluss an und beziehen sich auf die Anbahnung (Such- und Informationskosten) sowie Vereinbarung (Verhandlungs- und Einigungskosten) einer Transaktion. Sie werden als Koordinationskosten bezeichnet.
2. Ex-post-Transaktionskosten: Diese fallen nach Vertragsabschluss an und entstehen durch Kontrolle (Einhaltungskosten), Durchsetzung (Sicherstellungskosten) sowie Anpassung (Änderungskosten) einer Transaktion. Sie werden als Motivationskosten bezeichnet.

Im Gegensatz zur Property-Rights-Theorie und Principal-Agent-Theorie, welche hauptsächlich eine Ex-ante-Betrachtung aufweisen, liegt der Transaktionskostentheorie damit die institutionelle Gestaltung des gesamten Austauschprozesses zugrunde.[591]

Die Höhe der anfallenden Transaktionskosten hängt sowohl vom Verhalten der an einer Transaktion beteiligten Partner als auch von den situativen Merkmalen der Transaktion – Spezifität, Häufigkeit und Unsicherheit – ab.[592] Das Verhalten der Transaktionspartner wird, wie bei allen anderen institutionenökonomischen Ansätzen auch, durch die Annahme der eingeschränkten bzw. begrenzten Rationalität sowie der individuellen Nutzenmaximierung charakterisiert.[593] Dies schließt die Existenz perfekter Verträge aus und impliziert opportunistisches Verhalten. Unter dem situativen Merkmal „Spezifität“ (Asset Specificity) werden spezifische Investitionen subsumiert, welche nur für eine bestimmte Transaktion nützlich und wertvoll sind, da sie durch selbige hervorgerufen und für deren Durchführung unerlässlich sind.[594] In der Literatur wird übereinstimmend der Spezifität die größte Bedeutung beigemessen: „[A]sset specificity is the big locomotive to which transaction cost economics owes much of its predictive content.“[595] Bei spezifischen Leistungsbeziehungen ist ein Wechsel des Transaktionspartners entweder nicht möglich oder aber mit sehr großen Nachteilen verbunden.

---

589 Picot & Dietl 1990, S. 178.
590 Vgl. Erlei & Jost 2001, S. 38 ff. Vgl. auch Kreysel 2006, S. 114.
591 Vgl. Williamson 1988, S. 572; Ebers & Gotsch 1999, S. 226.
592 Vgl. Williamson 1975, S. 40; Williamson 1985, S. 53 ff.; Picot 1991, S. 147 ff.; Picot et al. 1996, S. 43 ff.
593 Vgl. R. Richter & Furubotn 1999, S. 238. Vgl. auch Kapitel 2.5.
594 Vgl. Williamson 1975, S. 27 f.; Williamson 1989 , S. 142 f.; Alchian 1984, S. 36 ff. Transaktionsspezifische Investitionen sind z. B. standortspezifisch, anlagespezifisch, abnehmerspezifisch, humankapitalspezifisch, reputationsspezifisch (vgl. u. a. Kreysel 2006, S. 115).
595 Williamson 1985, S. 56.

„Dabei ist der Spezifitätsgrad einer Transaktion umso höher, je größer der Wertverlust ist, der entsteht, wenn das erforderliche Human- und Sachvermögen nicht zur Verwirklichung der angestrebten Leistungsbeziehung eingesetzt, sondern seiner nächstbesten Verwendungsmöglichkeit zugeführt wird.“ [596] In diesem Zusammenhang ist das Konzept der „fundamentalen Transformation“[597] hervorzuheben. Dieses kommt nach Vertragsabschluss zum Tragen und ist dadurch gekennzeichnet, dass die Vertragsparteien transaktionsspezifische Investitionen tätigen und sich in Form eines bilateralen Monopols aneinander binden.[598] Die Vertragsparteien befinden sich in einer sog. Lock-in-Situation, und es besteht das Problem des sog. Hold-up[599]. Die Kosten sind irreversibel (Sunk Costs) und erzeugen somit hohe Abhängigkeiten zwischen den Partnern, welche zu Ausbeutungssituationen führen können. Mit der Häufigkeit (frequency), mit der Partner identische Transaktionen zusammen durchführen, steigt die Möglichkeit der Realisierung von Skalen- und Synergieeffekten.[600] Darüber hinaus bestimmt sich aus der Transaktionshäufigkeit „die Amortisationszeit und damit die Vorteilhaftigkeit aufwendiger Beherrschungs- und Überwachungssysteme“[601]. Die Unsicherheit (uncertainty) einer Transaktion wird dadurch bedingt, dass die Partner keine vollständige Information über alle Umweltfaktoren (Komplexität und Dynamik) haben.[602]

Die Installation von Anreiz-, Kontroll- und Sanktionssystemen kann opportunistische Verhaltensweisen der Transaktionspartner einschränken und somit Transaktionskosten senken; zudem können flexible Anpassungsmöglichkeiten Unsicherheit und Komplexität reduzieren.[603]

Zusammenfassend lässt sich somit feststellen, dass die Transaktionskosten desto geringer sind, je[604]

- unwesentlicher die Transaktion ist
- geringer die Unsicherheit bezüglich der Rahmenbedingungen ist
- höher die Anzahl der Transaktionen ist
- höher die Anzahl der potenziellen Transaktionspartner ist.

[596] Picot 1991, S. 147.
[597] Vgl. zum Konzept der „fundamentalen Transformation“ Williamson 1985, S. 61.
[598] Vgl. Jansen 2005, S. 111.
[599] Ausbeutungssituationen werden als Hold-up bezeichnet und entstehen durch eine zeitliche Versetzung von Leistung und Gegenleistung (vgl. Chung 1998, S. 64 f.). Vgl. auch Kapitel 2.5.3.3.
[600] Vgl. Ebers & Gotsch 1999, S. 230.
[601] Picot 1991, S. 148.
[602] Vgl. u. a. Kreysel 2006, S. 116.
[603] Vgl. Picot 1991, S. 147.
[604] Vgl. Haag 1995, S. 64; Kreysel 2006, S. 117.

2.5.3 Principal-Agent-Theorie

Grundlage der Principal-Agent-Theorie bilden die Arbeiten von Alchian & Demsetz (1972) und Ross (1973) sowie die im Wesentlichen von Jensen & Meckling (1976) begründete finanzielle Agency-Theorie[605].[606] Auch sie ist ein Ansatz der Organisationstheorie und -gestaltung und bietet ebenfalls einen Rahmen zur Diskussion und Lösung vielfältiger Organisationsfragen. Die Principal-Agent-Theorie beschäftigt sich mit der auf Informationsasymmetrie und Unsicherheit basierenden Kooperationsbeziehung zwischen einem Auftraggeber bzw. Kapitalgeber (Principal) und einem Auftragnehmer bzw. Kapitalnehmer (Agent).[607] Charakteristisches Element einer solchen Kooperationsbeziehung ist ihre vertikale hierarchische Struktur.[608] Diese Kooperationsbeziehung liegt vor, „when one, designated as the agent, acts for, on behalf of, or as representative for the other, designated the pricipal, in a particular domain of decision problems“[609]. Jensen & Meckling (1976) definieren entsprechend „an agency relationship as a contract under which one or more persons (the principal(s)) engage another person (the agent) to perform some service on their behalf which involves delegating some decision making authority to the agent”[610]. Ziel der Principal-Agent-Theorie ist die effiziente Vertragsgestaltung zwischen den Parteien unter Berücksichtigung der damit verbundenen Kosten.[611] Da es sich hierbei um eine Delegation von Verfügungsrechten des Principal über den Agent handelt, kann die Agency-Theorie als spezialisierter Zweig der Property-Rights-Theorie aufgefasst werden.[612]

[605] Die Agency-Theorie kann grundsätzlich in einen positiven („postive theory of agency“) und einen normativen („principal agent theory“) Zweig unterteilt werden (vgl. Jensen 1983, S. 334 ff; Elschen 1991, S. 1006). Wobei die finanzielle Agency-Theorie, welche auf die Vertragsgestaltung von Finanzierungsbeziehungen fokussiert, häufig dem positiven Zweig zugeordnet wird (vgl. Bried 1995, S. 822 f.). Vorliegende Arbeit stützt sich auf den positiven Zweig, welcher sich mit der Beschreibung und Erklärung institutioneller sowie komplexer Organisationen beschäftigt und im Gegensatz zum normativen Zweig weniger analytisch und stärker empirisch ausgerichtet ist (vgl. Wenger & Terberger 1988, S. 507). Grundlegend für diese Forschungsausrichtung sind die Arbeiten von Jensen & Meckling 1976, Fama 1980 und Fama & Jensen 1983. Zum methodischen Vorgehen vgl. Jensen 1983.

[606] Vgl. Alchian & Demsetz 1972; Ross 1973; Jensen & Meckling 1976.

[607] In seiner ursprünglichen Form wurde das Agency-Problem in der Beziehung zwischen Anteilseigner (Principal) und Manager (Agent) diskutiert (vgl. Berle & Means 1932). Jensen & Meckling (1976) weisen jedoch darauf hin, dass dieses im Allgemeinen in unterschiedlichen Kooperationsbeziehungen in der Ökonomie und im Speziellen in der Organisation – welche als legale Friktion betrachtet wird, die einen Nexus an Vertragsbeziehungen zwischen Individuen darstellt („legal function, which serves as a nexus for a set of contracting relationships among individuals“) – auftritt (vgl. Jensen & Meckling 1976, S. 309 f.).

[608] Vgl. Jost 2001, S. 11.

[609] Ross 1973, S. 134.

[610] Jensen & Meckling 1976, S. 5.

[611] Vgl. Jost 2001, S. 45.

[612] Vgl. Schefczyk 2006, S. 49.

Im Rahmen der Kooperationsbeziehung macht sich der Principal den Informationsvorsprung des Agent zunutze.[613] Dieser wiederum erhält hierfür vom Principal eine materielle oder immaterielle Entlohnung, die vom erzielten Ergebnis sowie von externen Faktoren abhängt.[614]

Während der Principal an einer bestmöglichen Aufgabendurchführung interessiert ist, fallen für den Agent mit steigendem Arbeitseinsatz zusätzliche physische Arbeitskosten bzw. Arbeitsleid an. [615] Das Principal-Agent-Problem ergibt sich aus der Annahme, dass durch diese Delegationsbeziehung das Handeln des Agent sowohl seinen eigenen Nutzen als auch jenen des Principal beeinflusst. [616] Die Rollenverteilung in Pricipal sowie Agent ist reziprok und situationsspezifisch zu bestimmen, d.h. der Principal kann zum Agent werden und umgekehrt.[617]

Im Mittelpunkt der Principal-Agent-Theorie stehen asymmetrisch verteilte Informationen und die Unvollständigkeit der Verträge[618] zwischen Principal und Agent sowie die hieraus resultierenden Auswirkungen auf die organisatorische Strukturierung und die erzielte Leistung der Austauschbeziehung.[619] Die grundlegende Annahme dahinter ist, „dass dem Principal die zur Gestaltung und Durchsetzung eines Vertrages notwendigen Informationen über den Agenten nicht kostenlos und in vollem Umfang zur Verfügung stehen“[620] und die Transaktionskosten für die Erstellung vollständiger Veträge in ihrer Höhe prohibitiv sind. „Agency problems arise whenever a division of labor results in one party (the principal) delegating decision-making authority or control over resources to another (the agent). The agency prolem occurs whenever (a) it is difficult or expensive for one party to evaluate the performance of the other, and (b) the motives of the parties to an exchange may be different, such that each has an incentive to act in a different or incompatible way."[621] Aufgrund der unvollständigen und zwischen beiden Parteien ungleich verteilten Informationen entstehen Überwachungs- und Kontrollkosten des Principals, Garantiekosten des Agenten sowie ein verbleibender Wohlfahrtsverlust (Resudialverlust) – die sog. Agency-Kosten.[622] Eine Einschränkung des Resudialverlustes lässt sich durch einen verstärkten Einsatz von Überwachungs- und Kontrollaufwendungen erreichen,

[613] Vgl. Ebers & Gotsch 1999, S. 209.
[614] Vgl. Shavell 1979, S. 59.
[615] Vgl. Jost 2001, S. 17.
[616] Vgl. u. a. Wenger & Terberger 1988, S. 506.
[617] Vgl. Picot 1991, S. 150.
[618] Ein vollständiger Vertrag ist „a reliable promise by both parties in which the obligations of each, for all possible contingencies, are specified“ (Macho-Stadler & Pérez-Castrillo 1997, S. 5). Im Gegensatz hierzu präzisiert ein unvollständiger Vertrag nicht die zu leistenden Beiträge und die sich daraus ableitenden Ansprüche für alle möglichen Situationen der Vertragsbeziehung im Vorhinein (vgl. Jost 2001, S. 13). Zudem spezifiziert ein Vertrag die Entlohnung des Agent. Entscheidend ist in diesem Zusammenhang, dass der Vertrag auf verifizierbaren d.h. überprüfbaren Vertragselementen beruht (vgl. Schweizer 1999, S. 6).
[619] Vgl. Burr 2004, S. 110.
[620] Jost 2001, S. 45.
[621] Jones & Butler 1992, S. 736.
[622] Vgl. Jensen & Meckling 1976, S. 308.

welche wiederum durch Garantieleistungen des Agenten reduziert werden können.[623] Das Entscheidungs- und Effizienzkriterium hinsichtlich der Gestaltung von Principal-Agent-Beziehungen bilden die Agency-Kosten – wobei unter mehreren Alternativen das Delegationsmodell als effizient bezeichnet wird, bei welchem die Agency-Kosten minimiert werden.[624] Grundlegend ist in diesem Zusammenhang die Annahme, „dass unter Konkurrenzdruck nur diejenigen institutionellen Ausgestaltungen überleben, die die Agency-Kosten minimieren und somit effizient im Sinne der Theorie sind"[625]. Kosten für die Überwachung und Kontrolle des Agent durch den Principal werden auch als „Monitoring Expenditures" bezeichnet.[626] Hierbei wird versucht, mittels vertraglicher Vereinbarungen das Verhalten des Agent enger an die Interessen des Principal zu koppeln. Voraussetzung sind effiziente Kontroll- und Sanktionsmechanismen, die eine Durchsetzung der vertraglichen Vereinbarungen erlauben.[627] Deshalb werden unter diesen Kosten nicht nur Instrumente der Leistungs- und Verhaltensmessung, sondern auch Anreiz- und Sanktionssysteme subsumiert.[628] Garantie- und Signalkosten sowie Kosten für die Bindung des Agenten an den Principal (Bonding Expenditures) umfassen sowohl alle eigenständigen Bestrebungen des Agenten zu belegen, dass er im Interesse des Principal handeln wird, als auch die Informationskosten des Principal selbst.[629] Der Wohlfahrtsverlust des Principal (Residual Loss) ergibt sich aus allen Agency-Kosten, die sich nicht durch das Monitoring oder Bonding abbauen lassen.[630] Dieser finanzielle Verlust entsteht damit aufgrund von Handlungen des Agent, welche den Gewinn des Principal nicht maximieren.[631]

Der typischen Principal-Agent-Theorie liegen drei wesentliche Prämissen zugrunde:[632] Sowohl Principal als auch Agent sind rational handelnde und eigennutzenmaximierende Individuen (Methodologischer Individualismus, eingeschränkte bzw. begrenzte Rationalität, individuelle Nutzenmaximierung).[633] Der Principal maximiert seinen Anteil am Kooperationsgewinn unter der Prämisse eines möglichst hohen Arbeitseinsatzes sowie einer möglichst geringen Entlohnung des Agent – dieser wiederum ist an einer Maximierung seiner Entlohnung abzüglich seiner Arbeitskosten interessiert.[634] Da davon ausgegangen wird, dass Principal und Agent ihren Nutzen individuell und unabhängig voneinander maximieren und die individuellen

[623] Vgl. Elschen 1991, S. 1004.
[624] Vgl. Jensen 1983, S. 334.
[625] Kreysel 2006, S. 120.
[626] Vgl. Jensen & Meckling 1976, S. 308.
[627] Vgl. Schefczyk 2006, S. 52.
[628] Vgl. Kreysel 2006, S. 126.
[629] Vgl. Jensen & Meckling 1976, S. 308; Kreysel 2006, S. 126; Schefczyk 2006, S. 52.
[630] Vgl. Jensen & Meckling 1976, S. 308; Fama & Jensen 1983, S. 328 ff.
[631] Vgl. Freese 2006, S. 55.
[632] Die hier aufgezählten Prämissen sind die wesentlichen im Bezug auf diese Arbeit. Darüber hinaus lassen sich weitere Prämissen anführen (vgl. Neus 1989, S. 472).
[633] Vgl. Eisenhardt 1989, S. 63; R. Richter & Furubotn 1999, S. 238; Vgl. auch Kapital 2.5.
[634] Vgl. Jost 2001, S. 17.

Nutzenfunktionen nicht übereinstimmen, ergibt sich ein Zielkonflikt zwischen den Parteien.[635] „The parties have incentives to act differently because they have different risk preferences, or because they may have different propensities to act opportunistically. Both risk and opportunism are only problems because uncertainty exists.“[636] Dieser „goal conflict inherent when individuals with differing preferences engage in cooperative effort”[637] bildet die zentrale Prämisse der Agency-Theorie. Dabei schadet der Agent direkt dem Principal, wenn er die sich ihm bietenden diskretionären Handlungsspielräume zum eigenen Vorteil ausnutzt und „[i]f both parties to the relationship are utility maximizers, there is a good reason to believe that the agent will not always act in the best interests of the principal”[638]. In diesem Zusammenhang kommt der Verifizierbarkeit der Vertragselemente eine entscheidende Bedeutung zu, da hierdurch eine vertragskonforme Lösung der Zielkonflikte ermöglicht wird.[639] Im Rahmen der Vertragsgestaltung kann der Principal jedoch nur einen Angleich der Interessen (Second-Best-Lösung) verfolgen, da eine höhere Entlohnung des Agent den Nutzen des Pricipal reduziert und eine Nutzenerhöhung des Principal mit einer Arbeitsleiderhöhung des Agent verbunden ist.[640]

Neben dem Zielkonflikt bildet die Informationsasymmetrie den Ursprung des Agency-Problems.[641] Die Delegationsbeziehung zwischen Principal und Agent zeichnet sich durch asymmetrisch verteilte Informationen aus, wobei der näher am operativen Geschäft und am Markt agierende Agent besser informiert ist als der Principal.[642] Dieses Informationsdefizit muss der Principal bei der Gestaltung eines Vertrages mit dem Agent berücksichtigen.[643]

Zudem besteht Unsicherheit hinsichtlich des Eintritts bestimmter externer Umweltzustände, die weder der Principal noch der Agent beeinflussen kann und die nicht ohne Weiteres vom Einfluss des Agentenverhaltens auf das Ergebnis zu unterscheiden sind.[644] Grundsätzlich wird davon ausgegangen, dass der Principal risikoneutral und der Agent risikoavers eingestellt ist.[645]

[635] Vgl. Erlei & Jost 2001, S. 16 f.
[636] Jones & Butler 1992, S. 736.
[637] Eisenhardt 1989, S. 63.
[638] Jensen & Meckling 1976, S. 5.
[639] Vgl. Jost 2001, S. 15.
[640] Vgl. Kreysel 2006, S. 121.
[641] Vgl. Freese 2006, S. 54.
[642] Vgl. Hartmann-Wendels 2001, S. 119; Hartmann-Wendels 1989, S. 714.
[643] Vgl. Jost 2001, S. 45.
[644] Vgl. Kreysel 2006, S. 121.
[645] Vgl. u. a. Picot 1991, S. 151.

Vor dem Hintergrund der Principal-Agent-Theorie erfolgt in dieser Arbeit die Analyse einer effizienten Ausgestaltung des ICV anhand der folgenden Kategorien von Informationsasymmetrien: Hidden Characteristics[646], Hidden Action, Hidden Information und Hidden Intention.[647] Nach Jones & Butler (1992) sind die Agency-Probleme umso höher, desto größer („Organizational Size"), reifer („Organizational Age") und komplexer („Organizational Complexity") die Organisation ist.[648]

2.5.3.1 Hidden Characteristics

Hidden Characteristics liegen vor, wenn dem Principal aufgrund seines Informationsdefizits entscheidende unveränderbare bzw. nicht kostenlos veränderbare Eigenschaften des Agent oder der durch ihn bereitgestellten Leistung vor dem Zeitpunkt des Vertragsabschlusses (ex ante) verborgen sind.[649] Dabei handelt es sich beispielsweise um Qualifikationen des Agenten oder Qualitätseigenschaften eines Gutes, welche für den Principal erst nach Vertragsabschluss (ex post) vollständig ersichtlich sind.[650] Gleichzeitig wird unterstellt, dass der Agent seinen eigenen Nutzen durch eine zu günstige Darstellung dieser Eigenschaften zu maximieren versucht.[651] Die Unterstellung eines opportunistischen Verhaltens führt dazu, dass der besser informierte Agent seinen Informationsvorsprung zum Nachteil des Principal ausnutzt. Antizipiert dies der Principal und bietet einen auf einen durchschnittlichen Agent zugeschnittenen Vertrag an, besteht die Gefahr, dass ein unterdurchschnittlicher Agent einen überdurchschnittlichen Agent imitiert und ein überdurchschnittlicher Agent den Vertrag nicht annimmt.[652] Da das Informationsdefizit vor bzw. bei Vertragsabschluss vorliegt, besteht für den Principal das Risiko, systematisch einen für die Aufgabendurchführung ungeeigneten Vertragspartner auszuwählen – das sog. Risiko der Adversen Selektion.[653] Eisenhardt (1989) merkt hierzu an: „Adverse selection refers to the misrepresentation of ability by the agent. The argument here is that the agent may claim to have certain skills or abilities when he or she is hired. Adverse selection arises because the principal cannot completely verify these skills or abilities either at

[646] Im Zusammenhang mit Hidden Characteristics kommt der Adversen Selektion eine besondere Bedeutung zu (vgl. Akerlof 1970).

[647] Hierbei ist anzumerken, dass die Erkenntnisse teilweise aus der VC- sowie CVC-Literatur abgeleitet sind.

[648] Vgl. Jones & Butler 1992, S. 740 ff.

[649] Vgl. Picot et al. 2002, S. 88.

[650] Vgl. Jost 2001, S. 28 f.

[651] Vgl. Kreysel 2006, S. 122.

[652] Vgl. Jost 2001, S. 28.

[653] Ein sehr bekanntes Beispiel für Adverse Selektion stammt von Akerloff (1970) und bezieht sich auf den Gebrauchtwagenmarkt. Aufgrund von Informationsasymmetrien zwischen Käufer und Verkäufer hinsichtlich der tatsächlichen Qualität der Gebrauchtwagen orientiert sich der Marktpreis an der Durchschnittsqualität. Dies führt dazu, dass Fahrzeuge mit überdurchschnittlicher Qualität nicht mehr verkauft werden und letztlich die Qualität des Marktes sukzessive abnimmt, bis nur noch minderwertige Fahrzeuge gehandelt werden (vgl. Akerlof 1970, S. 488 ff.).

the time of hiring or while the agent is working."[654] Dieses kann dazu führen, dass ein Vertragsabschluss gar nicht erst zustande kommt.[655]

2.5.3.2 Hidden Action und Hidden Information

Sowohl Hidden Action als auch Hidden Information sind Risiken, die unter dem Begriff „Moral Hazard" (moralisches Risiko) zusammengefasst werden und sich auf Unsicherheiten bezüglich des Verhaltens des Vertragspartners nach Vertragsabschluss (ex post) beziehen. Dabei wird unterstellt, dass der Agent, nachdem der Principal ihm die Entscheidungsbefugnisse übertragen hat, eigene versteckte Ziele verfolgt. Eisenhardt (1989) schreibt: „Moral hazard refers to lack of effort on the part of the agent. The argument here is that the agent may simply not put forth the agreed-upon effort. That is, the agent is shirking."[656] Kann der Principal das Verhalten des Agent nicht bzw. nur unter sehr hohem Kostenaufwand vollständig beobachten, wird von „Hidden Action" gesprochen; kann er es zwar beobachten, aber aufgrund fehlender Sachkenntnis nicht vollständig beurteilen, spricht man von „Hidden Information".[657] Letzter Fall birgt die Gefahr einer Leistungsreduktion des Agent zum Nachteil des Principal. Da dieser nicht feststellen kann, ob die Aufgabenerfüllung auf die Leistung des Agent oder den Eintritt externer Faktoren zurückzuführen ist, wird der Agent seinen Arbeitseinsatz davon abhängig machen.[658]

2.5.3.3 Hidden Intention

Darüber hinaus können im Rahmen einer Principal-Agent-Beziehung ex post sog. Hold-up-Risiken[659] auftreten. Hierbei kann der Principal die Leistung des Agent nach Vertragsabschluss zwar beobachten und beurteilen, jedoch dessen wahre Absichten (Hidden Intention) zum Zeitpunkt des Vertragsabschlusses nicht erkennen.[660] Grundlegend ist in diesem Zusammenhang ein Abhängigkeitsverhältnis, in welchem sich der Principal aufgrund einseitig erbrachter spezifischer Investitionen (Sunk Costs) an den Agent gebunden hat.[661] Hierbei besteht die Gefahr, dass der Agent Vertragslücken zum Nachteil des Principal nutzt oder eine Nachverhandlung des Vertrages zu seinen Gunsten erzwingt.[662]

---

[654] Eisenhardt 1989, S. 61.
[655] Vgl. Franke & Hax 1995, S. 410.
[656] Eisenhardt 1989, S. 61.
[657] Das Problem der „Hidden Information" kann sowohl ex ante als auch ex post auftreten.
[658] Vgl. Jost 2001, S. 31.
[659] Vgl. O. Hart 1995, S. 73-89.
[660] Vgl. Spremann 1990, S. 561 ff.
[661] Vgl. Kapitel 2.5.2.
[662] Vgl. Spremann 1990, S. 568 ff.

2.5.3.4 *Gestaltungsempfehlungen*

Bei der Vertragsgestaltung besteht somit die Anforderung eines Interessensausgleichs zwischen den individuellen Zielen der Parteien, welche in der Principal-Agent-Literatur auch als Anreizverträglichkeits- oder Anreizkompatibilitätsbedingung bezeichnet wird.[663] In diesem Zusammenhang gibt die Principal-Agent-Theorie für alle Kategorien von Informationsasymmetrien konkrete Gestaltungsempfehlungen. Jacob (1991) unterscheidet hierbei zwischen Vertrauen (Reputation, Investor Relations) und Kontrolle (Signaling/Self-Selection, Screening, Anreiz- und Kontrollverträge, Kapitalrationierung).[664]

Hidden Characteristics und damit dem Risiko der Adversen Selektion kann durch einen Austausch an Informationen zwischen den Vertragspartnern entgegengewirkt werden.[665] Reputation kann durch Handlungen des Agent, die vom Principal als positiv aufgefasst werden, auf passive Weise aufgebaut bzw. durch negative Nachrede reduziert werden. Beim Gestaltungsansatz der Investor Relations kann der Agent durch aktive, glaubwürdige Kommunikation gegenüber dem Principal (Investor) Vertrauenskapital aufbauen.[666] Beim sog. Signaling legt der Agent aus eigener Initiative und auf eigene Kosten weiterführende quantifizierbare, messbare, identifizierbare, konsistente, eindeutige und glaubwürdige Informationen hinsichtlich seiner Fähigkeiten sowie der Erfolgsaussichten des Vorhabens offen.[667] Im Rahmen der sog. Self-Selection bietet der Principal dem Agent unterschiedliche Vertragsalternativen an und zieht aufgrund der Entscheidung des Agent Rückschlüsse auf diesen wesentliche Eigenschaften.[668] „Der Nutzenzuwachs durch das Signal muss für ‚gute' Agenten die Kosten übersteigen, damit für diese die Erstellung des Signals Sinn macht. Für ‚schlechte' Agents muss die Signalerstellung unmöglich bzw. zu teuer sein."[669] Beim sog. Screening zieht der Principal selbst weitere Informationen über den Agent heran, welche er durch eigene Beobachtung oder auf Basis von Informationen Dritter erlangt.[670] Den Risiken Hidden Action und Hidden Information kann mittels adäquater Anreiz- und Kontrollverträge – wie z. B. ergebnisabhängige Entlohnungsformen und unternehmensinterne Budgetierungs- und Controllingsysteme – durch den Principal begegnet werden.[671] Im Rahmen der Kapitalrationierung stellt der Principal dem Agent zu keinem Zeitpunkt alle für das Innovationsprojekt benötigten Mittel zur Verfügung, sondern erzeugt einen Zustand permanenter Kapitalknappheit, welcher den Agent zu einem

[663] Vgl. Jost 2001, S. 19.
[664] Vgl. Jacob 1991, S. 121 f.
[665] Vgl. Hartmann-Wendels 1990, S. 230.
[666] Vgl. Schween 1996, S. 149.
[667] Vgl. Spörk 1996, S. 22 ff.
[668] Vgl. Schween 1996, S. 154; Kreysel 2006, S. 123; Jost 2001, S. 28.
[669] Brachtendorf 2004, S. 116.
[670] Vgl. Kreysel 2006, S. 123.
[671] Vgl. Burr 2004, S. 111.

effizienten Umgang mit dem ihm zur Verfügung stehenden Ressourcen zwingt.[672] Um weitere Ressourcen zu erhalten, muss der Agent aufzeigen, dass sich das Projekt im Sinne des Principals entwickelt und somit die Informationsasymmetrie zwischen beiden Parteien sukzessive reduzieren.[673]

Hidden Intention wiederum kann durch die Begründung gegenseitiger Abhängigkeiten (sog. Geiseltausch) oder eine vertikale Integration von Principal und Agent reduziert werden.[674]

Eine effiziente Gestaltung des ICV verlangt natürlich eine Kombination der hier beschriebenen Maßnahmen zur Reduktion von Informationsasymmetrien.

Wird zwischen CP und VE eine VU als Intermediär installiert, entsteht eine klassische zweistufige Principal-Agent-Beziehung.[675] Im Rahmen des ICV wird durch enge Kooperationsbeziehungen zwischen dem Top-Management und den operativen Bereichen des CP sowie der VU und der VE in Kombination mit einem Ressourcen- und Wissenstransfer eine strategische Erneuerung verfolgt. Dieses komplexe Beziehungsgeflecht entsteht aufgrund der Trennung des innovativen vom operativen System. Aufgrund von Informationsasymmetrien und Verhaltensunsicherheiten ergeben sich zwischen diesen Organisationseinheiten multiple Beziehungs- und Interessenkonflikte sowie die Gefahr von Ineffizienzen.[676]

Damit bestehen Interessenkonflikte sowohl zwischen dem Top-Management des CP (Principal) und der VU (Agent) als auch zwischen der VU (Principal) und den VE (Agent).[677] Darüber hinaus besteht zudem ein Interessenkonflikt zwischen der VU (Principal) und den operativen Bereichen des CP (Agent).[678] Zudem nehmen in Großunternehmen häufig die Shareholder die Rolle des Principal und damit des Trägers der Residualrechte ein. Das Top-Management des Unternehmens ist dann als Agent mit der Durchführung von Innovationsvorhaben betraut und erhält hierfür vorher festgelegte Managergehälter. Das Top-Management wiederum delegiert die Aufgabe an niedrigere Managementlevel. „Thus, agency problems increase geometrically as new levels of the hierarchy take on the entrepreneurial role [...]."[679] Innerhalb von Großunternehmen existieren daher multiple Principal-Agent-Beziehungen in Abhängigkeit der Hierarchieebenen. Dabei können Individuen auf einer Hierarchiestufe Principal und Agent zugleich sein.

[672] Vgl. Schween 1996, S. 159.
[673] Vgl. Admati & Pfleiderer 1994, S. 372.
[674] Vgl. Burr 2004, S. 112.
[675] Die direkte Beziehung zwischen CP und VE wird als originäre Principal-Agent-Beziehung bezeichnet. Wird ein Intermediär in Form einer VU zwischengeschaltet, entsteht eine zweite Beziehung zwischen CP und VU, welche derivativ genannt wird (vgl. Zemke 1995, S. 49; Misirli 1988, S. 188 f.).
[676] Vgl. Barmettler 2006, S. 116.
[677] Jones & Butler 1992, S. 737 f. ; Diamond 1984, S. 398 ff.
[678] Vgl. Kreysel 2006, S. 140 f.
[679] Jones & Butler 1992, S. 738.

Abbildung 2-8: Principal-Agent-Beziehungen im Rahmen des ICV

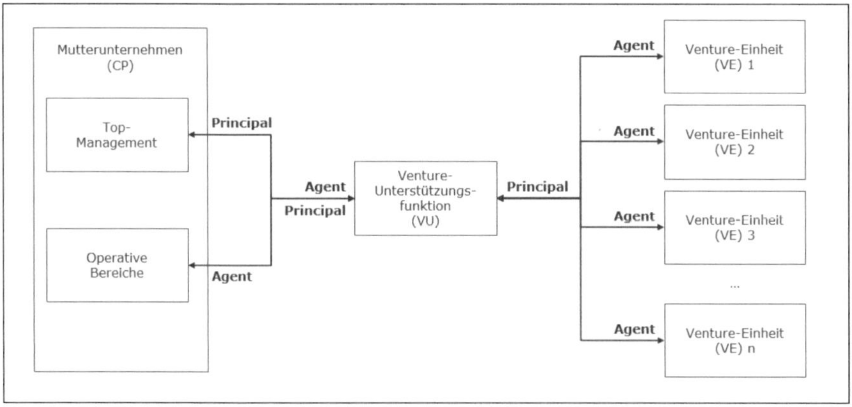

Quelle: Eigene Darstellung

Während die vertikale Zusammenarbeit zwischen Top-Management und VU bzw. VE aus einem Trade-off zwischen Autonomie und Kontrolle besteht, sind dies im Rahmen der horizontalen Kooperation zwischen den operativen Bereichen des CP und der VU bzw. VE Synergiepotenziale und Innovationsbarrieren.[680] Vertikale Interessenkonflikte basieren vor allem auf Unsicherheiten des CP-Top-Managements hinsichtlich der Qualifikation der VU bei der Bewertung der Innovationsvorhaben und damit bei der Selektion, Finanzierung bzw. Beratung der VE (Moral Hazard).[681] Horizontale Interessenkonflikte sind im Wesentlichen durch politische Probleme der Ressourcenteilung geprägt, wobei die Gefahr besteht, dass sich die operativen Bereiche des CP opportunistisch verhalten und eigennutzenmaximierende Ziele verfolgen, welche nicht unbedingt im Interesse der VU stehen.[682] Interessenkonflikte zwischen VU und VE gründen sich auf Unsicherheiten hinsichtlich der Leistung der VE sowie der Qualität deren Mitarbeiter, sodass sich für die VU ein Identifikations- und Selektionsproblem ergibt.[683] Allerdings kann auch die VU Auslöser eines Hold-up-Problems für die VE sein, indem diese bspw. weitere Finanzierungsrunden aufgrund geschäftspolitischer Gründe ablehnt oder die weitere Unterstützung verweigert, obwohl die VE die vereinbarten Meilensteine planmäßig erreicht hat.[684] Nach Schefczyk (2006) ergeben sich hieraus bei der VC-Finanzierung auf allen Ebenen vier wesentliche Agency-Probleme, die auf einer bewussten oder unbewussten „Täuschung des Principals durch den Agenten hinsichtlich (1) der Rendite- und Risikoerwartungen sowie der Realisierbarkeit des Projektes, (2) der erforderlichen Ressourcen

[680] Vgl. H. Klein 2002, S. 126.
[681] Vgl. Schefczyk 2000, S. 119; Mes 2011, S. 239.
[682] Vgl. Kreysel 2006, S. 140 f.
[683] Vgl. Lohfert 2003, S. 118 f., Sahlman 1988, S. 25.
[684] Vgl. Schween 1996, S. 143.

und (3) der Qualifikation und der Motivation des Agenten und seiner Mitarbeiter sowie (4) die Entnahme unentgeltlicher Vorteile“[685] beruhen.

2.6 Venture Capital

Jedes ICV-Programm steht im direkten Wettbewerb mit der unabhängigen[686] VC-Industrie, welche als die erfolgreichere Form der New-Venture-Finanzierung gilt.[687] Daher wird seit Mitte der 1990er Jahre der Transfer von VC-Ansätzen und -Strukturen auf die Unternehmensebene befürwortet.[688] Nach Chesbrough (2000) kann der Systematisierungsgrad von CE und damit von ICV daran abgelesen werden, inwieweit typische Instrumente der VC-Industrie präsent sind.[689] In diesem Zusammenhang kann VC als Benchmark für die Gestaltung von ICV fungieren. Allerdings ist eine einfache Übertragung von Ansätzen und Strukturen der VC-Industrie auf die Unternehmensebene im Sinne des CV nicht ohne Weiteres möglich, da Unternehmen i. d. R. ergänzende strategische Ziele verfolgen, die renditeorientierte VCG weitestgehend unterordnen.[690] Im Gegensatz zur VC-Industrie streben allerdings „Investorunternehmen wegen der potentiellen Zielkonflikte meist keine Renditemaximierung an, aber es ist durchaus üblich, gewisse Mindestrenditen aufzustellen, die erreicht werden sollen“[691]. „It is highly unlikely that the blind replication of the VC model will be successful.”[692] Daher sind bei einer derartigen Übertragung der organisatorische sowie strategische Kontext des Unternehmens zu berücksichtigen.[693]

[685] Vgl. Schefczyk 2006, S. 54.
[686] Unabhängig in dem Sinne, dass die VCG weder in ein Unternehmen eingebunden sind, noch wirtschaftspolitische Aufgaben wahrnehmen (vgl. Brettel et al. 2005, S. 83; Achleitner 2001, S. 523).
[687] Vgl. Michalski 2002, S. 15.
[688] Vgl. S. A. Hill et al. 2009, S. 3 ff.; Grimpe 2006, S. 770 ff.; Birkinshaw & Hill 2003; Chesbrough 2000, S. 31ff.; Hamel 1999, S. 70 ff.; Brody & Ehrlich 1998, S. 51 ff.
[689] Vgl. Chesbrough 2000, S. 36 ff.
[690] Vgl. S. A. Hill et al. 2009, S. 4; Maula 2007, S. 373 ff.; S. A. Hill et al. 2004, S. 1; Brody & Ehrlich 1998, S. 52; Sykes 1990, S. 40 ff.
[691] Schween 1996, S. 88.
[692] S. A. Hill et al. 2009, S. 6.
[693] Vgl. Block & MacMillan 1993, S. 238 ff.; Thornhill & Amit 2001, S. 33 ff.

Die Begriffe VC und VCG wurden in den späten siebziger und den frühen achtziger Jahren aus den USA in die deutschsprachige Literatur übernommen.[694] VC wird im deutschsprachigen Raum auch als Risiko-[695], Wagnis-[696] oder Beteiligungskapital[697] bezeichnet.[698]

VC ist ein Finanzierungskonzept.[699] Gegenstand ist die Finanzierung nicht börsenreifer Unternehmen mittels Eigenkapital bzw. eigenkapitalähnlichen Mitteln zumeist in Form einer Minderheitsbeteiligung.[700] Die Finanzierung mit VC stellt „a significant form of financial intermediation"[701] dar, wobei die VCG als Intermediär[702] die Finanzierung für die Kapitalgeber durchführt und die Kapitalnehmer als Portfoliounternehmen (PU[703]) der VCG bezeichnet werden.[704]

Basierend auf Fast, beschreiben Albach et al. (1986) VC anhand von drei Merkmalen: „1. Venture-Capital-Firmen stellen Beteiligungskapital oder beteiligungsähnliches Kapital für wachstumsträchtige, junge sowie kleinere und mittlere Unternehmen zur Verfügung. 2. Venture-Capital-Finanzierungen bestehen nicht nur in der Bereitstellung von Finanzmitteln; mit ihnen untrennbar verbunden ist die Bereitstellung von Managementunterstützung für die Beteiligungsunternehmen. 3. Venture-Capital-Unternehmen sind Investoren mit langfristiger Perspektive, die ihre Rendite durch Kapitalgewinne erzielen."[705] Diese Definition ist im deutschen Sprachraum vorherrschend.[706] Allerdings wird von zahlreichen Autoren darauf hingewiesen, dass kein allgemeingültiges Begriffsverständnis vorliegt.[707]

---

[694] Vgl. Nathusius 1979b, S. 194 ff.; Gillner 1984, S. 12.

[695] Vgl. Betsch et al. 1998, S. 232. Risikokapital ist nach Albach (1983) Kapital, „für das keine Rückzahlungsverpflichtung besteht, kein Kündigungsrecht des Gläubigers besteht, kein fester Zinsanspruch vereinbart wird und das im Konkursfall verloren ist" (Albach 1983, S. 6).

[696] Vgl. Grisebach 1989, S. 2. Wagniskapital umfasst nach Hartmann (1974) „die Bereitstellung und unternehmerische Betreuung von Beteiligungskapital für Innovationen in einem Stadium mit noch großen Risiken, aber stark anwachsenden Erträgen" (Hartmann 1974, S. 74).

[697] Vgl. Leopold et al. 2003, S. 3. Beteiligungskapital ist nicht börsennotiertes Eigenkapital und wird im internationalen Sprachraum häufig als „Private Equity" bezeichnet (vgl. Stummer & Nolte 2002, S. 810 f.). Bei der Beteiligungsfinanzierung handelt es sich um eine Außenfinanzierung mittels vollhaftendem Eigenkapital (Haftungskapital), bei der die Ansprüche der Kapitalgeber nachrangig (Residualansprüche) behandelt werden (vgl. Perridon & Steiner 2003, S. 353).

[698] Vgl. Eichborn 1961, S. 1019; Zemke 1995, S. 69 f.; C. Matz 2002, S. 34.

[699] Vgl. Schween 1996, S. 17.

[700] Vgl. Brettel et al. 2005, S. 80 ff.; Achleitner 2001, S. 514; Weitnauer 2001, S. 5 f.; Nathusius 1979b, S. 195.

[701] Amit et al. 1998, S. 442.

[702] Zum Begriff „Finanzintermediär" vgl. Kapitel 2.3.1.1.

[703] Nachfolgend PU.

[704] Vgl. Schefczyk 2006, S. 7. In den USA erfolgt die Zusammenarbeit zwischen den Investoren und der VCG in zwei Drittel aller Fälle auf Basis der Rechtsform des Limited Partnership, wobei die VCG als General Partner die Mittel der Investoren,welche als Limited Partner bezeichnet werden, in PU investiert (vgl. Sahlman 1990, S. 487).

[705] Fast zitiert nach Albach et al. 1986, S. 166.

[706] Vgl. Schween 1996, S. 16.

[707] Vgl. Jessen 2002, S. 57.

Eine VC-Finanzierung zeichnet sich demnach im Allgemeinen durch fünf Merkmale aus:[708] (1) Finanzierung nicht börsenreifer Unternehmen mit hohem Wachstumspotenzial mittels vollhaftendem Eigenkapital bzw. eigenkapitalähnlichen Mitteln wie Mezzanine-Kapital; (2) Minderheitsbeteiligung der VCG, um Eigenständigkeit der PU beizubehalten; (3) Bereitstellung einer Managementunterstützung durch die VCG, zur Wertsteigerung der Beteiligungen sowie Minimierung des Ausfallrisikos; (4) über den Kapitalanteil hinausgehende umfangreiche Kontroll- und Mitspracherechte der VCG hinsichtlich strategischer Entscheidungen und Mittelverwendung; (5) Orientierung an Kapitalgewinnen und damit langfristiges, aber zeitlich begrenztes Engagement der VCG von z. B. 5 bis 10 Jahren. VC-Investoren lassen sich im Wesentlichen zwei Verfügungsrechte (Property Rights) zusichern: „First, income rights provide these investors with a claim on profits from their investments. Second, decision rights provide them with a say in how invested capital is managed, such as which entrepreneurial firms are funded and the terms and timing of such investments."[709]

Die Bereitstellung von VC kann in unterschiedlichen Lebenszyklusphasen von Unternehmen erfolgen. Idealtypische Finanzierungsphasen sind: Seed, Start-up, Expansion, Bridge und Buyout[710], wobei die frühen Finanzierungsphasen Seed und Start-up häufig als Early Stage, die Phase der Expansion als Expansion Stage und die späten Finanzierungsphasen Bridge und Buyout als Late Stage bezeichnet werden.[711] Die Seed Phase (Vorbereitung einer Unternehmensgründung) umfasst die Finanzierung der Ausreifung und Unterstützung einer Idee und damit deren technische Entwicklung bis hin zur Invention.[712] Hierbei wird beispielsweise Kapital zur Erstellung eines Prototypen oder einer Marktuntersuchung für einen Business Plan benötigt. Das Risiko ist sehr hoch und reicht von der technologischen Machbarkeit über das Markt- bis hin zum Managementrisiko.[713] In der Start-up-Phase (Beteiligung an einer Unternehmensgründung) erfolgt die Finanzierung der Fertigungsvorbereitung und der Anlauf von Marketingaktivitäten in Form der ökonomischen Weiterentwicklung der Invention bis zum Markteintritt.[714] In diesem Zusammenhang wird beispielsweise Kapital zum Aufbau der Produktionskapazitäten und Vertriebskanäle bis hin zur Organisationsstruktur benötigt. Das Risiko

---

[708] Vgl. Weitnauer 2011, S. 4 f.; Schefczyk 2006, S. 10 ff.; Kreysel 2006, S. 30 ff.; Kuckertz 2006, S. 31; Brettel et al. 2005, S. 80; Stubner 2004, S. 29 ff.; Brinkrolf 2002, S. 15 ff.; Frommann 2001, S. 1247 ff.; Gerke 2001, S. 2129 f.; Achleitner 2001, S. 541 ff.; Betsch et al. 2000, S. 97 ff.; Schween 1996, S. 16; Schmidtke 1985, S. 32 ff.

[709] Dimov & Gedajlovic 2010, S. 1249.

[710] Vgl. Freese 2006, S. 12 f.

[711] Vgl. Neubecker 2006, S. 77; Schefczyk 2006, S. 25; Achleitner 2001, S. 516.

[712] Vgl. Achleitner 2001, S. 515; Pleschak 1997, S. 14; Rea 1989, S. 149 ff. In der Seed-Phase fallen ca. 5-10% der Gesamtkosten bis zur Markteinführung an (vgl. Hielscher et al. 1982, S. 14). In den USA finanzieren sich in dieser Phase ca. 80% der Unternehmen aus eigenen Mitteln. VC und CVC nehmen nur einen Anteil von jeweils ca. 5% ein (vgl. Roberts 1991, S. 143 ff.).

[713] Vgl. Achleitner 2001, S. 515.

[714] Vgl. Neubecker 2006, S. 78; Heitzer 2000, S. 12; Mullins & Cardozo 1993, S. 71 ff. In der Start-up-Phase nimmt der Kapitalbedarf stark zu und kann in der Regel kaum mit privaten Ersparnissen, ersten positiven Cashflows oder öffentlichen Fördermitteln gedeckt werden (vgl. Achleitner 2001, S. 516). Eine Unterteilung

ist nach wie vor hoch, allerdings hat sich die technologische Machbarkeit erwiesen.[715] Im Rahmen der Expansionsphase (Produktions- und Absatzausweitung) wird der Fertigungsbeginn sowie die Produktions- und Absatzausweitung eines Unternehmens am Break-even-Punkt finanziert, die mittels Cashflows allein noch nicht durchgeführt werden kann.[716] Parallel dazu sind die dahinterliegenden Strukturen, Systeme und Prozesse weiter zu verbessern und zu etablieren.[717] Hierbei ist beispielsweise Kapital zur Finanzierung des Ausbaus der Produktions- und Vertriebskapazitäten erforderlich. Das Marktrisiko ist deutlich reduziert, allerdings stellt das Wachstum das Management vor neue Herausforderungen.[718]

Abbildung 2-9: Idealtypische Phasen der Beteiligungsfinanzierung

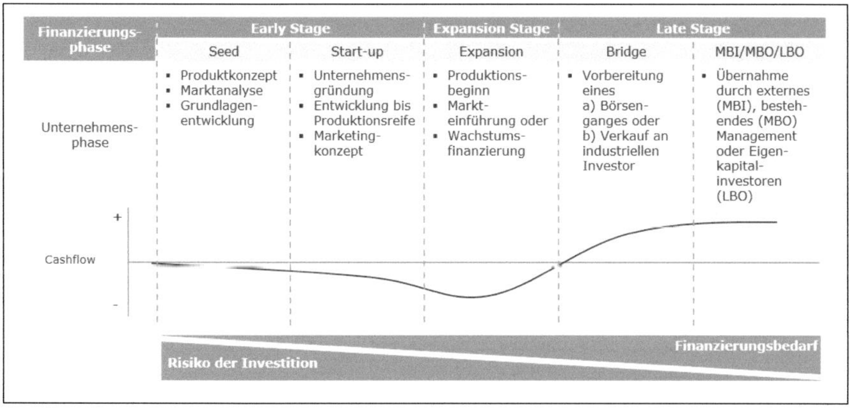

Quelle: Eigene Darstellung in Anlehnung an Schefczyk 2006, S. 26; Brinkrolf 2002, S. 13.

In der Bridge-Phase (Überbrückungsfinanzierung) werden einem Unternehmen finanzielle Mittel zur Vorbereitung eines Börsengangs[719] oder Verkaufs an einen industriellen Investor[720] vor allem mit dem Ziel der Verbesserung der Eigenkapitalquote zur Verfügung gestellt.[721] Das Unternehmen ist mittlerweile etabliert. Die Buyout-Phase (Übernahme eines Unternehmens)

dieser Phase in „Start-up“ (Produktionsreife) und „First Stage“ (Markteinführung), wie dies Schween 1996, S. 98 ff. vornimmt, wird im Rahmen dieser Arbeit verzichtet.

[715] Vgl. Achleitner 2001, S. 516.

[716] Vgl. Schefczyk 2006, S. 24; Achleitner 2001, S. 516. In der Literatur wird zum Teil auch der Terminus „Expansion Stage Financing“ verwendet. Eine weitere Untergliederung dieser Phase in „Second Stage“ (Marktdurchdringung im Inland) und „Third Stage“ (Weiterentwicklung Produktions- und Vertriebssystem und Internationalisierung), wie sie Stedler 1987, S. 43 ff. und andere vornehmen, wird im Rahmen dieser Arbeit verzichtet.

[717] Vgl. Ruppen 2002, S. 22.

[718] Vgl. Achleitner 2001, S. 516.

[719] Das Initial Public Offering (IPO) bezeichnet im angloamerikanischen Raum die öffentliche Erstemission von Unternehmensanteilen an der Börse.

[720] Die Veräußerung von Unternehmensanteilen an einen industriellen Investor wird auch als Trade Sale bezeichnet.

[721] Vgl. Schefczyk 2006, S. 24; Achleitner 2001, S. 516.

kann in drei Untergruppen unterteilt werden: (1) Management-Buy-in (MBI) (Übernahme durch ein externes Management), (2) Management-Buy-out (MBO) (Übernahme durch das bestehende Management) [722] und (3) Leveraged Buy-out (LBO) (Übernahme durch Eigenkapitalinvestoren, mit einer Kapitalbeteiligung des Managements von weniger als 10%)[723].[724]

Die Kapitalgeber verfolgen primär ein Rentabilitätsziel, aber auch ein Sicherheits- und ein Liquiditätsziel.[725] Das Rentabilitätsziel fokussiert auf Kapitalgewinne, welche auf Wertsteigerungen der Beteiligungen basieren und durch deren Veräußerungen realisiert werden. [726] Dem Sicherheitsziel wird im Wesentlichen durch Diversifikation im Rahmen des Beteiligungsportfolios entsprochen.[727] Das Liquiditätsziel wird vor allem durch börsennotierte VCG sichergestellt.[728]

VCG hingegen verfolgen derivative und originäre Ziele.[729] Derivative Ziele werden durch einen Interessensausgleich zwischen Kapitalgebern und Kapitalnehmern verfolgt. [730] Bei den originären Zielen handelt es sich um Marktziele bei der Akquisition von Kapital[731], Effizienzziele beim Betrieb von VCG[732] und Vergütungsziele für die erbrachten Dienstleistungen[733].

Kapitalnehmer wiederum streben nach einer Reduktion von finanziellen sowie organisatorischen und personellen Defiziten.[734] Darüber hinaus verfolgen diese operationale Ziele wie eine Minderheitsbeteiligung, eine unbefristete Überlassung des Beteiligungskapitals und eine Gewinnverteilungsregel mit Einbehaltungskomponente (Gewinnthesaurierung).[735]

Bei der organisatorischen Gestaltung von VC-Finanzierungen kann zwischen einer direkten und einer indirekten Beteiligung unterschieden werden. Während im ersten Fall eine unmittelbare Beteiligung einzelner oder Gruppen von Investoren an nicht börsenreifen Unternehmen

---

[722] Vgl. Frommann 1993, S. 444 ff.; Bruining & Wright 2002, S. 147 ff.
[723] Vgl. Schefczyk 2006, S. 25.
[724] Vgl. Freese 2006, S. 13.
[725] Vgl. Schefczyk 2006, S. 18.
[726] Vgl. Schmidtke 1985, S. 48 ff.; Weitnauer 2001, S. 7 f; Brinkrolf 2002, S. 15.
[727] Vgl. zur Portfoliotheorie Markowitz 1952, S. 77 ff.
[728] Vgl. Schefczyk 2006, S. 18.
[729] „Bei einer derivativen Gründung besteht bereits vor dem Gründungsprozess eine Unternehmenssubstanz, auf die aufgebaut werden kann. [...] Im Gegensatz dazu handelt es sich bei der originären Gründung um den vollständig neuen Aufbau eines Unternehmens, bei dem auf keine bereits existierende Unternehmensstruktur zurückgegriffen werden kann." (Achleitner & Nathusius 2004, S. 2).
[730] Vgl. Schefczyk 2006, S. 21.
[731] Vgl. Schröder 1992, S. 122 ff.; Zemke 1995, S. 81 ff.
[732] In der Regel werden die laufenden Verwaltungskosten von VCG mit jährlich 2-3% des investierten Kapitals angegeben (vgl. Schröder 1992, S. 133 ff.; Bygrave & Timmons 1992, S. 10 ff. und 316 ff.; Weitnauer 2001, S. 82 ff.).
[733] Vgl. Schefczyk 2006, S. 21.
[734] Vgl. Büschgen 1985, S. 222 f.; Klemm 1988, S. 71 ff.; Weitnauer 2001, S. 6 f.
[735] Vgl. Arnold 1989, S. 207 ff., 211 ff. und 271 ff.

erfolgt, wird im letzten Fall ein Intermediär in Form einer VCG zwischengeschaltet.[736] Die Vorteile der Installation eines derartigen Intermediärs lassen sich erklären „with reduction in transaction and administrative costs, with informational expertise in locating or screening projects, with monitoring capability in a principal-agent framework, or with combinations of these"[737]. Bei einer direkten Beteiligung besteht die Gefahr, dass die Kapitalgeber über keine hinreichende persönliche und fachliche Kompetenz zur aktiven Managementunterstützung des Beteiligungsunternehmens verfügen.[738] Daher kommt der indirekten Beteiligung auf dem deutschen VC-Markt eine deutlich größere Bedeutung zu.[739] Im Rahmen von projektorientierten Ansätzen wird eine VCG für eine Einzelbeteiligung gebildet, wobei die Beteiligungszusage in der Regel vor der Kapitalakquisition erfolgt.[740] Bei fondsorientierten Ansätzen stehen die aufzunehmenden Beteiligungen im Allgemeinen nicht von vornherein fest.[741] In der Regel umfasst ein Fonds zwischen zehn und fünfzehn PU.[742] Aufgrund des PU-Portfolios ermöglichen fondsorientierte Ansätze der VCG eine Risikodiversifikation.[743] Dabei hängt die Möglichkeit einer VCG zur Akquisition von neuem Fondskapital unmittelbar von ihrem historischen Investitionserfolg (Track Record) und damit von ihrer Reputation ab.[744] Darüber hinaus haben VCG auch die Möglichkeit sich zusammenzuschließen (Syndizierung) und damit ihr Investitionsvolumen sowie die Anzahl ihrer Investitionsopportunitäten (Deal Flow) zu erhöhen und gleichzeitig ihr Risiko weiter zu streuen.[745]

Der sequenzielle VC-Prozess geht im Wesentlichen auf die Arbeit von Tyebjee/Bruno (1984) zurück.[746] Die Prozessphasen werden wiederholt durchlaufen.[747] Dabei übernimmt die VCG in der Regel folgende sechs Aufgaben:[748] (1) Festlegung von Beteiligungsgrundsätzen und Kapitalakquisition (Fund Raising)[749], (2) Beteiligungsakquisition (Deal Flow) durch Identifi-

[736] Vgl. Möller 2003, S. 20.
[737] Bowden 1994, S. 309.
[738] Vgl. Fischer 1987, S. 11; Klemm 1988, S. 42; Brinkrolf 2002, S. 83.
[739] Vgl. Klemm 1988, S. 43.
[740] Vgl. Williamson 1988, S. 574.
[741] Im Extremfall wird von einem Blind Pool gesprochen (vgl. Schmidtke 1985, S. 112).
[742] Vgl. Bowden 1994, S. 308.
[743] Vgl. Schefczyk 2006, S. 13.
[744] Vgl. Feinendegen et al. 2002, S. 5; Gompers 1996, S. 133 ff.
[745] Vgl. S. A. Hill et al. 2009, S. 8 f.; Achleitner & Nathusius 2004, S. 9.
[746] Vgl. Tyebjee & Bruno 1984, S. 1051 ff.
[747] Vgl. Gompers & Lerner 1999, S. 3 f.
[748] Vgl. Schefczyk 2006, S. 23 f.; N. Richter 2006, S. 39; Kuckertz 2006, S. 62 ff.; Schuster 2003, S. 23 ff.; Schefczyk 2000, S. 34; Zemke 1998, S. 213; Zemke 1995, S. 102 f.; Schröder 1992, S. 39 ff.
[749] Vgl. Zemke 1995, S. 81 ff.; Schröder 1992, S. 122 ff.

kation möglicher Beteiligungen und Beschaffung der erforderlichen Informationen, (3) Beteiligungsprüfung (Screening und Due Dilligence[750]), (4) Beteiligungsverhandlung (Deal Structuring), (5) Managementunterstützung in Form von Kontrolle[751] und Beratung[752] und (6) teilweise oder vollständige Desinvestition einer Beteiligung (Exit).

Dabei kann zwischen einem Investitionsprozess im weiteren Sinne und einem Investitionsprozess im engeren Sinne unterschieden werden, welcher erst mit der Beteiligungsakquisition beginnt.[753] Zudem kann eine Preinvestitionsphase, die alle Aktivitäten von der Beteiligungsakquisition bis zur Beteiligungsverhandlung umfasst, von einer Postinvestitionsphase, worunter die anschließende Managementunterstützung und Desinvestition subsumiert wird, abgegrenzt werden.[754]

Abbildung 2-10: Venture-Capital-Investitionsprozess

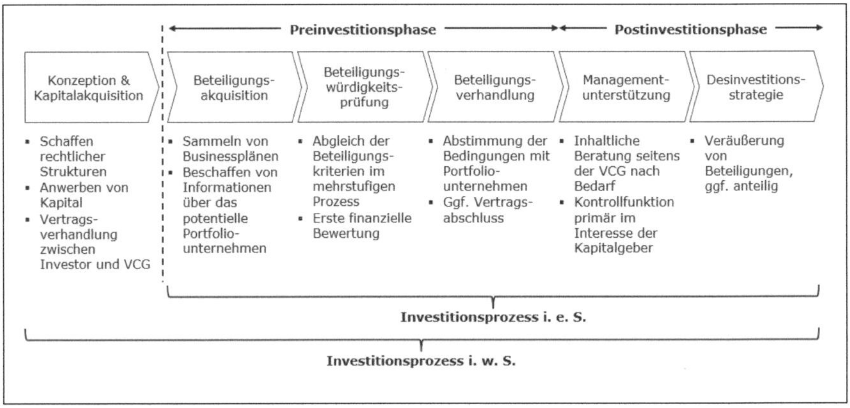

Quelle: Schefczyk 2000, S. 34; N. Richter 2006, S. 39 nach Mes 2011, S. 260.

Mit der Zwischenschaltung eines Intermediärs in Form einer VCG ergibt sich eine zweistufige Principal-Agent-Beziehung, wie diese bereits im Kapital 2.5.3.4 diskutiert wurde. Damit bestehen Interessenkonflikte sowohl zwischen den Kapitalgebern (Principal) und der VCG (Agent) als auch zwischen der VCG (Principal) und den PU (Agent). Zwischen Kapitalgeber (Principal) und VCG (Agent) bestehen ex ante vor allem Informationsasymmetrien hinsichtlich der Qualifikation, Motivation und Risikoeinstellung der VCG.[755] Darüber hinaus existieren ex

[750] Eine Due Diligence umfasst regelmäßig vier Teile: (1) Legal Due Diligence und Tax Due Diligence, (2) Financial Due Diligence, (3) Business Due Diligence und (4) Commercial (Strategic) Due Diligence (vgl. u. a. Weitnauer 2011, S. 293).

[751] Vgl. Wenger 1995, S. 1409 ff.

[752] Vgl. Wupperfeld 1994, S. 115 ff.

[753] Vgl. N. Richter 2006, S. 39.

[754] Vgl. Kuckertz 2006, S. 62 ff.; Brettel et al. 2005, S. 83; Schuster 2003, S. 23; Zemke 1998, S. 213 ff.

[755] Vgl. Schefczyk 2000, S. 121.

post die Gefahren einer unzureichenden Beteiligungsprüfung und Managementunterstützung (Moral Hazard), einer bewussten Leistungsreduktion (Hold-up) sowie einer Entnahme unentgeltlicher Vorteile (Private Benefits) durch die VCG.[756] Im Rahmen der Preinvestitionsphase besteht hingegen vor allem die Gefahr einer Adversen Selektion. Zudem sind mit den Aktivitäten des Innovationsprozesses auch Transaktionskosten verbunden.

Nach Hill et al. (2009) umfasst das VC-Modell fünf wesentliche Elemente: „(1) high-powered financial incentives addressing principal-agency conflict; (2) the considerable autonomy of professional investors; (3) syndication to share risk and expertise; (4) contingent staging of investment transfers; and (5) addressing of information asymmetries via specialization“[757].

[756] Vgl. Schefczyk 2000, S. 119 ff.
[757] S. Hill et al. 2009, S. 5

3 Organisationsorientierte Ansätze: Venture Management

3.1 Venture Management

Diese Arbeit begreift Venture Management (VM)[758] als reines Organisationskonzept.[759] Organisationsorientierte Ansätze beschäftigen sich mit der Übertragung von Innovationsaktivitäten auf (teil-)autonome Organisationseinheiten.[760] Hiervon separiert werden verhaltenswissenschaftlich-kulturelle Aspekte.[761] Dabei wird der Ausgestaltung der Strukturen eine zentrale Rolle bei der Stimulierung unternehmerischen Denkens und Handelns zugesprochen.[762] VM wird daher als Top-down-Ansatz verstanden.[763] VM umfasst eine Unternehmensaktivität, „die als Objekt die Teilnahme einer Muttergesellschaft an Gründungen neuer Gliedbetriebe oder selbstständiger Unternehmungen [...] zum Gegenstand hat“[764]. Im Rahmen einer geplanten Unternehmensentwicklung des CP umfasst VM als Top-down-Ansatz damit die aktive Gründung und Führung (teil-)autonomer VE oder eigenständiger Unternehmungen zur Schaffung organisationaler Rahmenbedingungen, welche unternehmerisches Denken und Handeln und damit die Hervorbringung radikaler bzw. disruptiver Innovationen stimuliert.[765] VM ist somit auch ein Führungskonzept.[766]

Bezug nehmend auf das Alter der VE können mehrere Phasen unterschieden werden.[767] In der Gründungsphase (Early Stage) erhalten die VE erste finanzielle Investitionen, erzielen aber noch keine Umsätze. Hieran schließt sich die Frühentwicklungsphase (Middle Stage) als gewinnlose Umsatzphase an. Erst in den darauf folgenden Entwicklungsphasen II und III (Established Stage) erzielen die VE Gewinne und sind profitabel.

VM wurde erstmalig von Roberts & Frohman (1972) systematisiert, wobei diese die verschiedenen Formen in Abhängigkeit der Positionierung der VE innerhalb oder außerhalb der Unternehmensgrenzen segmentieren.[768]Nathusius (1979) übernimmt diese Vorgehensweise, indem er ebenfalls Strukturtypen in IVM und externes Venture Management (EVM)[769] unterteilt

[758] Nachfolgend VM.
[759] Vgl. Schween 1996, S. 17.
[760] Vgl. Hauschildt 1992, S. 1031.
[761] Vgl. Bitzer 1991, S. 31 ff. Vgl. auch H. Klein 2002, S. 28; Mes 2011, S. 124.
[762] Vgl. A. Sharma 1999, S. 146 f.
[763] Vgl. Bitzer 1991, S. 31. Klein (2002) berücksichtigt beim VM ebenfalls nur strukturrelevante Effekte, die als Top-down-Ansatz aufzufassen sind (vgl. H. Klein 2002, S. 168 ff.). Vgl. auch Kapitel 2.3.2.
[764] Nathusius 1979b, S. 23.
[765] Vgl. Nathusius 1979b, S. 23; H. Klein 2002, S. 168; Haid 2004, S. 264.
[766] Vgl. Schween 1996, S. 17 und 20.
[767] Vgl. Szyperski & Nathusius 1977, 31 f.; Thornhill & Amit 2001, S. 49. Die amerikanische Literatur zum VC unterscheidet analog die Phasen des „Start-ups“ sowie die daruf folgenden Entwicklungsstufen I bis III mit anschließendem „Bridge Financing“ als Übergang zum öffentlichen Kapitalmarkt (vgl. z. B. Rubel 1974, S. 27; Nathusius 1979b, S. 161).
[768] Vgl. Roberts & Frohman 1972, S. 71 ff.
[769] Nachfolgend EVM.

und den VM-Begriff in der deutschsprachigen Literatur nachhaltig prägt.[770] Gaitanides & Wicher (1985)[771] sowie Servatius (1986)[772] fügen weitere Strukturtypen in diese Systematik hinzu.

Beim IVM als Strukturmittel des ICV erfolgt die Ausgliederung der Innovationsaktivitäten auf (teil-)autonome VE, welche im rechtlichen Strukturrahmen des CP verbleiben.[773] Beim EVM als Strukturmittel des ECV stellen die VE hingegen rechtlich selbstständige Unternehmen außerhalb der Organisationsstruktur dar, an denen das CP beteiligt ist.[774] Nach Klein (2002) bilden die wesentlichen Formen des EVM das CVC, das Venture Nurturing sowie das New Style Joint Venture.[775] Entsprechend definiert Nathusius (1979) VM wie folgt: „Venture Management dient der Aufnahme neuer Geschäftsbeziehungen durch die Beteiligung an der Gründung selbstständiger Unternehmungen oder durch Gründung neuer Teileinheiten, die neue Geschäftsbereiche erschließen oder erschließbar machen sollen. Die Gründungseinheiten sind durch einen weitgehenden Grad an faktischer Selbstständigkeit gekennzeichnet [...]. Es handelt sich um Aktivitäten im Rahmen der unternehmerischen Aufgabe einer geplanten Unternehmungsentwicklung durch Wachstums- und Diversifikationsstrategien."[776] Die Gründungseinheiten bilden „magnets for entrepreneurial talent, which is often difficult for big companies to recruit, and many employees forge networks outside the company that bring in funding, technology, and venture expertise"[777]. Somit stehen die Gründungsunternehmer im Vordergrund, wobei „experienced unit-members become experts in detecting and evaluating new venture opportunities, in establishing a social network outside the company and in acquiring external technology from different sources"[778]. Dabei werden die Mitarbeiter in den VE quasi zu Eigentümer-Unternehmern.[779] Diese „[s]tart-up entrepreneurs do three things very well. They identify opportunities, shape and develop these opportunities, and then they create a business structure to turn these opportunities into successful business ventures"[780].

Ziel des VM besteht darin, „neue Entwicklungsimpulse und erweiterte Möglichkeitsräume für die Zukunft zu schaffen"[781]. Die Implementierung einer jungen Unternehmenseinheit und damit eines unternehmerischen Umfeldes ermöglicht es, Innovationsbarrieren in Großunternehmen zu umgehen, unternehmerisches Denken und Handeln zu stimulieren und eine Regeneration

[770] Vgl. Nathusius 1979b, S. 160.
[771] Vgl. Gaitanides & Wicher 1985, S. 414 ff.
[772] Vgl. Servatius 1986, S. 170-183.
[773] Vgl. Nathusius 1979b, S. 23; Gaitanides & Wicher 1985, S. 416. Vgl. auch Kapitel 2.3.
[774] Vgl. Nathusius 1979b, S. 23; Servatius 1988, S. 173; Gaitanides & Wicher 1985, S. 418. Vgl. auch Kapitel 2.3.
[775] Vgl. H. Klein 2002, S. 172. Vgl. Kapitel 2.3.1.
[776] Nathusius 1979b, S. 30.
[777] Coveney et al. 2002, S. 40.
[778] Vanhaverbeke & Peeters 2005, S. 249.
[779] Vgl. Forrester 1965, S. 8.
[780] Thornberry 2001, S. 526-527.
[781] Nathusius 1979b, S. 23.

des gereiften Mutterunternehmens zu bewirken.[782] Die bürokratischen Strukturformen und Routinen des laufenden Tagesgeschäfts sowie Ressourcenverteilungskämpfe und Risikoüberlegungen in Großunternehmen hemmen die frühen Phasen des Prozesses für radikale bzw. disruptive Innovationen.[783] Die (teil-) autonomen VE weisen flache Hierarchien, leistungsabhängige Anreiz- und Vergütungssysteme, große individuelle Freiräume sowie hohe Flexibilität auf und haben damit organisationale Vorteile in der Ideenphase von der technischen Entwicklung bis hin zur Invention, während die bewährten Strukturen, finanzielle und sonstige Ressourcen und Kompetenzen, Markt- und Technologieerfahrung sowie Kostenvorteile der Großunternehmen bei der ökonomischen Entwicklung bis hin zur Innovation von Vorteil sind.[784] Die Vorteile hierdurch beschreibt Peterson (1976) wie folgt: „Thus, a new venture organization enjoys the best advantages of two business worlds: the incentive and independence of small entrepreneur, and the resources of dollars, experienced people, and facilities found in the large corporation."[785] Konzeptioneller Grundgedanke aus Sicht eines Großunternehmens ist demnach die Ausschöpfung der komplementären Potenziale von Wirtschaftseinheiten in unterschiedlichen Entwicklungsstufen.[786] Die Aufgabe des VM besteht nun in der gezielten Ausnutzung von Synergien durch die Verbindung und Kombination der jeweiligen Stärken junger VE und gereiftem CP in den einzelnen Phasen zur Unternehmensentwicklung.[787] Grundsätzlich ist eine flexible, situative Venture-Strukturform in Abhängigkeit der jeweiligen Phase des Innovationsprozesses erforderlich.[788] Dies kann über eine duale Venture-Strukturform erfolgen, welche einen Wechsel zwischen Dezentralisierung und Zentralisierung der Venture-Einheit zulässt.[789]

Damit stellt sich die Frage nach der phasenspezifisch effektiven Gestaltung der innovationsfördernden Strukturen. Die in der Literatur in diesem Zusammenhang beschriebenen Venture-Strukturformen differenzieren zwischen der einer VE gewährten Autonomie sowie der damit verbundenen Kontrollmöglichkeit und der Nutzung potenzieller Synergien.[790] Die Venture-Strukturformen lösen einander je nach Phase im Lebenszyklus einer VE ab.[791]

---

[782] Vgl. Nathusius 1979b, S. 142. Zur Reduktion von Innovationsbarrieren werden neben dem VM auch weitere Organisationskonzepte wie z. B. das Projektmanagement oder die Matrixorganisation aufgeführt (vgl. u. a. Gaitanides & Wicher 1986, S. 385 ff; Corsten 1989b, S. 31 ff.).

[783] Vgl. Fast 1979, S. 271; Siemer 1991, S. 116; Saly 2001, S. 132; Haid 2004, S. 102 u. 263; Elfring 2005, S. 1.

[784] Vgl. Nathusius 1979a, S. 509 ff.; Stringer 2000, S. 75; H. Klein 2002, S. 168-169. Vgl. hierzu auch den Innovationsprozess in Kapitel 2.3.

[785] R. W. Peterson 1967, S. 76.

[786] Vgl. Macharzina 1999, S. 569; Roberts 1980, S. 136 ff; Kreysel 2006, S. 55.

[787] Vgl. R. W. Peterson 1967, S. 68 f.; Nathusius 1979a, S. 509 ff.; Nathusius 1979b, S. 142; Gaitanides & Wicher 1985, S. 414 f.; Süssmuth Dyckerhoff 1995, S. 69; Schrottke 2005, S. 83. Vgl. auch Kapitel 2.3. Der VM-Ansatz besteht somit in der Kombination von Organisationseinheiten zeitlich unterschiedlicher Entwicklungsstufen. Vgl. Gaitanides & Wicher 1986, S. 394.

[788] Vgl. Bitzer 1991, S. 32; Mes 2011, S. 167.

[789] Vgl. Ghoshal & Mintzberg 1994, S. 26 f.

[790] Vgl. Schmid 1987, S. 25; H. Klein 2002, S. 169.

[791] Vgl. Gaitanides & Wicher 1985, S. 423.

Tabelle 3-1: Strukturformen des Venture Managements

Autoren	Hanan (1976)	Nathusius (1979)	Roberts (1980)	Burgelman (1984)	Gaitanides & Wicher (1985)	Servatius (1988)
Internes Venture Management (IVM)	- Task Force - Venture Buisness - Functional or operational Spin-out	- Product Champion - Venture Team bzw. Venture Group	- Venture Group - Venture Division	- Direct Integration - New Product Department - Special/Indep. Business Unit - Micro New Venture Department - New Venture Division	- Entrepreneur, Product Champion, Venture Manager - Venture Team - Venture Department	- Innovation Champion - Shunkworks - Task Force - Venture Team - Venture Division - R&D Limited Partnership - Business Start-up
Externes Venture Management (EVM)	- Joint Venture - Minority Investment - Foothold Acquisition	- Corporate Venture Capital - Venture Nurturing - Venture Spin-off - Joint Venture - Sonstige Formen	- Venture Capital - Venture Nurturing - New Style Joint Venture - Venture Merging and Melding - Venture Spin-off	- Nurturing and Contracting - Contracting - Complete Spin-off	- Corporate Venture Capital - Venture Nurturing - Sponsored Spin-off - New Syle Joint Venture - Venture Merging and Melding - Minority Investment Venture - Foothold Acquisition Venture - Venture Buy out	- Corporate Venture Capital - Corporate Venture Capital Group - Venture Nurturing - Venture Spin-off - New Style Joint Venture - Forschungs-kooperation - Akquisition, Spin-in

Quelle: In Anlehnung an Gaitanides & Wicher 1985, S. 416. Vgl. auch H. Klein 2002, S. 170; Mes 2011, S. 390.

3.2 Internes Venture Management

Als Subkonzept des ICV umfasst die Aufgabe des IVM folglich die Schaffung von innovationsfördernden Strukturformen mittels der Gründung und Führung (teil-)autonomer interner VE.[792] Neben der Primärorganisation für das Tagesgeschäft wird durch IVM also eine Sekundärorganisation geschaffen, welche auf das Entdecken, Kreieren, Bewerten und Ausschöpfen unternehmerischer Gelegenheiten fokussiert.[793] Dies ermöglicht die Erschließung des internen Innovationspotenzials.[794] Zudem ist durch die (teilweise) Einbindung der VE in das CP der Austausch von Ressourcen und Kompetenzen gewährleistet.[795] Dies bedeutet jedoch auch, dass das CP das Risiko von Fehlschlägen vollständig trägt und den Kapitalbedarf zur Realisierung von Innovationsprojekten eigenständig bereitstellen muss – ihn also nicht auf mehrere externe Partner verteilen kann. [796] Im Rahmen dieser Arbeit werden alle intern initiierten Innovationsprojekte, die durch das CP systematisch und damit formell institutionalisiert und im Kontext einer geplanten Unternehmensentwicklung gefördert werden, unter die Struktur des IVM subsumiert.[797] Die Idee kann dabei aus internen sowie externen Quellen im Sinne des Open Innovation stammen[798] – wobei als formelle Programme „diejenigen Fälle verstanden

[792] Vgl. Nathusius 1979b, S. 28; H. Klein 2002, S. 30.
[793] Vgl. Staehle 1999, S. 772 ff.; Siemer 1991, S. 110 ff; Hauschildt 1997, S. 45 ff; Mes 2011, S. 167.
[794] Vgl. Servatius 1988, S. 184.
[795] Vgl. Siemer 1991, S. 169; Schmid 1986, S. 89.
[796] Vgl. Haid 2004, S. 283 f.
[797] Vgl. H. Klein 2002, S. 174 f. Hierbei wird weniger auf die rechtliche Position fokussiert, als vielmehr auf den Ursprung der Initiative.
[798] Zum Open Innovation vgl. Kapitel 2.1.3.

werden, in denen die Unternehmensführung der Muttergesellschaft ein Programm mit verbindlicher Wirkung für nachgeordnete Stellen verabschiedet hat und entsprechende Mittel ausdrücklich zur Verfügung gestellt werden“[799].

Wie erwähnt, können für CV-Aktivitäten und damit auch für IVM-Aktivitäten die drei Ebenen CP, VU und VE unterschieden werden.[800] Darüber hinaus können im Rahmen von Open Innovation zudem externe Ideengeber oder Mitinvestoren zum Kreise der Aktionsträger gezählt werden.

Als VE werden (teil-)autonome Organisationseinheiten aus Individuen/Gruppen (Intrapreneuren) verstanden, welche mit der Generierung von Neugeschäft innerhalb der bestehenden Grenzen des CP betraut sind und die Freiheit besitzen, diese Organisationseinheiten in einer unternehmerischen Art und Weise abgegrenzt vom übrigen Unternehmen zu führen[801] – wobei die Mitglieder der VE teilweise bzw. ganz von ihren bisherigen Aufgaben freigestellt sein können[802], die VE temporär bzw. dauerhaft eingerichtet und als Stabs- oder Fachabteilung bzw. Geschäftseinheit[803] organisiert sein kann.[804]

Bei den operativen Strukturformen der VE im Rahmen des IVM kann grundsätzlich zwischen Einzelpersonen- sowie Gruppen- bzw. Teamansätzen unterschieden werden.[805] Relativ unbestritten ist dabei, dass die Strukturformen des Product Champion unter Ersterem sowie des Venture Team (auch als Venture Group bezeichnet) unter Letzterem subsumiert werden.[806] Burgelman (1984) beschreibt zudem das New Product/Business Department sowie die Independent/Special Business Unit.[807]

---

[799] Nathusius 1979b, S. 163. Während informelle Programme „in Form von unverbindlichen Absichtserklärungen oder allgemeinen Interessensbekundungen auftreten und Ressourcen keine explizite Bindung finden. Bei den informellen Programmen fehlt die formelle Selbstverpflichtung des Top-Managements zu der neuen Aufgabe in Form einer zweckgebundenen Zuweisung von Ressourcen an die mit dem Vollzug der Einzelfunktionen beauftragten Stellen“ (Nathusius 1979b, S. 163).

[800] Vgl. Kapitel 2.3. Vgl. auch H. Klein 2002, S. 174; Mes 2011, S. 170 ff.

[801] Vgl. u. a. Hippel 1976, S. 163; Burgelman 1984b, S. 33; Bailey 1984, S. 361. Vgl. Kapitel 2.3.

[802] Vgl. Wermeyer 1994, S. 222 ff.

[803] Vgl. Staehle 1999, S. 769 f.; Wermeyer 1994, S. 221; Burgelman 1984b, S. 34; Bitzer 1991, S. 33 ff; Süssmuth Dyckerhoff 1995, S. 73 ff.

[804] Vgl. Haid 2004, S. 280 f.

[805] Vgl. Gaitanides & Wicher 1985, S. 416 ff. Vgl. auch Barmettler 2006, S. 39.

[806] Vgl. Nathusius 1979b, S. 138, Servatius 1995, S. 1044; H. Klein 2002, S. 171; B. Sandberg 2007, S. 271; Mes 2011, S. 168. Servatius (1988) sieht darüber hinaus auch informelle Einheiten – sog. Skunkworks oder auch U-Boote (vgl. Siemer 1991, S. 90) – sowie unsystematische Task Forces als Elemente des IVM (vgl. Servatius 1988, S. 187-188). Im Rahmen dieser Arbeit werden jedoch nur offizielle formelle Einheiten, die einer gewissen Systematik unterliegen, berücksichtigt (vgl. Servatius 1988, S. 188 ff.).

[807] Vgl. Burgelman 1984a, S. 162. Burgelman nimmt selbst keine Unterteilung nach internen bzw. externen Strukturformen vor. Allerdings wird in der Literatur das New Product/Business Department sowie die Independent/Special Business Unit als interne Ansätze interpretiert (vgl. Bitzer 1991, S. 33; Süssmuth Dyckerhoff 1995, S. 73).

Seit Mitte der 1980er Jahre werden Strukturformen für die VU als dritte interne Instanz zur Betreuung und Unterstützung der operativen VE diskutiert.[808] Wobei unter der VU eine zentrale Mittlerfunktion verstanden wird, welche als Schnittstelle zwischen dem CP und den VE fungiert und sowohl finanzielle Mittel als auch Beratung sowie andere Formen der Betreuung für die VE bereitstellt.[809] In diesem Zusammenhang wird in der Literatur von „Venture Department“[810] oder „New Venture Division“[811] gesprochen. Etwas jüngere Publikationen bezeichnen diese auch als „Inkubator“[812] oder „Business Accelerator“.[813]

Analog der Definition von direktem bzw. indirektem ICV kann auch von direktem bzw. indirektem IVM gesprochen werden. Während bei Ersterem keine VU zwischen CP und VE installiert ist, ist diese bei Letzterem vorhanden.[814]

Im Rahmen dieser Arbeit soll der Integrationsgrad als zentrales Differenzierungsmerkmal zur Abgrenzung der einzelnen Strukturformen fungieren.[815] Hierbei können auf einer abstrakten Ebene die drei Integrationsgrade „segregiert“ (vollständige strukturelle Autonomie), „partiell integriert“ (teilweise Anpassung an die Strukturen der Muttergesellschaft) und „integriert“ (vollständige strukturelle Integration) unterschieden werden.[816]

3.2.1 Operative Venture-Strukturformen

3.2.1.1 Product Champion

Schon (1963) erwähnt erstmals den Product Champion: „Where radical innovation is concerned, the emergence of a champion is required.”[817] Schon (1963) geht davon aus, dass eine radikale bzw. disruptive Innovation aufgrund organisationaler Hemmnisse von einem Produktchampion entdeckt und ausgeschöpft werden muss und diese ansonsten stirbt: „[T]he new

---

[808] Vgl. Burgelman 1984a, S. 163.
[809] Vgl. Miles & Covin 2002, S. 23. Vgl. Kapitel 2.3.
[810] Vgl. Gaitanides & Wicher 1985, S. 417 ff.
[811] Vgl. Burgelman 1984a, S. 162.
[812] Der Begriff „Inkubator” kam in den 50er Jahren in den USA auf und bezeichnet Projekte, die das Ziel verfolgen, „[to] accelerate the successful development of entrepreneurial companies through an array of business support resources and services, developed or orchastrated by incubator management, and offered both in the incubator and through ist network of contacts” (National Business Incubation Association NBIA zitiert nach Weitnauer 2011, S. 206). Auch in Deutschland wird unter dem Begriff „Inkubator“ ein Dienstleister verstanden, welcher Unternehmen in ihren frühen Entwicklungsphasen ganzheitliche Unterstützung in Form von Beratung bzw. Coaching den Zugang zu Netzwerken bei der Umsetzung ihres Geschäftskonzepts zukommen lässt (vgl. u. a. Achleitner & Engel 2001, S. 76 f.).
[813] Vgl. Hansen et al. 2001, S. 39 ff; Linz 2001, S. 200 ff.
[814] Vgl. Miles & Covin 2002, S. 23. Vgl. auch Kapitel 2.3.
[815] Vgl. Nathusius 1979b, S. 166; Schmid 1986, S. 81 ff. Klein (2002) zieht zudem die strukturelle Einbettung der VM-Funktion (Positionierung der mit den VM-Aufgaben betrauten Personen oder Personengruppen) sowie das Entscheidungsverhalten (aktiv vs. reaktiv) als Differenzierungskriterien heran (vgl. H. Klein 2002, S. 178 ff.).
[816] Vgl. Nathusius 1979b, S. 166; Siemer 1991, S. 104; H. Klein 2002, S. 178. Nathusius (1979) versteht unter Integration die Aufgabe sämtlicher struktureller und dispositioneller Freiheiten (vgl. Nathusius 1979b, S. 166).
[817] Schon 1963, S. 84.

idea either finds a champion or dies."[818] Auf diesen Überlegungen aufbauend definieren Markham & Aiman-Smith (2001) den Produkt Champion als eine einzelne Person, welche das Potenzial einer unternehmerischen Gelegenheit entdeckt („[r]ecognizes a new technology or market opportunity as having significant potential"), das Innovationsvorhaben als eigenes Projekt annimmt („[a]dopts the project as his or her own"), sich diesem persönlich gegenüber verpflichtet („[c]ommits personally to the project"), andere Organisationsmitglieder als Unterstützer gewinnt („[g]enerates support from other people in the organization") und das Innovationsvorhaben gegenüber internen Widerständen schützt bzw. durchsetzt („[a]dvocates vigorously for the project").[819] Das Ziel besteht folglich in der Nachbildung einer Gründungssituation, wodurch unternehmerisch denkende und handelnde Mitarbeiter gewonnen sowie im Unternehmen gehalten werden können und somit einer Adversen Selektion entgegengewirkt wird.[820] Dabei agiert der Product Champion informell: „Champions are individuals who emerge informally to actively promote the invention through the development stages."[821] Diese Beschreibung zeigt auch, dass der Product Champion im Rahmen des Innovationsprozesses insbesondere in den Phasen von der Idee bis zur Invention beteiligt ist. Dies setzt natürlich eine Ausstattung mit entsprechenden Handlungs- und Entscheidungsvollmachten voraus.[822] Es handelt sich somit um einen empowerten Mitarbeiter, welcher das Innovationsprojekt initiiert und durchsetzt.[823] Darüber hinaus muss dieser eine hohe Risikobereitschaft aufweisen sowie die Fähigkeit besitzen, ein formelles sowie informelles Netzwerk zu nutzen.[824] Nur so kann der Product Champion Innovationshemmnisse abbauen und notwendige Ressourcen erschließen.[825] In der Praxis ist der Product Champion in seiner Reinform nur selten vorzufinden, weshalb dieser vielfach in eine VE eingebunden wird.[826] Da sich der Product Champion den Entscheidungs-, Kontroll- und Kommunikationsprozessen des CP anpassen muss, ist dieser weitestgehend integriert.[827] Gaitanides & Wicher (1985) sprechen auch vom „Venture Manager"[828] und Servatius (1988, 1995) vom „Innovation Champion"[829].

[818] Schon 1963, S. 84.
[819] Vgl. Markham & Aiman-Smith 2001, S. 44.
[820] Vgl. Macharzina 1999, S. 571.
[821] Vgl. B. Sandberg 2007, S. 266. Schmidt (1986, 1987) sieht hierin die wesentliche Abgrenzung zum Intrapreneur, welcher formell agiert. Für ihn ist Intrapreneuring eine Weiterentwicklung des Konzepts des Product Champion (vgl. Schmid 1986, S. 94; Schmid 1987, S. 23 ff.).
[822] Vgl. Gaitanides & Wicher 1985, S. 416; H. Klein 2002, S. 171.
[823] Vgl. Hippel 1977, S. 163; Siemers 1997, S. 67 ff.; Haid 2004, S. 279.
[824] Vgl. H. Klein 2002, S. 179; G. S. Day 1994, S. 150; Mes 2011, S. 174.
[825] Vgl. Siemers 1997, S. 69.
[826] Vgl. Fast 1979, S. 264 f.; Haid 2004, S. 280. Vgl. die Strukturform des Venture Teams.
[827] Vgl. Nathusius 1979b, S. 174 f.
[828] Vgl. Gaitanides & Wicher 1985, S. 416-417.
[829] Vgl. u. a. Servatius 1995, S. 1044

3.2.1.2 *Venture Team*

Im Gegensatz zum Einzelpersonenansatz des Product Champion handelt es sich beim Venture Team um einen Projektgruppenansatz.[830] Diese sind als Cross-Functional-Teams organisiert und damit interdisziplinär mit Fachspezialisten aus unterschiedlichen Unternehmensbereichen besetzt.[831] „Besonders erfolgsversprechend ist es, wenn mehrere Champions (etwa ein Technologie-, ein Marketing- und ein Managementchampion) an der Realisierung einer Innovation zusammenarbeiten."[832] Wobei diese Mitarbeiter von ihren operativen Aufgaben im CP freigestellt und auf unbestimmte Zeit in das Venture Team versetzt werden.[833] Das Venture Team bildet mit seinen für das Innovationsprojekt erforderlichen Fachqualifikationen den Kern, während ein einzelner Venture Manager disziplinarische Weisungs- und Entscheidungsbefugnis ausübt.[834] Nach Beendigung des Innovationsprojektes wechseln die Mitarbeiter entweder zurück in ihre operativen Bereiche bzw. den durch das Innovationsprojekt geschaffenen neuen Geschäftsbereich des CP oder in ein neues Venture Team.[835] Im Hinblick auf den Innovationsprozess sind Venture Teams je nach Unternehmen sowohl von der Idee bis hin zur Invention als auch bis hin zur Vermarktung und damit Innovation beteiligt. Da Venture Teams häufig nur ein miniaturisiertes Abbild des CP darstellen (Big Business Approach) und somit die bürokratischen Strukturen übertragen werden, ist ihre unternehmerische Freiheit eingeschränkt.[836] Da die Venture Teams damit weitestgehend in die Strukturen des CP eingebunden sind und sich den standardisierten Entscheidungs- und Kontrollprozessen nicht entziehen können, gelten diese als partiell integriert bis integriert.[837]

3.2.1.3 *New Product/Business Department*

Unter New Product/Business Department wird eine neue Abteilung – auch als „Neuproduktabteilung" bezeichnet – zur Verfolgung eines Innovationsprojektes verstanden.[838] Diese wird in den Geschäftsbereich des CP eingegliedert, in dem starke Synergien zum Innovationsprojekt vermutet werden.[839] Diese (teil-)autonome Abteilung ermöglicht den Mitarbeitern, wei-

---

[830] Vgl. Servatius 1988, S. 189.
[831] Vgl. Wicher 1991, S. 166.
[832] Müller-Stewens & Bretz 1991, S. 553 f.
[833] Vgl. Pfister 1997, S. 16.; H. Klein 2002, S. 171. Sind die VE hingegen zeitlich befristet, spricht man von Ad-hoc-Komitee bzw. Projektkollegium, welche mit der Initiierung und/oder Realisierung von zeitlich beschränkten, mit Unsicherheit behafteten innovativen Aufgaben betraut sind (vgl. W. Hill et al. 1989, S. 201; Wermeyer 1994, S. 221; Haid 2004, S. 284).
[834] Vgl. Nathusius 1979b, S. 176 ff.; Siemer 1991, S. 168; Pfister 1997, S. 16; Macharzina 1999, S. 571 ff.; Burr 2004, S. 182; Mes 2011, S. 175.
[835] Vgl. Gaitanides & Wicher 1985, S. 417.
[836] Vgl. Nathusius 1979b, S. 177; Wicher 1991, S. 166.
[837] Vgl. Nathusius 1979b, S. 188; Gaitanides & Wicher 1985, S. 416.
[838] Vgl. Burgelman 1984a, S. 162.
[839] Vgl. Mes 2011, S. 177.

testgehend unternehmerisch zu denken sowie zu handeln, und gewährleistet einen revitalisierenden Potenzialtransfer.[840] Da die Abteilung jedoch Bestandteil eines bestehenden Geschäftsbereichs des CP ist, kann von einer partiellen Integration gesprochen werden.[841]

Abbildung 3-1: Operative Venture-Strukturformen

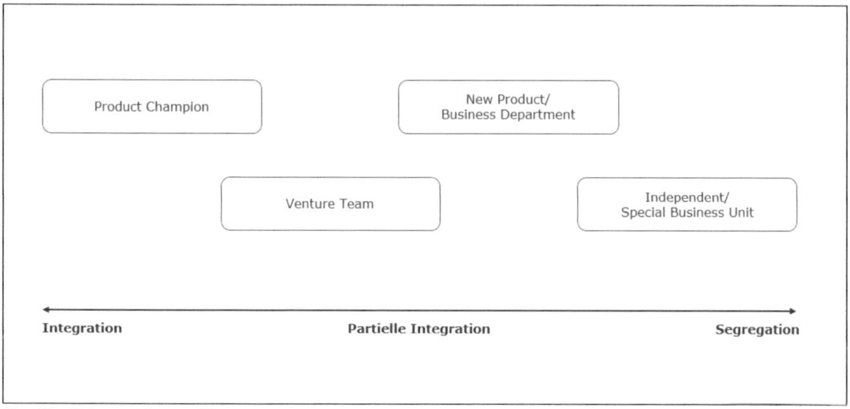

Quelle: Eigene Darstellung

3.2.1.4 *Independent/Special Business Unit*

Hierunter wird der Aufbau einer neuen Geschäftseinheit auf Basis eines Innovationsvorhabens verstanden.[842] Burgelman (1984) unterscheidet dabei die „Independent Business Unit" für Innovationsprojekte, deren strategische Stoßrichtung noch unklar ist, und die „Special Business Unit" für strategisch wesentliche Innovationsprojekte.[843] Im Rahmen der neuen Geschäftseinheit werden Innovationsprojekte verfolgt, welche aufgrund ihrer geringen Synergien zu den operativen Bereichen des CP aus den bestehenden Strukturen herausgelöst werden.[844] Dies ermöglicht die Hervorbringung und Vermarktung von radikalen bzw. disruptiven Innovationen ohne die bestehenden Geschäftsbereiche zu beeinflussen oder zu gefährden.[845] Die neuen Geschäftseinheiten sind dabei strukturell nur dem Top-Management bzw. einer installierten VU unterstellt.[846] Dies gewährleistet eine möglichst große unternehmerische Freiheit bei gleichzeitiger Einbindung der Innovationsprojekte in die strategischen Ziele des CP.[847] Nach Abschluss des Innovationsprojektes wird die VE entweder in einen neuen Geschäftsbereich im

[840] Vgl. Burgelman 1984a, S. 162; Süssmuth Dyckerhoff 1995, S. 75.
[841] Vgl. Mes 2011, S. 177.
[842] Vgl. Burgelman 1984a, S. 162.
[843] Vgl. Burgelman 1984a, S. 163.
[844] Vgl. Kapitel 2.3.
[845] Vgl. P. Sharma & Chrisman 1999, S. 19.
[846] Vgl. Bitzer 1991, S. 34.
[847] Vgl. Burgelman 1984a, S. 162.

CP überführt (Integration), als eigenständiges Unternehmen ausgegründet – als sog. Spin-off[848] – oder an externe Dritte veräußert.[849] Der Exit-Zeitpunkt erfordert dabei eine gewisse Reife der VE. Van Burg et al. (2012) machen diese an der Erzielung erster Umsätze durch die VE fest und konstatieren in ihrer empirischen Untersuchung, „that a venture should first become somewhat mature (i.e., have its first sales), before it can be successfully transferred to an established business. If a venture has achieved its first sales, market uncertainty is reduced, meanwhile increasing the venture's need for corporate assets to fuel further growth. Thus, corporate venture and transition managers can use this sales criterion as one of their main decision rules for setting the moment of venture transition"[850]. Die neue Geschäftseinheit gilt als weitestgehend segregiert.

3.2.2 Venture-Unterstützungsformen

3.2.2.1 Venture Department

Das Venture Department ist eine VU auf Geschäftsbereichsebene, welche hauptsächlich VE mit starkem Bezug zum bestehenden operativen Geschäft des CP und damit mit Initiativen innerhalb der bisher bearbeiteten Märkte und Geschäftsfelder betreut.[851] Die VU hat einen Stabscharakter und umfasst Venture-Experten, Führungskräfte unterschiedlicher Unternehmensbereiche sowie einen oder mehrere Venture-Manager.[852] Dabei verfügt das Venture Department über ausreichend finanzielle, materielle sowie personelle Ressourcen vom CP.[853] Die VU betreut die VE vor allem in den Phasen bis zur Invention bzw. Innovation. Im Rahmen des Venture Department sind die VE weitestgehend strukturell in das CP integriert.

3.2.2.2 New Venture Division

Im Gegensatz zum Venture Department betreut die New Venture Division (NVD)[854] vorrangig VE, welche lediglich einen geringen Bezug zum Kerngeschäft des CP aufweisen und deren Initiativen außerhalb der bisher bearbeiteten Märkte und Geschäftsfelder liegen.[855] Damit sind die Initiativen in strategischer und operativer Hinsicht ungewiss.[856] Die NVD besteht dabei – im Gegensatz zu allen anderen Strukturformen – präsituativ als dauerhaft unterstützende

[848] Obwohl intern initiiert, zählen einige Autoren Spin-offs zum EVM (vgl. Roberts 1980, S. 136; Gaitanides & Wicher 1985, S. 419). In der Literatur werden auch die Begriffe „Sponsored Spin-off", „Venture Spin-off" oder „Venture Spin-out" verwendet.

[849] Vgl. Bitzer 1991, S. 34.

[850] Vgl. Van Burg et al. 2012, S. 469.

[851] Vgl. Burgelman 1984a, S. 161 ff.; Kieser & Kubicek 1992, S. 401.

[852] Vgl. Gaitanides & Wicher 1985, S. 417 f.; H. Klein 2002, S. 189; Mes 2011, S. 179.

[853] Vgl. Wicher 1991, S. 167; H. Klein 2002, S. 189.

[854] Nachfolgend NVD.

[855] Vgl. Burgelman 1984a, S. 161 ff; Burgelman & Sayles 1986, S. 125 f.; Bitzer 1991, S. 33 ff.; Süssmuth Dyckerhoff 1995, S. 73 ff.

[856] Vgl. Burgelman & Sayles 1986, S. 185.

Organisationseinheit, welcher die Innovationsprojekte erst im Laufe ihrer Entwicklung zugewiesen werden.[857] Ihre Aufgabe umfasst im Wesentlichen die Steuerung und Koordination eines Portfolios an VE.[858] Hierzu gehören u. a. auch die Bereitstellung der notwendigen Ressourcen sowie die Sicherstellung der Unterstützung des Top-Managements.[859] Eine weitere Aufgabe der NVD ist jedoch auch die objektive Bewertung der Innovationsprojekte. Dies trägt zur Vermeidung einer Überschätzung der Innovationsprojekte durch Sponsoren und Projektoren sowie einer Reduktion innovationshemmender Aktivitäten der bestehenden Geschäftsbereiche bei.[860] Es werden Innovationsprojekte von der Idee über die Invention bis hin zur Innovation betreut. Die NVD ermöglicht eine weitestgehend strukturelle Segregation der VE vom CP.[861] Sie wird häufig auch als interner Inkubator[862] beschrieben, weil Innovationsprojekte im Rahmen einer Art „Brutkasten“ bzw. „Treibhaus“ entwickelt werden.[863]

3.3 Konstrukt Integrationsgrad

3.3.1 Strukturen, Prozesse und (Management-)Systeme

Die beschriebenen Venture-Strukturformen unterscheiden sich hinsichtlich des Integrationsgrades (Integration, partielle Integration, Segregation) der VE in die Strukturen, Prozesse und (Management-)Systeme des CP. Der Integrationsgrad bestimmt einerseits die einer VE gewährten Handlungs- und Entscheidungsräume und andererseits die damit verbundenen Kontrollmöglichkeiten des CP sowie die Nutzung potenzieller Synergien durch den Zugriff auf gemeinsame Ressourcen und Kompetenzen.[864] Garvin (2004) merkt in diesem Zusammenhang an: „Too much independence, and the business will be an orphan; too tight a link to established divisions and the business will fail to differentiate itself.”[865]

In der Literatur existieren unterschiedliche Ansätze zur Wahl der geeigneten Venture-Strukturform.[866] Während einige Autoren die Segregation der VE vom Top-Management (vertikale Segregation) sowie den operativen Geschäftsbereichen des CP (horizontale Segregation) empfehlen[867], betrachten andere die Integration als vorteilhaft[868], und wieder andere

---

857 Vgl. Bitzer 1991, S. 34; H. Klein 2002, S. 190; Mes 2011, S. 179 f.
858 Vgl. Pfister 1997, S. 223.
859 Vgl. Kapitel 2.3.
860 Vgl. Mes 2011, S. 180.
861 Vgl. Burgelman & Sayles 1986, S. 125.
862 Hansen et al (2001) verwenden für Inkubatoren auch die Begriffe „Business Accelerators“, „Campuses“, „Econet“, „Internet Keiretsus“ und „Brutfabrik“ (vgl. Hansen et al. 2001, S. 39).
863 Vgl. Linz 2001, S. 204. Nach Fast (1983) stellt die NVD ein Clearinghouse für die Bewertung, Auswahl und Umsetzung neuer Geschäfte dar (vgl. Fast 1978a, S. 83).
864 Vgl. Pfister 1997, S. 57.
865 Garvin 2004, S. 20.
866 Vgl. u. a. Sorrentino & Williams 1995, Thornhill & Amit 2001; Burgers et al. 2009.
867 Vgl. u. a. Christensen 1997; Drucker 1985; Kanter 1985.
868 Vgl. u. a. Buckland et al. 2003; Hamel 2001.

argumentieren situationsspezifisch[869]. Siegel et al. (1988) proklamieren, dass die Segregation vor allem den finanziellen Erfolg einer VE stimuliert, während die zumindest partielle Integration bei der Verfolgung strategischer Ziele vorteilhaft ist.[870]

Im Rahmen der situationsspezifischen Ansätze erfolgt die Wahl der geeigneten Venture-Strukturform auf Basis des verfolgten Innovationsvorhabens und dem damit verbundenen erforderlichen Integrationsgrad der VE zum CP.[871] Die situationsspezifischen Ansätze weisen überwiegend einen normativen heuristischen Charakter auf. Zumeist handelt es sich um bivariate[872] Erklärungsansätze, welche die Venture-Strukturformen in einer Matrix positionieren, deren Dimensionen die Bestimmungsfaktoren bilden.[873] Die bekanntesten Ansätze stammen von Roberts & Berry (1985) und Burgelman (1984, 1986).[874]

Nach Roberts & Berry (1985) sollte die Auswahl der Venture-Strukturform in Abhängigkeit der Erfahrungen des CP mit den durch die VE adressierten Märkten (familiarity with a market) und Technologien erfolgen (familiarity with a technology). [875] Bezüglich der Erfahrung unterscheiden die Autoren „bekannt" (base), „neu, aber vertraut" (new familiar) und „neu" (new unfamiliar).[876]

Abbildung 3-2: Heuristik zur Wahl der Venture-Strukturform nach Roberts & Berry

Markterfahrung (familiarity with a market)		Technologieerfahrung (familiarity with a technology): Bekannt (base)	Vertraut (new familiar)	Neu (new unfamiliar)
	Neu (new unfamiliar)	Joint Venture	Venture Capital; Venture Nurturing; Educational Acquisition	Venture Capital; Venture Nurturing; Educational Acquisition
	Vertraut (new familiar)	Internal Market development; Acquisition; (Joint Ventures)	Internal Venture; Acquisition; Licensing	Venture Capital; Venture Nurturing; Educational Acquisition
	Bekannt (base)	Internal Base Development; (Acquisition)	Internal Product Development; Acquisition; Licensing	New Style Joint Ventures

Quelle: Eigene Darstellung in Anlehnung an Roberts & Berry 1985, S. 13.

[869] Vgl. u. a. Chesbrough 2002; Servatius 1988; Burgelman 1984a; Roberts & Berry 1985.

[870] Vgl. Siegel et al. 1988, S. 244 ff.

[871] Vgl. H. Klein 2002, S. 199; Kreysel 2006, S. 57.

[872] Vgl. Hermes 1995, S. 29 ff.

[873] Vgl. Gerpott 1999b, S. 231 f. Multivariate Ansätze berücksichtigen im Gegensatz zu den bivariaten Ansätzen mehr als zwei Bestimmungsfaktoren für einzelne Venture-Strukturformen.

[874] Vgl. hierzu auch H. Klein 2002, S. 199 ff.; Haid 2004, S. 288 ff.; Mes 2011, S. 181 ff. Daneben existiert beispielsweise noch die Heuristik von Servatius (1988), welcher die Technologie- und Kapitalintensität des Innovationsvorhabens als Bestimmungsfaktoren heranzieht (vgl. Servatius 1988, S. 148 ff.).

[875] Vgl. Roberts & Berry 1985, S. 3.

[876] Vgl. Roberts & Berry 1985, S. 3.

Je mehr Erfahrung das CP aufweist, desto stärker sollten die VE in das CP integriert werden (dunkelgraues Feld).[877] Mit abnehmender Erfahrung hinsichtlich Märkte und Technologien sollten die VE immer weiter segregiert werden (hellgraue Felder). Wenn quasi keinerlei Erfahrung mehr besteht, empfehlen Roberts & Berry externe Venture-Strukturformen (weiße Felder). Kritisiert wird in diesem Zusammenhang häufig die Bestimmung der Markt- und Technologienähe des Innovationsvorhabens zu den vorhandenen Ressourcen und Kompetenzen des CP[878] sowie die Vernachlässigung strategischer Aspekte[879].

Burgelman (1984, 1986) greift den letzten Kritikpunkt auf, indem er den operationalen Bezug (operational relatedness) des Innovationsvorhabens der VE zum Kerngeschäft des CP sowie dessen strategische Bedeutung (strategic importance) berücksichtigt.[880] Hierbei unterscheidet er hinsichtlich operationalem Bezug zwischen „kein Bezug" (unrelated), „bestimmter Bezug" (partly related) und „starker Bezug" (strong related) bzw. hinsichtlich strategischer Bedeutung zwischen „sehr wichtig" (very important), „ungewiss" (uncertain) und „nicht wichtig" (not important).[881]

Abbildung 3-3: Heuristik zur Wahl der Venture-Strukturform nach Burgelman

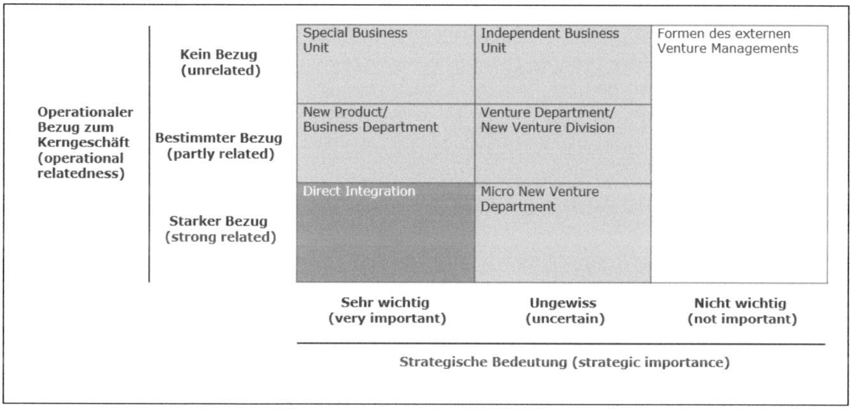

Quelle: Eigene Darstellung in Anlehnung an Burgelman 1984a, S. 161; Burgelman & Sayles 1986, S. 183.

[877] Vgl. Roberts & Berry 1985, S. 5 ff. und S. 10 ff.
[878] Zur Bewertung der Markt- und Technologienähe haben Roberts & Berry (1985) einen Fragenkatalog entwickelt (vgl. Roberts & Berry 1985, S. 5 f.).
[879] Vgl. Siemer 1991, S. 196
[880] Vgl. Burgelman 1984a, S. 160; Burgelman & Sayles 1986, S. 183.
[881] Vgl. Burgelman 1984a, S. 160 f.

Je stärker die operative Nähe zum Kerngeschäft und wichtiger die strategische Bedeutung, desto höher sollte der Integrationsgrad der Venture-Strukturform ausfallen (dunkelgraues Feld). Wie beschrieben, verkörpert beispielsweise der Product Champion eine weitgehende Integration der Venture-Aktivitäten: „The role of ‚champions', who know the workings of the current systems well is likely to be important in such situations."[882] Bei schwächerem Bezug zum Kerngeschäft erscheint die Venture-Strukturform des New Product/Business Department vorteilhafter bzw. bei quasi keinem Bezug die Independent/Special Business Unit. Bart (1988) beschreibt die zuletzt genannten Innovationsvorhaben als White-Space-Projekte, welche in Abhängigkeit ihrer strategischen Bedeutung außerhalb der bestehenden Strukturen (teil-)autonom verfolgt werden sollten.[883] Bei ungewisser strategischer Bedeutung und starkem Bezug zum Kerngeschäft empfiehlt Burgelman das „Micro New Venture Department", worunter er Venture Teams subsumiert, die frei ihre Innovationsprojekte verfolgen können und nur durch ein Finanz- und Zeitbudget beschränkt sind (hellgraue Felder).[884] Externe Venture-Strukturformen werden bei quasi unwichtiger strategischer Bedeutung des Innovationsvorhabens für das CP empfohlen (weißes Feld).[885]

Dies lässt den Schluss zu, dass die geeignete Venture-Strukturform vom verfolgten Innovationsvorhaben abhängt und der gewählte Integrationsgrad (Integration, partielle Integration, Segregation) keinen Einfluss auf den Erfolg hat. Damit ergibt sich für das Konstrukt Integrationsgrad eine erste Hypothese:

HI1a: Der Integrationsgrad (Integration, partielle Integration, Segregation) der VE in die Strukturen, Prozesse und (Management-)Systeme des CP hat keinen Einfluss auf den Erfolg.[886]

Darüber hinaus kann die Gründung neuer Geschäftsbereiche auf Basis von radikalen bzw. disruptiven Innovationen im Rahmen des ICV im Wesentlichen auf zwei Arten erfolgen: zum einen durch die Exploitation latent vorhandener Innovationspotenziale und zum anderen durch die Exploration neuer Innovationspotenziale.[887] Bei der Exploitation werden latent vorhandene Innovationspotenziale weiterentwickelt, während bei der Exploration neue Innovationspotenziale entwickelt und/oder diese von außen in das Unternehmen transferiert werden.[888] „The essence of Exploitation is the refinement and extension of existing competences,

[882] Burgelman & Sayles 1986, S. 183.
[883] Vgl. Bart 1988, S. 37.
[884] Vgl. H. Klein 2002, S. 203; Mes 2011, S. 178.
[885] Bei den externen Venture-Strukturformen unterscheidet Burgelman zwischen „Complete Spin-off", „Contracting" und „Venture Nurturing" (vgl. Burgelman 1984a, S. 161 f.).
[886] Vgl. Fragebogen Frage 30 (1).
[887] Vgl. u. a. March 1991, S. 71; Gupta et al. 2006, S. 693.
[888] Vgl. Michalski 2002, S. 14.

technologies, and paradigms. […] The essence of exploration is experimentation with new alternatives."[889]

Beide Formen fokussieren auf die Hervorbringung von Innovationen durch Erneuerung innerhalb eines Unternehmens auf Basis von Lerneffekten – allerdings mit unterschiedlicher Richtung und Intensität.[890] Benner & Tushman (2002) merken entsprechend an: „Exploitative innovations involve improvements in existing components and build on the existing technological trajectory, whereas exploratory innovation involves a shift to a different technological trajectory."[891] Dieser Ansicht folgend definieren He & Wong (2004) exploitative Innovationen als „technological innovation activities aimed at improving existing product-market domains" und explorative Innovationen als „technological innovation aimed at entering new product-market domains"[892].

Hill & Birkinshaw (2008) differenzieren im Rahmen von ICV zwischen „Internal Exploiter Units“ und „Internal Explorer Units“. „Internal exploiter units attempt to monetize the existing assets (such as patents, technologies, raw ideas and managerial talent) of the parent firm within a short time frame, frequently by spinning them out as new businesses."[893] „Internal explorer units invest in opportunities that arise inside the parent firm and actively nurture and develop these so that, over time, they become sources of growth for the firm."[894]

Voraussetzung für die Ausschöpfung von Innovationspotenzialen ist jedoch die Auswahl der geeigneten Venture-Strukturform.[895]

Die Exploitation und damit die Weiterentwicklung latent vorhandener Innovationspotenziale erfordert den Zugang zu bestehenden Ressourcen und Kompetenzen des CP und damit eine (partielle) Integration der VE. Wesentlicher Ansatzpunkt ist zu „generate cash from harvesting spare resources“[896]. Daher erscheinen in diesem Zusammenhang Venture-Strukturformen wie der Product Champion bzw. das Venture Team Erfolg versprechend.[897] Die Internal Exploiter Unit steht jedoch „meist in einem subtil ausgetragenen Dauerkonflikt mit den Interessen der Linienmanager und Abteilungen, was […] vorwiegend inkrementale Innovationen präjudiziert“[898]. Die Ergebnisse der Exploitation sind in der Regel „positive, proximate, and predictable"[899].

[889] March 1991, S. 85.
[890] Vgl. Gupta et al. 2006, S. 694.
[891] Benner & Tushman 2002, S. 679.
[892] He & Wong 2004, S. 483.
[893] S. A. Hill & Birkinshaw 2008, S. 424.
[894] S. A. Hill & Birkinshaw 2008, S. 424.
[895] Vgl. Kapitel 3.2.1.
[896] A. Campbell et al. 2003, S. 35.
[897] Vgl. Kapitel 3.2.1.1 bzw. 3.2.1.2.
[898] Michalski 2002, S. 11.
[899] March 1991, S. 85.

Bei der Exploration neuer Innovationspotenziale ist hingegen eine weitestgehende Segregation der VE von den Strukturen, Prozessen und Systemen des CP entscheidend. In diesem Fall eignen sich eher Venture-Strukturformen wie das New Product/Business Department bzw. die Independent/Special Business Unit.[900] Die Exploration bildet damit einen Ansatz, welcher „potentiell große und variantenreiche Lernchancen für das CP eröffnet und somit auch signifikante Innovationssprünge wahrscheinlicher macht“[901]. Allerdings sind die Ergebnisse der Exploration häufig „uncertain, distant, and often negative”[902]. Auch empirische Studien belegen, dass industrielle Großunternehmen bei der Exploration neuer Innovationspotenziale in der Vergangenheit nur selten erfolgreich waren.[903]

Da Internal Exploiter Units häufig keine wirklichen Innovationssprünge generieren und Internal Explorer Units einen langen Zeithorizont und hohes Risiko aufweisen – aber beide Formen um die begrenzten Ressourcen konkurrieren – gilt es für Unternehmen, eine geeignete Balance zwischen Exploitation und Exploration zu finden. Erschwert wird dies dadurch, dass „returns from the two options vary not only with respect to their expected values, but also with respect to their variability, their timing, and their distribution within and beyond the organization. Processes for allocating resources between them, therefore, embody intertemporal, interinstitutional, and interpersonal comparisons, as well as risk preferences”[904].

Internal Explorer Units erscheinen als die erfolgreichere Form im Hinblick auf die Hervorbringung radikaler bzw. disruptiver Innovationen. Ihre größere Ergebnisunsicherheit sowie ihr längerer Zeithorizont gegenüber Internal Exploiter Units erschweren jedoch die Definition kurzfristig messbarer Meilensteine sowie den Plan-Ist-Vergleich. Damit besteht für Internal Explorer Units die Gefahr, häufiger und frühzeitiger abgebrochen zu werden als Internal Exploiter Units.[905] Dies lässt eine weitere Hypothese zum Konstrukt Integrationsgrad zu:

HI1b: Je größer die Segregation (Integration) der VE hinsichtlich der Strukturen, Prozesse und Systeme des CP, desto stärker ist diese auf die Exploration (Exploitation) von Innovationspotenzialen ausgerichtet.[906]

3.3.2 Ziele

„Aufgrund unterschiedlicher Denkhaltungen im operativen und strategischen Kontext, die sich am einfachsten durch die Gegenüberstellung von Erfolgsgrößen und Erfolgspotenzialen

[900] Vgl. Kapitel 3.2.1.3 bzw. 3.2.1.4.
[901] Michalski 2002, S. 13.
[902] March 1991, S. 85.
[903] Vgl. u. a. Chesbrough 2000, S. 32; Brody & Ehrlich 1998, S. 50; Harned et al. 1996, S. 155.
[904] March 1991, S. 71.
[905] Vgl. S. A. Hill & Birkinshaw 2008, S. 423 u. 431.
[906] Vgl. Fragebogen Frage 30 (1).

veranschaulichen lassen, muss von einer prinzipiellen Inkommensurabilität dieser Kontexte gesprochen werden."[907] Daher ist eine Trennung beider Kontexte erforderlich. Die Abspaltung der Innovationsaktivitäten von den Beschränkungen und Routinen des operativen Geschäfts und damit die Trennung des innovativen vom operativen System aufgrund von Strukturinkompatibilitäten[908] stimuliert unternehmerisches Denken und Handeln, erlaubt die Konzentration auf neue Geschäftsbereiche ohne die bestehenden zu beeinflussen oder zu gefährden und ermöglicht das Eingehen von Risiken.[909] Auch geht hiermit eine Erweiterung des Handlungs- und Entscheidungsraums der VE einher, was wiederum motivierend auf die Intrapreneure wirkt.[910] „The search for innovation needs to be organizationally separate and outside of the ongoing managerial business. Innovative organizations realize that one cannot simultaneously create the new and take care of what one already has. They realize that maintenance of the present business is far too big a task for people in it to have much time for creating the new, the different business for tomorrow. They also realize that taking care of tomorrow is far to big and difficult a task to be diluted with concern for today. Both tasks have to be done. But they are different. Innovative organizations, therefore, put the new into separate organizational components concerned with the creation of the new."[911] Hierzu sind jedoch die Ressourcen und Kompetenzen, Verantwortlichkeiten, Geschäftsbereiche und Risiken der beiden Systeme langfristig festzulegen und abzugrenzen.[912] „Um unvermeidliche Ressourcenstreitigkeiten zwischen operativen und innovativen Einheiten zu vermeiden, sollte eine transparente und langfristige Zuteilung von Sach-, Finanzmitteln und Mitarbeiterkapazitäten erfolgen."[913] Hierbei bildet die Property-Rights-Theorie einen geeigneten Bezugsrahmen zur Festlegung der Eigentumsrechtestruktur an materiellen und immateriellen Vermögensgegenständen im Sinne der Verteilung der Nutzungs- bzw. Änderungsrechte als auch der Allokation der erwirtschafteten Erträge entlang der jeweiligen Anspruchsgruppen.[914] Eine langfristige Ausrichtung reduziert zudem die Gefahr einer Fokussierung der VE auf die Hervorbringung inkrementeller Innovationen, welche im Gegensatz zu radikalen Innovationen einen deutlich kürzeren Zeithorizont aufweisen.[915] Darüber hinaus erfordert die zeitliche Verschiebung zwischen den notwendigen Investitionen in eine VE (Early Stage) und den hieraus eventuell resultierenden Rückflüssen (Established Stage) sowie die Möglichkeit eines zwischen-

[907] Kirsch & Reglin 1991, S. 660.
[908] Vgl. Burgelman 1985, S. 39 u. 44.; Burgelman & Sayles 1986, S. 133.
[909] Vgl. Kapitel 2.3 und 2.3.2.
[910] Vgl. Kapitel 3.2.1 bzw. 4.2.
[911] Drucker 1974, S. 799.
[912] Vgl. Burgelman 1985, S. 50; Pfister 1997, S. 54.
[913] Vgl. H. Klein 2002, S. 214.
[914] Vgl. Kim & Mahoney 2005, S. 236 ff.
[915] Vgl. Witt 2005, S. 265.

zeitlichen Wechsels des VE-Managements eine Ausrichtung der VE an den langfristigen strategischen und finanziellen Zielen und weniger an der kurzfristigen, finanziellen Erfolgsrechnung.[916] Nur so kann die Gefahr der Vermeidung kostenintensiver und risikoreicher Entscheidungen in der Frühphase einer VE reduziert werden.[917] Ist die VE nicht langfristig ausgelegt, reduziert sich zudem deren Bereitschaft, sich im Interesse der VU bzw. des CP zu verhalten.[918] Daher erscheint eine Trennung der VE von den kurzfristigen Erlöszielen der operativen Bereiche und damit die Ausrichtung der Innovationsvorhaben an den langfristigen Unternehmenszielen erfolgsentscheidend.[919] Dies führt zur nächsten Hypothese des Konstruktes Integrationsgrad:

HI2: Je stärker die Trennung der VE von den kurzfristigen Erlöszielen der operativen Bereiche und die Ausrichtung an den langfristigen strategischen und finanziellen Zielen des CP, desto größer ist der Erfolg.[920]

3.3.3 Ressourcen und Kompetenzen

Der Erfolg von ICV-Aktivitäten wird wesentlich durch eine systematische Nutzung von komplementären Ressourcen und Kompetenzen des Mutterunternehmens durch die VE bestimmt.[921] Nach dem Ressourcenorientierten Ansatz von Penrose (1959) profitieren die VE von den vorhandenen Ressourcen und Kompetenzen des CP.[922] Folgt man dem Ressourcenbasierten Ansatz, so besteht das wesentliche Ziel des ICV in der Rekonfiguration von Ressourcen und Kompetenzen zur Erzielung eines verteidigbaren Wettbewerbsvorteils und der Generierung von Schumpeter-Renten auf Basis radikaler bzw. disruptiver Innovationen.[923] „Therefore, a substantive and desirable outcome of venturing is the generation of valuable new resource combinations, specific to the firm, which it alone may exploit."[924] Damit erscheint die Möglichkeit der Nutzung potenzieller Synergien durch den Zugang der VE zu den Ressourcen und Kompetenzen des CP erfolgskritisch. „Thus, we expect emerging firms with a wide variety of resource-based capabilities to have a broader range of possible actions and to be able to exploit numerous resources, thus enhancing organizational performance."[925] Ausgangspunkt bildet die Annahme, dass innerhalb der Grenzen des etablierten CP komplementäre Ressourcen und Kompetenzen zu jenen der VE existieren.[926] Diese bestehen im Wesentlichen aus

[916] Vgl. Block 1982, S. 32.
[917] Vgl. Rind 1981, S. 169 ff; Block & Ornati 1987, S. 41 ff.
[918] Vgl. Burgelman 1985, S. 49.
[919] Vgl. M. Simon et al. 1999, S. 145 ff. Vgl hierzu auch das „Überdauerprinzip" von S. Winter 1996, S. 162 ff.
[920] Vgl. Fragebogen Frage 30 (2).
[921] Vgl. Michalski 2002, S. 18.
[922] Vgl. Penrose 1959.
[923] Vgl. Kapitel 2.3.2 bzw. 2.4.
[924] Vgl. McGrath et al. 1994, S. 354.
[925] G. N. Chandler & Hanks 1994, S. 334 f.
[926] Vgl. Chesbrough 2000, S. 39; Macharzina 1999, S. 569; Roberts 1980, S. 136 ff.

„technologischem Know-how, Managementfähigkeiten, Expertenwissen, Marktkenntnissen, internationalen Vertriebsnetzen, Markennamen und geschäftlichen Kontakten“[927]. Für die VE bildet dies insofern einen Vorteil, als dass diese Ressourcen und Kompetenzen häufig nicht am freien Mart erworben werden können.[928] Damit ergibt sich die nächste Hypothese für das Konstrukt Integrationsgrad:

HI3: Je stärker der Zugriff der VE auf die vorhandenen Ressourcen und Kompetenzen des CP, desto größer ist der Erfolg.[929]

Zu berücksichtigen ist allerdings, dass eine zu starke Ausrichtung der Innovationsvorhaben an den bestehenden Ressourcen und Kompetenzen des CP zu einer Kompetenzstarre (Core Rigidity) führen kann, wenn hierdurch Kenntnisse hinsichtlich Alternativtechnologien verloren gehen und es zu einer Abkopplung vom Wettbewerbsumfeld kommt.[930] Auch können hierdurch Hold-up-Situationen auftreten, wenn entsprechende Abhängigkeiten beispielsweise zu Lieferanten oder Kooperationspartnern entstehen.[931]

3.3.4 Kerngeschäft

Im Rahmen des VC-Modells investieren erfolgreiche VCG in der Regel in klar definierte, ihnen bestens bekannte sowie bewährte Bereiche, die ihrer technologischen oder sektoralen Erfahrung bzw. Expertise entsprechen.[932] VCG „usually have a clear idea of what constitutes an attractive investment. They are likely to focus on specific industry niches; to look for business concepts that will excel if the industry evolves as they believe it will; and, most important, to insist on the presence of a strong management team“[933]. Auch Großunternehmen investieren überwiegend in VE, die komplementär zu ihrem bestehenden Kerngeschäft sind und dieses ergänzen, verstärken bzw. ausbauen als in substitutiv ausgerichtete VE, die das CP mittelfristig zu signifikanten Anpassungen zwingen.[934] „Corporations would have a vested interest in supporting startups that build upon their current businesses and technologies, but they would rationally pay less for startups that threaten those assets. Similarly, corporations would support startups that leverage the corporation's existing business model, but would underfund those that required a very different model to achieve their objectives.“[935] Durch die Investition in ähnliche Geschäftsbereiche und die Fokussierung auf komplementäre Technologien, die das

[927] Michalski 2002, S. 18.
[928] Vgl. Michalski 2002, S. 19.
[929] Vgl. Fragebogen Frage 30 (3).
[930] Vgl. Leonard-Barton 1992, S. 118.
[931] Vgl. Brockhoff 2011, S. 55.
[932] Vgl. Gompers et al. 2009, S. 417 ff.
[933] Brody & Ehrlich 1998, S. 52.
[934] Vgl. Michalski 2002, S. 17; Chesbrough 2000, S. 38; Brody & Ehrlich 1998, S. 52.
[935] Chesbrough 2000, S. 36 f.

Kerngeschäft des CP ergänzen, können Skaleneffekte (Economies of Scale) sowie Verbundeffekte (Economies of Scope) realisiert werden.[936] Zudem benötigen bestimmte Technologien die Entwicklung komplementärer Technologien um Wert zu schaffen.[937] Auch reduzieren sich hierdurch die Suchkosten nach potenziellen Opportunitäten.[938] Daher können ICV-Investitionen in VE mit komplementärer Ausrichtung zum Kerngeschäft des CP hinsichtlich ihrer langfristigen Rentabilität mit jenen von VC-Investitionen konkurrieren.[939] „If corporations can exploit complementarities with their existing lines-of-business while evaluating or assisting portfolio firms, however, their investments may actually perform better. This should be particularly true for corporate investments in very similar businesses."[940] Zudem ermöglicht eine hohe Komplementarität der vorhandenen Ressourcen und Kompetenzen des CP zu den neu zu erwerbenden Ressourcen und Kompetenzen der VE größere betriebliche Lerneffekte.[941]

Dies widerspricht jedoch dem Selbstverständnis einer VE, welcher in erster Linie die Generierung von Neugeschäft außerhalb des bestehenden Kerngeschäfts als Aufgabe obliegt.[942] Eine Opportunität im Kerngeschäft des CP lässt sich aufgrund der zusätzlichen organisationalen Komplexität der CV-Einheit sowie der beschriebenen Interessenkonflikte besser durch die Linienmanager erschließen: „Thus, if an opportunity lies entirely within a parent's existing domain, it will be managed more effectively as part of the core business rather than within the CV unit, given the additional organizational complexities and tensions involved in corporate venturing."[943] Auch reduziert die Investition in substitutiv zum Kerngeschäft des CP ausgerichtete VE politische Probleme der Ressourcenteilung.[944] Beim Kampf um die begrenzten Ressourcen werden komplementäre VE von den operativen Bereichen des CP häufig als Bedrohung wahrgenommen.[945] Die Zusammenarbeit zwischen den operativen Bereichen des CP und den VE ist durch ein Konkurrenzdenken hinsichtlich der Ressourcenallokation geprägt.[946] Dieses verstärkt sich mit zunehmender Intensität der Zusammenarbeit, wodurch der Potenzialtransfer erschwert wird.[947] Daher sollten sich die VE auf Innovationsvorhaben konzentrieren, die nicht in den Bereich der operativen Einheiten des CP fallen oder von diesen abgelehnt

---

936 Vgl. Tanriverdi & Venkatraman 2005, S. 99 ff.; J. D. Day et al. 2001, S. 24 ff.; Markides & Williamson 1994, S. 149 ff.

937 Vgl. Chesbrough & Teece 1996, S. 65 ff.

938 Vgl. Mes 2011, S. 295.

939 Vgl. Gompers & Lerner 1998a, S. 23 ff.; Chesbrough 2000, S. 40.

940 Gompers & Lerner 1998a, S. 3.

941 Vgl. Teece & Pisano 1994, S. 17 ff.

942 Vgl. D. J. Kelley et al. 2005, S. 23. Bei vollständiger Kongruenz („total congruence") „the ‚venture' is no more than a new product extension by an existing operating division, and, even if innovative, would probably not qualify as ‚internal venturing'" (vgl. Sykes 1986, S. 281).

943 S. A. Hill et al. 2009, S. 10.

944 Vgl. Burgelman 1985, S. 44; Burgelman & Sayles 1986, S. 133.

945 Vgl. Bower 1970; Fast 1978b.

946 Vgl. Burgelman & Sayles 1986, S. 125.

947 Vgl. Pfister 1997, S. 53 f.

wurden.[948] Hierbei besteht jedoch die Gefahr, dass die VE zu einem Sammelpool an schlechten Ideen werden oder sich Innovationsvorhaben in Form von ‚ICV Orphans' unsystematisch entwickeln.[949] „As many authors have pointed out, however, the assets of a parent firm may also become liabilities in the context of a new venture, limiting the extent to which a venture can develop, creating internal resource competition for it, or otherwise interfering with its potential development."[950] Auch bildet die Investition in substitutive Technologien die Grundlage zur Schaffung langfristiger Wettbewerbsvorteile: „[T]here are times when a venture poses a threat to an existing product line. It is such times that the venture is of greatest strategic value, and the board's protector role most essential. As one exectutive commented, ‚If I don't cannibalize my own products, someone else eventually will.'"[951]

Daher kann angenommen werden, dass „the most successful approach for a CV unit will be to invest in portfolio companies that are related, but not identical to the technological domain of the parent. [...] Thus, we expect the relationship between portfolio company relatedness and CV unit performance to be curvilinear (taking an inverted U-shape)"[952]. Diese Ansicht begründet die nächste Hypothese des Konstruktes Integrationsgrad:

HI4: Es besteht ein umgekehrt u-förmiger Zusammenhang zwischen der Stärke der Ausrichtung der VE am Kerngeschäft des CP und dem Erfolg.[953]

3.3.5 Venture-Unterstützungsfunktion

Das VC-Modell, als möglicher Benchmark für die Gestaltung von ICV-Programmen, empfiehlt die Installation eins Intermediärs als Schnittstelle zwischen CP und VE in Form einer VCG bzw. VU. Dies trägt zu einer zeitlichen Verkürzung der Entscheidungsprozesse bei.[954] VCG „tend to be small, flexible, and quick to make decisions: even major investments can be concluded in a few weeks, perhaps days. They have flat hierarchies and rely heavily on equity and other incentive pay"[955]. Darüber hinaus übt die VCG im Rahmen ihrer Managementunterstützung eine aktive Kontroll- und Beratungsfunktion gegenüber ihren PU aus.[956] VCG „supply both guidance and management resources. They often sit on the boards of the companies in their portfolio, offering advice based on years of startup experience"[957].

---

[948] Vgl. Burgelman 1985, S. 43.
[949] Vgl. Sykes 1986, S. 33 f.; Burgelman & Välikangas 2005, S. 27.
[950] Tukiainen 2004, S. 9.
[951] Brody & Ehrlich 1998, S. 58 f.
[952] S. A. Hill et al. 2009, S. 10.
[953] Vgl. Fragebogen Frage 30 (4).
[954] Vgl. Chesbrough 2000, S. 36.
[955] Brody & Ehrlich 1998, S. 54.
[956] Vgl. Kapitel 2.6.
[957] Brody & Ehrlich 1998, S. 53.

Im Rahmen der Managementunterstützung übernimmt die VCG eine Kontroll- und Beratungsfunktion gegenüber den PU.[958] Dies ermöglicht den PU auf weitreichende Erfahrungen und Expertisen der VCG zurückzugreifen, über die die VC-Investoren nicht verfügen.[959] Aus Sicht der Neuen Institutionenökonomik und insbesondere der Property-Rights-Theorie erscheint zudem eine Allokation sämtlicher Nutzungsrechte aufseiten der VU bzw. VE (vollständige Spezifikation) vorteilhaft. Hierdurch wird ein effizienter Umgang der VU bzw. VE mit den ihr zur Verfügung stehenden Ressourcen stimuliert und das Auftreten externer Effekte reduziert. Allerdings ist nach der Transaktionskostentheorie die Installation einer VU als Intermediär zwischen CP und VE nur dann sinnvoll, wenn trotz der damit verbundenen Erhöhung der Transaktionskosten diese insgesamt reduziert werden.[960] Hieraus ergibt sich die letzte Hypothese des Konstruktes Integrationsgrad:

HI5: Die Installation einer VU hat einen positiven Effekt auf den Erfolg.[961]

3.4 Konstrukt Finanzierung

3.4.1 Kapitalausstattung

Im Gegensatz zur VCG haben Großunternehmen in der Regel nicht die Möglichkeit der Syndizierung. Allerdings können sich auch im Rahmen von CV-Finanzierungen mehrere Unternehmensbereiche beteiligen. Eine direkte Beteiligung einzelner bzw. kleinerer Gruppen von Investoren an nicht börsenreifen Unternehmen kann bei der VC-Finanzierung mittels sog. Quasi-Fonds erfolgen. Hierbei treten Dritte als Kapitalvermittler und Treuhänder auf, „ohne selbst wirtschaftlich zwischen Kapitalgeber und -nehmer zu stehen. Durch Quasi-Fonds ist auch eine Risikodiversifizierung durch Beteiligung an mehreren Unternehmen realisierbar“[962]. Auf der Ebene der Großunternehmen kann es sich um ein eigens für CV-Finanzierungen geschaffenes, geschlossenes Fondskonzept handeln, welches Kapitalnachschüsse gewährt. Die finanziellen Mittel sowie sonstige Ressourcen werden vom CP, den operativen Geschäftsbereichen oder auch der F&E-Abteilung bereitgestellt.[963] Hierbei ist es denkbar, dass die finanziellen Mittel für Innovationsprojekte ohne operative oder strategische Verbindung zu einem Geschäftsbereich vom CP gestellt werden, „während ein Innovationsprojekt, das einen engen Bezug zu einem Geschäftsbereich hat, auch von diesem mitgetragen wird. Ebenso ist bei Innovationsprojekten mit zunächst unklarem strategischen Bezug denkbar, dass die Mittel in der

[958] Vgl. Kapitel 2.6.
[959] Vgl. S. A. Hill et al. 2009, S. 9; Dimov et al. 2007, S. 481 ff.; Maula et al. 2005, S. 3 ff.
[960] Vgl. Neus 2001, S. 129.
[961] Vgl. Fragebogen Frage 30 (5).
[962] Schefczyk 2006, S. 12.
[963] Vgl. Maine 2008, S. 362; Miles & Covin 2002, S. 31.

Frühphase von der Unternehmensebene gestellt werden und eine spätere Mitfinanzierung der Geschäftsbereiche an das Erreichen kritischer Meilensteine gebunden wird“[964]. Hierdurch können auch Ressourcenstreitigkeiten reduziert werden und somit „typische Motivations- und Organisationsprobleme [...], die aus der unternehmensinternen Verteilung von Finanzmitteln auf bestehende Geschäfte und auf hoch riskante Gründungsunternehmen entstehen können“[965].

Derartige Quasi-Fonds tragen mit dazu bei, dass Großunternehmen trotz einer in der Regel fehlenden Möglichkeit zur Syndizierung eher in der Lage sind, große Investitionen in einzelne VE zu tätigen.[966] Dies liegt vor allem auch daran, dass VCG in ihren Beteiligungsgrundsätzen häufig eine strikte Obergrenze für das Investitionsvolumen pro Beteiligung festlegen.[967] Damit besteht für Großunternehmen ein Vorteil bei der Finanzierung von kapitalintensiven Innovationsvorhaben. Grundsätzlich sollte sich die Höhe des bereitgestellten Kapitals jedoch an der strategischen Zielsetzung der Innovationsvorhaben, der angestrebten Risikodiversifikation und damit der erforderlichen Portfoliogröße sowie den Lebensphasen der VE orientieren.[968] Hieraus ergibt sich die erste Hypothese des Konstruktes Finanzierung:

HF1: Je höher die Kapitalausstattung der VE, desto größer ist der Erfolg.[969]

3.4.2 Stufenfinanzierung (Staged Financing)

Im Rahmen der CV-Finanzierung treffen viele Großunternehmen ihre „funding decisions as part of an annual budgeting cycle rather than in accordance with project-specific milestones”[970]. Im Gegensatz hierzu wird als Instrument der Kapitalrationierung[971] in der VC-Industrie die Stufenfinanzierung (sog. Staging oder Staged Financing) angewendet. „Given the time it takes for an entrepreneurial concept to unfold, the entrepreneur must set intermediate targets to ensure steady progress is being made along an inherently vague path.”[972] Hierbei wird das Innovationsprojekt in einzelne Finanzierungsrunden[973] unterteilt, die sich am planmäßigen

[964] Mes 2011, S. 317 f.
[965] Brettel et al. 2005, S. 113.
[966] Vgl. Michalski 2002, S. 18; Chesbrough 2000, S. 39.
[967] Vgl. K. M. Schmidt 2000, S. 263.
[968] Vgl. Mes 2011, S. 320 f.
[969] Vgl. Fragebogen Frage 32 (1).
[970] Brody & Ehrlich 1998, S. 53.
[971] Im Rahmen der Kapitalrationierung stellt der Kapitalgeber dem Kapitalnehmer zu keinem Zeitpunkt alle für das Innovationsprojekt benötigten Mittel zur Verfügung, sondern erzeugt beim Kapitalnehmer einen Zustand permanenter Kapitalknappheit, welcher diesen zu einem effizienten Umgang mit dem ihm zur Verfügung stehenden Ressourcen zwingt. (Vgl. Kapitel 2.5.3.4).
[972] Kuratko et al. 2011, S. 34.
[973] „Als Finanzierungsrunde wird ein Bündel vertraglicher Regelungen verstanden, die die Bedingungen für einen bestimmten Zahlungsstrom von einem Finanzier zu einem Gründungsunternehmen regeln“ (Brachtendorf 2004, S. 45). Da die Auszahlung in Teilbeträgen und zu unterschiedlichen Zeitpunkten innerhalb einer Finanzierungsrunde erfolgt, stellt nicht jede Zahlung eine neue Finanzierungsrunde dar (vgl. Brettel et al. 2005, S. 29).

Erreichen vorgegebener Meilensteine[974] orientieren.[975] „Comparison of actual results against the plan [...] is simply not possible for new ventures. [V]enture financial control is more appropriately managed by funding to achieve milestones and, if the outlook remains viable, each achievement is used to trigger funding for the next step."[976] Im Rahmen der Stufenfinanzierung erhält die PU nur jenen Kapitalbetrag, der für das Erreichen der Zwischenziele bis zur nächsten Finanzierungsrunde unbedingt erforderlich ist.[977] Werden die Meilensteine nicht planmäßig erreicht, kann die VCG eine Anschlussfinanzierung ablehnen. Damit können erfolglose Beteiligungen rechtzeitig beendet und damit beträchtliche Verluste vermieden und die begrenzten Ressourcen auf Erfolg versprechende PU allokiert und konzentriert werden.[978] „To ensure that losers are spotted early, they should set up a system of multiple funding ‚gates' making only incremental investments and encouraging venture teams to resolve key uncertainties between decisions."[979] „Cutting losses on failing ventures can make a big difference to overall returns."[980] Bei einer Übererfüllung der Meilensteine kann die PU wiederum in der nächsten Finanzierungsrunde weiteres Kapital zu günstigeren Konditionen erhalten.[981] Zu Beginn einer jeden Finanzierungsrunde erfolgt eine Neubewertung bzw. Bewertungskorrektur der PU durch die VCG aufgrund weiterer Informationen, wodurch im Zeitverlauf Effekte der Adversen Selektion reduziert werden.[982] „[E]ine Unterbewertung aus der Sicht des Unternehmers, die diesem erst ex-post bewusst wird, kann in den nachfolgenden Finanzierungsrunden durch Bewertungsanpassungen noch korrigiert werden."[983] Da die Kapitalausstattung der PU knapp ist und nur bis zur nächsten Finanzierungsrunde reicht, steht die PU aufgrund der schwebenden Anschlussfinanzierung unter hohem Erfolgszwang und hat den Anreiz, mit ihren Ressourcen effizient umzugehen.[984] Die Stufenfinanzierung zwingt die PU, sich auf eine planmäßige Umsetzung der vorgegebenen Meilensteine und damit der wesentlichen Elemente des Business Plans zu konzentrieren und somit positive Cashflows zu realisieren.[985] Damit wird das Problem des „zero-sum bargaining for internal corporate ressources"[986]

---

[974] Meilensteine können sowohl finanzieller als auch nicht-finanzieller Art sein. Nach Brachtendorf (2004) sind folgende Meilensteine besonders häufig anzutreffen: technologische Entwicklung, Umsatzhöhe, Kundenanzahl, Markteintritt, Patente, Mitarbeiterzahl (vgl. Brachtendorf 2004, S. 237). Chesbrough (2000) nennt in diesem Zusammenhang „the creation of a working prototype unit", „the receipt of an initial customer order" und „reaching a breakeven point on a cash basis" (vgl. Chesbrough 2000, S. 48).

[975] Vgl. Brachtendorf 2004, S. 46.

[976] Sykes & Block 1989, S. 162.

[977] Vgl. Schween 1996, S. 159; Brachtendorf 2004, S. 45.

[978] Vgl. S. A. Hill et al. 2009, S. 9; Guler 2007, S. 248 ff.; Sahlman 1990, S. 506 f.

[979] Brody & Ehrlich 1998, S. 58.

[980] Brody & Ehrlich 1998, S. 53.

[981] Vgl. Heitzer 2000, S. 182.

[982] Vgl. Schween 1996, S. 160; Brettel et al. 2005, S. 30.

[983] Schween 1996, S. 160.

[984] Vgl. Schween 1996, S. 159.

[985] Vgl. Michalski 2002, S. 16 f.; Chesbrough 2000, S. 36.

[986] Chesbrough 2000, S. 36.

verhindert. Auch führt das Konzept der Stufenfinanzierung zu Lerneffekten in der Kooperationsbeziehung zwischen VE, VU und CP, da jede Handlung der Parteien sich auf die nächste Finanzierungsrunde auswirkt.[987] Durch die langfristige, mehrperiodische Ausrichtung der Vertragsbeziehungen werden Transaktionskosten sowie Principal-Agent-Probleme reduziert, da die Informationsasymmetrie abnimmt.[988] Darüber hinaus werden Hold-up-Risiken adressiert, welche sich dadurch ergeben, dass die VE bzw. VU nach erfolgter Budgetzuteilung Innovationsprojekte verfolgt, die nicht im Sinne des CP sind (zu riskant, nicht adäquat).[989] Aufgrund der bereits getätigten Investitionen in die VE (sunk costs), besteht für die VU bzw. das CP ein Hold-up-Problem, welches die VE durch eine opportunistische Gestaltung des Innovationsvorhabens ausnutzen kann.[990] Allerdings ist für die VU ein opportunistisches Verhalten der VE häufig nicht ohne Weiteres erkennbar, da die Entwicklung des Innovationsvorhabens sowohl vom Verhalten der VE-Mitarbeiter als auch von exogenen Faktoren bestimmt wird.[991] Dies erschwert auch die Zurechen- und Quantifizierbarkeit von Erfolg bzw. Misserfolg, was dazu führen kann, dass die VE ihren Arbeitseinsatz reduziert.[992] In Anlehnung an die VC-Industrie kann die Beziehung zwischen VU und VE damit auch als „Double-Moral-Hazard-Problem" umschrieben werden, wobei beide Parteien ihre Leistung zulasten des jeweilig anderen reduzieren.[993] Damit ergibt sich die nächste Hypothese des Konstruktes Finanzierung:

HF2: Je stärker der Einsatz der Stufenfinanzierung (Staged Financing) mittels Meilensteinen im Rahmen der Kapitalbereitstellung, desto größer ist der Erfolg.[994]

3.4.3 Investitionsentscheidung

VC-Finanzierungen zeichnen sich dadurch aus, dass das durch die Investoren zeitlich begrenzt bereitgestellte Fondskapital durch die VCG den durch sie ausgewählten Beteiligungsunternehmen in eigenem Namen zur Verfügung gestellt wird.[995] Dies ermöglicht es der VCG auf Basis ihrer Erfahrung und Expertise schnell auf sich bietende Opportunitäten zu reagieren und weitestgehend eigenständig wesentliche Entscheidungen hinsichtlich Investitionen bzw. Desinvestitionen in PU zu treffen.[996] Im Rahmen von CV-Finanzierungen erfolgt die Initiierung und Durchführung von Innovationsvorhaben durch empowerte Mitarbeiter auf Basis kompetenter Einflussnahme. Dies setzt jedoch neben einer hinreichenden Qualifikation auch

---

[987] Vgl. Schween 1996, S. 160.
[988] Vgl. Hartmann-Wendels 2001, S. 122 und 139.
[989] Vgl. Sahlman 1990, S. 493 ff.
[990] Vgl. Spremann 1990, S. 570.
[991] Vgl. Spremann 1990, S. 571.
[992] Vgl. Jones & Butler 1992, S. 736 ff.
[993] Vgl. Keuschnigg & Nielsen 2004, S. 1013. Vgl. zum Problem des Moral Hazard Kapitel 2.5.3.2.
[994] Vgl. Fragebogen Frage 32 (2).
[995] Vgl. Kapitel 2.6.
[996] Vgl. S. A. Hill et al. 2009, S. 8.

ausreichende Handlungs- und Entscheidungsräume voraus.[997] Eine Dezentralisierung der Investitionsentscheidung durch die Erweiterung der Handlungs- und Entscheidungsräume wirkt intrinsisch motivierend auf die VU und sorgt aus Sicht der Neuen Institutionenökonomik und insbesondere der Property-Rights-Theorie aufgrund der vollständigen Spezifikation für einen effizienten Umgang der VU mit den ihr zur Verfügung stehenden finanziellen Mitteln. Auch können Ideen in einem sehr frühen Stadium weiterverfolgt werden, ohne dass politische Überzeugungsarbeit beim Top-Management des CP geleistet werden muss.[998]

Gleichzeitig ist die Konformität von Investitionen in erfolgskritische Innovationsvorhaben mit den Unternehmenszielen sicherzustellen. Zudem reduziert die Erweiterung der Handlungs- und Entscheidungsräume der VU die operativen Kontrollmöglichkeiten des CP. In diesem Zusammenhang sind die beschriebenen Agency-Probleme zu berücksichtigen, welche dadurch entstehen, dass der Agent eigene verdeckte Ziele verfolgt, nachdem ihm der Principal die Handlungs- und Entscheidungsbefugnisse übertragen hat (Moral Hazard). Zum Abbau von Informationsasymmetrien im Rahmen von Investitionsentscheidungen trägt ein (a)periodisches Berichtswesen der VCG hinsichtlich Bewertung, Entwicklung und Veräußerung von Beteiligungen gegenüber den Investoren bei, welche sich über Investorengremien Zustimmungsvorbehalte sichern.[999] Zudem sind Investitionsentscheidungen aber auch an bestimmte Vertragsklauseln geknüpft (Covenants), wodurch ein gewisses Maß an Kontrolle ersetzt wird.[1000] Hierzu gehören u. a. die Fondslaufzeit, Regeln zum Abruf von Kapitalzusagen sowie Vorgaben zum maximalen Investitionsvolumen in einzelne PU.[1001] Darüber hinaus kann auch eine sog. Lock-up-Periode vereinbart werden, in deren Zeitspanne die VCG bestimmte Anteile nicht veräußern darf.[1002]

Daher sollte der Zentralisierungsgrad der Investitionsentscheidungen „in Abhängigkeit von Neuigkeits-, Unsicherheits- und Komplexitätsgrad gestaltet werden: Je tiefgreifender und umfassender die vorgesehene Innovation, desto zentraler wird die Innovationsentscheidung gefällt, et vice versa“[1003]. Da es sich im Rahmen dieser Arbeit um radikale bzw. disruptive Innovationen mit hohem Risiko sowie großen Auswirkungen auf die bestehenden Produkte, Dienstleistungen und/oder Prozesse des CP handelt, sollte die Investitionsentscheidung in VE nicht völlig dezentral erfolgen. Hieraus ergibt sich die nächste Hypothese des Konstruktes Finanzierung:

[997] Vgl. Kapitel 4.2.
[998] Vgl. F. G. Becker 1991, S. 588.
[999] Vgl. Schefczyk & Pankotsch 2005, S. 306 ff.
[1000] Vgl. Feinendegen et al. 2002, S. 23; Schefczyk 2000, S. 139 ff.
[1001] Vgl. Schefczyk & Pankotsch 2005, S. 307.
[1002] Vgl. Feinendegen et al. 2002, S. 14.
[1003] F. G. Becker 1991, S. 588.

HF3: Je stärker die Entscheidung über Investitionen in VE bei der VU bzw. dem mittleren Management liegt, desto größer ist der Erfolg.[1004]

3.4.4 Reinvestition (Intrakapitalfonds)

Pinchot (1988) empfiehlt dem Autonomiestreben der Intrapreneure durch ein Intra-Kapital-System[1005] nachzukommen. Ein Intrakapitalfonds steht den Intrapreneuren zur Umsetzung ihrer Innovationsvorhaben zeitlich unbegrenzt und für Reinvestitionen in Innovationsvorhaben zur Verfügung, wodurch die Intrapreneure zusätzliche Handlungs- und Entscheidungsräume erhalten.[1006] Erfolgreiche Intrapreneure können somit über steigende Innovationsbudgets verfügen. Mittels der Kombination der durch das CP bereitgestellten Ressourcen und einer finanziellen Selbstverwaltung des Intrapreneurs soll Verschwendung im Intracapital-System vermieden werden.[1007] Erst wenn weiterer Finanzierungsbedarf entsteht, welcher die Handlungs- und Entscheidungsräume der Intrapreneure übersteigt, kommt eine weitere finanzielle Unterstützung durch das CP in Betracht.[1008] Da jedoch in dieser Form zumeist nur begrenzte finanzielle Mittel bereitgestellt werden können, erscheint ein Intra-Kapital-System für kapitalintensive Innovationsvorhaben nur bedingt geeignet.[1009] Hieraus ergibt sich die nächste Hypothese des Konstruktes Finanzierung:

HF4: Je stärker der Einsatz einer automatischen Reinvestition erwirtschafteter finanzieller Mittel (Intrakapitalfonds), desto größer ist der Erfolg.[1010]

3.4.5 Zeithorizont

VC-Finanzierungen sind in der Regel zeitlich auf sieben bis zehn Jahre ausgerichtet.[1011] „This limited horizon acts to enforce the incentive alignment between limited partners and the general VC partner by ensuring that gains earned through successful investments are returned to the limited partners and not simply ‘rolled over' into new risky investments."[1012] Im Gegensatz hierzu unterliegen CV-Finanzierungen in Großunternehmen keinem entsprechenden Druck zur Liquidation einer VE im Rahmen eines Börsengangs oder deren Veräußerung und damit nicht zwingend einem begrenzten Zeithorizont.[1013] Großunternehmen haben somit einen potenziellen

[1004] Vgl. Fragebogen Frage 32 (3).
[1005] Unter „Intra-Kapital" (Intracapital) werden zeitlich ungebundene finanzielle Ressourcen verstanden, welche aus etablierten Innovationen des unternehmerischen Handlungsträgers stammen und diesem zur eigenverantwortlichen Reinvestition frei zur Verfügung stehen (vgl. Pinchot 1988, S. 317 f.).
[1006] Vgl. Pinchot 1988, S. 319.
[1007] Vgl. Schmid 1986, S. 95 f.
[1008] Vgl. Haid 2004, S. 252.
[1009] Vgl. H. Klein 2002, S. 163.
[1010] Vgl. Fragebogen Frage 32 (4).
[1011] Vgl. Chesbrough 2000, S. 39; K. M. Schmidt 2000, S. 263; Bowden 1994, S. 308.
[1012] Chesbrough 2000, S. 39.
[1013] Vgl. Michalski 2002, S. 18; Chesbrough 2000, S. 38 f., Sahlman 1990, S. 490.

Vorteil bei der Finanzierung von langfristig erfolgsversprechenden Innovationsvorhaben. Der Investitionszeitraum für radikale bzw. disruptive Innovationen liegt oftmals bei sieben bis fünfzehn Jahren.[1014] Während sich Probleme und Fehlschläge von CV-Finanzierungen vergleichsweise früh zeigen, benötigen nachhaltige Erfolge radikaler bzw. disruptiver Innovationen häufig mehr Zeit.[1015] Auch haben Großunternehmen weder Suchkosten im Rahmen der Kapitalakquisition noch Zeitkosten bei der Beendigung einer Investition.[1016] Hieraus resultiert die letzte Hypothese des Konstruktes Finanzierung:

HF5: Je zeitlich unbegrenzter die finanziellen Mittel den VE bereitgestellt werden, desto größer ist der Erfolg.[1017]

[1014] Vgl. Hauschildt & Salomo 2005, S. 7; Leifer et al. 2000, S. 16 ff.
[1015] Vgl. Schween 1996, S. 141.
[1016] Vgl. Kuratko & Morris 2003, S. 30 ff.; Chesbrough 2000, S. 39; Green et al. 1999, S. 109.
[1017] Vgl. Fragebogen Frage 32 (5).

4 Personenorientierte Ansätze: Intrapreneuring

4.1 Intrapreneuring

Ausgangspunkt personenorientierter Ansätze ist das Intrapreneurship bzw. das Intrapreneuring.[1018] Intrapreneuring ist ein Motivationskonzept.[1019] Der Begriff „Intrapreneuring" ist ein Kunstwort und setzt sich aus den Komponenten „intra(corporate)" und „(entre)preneuring" zusammen.[1020] Während sich das Intrapreneurship auf das Individuum bezieht, umfasst das Intrapreneuring das Zusammenspiel von organisationaler und personaler Ebene.[1021] Bitzer (1991) bezeichnet Intrapreneuring als „ein Konzept zur Förderung unternehmerischen Verhaltens auf allen Ebenen einer bestehenden, großen Organisation, welches zum Ziel hat, Innovationen zu stimulieren und zu realisieren, sowie der sinnentleerten und neuerungsfeindlichen Atmosphäre am Arbeitsplatz entgegenzuwirken"[1022]. Ziel ist demnach die Stimulierung von unternehmerischem Denken und Handeln aller Individuen innerhalb einer Organisation und damit die Schaffung und Förderung unternehmerisch orientierter Mitarbeiter sowie eines unternehmerisch orientierten Unternehmens.[1023] Haid (2004) hält fest, „dass personenorientierte Ansätze davon ausgehen, dass ein unternehmerisch orientiertes Unternehmen dadurch ‚geschaffen' werden kann, dass potentiell unternehmerisch orientierte Mitarbeiter zu Unternehmern im Unternehmen gemacht werden"[1024].

4.2 Intrapreneur

Pinchot (1985, 1988) prägt den Begriff des Intrapreneur[1025], welcher häufig auch als „Unternehmer im Unternehmen"[1026] umschrieben wird. Er bezeichnet Intrapreneure als „Träumer, die handeln"[1027] und proklamiert: „Intrapreneurs, like entrepreneurs, are not necessarily inventors of new products or services. Their contribution is in taking new ideas or even working

[1018] Vgl. Haid 2004, S. 104.
[1019] Vgl. Schween 1996, S. 17.
[1020] Vgl. Pinchot 1985, S. 10; Walz & Barth 1990, S. 358. Vgl. auch Kapitel 2.2.1.
[1021] Vgl. Covin & Slevin 1991, S. 8; Süssmuth Dyckerhoff 1995, S. 41; Birkinshaw 2003, S. 57. Nach Antoncic & Hisrich (2001) umfasst das Intrapreneurship vier Dimensionen: „First, the new-business–venturing dimension refers to pursuing and entering new businesses related to the firm's current products or markets. Second, the innovativeness dimension refers to the creation of new products, services, and technologies. Third, the self renewal dimension emphasizes the strategy reformulation, reorganization, and organizational change. Finally, the proactiveness dimension reflects top management orientation in pursuing enhanced competitiveness and includes initiative and risk-taking, and competitive aggressiveness, and boldness" (vgl. Antoncic & Hisrich 2001, S. 495).
[1022] Bitzer 1991, S. 17.
[1023] Vgl. Steinle & Draeger 2002, S. 264 f.; McNally 1997, S. 17; Bitzer 1991, S. 13 ff.; Schmid 1986, S. 54.
[1024] Haid 2004, S. 109.
[1025] Vgl. Pinchot 1985, S. 32; Pinchot 1988, S. 13. Vgl. auch Kapitel 2.2.1.
[1026] Vgl. Süssmuth Dyckerhoff 1995, S. 44. Vgl. auch Kapitel 2.2.1.
[1027] Pinchot 1988, S. 7.

prototypes and turning them into profitable realities."[1028] Damit muss nicht zwingend auch die Hervorbringung einer Idee oder die technische Entwicklung hin zur Invention mit der Person des Intrapreneurs übereinstimmen.[1029] Den Intraprenuer zeichnet vor allem die ökonomische Entwicklung einer Idee oder Invention hin zur Innovation aus, wobei er erst dann die Verantwortung an einen Wachstumsmanager weitergibt, wenn sich die Innovation am Markt etabliert hat. Allerdings sollte der Intrapreneur auch der Innovator sein, da mit der Invention stark die Vision des Intrapreneurs und dessen Verbundenheit mit dem Innovationsvorhaben einhergeht.[1030] Dieser Auffassung folgend, definiert Knight (1987): „An Intrapreneur is a corporate employee who introduces and manages an innovative project within the corporate environment, as if he or she were an independent entrepreneur."[1031] Schmid (1986, 1987) vertritt in diesem Zusammenhang die Auffassung, dass der Intrapreneur mit der Venture-Strukturform des Product Champion gleichgesetzt werden kann.[1032] Im Gegensatz zum Einzelpersonenansatz des Product Champion erfolgt die Initiierung und Durchsetzung eines Innovationsvorhabens im Rahmen des von Witte (1973) entwickelten Promotoren-Modells arbeitsteilig.[1033] Anstatt von Intrapreneuren spricht er von Promotoren, „die einen Innovationsprozess aktiv und intensiv fördern“[1034]. Hierbei unterscheidet er zwischen „Fachpromotor“, welcher „objektspezifisches Fachwissen“ einbringt, und „Machtpromotor“, welcher das Innovationsvorhaben innerhalb der Organisation durchsetzt, Innovationswiderstände abbaut und die erforderlichen Ressourcen bereitstellt.[1035] Siemer (1991) stellt ebenfalls fest: „Ein Gespann von Macht- und Fachpromotor deckt ähnlich wie der Intrapreneur das gesamte Spektrum venture-relevanter Ressourcen ab.“[1036]

Nach Hisrich (1986) umfasst Intrapreneuring „entrepreneurship within an existing business structure"[1037] und Thornberry (2001) beschreibt Intrapreneuring als „an attempt to take the mindset and behaviors that external entrepreneurs have, and inculcate these characteristics into their employees"[1038]. Intrapreneuring bezieht sich somit auf die Übertragung des Entrepreneurship auf die Ebene des Individuums innerhalb eines Großunternehmens.[1039] Dabei unterliegt der Intrapreneur einem dualen Rollenverständnis.[1040] Zum einen gestaltet er als Mitarbeiter aktiv das Tagesgeschäft, und zum anderen identifiziert, kreiert und bewertet er

[1028] Pinchot 1985, S. 32. Vgl. hierzu auch Pinchot 1988, S. 1.
[1029] Vgl. auch Süssmuth Dyckerhoff 1995, S. 47.
[1030] Vgl. Bitzer 1991, S. 21.
[1031] R. M. Knight 1987, S. 285.
[1032] Vgl. Schmid 1986, S. 94; Schmid 1987, S. 23 ff. Vgl. hierzu auch Kapitel 3.2. sowie Ripsas 1997, S. 82.
[1033] Vgl. Witte 1973.
[1034] Witte 1973, S. 15 f.
[1035] Vgl. Witte 1973, S. 14 ff.; Hauschildt 1997, S. 185; Hauschildt & Chakrabarti 1988, S. 380.
[1036] Siemer 1991, S. 97.
[1037] Hisrich 1986, S. 77.
[1038] Thornberry 2001, S. 528.
[1039] Vgl. Hisrich 1986, S. 77.
[1040] Vgl. hierzu auch Mes 2011, S. 136 f.

unternehmerische Gelegenheiten und schöpft diese mittels Innovationen aus.[1041] Analog zum Entrepreneur versucht der Intrapreneur unternehmerische Gelegenheiten zunächst unabhängig von den zu diesem Zeitpunkt vorhandenen Ressourcen zu nutzen.[1042] Wie erwähnt, gilt dies allerdings lediglich für das Entdecken unternehmerischer Gelegenheiten, da zu deren Ausschöpfung selbstverständlich die notwendigen Ressourcen und Kompetenzen erforderlich sind.[1043] Da der Intrapreneur dabei im Gegensatz zum unabhängigen Entrepreneur innerhalb der Unternehmensgrenzen agiert, wird er in der anglo-amerikanischen Literatur häufig auch als „Corporate Entrepreneur" bezeichnet.[1044]

Intrapreneure unterscheiden sich nicht zwingend ex ante aufgrund spezifischer Persönlichkeitsmerkmale von Nicht-Intrapreneuren (Traits Approach), sondern vor allem ex post und damit im Wesentlichen durch ihr gezeigtes Verhalten (Behavioral Approach) und der damit verbundenen Funktion (Functional Approach).[1045] Es gibt jedoch Kerneigenschaften, die Intrapreneuren in der Literatur zugeschrieben werden. Dies sind vor allem eine stark ausgeprägte intrinsische Motivation bei der Umsetzung eines Innovationsvorhabens sowie das Streben nach Autonomie. [1046] Letzteres kann sogar dazu führen, dass ein Intrapreneur das Großunternehmen verlässt und zum unabhängigen Entrepreneur wird. Durch die Schaffung eines unternehmerischen Umfelds kann das Risiko einer derartigen Adversen Selektion reduziert werden.[1047]

Auf Basis eines funktionalen Ansatzes können Unternehmern vier wesentliche Funktionen zugeschrieben werden: (1) Innovationsfunktion, (2) Risikoübernahmefunktion, (3) Führungs- und Koordinationsfunktion und (4) Ressourcenbeschaffungsfunktion.[1048] Dieses Verständnis ist unabhängig davon, ob sich der Unternehmer außerhalb oder innerhalb eines Großunternehmens befindet.[1049]

4.2.1 Innovationsfunktion

Die Innovationsfunktion geht auf Schumpeter (1911, 1934) zurück, wobei Unternehmer neue Ressourcenkombinationen in der Organisation und am Markt durchsetzen.[1050] Im Unterschied

[1041] Vgl. Kapitel 2.2.2.
[1042] Vgl. Kapitel 2.2.1.
[1043] Vgl. Kapitel 2.2.1.
[1044] Vgl. Draeger-Ernst 2003, S. 23.
[1045] Vgl. Kapitel 2.2.1.
[1046] Vgl. Klandt 1984, S. 129; Adenauer & Opitz 1988, S. 246. Vgl. auch die Untersuchung von Müller et al. 2002, S. 19 ff.
[1047] Vgl. zur Problematik der Adversen Selektion Kapitel 2.5.3.1.
[1048] Vgl. Schmid 1986, S. 103 ff. Vgl. auch Kapitel 2.2.1.
[1049] Vgl. Stevenson & Jarillo 1990, S. 23.
[1050] Vgl. Schumpeter 1911; Schumpeter 1934.

zum unabhängigen Entrepreneur ist der Intrapreneur hierbei jedoch „in die operativen, strategischen und normativen Beschränkungen einer (Groß-)Unternehmung eingebunden“[1051].

4.2.2 Risikoübernahmefunktion

Die Risikoübernahmefunktion basiert auf den Ausführungen von Knight (1921), der Unternehmern das Treffen von Entscheidungen unter Risiko bzw. Unsicherheit zuschreibt.[1052] Das Ausschöpfen unternehmerischer Gelegenheiten mittels Innovationen erfordert eine hohe Risikobereitschaft.[1053] Während jedoch der unabhängige Entrepreneur hohe persönliche sowie finanzielle Risiken eingeht, kann der Intrapreneur in der Regel ins Kerngeschäft des CP zurückkehren, und sein Risiko beschränkt sich allenfalls auf seine Karriere.[1054] Das Risiko von finanziellen Fehlschlägen trägt in diesem Fall fast immer vollständig das CP. Im Gegensatz zum unabhängigen Entrepreneur wird der Intrapreneur in der Literatur dabei häufig als weniger risikofreudig beschrieben, da er nicht zwingend immer auch der Träger der Residualrechte ist und damit auch nicht am Wertzuwachs des Innovationsvorhabens partizipiert.[1055] Daher wird häufig eine Partizipation des Intraprenuers am Wertzuwachs und damit am Risiko des Innovationsvorhabens gefordert.[1056]

4.2.3 Führungs- und Koordinationsfunktion

Die Führungsfunktion bezieht sich im Besonderen auf die entschlossene Durchsetzung des Innovationsvorhabens und damit auf die Bereitschaft zur Ausschöpfung einer unternehmerischen Gelegenheit und das Vertrauen in den Erfolg, wodurch andere Mitarbeiter motiviert werden können.[1057] Um das gesamte Innovationspotenzial des Unternehmens auszuschöpfen, ist entscheidend, Mitarbeiter aus verschiedenen Funktionsbereichen als Unterstützer für das Innovationsvorhaben zu gewinnen.[1058] Hierzu zählen insbesondere das Top-Management sowie das mittlere Management des CP. Individuen des Top-Managements übernehmen dabei die Rolle von Protektoren und mittlere Manager die von Sponsoren[1059] – wobei ein Protektor auch als Sponsor fungieren kann. Protektoren reduzieren Innovationsbarrieren auf den oberen Führungsebenen, verfolgen die Auswahl sowie Steuerung von Innovationsvorhaben vor dem Hintergrund der Unternehmensstrategie und autorisieren die Freigabe von Ressourcen.[1060]

[1051] Schönenberger 2005, S. 27.
[1052] Vgl. F. H. Knight 1921.
[1053] Vgl. Kapitel 2.2.3.1.
[1054] Vgl. Bitzer 1991, S. 17.
[1055] Vgl. Kapitel 2.5.3.
[1056] Vgl. Pinchot 1988. S. 74.
[1057] Vgl. H. Klein 2002, S. 144 f.; Süssmuth Dyckerhoff 1995, S. 54; Stevenson & Jarillo 1990, S. 25.
[1058] Vgl. Bitzer 1991, S. 24.
[1059] Vgl. Walz & Barth 1990, S. 362.
[1060] Vgl. D. J. Kelley et al. 2005, S. 35 f.; Burgelman & Doz 2001, S. 34 ff.

Sponsoren sind hierarchisch höher gestellte Organisationsmitglieder, welche die Intrapreneure beraten, die notwendige politische Akzeptanz im CP sichern und die VE mit den erforderlichen Ressourcen versorgen.[1061] Zudem obliegt ihnen die Aufgabe, den Intrapreneur und seine Idee vor „neidvollen Attacken anderer Mitarbeiter zu schützen und die Unterstützung durch das Top-Management sicherzustellen“[1062]. Roberts (1981) beschreibt den Sponsor als „inhouse senior individual who provides coaching, backup, and large skirts behind which entrepreneurs and creative scientists can hide. His role is that of protector and advocate – and sometimes bootlegger of funds – so that innovative technical ideas survive past the birth stage”[1063]. Simon et al. (1999) stellen in diesem Zusammenhang fest, dass „the more important the venturing effort to the corporation, the higher all the roles should be on the organizational chart“[1064]. Damit basiert die Führungsfunktion nicht auf hierarchischer Macht, sondern vielmehr auf der Vision des Intrapreneurs und dessen Verbundenheit mit dem Innovationsvorhaben.[1065] Die Koordinationsfunktion kann auf Casson (1982) zurückgeführt werden, welcher die Entscheidungen hinsichtlich des Einsatzes knapper Ressourcen in den Mittelpunkt stellt.[1066]

4.2.4 Ressourcenbeschaffungsfunktion

Da die Ausschöpfung einer unternehmerischen Gelegenheit die Verfügbarkeit der hierfür notwendigen Ressourcen und Kompetenzen voraussetzt, kommt dem Intrapreneur eine Ressourcenbeschaffungsfunktion zu.[1067] Kuratko et al. (2011) merken hierzu an: „Some of the most entrepreneurial behaviors involve the ways in which resources are brought together. Entrepreneurs are great at ‚resource leveraging', meaning they know how to borrow or share resources, use other people's resources, stretch resources, apply resources in nonconventional ways, and use certain resources to acquire other resources. The entrepreneur often must be a trader, bargainer, negotiator, networker, and borrower.”[1068] Hierzu müssen sowohl die Beschaffung von Finanz- und Sachmitteln als auch die Sicherung von Unterstützung und Commitment sowie die Rekrutierung von Mitarbeitern subsumiert werden.[1069] Im Sinne der Selbstselektion verpflichten sich Letztere aus eigenem Antrieb.[1070] Intrapreneuring umfasst jedoch auch die Rekrutierung unternehmensexterner Entrepreneure, wodurch ein internes Defizit an Kompetenzen sowie unternehmerischem Potenzial kompensiert werden kann.[1071] Durch

[1061] Vgl. Bitzer 1991, S. 23.
[1062] Riekhof 1986, S. 12.
[1063] Roberts 1981, S. 217.
[1064] M. Simon et al. 1999, S. 157.
[1065] Vgl. Bitzer 1991, S. 21.
[1066] Vgl. Casson 1982.
[1067] Vgl. Kapitel 2.2.1.
[1068] Kuratko et al. 2011, S. 34.
[1069] Vgl. H. Klein 2002, S. 145; Süssmuth Dyckerhoff 1995, S. 55.
[1070] Vgl. Block & MacMillan 1993, S. 136 f.; Bitzer 1991, S. 26.
[1071] Vgl. H. Klein 2002, S. 149.

eine interdisziplinäre Zusammensetzung der VE-Teams können Kompetenzen gebündelt und Schnittstellenprobleme vermieden werden.[1072] Während in der Ideenphase zweckungebundene Ressourcen (Organizational Slack)[1073] von Bedeutung sind, sind für die Entwicklung einer Innovation zweckgebundene Ressourcen relevant.[1074] Dabei ist der Zugriff der Intrapreneure auf die zweckgebundenen Ressourcen der operativen Bereiche des Kerngeschäfts mit Transaktionskosten und politischen Problemen der Ressourcenteilung verbunden.[1075] Der unabhängige Entrepreneur unterliegt diesen Problemen nicht und kann in der Regel auf mehrere Quellen zurückgreifen – wie beispielsweise die Syndizierung über mehrere VCG.[1076]

Zentrale Voraussetzung zur Stimulierung von unternehmerischem Denken und Handeln und damit der Stimulierung von bottom-up initiierten Innovationsvorhaben ist die Befähigung („Empowerment“) der Intrapreneure, sich im unternehmerischen Sinne verhalten zu können.[1077] Das Empowerment adressiert die Identifikation der Intrapreneure mit dem Innovationsvorhaben und damit die freiwillige Selbstverpflichtung („Self-Commitment“) zu entsprechenden Verhaltensweisen, welche auf intrinsischer Motivation beruhen.[1078] Dies ermöglicht die Reduktion der „äußeren Kontrollsysteme“ zugunsten eines „internen Kontrollsystems“, da die Intrapreneure von sich aus entsprechend der Unternehmensziele handeln.[1079] Unternehmerisches Verhalten wird damit durch die Substitution hierarchischer Steuerungs- und Kontrollinstanzen durch Selbstregulation auf Basis der internalen Kontrollüberzeugung des Intrapreneurs stimuliert.[1080] Damit die Intrapreneure im Sinne der Unternehmensziele handeln können, ist hierbei ex ante ein geeigneter Zielkorridor durch den CP vorzugeben, wobei das „Management by Objectives“ (MbO)[1081] als ein geeignetes Prinzip im Rahmen des Empowerment gilt.[1082] Zudem definiert Kinlaw (1995) Empowerment als „process for improving organizations by developing and deploying competent influence“[1083], wodurch die Möglichkeit einer kompetenten Einflussnahme der Intrapreneure hervorgehoben wird. Dies setzt aufseiten der Intrapreneure sowohl das Vorhandensein der erforderlichen unternehmerischen Qualifikationen

1072 Vgl. Bitzer 1991, S. 24.
1073 Vgl. Cyert & March 1963, S. 26 ff. Zweckungebundene Ressourcen (Organizational Slack) sind Überschussressourcen, deren kontinuierliche Bereitstellung eine suboptimale Allokation bedingt, es Unternehmen jedoch ermöglicht, flexibel auf Umweltveränderungen zu reagieren (vgl. Bitzer 1991, S. 26 f.).
1074 Vgl. Draeger-Ernst 2003, S. 197; H. Klein 2002, S. 153 f.; Bitzer 1991, S. 26.
1075 Vgl. Burgelman 1985, S. 44; Burgelman & Sayles 1986, S. 133.
1076 Vgl. Luchsinger & Bagby 1987, S. 12. Vgl. Kapitel 2.6.
1077 Vgl. Gebert et al. 2001, S. 261; Haid 2004, S. 248.
1078 Vgl. Kuhn 2000, S. 88; Draeger-Ernst 2003, S. 224.
1079 Vgl. Kuhn 2000, S. 89 ff. und S. 112 ff.
1080 Vgl. Kuhn 2000, S. 95.
1081 Nachfolgend MbO.
1082 Vgl. Kuhn 2000, S. 110. „Es handelt sich um einen Prozess, bei dem der Mitarbeiter zusammen mit dem Vorgesetzten Zielvorgaben vereinbart, wobei die Art und Weise, wie diese Zielvorgaben erreicht werden können, im Ermessen des Mitarbeiters liegt. Ein MbO dient dazu, Mitarbeiter zielorientiert mit der Übernahme von Verantwortung vertraut zu machen und die Eigeninitiative und das Verantwortungsbewusstsein zu fördern“ (vgl. Haid 2004, S. 254).
1083 Kinlaw 1995, S. 59.

(„individuelles Können“) als auch die Existenz von Handlungsspielräumen („situatives Dürfen“) voraus.[1084] Zudem ist ein geeignetes unternehmerisches Umfeld („Intrapreneurial Environment“) zu schaffen, welches im Wesentlichen eine erhöhte Fehlertoleranz sowie ein starkes Commitment des Top- bzw. mittleren Managements umfasst.[1085] Eine erhöhte Fehlertoleranz setzt eine Differenzierung zwischen den im Wesen eines Innovationsvorhabens begründeten und vom Intrapreneur nicht beeinflussbaren Faktoren sowie Management-Fehlern voraus, weshalb in innovativen Unternehmen „managers were very careful to distinguish between bad plain luck and bad management“[1086]. Das Commitment des Top- bzw. mittleren Managements ist so auszugestalten, dass es von den Intrapreneuren „als unterstützend wahrgenommen wird und deren unternehmerische Selbst-Verpflichtung bzw. Selbstmotivation mitentwickelt statt begrenzt“[1087]. Den Intrapreneuren sind also geeignete Strukturen zur Verfügung zu stellen, welche es ihnen erlauben, Innovationsvorhaben innerhalb der Unternehmensgrenzen zu initiieren und durchzusetzen, die sich von originären Unternehmensgründungen kaum unterscheiden.[1088] Ginsberg & Hay (1993) merken hierzu an: „[I]t is not enough for large cooperations to invest heavily in research and development; instead they need to instil a climate in which employees are encouraged to develop innovations that would be transformed into fast-growth new business lines within the existing corporate structure.“[1089] Damit steht das Empowerment der Intrapreneure bei der Umsetzung von Ideen in Innovationen innerhalb der bürokratischen Strukturen von etablierten Großunternehmen im Mittelpunkt: „Understanding innovation in large organizations begins with understanding the role of the intrapreneur. […] Without empowered intrapreneurs, organizations don’t innovate.”[1090] Pinchot (1988) formuliert zur Überwindung organisationaler und personaler Innovationsbarrieren 10 „Freiheitsfaktoren“.[1091] Dabei betont er insbesondere die Erweiterung der Handlungs- und Entscheidungsräume der Intrapreneure sowie individuelle und organisatorische Lerneffekte und damit das Lernen aus (Miss-)Erfolgen und das experimentelle Lernen durch erhöhte Fehlertoleranz.

In der Literatur herrscht weitgehend Einigkeit darüber, dass die Fähigkeiten eines Intrapreneurs grundsätzlich erlernbar sind.[1092] „Entrepreneurs are made, not born. They vary considerably in their capabilities, which can be improved significantly through experience and training.”[1093]

[1084] Vgl. Kuhn 2000, S. 89; Covin et al. 2006, S. 72; Mes 2011, S. 145.
[1085] Vgl. Hisrich & Peters 1989, S. 40 ff.; Hisrich & Peters 2002, S. 36.
[1086] Block & MacMillan 1993, S. 62.
[1087] Kuhn 2000, S. 146.
[1088] Vgl. Pinchot 1988, S. 10 ff. und S. 53 ff.
[1089] Ginsberg & Hay 1993 zitiert nach McNally 1997, S. 17.
[1090] Pinchot & Pellman 1999, S. IX.
[1091] Vgl. Pinchot 1988, S. 237 ff.
[1092] Vgl. u. a. Block & MacMillan 1993, S. 7; R. E. Kelley & Caplan 1993, S. 138 f.; Stevenson & Jarillo 1990, S. 22.
[1093] Block & MacMillan 1993, S. 7.

Damit besteht die Möglichkeit, das „individuelle Können" potenzieller Intrapreneure mittels Personalentwicklungsmaßnahmen [1094] in Form von Qualifikationsprogrammen zu gewährleisten.[1095]

Tabelle 4-1: Freiheitsfaktoren

1	Freie Wahl der Aufgabe	Ermutigt Ihr Unternehmen den selbsternannten Intrapreneur?
2	Die Projekte dürfen dem Intrapreneur nicht aus der Hand genommen werden	Gibt Ihr Unternehmen den Inrapreneuren die Möglichkeit, ihre Intraprise bis zum Schluss zu betreuen?
3	Der Handelnde trifft die Entscheidung	Dürfen die Mitarbeiter Ihres Unternehmens ihre Aufgabe auf eigene Weise erledigen, oder müssen sie ihre Tätigkeit ständig unterbrechen, um Erklärungen abzugeben und um Erlaubnis zu fragen?
4	Großzügige Mittel zur Verfügung stellen	Hat Ihr Unternehmen schnelle und informelle Methoden des Zugangs zu Ressourcen entwickelt, um neue Ideen zu erproben?
5	Aufgabe der „Volltreffer"-Philosophie	Hat Ihr Unternehmen Möglichkeiten entwickelt, um viele kleine und experimentelle Produkte und Geschäfte zu verfolgen?
6	Risiken, Fehlschläge und Misserfolge tolerieren	Fördert Ihr Unternehmen Risikofreudigkeit und Fehlerbereitschaft?
7	Geduldiges Geld	Kann Ihr Unternehmen beschließen, etwas auszuprobieren und das Experiment lange genug durchzuführen, um zu sehen, ob es funktionieren wird, selbst wenn es Jahre dauern kann und mehrere Fehlstarts beinhaltet?
8	Keine Eifersüchtige Bewachung des eigenen Reviers	Interessieren sich die Leute in Ihrem Unternehmen mehr für neue Ideen oder für die Verteidigung ihres Bereichs?
9	Interdisziplinäre Teams	Wie leicht ist es, funktionell vollständige, autonome Teams in der Umgebung Ihres Unternehmens zu bilden?
10	Vielfältige Optionen	Werden die Intrapreneure in Ihrem Unternehmen mit internen Monopolen konfrontiert, oder haben sie die Freiheit, die Ressourcen anderer Bereiche und externer Zulieferer zu nutzen?

Quelle: Pinchot 1988, S. 237-239 nach H. Klein 2002, S. 139.

Ausgehend von der Annahme, dass „every individual in the company has the capacity for both managerial and entrepreneurial behavior more or less simultaneously"[1096] gelten zunächst alle Mitarbeiter sämtlicher Unternehmensbereiche eines Unternehmens als potenzielle Intrapreneure. Da jedoch nicht alle Mitarbeiter zu Mitunternehmern gemacht werden können, ist letztlich eine gezielte Auswahl und Förderung potenzieller Intrapreneure in Form einer Vorselektion notwendig.[1097] Dabei führen sowohl die Art der Qualifikationsprogramme sowie deren Beantragung idealerweise zu einer Selbstselektion („Self-Selection").[1098]

Eine Erweiterung des Handlungs- und Entscheidungsraums durch eine freie Verfügbarkeit von Ressourcen und Kompetenzen adressiert sowohl das individuelle Können als auch das „situative Dürfen" der Intrapreneure.[1099] Wie bereits erwähnt, wirkt die Erweiterung des Handlungs- und Entscheidungsraums auf den seine Vision verfolgenden und mit dem Innovationsvorhaben verbundenen Intrapreneur intrinsisch motivierend und kann zudem zu einer

[1094] Personalentwicklungsmaßnahmen haben das Ziel einer geplanten, an betrieblichen und persönlichen Zielen orientierten Verhaltensbeeinflussung von Mitarbeitern auf Basis einer Verbesserung der fachlichen, methodischen und sozialen Mitarbeiterqualifikationen (vgl. Riekhof 1995, S. 1705).

[1095] Vgl. Schmid 1986, S. 96.

[1096] Birkinshaw 1997, S. 209.

[1097] Vgl. H. Klein 2002, S. 150. Kelley & Caplan (1993) unterscheiden hinsichtlich der Allokation von Qualifikationsmaßnahmen zwischen leistungsstarken „Star Performers" und leistungsschwächeren „Average Workers" (vgl. R. E. Kelley & Caplan 1993, S. 129 f.).

[1098] Vgl. Bitzer 1991, S. 44.

[1099] Vgl. Covin et al. 2006, S. 72.

Reduktion von Schnittstellenproblemen beitragen.[1100] Die Erweiterung des Handlungs- und Entscheidungsraums reduziert die Möglichkeit der operativen Kontrolle.

4.3 Konstrukt Anreiz- und Vergütungssysteme

4.3.1 Elemente

Der Begriff „Anreizsystem" wird in der Literatur unterschiedlich verwendet.[1101] Anreize werden als Instrumente zur positiven Steuerung des Leistungsverhaltens von Mitarbeitern im Sinne des unternehmerischen Zielsystems verstanden.[1102] Damit umfassen innovationsorientierte Anreizsysteme Instrumente zur gezielten Stimulation und Steuerung von unternehmerischem Handeln entsprechend der Unternehmensstrategie.[1103] Innovationsorientierte Vergütungssysteme umfassen alle durch das Unternehmen bewusst geschaffenen Zuwendungen, die den Mitarbeitern bei Erreichen eines innovativen Handlungsziels gewährt werden.[1104] „Ein technokratischer Anspruch mit detaillierten Regelungen von Anreiz-/Belohnungsbeziehungen wird allerdings kaum zum angestrebten Erfolg führen. [...] Stattdessen geht es darum, Rahmenbedingungen zu schaffen, in welchen Innovationsbereitschaft, -verhalten und -erfolg entstehen. Es sind also generelle Bedingungen und Regeln zur Förderung eines kritischen Innovationsklimas zu formulieren sowie von der Unternehmensspitze (an) zu realisieren."[1105] Generell muss die Ausgestaltung innovationsorientierter Anreiz- und Vergütungssysteme unternehmerisches Denken und Handeln sowie eine erhöhte Risikobereitschaft stimulieren und ein konformes Verhalten der Mitarbeiter mit den Unternehmenszielen gewährleisten.[1106] Zudem müssen es die Anreiz- und Vergütungssysteme den VE ermöglichen, flexibel auf Umweltveränderungen zu reagieren und innerhalb des Unternehmens neue innovative Wege zu beschreiten, um Chancen für Neugeschäft proaktiv ergreifen zu können.[1107] Gleichzeitig müssen jedoch auch die Anreiz- und Vergütungssysteme selbst flexibel sein und sich im Zeitverlauf an veränderte Bedingungen wie beispielsweise wandelnde Mitarbeiterbedürfnisse oder unterschiedliche organisatorische Bedingungen anpassen.[1108] Auch müssen die Anreiz- und Vergütungssysteme derart ausgestaltet sein, dass geeignete Mitarbeiter für die Innovationsvorhaben

[1100] Vgl. Corsten 1989a, S. 21; Bitzer 1991, S. 21 und 26.
[1101] Vgl. die Definitionsansätze von S. Winter 1996, S. 41; Kossbiel 1994, S. 75.
[1102] Vgl. Steinle 1978, S. 44 ff.
[1103] Vgl. Staudt et al. 1990, S. 1183.
[1104] Vgl. Kossbiel 1994, S. 78.
[1105] F. G. Becker 1991, S. 570 f.
[1106] Vgl. B. Sandberg 2007, S. 267; Draeger-Ernst 2003, S. 231; Stringer 2000, S. 71.
[1107] Vgl. Bitzer 1991, S. 26 f.
[1108] Vgl. Grewe 2012, S. 14.

gewonnen bzw. gebunden und Effekte der Adversen Selektion reduziert werden.[1109] Dem erhöhten Arbeitsplatzrisiko müssen die Anreiz- und Vergütungssysteme durch Risikoprämien z. B. in Form von Erfolgsbeteiligungssystemen oder auch Karriereperspektiven[1110] sowie Rückkehrmöglichkeiten ins Kerngeschäft Rechnung tragen.[1111] Darüber hinaus müssen die Anreiz- und Vergütungssysteme die den institutionsökonomischen Ansätzen zugrunde liegenden Annahmen des Methodologischen Individualismus, der eingeschränkten bzw. begrenzten Rationalität sowie der individuellen Nutzenmaximierung berücksichtigen. „So wird erwartet, dass sich die Mitarbeiter strategisch und opportunistisch gegenüber den Anreizsystemen verhalten, indem sie möglicherweise gegen organisatorische Regeln verstoßen, falsche Informationen weitergeben oder Vereinbarungen brechen, wenn es zu ihrem Vorteil ist."[1112] Ebenso müssen die Anreiz- und Vergütungssysteme für eine Angleichung der unterschiedlichen Interessen sorgen, um Agency-Probleme zu reduzieren, welche sich aufgrund von Informationsasymmetrien ergeben.[1113] Auch gilt es, Agency-Probleme zu begrenzen, welche aufgrund eines nachlässigen Umgangs des Eigentümer-Managers mit den Ressourcen einer VE entstehen: „Zum einen kann der übermäßige Konsum nicht-monetärer Vorteile wie z. B. eine luxuriöse Büroausstattung zu einer Marktwertminderung des Unternehmens in Höhe der subjektiven Wertschätzung der ‚perquisites' führen. Je geringer der Anteil des Eigentümer-Managers an dem Unternehmen ist, desto weniger wird das eigene Vermögen gemindert und desto größer ist der Anreiz für ein derartiges Verhalten. Gleiches gilt auch für eine Reduktion des Arbeitseinsatzes (Shirking), weil er die Kosten des Arbeitseinsatzes (Arbeitsleid) alleine zu tragen hat, aber nur in der Höhe der eigenen Unternehmensanteile am Unternehmensergebnis partizipiert."[1114]

Die Erfolgswirksamkeit der Anreiz- und Vergütungssysteme ist jedoch nur dann gegeben, wenn individuelle Motive aktiviert werden.[1115] Damit erhöht eine differenzierte Ausgestaltung der Anreiz- und Vergütungssysteme deren Wirksamkeit und reduziert Streuverluste.[1116] Hierbei besteht die Herausforderung in einer größtmöglichen Individualisierung der Anreiz- und Vergütungssysteme bei gleichzeitiger Adressierung des unternehmensweiten Innovationspotenzials.[1117] „Although it may not be feasible to develop distinctive rewards and measurement

[1109] Vgl. zum Problem der Adversen Selektion Kapitel 2.5.3.1.
[1110] Vgl. zum Anreiz mittels Karriereperspektiven die Tornamenttheorie, in der Beförderungssysteme in Unternehmen als Turniere interpretiert werden (vgl. Lazear & Rosen 1981; Rosen 1986).
[1111] Vgl. Kapitel 4.2.2. Vgl. auch Burgelman & Sayles 1986, S. 129.
[1112] Seng 2003, S. 81. Vgl. auch Kapitel 2.5.
[1113] Vgl. Kapitel 2.5.3.
[1114] Kreysel 2006, S. 125. Vgl. auch Alchian & Demsetz 1972, S. 777 ff. Zum privaten Konsum vgl. Jensen & Meckling 1976, S. 314 ff.
[1115] Vgl. Schanz 1991, S. 8. Steinle (1978) definiert Motive als „generalisierte und überdauernde menschliche Verhaltensziele [...], die vom Handelnden mit positiven/negativen Wertgehalt versehen sind und die er durch geeignete Verhaltensweisen zu erreichen bzw. zu meiden sucht" (Steinle 1978, S. 44).
[1116] Vgl. Barmettler 2006, S. 114; Draeger-Ernst 2003, S. 231.
[1117] Vgl. Kuratko & Morris 2003, S. 21.

systems for each employee, it is important to include enough flexibility in these systems to at least partially accommodate individual requirements."[1118] Schanz (1991) unterscheidet in Abhängigkeit der Anzahl der Anreizempfänger zwischen Individual-, Gruppen- und organisationsweiten Anreizen.[1119] Einen möglichen Lösungsansatz für individuelle Anreize bietet das Cafeteria-System, wobei die Mitarbeiter im Rahmen eines vorgegebenen Budgets aus alternativen Leistungen entsprechend ihrer persönlichen Präferenzen wählen können.[1120] Hierdurch wird der subjektiv wahrgenommene Nutzen maximiert.

Die Elemente eines Anreiz- und Vergütungssystems lassen sich im Wesentlichen nach der Anreizquelle in materielle und immaterielle Bestandteile untergliedern.[1121] Erfolgreiche Anreiz- und Vergütungssysteme berücksichtigen extrinsische und intrinsische Anreize und damit materielle bzw. monetäre[1122] und immaterielle bzw. nicht-monetäre[1123] Elemente.[1124] „An appropriate system will include non-financial elements, such as opportunities for advancement, prestige, and greater freedom at work, as well as financial rewards."[1125] Dabei kann intrinsische und extrinsische Motivation addiert werden.[1126] Während materielle bzw. monetäre Anreize Hygienefaktoren darstellen, deren Fehlen zu Demotivation führt, durch welche aber keine stärkere Motivation erreicht werden kann, gelten immaterielle bzw. nicht-monetäre Anreize als Motivatoren.[1127] Intrapreneure sind stark intrinsisch motiviert und streben bei der Umsetzung ihrer Innovationsvorhaben vor allem nach Autonomie.[1128] Somit wirken intrinsische Anreize deutlich stärker als extrinsische, welche Intrapreneure nach Pinchot (1988) sogar verachten.[1129] Ein wesentliches Instrument zur intrinsischen Motivation von Intrapreneuren wird in deren Empowerment gesehen, weshalb innovative Unternehmen „durch Merkmale von Empowerment gekennzeichnet“[1130] sind. Zu verstehen ist unter Empowerment „the process of

[1118] Morris & Kuratko 2002, S. 247.

[1119] Vgl. Schanz 1991, S. 13.

[1120] Vgl. Mes 2011, S. 162; Kuhn 2000, S. 175. Vgl. zum Cafeteria-System Dycke & Schulte 1986, S. 577.

[1121] Vgl. Ackermann 1974, S. 156 f.; Corsten 1989a, S. 16.

[1122] Materielle bzw. monetäre Anreize reichen von Erfolgsbeteiligungen, fixen oder variablen Bonuszahlungen, Patent- oder Lizenzgebühren über Prämien bis hin zu Eigenkapitalbeteiligungen sowie Optionsscheinen (vgl. Mes 2011, S. 161 f.).

[1123] Immaterielle bzw. nicht-monetäre Anreize beziehen sich vor allem auf Karriereentwicklung, Kompetenzerweiterung, Erweiterung des Handlungs- und Entscheidungsraums und soziale Anerkennung/Auszeichnung (vgl. Mes 2011, S. 162 ff.).

[1124] Vgl. u. a. Morris & Kuratko 2002, S. 240; Block & Ornati 1987, S. 41 ff.

[1125] Brody & Ehrlich 1998, S. 58.

[1126] Vgl. B. S. Frey et al. 2001, S. 564; Chrisholm 1987, S. 37. Es existieren jedoch auch Ansätze, die annehmen, dass extrinsische Anreize langfristig intrinsische Motive verdrängen (vgl. DeCharms 1968, S. 86 ff.; Kuhn 2000, S. 135 ff.; Sprenger 2002, S. 53). Im Rahmen dieser Arbeit wird jedoch davon ausgegangen, dass intrinsische Motivation nur dann durch extrinsische Anreize unterminiert wird, wenn Selbstbestimmung und/oder Selbstachtung eingeschränkt wird (vgl. B. S. Frey et al. 2001, S. 568).

[1127] Vgl. Walz & Barth 1990, S. 362; Vgl. hierzu auch den Zwei-Faktoren Ansaz von Herzberg 1987.

[1128] Vgl. Klandt 1984, S. 129; Adenauer & Opitz 1988, S. 246. Vgl. auch die Untersuchung von Müller et al. 2002, S. 19 ff. Vgl. Kapitel 4.2.

[1129] Vgl. Pinchot 1988, S. 77.

[1130] Gebert et al. 2001, S. 261.

achieving continuous improvement in an organization's performance by developing and extending the competent influence of individuals and teams over the areas and functions which affect their performance and that of the total organization"[1131]. Voraussetzung zur kompetenten Einflussnahme (competent influence) ist eine hinreichende Qualifikation der Intrapreneure (individuelles Können) sowie ausreichende Entscheidungs- und Handlungsspielräume (situatives Dürfen).[1132] In der Literatur werden hierfür „Job Enlargement", „Job Enrichment" und „Job Rotation" genannt.[1133] Dies führt zur ersten Hypothese des Konstruktes Anreiz- und Vergütungssysteme:

HA1: Je stärker die Anreiz- und Vergütungssysteme auf ein Gleichgewicht zwischen materiellen bzw. monetären und immateriellen bzw. nicht-monetären Elementen ausgerichtet sind, desto größer ist der Erfolg.[1134]

4.3.2 Erfolgsbeteiligung (Carried Interest)

Innovationsvorhaben unterliegen einer hohen Variabilität von Umsatz und Gewinn. Auch können die zukünftig zu erwartenden Cashflows im Rahmen einer „Discounted-Cashflow"-Berechnung nur schwer geschätzt werden, was sich in einer hohen Volatilität des Wertes einer VE widerspiegelt. Allerdings erhöhen flache Hierarchien innerhalb der VE die Beeinflussbarkeit des Innovationserfolgs durch die jeweiligen Mitarbeiter. Dies spricht für die Berücksichtigung erfolgsabhängiger Komponenten im Rahmen einer variablen Vergütung.[1135]

Grundsätzlich kann zwischen einer Erfolgsbeteiligung sowie einer Gewährung von Unternehmensanteilen in Form einer Kapitalbeteiligung unterschieden werden. Die VC-Finanzierungen unterliegen einer hohen Anreizintensität sowohl aufseiten der PU hinsichtlich der planmäßigen Erfüllung vorgegebener Meilensteine als auch aufseiten der VCG hinsichtlich der Kapitalrendite.[1136] Das Anreiz- und Vergütungssystem der VCG basiert auf einer erfolgsunabhängigen Managementvergütung sowie einer erfolgsabhängigen Vergütung (Carried Interest), die sich in der Regel an der Wertsteigerung des Beteiligungsportfolios und damit an der individuellen Leistung der VCG orientiert (Equity).[1137] Das VC-Modell trägt damit einem Interessenausgleich zwischen Investoren und VCG sowie VCG und PU Rechnung und adressiert die beschriebenen Agency-Probleme.[1138] Im Gegensatz hierzu unterliegen die Mitarbeiter in den VE im Rahmen des CV häufig denselben Anreiz- und Vergütungssystemen wie die

[1131] Kinlaw 1995, S. 7.
[1132] Vgl. Kuhn 2000, S. 89; Covin et al. 2006, S. 72; Mes 2011, S. 145. Vgl. Kapitel 4.2.4.
[1133] Vgl. Steinmann & Schreyögg 1999, S. 510 ff.; Eschenbach 1977, S. 67 ff.
[1134] Vgl. Fragebogen Frage 35 (1).
[1135] Vgl. Seng 2003, S. 81.
[1136] Vgl. Michalski 2002, S. 16; Chesbrough 2000, S. 36.
[1137] Vgl. Sykes 1992, S. 253 ff. Zum Anreiz- und Vergütungssystem der VCG vgl. Kapitel 2.6.
[1138] Vgl. S. A. Hill et al. 2009, S. 7; Sahlman 1990, S. 493 ff. Zur Principal-Agent-Theorie vgl. Kapitel 2.5.3.

Manager in den operativen Bereichen des CP: meist Grundvergütung zzgl. unternehmensweitem Bonus.[1139] Diese Vereinheitlichung (Equality) erleichtert die administrativen Abläufe und entspricht der Forderung nach einer Gleichbehandlung von Managern der gleichen Hierarchiestufe innerhalb einer Organisation.[1140] „Two compensation concepts apply to venturing within the corporation: equity and equality. The concept of equity is that pay should fully reflect performance. The concept of equality is that rewards should be distributed equally."[1141] Die Anreiz- und Vergütungssysteme von Großunternehmen differenzieren häufig nicht zwischen den unterschiedlichen Anforderungen des innovativen sowie des operativen Systems.[1142] Hierzu merkt ein Vertreter einer VCG an: „The only reason for our existence is the inability of corporations to provide the financial incentives which can be achieved in an independent startup."[1143]

Aus Sicht der Effizienzlohntheorie[1144] lassen sich vier positive Effekte unterscheiden, die mit der Zahlung eines überdurchschnittlich hohen variablen Vergütungsanteils einhergehen. Das Turnover-Cost-Modell[1145] (1) zielt indirekt auf die Selektionsfunktion eines Anreiz- und Vergütungssystems und geht von einer Reduktion der freiwilligen Fluktuation und der Fluktuationskosten aus, das Self-Selection-Modell[1146] (2) bezieht sich ebenfalls auf die Selektionsfunktion und auf die Gewinnung bzw. Bindung geeigneter leistungsstarker Mitarbeiter, das Gift Exchange-Modell[1147] (3) geht von einer hohen Motivation und Loyalität der Mitarbeiter aus und das Shirking- oder Workers-Discipline-Modell[1148] (4) zielt ebenfalls auf die Motivationsfunktion durch erhöhte Opportunitätskosten bei Verlust des Arbeitsplatzes ab. Durch eine hohe variable Vergütungskomponente ist damit eine Selektion von geeigneten und ungeeigneten Mitarbeitern möglich. Zudem können durch eine teilweise Kopplung der Vergütung an den Innovationserfolg Agency-Kosten aus Interessenkonflikten, wie beispielsweise Monitoring-Kosten, reduziert werden. Zentral für die Gestaltung von Anreiz- und Vergütungssystemen im Rahmen der Property-Rights-Theorie ist, „that specification of individual rights determines how cost and rewards will be allocated among the participants in any organization"[1149]. Aus Sicht der Property-Rights-Theorie kann demnach eine über die Nutzungsrechte hinausgehende Allokation von Residualrechten aufseiten der VU bzw. VE das unternehmerische Denken und

[1139] Vgl. S. A. Hill et al. 2009, S. 7; Block & Ornati 1987, S. 41 ff.
[1140] Vgl. Sykes 1992, S. 253 ff.
[1141] Sykes 1992, S. 254.
[1142] Vgl. D. J. Kelley et al. 2005, S. 22; Bitzer 1991, S. 28.
[1143] Block & Ornati 1987, S. 44.
[1144] Vgl. u. a. Shapiro & Stiglitz 1984; L. F. Katz 1986; Akerlof & Yellen 1986; Krueger & Summers 1988.
[1145] Vgl. Salop 1979.
[1146] Vgl. Weiss 1980.
[1147] Vgl. Akerlof 1982.
[1148] Vgl. Shapiro & Stiglitz 1984.
[1149] Jensen & Meckling 1976, S. 307 f.

Handeln einzelner Mitarbeiter stimulieren.[1150] Auch reduziert eine derartige Erfolgsbeteiligung der VE-Manager am VE-Wertzuwachs deren Fokussierung auf risikoärmere inkrementelle Innovationen: „The reward to the principal is the entrepreneurial profit for undertaking uncertainty; the reward to the agent is the salary for normal risk taking. Thus, given this reward structure, agents have no incentive to behave entrepreneurial, other things being equal. Agents face an additional problem if they made a specialized investment in the firm because their entrepreneurial skills will have less value elsewhere. If the firm engages in highly uncertain ventures that may lead to bankruptcy, they face nontrivial costs because equivalent alternative employment will be difficult to secure. Consequently, they have no incentive to undertake highly uncertain (entrepreneurial) projects and will prefer those with a low level of risk. Although less profitable, such projects will keep them employed."[1151] Darüber hinaus wird durch eine entsprechende Erfolgsbeteiligung der VE-Manager am VE-Wertzuwachs ein unternehmerisches Umfeld geschaffen, welches die Bedingungen einer externen Gründung weitgehend imitiert.[1152] Stringer (2000) sieht gerade dies als Voraussetzung zur Vermeidung der Abwanderung unternehmerischer Mitarbeiter und die Weiterverfolgung strategisch wichtiger Innovationsvorhaben außerhalb der Unternehmensgrenzen.[1153] Auch aus Sicht der Neuen Institutionenökonomik kann durch die Förderung eines unternehmerischen Umfelds die Gefahr der Adversen Selektion reduziert werden. [1154] Durch einen hohen variablen Vergütungsanteil können geeignete, leistungsstarke Mitarbeiter gewonnen und gebunden werden, da nur diese in der Lage sind, über den höheren Hebel die geforderte Risikoprämie zu erzielen.[1155] Diese Selektionsfunktion wird nach dem Übervarianzprinzip durch einen Leverage zwischen Ober- und Untergrenze der Bemessungsgrundlage unterstützt, welcher über dem der Wettbewerber liegt, da damit leistungsstarke Mitarbeiter mehr bzw. leistungsschwache Mitarbeiter weniger als in anderen Unternehmen verdienen können.[1156] Hieraus ergibt sich die nächste Hypothese des Konstruktes Anreiz- und Vergütungssysteme:

HA2: Je stärker die VE-Mitarbeiter am VE-Wertzuwachs beteiligt werden (Carried Interest), desto größer ist der Erfolg.[1157]

Allerdings birgt eine derartige Beteiligung der Mitarbeiter an der Wertsteigerung und damit am finanziellen Erfolg der VE im Rahmen des CV auch die Gefahr, dass jene zur eigenen

[1150] Vgl. Picot & Schneider 1988, S. 97.
[1151] Jones & Butler 1992, S. 736.
[1152] Vgl. u. a. Luchsinger & Bagby 1987, S. 12.
[1153] Vgl. Stringer 2000, S. 74. Zur Problematik der Adversen Selektion vgl. Kapitel 2.5.3.1.
[1154] Vgl. Amit et al. 1990, S. 107 ff.; Jones & Butler 1992, S. 735 ff. Vgl. auch Kapitel 2.5.
[1155] Vgl. Seng 2003, S. 88.
[1156] Vgl. S. Winter 1996, S. 169 ff.
[1157] Vgl. Fragebogen Frage 35 (2).

Nutzenmaximierung die Entwicklung strategischer Werte vernachlässigen (Moral Hazard).[1158] „[M]aking a good financial return is unlikely to be sufficient, while other objectives – acquiring new technologies, entering new markets, reenergizing culture – often compete for attention."[1159] Holmström und Milgrom (1991) bezeichnen dieses Dilemma als „Multi-Tasking".[1160] Zudem bedeuten variable Vergütungskomponenten immer auch einen Risikotransfer auf die jeweiligen Mitarbeiter. Durch eine ergebnisabhängige Vergütung werden die VE-Manager ebenso wie das CP am Risiko des Innovationsvorhabens beteiligt.[1161] Risikoaverse Mitarbeiter werden jedoch nur dann dieses Risiko tragen, wenn ihnen dafür eine entsprechende Risikoprämie in Aussicht gestellt wird. Hierdurch entstehen aufgrund der unterschiedlichen Risikopositionen Agency-Kosten, „da der Principal dem Agent eine höhere Risikoprämie zahlen muss, als er selbst beanspruchen würde"[1162], da der Agent im Gegensatz zum Principal das Risiko nicht durch Diversifikation reduzieren kann.

4.3.3 Rückmeldung zu Zielerreichung

Die Anreiz- und Vergütungssysteme für VU bzw. VE sind langfristig auszurichten. Es ist erfolgskritisch, „to establish powerful incentive systems for the venture board: for instance, tying members' compensation to the long-term performance of the ventures they support. Unfortunately, this can be difficult to implement, requiring complicated schemes for assessing venture performance and accommodating changes in a board members's position or employment status over time"[1163]. Daher sind die langfristigen Ziele in kürzere Betrachtungsperioden[1164] herunterzubrechen, wobei zu Beginn einer jeweiligen Betrachtungsperiode die fixe und variable Vergütungskomponente sowie die Bemessungsgrundlage festzulegen sind. Wälchli (1995) unterscheidet in diesem Zusammenhang kurzfristig-operative Anreize (Kopplung der Vergütung an das Erreichen kurzfristiger operativer Ziele und damit i. d. R. unmittelbare Vergütung nach der Leistungsbewertung) sowie langfristig-strategische Anreize (Kopplung der Vergütung an das Erreichen langfristiger strategischer Ziele).[1165]

Zur Sicherstellung der Anreizwirkung ist in diesem Zusammenhang ein leistungsorientierter, gerechter und transparenter Prozess zu definieren und zu implementieren.[1166] Leistungsorientierung umfasst Leistungsverhalten (Leistungsbereitschaft und Leistungsfähigkeit), Leistungsbedingungen (personelle und sachliche Bedingungen) und Leistungsergebnisse (Soll-Ist-

[1158] Vgl. S. A. Hill et al. 2009, S. 7.
[1159] Brody & Ehrlich 1998, S. 52.
[1160] Vgl. Holmström & Milgrom 1991.
[1161] Vgl. Pinchot 1988, S. 74.
[1162] Brachtendorf 2004, S. 120.
[1163] Brody & Ehrlich 1998, S. 57.
[1164] Seng (2003) erachtet Quartale als geeignete Betrachtungszeiträume (vgl. Seng 2003, S. 99).
[1165] Vgl. Wälchli 1995, S. 256 ff.
[1166] Vgl. Grewe 2012, S. 13 f.

Analyse).[1167] Gerechtigkeit kann in „intern“ (Anforderungs-, Leistungs- und Sozialgerechtigkeit) und „extern“ (Marktgerechtigkeit) unterschieden werden.[1168] Transparenz bezieht sich auf die Vergleichbarkeit, Durchschaubarkeit und Nachvollziehbarkeit der Anreiz- und Vergütungssysteme.[1169] Eine fehlende interne Gerechtigkeit führt zu Demotivation sowie Leistungsreduktion und eine fehlende externe Gerechtigkeit zu Abwanderung qualifizierter Mitarbeiter.[1170] Zudem besteht bei einem intransparenten Zusammenhang zwischen Leistung und Belohnung die Gefahr des Moral Hazard seitens des Unternehmens, und der Mitarbeiter trägt das Risiko, trotz guter Leistung keine entsprechende Vergütung zu erhalten.[1171] Winter (1996) fordert bei einer starken positiven bzw. negativen Abweichung der Leistungen eines Mitarbeiters die Ursachen zu analysieren („Ausreißeranalyseprinzip“) und ggf. eine Revision der Zielgrößen vorzunehmen.[1172] Darüber hinaus kommt es bei langen Zeitdifferenzen zwischen der Leistungserbringung und der damit verbundenen Vergütung zu einer Reduktion des Anreizeffekts. Dies liegt zum einen daran, dass Anreize in weiter Zukunft weniger präsent bei den Mitarbeitern sind und zum anderen Mitarbeiter zukünftige Vergütungen mit einer Nutzendiskontierung versehen.[1173] Auch nach Bitzer (1991) ist ein Erfolgsbeteiligungssystem umso geeigneter, je kürzer der Zeitraum zwischen dem planmäßigen Erreichen eines Meilensteins sowie der daraus resultierenden Vergütung ist und je häufiger die Mitarbeiter Rückmeldung hinsichtlich ihrer Zielerreichung erhalten.[1174] Hieraus ergibt sich die nächste Hypothese des Konstruktes Anreiz- und Vergütungssysteme:

HA3: Je häufiger die VE-Mitarbeiter Rückmeldung hinsichtlich ihrer Zielerreichung erhalten, desto größer ist der Erfolg.[1175]

4.3.4 Anreizprinzip

Grundsätzlich kann zwischen direkten Anreiz- und Vergütungssystemen zur Stimulierung des Innovationspotenzials der Intrapreneure sowie indirekten zur Stimulierung des unternehmensweiten Innovationspotenzials unterschieden werden.[1176] Bei der Ausgestaltung direkter Anreiz- und Vergütungssysteme ist vor allem der mögliche Wechsel von Verantwortlichkeiten im Verlauf eines Innovationsvorhabens von der Idee über die Invention bis hin zur Innovation zu berücksichtigen.[1177] Zudem stellt sich die Frage nach einer absoluten oder einer relativen

[1167] Vgl. F. G. Becker 1990, S. 22 f.; Guthof 1995, S. 36.
[1168] Vgl. Wälchli 1995, S. 169 f.
[1169] Vgl. Grewe 2012, S. 14.
[1170] Vgl. Grewe 2012, S. 14.
[1171] Vgl. Gibbons 1998, S. 121.
[1172] Vgl. S. Winter 1996, S. 158 ff.
[1173] Vgl. S. Winter 1996, S. 46.
[1174] Vgl. Bitzer 1991, S. 29.
[1175] Vgl. Fragebogen Frage 35 (3).
[1176] Vgl. Mes 2011, S. 160; Draeger-Ernst 2003, S. 231 ff.; Kuhn 2000, S. 131 ff.
[1177] Vgl. Bitzer 1991, S. 29.

Leistungsbeurteilung. Eine relative Leistungsbewertung hat die Vorteile eines geringeren Messaufwands sowie einer Reduktion allgemeiner Störgrößen, wodurch die Genauigkeit der Leistungsmessung und damit die Anreizwirkung verbessert wird.[1178] Eine relative Leistungsbewertung fordert auch das Relativitätsprinzip.[1179] Zwischen Mitarbeitern eines Unternehmens besteht bei einer relativen Leistungsbewertung „die Gefahr von Absprachen, unkooperativem Verhalten oder Sabotage, aber auch des ‚Rat Race'"[1180]. Darüber hinaus ist zwischen Einzelpersonen- und Gruppenansätzen zu unterscheiden.[1181] Kollektive Erfolgsbeteiligungssysteme beteiligen alle involvierten Mitarbeiter am Erfolg eines Innovationsvorhabens oder des CP.[1182] Damit umgehen sie die Probleme, welche bei der Bewertung der Leistung einzelner Mitarbeiter bei der Realisierung von Innovationsvorhaben und vor allem bei der Ideengenerierung entstehen. Zudem ist innerhalb der VE die Beeinflussbarkeit des Innovationserfolgs aufgrund flacher Hierarchien auch auf den unteren Ebenen gegeben und somit sollten auch alle Mitarbeiter über variable Vergütungskomponenten am Innovationserfolg beteiligt werden. Das „Incentive-Intensity-Principle"[1183] fordert daher eine hohe Beeinflussbarkeit der Bemessungsgrundlage der Anreiz- und Vergütungssysteme, welche möglichst eng mit den Zielgrößen des CP verbunden sein sollte (Koordinationsfunktion).[1184] Hieraus ergeben sich unterschiedliche Entscheidungsmöglichkeiten für die verschiedenen Hierarchieebenen, wobei die eingezeichneten Kurven als Budgetrestriktionen verstanden werden können, unter denen das Ergebnis zu optimieren ist.

Da im Rahmen der Innovationsvorhaben eine enge Zusammenarbeit verschiedener Mitarbeiter erfolgsentscheidend ist, ist nur ein gruppenergebnisbezogenes Anreiz- und Vergütungssystem in der Lage, diese Kooperationen zu stimulieren (Gruppenanreizprinzip).[1185] Entsprechend fordert auch Bitzer (1991) eine Fokussierung auf ein kollektives Unternehmertum, da der Innovationserfolg von „der Mobilisierung der Energie aller Teammitglieder abhängt"[1186]. Hieraus resultiert die nächste Hypothese des Konstruktes Anreiz- und Vergütungssysteme:

HA4: Je stärker die Anreiz-/Vergütungssysteme am kollektiven VE-Teamerfolg ausgerichtet sind, desto größer ist der Erfolg.[1187]

[1178] Vgl. Seng 2003, S. 101 f.

[1179] Vgl. S. Winter 1996, S. 151 ff.

[1180] Seng 2003, S. 102. Vgl. zum sog. Rat Race, bei dem sich die Mitarbeiter gegenseitig zu immer höheren Leistungen anspornen und damit ein immer höheres allgemeines Entgeltniveau fordern, Akerlof 1976.

[1181] Vgl. Barmettler 2006, S. 113.

[1182] Vgl. Haid 2004, S. 242; H. Klein 2002, S. 161.

[1183] Im Rahmen des Incentive-Intensity-Principle nennen Milgrom & Roberst (1992) vier Faktoren, von denen die optimale Variablität der Vergütung abhängt: (1) Grenzproduktivität zusätzlicher Leistung, (2) Genauigkeit der Leistungsmessung, (3) Beeinflussbarkeit des Mitarbeiters durch Anreize und (4) Risikotoleranz des Mitarbeiters (vgl. Milgrom & Roberts 1992, S. 221 f.).

[1184] Vgl. Seng 2003, S. 93.

[1185] Vgl. S. Winter 1996, S. 182 ff.

[1186] Bitzer 1991, S. 50.

[1187] Vgl. Fragebogen Frage 35 (4).

Abbildung 4-1: Trade-off zwischen Beeinflussbarkeit und Bemessungsgrundlage

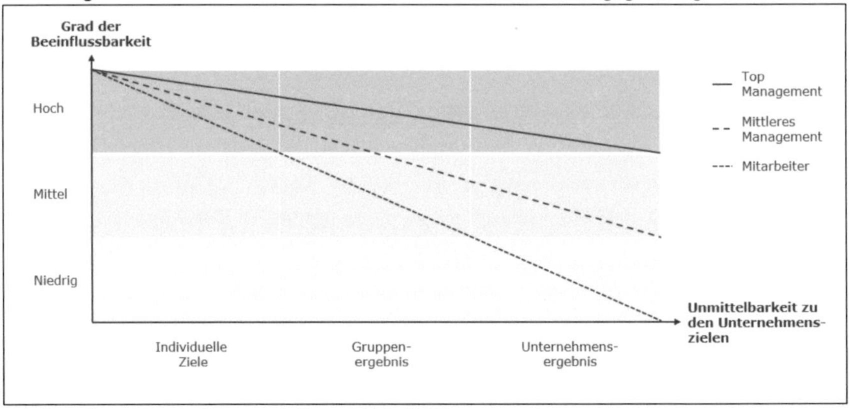

Quelle: Eigene Darstellung nach Seng 2003, S. 94.

Zu berücksichtigen ist in diesem Zusammenhang jedoch das sogenannte Free-Rider-Problem[1188], wonach jeder Mitarbeiter einen Anreiz hat, seine Arbeitsleistung zu reduzieren, da die Grenzkosten der Anstrengung die Grenzerträge der Anreiz- und Vergütungssysteme übersteigen (Moral Hazard).

4.3.5 Top-Management-Commitment

Die Einordnung von ICV als Führungskonzept bedingt eine aktive Unterstützung durch das Top-Management. Daher ist neben der Innovationsfähigkeit und -bereitschaft der Intrapreneure eine Innovationsorientierung der Unternehmensführung bei der Realisierung der Innovationsvorhaben erforderlich. „Führungskräfte benötigen eine Innovationskompetenz und -akzeptanz, um sowohl – bei Bedarf – Innovationen zu initiieren, durchzusetzen bzw. zu akzeptieren als auch Innovationen – bei fehlendem Bedarf – zu unterlassen.“[1189] Daher sind die Anreiz- und Vergütungssysteme in das Führungssystem[1190] einzubetten. Damit bilden diese einen integrierten Bestandteil der Unternehmensstrategie.[1191] Nach Guthof (1995) ist besonders eine Abstimmung zwischen strategischem Planungs- und Kontrollsystem und strategischem Anreiz- und Vergütungssystem erforderlich, da der Planungszyklus die Betrachtungsperiode für die Leistungsbemessung bestimmt.[1192] Die Unternehmensziele können als spezifische Steuerungsziele verstanden werden und bilden die Grundlage für die Vergütungspolitik.[1193] Bei

1188 Vgl. Holmström 1982, S. 324 ff.
1189 F. G. Becker 1991, S. 575.
1190 Unter Führungssystem können „die formal verankerten Systeme für die Gestaltung, Lenkung und Entwicklung von Unternehmungen“ verstanden werden (vgl. Schwaninger 1994, S. 1).
1191 Vgl. Stolzenburg 1997, S. 28.
1192 Vgl. Guthof 1995, S. 44 f.
1193 Vgl. Wälchli 1995, S. 92.

der Umsetzung von Innovationsvorhaben können vor allem Widerstände auftreten, die auf ein nicht abgestimmtes Anreiz- und Kontrollsystem zwischen Top-Management und hierarchisch nachgelagerten Managementebenen zurückzuführen sind.[1194] Durch eine strategiekonforme Gestaltung der Anreiz- und Vergütungssysteme können entsprechende Interessenkonflikte im Sinne der Principal-Agent-Theorie reduziert werden. Dies begründet die letzte Hypothese des Konstruktes Anreiz- und Vergütungssysteme:

HA5: Je stärker das Commitment des Top-Managements zu VE, desto größer ist der Erfolg.[1195]

4.4 Konstrukt Abbruch und Lernpotenziale

4.4.1 Abbruchzeitpunkt

„[T]he entrepreneur must have an exit srategy for his or her concept. That is, there is a need for a model regarding how to implement a concept, but also for how to harvest the concept. Harvesting is concerned with how returns will be realized, over what time period, and the manner in which the concept will eventually be absorbed by some other business entity, spun off, replaced, eliminated, or allowed to die a natural death."[1196]

Neben einer möglichen Überführung erfolgreicher VE aus dem innovativen in das operative System des CP in Form eines neuen Geschäftsbereichs (Integration), der Ausgründung der VE in Form eines eigenständigen Unternehmens außerhalb des CP (Spin-off) und dem Verkauf der VE an Dritte (Veräußerung), muss eine Exit-Strategie auch den Abbruch unrentabler VE berücksichtigen. Hierbei zeichnen sich VCG durch eine strickte „readiness to terminate investment when the firm can no longer bring distinctive value" aus, während es CV-Manager gewohnt sind, reife Unternehmen zu führen, wobei „the option of spinning off or selling a venture that has run into trouble is seldom considered until it is too late"[1197]. VCG „manage their portfolios ruthlessly, weeding out likely losers early. [...] Abandoning ventures in this way has never been easy for large corporations, whose projects are often underpinned by personal relationships, political concerns, and vague strategic objectives"[1198]. Durch den rechtzeitigen Abbruch erfolgloser Innovationsvorhaben können Verluste vermieden und die begrenzten Ressourcen auf Erfolg versprechende VE allokiert und konzentriert werden.[1199] Hieraus ergibt sich die erste Hypothese des Konstruktes Abbruch und Lernpotenziale:

[1194] Vgl. Welge & Al-Laham 2012, S. 55.
[1195] Vgl. Fragebogen Frage 35 (5).
[1196] Kuratko et al. 2011, S. 35.
[1197] Brody & Ehrlich 1998, S. 53 f.
[1198] Brody & Ehrlich 1998, S. 53.
[1199] Vgl. S. A. Hill et al. 2009, S. 9; Guler 2007, S. 248 ff.; Sahlman 1990, S. 506 f.

HL1: Ein rechtzeitiger Abbruch von unrentablen VE hat einen positiven Effekt auf den Erfolg.[1200]

4.4.2 Abbruchsentscheidung

Hinsichtlich der Allokation der Abbruchsentscheidung gelten die gleichen Ausführungen wie zur Allokation der Investitionsentscheidung.[1201] Hieraus ergibt sich die nächste Hypothese des Konstruktes Abbruch und Lernpotenziale:

HL2: Je stärker die Entscheidung hinsichtlich des Abbruchs einer VE in der VU bzw. dem mittleren Management verankert ist, desto größer ist der Erfolg.[1202]

4.4.3 Erfolgs- und Misserfolgsanalyse

Aus dem Bereich der strategischen Managementforschung können drei wesentliche unternehmensinterne Misserfolgsursachen identifiziert werden: (1) eskalierendes Commitment, (2) Momentum und (3) strukturelle Trägheit.[1203] Eskalierendes Commitment beschreibt das Festhalten des Managements an ungeeigneten Strategien und Routinen sowie entsprechender Folgeinvestitionen mit der Absicht, ursprünglich getroffene Entscheidungen zu rechtfertigen oder aufgrund gesellschaftlicher bzw. sonstiger bestimmter Normen.[1204] Beim Vorliegen von Momentum hyperagieren Unternehmen, und bisherige Erfolgsfaktoren führen zu Misserfolg. Miller (1990) unterscheidet vier wesentliche Verlaufsbahnen (Trajectories) der Unternehmensentwicklung aufgrund von Momentum, welche alle in Misserfolg resultieren unter dem Begriff „Icarus-Paradox“: (1) Focusing (Qualitäts- bzw. Kostenführerschaft führt zur Vernachlässigung der Kundenbedürfnisse – „Craftsmen“ werden zu „Tinkerers“), (2) venturing (starkes und schnelles Wachstum führt zu fehlendem Know-how im Bereich neuer Geschäftsfelder und zur Überstrapazierung von Ressourcen und Kompetenzen – „Builder“ werden zu „Imperalists“), (3) inventing (hohe Innovativität führt zum ineffizienten Einsatz von Ressourcen und Kompetenzen – „Pioneers“ werden zu „Escapists“) und (4) decoupling (Markenstärke führt zu einer Vernachlässigung von Rentabilitäts- und Qualitätskennzahlen – „Salesmen“

[1200] Vgl. Fragebogen Frage 37 (1).

[1201] Vgl. Kapitel 3.4.3.

[1202] Vgl. Fragebogen Frage 37 (2).

[1203] Vgl. Leker 2005, S. 380.

[1204] Vgl. zum „Escalation of Commitment” u. a. Staw 1981, S. 578 ff. Da marginale Strategieänderungen das Phänomen des eskalierenden Commitments verstärken, sind radikale Strategieänderungen zur Reaktion auf veränderte Umweltbedingungen notwendig (vgl. Tang 1981, S. 79). Block & Macmillan (1993) merken hierzu an, „that major losses are caused by continued pursuit of a venture in a predetermined direction even after the fundamental basis for the venture has turned out to be invalid. In other words, the venture is based in incorrect assumptions (which does not necessarily mean that mistakes were made in arriving at the original assumptions, just that those assumptions have proven wrong in light of emerging experience). If the firm fails to recognize these new-wrong assumptions, it will often fail to recognize the need for change – in design, direction, or objectives, including, but not limited to, abandoning the effort – and will instead continue pouring money into the venture” (vgl. Block & MacMillan 1993, S. 244).

werden zu „Drifters“).[1205] Aufgrund struktureller Trägheit durch beispielsweise Investitionen in Gebäude, Maschinen und Personal können Unternehmen nicht bzw. nur sehr langsam auf veränderte Umweltbedingungen und Verschiebungen im Hyperwettbewerb reagieren.[1206] Allerdings ist ein gewisses Maß an struktureller Trägheit zur Realisierung organisationaler Lerneffekte erforderlich.[1207]

Organisationale Lernprozesse setzen zunächst beim einzelnen Individuum an: „[I]ndividuals are the primary entity in firms, and it is induviduals which create organizational forms that enables learning in ways which facilitate organizational transformation.”[1208] Darüber hinaus sind auch Gruppen Träger von Lernprozessen. Das Lernen in Gruppen ist geprägt durch soziale Beziehungen und vor allem den darüber hinaus notwendigen Kommunikationsprozessen in Form von Inhalt und Umfang.[1209] Durch fundamentales Lernen wird durch die Individuen kollektives Wissen geschaffen, welches die Erwartungen und Werte aller Individuen widerspiegelt und „die strukturelle Beschränktheit individueller Wissensbestände“[1210] überwindet. Zu beachten ist allerdings, dass hierbei die Summe der Lernprozesse von Individuen oder von Gruppen nicht mit den Lernprozessen von Organisationen gleichzusetzen ist: „Although organizational learning occurs through individuals, it would be a mistake to conclude that organizational learning is nothing but the cumulative result of their members' learning.”[1211] Der Unterschied zwischen individuellem und organisationalem Lernen besteht in der Fähigkeit der Organisation, im Laufe der Zeit „Lernsysteme zu entwickeln, die sich in Symbolen, Leitlinien, Werten und Normen der Organisation widerspiegeln“[1212]. Hedberg (1981) spricht der Organisation sog. „kognitive Karten“ sowie ein Wissenssystem bzw. eine Wissensbasis zu, welche von Individuen unabhängig ist und über die soziale Gruppe hinausgeht: „Organizations do not have brains, but they have cognitive systems and memories. As individuals develop their personalities, personal habits, and beliefs over time, organizations develop world views and ideologies. Members come and go, and leadership changes, but organizations' memories preserve certain behaviors, mental maps, norms and values over time.”[1213]

1205 Vgl. D. Miller 1990, S. 1 ff.
1206 Vgl. Hannan & Freeman 1977, S. 931 f.; Knyphausen-Aufseß 1995, S. 145 f.
1207 Vgl. Hannan & Freeman 1984, S. 151 ff.
1208 Dodgson 1993, S. 377 f.
1209 Vgl. Probst & Buchel 1994, S. 64.
1210 Probst & Buchel 1994, S. 64.
1211 Hedberg 1981, S. 3.
1212 Lembke 2004, S. 66.
1213 Hedberg 1981, S. 6.

Organisationales Lernen kann in vier Perspektiven unterteilt werden: (1) anpassungsorientierte Perspektive[1214], (2) kulturelle Perspektive[1215], (3) wissensorientierte Perspektive und (4) informations- und wahrnehmungsorientierte Perspektive.[1216] Dodgson (1993) definiert organisatorisches Lernen als „the ways firms build, supplement and organize knowledge and routines around their activities and within their cultures, and adapt and develop organizational efficiency by improving the use oft he broad skills of their workforces"[1217]. Da organisationales Lernen die Veränderung eines von allen Organisationsmitgliedern geteilten Wissens bedeutet, kommt im Rahmen der Erfolgs- und Misserfolgsanalyse nach dem Verständnis dieser Arbeit der wissensorientierten sowie der informations- und wahrnehmungsorientierten Perspektive eine besondere Bedeutung zu.

Die wissensorientierte Perspektive geht auf die Arbeiten von Duncan und Weiss zurück.[1218] Demnach werden Organisationen als Wissenssysteme und organisationale Lernprozesse als Mittel verstanden, um neues Wissen zu generieren und damit die Wissensbasis der Organisation kontinuierlich zu verändern und weiterzuentwickeln.[1219] Wissen wird dabei verstanden als „die Grundgesamtheit aller Endprodukte von Lernprozessen, in denen Daten als Informationen wahrgenommen und Informationen in Form von strukturellen Konnektivitätsmustern in Wissensspeichern niedergelegt werden"[1220]. Die Veränderung bzw. Weiterentwicklung der organisationalen Wissensbasis „tritt auf in Form von: Ergänzung vorhandenen Wissens, Austausch offensichtlich falschen Wissens oder Bestätigung richtigen Wissens durch Zusatzinformationen"[1221]. Voraussetzung für organisationales Lernen ist damit die „Schaffung eines Konsens. Dies kann durch Kommunikation, Transparenz und Integration erfolgen [...]. Mithilfe der Kommunikation erreichen die Organisationsmitglieder eine organisationale Wirklichkeitskonstruktion. Wissen wird zwischen den Organisationsmitgliedern transportiert und

---

[1214] Vgl. Cyert & March 1963; March & Olsen 1975. Anpassungsorientiertes Lernen basiert auf dem Stimulus-Response-Paradigma. Wenn Organisationsmitglieder mit ihren Perzeptionen und Zielvorstellungen „Diskrepanzen zwischen aktuell bestehenden und erwünschten Umweltzuständen feststellen, entstehen (1) individuelle Handlungsentwürfe, die zu (2) organisatorischen Handlungen (Entscheidungen) führen. In der Konsequenz übt damit die Organisation in einer bestimmten Weise auf die Umwelt (3) Einfluss aus (Stimulus); worauf die Umwelt ihrerseits in neuer veränderter Weise reagiert (Response). Mit der (4) Perzeption und Interpretation der Umweltreaktionen durch die Organisationsmitglieder und die allfällige Diagnose einer Diskrepanz entsteht ein neuer Lernzyklus" (Steinmann & Schreyögg 2005, S. 506).

[1215] Vgl. Argyris & Schön 1978. Hiernach manifestiert sich das Wissen einer Organisation in organisationsspezifischen Handlungstheorien (Theories of Action). Dabei kann zwischen den Theorien, die Organisationsmitglieder zur Begründung ihres Handelns benennen (Espoused Theory) und jenen, die tatsächlich dem Handeln zugrunde liegen (Theory-in-Use) differenziert werden. Bei den Theorien handelt es sich vom System selbstreferenziell erzeugte Handlungs- und Erwartungsmuster, und Lernen basiert auf einer Veränderung dieser Muster. (vgl. Steinmann & Schreyögg 2005, S. 509). Der Begriff der kulturellen Lernperspektive wird von Eberl (1996) abgeleitet (vgl. Eberl 1996, S. 29 f.). Vgl. auch Schein 1985.

[1216] Vgl. Liebsch 2011, S. 65.

[1217] Dodgson 1993, S. 377.

[1218] Vgl. Duncan & Weiss 1979.

[1219] Vgl. Hedberg 1981, S. 4 ff.; Shrivastava 1983, S. 13 f.

[1220] Güldenberg 1998, S. 161.

[1221] Liebsch 2011, S. 82.

über einen Sozialisationsprozess, wie z. B. enge Zusammenarbeit, für andere zugänglich gemacht. Durch kollektive Argumentation wird Wissen transparent. Die Ergebnisse dieser Artikulation werden in Form von Führungsgrundsätzen, Leitbildern, Geschichten und Symboliken gespeichert und gewähren Individuen den Zugang zur Organisation. Die Integration der kollektiven Entwicklungsprozesse dient der Verbindung zwischen individuellem und organisationalem Lernen – ein gemeinsamer Konsens kann gefunden werden"[1222]. Damit können drei Phasen des organisationalen Lernens unterschieden werden: (1) Wissens-Schaffung, (2) Wissens-Verbreitung und (3) Wissens-Veränderung.[1223] Pautzke (1989) betrachtet organisationale Lernprozesse als Kreislauf aus den Erfahrungen der Organisationsmitglieder (individuelles Lernen), welche reflektiert und in einen kollektiven Wissensvorrat übernommen (kollektives Lernen) und anschließend in der Organisation institutionalisiert (organisationales Lernen) werden und damit zu neuen Lernprozessen der Organisationsmitglieder führen.[1224] Wesentlich für das Intrapreneuring sind damit individuelle und organisatorische Lerneffekte im Rahmen von (Miss-)Erfolgen und das experimentelle Lernen in Anlehnung an die Trial-and-Error-Theorie nach Thorndike.

Abbildung 4-2: Kreislaufmodell des organisationalen Lernens

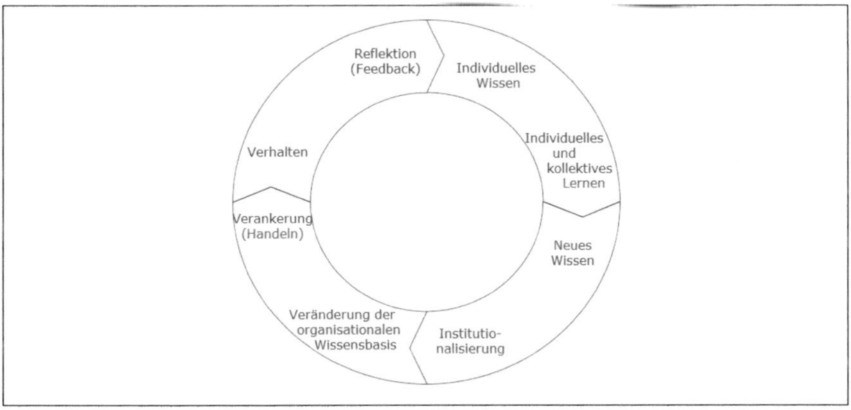

Quelle: Müller-Stevens & Pautzke 1991, S. 195 nach Güldenberg 1998, S. 204.

Die informations- und wahrnehmungsorientierte Perspektive nach Daft, Weick und Huber begreift Organisationen als Informationsverarbeitungs-Systeme.[1225] Organisationales Lernen

[1222] Liebsch 2011, S. 82 f.
[1223] Vgl. Liebsch 2011, S. 84.
[1224] Vgl. Pautzke 1989, S. 76 ff.
[1225] Vgl. Daft & Weick 1984; Daft & Huber 1987; Huber 1991.

wird hierbei in vier Phasen unterschieden: (1) Informationsaufnahme (Information Acquisition), (2) Informationsverteilung (Information Distribution), (3) Informationsinterpretation (Information Interpretation) und (4) Informationsspeicherung (Organizational Memory).[1226]

Zusammenfassend kann konstatiert werden, dass im Rahmen der Erfolgs- und Misserfolgsanalyse „Lernprozesse zu fördern, Experimente zu erlauben und Hindernisse für die Interpretation, das Verlernen und den Lerntransfer abzubauen“[1227] sind. Dies bedingt die nächste Hypothese des Konstruktes Abbruch und Lernpotenziale:

HL3: Je detaillierter die Erfolgs- bzw. Misserfolgsfaktoren analysiert werden, desto größer ist der Erfolg.[1228]

4.4.4 Wissens- und Kompetenzaustausch

Der Wissensbasierte Ansatz der strategischen Unternehmensführung (Knowledge-based View) erklärt Unternehmensheterogenität auf Basis einer spezifischen Wissensausstattung sowie der Fähigkeit der Wissensbestandsänderung durch Lernprozesse.[1229] Wissen ist eine Ressource, die „gezielt aufzubauen und mit Blick auf den Unternehmenserfolg in die Unternehmensprozesse einzubringen“ [1230] ist. Das Wissensmanagement umfasst folgende Bereiche: Wissensidentifizierung, Wissenserwerb, Wissensentwicklung, Wissensweitergabe, Wissensspeicherung und Wissensnutzung.[1231] Ziel des Wissensmanagements ist es demnach, „to create, transfer, assemble, integrate and exploit knowledge assets”[1232]. Bezugnehmend auf den Ressourcenbasierten Ansatz[1233] kann Wissen als Kernkompetenz gelten, wenn es wertvoll, selten, schwer zu imitieren und durch das jeweilige Unternehmen verwertbar ist.[1234] Zur Förderung von Lerneffekten ist ein Wissens- und Kompetenzaustausch zwischen den VE sowie zwischen den VE und der VU bzw. dem CP zu stimulieren.[1235] Nonaka et al. (2006) identifizieren hierzu acht Schritte, wobei sie u. a. einen von den Organisationsmitgliedern gemeinsam genutzten (virtuellen) Wissensraum (genannt „ba“) zum Austausch von problemrelevanten Wissenselementen beschreiben: „First, top managers articulate knowledge visions and communicate them throughout, and outside the organization […]. Second, by coordinating top

---

[1226] Vgl. Daft & Weick 1984, S. 286; Huber 1991, S. 88ff.
[1227] Vgl. Klimecki & Probst 1990, S. 61.
[1228] Vgl. Fragebogen Frage 37 (3).
[1229] Vgl. Spender & Grant 1996, S. 5 ff.
[1230] Amelingmeyer 2004, S. 20.
[1231] Vgl. Brockhoff 2011, S. 41. Steinmann & Schreyögg (2005) gliedern Wissensmanagement in vier Elemente: (1) Generierung und Erwerb neuen Wissens (Veränderung der organisatorischen Wissensbasis), (2) Wissensrepräsentation, -speicherung und –kontrolle, (3) Wissensbereitstellung und –verteilung und (4) Herstellung eines wissensfördernden Kontextes (Steinmann & Schreyögg 2005, S. 519).
[1232] Teece 1998, S. 75.
[1233] Zum Ressourcenbasierten Ansatz vgl. Kapitel 2.4.
[1234] Vgl. Brockhoff 2011, S. 44.
[1235] Vgl. Michalski 2002, S. 20.

management's visionary ideals and the front line's everyday reality, middle management has to break down the values and visions created by the top into concepts, images and activities that guide the knowledge creation process. [...] Middle managers work as ‚knowledge producers' that remake reality and produce knowledge that supports the company's knowledge vision. Third, top managers deal with the knowledge system layer and ascertain that it is both used and fed by organizational knowledge creation. To this end, they promote the sharing of knowledge among the organizational units. [...] Fourth, top managers redefine the organizational units that comprise the current activity-coordinating hierarchy. They reorganize to enhance the fit with the knowledge system layer. New knowledge produced can give rise to entirely new organizational units and may make others redundant. Fifth, top managers foster and nurture middle managers to act as knowledge producers in the organization. Sixth, top managers and middle managers are activists engaged in building new ba. They provide physical space, such as meeting rooms, virtual space, such as a computer network, or mental space, such as corporate goals. They help bring the right mix of people to the ba and promote their interaction. Seventh, top managers and middle managers also search for, support, and utilize spontaneously and informally created groups for knowledge creation, and, as activists, they connect these groups across the organization. Finally, middle managers help keep the bas energized and focused and secure conditions such as resources, diversity in participation, autonomy, access to information, and so forth."[1236]

Zur Schaffung einer organisationalen Wissensbasis sind alle Organisationsmitglieder angehalten, ihr individuelles Wissen zu kollektivieren und der Organisation zur Verfügung zu stellen. Hierzu ist Vertrauen unter den Organisationsmitgliedern erforderlich, weshalb diese (teilweise) auf ihre Machtpositionen verzichten sollten.[1237] Ein fehlender bzw. ungenügender Wissensaustausch führt zur Entstehung von implizitem Wissen oder speziell zu „tacit knowledge". Gemünden & Walter (1996) identifizieren vier wesentliche Hemmnisse für den Wissensaustausch in Form der Barrieren (1) des Nicht-Wissens, (2) des Nicht-Könnens, (3) des Nicht-Wollens und (4) des Nicht-Dürfens.[1238] Wenn Organisationsmitglieder Wissen aufgrund von opportunistischem Verhalten (Entzug von Kontrolle, Vermeidung von Mehraufwand etc.) gezielt zurückhalten, kommt es zu den beschriebenen Agency-Problemen. Bewusstes Entstehen von implizitem Wissen kann durch adäquate Anreiz- und Vergütungssysteme sowie durch Berichts- und Kontrollsysteme reduziert werden.[1239] In diesem Zusammenhang ist auch das Phänomen der Adversen Selektion zu nennen und damit das Abwandern entscheidender Wissensträger aus dem innovativen System bzw. deren Verlassen des Unternehmens. Darüber

[1236] Nonaka et al. 2006, S. 1191.
[1237] Vgl. Lembke 2004, S. 83.
[1238] Vgl. Gemünden & Walter 1996, S. 237 ff.
[1239] Vgl. Rüdiger & Vanini 1998, S. 474 f.

hinaus ist der Zugang bzw. die Erhaltung des Wissens aus informellen Innovationsvorhaben wie den sog. Skunkworks oder auch U-Booten bzw. unsystematischen Task Forces sicherzustellen.[1240] Das so in der Organisation generierte Wissen ist in einem nächsten Schritt zu institutionalisieren, indem Handlungsregeln abgeleitet werden, und in konkrete Handlungsabläufe zu transformieren.[1241] Hieraus ergibt sich die nächste Hypothese des Konstruktes Abbruch und Lernpotenziale:

HL4: Je intensiver der Austausch von Wissen und Kompetenzen unter den VE sowie zwischen den VE und der VU bzw. dem CP, desto größer ist der Erfolg.[1242]

4.4.5 Fehlertoleranz

Aus gesamtunternehmerischer Portfoliobetrachtung soll ein gewisses Maß an Risiko, konzentriert auf wenige Geschäftsbereiche, verfolgt werden. Ein wesentliches Element des ICV ist daher eine erhöhte Fehlertoleranz des CP bzw. der VU gegenüber den Innovationsvorhaben der VE. [1243] Während VCG beim Nichterreichen vorgegebener Meilensteine in der Regel gezwungen sind, das Management der PU zu ersetzen oder gar das gesamte Gründungsvorhaben zu beenden, können Großunternehmen systematisch Lernpotenziale aus den Innovationsvorhaben nutzen: „[C]orporations do not punish failure as fully as private venture firms do. Because of this, and because most new ventures fail for both VCs and for corporations, the potential exits for companies to retain more learning from these failures. Instead of disbanding the firm, breaking up the team, and scattering people to their individual job searches (as would be done in the failure of private VC-financed venture), corporations could conduct post-mortem learning activities with the team in place." [1244] Lernpotenziale ergeben sich somit für Großunternehmen im Rahmen von ICV-Aktivitäten sowohl aus Erfolgen als auch aus Misserfolgen (Post-mortem Learning) und können in neue Innovationsvorhaben einfließen oder zum Durchlaufen von Lernkurveneffekten beitragen. [1245] „Should the project not to be successful, team members probably will find other tasks within the cooperation, provided they have not been guilty of gross incompetence or malfeasance. Though the pecuniary rewards for success are modest, so too can be the consequences of failure."[1246] Die Vorteile unterliegen dem Konzept des „intelligent failure"[1247], wobei „intelligent failures require a certain willingness to discuss failed attempts" [1248]. Derartige Lernpotenziale basieren auf den Prinzipien des

1240 Vgl. hierzu Kapitel 3.2.
1241 Vgl. Lembke 2004. S. 84.
1242 Vgl. Fragebogen Frage 37 (4).
1243 Vgl. u. a. Peters & Waterman 1983, S. 243; Bitzer 1991, S. 28; Strebel 1995; S. 14. Vgl. auch Kapitel 2.3.
1244 Chesbrough 2000, S. 40.
1245 Vgl. Michalski 2002, S. 19; Chesbrough 2000, S. 41; Brody & Ehrlich 1998, S. 52; Harned et al. 1996, S. 155.
1246 Sahlman 1992, S. 25.
1247 Vgl. Leonard 1995, S. 118.
1248 Elfring 2005, S. 5.

organisatorischen Lernens (Organizational Learning).[1249] Dabei ist die Lernfähigkeit stark von Lernschleifen im Hinblick auf die Teilung von Erfolgs- bzw. Misserfolgsfaktoren und damit von der Vernetzung der einzelnen VE und der Vernetzung zur VU und zum CP abhängig.[1250] Auch die Aufrechterhaltung von Venture Teams bei Misserfolgen trägt zur Wissens- und Kompetenzentwicklung bei.[1251] Das CP muss in diesem Zusammenhang zwischen Management-Fehlern und durch das Management nicht beeinflussbaren Faktoren unterscheiden.[1252] Da Fehler einen großen Teil des experimentellen Lernens ausmachen, ist eine erhöhte Fehlertoleranz ein zentrales Element des Intrapreneuring.[1253] „[I]t is important to find ways to reward ‚goos failures' generously, and to develop a clear set of post-venture career options. This will encourage risk taking in an environment where many ventures fail, and make it easier for board members to terminate projects pursued by enthusiastic teams. Since many breakthrough innovations occur only after repeated failures have refined an entrepreneur's understanding of a problem, a venture program that does not reward learning through failure has little chance of success."[1254] Eine erhöhte Fehlertoleranz adressiert auch das Problem der Adversen Selektion bei der Rekrutierung der Mitarbeiter für die VE, da sich ansonsten geeignete Mitarbeiter eher zurückhalten würden und vielmehr Mitarbeiter bereitstehen, deren Karriereweg im Kerngeschäft limitiert ist.[1255] Hierdurch bedingt sich die letzte Hypothese des Konstruktes Abbruch und Lernpotenziale:

HL5: Je höher die Fehlertoleranz des CP bzw. der VU gegenüber den Innovationsvorhaben der VE, desto größer ist der Erfolg.[1256]

[1249] Vgl. Teece et al. 1997, S. 521; Knyphausen-Aufseß 1995, S. 99 ff.

[1250] Vgl. Michalski 2008, S. 271; Block & MacMillan 1993, S. 244.

[1251] Vgl. Chesbrough 2000, S. 40.

[1252] „Es kann davon ausgegangen werden, dass eine hohe Misserfolgstoleranz einerseits die Risikobereitschaft der Mitarbeiter stärkt, innovative Ideen verantwortlich zu realisieren und andererseits eine Atmosphäre entsteht, die das Auftreten kreativer Gedankenverbindung erst ermöglicht. Dabei wird die positive Interpretation des Misslingens als Gelegenheit zum Lernen aufgefasst" (Corsten 1989a, S. 42).

[1253] Vgl. Bitzer 1991, S. 28. Vgl. auch Kapitel 2.2.2.

[1254] Brody & Ehrlich 1998, S. 58.

[1255] Vgl. Burgelman & Sayles 1986, S. 129.

[1256] Vgl. Fragebogen Frage 37 (5).

5 Strategieorientierte Ansätze: Innovationsstrategie

Strategieorientierte Ansätze betrachten CE in Form von ICV als ganzheitliches und funktionsübergreifendes strategisches Managementkonzept.[1257] Ausgangspunkt ist die Einbindung von unternehmerischem Denken und Handeln in die Unternehmensstrategie[1258] als Voraussetzung für den Beitrag der Innovationsvorhaben zum Erreichen der Unternehmensziele.[1259] Mintzberg et al. (1998) unterscheiden zehn unterschiedliche Sichtweisen (Schools) zum Strategiebildungsprozess.

Abbildung 5-1: Sichtweisen (Schools) zum Strategiebildungsprozess

1	Design School	Strategisches Management als Konzeption
2	Planning School	Strategisches Management als formaler Prozess
3	Positioning School	Strategisches Management als analytischer Prozess
4	Entrepreneurial School	Strategisches Management als visionsgetriebener Prozess
5	Cognitive School	Strategisches Management als mentaler Prozess
6	Learning School	Strategisches Management als emergenter Prozess
7	Power School	Strategisches Management als Prozess des Aushandelns
8	Cultural School	Strategisches Management als kollektiver Prozess
9	Environmental School	Strategisches Management als Anpassungsprozess
10	Configuration School	Strategisches Management als integrativer Transformationsprozess

Quelle: Mintzberg et al. 1998 nach Heimerl & Sichler 2012, S. 75.

Die Sichtweisen 1 bis 3 sind präskriptiv und verstehen strategisches Management als einen systematischen und stark formalisierten Prozess, in welchem die strategische Planung im Mittelpunkt steht. Die Sichtweisen 4 bis 9 sind deskriptiv und beschreiben, wie Strategien in der Realität entstehen und umgesetzt werden – nämlich als emergent entstehend. Sichtweise 10

[1257] Haid 2004, S. 109. Grundlage des strategischen Managements bilden die Werke von A. D. Chandler 1962, Ansoff 1965 und Andrews 1971, welche gleichzeitig die präskriptive (vorschreibende) Richtung des strategischen Managements begründeten. Die Werke von Porter 1980 und Porter 1985 verhalfen dieser Richtung zu weiterer Popularität. Als Alternative entwickelten Mintzberg 1978 und Quinn 1980 die deskriptive (beschreibende) Richtung des strategischen Managements. Diese Ansätze beschreiben, wie Strategien in der Realität in Unternehmen entstehen. Hieraus ergibt sich die Frage und wissenschaftliche Diskussion nach der Planbarkeit von Strategien bzw. nach der Umsetzbarkeit geplanter Strategien.

[1258] Nach Chandler (1962) determiniert die Strategie „the basic long-term goals and objectives of an enterprise, and the adoption of courses of action and the allocation of resources necessary for carrying out these goals" (A. D. Chandler 1962, S. 13).

[1259] Vgl. u. a. Birkinshaw et al. 2002b, S. 15; Stopford & Baden-Fuller 1994b, S. 43; Guth & Ginsberg 1990, S. 6 ff. Lundquist (2004) beklagt eine fehlende strategische Innovationskultur in Großunternehmen und ruft zu einer ganzheitlichen Sichtweise auf: „We have a tactical culture of invention and a tactical of marketing, but not a strategic culture of innovation. We manage discrete functions instead of leading integrated systems" (Lundquist 2004, S. 12).

versucht, die verschiedenen Elemente der anderen neun Schulen zu kombinieren und zeigt, dass Strategien sowohl geplante als auch emergente Elemente enthalten und gleichzeitig formal und informal entstehen können.[1260]

Wie beschrieben, ermöglicht die Integration von CE in das strategische Management eines Unternehmens dessen Revitalisierung bzw. strategische Erneuerung.[1261] Die Unternehmensstrategie sollte somit in einem reziproken Verhältnis zu den ICV-Aktivitäten stehen.[1262] „The melding of strategic and entrepreneurial processes enables firms to opportunistically reinvent themselves for the purpose of creating or sustaining competitive advantage through what has been referred to as dynamic strategy [...] or guided evolution."[1263] Da radikale bzw. disruptive Innovationen im eigentlichen Sinne jedoch nicht planbar sind und gerade Großunternehmen auf bestehende Geschäftsbereiche fokussieren, ist ein Top-down-Strategiebildungsprozess allein betrachtet nur bedingt geeignet, radikale Markt- und Technologieumbrüche im Rahmen einer geplanten Unternehmensentwicklung nutzbar zu machen.[1264] Um das Innovationspotenzial aller Mitarbeiter eines Großunternehmens in die Strategiebildung einzubeziehen, entwickelte Burgelman (1983) ein Interaktionsmodell, welches auf der Arbeit von Bower (1970) und dem Bower-Burgelman-Prozessmodell (B-B-Modell) aufbaut.[1265] „The Bower-Burgelman (B-B) process model of strategy making in a large, complex firm depicts multiple, simultaneous, interlocking, and sequential managerial activities over three levels of organizational hierarchy (i.e., front-line or bottom, middle, and top managers) and conceptualizes intraorganizational strategy-making process as consisting of four subprocesses: two interlocking bottom-up core processes of 'definition' and 'impetus' and two overlaying corporate processes of 'structural context determination' and 'strategic context determination'."[1266] Dem B-B-Modell liegen zwei Annahmen zugrunde: Der Strategiebildungsprozess ist zum einen als iterativer Ressourcenallokationsprozess zu verstehen, bei dem mehrere bottom-up initiierte Innovationsvorhaben um die Unterstützung sowie die begrenzten Ressourcen des CP konkurrieren, und zum anderen ist dieser nicht alleinige Aufgabe des Top-Managements, sondern umfasst Handlungen sowie Entscheidungen auf allen Unternehmensebenen.[1267] Die

[1260] Vgl. Heimerl & Sichler 2012, S. 76. Vgl. zum integrativen Ansatz im Sinne der Configuration School Mintzberg et al. 1998, S. 301 ff. Grant (2010) bezeichnet den Prozess aus der Kombination von Planung und Emergenz als geplante Emergenz („Planned emergence") (Grant 2010, S. 22).

[1261] Vgl. Kapitel 2.2.2.

[1262] Vgl. Covin & Miles 2007, S. 189.

[1263] Covin & Miles 2007, S. 188.

[1264] Vgl. Burgelman 1984a, S. 154. Im Allgemeinen können drei Planungskonzepte unterschieden werden: (1) Top-down-Konzept (retrograd – Plan für nachgeordneten Planungsebene wird vom Plan der vorgelagerten Ebene abgeleitet), (2) Bottom-up-Konzept (progressiv – Planung beginnt auf unterster Stufe und wird auf der nächst höheren Stufe zusammengefasst) und (3) Top-down-/Bottom-up-Konzept (Gegenstrom – vorläufige Rahmenpläne werden von oben nach unten aufgestellt und von unten nach oben auf ihre Realisierbarkeit überprüft und ggf. angepasst) (vgl. u. a. Weitnauer 2011, S. 142).

[1265] Vgl. Bower 1970; Burgelman 1983c. Vgl. auch Bower & Doz 1979.

[1266] Noda & Bower 1996, S. 160.

[1267] Vgl. Noda & Bower 1996, S. 159 ff.

Prozessbeteiligten unterteilt Burgelman in das Top-Management des CP (Corporate Management), das mittlere Management in Form der VU (New Venture Devision Management) sowie den Intrapreneur (Venture Manager).[1268] Die Strategiebildung bezeichnet Burgelmann als überlagernden Prozess („overlaying process"), bestehend aus strukturellem Kontext („structural context")[1269] und strategischem Kontext („strategic context")[1270]. „Structural context refers to the various organizational and administrative mechanisms put in place by corporate management to implement the current corporate strategy. It operated as a selection mechanism on the strategic behavior of operational and middle-level managers. Strategic context determination refers to the process through which the current corporate strategy was extended to accommodate the new business activities resulting from ICV that fell outside the scope of the current corporate strategy."[1271] Bei der Bestimmung des strategischen Kontexts handelt es sich um einen politischen Prozess, in dessen Rahmen insbesondere das mittlere Management neue unternehmerische Gelegenheiten und damit Geschäftsfelder konkretisiert und das Top-Management davon zu überzeugen versucht, das Strategiekonzept hiermit in Einklang zu bringen.[1272] Das Top-Management kann wiederum den strategischen Kontext über den strukturellen Kontext beeinflussen.[1273] Den Kernprozess (Core Process) bilden zwei Bottom-up-Prozesse in Form eines Definitions- (Definition)[1274] und Implementierungsprozesses (Impetus)[1275].[1276] „The definition process encompassed the activities involved in articulating the technical-economic aspects of an ICV project. Through the impetus process, it gained and maintained support in the organization."[1277] Der Kernprozess bezieht sich somit auf die

[1268] Vgl. Burgelman 1983c, S. 230. Vgl. zur Unterteilung in CP, VU und VE Kapitel 2.3. Vgl. zur NVD Kapitel 3.2.2.2.

[1269] Noda und Bower (1996) nennen als Beispiele für den structural context „various organizational and administrative mechanisms such as organizational architecture, information and measurement systems, and reward and punishing systems" (Noda & Bower 1996, S. 160).

[1270] „Strategic context determination is conceived primarily as a political process through which middle managers delineate in concrete terms the content of new fields of business development for the corporation and attempt to convince top managers that the current concept of corporate strategy needs to be changed so as to accommodate successful new business development" (Noda & Bower 1996, S. 160).

[1271] Burgelman 1983c, S. 229.

[1272] Vgl. Noda & Bower 1996, S. 160.

[1273] Vgl. Noda & Bower 1996, S. 160.

[1274] „Definition is a cognitive process in which technological and market forces, initially ill defined, are communicated to the organization, and strategic initiatives are developed primarily by front-line managers who usually have specific knowledge on technology and are closer to the market" (Noda & Bower 1996, S. 160).

[1275] „Impetus is a largely sociopolitical process by which these strategic initiatives are continually championed by front-line managers, and are adopted and brokered by middle managers who, in doing so, put their reputations for good judgment and organizational career at stake. The role of top managers is limited in that they do not necessarily have the appropriate knowledge or information to evaluate technical and economic aspects of the strategic initiatives, and tend to rely on the track records or credibility of proposing middle managers in making resource allocation decision" (Noda & Bower 1996, S. 160).

[1276] Im Rahmen dieser Arbeit entspricht der Definitionsprozess (Definition) grob der Ideengenerierung und der Implementierungsprozess (Impetus) der Kombination aus technischer und ökonomischer Entwicklung.

[1277] Burgelman 1983c, S. 229.

Projektebene und der überlagernde Prozess auf die Strategiebildung aus der Portfolioperspektive.

Im Rahmen des überlagernden Prozesses beschreibt Burgelman den ICV-Prozess – und damit die Verbindung des Organisationskonzepts VM mit dem Motivationskonzept Intrapreneuring – als Kombination von Top-down-Vorgaben und Bottom-up-Initiativen.[1278] Hiernach ist die Strategie eines Großunternehmens das Ergebnis eines Entwicklungsprozesses, bei dem die strategischen Aktivitäten aus induziertem (Induced Strategic Behavior) und autonomem strategischem Verhalten (Autonomous Strategic Behavior) bestehen.[1279] „Successful ICV efforts are shown to depend on the availability of autonomous entrepreneurial activity on the part of operational level participants, on the ability of middle-level managers to conceptualize the strategic implications of these initiatives in more general system terms, and on the capacity of top management to allow viable entrepreneurial initiatives to change the corporate strategy."[1280] Während der strukturelle Kontext (Structural Context) und damit das strategische Verhalten der Mitarbeiter über das Strategiekonzept (Concept of Corporate Strategy) top-down vom CP induziert wird, werden die hiermit im Einklang stehenden Innovationsvorhaben bottom-up von Intrapreneuren mit hohem Technologie- und Marktwissen autonom initiiert.[1281] Durch die Vorgabe festgelegter Ziele bildet das Strategiekonzept den Rahmen für die operativen Aktivitäten des Unternehmens. Über den strategischen Kontext (Strategic Context) werden diese autonomen strategischen Initiativen mit dem Strategiekonzept verbunden und beeinflussen bzw. verändern ihrerseits wiederum langfristig das Strategiekonzept und damit den strukturellen Kontext sowie das induzierte strategische Verhalten.[1282] „The development of those strategic initiatives would lead to the refinement or change of the concept of corporate strategy, thereby determining 'strategic context' over time."[1283] Da auch die autonom initiierten Innovationsvorhaben Einfluss auf das Strategiekonzept nehmen, handelt es sich um einen iterativen Prozess. Das Ziel besteht in der Integration strategisch autonomen Verhaltens der Mitarbeiter in den Strategiebildungsprozess und damit in der Erweiterung des Optionenraums zum Aufbau neuer Geschäftsbereiche auf Basis von Innovationen.[1284] „ICV bietet in diesem Sinne über das Organisationskonzept des Venture Managements die Möglichkeit, Intrapreneuring-Initiativen als autonomes strategisches Verhalten aufzugreifen und [...] in das

[1278] Vgl. u.a, Burgelman 1991, S. 239 ff.; Burgelman & Sayles 1986, S. 122 ff. und 190 f.; Burgelman 1984a, S. 154 ff.; Burgelman 1984b, S. 33 ff.; Burgelman 1983a, S. 1349 ff.; Burgelman 1983b, S. 61 ff.; Burgelman 1983c, S. 223 ff.; Vgl. Kapitel 2.3.2.

[1279] Vgl. u. a. Burgelman 1983a, S. 1350; Burgelman 1983b, S. 64 f.

[1280] Burgelman 1983c, S. 223.

[1281] Für das CP besteht somit die Möglichkeit, den Innovationsprozess mittels organisationaler und administrativer Maßnahmen zu manipulieren und zu steuern (vgl. Noda & Bower 1996, S. 160).

[1282] Vgl. u. a. Burgelman & Sayles 1986, S. 172; Burgelman 1983a, S. 1350 ff.; Burgelman 1983b, S. 64 ff.

[1283] Noda & Bower 1996, S. 160.

[1284] Vgl. Kapitel 2.3.2.

Gesamtstrategiekonzept zu integrieren."[1285] Burgelman spricht in diesem Zusammenhang von einem „experimentation-and-selection approach"[1286]. „New business development can only be legitimized if the corporate strategy is creating a misfit between current competencies and those that are required to compete effectively in the future. New competencies in turn further challenge the extant strategy, thereby opening new strategic perspectives."[1287]

Abbildung 5-2: Strategic behavior, corporate context und concept of strategy

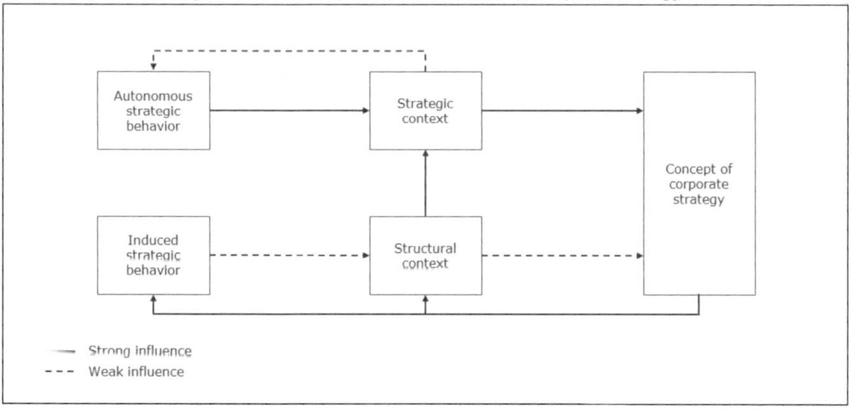

Quelle: Burgelman 1983a, S. 1351; Burgelman 1983b, S. 65.

Die Installation eines CE als strategisches Managementkonzept basiert auf einem iterativen rekursiven Prozess, welcher die Strategieformulierung und -implementierung umfasst und von einer kontinuierlichen strategischen Kontrolle begleitet wird.[1288]

5.1 Strategieformulierung

Im Rahmen der Strategieformulierung wird eine strategische Leitlinie in Form einer vorläufigen Rahmenplanung [1289] über das Strategiekonzept top-down vorgegeben, wodurch die zukünftige Richtung des Unternehmens definiert und die Steuerung der unternehmerischen Prozesse

[1285] Vgl. H. Klein 2002, S. 211.

[1286] Burgelman 1983a, S. 1349 ff.; Burgelman 1983b, S. 68.

[1287] Vgl. Vanhaverbeke & Peeters 2005, S. 246.

[1288] Vgl. Haid 2004, S. 185. Vgl. zum klassischen Konzept der Strategieentwicklung aus Strategieformulierung und -implementierung Andrews 1971.

[1289] Entsprechend den Zielen können im Allgemeinen vier Planungsteilbereiche unterschieden werden: (1) Leitbildplanung – Schritte zur Erreichung der unternehmenspolitischen Zielsetzungen, (2) strategische Planung – Schritte zur Erreichung der strategischen Zielsetzungen, (3) operative Planung – kurz- bis mittelfristige Aktionsprozesse und Maßnahmenkataloge auf Basis der strategischen Planung und (4) Erfolgs- und Liquiditätsplanung – Ergänzung der drei vorangegangenen Planbereiche durch eigene Erfolgsrechnungen, Budgetpläne und Liquiditätspläne (vgl. u. a. Weitnauer 2011, S. 141).

ermöglicht wird.[1290] Zur Bestimmung der zukünftigen Richtung ist zunächst eine Situationsanalyse für die einzelnen Geschäftsbereiche des Unternehmens sowie der Unternehmensumwelt durchzuführen.[1291] Hierauf aufbauend sind die unternehmerische Mission und Vision zu entwickeln, wobei Erstere einer kontinuierlichen Innovationsorientierung dient und Zweitere die Mitarbeiter zu unternehmerischem Denken und Handeln motiviert.[1292] In diesem Zusammenhang bildet die Vision einen Identifikations- und Motivationsfaktor für die Mitarbeiter.[1293] Entsprechend betrachtet Garfield (1986) Visionen als „missions which motivate"[1294]. Unternehmensmission und -vision bilden ein Leitbild[1295], welches als verbindliche Grundlage für die Ziele und Strategien fungiert. Hierin sind Aussagen zum Selbstverständnis des Unternehmens enthalten, an denen sich die Mitarbeiter orientieren können. Die Vision formuliert die Innovationsdringlichkeit, wobei „[u]rgency in this context refers to a compelling sense that organizational survival depends on change. It is an imperative that suggests one either innovates or falls behind – there is no middle ground. It is a permanent mandate for making the company's products and processes obsolete"[1296]. Voraussetzung hierfür ist jedoch, dass die Vision erreichbar und glaubhaft formuliert ist, wobei für Letzteres das Commitment des Top-Managements entscheidend ist.[1297] Im Anschluss daran sind langfristige monetäre sowie nicht-monetäre Ziel- und Steuerungsgrößen abzuleiten.[1298] „Ohne langfristige Zielsetzungen läuft das strategische Management gefahr, in einen reinen Aktionismus zu verfallen, d.h. das Tagesgeschäft und die Reaktion auf kurzfristige Gegebenheiten in den Vordergrund zu stellen und die langfristige, strategische Perspektive außer acht zu lassen."[1299] Darüber hinaus gilt es

---

[1290] Vgl. Haid 2004, S. 185.

[1291] Vgl. Granig & Hartlieb 2012, S. 16; Steinmann & Schreyögg 1999, S. 158. Hierbei lassen sich z. B. im Rahmen der klassischen SWOT-Analyse die Stärken (Strengths) und Schwächen (Weaknesses) des Unternehmens den Chancen (Opportunities) und Risiken (Threats) der Umwelt gegenüberstellen.

[1292] Vgl. Haid 2004, S. 192 f. Die Formulierung der Unternehmensmission und -vision wird allgemein als erster Schritt im Prozess des strategischen Managements angesehen (vgl. A. Miller & Dess 1998, S. 5 ff.).

[1293] Vgl. Bleicher 2011, S. 112.

[1294] Garfield 1986, S. 12.

[1295] Welge & Al-Laham (2012) schreiben Leitbildern fünf strategische Funktionen zu: (1) Steuerung der nachfolgenden Zielsetzungen und Strategien, (2) Entscheidungskoordination und Erhöhung der Entscheidungseffizienz, (3) Schaffung einer einheitlichen Grundauffassung, (4) Kommunikation der Unternehmensmission und -vision an die Mitarbeiter/Führungskräfte und deren Motivation durch Identifikation und (5) Kommunikation der Unternehmensidentität (Corporate Identity) (vgl. Welge & Al-Laham 2012, S. 198 f.).

[1296] Kuratko & Morris 2003, S. 33.

[1297] Vgl. D. J. Kelley et al. 2005, S. 35 ff.; D. Frey et al. 1995, S. 1276.

[1298] Vgl. u. a. Barringer & Bluedorn 1999, S. 426 f. und 433 ff.; Zahra 1993a, S. 12; Block 1982, S. 32. Welge & Al-Laham (2012) leiten die Bedeutung von Zielen auf Basis von sieben Funktionen ab: (1) Selektionsfunktion im Sinne einer bewussten Auswahlentscheidung zwischen mehreren Handlungsalternativen bzw. Strategien, (2) Orientierungsfunktion und damit die Ausrichtung sämtlicher Aktivitäten auf ein bzw. mehrere übergeordnete Ziele, (3) Steuerungsfunktion im Zuge der Lenkung von Verhaltensweisen, (4) Koordinationsfunktion durch Anpassung bzw. Abstimmung (Harmonisierung) der verschiedenen Aktivitäten der Organisationsmitglieder, (5) Motivations- und Anreizfunktion zur Leistungssteigerung, (6) Bewertungsfunktion von Handlungsalternativen bzw. Strategien hinsichtlich ihres Beitrags zur Zielerreichung und (7) Kontrollfunktion durch Ziele als Sollvorstellungen (vgl. Welge & Al-Laham 2012, S. 200).

[1299] Welge & Al-Laham 2012, S. 199.

jedoch, auch mittel- sowie kurzfristige Maßnahmen abzuleiten, um eine Verzahnung der strategischen mit der operativen Ebene sicherzustellen.[1300] Schließlich ist die Strategie festzulegen, in der beschrieben wird, wie das Unternehmen und mit welchem Zeithorizont die definierten Ziele realisieren möchte.[1301] In diesem Zusammenhang sind entsprechende Kreativitätskorridore bzw. Suchfelder abzugrenzen, um eine zielorientierte Suche nach unternehmerischen Gelegenheiten zu gewährleisten.[1302] Wie beschrieben, sind jedoch das top-down vorgegebene strategische Leitbild und damit die Mission und Vision sowie die Unternehmensstrategie aufgrund der bottom-up initiierten Innovationsvorhaben der Intrapreneure ständig zu überprüfen und ggf. anzupassen: „This dynamic interplay between (technological) competencies and strategy implies that a firm's strategic vision actually is a 'moving target'. A successful innovation company therefore resolves the duality between current strategy, new competencies and future strategy: an ambidextrous organization possesses that capability, with corporate venturing (new business development) as an effective operational mode to reconcile the inherent incongruence in the company."[1303]

5.2 Strategieimplementierung

Die Strategieimplementierung umfasst die Umsetzung strategischer Pläne in konkretes strategiegeleitetes Handeln der Organisationsmitglieder. Im Mittelpunkt stehen Maßnahmen zur Aktivierung von unternehmensweiten Innovationspotenzialen im Sinne der Unternehmensstrategie. „Implementing strategy is an action oriented, make-things-happen task that tests a manager's ability to direct organizational change, motivate people, develop core competencies, build valuable organizational capabilities, achieve continuous improvement in business processes, create a strategy supportive culture, and meet or beat performance targets."[1304] Die Strategieimplementierung stellt die Konformität von unternehmerischem Denken und Handeln und damit der bottom-up autonom initiierten Innovationsvorhaben der Intrapreneure mit den Unternehmenszielen sicher.[1305] Hierbei können sachbezogene Aufgaben im Rahmen der Umsetzung sowie verhaltensbezogene Aufgaben im Rahmen der Durchsetzung strategischer Maßnahmenprogramme unterschieden werden.[1306] Während sachbezogene Aufgaben u. a. die

[1300] Ziele können in folgende Gruppen unterteilt werden: Art (monetäre und nicht-monetäre Ziele), Rang (Ober-, Zwischen- und Unterziele), Maß (begrenzte und unbegrenzte Ziele), Zeit (kurz-, mittel- und langfristige Ziele); Interdependenz (komplementäre, konkurrierende, antinome und indifferente Ziele) (vgl. u. a. Weitnauer 2011, S. 139).
[1301] Vgl. Granig & Hartlieb 2012, S. 15.
[1302] Vgl. Scigliano 2003, S. 87; Gälweiler et al. 1990, S. 232. Die Suchrichtung kann in Abhängigkeit der Ideenquelle(n) in technologie- und marktorientiert unterschieden werden (vgl. Haid 2004, S. 203).
[1303] Vgl. Vanhaverbeke & Peeters 2005, S. 246.
[1304] Thompson & Strickland 1998, S. 268.
[1305] Vgl. Haid 2004, S. 185.
[1306] Vgl. Kolks 1990, S. 79 ff.

operative Konkretisierung der Strategie, die Budgetierung, die Ressourcenallokation und die Strategieabstimmung mit Kultur, Struktur und Systemen umfassen, zielen verhaltensbezogene Aufgaben auf die Erreichung von Strategieakzeptanz.[1307]

Im Zuge der Umsetzung strategischer Maßnahmenprogramme kommt den Erfolgsfaktoren Organisationsstruktur (Anpassung der Aufbaustruktur an die Unternehmensstrategie), Unternehmenskultur (Verhaltenssteuerung), Managementsystem (Informations-, Kontroll- und Kommunikationssysteme sowie Führungssysteme im Sinne von Anreiz- und Vergütungssystemen) sowie Personal und Führungskräften eine besondere Bedeutung zu.[1308] Die Durchsetzung strategischer Maßnahmenprogramme umfasst hingegen die Strategievermittlung (Kommunikation), Einweisung und Schulung (Lernen) sowie die Schaffung eines strategiebezogenen Konsens (Abbau von Ziel-, Verteilungs- und Durchsetzungskonflikten).[1309]

Haid (2004) sieht erfolgskritische Maßnahmen zur Unterstützung der Implementierung einer unternehmerischen Strategie in der „Etablierung einer offenen internen Kommunikation, der Schaffung innovationsorientierter Anreizsysteme sowie der Ausgliederung von Innovationsaktivitäten“[1310].

Abbildung 5-3: Strategischer Prozess zur Etablierung des Corporate Entrepreneurship

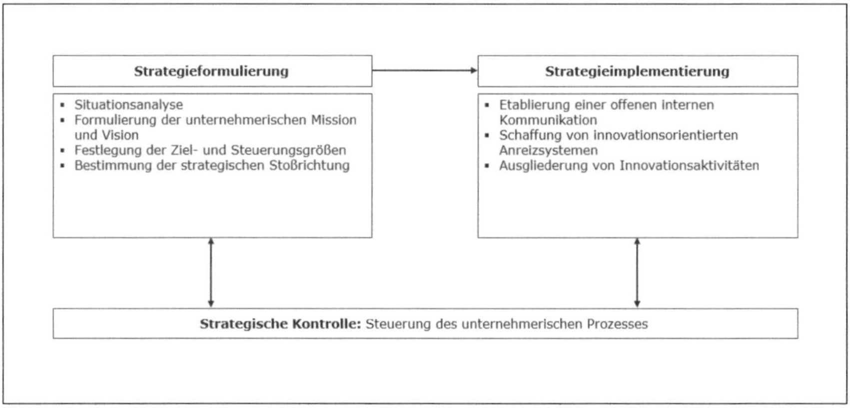

Quelle: Haid 2004, S. 294.

Neben der Ausgliederung der Innovationsvorhaben in (teil-)autonome Organisationseinheiten gewährleisten sowohl eine offene interne Kommunikation zur Förderung des Wissenstransfers zwischen CP und VE als auch die Motivation der Mitarbeiter durch innovationsorientierte

[1307] Vgl. Welge & Al-Laham 2012, S. 793.
[1308] Vgl. Welge & Al-Laham 2012, S. 795 ff.
[1309] Vgl. Kolks 1990, S. 114 ff. u. 121.
[1310] Haid 2004, S. 295. Vgl. hierzu auch Saly 2001, S. 39; Zahra 1991, S. 259 ff.

Anreiz- und Vergütungssysteme ein zielorientiertes unternehmerisches Denken und Handeln. [1311] Zudem wird es den VE erst hierdurch ermöglicht, sich im Sinne der Unternehmensziele zu verhalten. Darüber hinaus können durch die Strategievermittlung sowie die Schaffung eines strategiebezogenen Konsens Implementierungsbarrieren abgebaut werden. Im Rahmen der unternehmensinternen Kommunikation kann zwischen formeller (basierend auf der Organisationshierarchie) und informeller[1312] (unabhängig von der Organisationshierarchie) Kommunikation differenziert werden.

5.2.1 Top-down-Kommunikation

Durch eine Top-down-Kommunikation des Leitbildes sowie der unternehmerischen Strategie wird im Rahmen der Strategieimplementierung die strategische Leitlinie vorgegeben und die Mitarbeiter für unternehmerisches Denken und Handeln sensibilisiert.[1313] Dies ist Voraussetzung für den Beitrag der Innovationsvorhaben zum Erreichen der Unternehmensziele. Unzureichend konkrete strategische Vorgaben sowie deren mangelhafte Kommunikation durch das Top-Management erschweren es den Mitarbeitern, sich im Sinne der Unternehmensziele zu verhalten. „Firms in which strategy is not clearly formulated and communicated throughout the firm, tend to be less entrepreneurial. The reason is that when [...] managers are not sure about the firm's strategy, they are more reluctant to enter risky entrepreneurial activities and it is less clear for them where to search for new opportunities. This impediment to corporate entrepreneurship is not present in firms that have their strategies developed in detail and communicated to all employees. Therefore these firms have on average higher CE-intensity."[1314] Die Zielvorgaben dienen als Leitplanken und sollten nicht zu eng gefasst werden, da die VU mit Planänderungen flexibel auf Probleme reagieren können muss.[1315]

5.2.2 Bottom-up-Kommunikation

Neben der Top-down-Kommunikation der unternehmerischen Strategie ist zu deren Umsetzung eine Bottom-up-Kommunikation erforderlich. Mittels der Bottom-up-Kommunikation werden zum einen die Mitarbeiter in den strategischen Veränderungsprozess eingebunden und damit unternehmensweite Innovationspotenziale aktiviert sowie zum anderen das Top-Management über die sich bietenden unternehmerischen Gelegenheiten informiert und zum

[1311] Vgl. Haid 2004, S. 295 ff.

[1312] U. a. bieten Betriebsbesuche, Telefongespräche oder Kamingespräche Möglichkeiten zur Förderung der informellen Kommunikation zwischen den Mitarbeitern der unteren Hierarchiestufen und dem Management (vgl. Mohr 1997, S. 224).

[1313] Vgl. Kaplan & Norton 1997, S. 195.

[1314] Saly 2001, S. 282 f.

[1315] Vgl. Schween 1996, S. 141.

unternehmerischen Denken und Handeln befähigt.[1316] Letzteres ermöglicht es dem Top-Management, die Unternehmensstrategie kontinuierlich zu hinterfragen und ggf. anzupassen. Hierbei steht die mittlere Managementebene im Mittelpunkt: „Middle managers interact with diverse employees, which would allow them to use formal and informal approaches to encourage innovation and calculated risk taking. Middle managers also communicate their ideas for innovations to upper management, thereby creating an opportunity where these ideas are evaluated and considered within the context of the firm's overall strategic priorities."[1317] Vor allem im Rahmen einer effizienten Bottom-up-Kommunikation spielt das mittlere Management in Form einer VU bzw. NVD als Bindeglied und Informationsfilter zwischen Top-Management und VE eine entscheidende Rolle.[1318] „Middle management occupies a key position; it is equipped with the ability to combine strategic macro (context-free) information and hands-on micro (context-specific) information. In other words, middle management is in a position to forge the organizational link between deductive and inductive management. Middle management is able to most effectively eliminate the noise, fluctuation, and chaos within an organization's information creation structure by serving as a starting point for action to be taken by upper and lower levels. Therefore middle managers are also able to serve as the agent for change in the organization's self-renewal process."[1319] Das mittlere Management wird zur integrierenden Instanz zwischen CP und VE, wobei es sowohl eine operative als auch strategische Rolle übernimmt und daher grundlegend den Erfolg der Innovationsvorhaben beeinflusst.[1320] „Middle level managers who know the corporate capabilities and skills are necessary to articulate a strategy for a new business field based on new combinations of these corporate capabilities and skills. [...] Middle level management must be able to act as crucial linking and technology transfer mechanisms in the corporation."[1321] Kanter (1986) vertritt gar die Auffassung, dass dies die einzige Legitimation des mittleren Managements darstellt: „[T]he only legitimate justification for middle management is to create something, to change

[1316] Vgl. Gebert et al. 2001, S. 266; Mohr 1997, S. 222 f.

[1317] Hornsby et al. 2002, S. 257.

[1318] Vgl. Burgelman 1983a, S. 1349 ff.; Walgenbach 1994, S. 194 ff. Kuratko et al. (2005) fassen entsprechend zusammen: „In a generalized context, the role of top-level managers revolves around the making of effective strategic decisions – decisions that are concerned with setting the firm's direction and reaching its objectives. The role of middle-level managers focuses on effectively communicating information between the firm's two internal managerial stakeholders (top-level managers and operating-level managers). To fulfill this role, middle-level managers interactively synthesize information, disseminate that information to both top- and operating-level managers and then as appropriate, champion projects that are intended to create newness (e.g., a product, service, or business unit). [...] The role of operating-level managers is to absorb relevant information gained from outside the firm while responding to middle-level managers' communication of information that is based on top-level managers' decisions" (Kuratko et al. 2005, S. 701 f.).

[1319] Nonaka 1988, S. 15.

[1320] Vgl. Mes 2011, S. 207; Hornsby et al. 2009, S. 236 f.; Kuratko et al. 2005, S. 699 ff.; Guth & Ginsberg 1990, S. 6.

[1321] Burgelman 1985, S. 52.

something, to initiate something."[1322] Somit ist eine aktive Einbeziehung des mittleren Managements in die strategische Entscheidungsfindung durch das Top-Management erforderlich.[1323] Dies trägt zu einer Steigerung der Motivation auf allen Unternehmensebenen bei und ermöglicht eine schnelle Anpassung der Unternehmensstrategie, falls dies aufgrund der bottom-up initiierten Innovationsvorhaben erforderlich sein sollte.[1324] „Not only can middle managers stimulate interest in corporate entrepreneurship but they can also influence their subordinates' commitment to these activities once they are initiated; this commitment is necessary for a company to benefit from corporate entrepreneurship activities."[1325]

Im Definitionsprozess (Definition) unterstützt das mittlere Management mittels Beratungsleistungen sowie der Beschaffung von Ressourcen die Initiierung sowie die weitere Entwicklung des Innovationsvorhabens (Product Championing).[1326] „Product championing was required to turn a new idea into a concrete new project in which technical and marketing development could begin to take shape. These activities required the ability to mobilize the resources necessary to demonstrate that what conventional corporate wisdom had classified as impossible was, in fact, possible. To overcome difficulties in resource procurement resulting from this conventional wisdom, product champions acted as scavengers, reaching for hidden or forgotten resources to demonstrate feasibility." [1327] Im anschließenden Implementierungsprozess (Impetus) entwickelt der Intrapreneur mit Unterstützung der NVD sowie der operativen Bereiche des CP ein stark an den Marktbedürfnissen und damit an der Marktdurchdringung ausgerichtetes Strategiekonzept (Strategic Forcing).[1328] „Strategic forcing required that the venture manager concentrate his efforts on the commercialization of the new product, process, or system. In particular, it required a narrow and short-term focus on market penetration."[1329] Nach der Erzielung erster Erfolge formuliert das mittlere Management eine breitere Strategie (Strategic Building), um die Potenziale einer unternehmerischen Gelegenheit nicht von vornherein zu begrenzen, wobei nach weiteren Anwendungsmöglichkeiten sowie Synergien zu anderen Geschäftsbereichen gesucht wird.[1330] „Strategic building involved in the articulation of a master strategy fort he broader field of new business development opened up by the product achampion/venture manager and the implementation of this strategy through the agglomeration of additional new business with the original venture."[1331]

[1322] Kanter 1986, S. 19.
[1323] Vgl. Burgelman 1984a, S. 158; Riekhof 1986, S. 14.
[1324] Vgl. u. a. Guth & MacMillan 1986, S. 314 ff.; Burgelman 1984a, S. 156 f.
[1325] Hornsby et al. 2002, S. 255.
[1326] Vgl. H. Klein 2002, S. 211 f.
[1327] Burgelman 1983c, S. 232.
[1328] Vgl. H. Klein 2002, S. 212.
[1329] Burgelman 1983c, S. 234.
[1330] Vgl. Mes 2011, S. 205 f.
[1331] Burgelman 1983c, S. 235.

Bei der Bestimmung des strategischen Kontexts konkretisiert das mittlere Management die neue unternehmerische Gelegenheit und versucht das Top-Management davon zu überzeugen, diese weiter zu unterstützen (delineating).[1332] „Through organizational championing based on strategic buidling, middle-level managers were capable of delineating in concrete terms the concept of new fields of business development for the corporation."[1333] Auf Basis der ausgewählten Innovationsvorhaben wird anschließend die Unternehmensstrategie durch das Top-Management angepasst (retroactive rationalizing) und die Innovationsvorhaben in einen entsprechenden strukturellen Rahmen eingebettet.[1334] Der iterative Prozess aus induziertem strategischem Verhalten und Strategiekonzept ruft einen internen Selektionsmechanismus auf der Basis eines Wettbewerbs unter den Innovationsvorhaben hervor. [1335] Dabei entscheidet neben dem Top-Management auch das mittlere Management mittels seiner Funktion als Ressourcenbeschaffer sowie Informationsfilter darüber, welche der bottom-up initiierten Innovationsvorhaben sich im Unternehmen durchsetzen (selecting).[1336] „Structural context determination [...] resulted in an internal selection environment in which the autonomous strategic initiatives emerging from below competed for survival."[1337] Zusammenfassend besteht die Schlüsselrolle des mittleren Managements damit im Schnittstellenmanagement zwischen operativen und innovativen Einheiten (organizational championing).[1338]

[1332] Vgl. Mes 2011, S. 206.

[1333] Burgelman 1983c, S. 239.

[1334] Vgl. Mes 2011, S. 206; Burgelman & Sayles 1986, S. 144 f.; Burgelman 1983c, S. 239.

[1335] Vgl. Hamel 1999, S. 84; Mohr 1997, S. 87 f.; Noda & Bower 1996, S. 160; Stopford & Baden-Fuller 1994b, S. 45. Burgelman (1991) schlägt in diesem Zusammenhang eine „intraorganizational ecological perspective" nach dem Vorbild des „variation-selection-retention framework of cultural evelutionary theory" (vgl. D. T. Campbell 1969; Aldrich 1979; Weick 1979) vor: „Variation in strategic initiatives comes about, in part, as the result of individual strategists seeking expression of their special skills and career advancement through the pursuit of different types of strategic initiatives. Selection works through administrative and cultural mechanisms regulating the allocation of attention and resources to different areas of strategic initiative. Retention takes the form of organizational-level learning and distinctive competence, embodied in various ways-organizational goal definition, domain delineation, and shared views of organizational character" (Burgelman 1991, S. 240).
„Variation refers to the creation of ventures that create variety in the activities a firm is currently performing. Selection acts through the resource-allocation process. Ventures 'selected in' are able to capture sufficient corporate resources to continue. Those 'selected out' are either deliberately killed or allowed to wither away. [...] Finally, retention refers to maintaining the venture within the firm" (Keil et al. 2009, S. 602 f.).
„Strategic initiatives are identified and examined in the definition process, within the corporate context (variation), are selected out in the impetus process by corporate context as 'internal selection environment' (selection), and lead to the reinforcement or modification of corporate context (rention)" (Noda & Bower 1996, S. 160).

[1336] Vgl. Burgelman 1983a, S. 1349 ff; Burgelman 1984a, S. 156 ff.

[1337] Vgl. Burgelman 1983c, S. 240.

[1338] Vgl. Burgelman 1983c, S. 238 f.; H. Klein 2002, S. 212. Kuratko et al. (2005) sehen die Rolle des mittleren Managements im „endorsement" („evaluative role [...] to lend political support or not, as well as the decision of how much support to offer if this is the manager's disposition"), „refinement" („molding the entrepreneurial opportunity into one that makes sense fort he organization, given the organization's strategy, resources, and political structure") und „shepherding" („champion, protect, nurture, and guide the entrepreneurial initiatives") sowie in der „identification of resources needed to convert the entrepreneurial concept into a business reality", „acquisition of resources essential to the pursuit of entrepreneurial opportunity" und dem „deployment" („how [...] resources are configured to enact the initiative [...] mobilized or otherwise

Abbildung 5-4: Key and peripheral activities in a process model of ICV

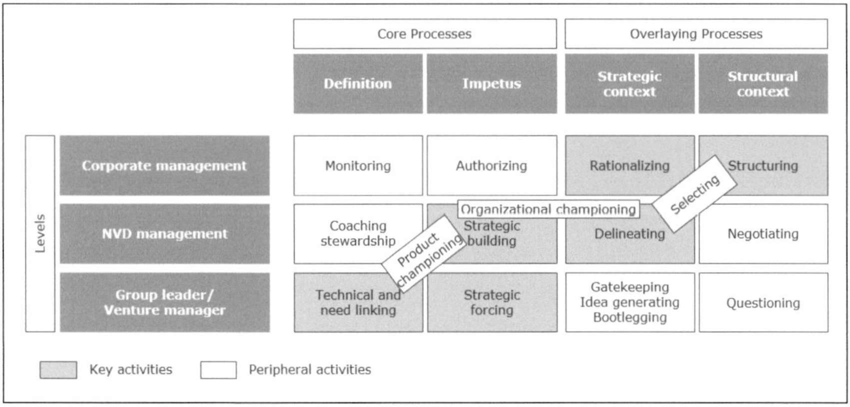

Quelle: Burgelman 1983c, S. 230.

Voraussetzung ist jedoch, dass das Top-Management gegenüber dem mittleren Management entsprechende Anreiz- und Vergütungssysteme installiert (Appropriate Use of Rewards), dieses bei der Umsetzung der Innovationsvorhaben unterstützt (Top-Management Support), die notwendigen Ressourcen freigibt (Resource Availability), geeignete Organisationsstrukturen bereitstellt (Supportive Organizational Structure) sowie eine erhöhte Fehlertoleranz gewährt, welche es erlaubt, kalkulierbare Risiken zu übernehmen (Risk Taking and Tolerance for Failure).[1339] Ebenso ist natürlich wiederum die mittlere Managementebene angehalten, ein entsprechendes unternehmerisches Umfeld in ihren Organisationsbereichen zu schaffen, welches unternehmerisches Denken und Handeln der Intrapreneure ermöglicht und stimuliert.[1340]

5.3 Konstrukt Innovationsstrategie

5.3.1 Stimulierung von unternehmerischem Denken und Handeln

Eine wesentliche Aufgabe der Innovationsstrategie ist die Stimulierung und Förderung eines Unternehmertums im Unternehmen. Hierzu ist unternehmerisches Denken und Handeln in die Unternehmensstrategie einzubinden.[1341]Zur Implementierung einer unternehmerischen Strategie ist durch das Top-Management eine entsprechende strategische Leitlinie durch Mission,

lerveraged in support of the initiative […] and the level and type of resources allocated in pursuit of the opportunity") (vgl. Kuratko et al. 2005, S. 705 ff.).

[1339] Vgl. Kuratko et al. 2005, S. 702 f.; Hornsby et al. 2002, S. 253 f. und S. 259 f.

[1340] Vgl. Hornsby et al. 2002, S. 258.

[1341] Vgl. u. a. Birkinshaw et al. 2002b, S. 15; Stopford & Baden-Fuller 1994b, S. 43; Guth & Ginsberg 1990, S. 6 ff. Vgl. auch Kapitel 5.

Vision und Unternehmenszielsetzungen inkl. der entsprechenden Kennzahlensysteme vorzugeben. Zudem sind die hierarchisch nachgelagerten Managementebenen in den strategischen Veränderungsprozess einzubinden, um unternehmensweite Innovationspotenziale zu aktivieren. Die zur Umsetzung der Strategie erforderlichen Rahmenbedingungen sind festzulegen, die Verantwortlichkeiten und Schnittstellen zu definieren und die entsprechenden Ressourcen bereitzustellen. In diesem Zusammenhang sind strategiekonforme innovationsfördernde Organisationsstrukturen und -prozesse zu schaffen, Anreiz- und Vergütungssysteme zu installieren sowie Offenheit und Vertrauen in die Unternehmenskultur zu integrieren. Ziel ist die Gestaltung unternehmerischer Handlungs- und Entscheidungsräume auf allen Unternehmensebenen und damit die Befähigung (Empowerment) sowie Motivation der Mitarbeiter zum unternehmerischen Denken und Handeln.[1342] Offenheit und Vertrauen fördern in diesem Zusammenhang eine konstruktive Zusammenarbeit zwischen den Organisationseinheiten und erhöhen die Bereitschaft, Wissen und Erfahrungen zu teilen.[1343] Darüber hinaus erfordert die Umsetzung der Unternehmensstrategie in konkretes strategiegeleitetes Handeln der Organisationsmitglieder und damit die Ausrichtung der Innovationsvorhaben an den Unternehmenszielen entsprechende systematische Steuerungs- und Kontrollprozesse. Voraussetzung hierfür ist die Messbarkeit der strategischen Zielsetzungen: „If you can't measure it, you can't manage it."[1344] Dabei stellt sich die Frage nach der geeigneten Kontrollintensität.[1345] Es gilt, zwischen dem Grad der gewährten Autonomie in Form der Handlungs- und Entscheidungsräume sowie dem der Kontroll- und Einflussbedürfnisse abzuwägen. Zu starke Kontrolle unterminiert die Schaffung eines unternehmerischen Umfelds und schränkt unternehmerisches Denken und Handeln ein.[1346] Hieraus resultiert die Gefahr der Adversen Selektion und damit das Abwandern geeigneter Mitarbeiter und die Weiterverfolgung wertvoller Innovationsvorhaben außerhalb der Unternehmensgrenzen.[1347] Ein gewisses Maß an Kontrolle kann in diesem Zusammenhang durch bestimmte vertragliche Vereinbarungen und Regelungen, Vertrauen sowie innovationsfördernde Anreiz-

---

[1342] Franken (2003) spricht in diesem Zusammenhang von den Dichotomien „Zielvorgaben – Goodwill", „Controlling – Vertrauen", „Prämien – keine Prämien" und „extrinsische – intrinsische Motivation" (vgl. Franken 2013, S. 15.

[1343] Vgl. Franken 2010, S. 137. „Vertrauen" werden im Allgemeinen folgende Funktionen zugesprochen: Reduktion von Transaktionskosten, Verbesserung der Arbeitskoordination, Steigerung der Motivation, Unterstützung des kreativen Denkens, Förderung der Eigeninitiative, Förderung des Wissensaustausches, Förderung der Prozesse des organisatorischen Lernens, Steigerung der Flexibilität, Förderung der Bildung von Netzwerken (vgl. Bendkowski 2013, S. 108). Hingegen zeichnet sich „Vertrauenskultur" durch „Loyalität, Solidarität und Reziprozität als Merkmal der Beziehung zwischen den Organisationsmitgliedern, Offenheit und Wertschätzung als Merkmal der Kommunikation zwischen den Organisationsmitgliedern, Selbstorganisation und Autonomie der Mitarbeiter als Merkmal der in der Organisation eingesetzten Koordinationsmechanismen" aus (Bendkowski 2013, S. 108).

[1344] Kaplan & Norton 1997, S. 223.

[1345] Vgl. Mason/Rohner 2006, S. 71.

[1346] Vgl. Burgelman & Sayles 1986, S. 130.

[1347] Vgl. Amit et al. 1990, S. 107 ff.; Jones & Butler 1992, S. 735 ff.

und Vergütungssysteme, welche das Verhalten der VE-Mitarbeiter bestmöglich mit den Interessen des CP in Einklang bringen, reduziert werden.[1348] Hieraus ergibt sich die erste Hypothese des Konstruktes Innovationsstrategie:

HS1: Je stärker die Unternehmensstrategie auf eine Stimulierung von unternehmerischem Denken und Handeln ausgerichtet ist, desto größer ist der Erfolg.[1349]

5.3.2 Strategiehinterfragung und –anpassung

Der oben beschriebene iterative Prozess der Strategieentwicklung aus der Kombination von Top-down-Vorgaben und Bottom-up-Initiativen entspricht der Forderung Mintzbergs et al. (1998) nach einem integrativen Ansatz aus geplanten und emergenten Elementen im Sinne der „Configuration School".[1350] Hierbei findet die Kritik von Mintzberg (1994) am klassischen Planungsprozess der Strategieentwicklung Berücksichtigung.[1351] Demnach sind Strategien nicht das Ergebnis eines formalen Planungsprozesses, sondern vielmehr eines Lernprozesses. Es handelt sich um eine lern- und erfahrungsorientierte (emergente) Strategieentwicklung, welche das Ergebnis einer Reihe von konsistenten Entscheidungen auf einem bestimmten Entwicklungspfad darstellt.[1352]

Strategien sind zunächst nur individuelle Problemlösungen, die „may in fact originate anywhere, although often low down in the organization, where the detailed knowledge of products and markets resides"[1353]. Sie werden erst dann zu Strategien der Unternehmung, wenn sie auf breiten Konsens und Unterstützung innerhalb des Unternehmens treffen: „Strategies grow like weeds in a garden. They take roots in all kind of places, wherever people have the capacity to learn (because they are in touch with the situation) and the resources to support that capacity. These strategies become organizational when they become collective, that is, when they proliferate to influence the behavior of the organization at large."[1354] Die Strategieentwicklung wird somit als Prozess des experimentellen Lernens in Anlehnung an die Trial-and-Error-Theorie betrachtet. „Dieses Vorgehen ist durchaus zielorientiert im Sinne der Ausrichtung auf eine Vision und langfristige Unternehmensziele, verlässt sich aber weitgehend auf soziale

---

[1348] Vgl. Elschen 1991, S. 1004. Vgl. auch Kapitel 2.5.3.4.
[1349] Vgl. Fragebogen Frage 38 (1).
[1350] Vgl. Mintzberg et al. 1998, S. 301 ff.
[1351] Mintzberg (1994) sieht im klassischen Planungsprozess der Strategieentwicklung drei Trugschlüsse: (1) Die Umwelt ist nicht stabil, sondern dynamisch und komplex (Fallacy of Prediction), (2) Strategieformulierung und -implementierung sind aufgrund von Rückkopplungsprozessen untrennbar (Fallacy of Detachment) und (3) formale Systeme lassen wenig Raum für eigene Initiativen und Flexibilität (Fallacy of Formalization) (vgl. Mintzberg 1994, S. 72 ff.).
[1352] Vgl. Paul & Wollny 2011, S. 21.
[1353] Mintzberg 1989, S. 215.
[1354] Mintzberg 1989, S. 34.

Prozesse innerhalb des Unternehmens, um die Umweltentwicklung richtig einzuschätzen, die geeigneten ersten Schritte und Versuche zu finden und aus den Ergebnissen zu lernen.“[1355]

Mintzberg (1978) fasst seine Überlegungen folgendermaßen zusammen: „[S]trategies as ex post facto results of decisional behavior as well as strategies as a priori guidelines to decision-making. Two kinds of strategies were identified: intended and realized. These two, at least in theory, can now be combined in three ways. […] (1) Intended strategies that get realized; these may be called deliberate strategies. (2) Intended strategies that do not get realized, perhaps because of unrealistic expectations, misjudgments about the environment, or changes in either during implementation; these may be called unrealized strategies. (3) Realized strategies that were never intended, perhaps because no strategy was intended at the outset or perhaps because, as in (2), those that were got displaced along the way; these may be called emergent strategies."[1356]

Abbildung 5-5: Die lern- und erfahrungsorientierte Strategieentwicklung

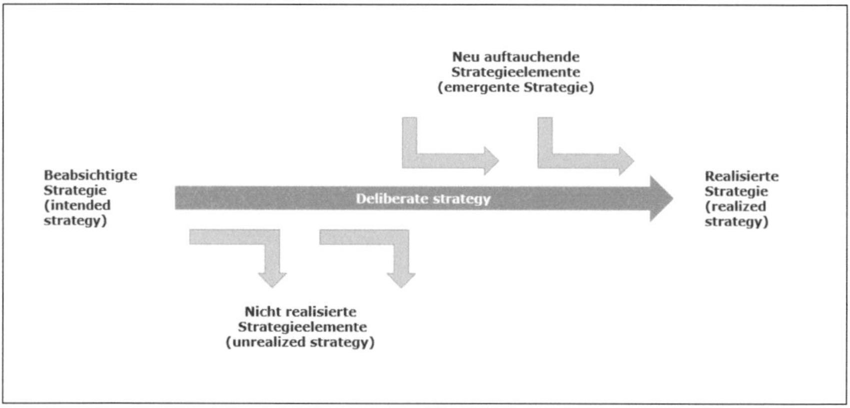

Quelle: Mintzberg 1978, S. 945; Mintzberg 2003, S. 15 nach Paul & Wollny 2011, S. 21.

„In practice, strategy making almost always involves a combination of centrally driven rational design and decentralized adaption."[1357] Unternehmen müssen demnach ihre Unternehmens-strategie aufgrund der bottom-up initiierten Innovationsvorhaben und den daraus resultierenden Lern- und Erfahrungseffekten kontinuierlich hinterfragen und ggf. anpassen. Hieraus ergibt sich die nächste Hypothese des Konstruktes Innovationsstrategie:

[1355] Paul & Wollny 2011, S. 21.
[1356] Mintzberg 1978, S. 945.
[1357] Grant 2010, S. 22.

HS2: Je regelmäßiger die Unternehmensstrategie aufgrund von VE-Initiativen hinterfragt/angepasst wird, desto größer ist der Erfolg.[1358]

Allerdings haben zu häufige Strategiewechsel, z. B. aufgrund von Personalwechsel in der Unternehmensleitung, negative Auswirkungen auf die Motivation der Mitarbeiter.[1359]

5.3.3 Top-down-Kommunikation (vertikale Einbindung)

Im Rahmen des oben beschriebenen Prozesses aus Top-down- und Bottom-up-Wandel werden vorläufige Oberziele oder Rahmenpläne vom Top-Management vorgegeben, während die zu deren Realisierung notwendigen Aktivitäten durch hierarchisch untergeordnete Abteilungen und Mitarbeiter initiiert werden (vertikale Einbindung). Letztere werden damit in den Strategiebildungsprozess eingebunden und haben die Möglichkeit, Pläne schrittweise zu ändern, zu ergänzen und zu aggregieren.[1360] Hierzu sind die strategischen Vorgaben durch das Top-Management ausreichend konkret zu formulieren. Unzureichend konkrete strategische Vorgaben durch das Top-Management bedingen mangelhafte Zielvorgaben, wodurch ein Verhalten der VU im implizit gewünschten Sinne des CP erschwert wird. Zudem löst ein undefinierter Zeithorizont negative Anreizeffekte aus.[1361] „[T]o narrow the field of the ideas they consider, venture boards should set boundaries for idea generation. This helps focus employees' efforts on opportunities that will make most of the company's strengths and knowledge and further the venture program's primary objective."[1362] Die Zielvorgaben dürfen jedoch nicht zu eng gefasst werden und sollten vielmehr als Leitplanken dienen, da die VU mit Planänderungen flexibel auf Probleme reagieren können muss.[1363] Hieraus resultiert die nächste Hypothese des Konstruktes Innovationsstrategie:

HS3: Je regelmäßiger/intensiver die Kommunikation zwischen CP und VE stattfindet, desto größer ist der Erfolg.[1364]

5.3.4 Einbindung der operativen Bereiche (horizontale Einbindung)

Um das interne Synergiepotenzial zu nutzen, sind die operativen Bereiche des CP eng in die Innovationsvorhaben einzubinden (horizontale Einbindung). Dies erfordert eine permanente Koordination, Abstimmung sowie den Austausch von Informationen zwischen dem innovativen und operativen System. Hierdurch wird auch die Berücksichtigung der zur Realisierung der

---

[1358] Vgl. Fragebogen Frage 38 (2).
[1359] Vgl. Burgelman & Sayles 1986, S. 133.
[1360] Vgl. Welge & Al-Laham 2012, S. 898.
[1361] Vgl. Mes 2011, S. 232.
[1362] Brody & Ehrlich 1998, S. 57.
[1363] Vgl. Rind 1986, S. 110; Schween 1996, S. 141.
[1364] Vgl. Fragebogen Frage 38 (3).

Innovationsvorhaben notwendigen unternehmensinternen Verfahren und Prozesse gewährleistet.[1365] Zudem ermöglicht eine enge Zusammenarbeit zwischen beiden Systemen eine aktive Adaption der operativen Bereiche, wodurch eine effiziente Reintegration des Innovationsvorhabens in das Kerngeschäft des CP sichergestellt werden kann.[1366] Bei der Reintegration des Innovationsvorhabens in das Kerngeschäft ergeben sich für die VU Qualitätsunsicherheiten hinsichtlich der Bereitschaft sowie der Kapazitäten der operativen Bereiche, und es besteht die Gefahr, dass sich „bspw. Testläufe auf Anlagen eines operativen Bereichs durch die bürokratischen Entscheidungswege stark verzögern oder Mitarbeiter diese Zusatzarbeit ablehnen, da sie nicht in ihre Standardabläufe passt“[1367]. Zudem besteht in diesem Zusammenhang ein Hold-up-Problem, sobald Investitionen durch die VU in die Reintegration getätigt wurden.[1368] Daher ist eine hohe hierarchische Eingliederung der VU beim Top-Management des Mutterunternehmens erforderlich.[1369] Auch können durch eine enge Einbindung der operativen Bereiche innovationshemmende Widerstände abgebaut werden, welche mit deren Angst vor Verlust an Macht, Kompetenz und Verantwortung einhergehen. Darüber hinaus wird das Problem adressiert, dass die VE im Rahmen ihrer Innovationsvorhaben stärker auf die technologische Machbarkeit und weniger auf die Marktfähigkeit fokussiert.[1370] Mangelnde übergreifende informelle Kommunikationswege und Vernetzungen führen hingegen häufig zu Verzögerungen bei wichtigen Entscheidungen.[1371] Hieraus ergibt sich die nächste Hypothese des Konstruktes Innovationsstrategie:

HS4: Je stärker die innovationsbetroffenen operativen Bereiche des CP in die VE-Initiativen eingebunden sind, desto größer ist der Erfolg.[1372]

Allerdings kann eine zu frühzeitige Einbindung der operativen Bereiche des CP in die Innovationsvorhaben die Hervorbringung radikaler bzw. disruptiver Innovationen erschweren, da diese auf ihr derzeitiges Kerngeschäft fokussieren und eher inkrementelle Innovationen verfolgen.[1373] Auch nehmen die Interessenkonflikte zwischen den operativen Bereichen des CP und der VU bzw. VE zu, wenn sich die durch die VE initiierte strategische Neuausrichtung auf Projekte etablierter Geschäftsbereiche auswirkt.[1374] Dieser Interessenkonflikt zeigt sich vor

[1365] Vgl. S. K. Matz 2007, S. 81 f.
[1366] Vgl. Mes 2011, S. 242.
[1367] H. Klein 2002, S. 214.
[1368] Vgl. Leifer et al. 2000, S. 163.
[1369] Vgl. O'Reilly & Tushman 2004, S. 80 f.
[1370] Vgl. Schween 1996, S. 144 ff.
[1371] Vgl. Block & MacMillan 1993, S. 10 ff.
[1372] Vgl. Fragebogen Frage 38 (4).
[1373] Vgl. Wheelwright & Clark 1992, S. 133 ff.
[1374] Vgl. Burgelman & Sayles 1986, S. 126.

allem, wenn durch eine neue Technologie eine bisher erfolgreiche verdrängt wird oder neue Kompetenzen und Prozesse notwendig werden.[1375]

5.3.5 Akzeptanzsicherung

Dem Top-Management kommt die Sicherung der Akzeptanz der Innovationsvorhaben zu. Nach Reiß (1997) können hierbei vier Akzeptanzfaktoren unterschieden werden: (1) Kennen (Wissen über Inhalte des Innovationsvorhabens), (2) Können (Fach-, Prozess-, Methoden- und Sozialkompetenz), (3) Wollen (Überzeugungen und Motive der involvierten und betroffenen Mitarbeiter) und (4) Sollen (Durchsetzungsmöglichkeiten).[1376] Die Akzeptanzfaktoren drücken die Einstellung der involvierten und betroffenen Mitarbeiter hinsichtlich des Innovationsvorhabens aus und bilden die Determinanten eines bewussten bzw. unbewussten Implementierungs-Kalküls.[1377] Hieraus ergeben sich gestufte Implementierungsbereitschaften, welche von freiwilliger bzw. duldender Akzeptanz (Promotoren) über erzwungene Akzeptanz (potenzielle Opponenten) bis hin zu Reaktanz (Opponenten) reichen.[1378] Zur Akzeptanzförderung bietet sich „ein Instrumenteneinsatz an, der mit den vier Akzeptanzfaktoren korreliert und in Kommunikations-, Qualifikations-, Motivations- und Organisationsinstrumente unterteilt werden kann“[1379]. Hierfür muss das Top-Management die Voraussetzungen schaffen.

Abbildung 5-6: Implementierungs-Kalkül und Mitarbeiterakzeptanz

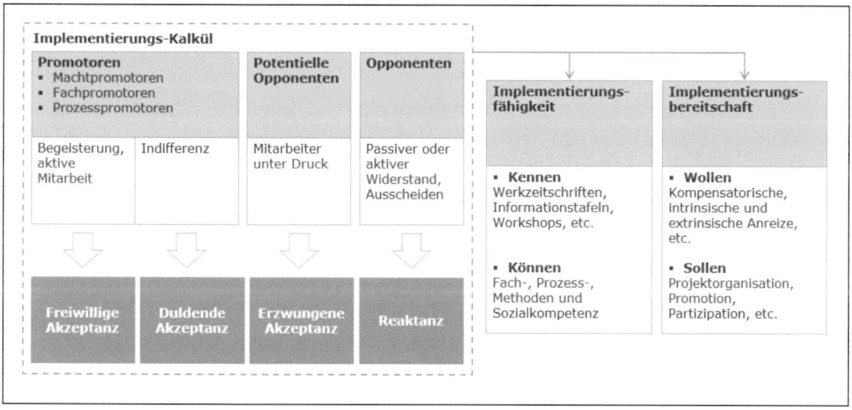

Quelle: Grewe 2012, S. 33.

[1375] Vgl. Herrmann et al. 2007, S. 97.
[1376] Vgl. Reiß 1997, S. 92 ff.
[1377] Vgl. Grewe 2012, S. 35.
[1378] Vgl. Reiß 1997, S. 92; Steinle 1980, S. 304 f.
[1379] Grewe 2012, S. 37. Vgl. auch Reiß 1997

Zur Akzeptanzsicherung sollte das Top-Management die Mitarbeiter in den mit dem Innovationsvorhaben einhergehenden Veränderungsprozess einbinden. Neben der bereits mehrfach beschriebenen Ausschöpfung des Informationspotenzials der mittleren und unteren Hierarchieebenen können hierdurch auch ein verbessertes Kommunikationsklima, die frühzeitige Offenlegung und Lösung von Konflikten sowie eine höhere Identifikation und Motivation im Zuge einer Ausrichtung auf gemeinsame Ziele realisiert werden.[1380] Aus einer funktionalen Perspektive kommt dem Top-Management dabei die Entwicklung und Steuerung von Prozessen, die Bildung von Strukturen und eine gezielte Mitarbeitermotivation zu.[1381]

Zudem sind die Innovationsvorhaben langfristig auszulegen. Legt das Top-Management das Innovationsvorhaben nicht langfristig aus oder tätigt zu geringe Kapital- und Ressourcenzusagen, lässt dies die VU bzw. VE am Commitment des Top-Managements zweifeln und hat damit negative Auswirkungen auf deren Motivation.[1382] Dies erfordert eine langfristige Festlegung und Abgrenzung der Ressourcen und Kompetenzen sowie der Verantwortlichkeiten.[1383] Dem Top-Management kommt damit die Aufgabe der Abschätzung des Ressourcenbedarfs (personelle, sachliche und finanzielle Ressourcen) der Innovationsvorhaben und die den strategiebedingten Prioritäten entsprechende Ressourcenallokation zu. Insofern gilt: „The test of a plan ist not how good the plan is itself. The test is whether management actually commits resources to action which bring results in the future."[1384] Damit sind eine Signalisierung von Top-Management-Commitment, ein langfristiger Zeithorizont, eine klare strategische Ausrichtung mit eindeutiger Zielvorgabe und ausreichende Kapital- sowie Ressourcenausstattung unabdingbar zur Reduktion von sich ex post einstellenden Verhaltensunsicherheiten.[1385] Dies begründet die letzte Hypothese des Konstruktes Innovationsstrategie:

HS5: Je umfangreicher die notwendigen Ressourcen sowie die Unterstützung des Top-Managements bereitgestellt werden, desto größer ist der Erfolg.[1386]

[1380] Vgl. Schulte-Zurhausen 1995, S. 179.
[1381] Vgl. Steinle 1999, S. 156.
[1382] Vgl. Burgelman 1985, S. 49.
[1383] Vgl. Burgelman 1985, S. 50; Pfister 1997, S. 54.
[1384] Jauch & Glueck 1988, S. 310.
[1385] Vgl. Barmettler 2006, S. 116.
[1386] Vgl. Fragebogen Frage 38 (5).

6 Empirische Untersuchung

In den vorangegangenen Kapiteln wurden – geleitet von den Forschungsfragen dieser Arbeit – ein konzeptioneller Bezugsrahmen auf dem Stand der bisherigen Forschung entwickelt und entsprechende Hypothesen zu einer erfolgreichen Ausgestaltung von ICV-Programmen abgeleitet. Der empirische Teil dieser Arbeit verfolgt das Ziel, diese Hypothesen zu testen, Erfolgsfaktoren für eine Ausgestaltung von ICV-Programmen zu identifizieren, deren Einfluss zu quantifizieren und konkrete Empfehlungen für die Praxis zu treffen.

6.1 Konzeption und Methode

6.1.1 Grundgesamtheit und Stichprobe

Diese Arbeit basiert auf Cross-Industrie-Daten mehrerer Länder. Diese breite Ausrichtung war erforderlich, um eine ausreichend große Stichprobe und genügend Variabilität in den Modellvariablen zu gewährleisten. Die Grundgesamtheit bilden alle weltweiten Großunternehmen mit ICV-Aktivitäten, die systematisch und damit formell institutionalisiert und im Kontext einer geplanten Unternehmensentwicklung erfolgen.[1387] Da eine Vollerhebung aufgrund der unbekannten Grundgesamtheit nicht möglich ist, wurde eine Teilerhebung durchgeführt.

Im Rahmen der Stichprobenauswahl wurden zunächst entsprechende Unternehmen und anschließend die jeweiligen Personen identifiziert, welche eine Führungsrolle im Management von VE bzw. VU der jeweiligen Unternehmen begleiten und am Aufbau von VE beteiligt sind bzw. waren. In diesem Zusammenhang sei erwähnt, dass Informationen hinsichtlich ICV-Aktivitäten in Großunternehmen in den wenigsten Fällen aus öffentlichen Quellen wie etwa Geschäftsberichten zu erschließen sind. Aufgrund der sehr begrenzten Informationslage erfolgte die Identifikation entsprechender Unternehmen sowie geeigneter Ansprechpartner daher im Wesentlichen durch eine Teilnahme am Lux Executive Summit (23.-25. April 2013) in Boston, MA sowie an der Tech Connect World (12.-16. Mai 2013) in Washington, DC. Beide Konferenzen wenden sich sowohl an Intrapreneure weltweiter Unternehmen als auch an unabhängige Entrepreneure und Investoren. Zudem wurde auf persönliche Kontakte sowie Geschäftspartner der goetzpartners MANAGEMENT CONSULTANTS GmbH und der goetzpartners CORPORATE FINANCE GmbH zurückgegriffen. Ergänzt wurde dieses Vorgehen durch eigene Recherchen.

[1387] Vgl. Kapitel 3.2.

Insgesamt wurden 151 Personen per Email kontaktiert und zu einer Teilnahme an der Untersuchung aufgefordert. Von diesen 151 Personen klickten 103 auf den URL-Link zum Fragebogen. 31 Personen finalisierten den Fragebogen nicht und füllten diesen auch kaum aus. 30 Personen finalisierten den Fragebogen und beantworteten nahezu alle Fragen. Weil sich hierunter 3 Unternehmen befinden, welche vorwiegend auf ECV fokussieren, beträgt die endgültige Stichprobengröße 27 Personen. Dies entspricht in etwa 18% der initialen Stichprobe von 151 bzw. 26% der 103, welche zumindest den Fragebogen einmal aufgerufen haben.

Da bei DSM 2 Personen an der Befragung teilgenommen haben, setzt sich die Stichprobe aus 26 Unternehmen und 27 ICV-Einheiten zusammen. In der folgenden Tabelle sind die vertretenen Unternehmen alphabetisch mit dem Namen der ICV-Einheit, der Industrie und dem Standort aufgeführt.[1388] Alle 26 Unternehmen unterhielten im Jahr 2013 VE.

Tabelle 6-1: Vertretene Unternehmen

Unternehmen mit Fokus auf ECV

#	Unternehmen	Einheit	Industrie	Standort	Land
1	3M	3M New Ventures	Chemie/Pharma	München	Deutschland
2	Astrium	Astrium Navigation Applications	Luft/Raumfahrt	Taufkirchen	Deutschland
3	Audi	Audi Electronics Venture (AEV)	Automobil	Gaimersheim	Deutschland
4	Axel Springer	Axel Springer Plug & Play	Medien/Unterhaltung	Berlin	Deutschland
5	BASF	New Business Development	Chemie/Pharma	Ludwigshafen	Deutschland
6	Bayer	Bayer Innovation	Chemie/Pharma	Leverkusen	Deutschland
7	Bertelsmann	BDMI Bertelsmann Digital Media Investments	Medien/Unterhaltung	New York	USA
8	Deutsche Telekom	Telekom Innovation Laboratories (T-Labs)	Telekommunikation	Berlin	Deutschland
9	DSM	DSM Venturing	Chemie/Pharma	Urmond	Niederlande
10	DSM	DSM Innovation Center	Chemie/Pharma	Urmond	Niederlande
11	EADS	Innovation Nursery	Luft/Raumfahrt	Ottobrunn	Deutschland
12	Evonik	Evonik Corporate Venturing	Chemie/Pharma	Hanau-Wolfgang	Deutschland
13	Evonik	Creavis	Chemie/Pharma	Marl	Deutschland
14	General Motors	Technology and Business Support	Automobil	Warren	USA
15	Giesecke & Dev.	New Business	Druck/Papier	München	Deutschland
16	Linde	Corporate Innovation Management (CIM)	Chemie/Pharma	Pullach	Deutschland
17	Merck	Innovation & Entrepreneurship Incubator	Chemie/Pharma	Darmstadt	Deutschland
18	Nestlé	Beverages Strategic Business Unit	Konsumgüter/Handel	Vevey	Schweiz
19	Océ-Technologies	Océ Corporate Venturing	High/E Tech	Venlo	Niederlande
20	Osram	Osram Corporate Technology (CT)	High/E Tech	München	Deutschland
21	PepsiCo	Technology Scouting	Konsumgüter/Handel	Purchase	USA
22	Philips	Business Center OLED Lighting	High/E Tech	Aachen	Deutschland
23	Robert Bosch	Bosch Start-up Plattform	High/E Tech	Schwieberdingen	Deutschland
24	SFR	SFR Développement	Telekommunikation	Paris	Frankreich
25	SGL	Technology & Innovation	Chemie/Pharma	Meitingen	Deutschland
26	Shell	Game Changer	Energie/Rohstoffe	Maastricht	Niederlande
27	Siemens	Corporate Technology (CT)	High/E Tech	München	Deutschland
28	Vivendi	Innovation Department	Medien/Unterhaltung	Paris	Frankreich
29	Vodafone	Vodafone Innovation	Telekommunikation	Düsseldorf	Deutschland
30	Wacker Chemie	New Business	Chemie/Pharma	Burghausen	Deutschland

Quelle: Eigene Darstellung (vgl. Fragebogen Frage 1)

Die in der Stichprobe vertretenen 27 ICV-Einheiten klustern sich in die Industrien Chemie/Pharma (9/33%), High/ETech (5/19%), Telekommunikation (3/11%), Medien/Unterhaltung (2/7%), Automobil (2/7%), Konsumgüter/Handel (2/7%), Luft- und Raumfahrt (2/7%), Druck/Papier (1/4%) und Energie/Rohstoffe (1/4%).[1389] Ihren Hauptsitz haben die Unternehmen in Deutschland (18/67%), den Niederlanden (4/15%), den USA (2/7%), Frankreich (2/7%) und der Schweiz (1/4%).[1390]

[1388] Vgl. Fragebogen Frage 1.
[1389] Vgl. Fragebogen Frage 4.
[1390] Vgl. Fragebogen Frage 1.

Abbildung 6-1: Vertretene Industrien und Länder

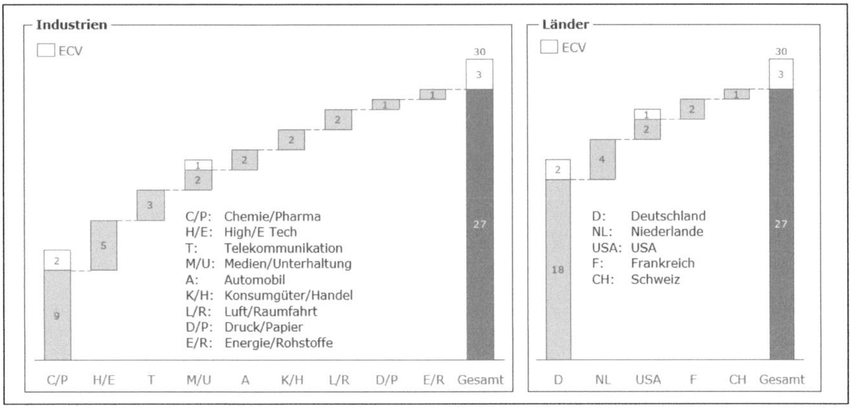

Quelle: Eigene Darstellung (vgl. Fragebogen Frage 4 und 1)

6.1.2 Erhebungsinstrument und –zeitraum

Als Erhebungsinstrument wurde ein standardisierter Online-Fragebogen entwickelt. Während die beschriebenen Erfolgsfaktoren die abhängigen Variablen bilden, ergeben sich die unabhängigen Variablen aus den im theoretischen Teil dieser Arbeit entwickelten Hypothesen. Aufgrund der begrenzten Stichprobe wurde auf die Durchführung eines Pre-Tests verzichtet. Der Fragebogen gliedert sich grob in 4 Teile: (1) allgemeine Angaben zu Unternehmen, Industrie und ICV-Aktivitäten, (2) subjektiver und objektiver strategischer und finanzieller Erfolg sowie zukünftiges ICV-Engagement, (3) Ausgestaltung des ICV-Programms in Form von Integrationsgrad, Finanzierung, Anreiz- und Vergütungssystemen, Abbruch und Lernpotenzialen sowie Innovationsstrategien und (4) Kontrollvariablen in Form von Alter der VE, Anzahl der Mitarbeiter in den VE, investiertes Kapital der VE sowie mit ICV verfolgte Ziele. Der gesamte Fragebogen findet sich im Anhang.

Der Fragebogen wurde sowohl in deutscher als auch in englischer Sprache verfasst, da die Stichprobe aus internationalen Großunternehmen besteht. Die Fragen inkl. einleitender Definitionen wurden auf 12 Internetseiten dargestellt. Das Ausfüllen des Fragebogens dauerte im Durchschnitt 27 Minuten. Der Erhebungszeitraum erstreckte sich über sechs Monate von Mai bis Oktober 2013.

Befragt wurden Personen, die eine Führungsrolle im Management von VE bzw. VU der jeweiligen Unternehmen begleiten und am Aufbau von VE beteiligt sind bzw. waren. Wenn nicht anders angegeben bzw. gefragt, bezieht sich die empirische Untersuchung dieser Arbeit auf alle aktiven sowie inaktiven VE der letzten 5 Jahre über alle Entwicklungsstufen hinweg.

Abbildung 6-2: Kumulierte Anzahl ausgefüllter Fragebögen im Zeitverlauf

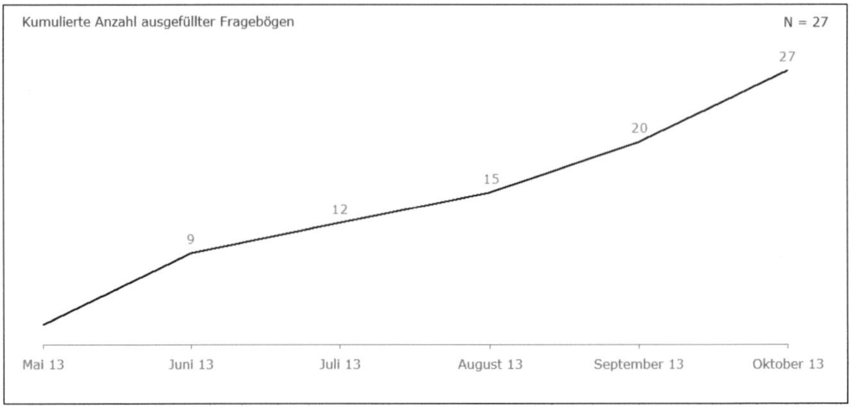

Quelle: Eigene Darstellung

Die initiale Anfrage zum Ausfüllen des Fragebogens mit entsprechender URL als Link sowie maximal drei Erinnerungsschreiben wurden per Email an die potenziellen Teilnehmer verschickt. Alle Schreiben enthielten den gleichen Standardtext, wobei die Anrede sowie der Unternehmensname personalisiert wurde. Um sicherzustellen, dass jeder Teilnehmer nur einen Fragebogen ausfüllt, erfolgte die Erhebung nicht anonymisiert. Allerdings wurde den Teilnehmern die vertrauliche Behandlung aller von ihnen gemachten Angaben zugesichert, wodurch eine Offenlegung unternehmensspezifischer Daten nicht möglich ist. Die Auswertung der Daten erfolgt entsprechend anonymisiert auf einem aggregierten Niveau.

6.1.3 Testgütekriterien

Die Qualität einer empirischen Untersuchung orientiert sich an den drei Testgütekriterien Objektivität, Validität und Reliabilität bzw. Zuverlässigkeit.[1391] Sowohl die Durchführungs- als auch die Auswertungs- und Interpretationsobjektivität sind im Rahmen dieser Arbeit gewährleistet. Die Teilnehmer erhielten mit der initialen Anfrage sowie den maximal drei Erinnerungsschreiben alle die gleichen standardisierten Instruktionen. Darüber hinaus wurden keine individuellen Fragen gestellt. Der Fragebogen ist standardisiert. Auf die Formulierung offener Fragen wurde weitestgehend verzichtet.

Die Validität bezieht sich auf die Eignung eines Erhebungsinstruments für die Erforschung einer bestimmten Fragestellung.[1392] Cook und Campbell (1979) definieren vier notwendige, für sich genommen jedoch nicht hinreichende Bedingungen: (1) Beeinflusst Variable A tatsächlich

[1391] Vgl. Bortz & Döring 2002.
[1392] Vgl. Kubicek 1975, S. 106 f.

Variable B? (internal validity), (2) Misst der Test, was er messen soll? (construct validity), (3) Sind die verwendeten Maße stabil? (statistical conclusion validity) und (4) Lassen sich die Ergebnisse verallgemeinern? (external validity). [1393] Im Rahmen dieser Arbeit wird die Konstruktvalidität dadurch sichergestellt, dass die Untersuchung auf dem Stand der bisherigen Forschung ansetzt. Das dem Fragebogen zugrunde liegende Gestaltungsmodell beruht auf einer umfassenden Literaturanalyse. Bei der Entwicklung des Fragebogens wurden bestehende empirische Fragebogenkonstrukte berücksichtigt. Wo immer möglich, wurden Fragen übernommen, deren Validität sich bereits in anderen Untersuchungen bewiesen hat. Die externe Validität und damit die Generalisierbarkeit und Übertragbarkeit der Untersuchungsergebnisse auf die Gesamtpopulation kann angenommen werden, da Erfolgsfaktoren für die Ausgestaltung von ICV-Programmen untersucht werden und sich die Stichprobe aus Personen zusammensetzt, welche eine Führungsrolle im Management von VE bzw. VU der jeweiligen Unternehmen begleiten und am Aufbau von VE beteiligt sind bzw. waren.

Die Reliabilität bzw. Zuverlässigkeit setzt die Stabilität empirischer Ergebnisse bei wiederholten Messungen voraus. Zuverlässigkeit wird in diesem Zusammenhang formuliert als „the degree to which measures are free from error and therefore yield consistent results“[1394]. Zuverlässigkeit ist eine notwendige, aber nicht hinreichende Bedingung für Validität: „[The] reliability of a scale places a limit on ist construct validity.”[1395] Die vorliegende Untersuchung wurde keinem entsprechenden Test, wie beispielsweise Retest oder Paralleltest, unterzogen.

Im Rahmen der multivariaten Analyse basiert die Bewertung der Zuverlässigkeit der Multiitem-Konstrukte hinsichtlich Integrationsgrad, Abbruch/Lernpotenziale, Anreiz/Vergütungssysteme, Finanzierung und Innovationsstrategie auf den Verfahren „konfirmatorische Faktorenanalyse“ und „Cronbachs Alpha“. Bei der Auswahl der Faktoren wurde das Kaiser-Kriterium angewendet, wobei lediglich die Faktoren ausgewählt werden, deren Eigenwert >1 ist (Extraktionsmethode: Hauptkomponenten). Zur Erleichterung der Interpretierbarkeit wurde die Faktorladungsmatrix mit der VariMax-Rotationsmethode transformiert.[1396] Dabei sollen alle verwendeten Maße mit einem Wert >0,40 auf die nicht primären Faktoren laden. Zur Testung der internen Konsistenz wurde Cronbachs Alpha als Maß bestimmt.[1397] Bei perfekter Konsistenz erreicht Alpha ein Maximum von +1. In der Literatur wird häufig ein Wert von >0,7 gefordert, wobei gerade für neu-definierte Skalen auch Werte zwischen 0,5 bis 0,6

1393 Vgl. Cook & Campbell 1979. Vgl. auch D. T. Campbell & Stanley 1966, Berekoven et al. 1991.
1394 Peter 1979, S. 6.
1395 R. A. Peterson 1994, S. 381.
1396 Zur VariMax-Rotationsmethode vgl. Kaiser 1958; Kaiser 1959.
1397 Vgl. Cronbach 1951.

noch als akzeptabel gelten.[1398] Die entsprechenden Werte der konfirmatorischen Faktorenanalyse und Cronbachs Alpha finden sich für die abhängigen Variablen in Kapitel 6.2.2 und für die unabhängigen Variablen in Kapitel 6.2.3.

Zudem wurde eine Missing-Value-Analyse durchgeführt. Der Prozentsatz an fehlenden Werten (Missing Values) liegt im Mittel bei 25%. Diese Zahl ist jedoch zu relativieren, da sie im Wesentlichen darauf zurückzuführen ist, dass im Fragebogen von den insgesamt 157 Antwortfeldern 33 Felder für optionale Antworten und 18 Felder für objektive Erfolgsgrößen vorgesehen sind. Diese wurden nur in den wenigsten Fällen benutzt bzw. ausgefüllt und entsprechen insgesamt 32% aller Felder. Die Felder für die subjektiven Erfolgsgrößen sowie die Felder für die Ausgestaltungsformen der ICV-Programme, welche in die bivariate (Hypothesentests) sowie multiple Analyse eingeflossen sind, wurden zu 100% ausgefüllt. Darüber hinaus wurde eine Analyse des Common Method Bias[1399] durchgeführt, da aufgrund fehlender externer Maßzahlen sowohl die abhängigen als auch die unabhängigen Variablen auf der Auskunft der jeweils befragten Person (Schlüsselinformant) basieren. Hierzu wurde „Harmans single-factor-test" (Herman's-one-factor-test) durchgeführt.[1400] Eine unrotierte Faktoranalyse auf Basis des Eigenwerts >1 ergab, dass der erste Faktor lediglich 25% der Varianz erklärt. Somit ist nach diesem Test nicht von einem Common-Method-Bias auszugehen.

6.1.4 Statistische Verfahren

Die Stichprobe der vorliegenden Arbeit umfasst 27 Datensätze. Der Forschungsgegenstand der sozialwissenschaftlichen Forschung im Allgemeinen und der betriebswirtschaftlichen im Besonderen bedingt oftmals geringe Fallzahlen, sodass der Umfang vergleichbarer publizierter Arbeiten als Maßstab für den Standard des relevanten Wissenschaftsfeldes dienen kann. Wie erwähnt gibt es kaum vergleichbare Studien, die sich umfassend mit Erfolgsfaktoren von ICV auf Basis einer Primärdatenerhebung beschäftigen. McGrath 1995 betrachtet in ihrer Studie 23 VE eines Unternehmens, Thornhill & Amit 2001 berücksichtigen in ihrer Untersuchung 56 Unternehmen, der Arbeit von Hornsby et al. 2002 liegen 17 Unternehmen zugrunde, und S. A. Hill et al. 2009 stützen ihre Untersuchung auf 40 CV-Einheiten. Dennoch erfordert die Analyse kleinerer Datensätze besondere Umsicht. Zudem spielt bei der Beurteilung der Anwendbarkeit statistischer Analysemethoden die Kompatibilität der Skalen eine entscheidende Rolle. Das

[1398] Vgl. Nunnally 1967, S. 226; Nunnally 1978, S. 245 f.
[1399] Vgl. D. T. Campbell & Fiske 1959; Fiske 1982.
[1400] „Common Method Bias" und „Common Method Variance" werden in der Literatur häufig synonym verwendet. Common Method Variance bezeichnet einen systematischen Messfehler, der auf Basis der Methode einen Einfluss auf die Varianz der Untersuchung ausübt. Die daraus folgende verzerrte Korrelationsschätzung wird als Common Method Bias bezeichnet. Bei einem signifikanten Ausmaß an Common Method Bias ergibt eine Faktoranalyse aller Variablen eines Modells einen einzigen Faktor oder einen Faktor, welcher den Großteil der Varianz erklärt (vgl. Harman 1967). Vgl. hierzu auch Podsakoff & Organ 1986, S. 536.

dieser Arbeit zugrunde liegende Skalenverständnis sowie die verwendeten statistischen Verfahren werden nachfolgend kurz vorgestellt.

6.1.4.1 Skalenkompatibilität

Im Rahmen dieser Arbeit sind sowohl die abhängigen als auch die unabhängigen Variablen überwiegend Likert-Skaliert. Aus messtheoretischer Sicht sind Rating-Skalen streng genommen ordinalskaliert. In der Literatur wird jedoch dafür argumentiert, dass Rating-Skalen mit verbaler Extrempunktbeschreibung intervallskaliert und damit metrisch verstanden werden können.[1401] Bortz & Döring (2002) diskutieren diese Problematik des Skalenniveaus von Rating-Skalen ebenfalls und kommen zum Ergebnis: „Die Sozialwissenschaften wären allerdings schlecht beraten, wenn sie mangels Argumenten, die für den Intervallskalencharakter von Rating-Skalen sprechen, gänzlich auf dieses wichtige Erhebungsinstrument verzichteten.“[1402] Auch die empirische CV-Forschung geht überwiegend von einer Intervallskalierung von Rating-Skalen aus.[1403] Daher werden in Übereinstimmung mit der gängigen betriebswirtschaftlichen Forschungspraxis auch im Rahmen dieser Arbeit Rating-Skalen als intervallskaliert verstanden.

6.1.4.2 Korrelationsanalyse

Zur explorativen Analyse von linearen Zusammenhängen zweier Variablen wird auf die Korrelationsanalyse zurückgegriffen. Der Korrelationskoeffizient zweier Variablen ist ein Maß für die Stärke und Richtung ihres Zusammenhangs. Er nimmt Werte zwischen -1 und +1 an, wobei der Wert 0 vorliegt, wenn kein linearer Zusammenhang zwischen den betrachteten Variablen besteht. Der Wert -1 beschreibt einen perfekten negativen linearen Zusammenhang und der Wert +1 einen perfekten positiven linearen Zusammenhang. Die Korrelation ist ein symmetrisches Maß (keine der Variablen wird als abhängig angesehen), wobei immer nur der Zusammenhang zwischen zwei Variablen gemessen werden kann. Hinsichtlich der Bezeichnung der Stärke des Zusammenhangs gilt die Einteilung, wie sie im Rahmen der Regressionsanalyse für den standardisierten Regressionskoeffizienten β vorgenommen wird. Neben dem bivariaten Bravais-Pearson-Korrelationskoeffizienten r für zwei metrische Variablen werden auch die nicht-parametrischen Rangkorrelationskoeffizienten Kendall's Tau τ bzw. Spearman's Roh ρ für zwei ordinalskalierte Variablen ermittelt. Für die Signifikanzniveaus gelten sinngemäß die Aussagen, wie sie im Rahmen der Regressionsanalyse getroffen werden.

[1401] Vgl. u. a. Gerpott 1988, S. 186 f.; Backhaus et al. 2006, S. 5.
[1402] Bortz & Döring 2002, S. 180 f.
[1403] Vgl. u. a. S. A. Hill et al. 2009; S. A. Hill & Birkinshaw 2008; Birkinshaw et al. 2002a; Thornhill & Amit 2001, MacMillan et al. 1986.

6.1.4.3 Regressionsanalyse

Zur Testung der in den Hypothesen dieser Arbeit unterstellten Zusammenhänge kommt die lineare Regressionsanalyse zur Anwendung. Die bivariate bzw. multiple lineare Regressionsanalyse ist ein asymmetrisches Verfahren zur Analyse des Einflusses von einer bzw. mehreren unabhängigen Variablen mit beliebigem Messniveau auf eine metrische abhängige Variable. Das Ziel besteht in der Quantifizierung der Zusammenhänge. Die Regressionsanalyse entspricht damit dem Forschungsanliegen, den Einfluss verschiedener Faktoren bei der Ausgestaltung von ICV-Programmen in Großunternehmen auf den Erfolg zu quantifizieren.

Voraussetzung für die Anwendbarkeit der linearen Regressionsanalyse ist eine annähernde Normalverteilung sowie Homoskedastizität [1404] der Residuen (Störgrößen). [1405] Nicht-normalverteilte Residuen führen zu einer Verzerrung der Signifikanzniveaus der Regressionskoeffizienten.[1406] Bei fehlender Homoskedastizität der Residuen ist die Effizienz der Modellschätzung nicht mehr gewährleistet, und es besteht ebenfalls die Gefahr verzerrter Signifikanzschätzungen.[1407] Die Einhaltung beider Prämissen wird durch eine visuelle Prüfung der Residuen vorgenommen.[1408] Die Betrachtung der Histogramme sowie der Normalverteilungsdiagramme der standardisierten Residuen lässt keine Rückschlüsse auf nicht-normalverteilte Residuen zu. Zudem lässt die grafische Analyse des Streudiagramms der standardisierten Vorhersagefehler bzw. Residuen (y-Achse) gegen die standardisierten Vorhersagewerte (x-Achse) keine Indizien für eine Heteroskedastizität erkennen. Da die Korrelationskoeffizienten unter den unabhängigen Variablen dieser Arbeit keine Werte >0,9 aufweisen, kann darüber hinaus keine Kollinearität (bzw. Multikollinearität) festgestellt werden.[1409] Gestützt wird dies durch eine Betrachtung der Koeffizienten Toleranz und Varianzinflationsfaktor (VIF) im Rahmen der multiplen Regressionsanalyse. Alle Werte liegen ≥0,1 (Toleranzwerte) bzw. ≤10 (VIF-Werte).[1410] Toleranzwerte <0,1 oder VIF-Werte >10 wecken den Verdacht auf Kollinearität, und Toleranzwerte <0,01 lassen sicher auf das Vorliegen von Kollinearität schließen. Auch liegen keine Anhaltspunkte für Autokorrelation vor, da die Durbin-Watson-Koeffizienten bei nahezu allen Regressionsmodellen dieser Arbeit Werte zwischen 1,5 und 2,5 aufweisen und niemals Werte <1 oder >3. Der Durbin-Watson-Koeffizient kann Werte zwischen 0 und 4 annehmen. Je näher der Koeffizient am Wert 2 liegt, desto geringer ist das Ausmaß einer

[1404] Homoskedastizität unterstellt die Streuungsgleichheit der Residuen (vgl. Urban & Mayerl 2006, S. 242).

[1405] Die Residuen stellen die Abweichungen der Beobachtungswerte von den Vorhersagewerten dar (vgl. Urban & Mayerl 2006, S. 43 f.). Damit sind die Residuen die Manifestierung der in der Regressionsgleichung enthaltenen nicht beobachtbaren Störgröße (vgl. Backhaus et al. 2006, S. 69).

[1406] Vgl. Urban & Mayerl 2006, S. 193 ff.; Backhaus et al. 2006, S. 91 f.; Brosius 2004, S. 580.

[1407] Vgl. Urban & Mayerl 2006, S. 242 ff.

[1408] Vgl. Urban & Mayerl 2006, S. 194 ff. und S. 244 ff.; Brosius 2004, S. 580 ff.

[1409] Vgl. Hair et al. 1995, S. 191.

[1410] Toleranzwerte <0,1 oder VIF-Werte>10 wecken den Verdacht auf Kollinearität; Toleranzwerte <0,01 lassen sicher auf das Vorliegen von Kollinearität schließen.

Autokorrelation der Residuen. Ist der Wert deutlich <2, deutet dies auf positive Autokorrelation der Residuen hin, ein Wert deutlich >2 zeigt dagegen eine negative Autokorrelation an. Werte zwischen 1,5 und 2,5 sind akzeptabel. Ein Wert <1 oder >3 deutet dagegen auf ein erhebliches Ausmaß an Autokorrelation der Residuen hin.

Bei der Interpretation der Ergebnisse der Regressionsanalysen drückt das Bestimmtheitsmaß R^2, welches Werte zwischen 0 und +1 annehmen kann, den Anteil der durch die unabhängige(n) Variable(n) erklärten Varianz an der abhängigen Variable aus. Da das R^2 mit der Anzahl der unabhängigen Variablen zunimmt, wird zusätzlich das korrigierte Bestimmtheitsmaß R^2_{korr} berücksichtigt. Die F-Statistik gibt das Signifikanzniveau des Modells an und drückt damit die Wahrscheinlichkeit aus, mit der die Nullhypothese (es besteht kein Zusammenhang) fälschlicherweise verworfen wird. Wie in der betriebswirtschaftlichen Forschung üblich, wird im Rahmen dieser Arbeit ein Signifikanzniveau von $p \leq 0{,}10$ gefordert, damit die Hypothese nicht verworfen werden muss. Dabei wird bei einem $p \leq 0{,}10$ von schwachsignifikant, bei einem $p \leq 0{,}05$ von signifikant und bei einem $p \leq 0{,}01$ von hochsignifikant gesprochen. Die Signifikanzniveaus beziehen sich auf einen beidseitigen Test. Darüber hinaus wird der nicht-standardisierte Regressionskoeffizient b sowie der standardisierte Regressionskoeffizient β (BETA-Wert), welcher Werte zwischen -1 und +1 annehmen kann, betrachtet. Beide Werte geben Auskunft über den Effekt der Änderung der unabhängigen Variable auf die abhängige Variable.

Tabelle 6-2: Interpretation von Stärke und Signifikanzniveau

Stärke

Werte für r bzw. β	Stärke des Zusammenhangs
±0,8 bis ±1,0	sehr stark
±0,6 bis ±0,8	stark
±0,4 bis ±0,6	mittelstark
±0,2 bis ±0,4	schwach
0,0 bis ±0,2	sehr schwach

Signifikanzniveau

Werte für p	Signifikanzniveau	
≤ 0,01	Hochsignifikant	(**)
≤ 0,05	Signifikant	(*)
≤ 0,10	Schwachsignifikant	(+)

Quelle: Eigene Einteilung in Anlehnung an Brosius 2004, S. 525.

Im Rahmen dieser Arbeit wird hinsichtlich der Stärke des Zusammenhangs bei einem Wert von 0 bis ±0,2 von sehr schwach, bei ±0,2 bis ±0,4 von schwach, bei ±0,4 bis ±0,6 von mittelstark, bei ±0,6 bis ±0,8 von stark und bei ±0,8 bis ±1,0 von sehr stark gesprochen.[1411] Der standardisierte Regressionskoeffizient β (BETA-Wert) ist erforderlich, um den Effekt einzelner unabhängiger Variablen miteinander vergleichen zu können.

6.1.4.4 Faktoranalyse

Die Faktoranalyse erlaubt eine Reduktion einer Vielzahl von Variablen auf wenige wichtige Einflussfaktoren. Im Rahmen der vorliegenden Arbeit wird die Faktoranalyse konfirmatorisch eingesetzt, um zu bestimmen, ob sich die Varianz von Einflussfaktoren auf latente, a priori definierte theoretische Konstrukte wie Integrationsgrad, Abbruch/Lernpotenziale, Anreiz/Vergütungssysteme, Finanzierung und Innovationsstrategie zurückführen lässt. Zur Auswahl der Faktoren und zur Testung der internen Konsistenz gelten die Aussagen, die zu den Testgütekriterien getroffen wurden.

6.1.4.5 Benutzte Software

Sowohl die Korrelations- und Regressionsanalyse als auch die Faktoranalyse erfolgen unter Anwendung des „Statistical Package for the Social Sciences (SPSS)“ in der Version 22.0. Die technische Umsetzung des Fragebogens basiert auf dem Softwarepaket „SoSci Survey“. Die Aufbereitung der Datensätze erfolgt mittels Microsoft Excel in der Version 2010. Zur Erstellung der Grafiken wurde auf think-cell in der Version 5.3 zurückgegriffen.

6.2 Operationalisierung der Variablen

In diesem Kapitel erfolgt die Operationalisierung der abhängigen und unabhängigen Variablen sowie der Kontrollvariablen. Die Variablen dieser Arbeit sind kategorial oder Likert-skaliert. Die kategoriale Zuordnung erfolgt durch die Vorgabe einer endlichen Anzahl von Kategorien mit der zusätzlichen Möglichkeit einer freien Antwort (z. B. „zusätzliche Ziele“). Wo möglich, wurden bereits in der Literatur bewährte Operationalisierungen der Variablen verwendet. Alle Angaben beziehen sich auf das Geschäftsjahr 2012 bzw. auf alle aktiven und inaktiven VE der letzten 5 Jahre über alle Entwicklungsstufen hinweg. Ferner wird auf die konkreten Fragen des Fragebogens verwiesen.[1412]

6.2.1 Allgemeine Angaben

Im Rahmen der allgemeinen Angaben werden Informationen zum Interviewpartner bzw. Unternehmen (Name des Unternehmens, Name der ICV-Einheit, Name des Interviewpartners,

[1411] Vgl. Brosius 2004, S. 525.
[1412] Der Fragebogen findet sich in Anhang.

Funktion des Interviewpartners, Postadresse, Telefonnummer, Email-Adresse), die Erfolgsebene (CP, VU, VE), wesentliche übergeordnete Finanzkennzahlen (Umsatz, EBITDA-Marge, Mitarbeiterzahl, Marktkapitalisierung), die Industrie/Branche, die Entwicklung (1 = stark rückläufig; 5 = stark wachsend) sowie das Risiko (1 = sehr gering; 5 = sehr hoch) der Märkte, in denen die VE initiiert werden, die Länge des durchschnittlichen Produktlebenszyklus und die Häufigkeit der Hinterfragung/Anpassung der Unternehmensstrategie (monatlich, quartalsweise, halbjährlich, jährlich, weniger häufig als jährlich) abgefragt.

Zudem werden die Eckdaten des ICV-Programms (Beginn, Etablierung in heutiger Form, Anzahl der initiierten und aktiven VE) erhoben. Darüber hinaus werden der Integrationszeitpunkt der VE (bei Technologiereife, Marktreife, Umsatz, Rentabilität), die organisatorische Aufstellung der ICV-Einheit (zentral, zentral innerhalb der F&E, dezentral), das Berichtswesen sowie der Anteil der VE, welche mit externen Partnern initiiert wurden, berücksichtigt.

6.2.2 Abhängige Variablen

Im Rahmen der vorliegenden Arbeit bilden der strategische, finanzielle sowie gesamte Erfolg die abhängigen Variablen. Die Fokussierung auf ICV-Erfolgsfaktoren rückt die Frage der Erfolgsmessung in den Vordergrund. „Grundlegendes Ziel der Erfolgsfaktorenforschung ist es, die Determinanten zu ermitteln, die den Erfolg oder Misserfolg eines Unternehmens langfristig wirksam beeinflussen.“[1413] Dabei weisen zahlreiche Forschungsarbeiten auf die Schwierigkeit einer derartigen Erfolgsmessung sowie deren uneinheitliche Handhabung hin.[1414] Die wesentlichen Gründe hierfür liegen in einer begrenzten Informationslage und -bereitschaft aufgrund der Gründungssituation[1415], einer begrenzten Interpretations- und Vergleichsmöglichkeit aufgrund unterschiedlicher strategischer und finanzieller Zielsetzungen[1416] und einer begrenzten Aussagekraft aufgrund branchenspezifischer Einflussgrößen[1417].[1418] Thornhill & Amit (2001) merken hierzu an: „Measuring the performance of corporate ventures shares many of the difficulties associated with evaluating the performance of small, entrepreneurial firms.”[1419] Sorrentino & Williams (1995) ergänzen, dass „financial measures do

[1413] Haenecke 2002, S. 166.

[1414] Vgl. Reichardt 2005; Seeliger 2004; Buckland et al. 2003; Faisst 2002; Covin & Slevin 1989; Sapienza et al. 1988; W. R. Sandberg & Hofer 1987.

[1415] Vgl. Fiorito & LaForge 1986, S. 11. Es „ist nicht damit zu rechnen, dass die Gesprächspartner Einblick in die tatsächliche finanzielle Situation ihrer Venture-Projekte geben. Doch auch, wenn die Interviewpartner zu einer solchen Auskunft bereit sind, stellt sich die Frage, inwieweit sie den finanziellen Erfolg ihrer Ventures schon bewerten können“ (H. Klein 2002, S. 288).

[1416] Vgl. Cooper 1979, S. 326. „Voraussetzung für die Operationalisierbarkeit strategischer Zielgrößen ist eine entsprechende konkrete Zielformulierung. Diese kann im Falle der strategischen Ziele, falls überhaupt vorhanden, sehr individuell ausfallen und ist aufgrund unterschiedlicher Anspruchniveaus ohnehin kaum vergleichbar“ (H. Klein 2002, S. 288).

[1417] Vgl. D. Miller & Toulouse 1986, S. 47 ff.

[1418] Vgl. Covin & Slevin 1989, S. 80.

[1419] Thornhill & Amit 2001, S. 37.

present serious limitations. The main disadvantage concerns their high sensitivity to accounting procedures. Another problem with these measures is that they very frequently lead to before-the-fact overestimations of financial returns, reflecting unrealistic corporate expectations – one of the largest obstacles firms face when venturing"[1420]. Für ICV-Einheiten liegen weder buchhalterische noch Finanzmarktdaten vor, da diese keine Geschäftsberichte publizieren und auch nicht börsennotiert sind. In Studien der Organisations- und Strategieforschung hat es sich daher durchgesetzt, fragebogenbasierte Maße der abhängigen Variablen zu erheben. Da kaum objektive Kennzahlen oder Erfolgsdaten vorliegen, orientiert sich diese Arbeit mit der Verwendung fragebogenbasierter Maße an den in der Wissenschaft üblichen Verfahren. Im Rahmen dieser Arbeit wird der Erfolg durch Befragung von Personen erhoben, welche eine Führungsrolle im Management von VE bzw. VU der jeweiligen Unternehmen begleiten und am Aufbau von VE beteiligt sind bzw. waren. Damit wird sichergestellt, dass die den Erfolg zu beurteilende Person ausreichend Verständnis und Überblick über die VE hat. Covin & Slevin (1989) schlagen in diesem Zusammenhang eine subjektive Erfolgsmessung anhand eines gewichteten durchschnittlichen Erfolgsindex (Weighted Average Performance Index) vor, welcher sich aus dem Produkt aus Zufriedenheit (Satisfaction Score) und Wichtigkeit (Importance Score) der Zielerreichung ergibt.[1421] Die Messung von Zufriedenheit und Wichtigkeit erfolgt auf Basis einer 5-fach-Likert-Skala mit den Extrempunkten [1] „highly dissatisfied" bzw. [5] „highly satisfied" sowie [1] „little importance" bzw. [5] „extremely important" .[1422] Die vorliegende Arbeit verfolgt einen ähnlichen Ansatz, indem jeweils ein strategischer, finanzieller sowie gesamter Erfolgsindex aus dem arithmetischen Mittel aus Zufriedenheit (1 = weit unter Erwartungen; 5 = weit über Erwartungen) und Wichtigkeit (1 = sehr geringe Wichtigkeit; 5 = sehr hohe Wichtigkeit) hinsichtlich der Erreichung unterschiedlicher strategischer und finanzieller Erfolgsgrößen gebildet wird.[1423]

Bei der Ableitung der strategischen und finanziellen Erfolgsgrößen können im Rahmen der Erfolgsmessung von CV-Aktivitäten die drei Erfolgsebenen CP, VU und VE unterschieden werden[1424] – wobei Erstere eine langfristige unternehmensweite und Letztere eine auf einzelne Innovationsvorhaben fokussierte kurz- bis mittelfristige Sichtweise ermöglicht. Die dazwischenliegende Portfoliosicht der VU wird im Rahmen dieser Arbeit nicht separat verfolgt, da diese bereits weitestgehend durch die investitionsbezogene Sichtweise des CP abgedeckt

[1420] Sorrentino & Williams 1995, S. 67.
[1421] Vgl. Covin & Slevin 1989, S. 79.
[1422] Vgl. Covin & Slevin 1989, S. 79.
[1423] Großunternehmen verfolgen im Rahmen von ICV in der Regel strategische und finanzielle Ziele (vgl. Kapitel 2.6). „Ein Versuch, sämtliche Zielsetzungen nur über finanziellen Mehrwert messen und beurteilen zu wollen, wird aufgrund der langen Zeithorizonte und der damit verbundenen Unsicherheit und der Schwierigkeit, strategische Motive und Lernabsichten unmittelbar in finanzielle Beiträge umzumünzen, als wenig sinnvoll erachtet" (Barmettler 2006, S. 102 f.).
[1424] Vgl. Kapitel 2.3.

wird.[1425] Im Rahmen dieser Arbeit wird der kurz- bis mittelfristige Erfolg auf der Messebene der VE am planmäßigen Erreichen der intern vorgegebenen strategischen bzw. finanziellen Meilensteine festgemacht.[1426]

(KSE) Die Venture-Einheiten erreichen die vorgegebenen kurz-/mittelfristigen strategischen Meilensteine (notwendige Events für den strategischen Venture-Erfolg) planmäßig; der kurz-/mittelfristige strategische Erfolg (KSE) ergibt sich aus dem arithmetischen Mittel von Zufriedenheit und Wichtigkeit.

(KFE) Die Venture-Einheiten erreichen die vorgegebenen kurz-/mittelfristigen finanziellen Meilensteine (notwendige Events für den strategischen Venture-Erfolg) planmäßig; der kurz-/mittelfristige finanzielle Erfolg (KFE) ergibt sich aus dem arithmetischen Mittel von Zufriedenheit und Wichtigkeit.

Auf der Messebene des CP orientiert sich der langfristige strategische Erfolg am Beitrag der VE zum Unternehmenswachstum[1427], zum Aufbau neuer Kompetenzen[1428] sowie zur Hervorbringung von radikalen bzw. disruptiven Innovationen[1429] und der langfristige finanzielle Erfolg am Beitrag der VE zu den Umsatz- und Profitabilitätszielen[1430] sowie zur Steigerung des Unternehmenswerts. Zudem stehen sowohl für den langfristigen strategischen als auch langfristigen finanziellen Erfolg jeweils drei optionale freie Antwortmöglichkeiten zur Verfügung.

(LSE1) Die Venture-Einheiten tragen zum Wachstum des Mutterunternehmens bei (Märkte, Produkte); der langfristige strategische Erfolg 1 (LSE1) ergibt sich aus dem arithmetischen Mittel von Zufriedenheit und Wichtigkeit.

(LSE2) Die Venture-Einheiten tragen zum Aufbau neuer Kompetenzen im Mutterunternehmen bei; der langfristige strategische Erfolg 2 (LSE2) ergibt sich aus dem arithmetischen Mittel von Zufriedenheit und Wichtigkeit.

(LSE3) Die Venture-Einheiten tragen zur Hervorbringung radikaler/disruptiver Innovationen für das Mutterunternehmen bei; der langfristige strategische Erfolg 3 (LSE3) ergibt sich aus dem arithmetischen Mittel von Zufriedenheit und Wichtigkeit.

1425 Vgl. Kreysel 2006, S. 147.
1426 Vgl. Thornhill & Amit 2001, S. 34.
1427 Vgl. Thornhill & Amit 2001; Tidd & Taurins 1999; Sorrentino & Williams 1995; Covin & Slevin 1991, S. 19. Als geeignetes Hilfsmittel zur Bestimmung des strategischen Tätigkeitsfeldes einer VE empfiehlt sich die Ansoff-Matrix (vgl. Kapitel 2.1.1.1).
1428 Vgl. Tidd & Taurins 1999; McGrath 1995.
1429 Vgl. M. Simon et al. 1999; G. S. Day 1994.
1430 Vgl. Miles & Covin 2002; M. Simon et al. 1999, Covin & Slevin 1991, S. 19.

(LFE1) Die Venture-Einheiten tragen zu den Umsatzzielen des Mutterunternehmens bei; der langfristige finanzielle Erfolg 1 (LFE1) ergibt sich aus dem arithmetischen Mittel von Zufriedenheit und Wichtigkeit.

(LFE2) Die Venture-Einheiten tragen zu den Rentabilitätszielen des Mutterunternehmens bei (z. B. EBITDA); der langfristige finanzielle Erfolg 2 (LFE2) ergibt sich aus dem arithmetischen Mittel von Zufriedenheit und Wichtigkeit.

(LFE3) Die Venture-Einheiten tragen zur Steigerung des Wertes des Mutterunternehmens bei (z. B. Marktkapitalisierung | Economic Value Added); der langfristige finanzielle Erfolg 3 (LFE3) ergibt sich aus dem arithmetischen Mittel von Zufriedenheit und Wichtigkeit.

Auf Basis dieser Variablen werden weitere Variablen abgeleitet.

Die konfirmatorische Faktoranalyse zeigt, dass sich die Varianz des theoretischen Konstruktes langfristiger strategischer Erfolg auf die Faktoren LSE1, LSE2 und LSE3 zurückführen lässt.

(LSE) Das arithmetische Mittel der Variablen LSE1, LSE2 und LSE3 bildet das Konstrukt langfristiger strategischer Erfolg, welches als LSE in die Analyse eingeht. LSE hat ein α von 0,75. Damit überschreitet es nicht nur den Schwellenwert für neue Skalen von 0,5 bis 0,6, sondern auch den allgemeinen Schwellenwert von 0,7 und weist somit eine sehr hohe Reliabilität auf.

(LSEZ) Der langfristige strategische Erfolg Zusatz (LSEZ) ergibt sich aus dem arithmetischen Mittel von LSE und dem arithmetischen Mittel der drei optionalen freien Antwortmöglichkeiten für langfristigen strategischen Erfolg aus Zufriedenheit und Wichtigkeit.

(SE) Der gesamte strategische Erfolg (SE) ergibt sich aus dem arithmetischen Mittel von KSE und LSE.

(SEZ) Der gesamte strategische Erfolg Zusatz (SEZ) ergibt sich aus dem arithmetischen Mittel von KSE und LSEZ.

Die konfirmatorische Faktoranalyse zeigt, dass sich die Varianz des theoretischen Konstruktes langfristiger finanzieller Erfolg auf die Faktoren LFE1, LFE2 und LFE3 zurückführen lässt.

(LFE) Das arithmetische Mittel der Variablen LFE1, LFE2 und LFE3 bildet das Konstrukt langfristiger finanzieller Erfolg, welches als LFE in die Analyse eingeht. LFE hat ein α von 0,81. Damit überschreitet es nicht nur den Schwellenwert für neue Skalen von 0,5 bis 0,6, sondern auch den allgemeinen Schwellenwert von 0,7 und weist somit eine sehr hohe Reliabilität auf.

(LFEZ) Der langfristige finanzielle Erfolg Zusatz (LFEZ) ergibt sich aus dem arithmetischen Mittel von LFE und dem arithmetischen Mittel der drei optionalen freien Antwortmöglichkeiten für langfristigen finanziellen Erfolg aus Zufriedenheit und Wichtigkeit.

(FE) Der gesamte finanzielle Erfolg (FE) ergibt sich aus dem arithmetischen Mittel von KFE und LFE.

(FEZ) Der gesamte finanzielle Erfolg Zusatz (FEZ) ergibt sich aus dem arithmetischen Mittel von KFE und LFEZ.

(E) Der gesamte Erfolg (E) ergibt sich aus dem arithmetischen Mittel von SE und FE.

(EZ) Der gesamte Erfolg Zusatz (EZ) ergibt sich aus dem arithmetischen Mittel von SEZ und FEZ.

Abbildung 6-3: Erfolgsmessung – subjektive Erfolgsgrößen

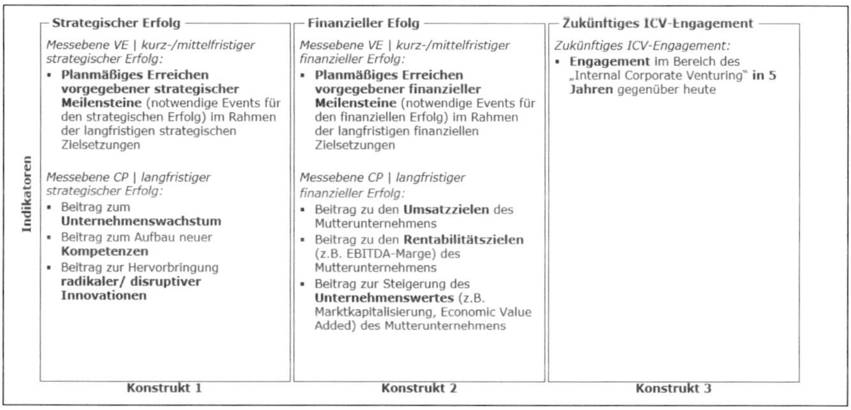

Quelle: Eigene Darstellung

Darüber hinaus wird das zukünftige ICV-Engagement des Unternehmens in 5 Jahren gegenüber heute (T) abgefragt (1 = sehr viel schwächer; 3 = gleichbleibend; 5 = sehr viel stärker; -1 = völlige Aufgabe), wobei eine Reduzierung bzw. völlige Aufgabe der ICV-Aktivitäten als

Misserfolg gewertet wird.[1431] „Es kann davon ausgegangen werden, dass erfolgreiche Venturing-Programme ihr Aktivitätsniveau konstant halten oder sogar ausweiten, während weniger erfolgreiche Aktivitäten reduziert oder eingestellt werden."[1432]

(T) Zukünftiges ICV-Engagement in 5 Jahren gegenüber heute

Die subjektive Erfolgseinschätzung wird durch die Erhebung objektiver strategischer und finanzieller Erfolgsgrößen ergänzt. Die objektiven strategischen Erfolgsgrößen berücksichtigen den prozentualen Anteil der initiierten VE, welche Technologie- bzw. Marktreife erlangt haben sowie die Anzahl der Jahre, die dies im Durchschnitt gedauert hat. Zudem wird der Mitarbeiteranteil der VE – bezogen auf die Mitarbeiterzahl des CP – und die Anzahl neuer Patente aus den VE zur Patentanzahl des CP von heute und in 5 Jahren abgefragt. Die objektiven finanziellen Erfolgsgrößen orientieren sich am prozentualen Anteil der initiierten VE, daran, welche Umsätze sie erzielt haben bzw. welche rentabel wurden sowie an der Anzahl der Jahre, die dies im Durchschnitt gedauert hat. Darüber hinaus wird der Anteil der aktiven und inaktiven VE am Umsatz bzw. EBITDA des CP von heute und in 5 Jahren betrachtet. Ergänzt werden die objektiven Erfolgsgrößen durch die Erhebung des CV-Investitionsanteils in Relation zum Umsatz des CP von heute und in 5 Jahren.

Hierbei zeigt sich jedoch, dass weder der Mitarbeiter- noch der Umsatz- bzw. EBITDA-Anteil des vergleichsweise geringen ICV-Engagements einen messbaren Effekt auf die Personal- bzw. Ergebnissituation eines Großunternehmens hat. Auch ist der CV-Investitionsanteil in Relation zum Umsatz eines Großunternehmens verschwindend gering. Dies führt dazu, dass diese objektiven Erfolgsgrößen im Rahmen dieser Arbeit keine weitere Berücksichtigung finden.[1433] Da die übrigen objektiven Erfolgsgrößen den angesprochenen Schwierigkeiten der Erfolgsmessung unterliegen[1434], basiert die bivariate Analyse zur Testung der Hypothesen in Kapitel 6.4 und die multiple Analyse in Kapitel 6.5 einzig auf den beschriebenen subjektiven Erfolgsgrößen. Allerdings erfolgt eine Analyse und Aufbereitung der auswertbaren objektiven Erfolgsgrößen im Rahmen der deskriptiven Analyse in Kapitel 6.3.

[1431] Vgl. H. Klein 2002, S. 288 und 293 f. Hill et al. gehen ähnlich vor, indem sie neben dem strategischen und finanziellen Erfolg auch das Überleben der VE (CV unit survival) berücksichtigen (vgl. S. A. Hill et al. 2009, S. 3 ff.).

[1432] H. Klein 2002, S. 293.

[1433] Vgl. hierzu auch Schween 1996, S. 79.

[1434] Schwierigkeiten der Erfolgsmessung anhand objektiver Erfolgsgrößen: begrenzte Informationslage und -bereitschaft aufgrund der Gründungssituation; begrenzte Interpretations- und Vergleichsmöglichkeit aufgrund unterschiedlicher strategischer und finanzieller Zielsetzungen; begrenzte Aussagekraft aufgrund branchenspezifischer Einflussgrößen (vgl. Kapitel 6.2.2).

Abbildung 6-4: Erfolgsmessung – objektive Erfolgsgrößen

Indikatoren	Strategischer Erfolg	Finanzieller Efolg	Zukünftiges ICV-Engagement
	▪ Prozentualer Anteil der Venture-Einheiten, welche **Technologiereife** erlangt haben ▪ Prozentualer Anteil der Venture-Einheiten, welche **Marktreife** erlangt haben	▪ Prozentualer Anteil der Venture-Einheiten, welche **Umsätze** erzielt haben ▪ Prozentualer Anteil der Venture-Einheiten, welche **rentabel** wurden	▪ **Investitionsanteil** in Venture-Einheiten bezogen auf Gesamtumsatz des Mutterunternehmens 2012/2017
	▪ **Mitarbeiteranteil** der Venture-Einheiten an der gesamten Mitarbeiteranzahl des Mutterunternehmens 2012/2017 ▪ **Anzahl neuer Patente** aus Venture-Einheiten an der gesamten Patentanzahl des Mutterunternehmens 2012/2017	▪ **Umsatzanteil** aktiver und inaktiver Venture-Einheiten am Gesamtumsatz des Mutterunternehmens 2012/2017 ▪ **EBITDA-Anteil** aktiver und inaktiver Venture-Einheiten am EBITDA des Mutterunternehmens 2012/2017	

Quelle: Eigene Darstellung

Abbildung 6-5: Faktoranalyse für langfristigen strategischen und finanziellen Erfolg

Faktoranalyse für langfr. str. Erfolg

N = 27

Kommunalitäten

	Anfänglich	Extraktion
LSE1	1,000	,720
LSE2	1,000	,532
LSE3	1,000	,762

Extraktionsmethode: Analyse der Hauptkomponente.

Erklärte Gesamtvarianz

	Anfängliche Eigenwerte			Extrahierte Summen von quadrierten		
Komponente	Gesamtsumme	% der Varianz	Kumulativ %	Gesamt-summe	% der Varianz	Kumulativ %
1	2,014	67,145	67,145	2,014	67,145	67,145
2	,641	21,354	88,498			
3	,345	11,502	100,000			

Extraktionsmethode: Analyse der Hauptkomponente.

Komponentenmatrix[a]

	Komponente 1
LSE1	,849
LSE2	,729
LSE3	,873

Extraktionsmethode: Analyse der Hauptkomponente.

a. 1 Komponenten extrahiert.

Faktoranalyse für langfr. fin. Erfolg

N = 27

Kommunalitäten

	Anfänglich	Extraktion
LFE1	1,000	,731
LFE2	1,000	,733
LFE3	1,000	,724

Extraktionsmethode: Analyse der Hauptkomponente.

Erklärte Gesamtvarianz

	Anfängliche Eigenwerte			Extrahierte Summen von quadrierten		
Komponente	Gesamtsumme	% der Varianz	Kumulativ %	Gesamt-summe	% der Varianz	Kumulativ %
1	2,188	72,925	72,925	2,188	72,925	72,925
2	,413	13,756	86,681			
3	,400	13,319	100,000			

Extraktionsmethode: Analyse der Hauptkomponente.

Komponentenmatrix[a]

	Komponente 1
LFE1	,855
LFE2	,856
LFE3	,851

Extraktionsmethode: Analyse der Hauptkomponente.

a. 1 Komponenten extrahiert.

Quelle: Eigene Erhebung und Analyse

6.2.3 Unabhängige Variablen

Die Konstrukte Integrationsgrad, Abbruch/Lernpotenziale, Anreiz-/Vergütungssysteme, Finanzierung und Innovationsstrategie werden jeweils anhand eines 5-Item-Measure operationalisiert. Über eine 5-fach-Likert-Skala wird die Zustimmung zu jeweils 5 Aussagen mit verbaler Extrempunktbeschreibung erhoben. Ein hoher Wert wird dabei als eine starke Ausprägung des jeweiligen Items bzw. Konstruktes verstanden.

6.2.3.1 Integrationsgrad

(I1) 1 = Die Venture-Einheiten sind vollständig in die Strukturen, Prozesse und (Management-)Systeme des Mutterunternehmens integriert; 5 = Die Venture-Einheiten sind vollständig von den Strukturen, Prozessen und (Management-)Systemen des Mutterunternehmens getrennt.

(I2) 1 = Die Venture-Einheiten orientieren sich ausschließlich an den kurzfristigen Erlöszielen der operativen Bereiche im Mutterunternehmen; 5 = Die Venture-Einheiten orientieren sich ausschließlich an den langfristigen finanziellen/strategischen Zielen des Mutterunternehmens.

(I3) 1 = Die Venture-Einheiten greifen ausschließlich auf die Ressourcen und Kompetenzen des Mutterunternehmens zurück; 5 = Die Venture-Einheiten haben keinen Zugriff auf die Ressourcen und Kompetenzen des Mutterunternehmens.

(I4) 1 = Die Aktivitäten der Venture-Einheiten stimmen vollkommen mit dem Kerngeschäft des Mutterunternehmens überein; 5 = Die Aktivitäten der Venture-Einheiten stimmen überhaupt nicht mit dem Kerngeschäft des Mutterunternehmens überein.

(I5) 1 = Zwischen den Venture-Einheiten und dem Mutterunternehmen bestehen ausschließlich direkte Schnittstellen; 5 = Zwischen den Venture-Einheiten und dem Mutterunternehmen besteht ausschließlich eine indirekte Schnittstelle in Form einer Innovationsmanagementfunktion/-abteilung (Venture-Unterstützungsfunktion).

Die konfirmatorische Faktoranalyse zeigt, dass sich die Varianz des theoretischen Konstruktes Integrationsgrad (I) auf die Faktoren I1, I3, I4 und I5 zurückführen lässt.

(IE) Das arithmetische Mittel der Variablen I1, I3, I4 und I5 bildet das Konstrukt Einbindung, welches als IE in die Analyse eingeht. IE hat ein α von 0,67. Damit überschreitet es den Schwellenwert für neue Skalen von 0,5 bis 0,6 und weist somit eine hohe Reliabilität auf; I2 geht als unabhängige Variable für die Zielorientierung in die Analyse ein.

Abbildung 6-6: Faktoranalyse Integrationsgrad

N = 27

Kommunalitäten

	Anfänglich	Extraktion
I1	1,000	,485
I2	1,000	,878
I3	1,000	,608
I4	1,000	,565
I5	1,000	,661

Extraktionsmethode: Analyse der Hauptkomponente.

Erklärte Gesamtvarianz

Komponente	Anfängliche Eigenwerte			Extrahierte Summen von quadrierten Ladungen			Rotierte Summen von quadrierten Ladungen		
	Gesamtsumme	% der Varianz	Kumulativ %	Gesamt-summe	% der Varianz	Kumulativ %	Gesamtsumme	% der Varianz	Kumulativ %
1	2,024	40,485	40,485	2,024	40,485	40,485	1,954	39,082	39,082
2	1,171	23,428	63,913	1,171	23,428	63,913	1,242	24,831	63,913
3	,723	14,463	78,376						
4	,631	12,611	90,987						
5	,451	9,013	100,000						

Extraktionsmethode: Analyse der Hauptkomponente.

Komponentenmatrix[a]

	Komponente	
	1	2
I1	,679	-,152
I2	-,166	,922
I3	,724	-,289
I4	,689	,301
I5	,733	,352

Extraktionsmethode: Analyse der
a. 2 Komponenten extrahiert.

Rotierte Komponentenmatrix[a]

	Komponente	
	1	2
I1	,607	-,340
I2	,105	,931
I3	,611	-,485
I4	,746	,091
I5	,803	,127

Extraktionsmethode: Analyse der Hauptkomponente.
a. Rotation konvergierte in 3 Iterationen.

Quelle: Eigene Erhebung und Analyse

Darüber hinaus wird die Wichtigkeit unterschiedlicher Ressourcen des CP für den Erfolg der VE abgefragt (1 = sehr geringe Wichtigkeit; 5 = sehr hohe Wichtigkeit).

6.2.3.2 Finanzierung

(F1) 1 = Die Kapitalausstattung der Venture-Einheiten ist nicht ausreichend; 5 = Die Kapitalausstattung der Venture-Einheiten ist mehr als ausreichend.

(F2) 1 = Die Bereitstellung des Kapitalbedarfs erfolgt nicht in Abhängigkeit des Erreichens vorgegebener Meilensteine durch die Venture-Einheiten (z. B. jährliches Budget); 5 = Die Bereitstellung des Kapitalbedarfs erfolgt ausschließlich in Abhängigkeit des Erreichens vorgegebener Meilensteine durch die Venture-Einheiten in mehreren Finanzierungsrunden (Stufenfinanzierung).

(F3) 1 = Die Entscheidung hinsichtlich Investitionen in Venture-Einheiten obliegt ausschließlich dem Top-Management des Mutterunternehmens; 5 = Die Entscheidung hinsichtlich Investitionen in Venture-Einheiten obliegt ausschließlich der Venture-Unterstützungsfunktion/dem mittleren Management.

(F4) 1 = Die durch erfolgreiche Venture-Einheiten erwirtschafteten finanziellen Ressourcen stehen nicht automatisch für Reinvestitionen in Venture-Einheiten zur Verfügung; 5 = Die durch erfolgreiche Venture-Einheiten erwirtschafteten finanziellen Ressourcen stehen in vollem Umfang automatisch für Reinvestitionen in Venture-Einheiten zur Verfügung (Intrakapitalfonds).

(F5) 1 = Die finanziellen Ressourcen werden den Venture-Einheiten mit sehr begrenztem Zeithorizont zur Verfügung gestellt; 5 = Die finanziellen Ressourcen werden den Venture-Einheiten mit unbegrenztem Zeithorizont zur Verfügung gestellt.

Die konfirmatorische Faktoranalyse zeigt, dass sich die Varianz des theoretischen Konstruktes Finanzierung (F) auf die Faktoren F1 und F4 bzw. F3 und F5 zurückführen lässt.

(FV) Das arithmetische Mittel der Variablen F1 und F4 bildet das Konstrukt Kapitalvolumen, welches als FV in die Analyse eingeht. FV hat ein α von 0,55. Damit liegt es im Schwellenwert für neue Skalen von 0,5 bis 0,6 und weist eine akzeptable Reliabilität auf.

(FZ) Das arithmetische Mittel der Variablen F3 und F5 bildet das Konstrukt Kapitalzugriff, welches als FZ in die Analyse eingeht. FZ hat ein α von 0,39. Damit unterschreitet es den Schwellenwert für neue Skalen von 0,5 bis 0,6 und weist eine niedrige Reliabilität auf; F2 wird im Rahmen der Konstruktbildung eliminiert.

Abbildung 6-7: Faktoranalyse Finanzierung

N = 27

Kommunalitäten

	Anfänglich	Extraktion
F1	1,000	,741
F2	1,000	,629
F3	1,000	,564
F4	1,000	,559
F5	1,000	,567

Extraktionsmethode: Analyse der Hauptkomponente.

Erklärte Gesamtvarianz

Komponente	Anfängliche Eigenwerte			Extrahierte Summen von quadrierten Ladungen			Rotierte Summen von quadrierten Ladungen		
	Gesamtsumme	% der Varianz	Kumulativ %	Gesamtsumme	% der Varianz	Kumulativ %	Gesamtsumme	% der Varianz	Kumulativ %
1	1,607	32,145	32,145	1,607	32,145	32,145	1,601	32,025	32,025
2	1,453	29,065	61,209	1,453	29,065	61,209	1,459	29,185	61,209
3	,841	16,818	78,028						
4	,617	12,332	90,359						
5	,482	9,641	100,000						

Extraktionsmethode: Analyse der Hauptkomponente.

Komponentenmatrix[a]

	Komponente	
	1	2
F1	,172	,844
F2	-,737	,294
F3	,714	-,234
F4	,101	,741
F5	,718	,228

Extraktionsmethode: Analyse der
a. 2 Komponenten extrahiert.

Rotierte Komponentenmatrix[a]

	Komponente	
	1	2
F1	,002	,861
F2	-,780	,142
F3	,746	-,088
F4	-,047	,746
F5	,659	,365

Extraktionsmethode: Analyse der Hauptkomponente.
a. Rotation konvergierte in 3 Iterationen.

Quelle: Eigene Erhebung und Analyse

Darüber hinaus wird die durchschnittliche Anzahl an Finanzierungsrunden pro VE erhoben und abgefragt, welche Kriterien zur Entscheidung über eine Bereitstellung weiterer finanzieller Mittel für die VE herangezogen werden.

6.2.3.3 Anreiz-/Vergütungssysteme

(A1) 1 = Die Anreiz- und Vergütungssysteme bestehen ausschließlich aus immateriellen/nicht-monetären Elementen; 5 = Die Anreiz- und Vergütungssysteme bestehen ausschließlich aus materiellen/monetären Elementen.

(A2) 1 = Die Anreiz- und Vergütungssysteme sehen keine Partizipation der Venture-Mitarbeiter am Wertzuwachs der Venture-Einheiten vor; 5 = Die Anreiz- und Vergütungssysteme sehen eine starke Partizipation der Venture-Mitarbeiter am Wertzuwachs der Venture-Einheiten vor (Erfolgsbeteiligung | Carried Interest).

(A3) 1 = Die Mitarbeiter der Venture-Einheiten erhalten keine Rückmeldung hinsichtlich ihrer Zielerreichung; 5 = Die Mitarbeiter der Venture-Einheiten erhalten häufig Rückmeldung hinsichtlich ihrer Zielerreichung.

(A4) 1 = Die Anreiz- und Vergütungssysteme orientieren sich ausschließlich an individuellen Ergebnissen (Mitarbeitererfolg); 5 = Die Anreiz- und Vergütungssysteme orientieren sich ausschließlich an kollektiven Ergebnissen (Erfolg der Venture-Einheit).

(A5) 1 = Es besteht kein Commitment des Top-Managements des Mutterunternehmens hinsichtlich der Venture-Einheiten und deren Aktivitäten; 5 = Es besteht ein hohes Commitment des Top-Managements des Mutterunternehmens hinsichtlich der Venture-Einheiten und deren Aktivitäten.

Die konfirmatorische Faktoranalyse zeigt, dass sich die Varianz des theoretischen Konstruktes Anreiz-/Vergütungssysteme (A) auf die Faktoren A1 und A2 bzw. A3, A4 und A5 zurückführen lässt.

(AR) Das arithmetische Mittel der Variablen A1 und A2 bildet das Konstrukt Ausrichtung, welches als AR in die Analyse eingeht. AR hat ein α von 0,69. Damit überschreitet es den Schwellenwert für neue Skalen von 0,5 bis 0,6 und weist somit eine hohe Reliabilität auf.

(AG) Das arithmetische Mittel der Variablen A3, A4 und A5 bildet das Konstrukt Ausgestaltung, welches als AG in die Analyse eingeht. AG hat ein α von 0,67. Damit überschreitet es den Schwellenwert für neue Skalen von 0,5 bis 0,6 und weist somit eine hohe Reliabilität auf.

Abbildung 6-8: Faktoranalyse Anreiz-/Vergütungssysteme

N = 27

Kommunalitäten

	Anfänglich	Extraktion
A1	1,000	,744
A2	1,000	,775
A3	1,000	,606
A4	1,000	,616
A5	1,000	,676

Extraktionsmethode: Analyse der Hauptkomponente.

Erklärte Gesamtvarianz

Komponente	Anfängliche Eigenwerte			Extrahierte Summen von quadrierten Ladungen			Rotierte Summen von quadrierten Ladungen		
	Gesamtsumme	% der Varianz	Kumulativ %	Gesamtsumme	% der Varianz	Kumulativ %	Gesamtsumme	% der Varianz	Kumulativ %
1	2,216	44,316	44,316	2,216	44,316	44,316	1,770	35,402	35,402
2	1,201	24,028	68,343	1,201	24,028	68,343	1,647	32,942	68,343
3	,683	13,661	82,005						
4	,523	10,450	92,455						
5	,377	7,545	100,000						

Extraktionsmethode: Analyse der Hauptkomponente.

Komponentenmatrix[a]

	Komponente	
	1	2
A1	,655	-,561
A2	,656	-,588
A3	,522	,578
A4	,754	,218
A5	,718	,400

Extraktionsmethode: Analyse der
a. 2 Komponenten extrahiert.

Rotierte Komponentenmatrix[a]

	Komponente	
	1	2
A1	,119	,855
A2	,101	,875
A3	,774	-,086
A4	,709	,336
A5	,803	,177

Extraktionsmethode: Analyse der Hauptkomponente.
a. Rotation konvergierte in 3 Iterationen.

Quelle: Eigene Erhebung und Analyse

Darüber hinaus wird erhoben, an welchen Leistungskennzahlen (KPIs) sich die Anreiz- und Vergütungssysteme orientieren (1 = keine Orientierung; 5 = sehr starke Orientierung).

6.2.3.4 Abbruch/Lernpotenziale

(L1) 1 = Erfolglose Venture-Einheiten werden zu spät abgebrochen; 5 = Erfolglose Venture-Einheiten werden zu früh abgebrochen.

(L2) 1 = Die Entscheidung hinsichtlich Abbruch von Venture-Einheiten obliegt ausschließlich dem Top-Management des Mutterunternehmens; 5 = Die Entscheidung hinsichtlich Abbruch von Venture-Einheiten obliegt ausschließlich der Venture-Unterstützungsfunktion/dem mittleren Management.

(L3) 1 = Weder Erfolge noch Misserfolge der Venture-Einheiten werden analysiert, und es besteht somit kein Lernprozess; 5 = Sowohl Erfolge als auch Misserfolge der Venture-Einheiten werden genauestens analysiert, und es besteht somit ein kontinuierlicher Lernprozess.

(L4) 1 = Es findet kein Austausch hinsichtlich Wissen und Kompetenzen zwischen den Venture-Einheiten statt; 5 = Es findet ein kontinuierlicher und starker Austausch hinsichtlich Wissen und Kompetenzen zwischen den Venture Einheiten statt.

(L5) 1 = Es herrscht keine Fehlertoleranz gegenüber den Venture-Einheiten; 5 = Es herrscht eine hohe Fehlertoleranz gegenüber den Venture-Einheiten.

Die konfirmatorische Faktoranalyse zeigt, dass sich die Varianz des theoretischen Konstruktes Abbruch/Lernpotenziale (L) auf die Faktoren L3, L4 und L5 zurückführen lässt.

(LL) Das arithmetische Mittel der Variablen L3, L4 und L5 bildet das Konstrukt Lernpotenzial, welches als LL in die Analyse eingeht. LL hat ein α von 0,62. Damit überschreitet es den Schwellenwert für neue Skalen von 0,5 bis 0,6 und weist somit eine hohe Reliabilität auf; L2 geht als unabhängige Variable für Abbruch in die Analyse ein; L1 wird im Rahmen der Konstruktbildung eliminiert.

Abbildung 6-9: Faktoranalyse Abbruch/Lernpotenziale

N = 27

Kommunalitäten

	Anfänglich	Extraktion
L1	1,000	,327
L2	1,000	,616
L3	1,000	,669
L4	1,000	,736
L5	1,000	,732

Extraktionsmethode: Analyse der Hauptkomponente.

Erklärte Gesamtvarianz

Komponente	Anfängliche Eigenwerte			Extrahierte Summen von quadrierten Ladungen			Rotierte Summen von quadrierten Ladungen		
	Gesamtsumme	% der Varianz	Kumulativ %	Gesamtsumme	% der Varianz	Kumulativ %	Gesamtsumme	% der Varianz	Kumulativ %
1	1,775	35,504	35,504	1,775	35,504	35,504	1,627	32,532	32,532
2	1,304	26,079	61,583	1,304	26,079	61,583	1,453	29,051	61,583
3	,891	17,817	79,401						
4	,578	11,553	90,954						
5	,452	9,046	100,000						

Extraktionsmethode: Analyse der Hauptkomponente.

Komponentenmatrix[a]

	Komponente	
	1	2
L1	-,388	,420
L2	,159	-,769
L3	,747	-,333
L4	,834	,202
L5	,589	,620

Extraktionsmethode: Analyse der
a. 2 Komponenten extrahiert.

Rotierte Komponentenmatrix[a]

	Komponente	
	1	2
L1	-,085	-,565
L2	-,300	,725
L3	,431	,695
L4	,803	,301
L5	,836	-,183

Extraktionsmethode: Analyse der Hauptkomponente.
a. Rotation konvergierte in 3 Iterationen.

Quelle: Eigene Erhebung und Analyse

6.2.3.5 *Innovationsstrategie*

(S1) 1 = Die Unternehmensstrategie des Mutterunternehmens schränkt unternehmerisches Denken und Handeln der Venture-Einheiten ein; 5 = Die Unternehmensstrategie des Mutterunternehmens begünstigt unternehmerisches Denken und Handeln der Venture-Einheiten.

(S2) 1 = Die Unternehmensstrategie des Mutterunternehmens wird nicht hinterfragt und nicht angepasst; 5 = Die Unternehmensstrategie des Mutterunternehmens wird regelmäßig aufgrund der Initiativen der Venture-Einheiten hinterfragt und ggf. angepasst.

(S3) 1 = Es findet keine Kommunikation zwischen Mutterunternehmen und Venture-Einheiten statt; 5 = Es findet eine regelmäßige und intensive Kommunikation zwischen Mutterunternehmen und Venture-Einheiten über Funktions- und Hierarchieebenen hinweg statt.

(S4) 1 = Die innovationsbetroffenen operativen Bereiche des Mutterunternehmens sind nicht in die Initiativen der Venture-Einheiten eingebunden; 5 = Die innovationsbetroffenen operativen Bereiche des Mutterunternehmens sind stark in die Initiativen der Venture-Einheiten eingebunden.

(S5) 1 = Im Rahmen des Ressourcenallokationsprozesses werden den Venture-Einheiten weder Ressourcen noch die Top-Management-Unterstützung bereitgestellt; 5 = Im Rahmen des Ressourcenallokationsprozesses werden den Venture-Einheiten alle erforderlichen Ressourcen sowie die Top-Management-Unterstützung bereitgestellt.

Die konfirmatorische Faktoranalyse zeigt, dass sich die Varianz des theoretischen Konstruktes Innovationsstrategie auf die Faktoren S1, S2, S3, S4 und S5 zurückführen lässt.

(S) Das arithmetische Mittel der Variablen S1, S2, S3, S4 und S5 bildet das Konstrukt Innovationsstrategie, welches als S in die Analyse eingeht. S hat ein α von 0,70. Damit überschreitet es nicht nur den Schwellenwert für neue Skalen von 0,5 bis 0,6, sondern auch den allgemeinen Schwellenwert von 0,7 und weist somit eine sehr hohe Reliabilität auf.

Abbildung 6-10: Faktoranalyse Innovationsstrategie

N = 27

Kommunalitäten

	Anfänglich	Extraktion
S1	1,000	,507
S2	1,000	,487
S3	1,000	,462
S4	1,000	,397
S5	1,000	,443

Extraktionsmethode: Analyse der Hauptkomponente.

Erklärte Gesamtvarianz

Komponente	Anfängliche Eigenwerte			Extrahierte Summen von quadrierten Ladungen		
	Gesamtsumme	% der Varianz	Kumulativ %	Gesamtsumme	% der Varianz	Kumulativ %
1	2,295	45,898	45,898	2,295	45,898	45,898
2	,996	19,913	65,811			
3	,814	16,280	82,090			
4	,584	11,688	93,778			
5	,311	6,222	100,000			

Extraktionsmethode: Analyse der Hauptkomponente.

Komponentenmatrix[a]

	Komponente
	1
S1	,712
S2	,698
S3	,679
S4	,630
S5	,665

Extraktionsmethode: Analyse der
a. 1 Komponenten extrahiert.

Quelle: Eigene Erhebung und Analyse

6.2.4 Kontrollvariablen

Neben den verschiedenen Gestaltungsdimensionen von ICV-Programmen können natürlich auch andere Faktoren den Erfolg beeinflussen. Durch die Berücksichtigung von Kontrollvariablen soll sichergestellt werden, dass die Beziehung zwischen abhängigen und unabhängigen Variablen nicht durch dritte Variablen beeinflusst wird. Als Kontrollvariablen werden das durchschnittliche Alter der VE, die durchschnittliche Anzahl an Mitarbeitern sowie das durchschnittlich investierte Kapital pro VE und über alle VE hinweg abgefragt. Darüber hinaus werden die durchschnittliche Venture-Stage (1 = Die Venture-Einheiten erhalten erste finanzielle Investitionen – erzielen aber noch keine Umsätze; 2 = Die Venture-Einheiten erzielen Umsätze – sind aber noch nicht rentabel; 3 = Die Venture-Einheiten sind rentabel), die ICV-Ziele (1 = Gründung von Neugeschäft innerhalb des Mutterunternehmens (Integration); 2 = Gründung von neuen Unternehmen außerhalb des Mutterunternehmens (Spin-off); 3 = Verkauf der Venture-Einheiten an Dritte) sowie der Fokus der VE (1 = Exploitation latent vorhandener Innovationspotenziale; 5 = Exploration neuer Innovationspotenziale) bzw. des CP (1 = Inkrementelle Innovationen mit geringem Risiko und geringen Auswirkungen auf bestehende Produkte/Dienstleistungen oder Prozesse; 5 = Radikale/disruptive Innovationen mit hohem Risiko und großen Auswirkungen auf bestehende Produkte/Dienstleistungen oder Prozesse) erhoben.

(FVE) Fokus der Venture-Einheiten; 1 = Exploitation latent vorhandener Innovationspotenziale; 5 = Exploration neuer Innovationspotenziale

(FCP) Fokus des Mutterunternehmens; 1 = Inkrementelle Innovationen mit geringem Risiko und geringen Auswirkungen auf bestehende Produkte/Dienstleistungen oder Prozesse; 5 = Radikale/disruptive Innovationen mit hohem Risiko und großen Auswirkungen auf bestehende Produkte/Dienstleistungen oder Prozesse

In die Hypothesentests sowie die multiple Analyse gehen als Kontrollvariablen nur das durchschnittliche Alter der VE (AlterVE), die durchschnittliche Anzahl an Mitarbeitern pro VE (MaVE) und das durchschnittlich investierte Kapital pro VE (KapVE) ein. Die Kontrollvariablen werden in den Regressionsmodellen wie unabhängige Variablen behandelt, über deren Effekt a priori keine Hypothesen aufgestellt werden. Um den Einfluss der Kontrollvariablen auf die Zusammenhänge zu prüfen, wird das Verfahren der partiellen Korrelation sowie der hierarchischen Regression genutzt. Fehlende Werte werden durch das arithmetische Mittel ersetzt, da dies keine signifikanten Veränderungen der Ergebnisse bewirkt.

6.3 Deskriptive Analyse

Dieses Kapitel stellt die im Rahmen dieser Arbeit erhobenen empirischen Daten anhand deskriptiver Statistiken dar. Diese Darstellungen dienen vorrangig dem Ziel, auch jene Daten zu analysieren und aufzubereiten, welche nicht unmittelbar in die Testung der Hypothesen in Kapitel 6.4 eingeflossen sind.

6.3.1 Allgemeine Angaben

Die Stichprobe dieser Arbeit besteht überwiegend aus Vertretern der VU mit 16 Teilnehmern (59%). 6 Teilnehmer (22%) sind Vertreter der VE und 5 Teilnehmer (19%) Repräsentanten des CP.[1435] Die vertretenen Unternehmen erzielten im Geschäftsjahr 2012 einen Umsatz von ~46 Mrd. € (arithmetisches Mittel) bzw. ~29 Mrd. € (Median). Für Forschung und Entwicklung (F&E) gaben die Unternehmen im Geschäftsjahr 2012 ~1,4 Mrd. € (arithmetisches Mittel) bzw. ~700 Mio. € (Median) aus, was in etwa 3% bzw. 2% des Umsatzes entspricht. Die EBITDA Marge betrug 15% (arithmetisches Mittel) bzw. 14% (Median). Die EBIT-Marge lag bei 8% (arithmetisches Mittel und Median). Die Anzahl der Mitarbeiter lag zum Ende des Geschäftsjahres 2012 bei ~110.000 (arithmetisches Mittel) bzw. ~69.000 (Median). Die Anzahl der F&E-Mitarbeiter lag zum Ende des Geschäftsjahres 2012 bei ~9.500 (arithmetisches Mittel) bzw. ~3.500 (Median), was in etwa 9% bzw. 5% der Gesamtmitarbeiterzahl entspricht.[1436]

Abbildung 6-11: Erfolgsebene und Angaben zum Mutterunternehmen

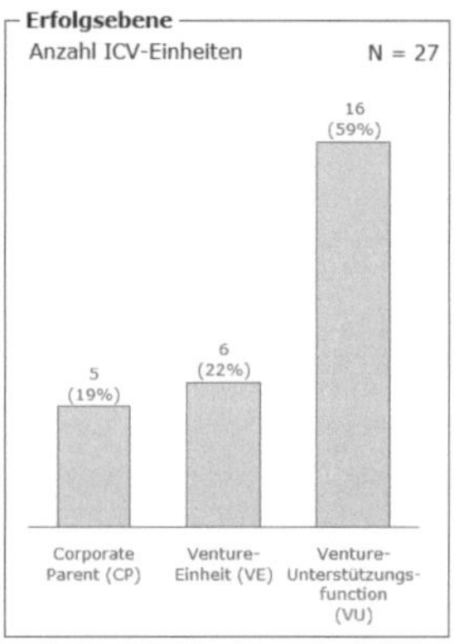

Angaben zum Mutterunternehmen (2012)

	Umsatz [m€]	F&E [m€]	EBITDA-Marge [%]	EBIT-Marge [%]	Mitarbeiter [#]	F&E – Mitarbeiter [#]
$\bar{x}$	46.244	1.400 (3,0%)	15%	8%	109.593	9.484 (8,7%)
$\tilde{x}$	28.994	718 (2,5%)	14%	8%	68.804	3.535 (5,1%)
σx	70.389	1.481 (2,1%)	7%	6%	109.256	12.469 (11,4%)
Min.	1.709	47 (2,7%)	-2%	-8%	6.686	153 (2,3%)
Max.	364.516	4.787 (1,3%)	31%	24%	370.000	42.800 (11,6%)

Quelle: Eigene Erhebung und Analyse (vgl. Fragebogen Frage 2 und 3)

1435 Vgl. Fragebogen Frage 2.
1436 Vgl. Fragebogen Frage 3.

Die in der Stichprobe dieser Arbeit vertretenen ICV-Einheiten bewerten das Wachstum der Märkte, in denen sie ihre VE initiieren, mit 4,0 (arithmetisches Mittel und Median) und das Risiko der Märkte mit 3,6 (arithmetisches Mittel) bzw. 4,0 (Median). Es handelt sich somit um Märkte mit starkem Wachstum und hohem Risiko. 5 (19%) der in der Stichprobe dieser Arbeit vertretenen ICV-Einheiten bewerten das Wachstum der Märkte, in denen sie ihre VE initiieren, mit 5 (stark wachsend), 18 (67%) mit 4, 2 (7%) mit 3, 2 (7%) mit 2 und keine mit 0 (stark rückläufig).[1437] 4 (15%) der in der Stichprobe dieser Arbeit vertretenen ICV-Einheiten beschreiben das Risiko der Märkte, in denen sie ihre VE initiieren, mit 5 (sehr hoch), 15 (56%) mit 4, 2 (7%) mit 3, 6 (22%) mit 2 und keine mit 0 (sehr gering).[1438]

Abbildung 6-12: Marktwachstum und Marktrisiko

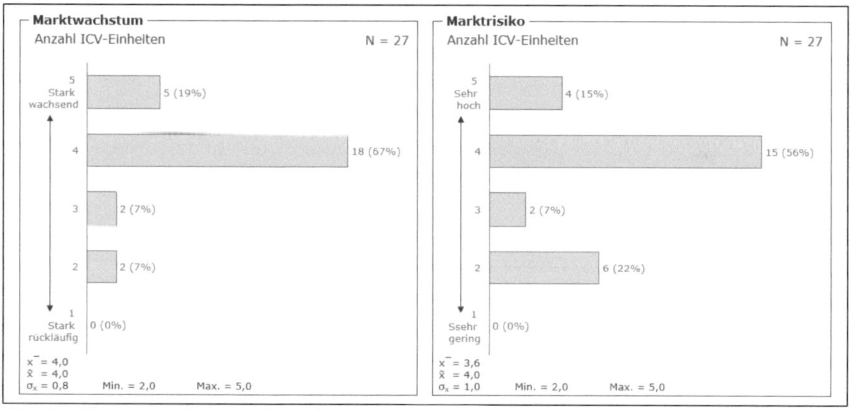

Quelle: Eigene Erhebung und Analyse (vgl. Fragebogen Frage 5 und 6)

Die in der Stichprobe dieser Arbeit vertretenen ICV-Einheiten starteten ihre ICV-Aktivitäten im Jahr 2004 (arithmetisches Mittel) bzw. 2007 (Median), wobei die älteste ICV-Einheit seit 1983 und die jüngste seit 2012 VE initiiert. 6 (22%) der ICV-Einheiten starteten ihre ICV-Aktivitäten bereits im Jahr 2000 oder früher; 1 (4%) im Jahr 2001; 1 (4%) im Jahr 2004; 3 (11%) im Jahr 2005; 6 (22%) im Jahr 2007; 5 (19%) im Jahr 2008; 2 (7%) im Jahr 2009; 1 (4%) im Jahr 2010; 1 (4%) im Jahr 2011 und 1 (4%) im Jahr 2012.[1439] Die ICV-Aktivitäten in heutiger Form bestehen seit dem Jahr 2008 (arithmetisches Mittel) bzw. 2010 (Median), wobei die älteste ICV-Einheit seit dem Jahr 1996 und die jüngste seit dem Jahr 2013 in heutiger Form existiert. 2 (7%) der ICV-Einheiten bestehen seit dem Jahr 2000 oder früher in heutiger Form, 1 (4%) seit dem Jahr 2001, 1 (4%) seit dem Jahr 2002; 1 (4%) seit dem Jahr 2005; 4 (15%) seit

[1437] Vgl. Fragebogen Frage 5.
[1438] Vgl. Fragebogen Frage 6.
[1439] Vgl. Fragebogen Frage 9 (1).

dem Jahr 2007; 3 (11%) seit dem Jahr 2008; 3 (11%) seit dem Jahr 2010; 4 (15%) seit dem Jahr 2011; 5 (19%) seit dem Jahr 2012 und 3 (11%) seit dem Jahr 2013.[1440]

Abbildung 6-13: Start und heutige Form der ICV-Aktivitäten

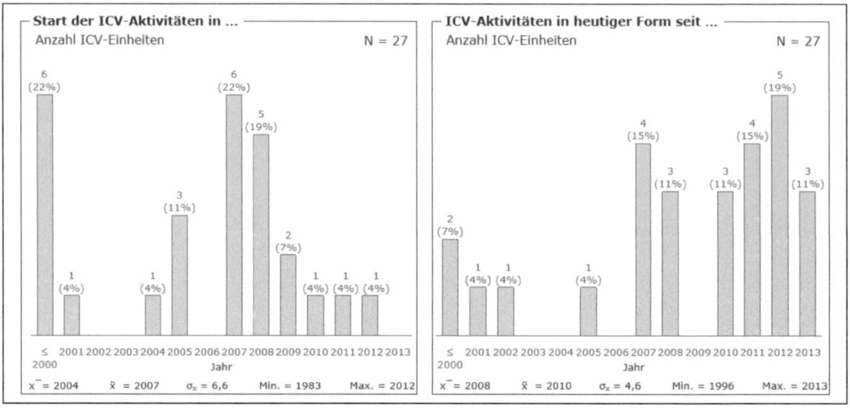

Quelle: Eigene Erhebung und Analyse (vgl. Fragebogen Frage 9 (1) und 9 (2))

Die in der Stichprobe dieser Arbeit vertretenen ICV-Einheiten haben in den letzten 5 Jahren 12,4 (arithmetisches Mittel) bzw. 8,0 (Median) heute noch aktive sowie schon inaktive VE initiiert, wobei das Minimum bei 1,0 und das Maximum bei 50,0 liegt. 10 (37%) initiierten 1-5 VE; 8 (30%) 6-10; 3 (11%) 11-15; 1 (4%) 16-20; 3 (11%) 21-25 und 2 (7%) mehr als 25.[1441]

Abbildung 6-14: Anzahl initiierter und aktiver VE

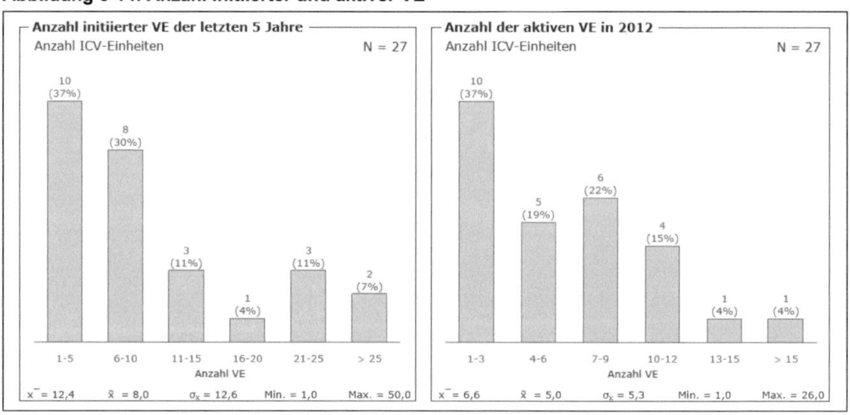

Quelle: Eigene Erhebung und Analyse (vgl. Fragebogen Frage 9 (3) und 9 (4))

[1440] Vgl. Fragebogen Frage 9 (2).
[1441] Vgl. Fragebogen Frage 9 (3).

Im Jahr 2012 waren 6,6 (arithmetisches Mittel) bzw. 5,0 (Median) VE noch aktiv, wobei das Minimum bei 1,0 und das Maximum bei 26,0 liegt. 10 (37%) hatten im Jahr 2012 1-3 aktive VE; 5 (19%) 4-6; 6 (22%) 7-9; 4 (15%) 10-12; 1 (4%) 13-15 und 1 (4%) mehr als 15.[1442]

Die Mehrzahl der in der Stichprobe dieser Arbeit vertretenen ICV-Einheiten ist zentral organisiert, wobei 11 (44%) zentral im Unternehmen und 12 (48%) zentral innerhalb der F&E bzw. des Business Developments angesiedelt sind. Nur 2 (8%) der ICV-Einheiten sind dezentral aufgestellt. [1443] Der Berichtsadressat der ICV-Einheiten ist im Wesentlichen die Vorstandsebene, wobei 8 (30%) an den CTO, 6 (22%) an den CIO und 4 (15%) an den CEO berichten. 5 (19%) berichten an den Leiter des Business Developments und 3 (11%) an den Leiter für Forschung und Entwicklung (F&E). Nur 1 (4%) berichtet an den eigenen Geschäftsbereich. Keine der ICV-Einheiten berichtet an den CFO.[1444]

Abbildung 6-15: Organisatorische Verankerung und Berichtsadressat der ICV-Einheiten

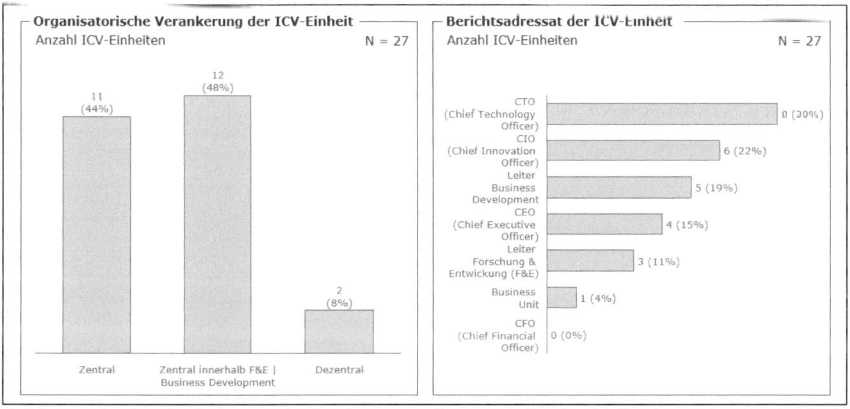

Quelle: Eigene Erhebung und Analyse (vgl. Fragebogen Frage 11 und 12)

Der Exit wird von den ICV-Einheiten sehr unterschiedlich gehandhabt. Im Rahmen dieser Arbeit sind drei Exit-Strategien denkbar:[1445]

- Überführung der VE aus dem innovativen in das operative System des CP in Form eines neuen Geschäftsbereichs (Integration)
- Ausgründung der VE in Form eines eigenständigen Unternehmens außerhalb des CP (Spin-off)
- Verkauf der VE an Dritte (Veräußerung)

[1442] Vgl. Fragebogen Frage 9 (4).
[1443] Vgl. Fragebogen Frage 11.
[1444] Vgl. Fragebogen Frage 12.
[1445] Vgl. Kapitel 3.2.1.4 u. 6.2.4.

6 (22%) der ICV-Einheiten machen den Exit-Zeitpunkt am Erreichen der Technologiereife durch die VE fest (Technological Readiness) und 6 (22%) orientieren sich am Erreichen der Marktreife (Market Readiness).[1446] Weitere 6 (22%) setzen den Exit-Zeitpunkt, wenn die VE erste Umsätze erzielt, und 9 (33%), wenn die VE rentabel ist und somit erste Gewinne erzielt.[1447]

Abbildung 6-16: Exit-Zeitpunkt

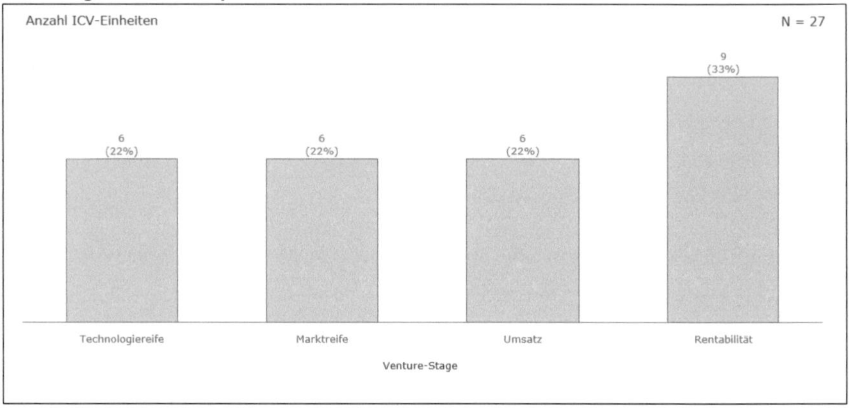

Quelle: Eigene Erhebung und Analyse (vgl. Fragebogen Frage 10)

Der Anteil der in den letzten 5 Jahren mit externen Partnern initiierten VE liegt bei 40,8% (arithmetisches Mittel) bzw. 33,0% (Median).

Abbildung 6-17: Anteil der mit externen Partnern initiierten VE

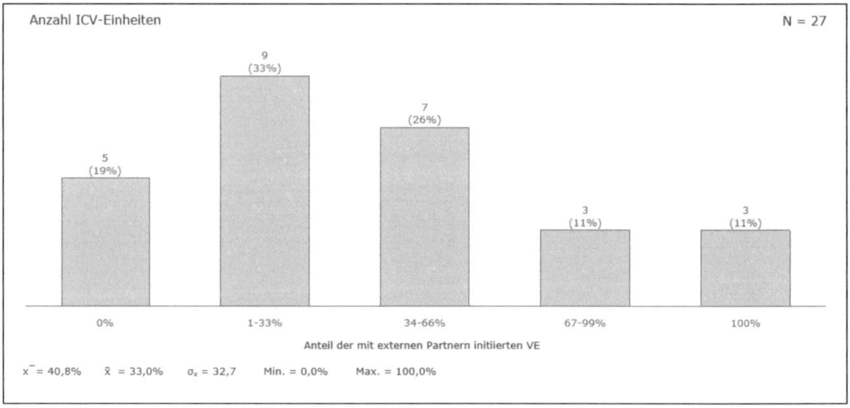

Quelle: Eigene Erhebung und Analyse (vgl. Fragebogen Frage 13)

[1446] Zur Technological Readiness sowie zur Market Readiness vgl. Kapitel 2.1.2.

[1447] Vgl. Fragebogen Frage 10.

5 (19%) der ICV-Einheiten haben ihre VE ohne externe Partner initiiert, 9 (33%) haben bis zu einem Drittel ihrer VE mit externen Partnern initiiert, 7 (26%) bis zu zwei Drittel, 3 (11%) über zwei Drittel und 3 (11%) haben alle ihrer VE mit externen Partnern initiiert.[1448]

6.3.2 Abhängige Variablen

Wie beschrieben, erfolgt die Messung des strategischen, finanziellen und gesamten Erfolgs (abhängige Variablen) im Rahmen dieser Arbeit subjektiv anhand eines Erfolgsindex, welcher sich aus dem arithmetischen Mittel aus Zufriedenheit (1 = weit unter Erwartungen; 5 = weit über Erwartungen) und Wichtigkeit (1 = sehr geringe Wichtigkeit; 5 = sehr hohe Wichtigkeit) hinsichtlich der Erreichung unterschiedlicher strategischer und finanzieller Erfolgsgrößen ergibt.[1449] In die Betrachtung werden alle aktiven und inaktiven VE der letzten 5 Jahre über alle Entwicklungsstufen hinweg einbezogen.[1450]

Für den kurz- bis mittelfristigen strategischen Erfolg (KSE)[1451] ergibt sich ein Wert von 3,2 (arithmetisches Mittel) bzw. 3,5 (Median) und für den kurz- bis mittelfristigen finanziellen Erfolg (KFE)[1452] ein Wert von 3,0 (arithmetisches Mittel, Median).

Dabei schreiben die in der Stichprobe dieser Arbeit vertretenen ICV-Einheiten sowohl dem KSE als auch dem KFE große Wichtigkeit zu. Für die Dimension Wichtigkeit ergibt sich für den KSE ein Wert von 3,6 (arithmetisches Mittel) bzw. 4,0 (Median) und für den KFE ein Wert von 3,5 (arithmetisches Mittel) bzw. 4,0 (Median). 5 (19%) der ICV-Einheiten bewerten die Wichtigkeit des KSE mit 5 und schreiben diesem somit eine sehr hohe Wichtigkeit zu, 12 (44%) mit 4, 4 (15%) mit 3, 6 (22%) mit 2 und keine der ICV-Einheiten mit 1, was einer sehr geringen Wichtigkeit entsprechen würde. Die Wichtigkeit des KFE bewerten 5 (19%) der ICV-Einheiten mit 5, 9 (33%) mit 4, 8 (30%) mit 3, 5 (19%) mit 2 und keine der ICV-Einheiten mit 1. Die in der Stichprobe dieser Arbeit vertretenen ICV-Einheiten treffen hinsichtlich der Zufriedenheit mit dem KSE ihre Erwartungen, bleiben jedoch hinsichtlich der Zufriedenheit mit dem KFE hinter ihren Erwartungen zurück. Für die Dimension Zufriedenheit ergibt sich für den KSE ein Wert von 2,9 (arithmetisches Mittel) bzw. 3,0 (Median) und für den KFE ein Wert von 2,5 (arithmetisches Mittel) bzw. 2,0 (Median). Keine der ICV-Einheiten bewertet die Zufriedenheit mit dem KSE mit 5, was einem Zielerreichungsgrad weit über den Erwartungen entsprechen

[1448] Vgl. Fragebogen Frage 13.

[1449] Vgl. Kapitel 6.2.2.

[1450] Vgl. Kapitel 6.1.2

[1451] Der kurz- bis mittelfristige strategische Erfolg (KSE) wurde definiert als: Die Venture-Einheiten erreichen die vorgegebenen kurz-/mittelfristigen strategischen Meilensteine (notwendige Events für den strategischen Venture-Erfolg) planmäßig (vgl. Kapitel 6.2.2).

[1452] Der kurz- bis mittelfristige finanzielle Erfolg (KFE) wurde definiert als: Die Venture-Einheiten erreichen die vorgegebenen kurz-/mittelfristigen finanziellen Meilensteine (notwendige Events für den finanziellen Venture-Erfolg) planmäßig (vgl. Kapitel 6.2.2).

würde, 3 (11%) mit 4, 17 (63%) mit 3, 7 (26%) mit 2 und keine der ICV-Einheiten mit 1, was einem Zielerreichungsgrad weit unter den Erwartungen entsprechen würde. Die Zufriedenheit mit dem KFE bewertet 1 (4%) der ICV-Einheiten mit 5, 3 (11%) mit 4, 8 (30%) mit 3, 11 (41%) mit 2 und 4 (15%) mit 1.[1453]

Damit liegt ein mittlerer bis hoher kurz- bis mittelfristiger strategischer Erfolg und ein mittlerer kurz- bis mittelfristiger finanzieller Erfolg der in der Stichprobe dieser Arbeit vertretenen ICV-Einheiten vor.

Abbildung 6-18: Kurz-/Mittelfristiger strategischer (KSE) und finanzieller (KFE) Erfolg

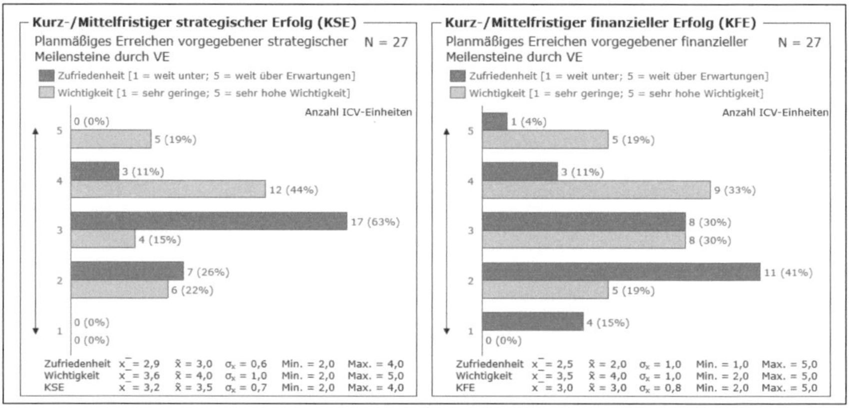

Quelle: Eigene Erhebung und Analyse (vgl. Fragebogen Frage 14 und 21)

Für den langfristigen strategischen Erfolg 1 (LSE1)[1454] ergibt sich ein Wert von 3,2 (arithmetisches Mittel) bzw. 3,0 (Median), für den langfristigen strategischen Erfolg 2 (LSE2)[1455] ein Wert von 3,4 (arithmetisches Mittel) bzw. 3,5 (Median) und für den langfristigen strategischen Erfolg 3 (LSE3)[1456] ein Wert von 3,4 (arithmetisches Mittel) bzw. 3,5 (Median).

Dabei schreiben die in der Stichprobe dieser Arbeit vertretenen ICV-Einheiten sowohl dem LSE1 als auch dem LSE2 sowie LSE3 eine große Wichtigkeit zu. Für die Dimension Wichtigkeit ergibt sich für den LSE1 ein Wert von 3,8 (arithmetisches Mittel) bzw. 4,0 (Median), für den LSE2 ein Wert von 3,6 (arithmetisches Mittel) bzw. 4,0 (Median) und den LSE3 ebenfalls ein Wert von 3,6 (arithmetisches Mittel) bzw. 4,0 (Median). 9 (33%) der ICV-Einheiten bewerten die Wichtigkeit des LSE1 mit 5 und schreiben diesem somit eine sehr hohe

[1453] Vgl. Fragebogen Frage 14 und Frage 21.

[1454] Der langfristige strategische Erfolg 1 (LSE 1) wurde definiert als: Die Venture-Einheiten tragen zum Wachstum des Mutterunternehmens bei (Märkte, Produkte) (vgl. Kapitel 6.2.2).

[1455] Der langfristige strategische Erfolg 2 (LSE 2) wurde definiert als: Die Venture-Einheiten tragen zum Aufbau neuer Kompetenzen im Mutterunternehmen bei (vgl. Kapitel 6.2.2).

[1456] Der langfristige strategische Erfolg 3 (LSE 3) wurde definiert als: Die Venture-Einheiten tragen zur Hervorbringung radikaler/disruptiver Innovationen für das Mutterunternehmen bei (vgl. Kapitel 6.2.2).

Wichtigkeit zu, 9 (33%) mit 4, 5 (19%) mit 3, 3 (11%) mit 2 und 1 (4%) der ICV-Einheiten mit 1, was einer sehr geringen Wichtigkeit entspricht. Die Wichtigkeit des LSE2 bewerten 4 (15%) der ICV-Einheiten mit 5, 11 (41%) mit 4, 8 (30%) mit 3, 4 (15%) mit 2 und keine der ICV-Einheiten mit 1. Die Wichtigkeit des LSE3 bewerten 6 (22%) der ICV-Einheiten mit 5, 8 (30%) mit 4, 10 (37%) mit 3, 3 (11%) mit 2 und keine der ICV-Einheiten mit 1. Die in der Stichprobe dieser Arbeit vertretenen ICV-Einheiten bleiben jedoch hinsichtlich der Zufriedenheit mit dem LSE1 hinter ihren Erwartungen zurück, während sie hinsichtlich der Zufriedenheit mit dem LSE2 und LSE3 ihre Erwartungen treffen. Für die Dimension Zufriedenheit ergibt sich für den LSE1 ein Wert von 2,6 (arithmetisches Mittel) bzw. 2,0 (Median), für den LSE2 ein Wert von 3,3 (arithmetisches Mittel) bzw. 3,0 (Median) und für den LSE3 ebenfalls ein Wert von 3,3 (arithmetisches Mittel) bzw. 3,0 (Median). 1 (4%) der ICV-Einheiten bewertet die Zufriedenheit mit dem LSE1 mit 5, was einem Zielerreichungsgrad weit über den Erwartungen entspricht, 4 (15%) mit 4, 8 (30%) mit 3, 10 (37%) mit 2 und 4 (15%) der ICV-Einheiten mit 1, was einem Zielerreichungsgrad weit unter den Erwartungen entspricht. Die Zufriedenheit mit dem LSE2 bewerten 2 (7%) der ICV-Einheiten mit 5, 8 (30%) mit 4, 14 (52%) mit 3, 3 (11%) mit 2 und keine mit 1. Die Zufriedenheit mit dem LSE3 bewerten 4 (15%) der ICV-Einheiten mit 5, 5 (19%) mit 4, 12 (44%) mit 3, 6 (22%) mit 2 und keine mit 1.[1457]

Hieraus ergibt sich für den langfristigen strategischen Erfolg (LSE), welcher sich aus dem arithmetischen Mittel von LSE1, LSE2 sowie LSE3 bildet[1458], ein Wert von 3,4 (arithmetisches Mittel) bzw. 3,2 (Median). Damit liegt ein mittlerer bis hoher langfristiger strategischer Erfolg der in der Stichprobe dieser Arbeit vertretenen ICV-Einheiten vor.

Abbildung 6-19: Langfristiger strategischer Erfolg LSE1, LSE2 und LSE3

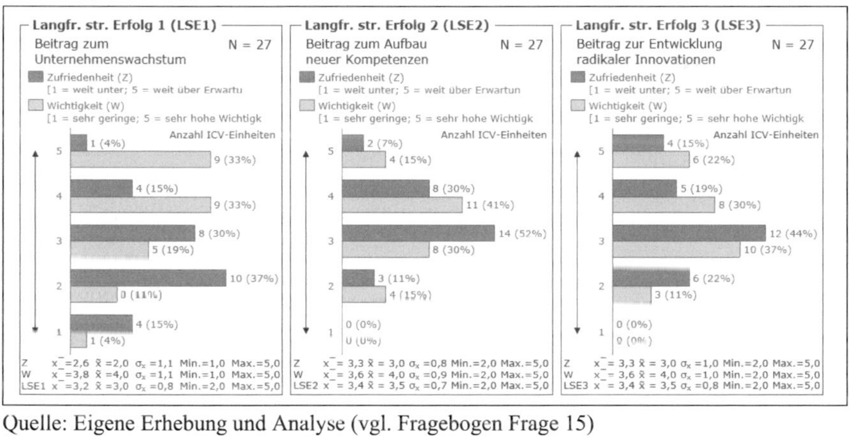

Quelle: Eigene Erhebung und Analyse (vgl. Fragebogen Frage 15)

[1457] Vgl. Fragebogen Frage 15.
[1458] Vgl. Kapitel 6.2.2.

Für den langfristigen finanziellen Erfolg 1 (LFE1)[1459] ergibt sich ein Wert von 2,9 (arithmetisches Mittel) bzw. 3,0 (Median), für den langfristigen finanziellen Erfolg 2 (LFE2)[1460] ein Wert von 2,6 (arithmetisches Mittel) bzw. 2,5 (Median) und für den langfristigen finanziellen Erfolg 3 (LFE3)[1461] ein Wert von 2,8 (arithmetisches Mittel) bzw. 2,5 (Median).

Dabei schreiben die in der Stichprobe dieser Arbeit vertretenen ICV-Einheiten sowohl dem LFE1 als auch dem LFE2 sowie LFE3 eine mittelgroße Wichtigkeit zu, welche unter der des langfristigen strategischen Erfolgs liegt. Dies zeigt, dass Großunternehmen mit ihren ICV-Aktivitäten neben finanziellen Zielen vor allem strategische Ziele verfolgen. Für die Dimension Wichtigkeit ergibt sich für den LFE1 ein Wert von 3,3 (arithmetisches Mittel) bzw. 3,0 (Median), für den LFE2 ein Wert von 2,9 (arithmetisches Mittel) bzw. 3,0 (Median) und den LFE3 ein Wert von 3,0 (arithmetisches Mittel, Median). 7 (26%) der ICV-Einheiten bewerten die Wichtigkeit des LFE1 mit 5 und schreiben diesem somit eine sehr hohe Wichtigkeit zu, 5 (19%) mit 4, 5 (19%) mit 3, 8 (30%) mit 2 und 2 (7%) der ICV-Einheiten mit 1, was einer sehr geringen Wichtigkeit entspricht. Die Wichtigkeit des LFE2 bewerten 4 (15%) der ICV-Einheiten mit 5, 3 (11%) mit 4, 11 (41%) mit 3, 4 (15%) mit 2 und 5 (19%) der ICV-Einheiten mit 1. Die Wichtigkeit des LFE3 bewerten 4 (15%) der ICV-Einheiten mit 5, 4 (15%) mit 4, 10 (37%) mit 3, 5 (19%) mit 2 und 4 (15%) der ICV-Einheiten mit 1. Die in der Stichprobe dieser Arbeit vertretenen ICV-Einheiten bleiben jedoch hinsichtlich der Zufriedenheit mit dem LFE1, LFE2 und LFE3 hinter ihren Erwartungen zurück. Für die Dimension Zufriedenheit ergibt sich für den LFE1 ein Wert von 2,6 (arithmetisches Mittel) bzw. 2,0 (Median), für den LFE2 ein Wert von 2,2 (arithmetisches Mittel) bzw. 2,0 (Median) und für den LFE3 ein Wert von 2,6 (arithmetisches Mittel) bzw. 3,0 (Median). 1 (4%) der ICV-Einheiten bewertet die Zufriedenheit mit dem LSE1 mit 5, was einem Zielerreichungsgrad weit über den Erwartungen entspricht, 3 (11%) mit 4, 9 (33%) mit 3, 11 (41%) mit 2 und 3 (11%) der ICV-Einheiten mit 1, was einem Zielerreichungsgrad weit unter den Erwartungen entspricht. Die Zufriedenheit mit dem LFE2 bewertet 1 (4%) der ICV-Einheiten mit 5, keine mit 4, 10 (37%) mit 3, 9 (33%) mit 2 und 7 (26%) mit 1. Die Zufriedenheit mit dem LFE3 bewerten 2 (7%) der ICV-Einheiten mit 5, 1 (4%) mit 4, 12 (44%) mit 3, 8 (30%) mit 2 und 4 (15%) mit 1.[1462]

Hieraus ergibt sich für den langfristigen finanziellen Erfolg (LFE), welcher sich aus dem arithmetischen Mittel von LFE1, LFE2 sowie LFE3 zusammensetzt[1463], ein Wert von 2,7

[1459] Der langfristige strategische Erfolg 1 (LSE 1) wurde definiert als: Die Venture-Einheiten tragen zum Wachstum des Mutterunternehmens bei (Märkte, Produkte) (vgl. Kapitel 6.2.2).
[1460] Der langfristige strategische Erfolg 2 (LSE 2) wurde definiert als: Die Venture-Einheiten tragen zum Aufbau neuer Kompetenzen im Mutterunternehmen bei (vgl. Kapitel 6.2.2).
[1461] Der langfristige strategische Erfolg 3 (LSE 3) wurde definiert als: Die Venture-Einheiten tragen zur Hervorbringung radikaler/disruptiver Innovationen für das Mutterunternehmen bei (vgl. Kapitel 6.2.2).
[1462] Vgl. Fragebogen Frage 22.
[1463] Vgl. Kapitel 6.2.2.

(arithmetisches Mittel, Median). Damit liegt ein mittlerer bis niedriger langfristiger finanzieller Erfolg der in der Stichprobe dieser Arbeit vertretenen ICV-Einheiten vor, welcher hinter dem langfristigen strategischen Erfolg zurückbleibt.

Abbildung 6-20: Langfristiger finanzieller Erfolg LFE1, LFE2 und LFE3

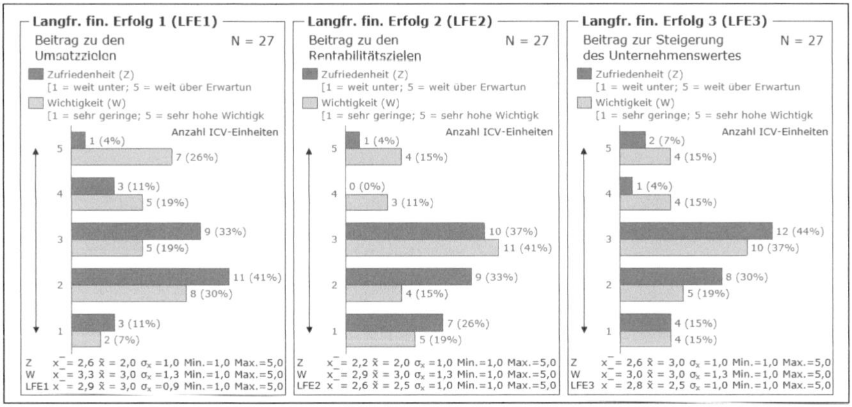

Quelle: Eigene Erhebung und Analyse (vgl. Fragebogen Frage 22)

Für den langfristigen strategischen Erfolg Zusatz (LSEZ), welcher sich aus dem arithmetischen Mittel von LSE und dem arithmetischen Mittel der drei optionalen freien Antwortmöglichkeiten für langfristigen strategischen Erfolg aus Zufriedenheit und Wichtigkeit bildet[1464], ergibt sich ein Wert von 3,4 (arithmetisches Mittel) bzw. 3,3 (Median).[1465] Sowohl für den strategischen Erfolg (SE), welcher sich aus dem arithmetischen Mittel von KSE und LSE zusammensetzt[1466], sowie für den strategischen Erfolg Zusatz (SEZ), welcher sich aus dem arithmetischen Mittel von KSE und LSEZ bildet[1467], ergibt sich somit ein Wert von 3,3 (arithmetisches Mittel, Median).

Für den langfristigen finanziellen Erfolg Zusatz (LSFZ), welcher sich aus dem arithmetischen Mittel von LFE und dem arithmetischen Mittel der drei optionalen freien Antwortmöglichkeiten für langfristigen finanziellen Erfolg aus Zufriedenheit und Wichtigkeit bildet[1468], ergibt sich ein Wert von 2,9 (arithmetisches Mittel) bzw. 2,8 (Median).[1469] Für den finanziellen Erfolg (FE), welcher sich aus dem arithmetischen Mittel von KFE und LFE bildet[1470], ergibt sich somit ein Wert von 2,9 (arithmetisches Mittel) bzw. 2,8 (Median) und für den finanziellen Erfolg Zusatz

[1464] Vgl. Kapitel 6.2.2.
[1465] Vgl. Fragebogen Frage 16.
[1466] Vgl. Kapitel 6.2.2.
[1467] Vgl. Kapitel 6.2.2.
[1468] Vgl. Kapitel 6.2.2.
[1469] Vgl. Fragebogen Frage 23.
[1470] Vgl. Kapitel 6.2.2.

(FEZ), welcher sich aus dem arithmetischen Mittel von KFE und LFEZ bildet[1471], ergibt sich ein Wert von 3,0 (arithmetisches Mittel) bzw. 2,9 (Median).

Für den gesamten Erfolg (E), welcher sich aus dem arithmetischen Mittel von SE und FE bildet, ergibt sich in der Folge ein Wert von 3,3 (arithmetisches Mittel, Median) und für den gesamten Erfolg Zusatz (EZ), welcher sich aus dem arithmetischen Mittel von SEZ und FEZ bildet, ein Wert von 3,1 (arithmetisches Mittel, Median).

Abbildung 6-21: Strategischer, finanzieller und gesamter Erfolg

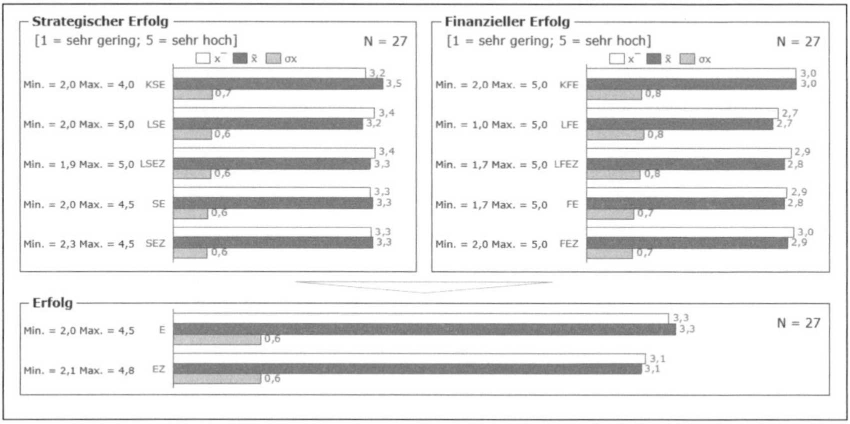

Quelle: Eigene Erhebung und Analyse (vgl. Fragebogen Frage 14-16 und 21-23)

Wie beschrieben, wurde darüber hinaus das zukünftige ICV-Engagement des Unternehmens in 5 Jahren gegenüber heute (T) abgefragt (1 = sehr viel schwächer; 3 = gleichbleibend; 5 = sehr viel stärker; -1 = völlige Aufgabe), wobei eine Reduzierung bzw. völlige Aufgabe der ICV-Aktivitäten als Misserfolg gewertet wird. [1472]

Die in der Stichprobe dieser Arbeit vertretenen ICV-Einheiten bewerten ihr zukünftiges ICV-Engagement in 5 Jahren gegenüber heute mit dem Wert 3,3 (arithmetisches Mittel) bzw. 4,0 (Median). Die damit verbundene Einschätzung eines gleichbleibenden bis stärkeren zukünftigen ICV-Engagements kann entsprechend der Definition dieser Arbeit als mittlerer bis großer Erfolg der ICV-Aktivitäten der in der Stichprobe dieser Arbeit vertretenen ICV-Einheiten gewertet werden. 2 (7%) der ICV-Einheiten schätzen ihr zukünftiges ICV-Engagement in 5 Jahren gegenüber heute mit dem Wert 5 als sehr viel stärker ein, 14 (52%) vergeben den Wert 4, 5 (19%) rechnen mit dem Wert 3 und damit mit einem gleichbleibend starken ICV-

[1471] Vgl. Kapitel 6.2.2.
[1472] Vgl. Kapitel 6.2.2.

Engagement, 4 (15%) geben den Wert 2 an, 1 (4%) gehen von einem sehr viel schwächeren ICV-Engagement aus, und 1 (4%) will ihr ICV-Engagement völlig aufgeben.[1473]

Abbildung 6-22: Zukünftiges ICV-Engagement in 5 Jahren gegenüber heute

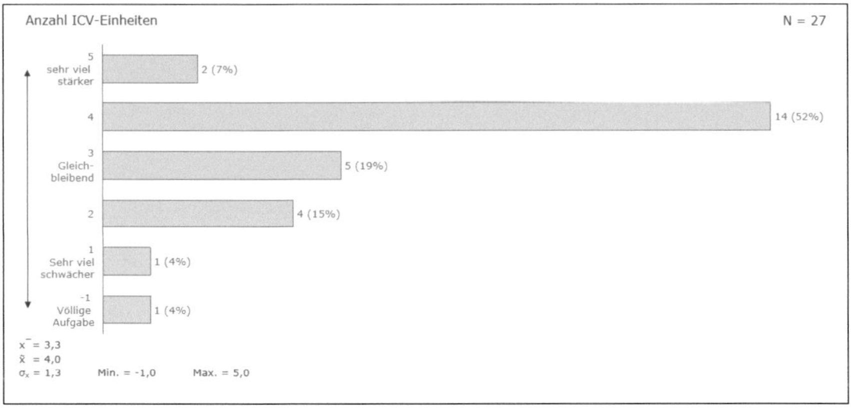

Quelle: Eigene Erhebung und Analyse (vgl. Fragebogen Frage 28)

Von den in den letzten 5 Jahren durch die in der Stichprobe dieser Arbeit vertretenen ICV-Einheiten initiierten VE erlangten 55,9% (arithmetisches Mittel) bzw. 50,0% (Median) Technologiereife (Technological Readiness). Bei 2 (9%) der ICV-Einheiten waren dies bis zu 10%, bei 6 (26%) bis zu 33%, bei 6 (26%) bis zu 66%, bei 5 (22%) bis zu 90% und bei 4 (17%) über 90%. Von der Initiierung der VE bis zur Erreichung der Technologiereife lag ein Zeitraum von 4,0 Jahren (arithmetisches Mittel, Median). Bei 4 (17%) der ICV-Einheiten waren dies bis zu 2 Jahre, bei 14 (58%) bis zu 4 Jahre, bei 4 (17%) bis zu 6 Jahre, bei 1 (4%) bis zu 8 Jahre und bei 1 (4%) über 8 Jahre.[1474] Marktreife (Market Readiness) erlangten hingegen nur 38,6% (arithmetisches Mittel) bzw. 33,0% (Median). Bei 8 (35%) der ICV-Einheiten waren dies bis zu 10%, bei 4 (17%) bis zu 33%, bei 7 (30%) bis zu 66% und bei 4 (17%) über 90%. Von der Initiierung der VE bis zur Erreichung der Marktreife lag ein Zeitraum von 6,1 (arithmetisches Mittel) bzw. 5,5 (Median) Jahren. Bei 5 (21%) der ICV-Einheiten waren dies bis zu 3 Jahre, bei 10 (42%) bis zu 6 Jahre, bei 6 (25%) bis zu 9 Jahre, bei 2 (8%) bis zu 12 Jahre und bei 1 (4%) über 12 Jahre.[1475]

1473 Vgl. Fragebogen Frage 28.
1474 Vgl. Fragebogen Frage 17.
1475 Vgl. Fragebogen Frage 18.

Abbildung 6-23: Anteil und Dauer für Technologie- und Marktreife

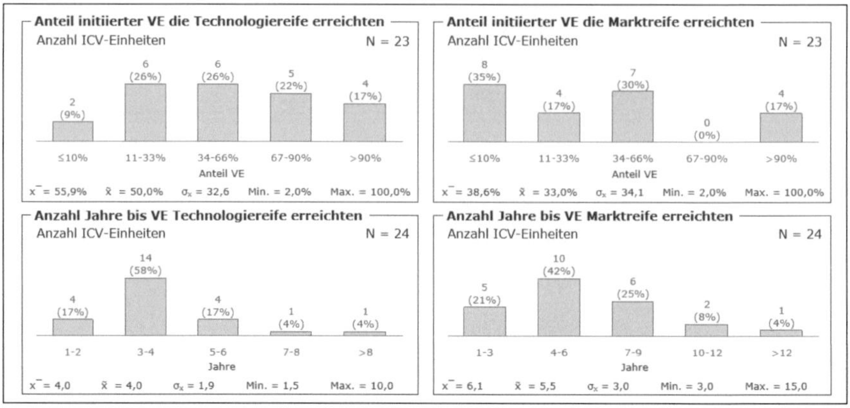

Quelle: Eigene Erhebung und Analyse (vgl. Fragebogen Frage 17 und 18)

Von den in den letzten 5 Jahren durch die in der Stichprobe dieser Arbeit vertretenen ICV-Einheiten initiierten VE erzielten 49,1% (arithmetisches Mittel) bzw. 40,0% (Median) Umsätze. Bei 2 (12%) der ICV-Einheiten waren dies bis zu 10%, bei 6 (35%) bis zu 33%, bei 4 (24%) bis zu 66%, bei 2 (12%) bis zu 90% und bei 3 (18%) über 90%. Von der Initiierung der VE bis zur Erzielung von Umsätzen lag ein Zeitraum von 4,4 (arithmetisches Mittel) bzw. 4,0 (Median) Jahren. Bei 2 (12%) der ICV-Einheiten waren dies bis zu 2 Jahre, bei 8 (47%) bis zu 4 Jahre, bei 4 (24%) bis zu 6 Jahre und bei 3 (18%) bis zu 8 Jahre.[1476]

Abbildung 6-24: Anteil und Dauer für Umsatz und Rentabilität

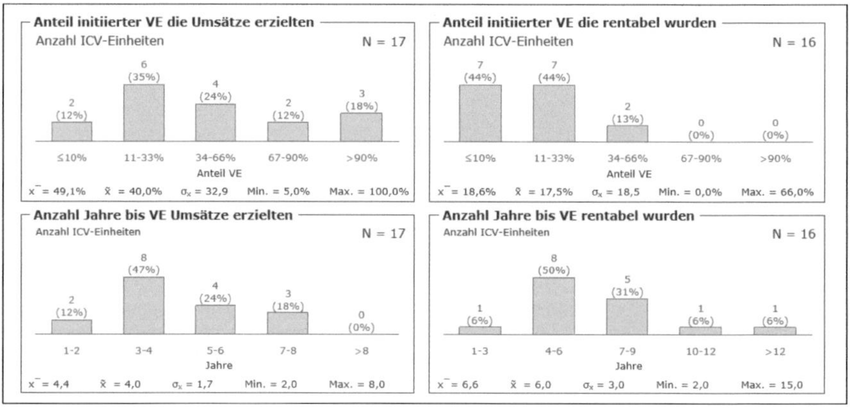

Quelle: Eigene Erhebung und Analyse (vgl. Fragebogen Frage 24 und 25)

[1476] Vgl. Fragebogen Frage 24.

Rentabel wurden hingegen 18,6% (arithmetisches Mittel) bzw. 17,5% (Median). Bei 7 (44%) der ICV-Einheiten waren dies bis zu 10%, bei 7 (44%) bis zu 33% und bei 2 (13%) bis zu 66%. Von der Initiierung der VE bis zur Erreichung der Rentabilität lag ein Zeitraum von 6,6 (arithmetisches Mittel) bzw. 6,0 (Median) Jahren. Bei 1 (6%) der ICV-Einheiten waren dies bis zu 3 Jahre, bei 8 (50%) bis zu 6 Jahre, bei 5 (31%) bis zu 9 Jahre, bei 1 (6%) bis zu 12 Jahre und bei 1 (6%) über 12 Jahre.[1477]

Exkurs ICV/ECV-Vergleich: Erfolgseinschätzung

Es zeigt sich, dass die Unternehmen mit ECV-Aktivitäten sowohl den strategischen und finanziellen als auch den gesamten Erfolg ihrer VE höher einschätzen als die Unternehmen mit ICV-Aktivitäten. Das arithmetische Mittel für den strategischen Erfolg Zusatz (SEZ), den finanziellen Erfolg Zusatz (FEZ) sowie den gesamten Erfolg Zusatz (EZ) liegt bei den Unternehmen mit ECV-Aktivitäten um 0,5 über dem der Unternehmen mit ICV-Aktivitäten.

Abbildung 6-25: Exkurs ICV/ ECV-Vergleich: Strategischer Erfolg

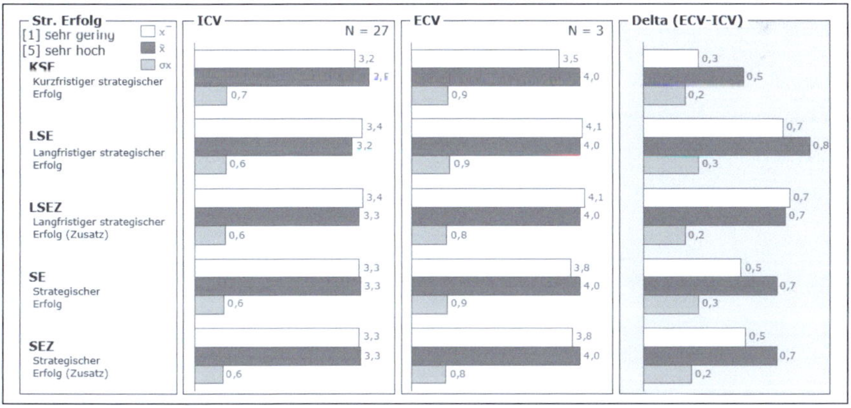

Quelle: Eigene Erhebung und Analyse (vgl. Fragebogen Frage 14-16)

1477 Vgl. Fragebogen Frage 25.

Abbildung 6-26: Exkurs ICV/ ECV-Vergleich: Finanzieller Erfolg

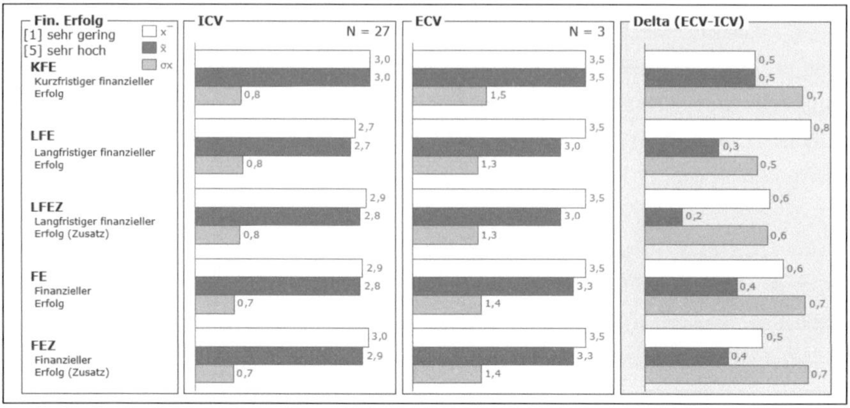

Quelle: Eigene Erhebung und Analyse (vgl. Fragebogen Frage 21-23)

Abbildung 6-27: Exkurs ICV/ ECV-Vergleich: Gesamter Erfolg

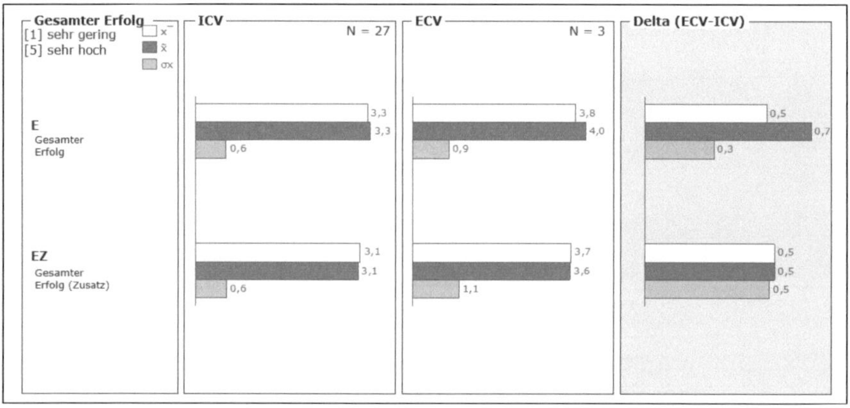

Quelle: Eigene Erhebung und Analyse (vgl. Fragebogen Frage 14-16 und 21-23)

6.3.3 Unabhängige Variablen

Genau wie bei den abhängigen Variablen bezieht sich die Betrachtung der unabhängigen Variablen auf alle aktiven und inaktiven VE der letzten 5 Jahre über alle Entwicklungsstufen hinweg.

6.3.3.1 Integrationsgrad

Die VE der in der Stichprobe dieser Arbeit vertretenen ICV-Einheiten sind unterschiedlich stark in die Strukturen, Prozesse und (Management-)Systeme des CP integriert. Die unabhängige

Variable I1[1478] weist einen Wert von 2,9 (arithmetisches Mittel) bzw. 3,0 (Median) auf. 2 (7%) der ICV-Einheiten bewertet I1 mit dem Wert 5, welcher einer vollständigen Trennung der VE von den Strukturen, Prozessen und (Management-)Systemen des CP entspricht, 7 (26%) mit dem Wert 4, 8 (30%) mit dem Wert 3, 7 (26%) mit dem Wert 2 und 3 (11%) mit dem Wert 1, welcher eine vollständige Integration der VE in die Strukturen, Prozesse und (Management-) Systeme des CP beschreibt.

Für die unabhängige Variable I2[1479] ergibt sich ein Wert von 3,8 (arithmetisches Mittel) bzw. 4,0 (Median). Damit orientieren sich die VE überwiegend an den langfristigen finanziellen und/oder strategischen Zielen des CP und weniger an den kurzfristigen Erlöszielen der operativen Bereiche. 7 (26%) der ICV-Einheiten bewerten I2 mit dem Wert 5, welcher einer ausschließlichen Orientierung der VE an den langfristigen finanziellen und/oder strategischen Zielen des CP entspricht, 13 (48%) mit dem Wert 4, 2 (7%) mit dem Wert 3, 4 (15%) mit dem Wert 2 und 1 (4%) mit dem Wert 1, welcher eine ausschließliche Orientierung der VE an den kurzfristigen Erlöszielen der operativen Bereiche beschreibt.

Im Rahmen ihrer Innovationsvorhaben greifen die VE mehrheitlich auf die Ressourcen und Kompetenzen des CP zurück, worauf ein Wert für I3[1480] von 2,4 (arithmetisches Mittel) bzw. 3,0 (Median) schließen lässt. 1 (4%) der ICV-Einheiten bewertet I3 mit dem Wert 5, welcher einer ausschließlich eigenen Ressourcen- und Kompetenzausstattung der VE ohne Zugriff auf jene des CP entspricht, 5 (19%) mit dem Wert 4, 8 (30%) mit dem Wert 3, 4 (15%) mit dem Wert 2 und 9 (33%) mit dem Wert 1, welcher keine eigene Ressourcen- und Kompetenzausstattung der VE mit ausschließlichem Zugriff auf jene des CP beschreibt.

Hinsichtlich des Orientierungsgrades der VE-Aktivitäten am Kerngeschäft des CP ergibt sich für die unabhängige Variable I4[1481] ein Wert von 3,0 (arithmetisches Mittel, Median). 3 (11%) der ICV-Einheiten bewerten I4 mit dem Wert 5, welcher einer ausschließlichen Fokussierung der VE auf Aktivitäten außerhalb des Kerngeschäfts des CP entspricht, 4 (15%) mit dem Wert 4, 10 (37%) mit dem Wert 3, 9 (33%) mit dem Wert 2 und 1 (4%) mit dem Wert 1, welcher

[1478] (I1): 1 = Die Venture-Einheiten sind vollständig in die Strukturen, Prozesse und (Management-)Systeme des Mutterunternehmens integriert; 5 = Die Venture-Einheiten sind vollständig von den Strukturen, Prozessen und (Management-)Systemen des Mutterunternehmens getrennt (vgl. Kapitel 6.2.3.1).

[1479] (I2): 1 = Die Venture-Einheiten orientieren sich ausschließlich an den kurzfristigen Erlöszielen der operativen Bereiche im Mutterunternehmen; 5 = Die Venture-Einheiten orientieren sich ausschließlich an den langfristigen finanziellen/strategischen Zielen des Mutterunternehmens (vgl. Kapitel 6.2.3.1).

[1480] (I3): 1 = Die Venture-Einheiten greifen ausschließlich auf die Ressourcen und Kompetenzen des Mutterunternehmens zurück; 5 = Die Venture-Einheiten haben keinen Zugriff auf die Ressourcen und Kompetenzen des Mutterunternehmens (vgl. Kapitel 6.2.3.1).

[1481] (I4): 1 = Die Aktivitäten der Venture-Einheiten stimmen vollkommen mit dem Kerngeschäft des Mutterunternehmens überein; 5 = Die Aktivitäten der Venture-Einheiten stimmen überhaupt nicht mit dem Kerngeschäft des Mutterunternehmens überein (vgl. Kapitel 6.2.3.1)

eine vollkommene Übereinstimmung der VE-Aktivitäten mit dem Kerngeschäft des CP beschreibt.

Für die unabhängige Variable I5[1482] ergibt sich ein Wert von 2,8 (arithmetisches Mittel) bzw. 3,0 (Median). Dies bedeutet, dass neben der Installation einer VU als Intermediär auch direkte Schnittstellen zwischen den VE und dem CP bestehen. 4 (15%) der ICV-Einheiten bewerten I5 mit dem Wert 5, welcher einer ausschließlich indirekten Schnittstelle zwischen VE und CP in Form einer VU entspricht, 5 (19%) mit dem Wert 4, 7 (26%) mit dem Wert 3, 4 (15%) mit dem Wert 2 und 7 (26%) mit dem Wert 1, welcher eine ausschließliche Nutzung direkter Schnittstellen zwischen VE und CP ohne die Installation einer VU beschreibt.[1483]

Hieraus ergibt sich für das Konstrukt Integrationsgrad (I_0), welches sich aus dem arithmetischen Mittel von I1, I2, I3, I4 und I5 bildet, ein Wert von 3,0 (arithmetisches Mittel) bzw. 2,8 (Median) und für das Konstrukt Einbindung (IE), welches sich aus dem arithmetischen Mittel von I1, I3, I4 und I5 bildet[1484], ein Wert von 2,8 (arithmetisches Mittel, Median). Damit liegt ein mittlerer Integrationsgrad der durch die in der Stichprobe dieser Arbeit vertretenen ICV-Einheiten initiierten VE in das CP vor.

Abbildung 6-28: Integrationsgrad I1, I2, I3, I4, I5

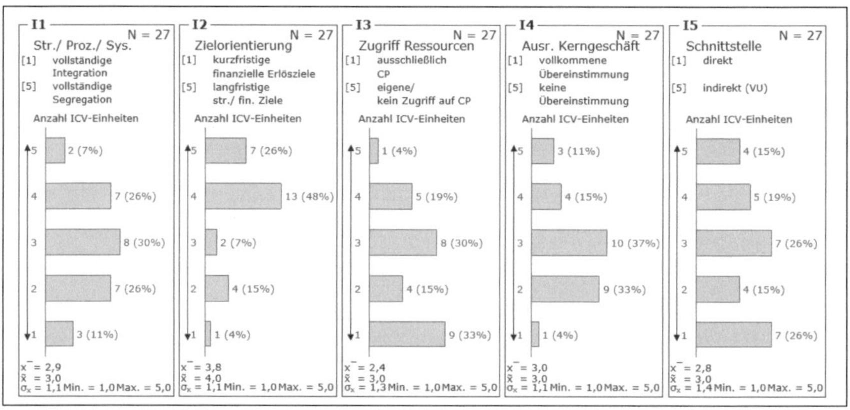

Quelle: Eigene Erhebung und Analyse (vgl. Fragebogen Frage 30)

Bei der Bewertung kritischer Ressourcen des CP für den Erfolg der VE, wobei der Wert 5 eine sehr hohe Wichtigkeit und der Wert 1 eine sehr geringe Wichtigkeit beschreibt, stehen mit

1482 (I5): 1 = Zwischen den Venture-Einheiten und dem Mutterunternehmen bestehen ausschließlich direkte Schnittstellen; 5 = Zwischen den Venture-Einheiten und dem Mutterunternehmen besteht ausschließlich eine indirekte Schnittstelle in Form einer Innovationsmanagementfunktion/-abteilung (Venture-Unterstützungsfunktion) (vgl. Kapitel 6.2.3.1).

1483 Vgl. Fragebogen Frage 30.

1484 Vgl. Kapitel 6.2.3.1.

einem Wert von 4,3 (arithmetisches Mittel) bzw. 5,0 (Median) Technologie-, Produkt- bzw. Marktexperten an erster Stelle. Diese liegen vor dem Zugang zu potenziellen Kunden mit einem Wert von 4,0 (arithmetisches Mittel, Median), den Mitarbeitern der operativen Bereiche und den Patenten (IP) mit jeweils einem Wert von 3,5 (arithmetisches Mittel) bzw. 4,0 (Median). Dahinter folgen Markenname mit einem Wert von 3,4 (arithmetisches Mittel) bzw. 3,0 (Median) und der Zugang zu Lieferanten mit einem Wert von 3,2 (arithmetisches Mittel) bzw. 3,0 (Median). Die etablierten Prozesse, Strukturen und (Management-)Systeme spielen mit einem Wert von 2,6 (arithmetisches Mittel) bzw. 2,0 (Median) eine untergeordnete Rolle. Darüber hinaus werden als erfolgskritische Ressourcen vor allem die Finanzierungsfunktion, die Beratungsfunktion sowie das Netzwerk des CP genannt.[1485]

Abbildung 6-29: Erfolgskritische Ressourcen des Mutterunternehmens

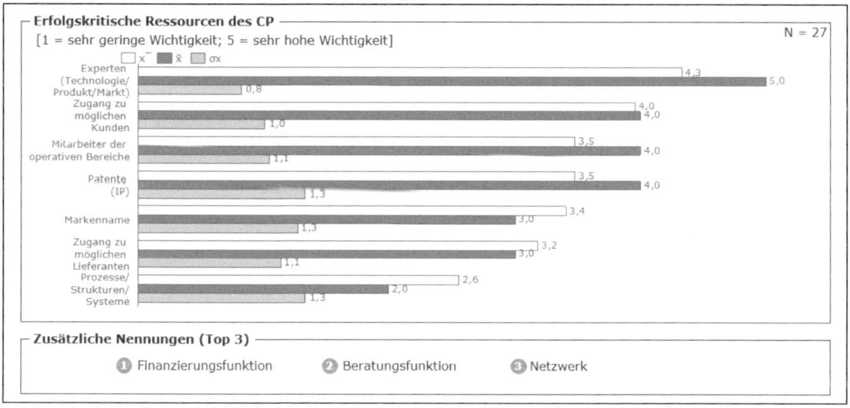

Quelle: Eigene Erhebung und Analyse (vgl. Fragebogen Frage 31)

Exkurs ICV/ECV-Vergleich: Integrationsgrad

Aufgrund ihrer Lokation außerhalb der Unternehmensgrenzen sind die externen VE stärker von den Strukturen, Prozessen und (Management-)Systemen des CP segregiert, als dies bei den internen VE der Fall ist. Dies zeigt sich auch dadurch, dass deren Zugriff auf die vorhandenen Ressourcen und Kompetenzen des CP stärker eingeschränkt ist. Während die VE der Unternehmen mit ICV-Aktivitäten im Rahmen ihrer Innovationsvorhaben überwiegend auf die Ressourcen und Kompetenzen des CP zurückgreifen, verfügen die externen VE über eine weitestgehend eigenständige Ressourcenausstattung. Hierdurch werden entsprechende Transaktionskosten sowie politische Probleme der Ressourcenteilung reduziert.[1486] Auch zeigt sich, dass die externen Innovationsvorhaben weniger stark an den langfristigen strategischen und

[1485] Vgl. Fragebogen Frage 31.
[1486] Vgl. Kapitel und 4.2.4.

finanziellen Zielen des CP ausgerichtet sind und einen geringeren Bezug zum Kerngeschäft des CP aufweisen. Dies entspricht den Heuristiken zur Wahl der Venture-Strukturform nach Roberts & Berry (1985) sowie Burgelman (1984, 1986). Demnach werden externe Venture-Strukturformen dann empfohlen, wenn das CP quasi keinerlei Erfahrung mit den durch die VE adressierten Märkten und Technologien besitzt bzw. wenn dem Innovationsvorhaben eine quasi unwichtige strategische Bedeutung zukommt und es einen schwachen operationalen Bezug zum Kerngeschäft aufweist.[1487]

Abbildung 6-30: Exkurs ICV/ ECV-Vergleich: Integrationsgrad

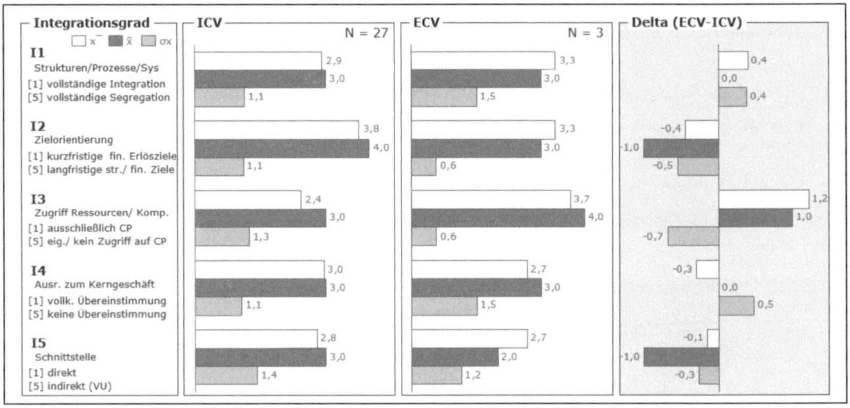

Quelle: Eigene Erhebung und Analyse (vgl. Fragebogen Frage 30)

6.3.3.2 *Finanzierung*

Die Ansichten der in der Stichprobe dieser Arbeit vertretenen ICV-Einheiten zur Höhe der Kapitalausstattung ihrer VE gehen auseinander. Die unabhängige Variable F1[1488] weist einen Wert von 2,9 (arithmetisches Mittel) bzw. 3,0 (Median) auf. 3 (11%) der ICV-Einheiten bewerten F1 mit dem Wert 5, welcher einer mehr als ausreichenden Kapitalausstattung der VE entspricht, 6 (22%) mit dem Wert 4, 8 (30%) mit dem Wert 3, 6 (22%) mit dem Wert 2 und 4 (15%) mit dem Wert 1, welcher eine nicht ausreichende Kapitalausstattung der VE beschreibt.

Die Kapitalbereitstellung erfolgt sowohl meilensteinabhängig als auch meilensteinunabhängig. Die unabhängige Variable F2[1489] verzeichnet einen Wert von 3,2 (arithmetisches Mittel) bzw.

[1487] Vgl. Kapitel 3.3.1.

[1488] (F1): 1 = Die Kapitalausstattung der Venture-Einheiten ist nicht ausreichend; 5 = Die Kapitalausstattung der Venture-Einheiten ist mehr als ausreichend (vgl. Kapitel 6.2.3.2).

[1489] (F2): 1 = Die Bereitstellung des Kapitalbedarfs erfolgt nicht in Abhängigkeit des Erreichens vorgegebener Meilensteine durch die Venture-Einheiten (z. B. jährliches Budget); 5 = Die Bereitstellung des Kapitalbedarfs erfolgt ausschließlich in Abhängigkeit des Erreichens vorgegebener Meilensteine durch die Venture-Einheiten in mehreren Finanzierungsrunden (Stufenfinanzierung) (vgl. Kapitel 6.2.3.2).

3,0 (Median). 2 (7%) der ICV-Einheiten bewerten F2 mit dem Wert 5, welcher einer Bereitstellung des Kapitalbedarfs in Abhängigkeit des Erreichens vorgegebener Meilensteine durch die VE in mehreren Finanzierungsrunden (Stufenfinanzierung) entspricht, 9 (33%) mit dem Wert 4, 10 (37%) mit dem Wert 3, 5 (19%) mit dem Wert 2 und 1 (4%) mit dem Wert 1, welcher eine meilensteinunabhängige Bereitstellung des Kapitalbedarfs in Form von jährlichen Budgets beschreibt.

Ähnlich wie die Abbruchsentscheidung liegt auch die Investitionsentscheidung in VE überwiegend in den Händen des Top-Managements des CP, worauf der Wert der unabhängigen Variable F3[1490] von 2,0 (arithmetisches Mittel, Median) hindeutet. 1 (4%) der ICV-Einheiten bewertet F3 mit dem Wert 5, welcher einer Entscheidungshoheit hinsichtlich Investitionen in VE aufseiten der VU bzw. dem mittleren Management entspricht, 1 (4%) mit dem Wert 4, 5 (19%) mit dem Wert 3, 9 (33%) mit dem Wert 2 und 11 (41%) mit dem Wert 1, welcher eine entsprechende Entscheidungshoheit aufseiten des Top-Managements des CP beschreibt.

Zudem stehen die durch die erfolgreichen VE erwirtschafteten finanziellen Mittel mehrheitlich nicht automatisch für Reinvestitionen in VE in Form eines Intra-Kapital-Systems zur Verfügung, was ein Wert für die unabhängige Variable F4[1491] von 2,0 (arithmetisches Mittel) bzw. 1,0 (Median) verdeutlicht. Keine der ICV-Einheiten bewertet F4 mit dem Wert 5, welcher einer automatischen Reinvestition der durch erfolgreiche VE erwirtschafteten finanziellen Ressourcen in Form von Intrakapitalfonds entsprechen würde, 5 (19%) mit dem Wert 4, 5 (19%) mit dem Wert 3, 2 (7%) mit dem Wert 2 und 15 (56%) mit dem Wert 1, welcher keine derartige automatische Reinvestition beschreibt.

Darüber hinaus ergibt sich kein einheitliches Bild hinsichtlich des Zeithorizontes für die Bereitstellung der finanziellen Ressourcen für die VE. Die unabhängige Variable F5[1492] verzeichnet einen Wert von 2,7 (arithmetisches Mittel) bzw. 3,0 (Median). 1 (4%) der ICV-Einheiten bewertet F5 mit dem Wert 5, welcher einem unbegrenzten Zeithorizont für die Kapitalbereitstellung entspricht, 4 (15%) mit dem Wert 4, 11 (41%) mit dem Wert 3, 8 (30%) mit dem Wert 2 und 3 (11%) mit dem Wert 1, welcher einen sehr begrenzten Zeithorizont für die Kapitalbereitstellung beschreibt.[1493]

[1490] (F3): 1 = Die Entscheidung hinsichtlich Investitionen in Venture-Einheiten obliegt ausschließlich dem Top-Management des Mutterunternehmens; 5 = Die Entscheidung hinsichtlich Investitionen in Venture-Einheiten obliegt ausschließlich der Venture-Unterstützungsfunktion/dem mittleren Management (vgl. Kapitel 6.2.3.2).

[1491] (F4): 1 = Die durch erfolgreiche Venture-Einheiten erwirtschafteten finanziellen Ressourcen stehen nicht automatisch für Reinvestitionen in Venture-Einheiten zur Verfügung; 5 = Die durch erfolgreiche Venture-Einheiten erwirtschafteten finanziellen Ressourcen stehen in vollem Umfang automatisch für Reinvestitionen in Venture-Einheiten zur Verfügung (Intrakapitalfonds) (vgl. Kapitel 6.2.3.2).

[1492] (F5): 1 = Die finanziellen Ressourcen werden den Venture-Einheiten mit sehr begrenztem Zeithorizont zur Verfügung gestellt; 5 = Die finanziellen Ressourcen werden den Venture-Einheiten mit unbegrenztem Zeithorizont zur Verfügung gestellt (vgl. Kapitel 6.2.3.2).

[1493] Vgl. Fragebogen Frage 32.

Hieraus ergibt sich für das Konstrukt Finanzierung (F_0), welches sich aus dem arithmetischen Mittel von F1, F2, F3, F4 und F5 bildet, ein Wert von 2,6 (arithmetisches Mittel, Median). Für das Konstrukt Kapitalvolumen (FV), welches sich aus dem arithmetischen Mittel von F1 und F4 bildet[1494], ergibt sich ein Wert von 2,5 (arithmetisches Mittel, Median) und für das Konstrukt Kapitalzugriff (FZ), welches sich aus dem arithmetischen Mittel von F3 und F5 bildet[1495], ein Wert von 2,3 (arithmetisches Mittel) bzw. 2,0 (Median). Damit liegt eine niedrige Ausrichtung der Anreiz- und Vergütungssysteme der in der Stichprobe dieser Arbeit vertretenen ICV-Einheiten an den Instrumenten der VC-Industrie vor.

Abbildung 6-31: Finanzierung F1, F2, F3, F4, F5

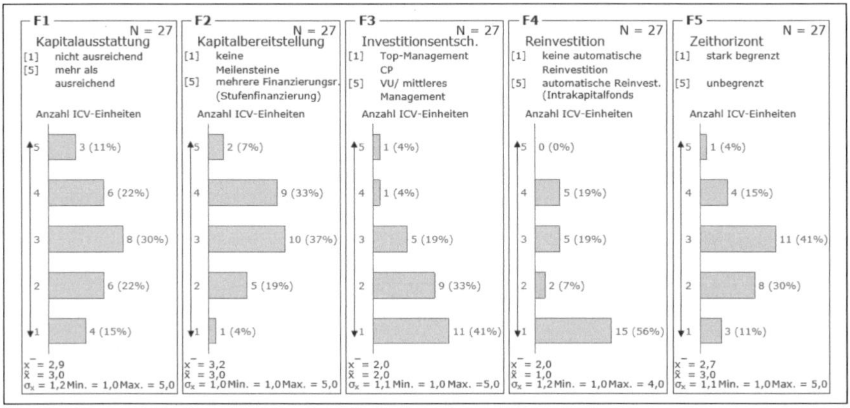

Quelle: Eigene Erhebung und Analyse (vgl. Fragebogen Frage 32)

Die durchschnittliche Anzahl an Finanzierungsrunden pro VE, welche durch die ICV-Einheiten der Stichprobe dieser Arbeit in den letzten 5 Jahren initiiert wurden, liegt bei 3,8 (arithmetisches Mittel) bzw. 3,0 (Median). Das Minimum liegt bei 1 und das Maximum bei durchschnittlich 10 Finanzierungsrunden pro VE. Bei 2 (10%) der ICV-Einheiten findet lediglich 1 Finanzierungsrunde statt, bei 12 (57%) sind dies 2-3, bei 3 (14%) sind dies 4-5, bei 1 (5%) sind dies 6-7 und bei 3 (14%) sind dies mehr als 7.[1496]

Als Meilensteine für die Anschlussfinanzierung werden vor allem der bisherige technische sowie ökonomische Entwicklungsstatus der VE mit einem Wert von 4,2 (arithmetisches Mittel) bzw. 4,0 (Median), die weitere zu erwartende Kostenentwicklung sowie der erzielte bzw. zu erwartende Umsatz mit einem Wert von jeweils 3,7 (arithmetisches Mittel) bzw. 4,0 (Median), die verbleibende Entwicklungszeit sowie der erzielte bzw. zu erwartende EBIT mit einem Wert

[1494] Vgl. Kapitel 6.2.3.2.
[1495] Vgl. Kapitel 6.2.3.2.
[1496] Vgl. Fragebogen Frage 33.

von jeweils 3,5 (arithmetisches Mittel) bzw. 4,0 (Median) und die Wertbeitragskennzahl Economic Value Added (EVA) mit einem Wert von 3,4 (arithmetisches Mittel) bzw. 4,0 (Median) herangezogen. Der Wert 5 beschreibt eine starke und der Wert 1 keine Orientierung. Dahinter folgen die Profitabilitätskennzahl Return on Investment (ROI) mit einem Wert von 3,3 (arithmetisches Mittel) bzw. 3,0 (Median) sowie der EBITDA mit einem Wert von 3,0 (arithmetisches Mittel, Median). Die Profitabilitätskennzahlen Return on Capital Employed (ROCE) mit einem Wert von 2,6 (arithmetisches Mittel) bzw. 3,0 (Median), Return on Assets mit einem Wert von 2,6 (arithmetisches Mittel) bzw. 2,5 (Median) sowie der Return on Sales (ROS) – also die Umsatzrendite – mit einem Wert von 2,6 (arithmetisches Mittel) bzw. 2,0 (Median) spielen nur eine untergeordnete Rolle. Darüber hinaus wird der NPV häufiger als Meilenstein für die Anschlussfinanzierung angesetzt.[1497]

Abbildung 6-32: Anzahl Finanzierungsrunden und Meilensteine

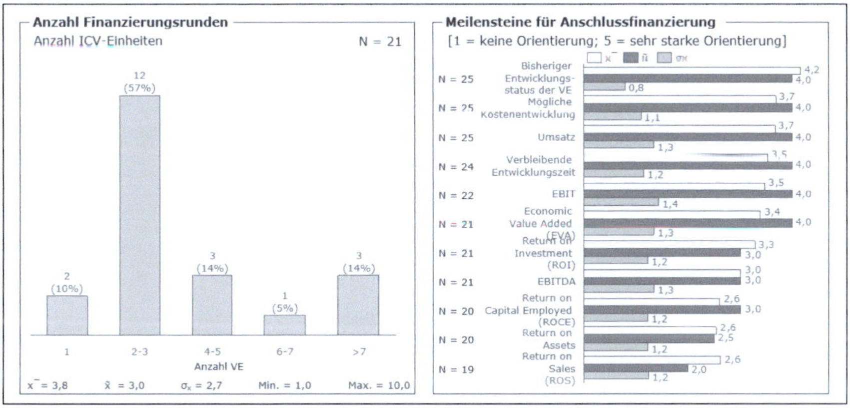

Quelle: Eigene Erhebung und Analyse (vgl. Fragebogen Frage 33 und 34)

Exkurs ICV/ECV-Vergleich: Finanzierung

Es zeigt sich, dass die externen VE aufgrund ihrer Möglichkeit der Syndizierung über eine größere Kapitalausstattung verfügen, als dies bei den internen VE der Fall ist. Damit besitzen diese einen Vorteil bei der Finanzierung von kapitalintensiven Innovationsvorhaben.[1498] Allerdings unterliegen die externen VE auch einer stärkeren Kontrolle durch den Einsatz der Stufenfinanzierung auf Basis vorgegebener Meilensteine. Hierdurch sind die externen VE noch stärker als die internen VE gezwungen, mit ihren Ressourcen effizient umzugehen und die wesentlichen Elemente des Business Plans im vorgegebenen Zeitrahmen umzusetzen.[1499]

[1497] Vgl. Fragebogen Frage 34.
[1498] Vgl. Kapitel 3.4.1.
[1499] Vgl. Kapitel 3.4.2.

Erfolglose externe VE können so leichter beendet werden. Darüber hinaus kommt den externen VE eine höhere Eigenständigkeit bei der Reinvestition erwirtschafteter finanzieller Mittel zu. Im Gegensatz zu den internen VE unterliegen die externen VE jedoch einem größeren Liquidationsdruck, welcher sich in einem stark reduzierten Zeithorizont widerspiegelt. Damit haben externe VE einen Nachteil bei der Finanzierung langfristiger Innovationsvorhaben.[1500]

Abbildung 6-33: Exkurs ICV/ECV-Vergleich: Finanzierung

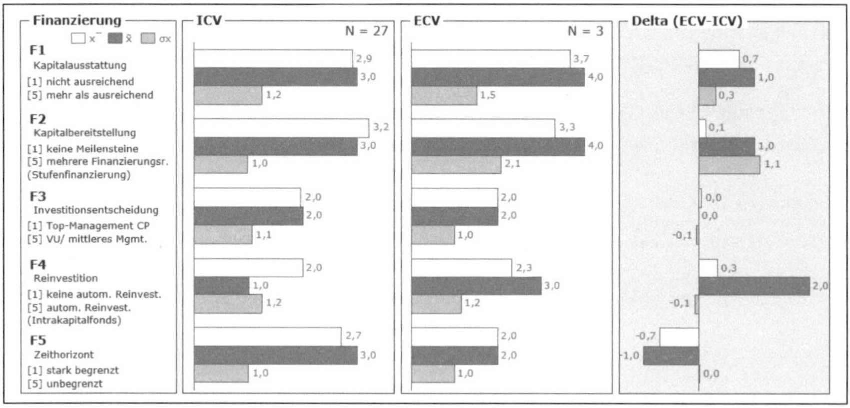

Quelle: Eigene Erhebung und Analyse (vgl. Fragebogen Frage 32)

6.3.3.3 Anreiz- und Vergütungssysteme

Die Anreiz- und Vergütungssysteme der in der Stichprobe dieser Arbeit vertretenen ICV-Einheiten umfassen gleichermaßen immaterielle bzw. nicht-monetäre sowie materielle bzw. monetäre Elemente. Die unabhängige Variable A1[1501] weist einen Wert von 2,8 (arithmetisches Mittel) bzw. 3,0 (Median) auf. 2 (7%) der ICV-Einheiten bewerten A1 mit dem Wert 5, welcher einer ausschließlichen Fokussierung der Anreiz- und Vergütungssysteme auf materielle bzw. monetäre Elemente entspricht, 9 (33%) mit dem Wert 4, 6 (22%) mit dem Wert 3, 2 (7%) mit dem Wert 2 und 8 (30%) mit dem Wert 1, welcher eine ausschließliche Fokussierung auf immaterielle bzw. nicht-monetäre Elemente beschreibt.

Die in der Stichprobe dieser Arbeit vertretenen ICV-Einheiten sehen mehrheitlich keine Partizipation der VE-Mitarbeiter am Wertzuwachs der VE vor, was der Wert der unabhängigen Variablen A2[1502] von 2,0 (arithmetisches Mittel, Median) andeutet. Keine der ICV-Einheiten

[1500] Vgl. Kapitel 3.4.5.

[1501] (A1): 1 = Die Anreiz- und Vergütungssysteme bestehen ausschließlich aus immateriellen/nicht-monetären Elementen; 5 = Die Anreiz- und Vergütungssysteme bestehen ausschließlich aus materiellen/monetären Elementen (vgl. Kapitel 6.2.3.3).

[1502] (A2): 1 = Die Anreiz- und Vergütungssysteme sehen keine Partizipation der Venture-Mitarbeiter am Wertzuwachs der Venture-Einheiten vor; 5 = Die Anreiz- und Vergütungssysteme sehen eine starke Partizipation der

bewertet A2 mit dem Wert 5, welcher einer starken Partizipation der VE-Mitarbeiter am Wertzuwachs der VE und damit einer Erfolgsbeteiligung im Sinne des Carried-Interest-Prinzips entspricht, 3 (11%) mit dem Wert 4, 3 (11%) mit dem Wert 3, 11 (41%) mit dem Wert 2 und 10 (37%) mit dem Wert 1, welcher keine entsprechende Partizipation der VE-Mitarbeiter beschreibt.

Die unabhängige Variable A3[1503] weist einen Wert von 4,1 (arithmetisches Mittel) bzw. 4,0 (Median) auf, was darauf hindeutet, dass die VE-Mitarbeiter häufig Rückmeldung hinsichtlich ihrer Zielerreichung von den in der Stichprobe dieser Arbeit vertretenen ICV-Einheiten erhalten. 10 (37%) der ICV-Einheiten bewerten A3 mit dem Wert 5, welcher einer häufigen Rückmeldung entspricht, 10 (37%) mit dem Wert 4, 6 (22%) mit dem Wert 3, 1 (4%) mit dem Wert 2 und keine mit dem Wert 1, welcher keine entsprechende Rückmeldung beschreiben würde.

Die Anreiz- und Vergütungssysteme der in der Stichprobe dieser Arbeit vertretenen ICV-Einheiten sind gleichermaßen auf individuellen Mitarbeitererfolg sowie kollektiven Teamerfolg innerhalb ihrer VE ausgerichtet. Die unabhängige Variable A4[1504] nimmt den Wert 3,4 (arithmetisches Mittel) bzw. 3,0 (Median) an. 2 (7%) der ICV-Einheiten bewerten A4 mit dem Wert 5, welcher einer Ausrichtung der Anreiz- und Vergütungssysteme auf den kollektiven Teamerfolg einer VE entspricht, 10 (37%) mit dem Wert 4, 12 (44%) mit dem Wert 3, 2 (7%) mit dem Wert 2 und 1 (4%) mit dem Wert 1, welcher eine entsprechende Ausrichtung auf den individuellen Erfolg der VE-Mitarbeiter beschreibt.

Bei den in der Stichprobe dieser Arbeit vertretenen ICV-Einheiten besteht ein hohes Commitment des Top-Managements des CP hinsichtlich der VE und deren Aktivitäten, worauf ein Wert der unabhängigen Variable A5[1505] von 3,6 (arithmetisches Mittel) bzw. 4,0 (Median) verweist. 6 (22%) bewerten A5 mit dem Wert 5, welcher einem hohen Commitment des Top-Managements entspricht, 10 (37%) mit dem Wert 4, 6 (22%) mit dem Wert 3, 4 (15%) mit dem Wert 2 und 1 (4%) mit dem Wert 1, welcher kein entsprechendes Commitment des Top-Managements beschreibt.[1506]

Venture-Mitarbeiter am Wertzuwachs der Venture-Einheiten vor (Erfolgsbeteiligung | Carried Interest) (vgl. Kapitel 6.2.3.3).

1503 (A3): 1 = Die Mitarbeiter der Venture-Einheiten erhalten keine Rückmeldung hinsichtlich ihrer Zielerreichung; 5 = Die Mitarbeiter der Venture-Einheiten erhalten häufig Rückmeldung hinsichtlich ihrer Zielerreichung (vgl. Kapitel 6.2.3.3).

1504 (A4): 1 = Die Anreiz- und Vergütungssysteme orientieren sich ausschließlich an individuellen Ergebnissen (Mitarbeitererfolg); 5 = Die Anreiz- und Vergütungssysteme orientieren sich ausschließlich an kollektiven Ergebnissen (Erfolg der Venture-Einheit) (vgl. Kapitel 6.2.3.3).

1505 (A5): 1 = Es besteht kein Commitment des Top-Managements des Mutterunternehmens hinsichtlich der Venture-Einheiten und deren Aktivitäten; 5 = Es besteht ein hohes Commitment des Top-Managements des Mutterunternehmens hinsichtlich der Venture-Einheiten und deren Aktivitäten (vgl. Kapitel 6.2.3.3).

1506 Vgl. Fragebogen Frage 33.

Hieraus ergibt sich für das Konstrukt Anreiz-/Vergütungssysteme (A_0), welches sich aus dem arithmetischen Mittel von A1, A2, A3, A4 und A5 bildet, ein Wert von 3,2 (arithmetisches Mittel, Median). Für das Konstrukt Ausrichtung (AR), welches sich aus dem arithmetischen Mittel von A1 und A2 bildet[1507], ergibt sich ein Wert von 2,4 (arithmetisches Mittel) bzw. 2,5 (Median) und für das Konstrukt Ausgestaltung (AG), welches sich aus dem arithmetischen Mittel von A3, A4 und A5 bildet[1508], ein Wert von 3,7 (arithmetisches Mittel, Median). Damit liegt eine mittlere bis hohe Ausrichtung der Anreiz- und Vergütungssysteme der in der Stichprobe dieser Arbeit vertretenen ICV-Einheiten an den Instrumenten der VC-Industrie vor.

Abbildung 6-34: Anreiz-/Vergütungssysteme A1, A2, A3, A4, A5

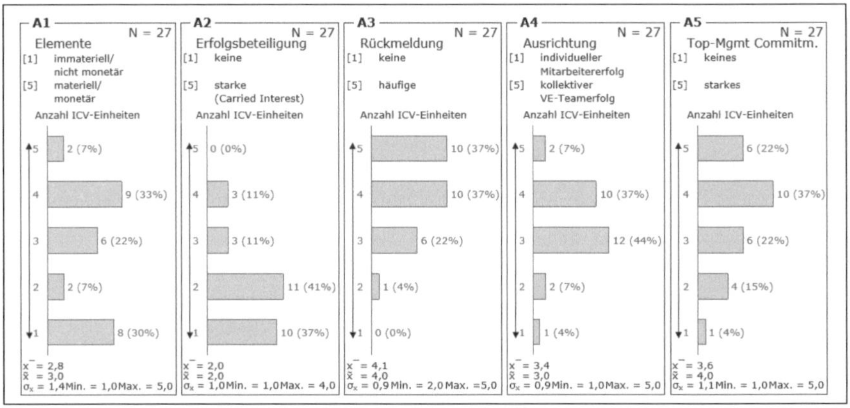

Quelle: Eigene Erhebung und Analyse (vgl. Fragebogen Frage 35)

Die Anreiz- und Vergütungssysteme orientieren sich vor allem an den KPIs Umsatz mit einem Wert von 3,6 (arithmetisches Mittel) bzw. 4,0 (Median), der Profitabilitätskennzahl Return on Investment (ROI) und EBIT mit jeweils einem Wert von 3,0 (arithmetisches Mittel, Median) sowie EBITDA mit einem Wert von 2,9 (arithmetisches Mittel) bzw. 3,0 (Median), wobei der Wert 5 eine sehr starke Orientierung und der Wert 1 keine Orientierung beschreibt.

Dahinter folgen die Profitabilitätskennzahl Umsatzrendite sowie die Wertbeitragkennzahl Economic Value Added (EVA) mit jeweils einem Wert von 2,7 (arithmetisches Mittel) bzw. 3,0 (Median). Die Profitabilitätskennzahlen Return on Capital Employed (ROCE) mit einem Wert von 2,4 (arithmetisches Mittel) bzw. 2,0 (Median) und Gesamtkapitalrentabilität mit einem Wert von 2,3 (arithmetisches Mittel) bzw. 2,0 (Median) spielen nur eine untergeordnete

[1507] Vgl. Kapitel 6.2.3.3.
[1508] Vgl. Kapitel 6.2.3.3.

Rolle. Darüber hinaus werden als KPIs für die Anreiz- und Vergütungssysteme vor allem operative bzw. technische Projektmeilensteine, Internal Rate of Return (IRR) sowie Cash Flow genannt.[1509]

Abbildung 6-35: KPIs der Anreiz- und Vergütungssysteme

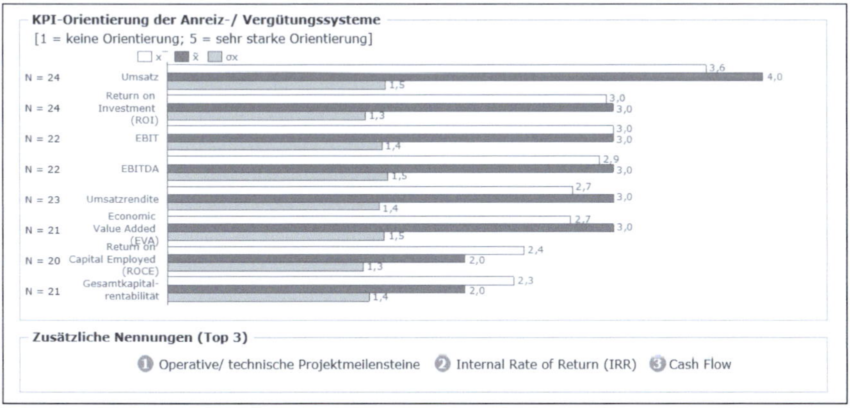

Quelle: Eigene Erhebung und Analyse (vgl. Fragebogen Frage 36)

Exkurs ICV/ECV-Vergleich: Anreiz- und Vergütungssysteme

Ebenso wie bei den internen VE sind auch die Anreiz- und Vergütungssysteme der externen VE etwas stärker auf materielle bzw. monetäre als auf immaterielle bzw. nicht-monetäre Elemente ausgerichtet.

Abbildung 6-36: Exkurs ICV/ ECV-Vergleich: Anreiz-/Vergütungssysteme

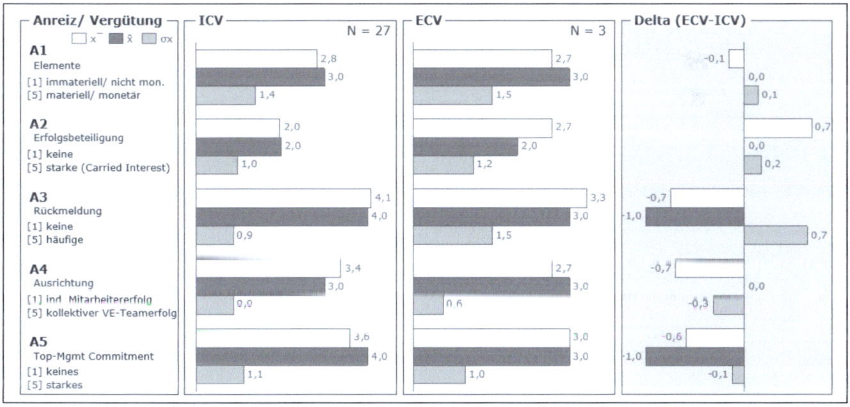

Quelle: Eigene Erhebung und Analyse (vgl. Fragebogen Frage 35)

[1509] Vgl. Fragebogen Frage 36.

Dies widerspricht der Annahme von stark intrinsisch motivierten Intrapreneuren, welche bei der Umsetzung von Innovationsvorhaben vor allem nach Autonomie streben und intrinsische Anreize deutlich stärker als extrinsische Anreize wirken.[1510] Dies spiegelt sich auch in der starken Erfolgsbeteiligung der externen VE-Manager wider. Neben einer erfolgsunabhängigen Managementvergütung werden die externen VE-Manager noch stärker als die internen VE-Manager über eine erfolgsabhängige Vergütung (Carried Interest) an der Wertsteigerung der VE beteiligt.[1511] Allerdings erhalten die externen VE sehr viel weniger Rückmeldung hinsichtlich ihrer Zielerreichung, als dies bei den internen VE der Fall ist. Während die internen VE die Zusammenarbeit und Kooperation ihrer Mitarbeiter eher über gruppenergebnisbezogene Anreiz- und Vergütungssysteme zu stimulieren versuchen, fokussieren die externen VE überwiegend auf Einzelpersonenansätze. Zudem ist das Commitment des Top-Managements bei den externen VE deutlich geringer als dies bei den internen VE der Fall ist. Dies könnte auf eine geringere strategische Bedeutung der Innovationsvorhaben für das CP hindeuten.

6.3.3.4 Abbruch und Lernpotenziale

Die in der Stichprobe dieser Arbeit vertretenen ICV-Einheiten gehen davon aus, dass erfolglose VE zu spät abgebrochen werden, worauf ein Wert von 2,3 (arithmetisches Mittel) bzw. 2,0 (Median) für die Variable L1[1512] schließen lässt. 1 (4%) der ICV-Einheiten bewertet L1 mit dem Wert 5, welcher einem zu frühzeitigen Abbruch der erfolglosen VE entspricht, 1 (4%) mit dem Wert 4, 7 (26%) bewerten L1 mit dem Wert 3, 14 (52%) mit dem Wert 2 und 4 (15%) mit dem Wert 1, welcher einen zu späten Abbruch der erfolglosen VE beschreibt. Durch einen rechtzeitigen Abbruch der erfolglosen VE können die begrenzten Ressourcen und Kompetenzen auf die Erfolg versprechenden VE verteilt werden.

Dabei liegt die Entscheidung für einen Abbruch erfolgloser VE eher beim Top-Management des CP und weniger bei der VU bzw. dem mittleren Management selbst. Die unabhängige Variable L2[1513] weist einen Wert von 2,4 (arithmetisches Mittel) bzw. 3,0 (Median) aus. Keine der ICV-Einheiten bewertet L2 mit dem Wert 5, welcher einer absoluten Entscheidungshoheit der VU bzw. des mittleren Managements entsprechen würde, 4 (15%) mit dem Wert 4, 10 (37%) mit dem Wert 3, 6 (22%) mit dem Wert 2 und 7 (26%) mit dem Wert 1, welcher eine absolute Entscheidungshoheit des Top-Management des CP beschreibt.

[1510] Vgl. Kapitel 4.3.1.

[1511] Vgl. Kapitel 4.3.2.

[1512] (L1): 1 = Erfolglose Venture-Einheiten werden zu spät abgebrochen; 5 = Erfolglose Venture-Einheiten werden zu früh abgebrochen (vgl. Kapitel 6.2.3.4).

[1513] (L2): 1 = Die Entscheidung hinsichtlich Abbruch von Venture-Einheiten obliegt ausschließlich dem Top-Management des Mutterunternehmens; 5 = Die Entscheidung hinsichtlich Abbruch von Venture-Einheiten obliegt ausschließlich der Venture-Unterstützungsfunktion/dem mittleren Management (vgl. Kapitel 6.2.3.4).

Zudem führen die in der Stichprobe dieser Arbeit vertretenen ICV-Einheiten mehrheitlich eine detaillierte Erfolgs- und Misserfolgsanalyse durch, was ein Wert der unabhängigen Variable L3[1514] von 3,6 (arithmetisches Mittel) bzw. 4,0 (Median) zeigt. Eine derartige Analyse von Erfolgen sowie Misserfolgen der VE führt in der Regel zu einem kontinuierlichen Lernprozess. 5 (19%) der ICV-Einheiten bewerten L3 mit dem Wert 5, welcher einer genauesten Analyse der Erfolge sowie Misserfolge der VE entspricht, 10 (37%) mit dem Wert 4, 7 (26%) mit dem Wert 3, 5 (19%) mit dem Wert 2 und keine mit dem Wert 1, welcher keine entsprechende Erfolgs- bzw. Misserfolgsanalyse beschreiben würde.

Hinsichtlich des Austausches von Wissen und Kompetenzen zwischen den VE ergibt sich für die unabhängige Variable L4[1515] ein Wert von 3,1 (arithmetisches Mittel) bzw. 3,0 (Median). 2 (7%) der ICV-Einheiten bewerten L4 mit dem Wert 5, welcher einem kontinuierlichen und starken Austausch von Wissen und Kompetenzen zwischen den VE entspricht, 10 (37%) mit dem Wert 4, 8 (30%) mit dem Wert 3, 4 (15%) mit dem Wert 2 und 3 (11%) mit dem Wert 1, welcher keinen derartigen Austausch beschreibt.

Abbildung 6-37: Abbruch/Lernpotenziale L1, L2, L3, L4, L5

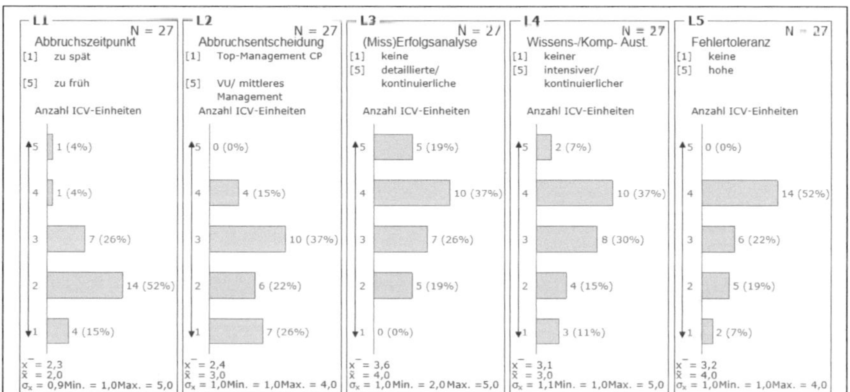

Quelle: Eigene Erhebung und Analyse (vgl. Fragebogen Frage 37)

Die vorherrschende Toleranz hinsichtlich Fehlern der VE nimmt bei den in der Stichprobe dieser Arbeit vertretenen ICV Einheiten über die unabhängige Variable L5[1516] einen Wert von

[1514] (L3): 1 = Weder Erfolge noch Misserfolge der Venture-Einheiten werden analysiert, und es besteht somit kein Lernprozess; 5 = Sowohl Erfolge als auch Misserfolge der Venture-Einheiten werden genauestens analysiert, und es besteht somit ein kontinuierlicher Lernprozess (vgl. Kapitel 6.2.3.4).

[1515] (L4): 1 = Es findet kein Austausch hinsichtlich Wissen und Kompetenzen zwischen den Venture-Einheiten statt; 5 = Es findet ein kontinuierlicher und starker Austausch hinsichtlich Wissen und Kompetenzen zwischen den Venture-Einheiten statt (vgl. Kapitel 6.2.3.4).

[1516] (L5): 1 = Es herrscht keine Fehlertoleranz gegenüber den Venture-Einheiten; 5 = Es herrscht eine hohe Fehlertoleranz gegenüber den Venture-Einheiten (vgl. Kapitel 6.2.3.4)

3,2 (arithmetisches Mittel) bzw. 4,0 (Median) ein. Keine der ICV-Einheiten bewertet L5 mit dem Wert 5, welcher einer hohen Fehlertoleranz des CP gegenüber den VE entsprechen würde, 14 (52%) mit dem Wert 4, 6 (22%) mit dem Wert 3, 5 (19%) mit dem Wert 2 und 2 (17%) mit dem Wert 1, welcher das Vorliegen keiner entsprechenden Fehlertoleranz beschreibt.[1517]

Hieraus ergibt sich für das Konstrukt Abbruch/Lernpotenziale (L_0), welches sich aus dem arithmetischen Mittel von L1, L2, L3, L4 und L5 bildet, ein Wert von 2,9 (arithmetisches Mittel) bzw. 2,8 (Median) und für das Konstrukt Lernpotenzial (LL), welches sich aus dem arithmetischen Mittel von L3, L4 und L5 bildet[1518], ein Wert von 3,3 (arithmetisches Mittel) und 3,7 (Median). Damit liegt ein mittleres bis hohes Abbruch- und Lernpotenzial-Niveau der in der Stichprobe dieser Arbeit vertretenen ICV-Einheiten vor.

Exkurs ICV/ECV-Vergleich: Abbruch und Lernpotenziale

Aufgrund des höheren Liquidationsdrucks werden externe VE früher abgebrochen. Dies ist ein Vorteil der internen VE im Rahmen von langfristigen Innovationsvorhaben. Der Umfang der Erfolgs- bzw. Misserfolgsanalyse und die Intensität des Wissens- und Kompetenzaustausches zwischen den VE sowie zwischen den VE und der VU bzw. dem CP ist sowohl bei den internen VE als auch bei den externen VE hoch. Hierdurch werden organisationale Lerneffekte auf Grundlage einer Veränderung der von allen Organisationsmitgliedern geteilten Wissensbasis realisiert.[1519] Eine erhöhte Fehlertoleranz stimuliert darüber hinaus Effekte des experimentellen Lernens in Anlehnung an die Trial-and-Error-Theorie.[1520]

Abbildung 6-38: Exkurs ICV/ECV-Vergleich: Abbruch/Lernpotenziale

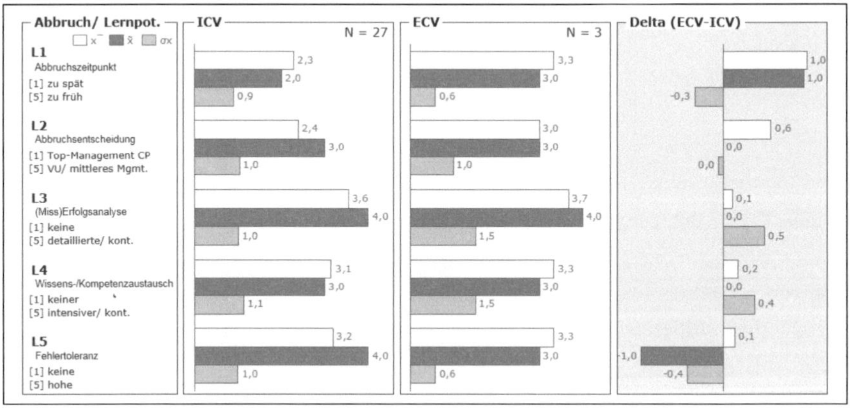

Quelle: Eigene Erhebung und Analyse (vgl. Fragebogen Frage 37)

1517 Vgl. Fragebogen Frage 37.
1518 Vgl. Kapitel 6.2.3.4.
1519 Vgl. Kapitel 4.4.3 bzw. 4.4.4.
1520 Vgl. Kapitel 4.4.5.

6.3.3.5 Innovationsstrategie

Bei den in der Stichprobe dieser Arbeit vertretenen ICV-Einheiten begünstigt die Unternehmensstrategie des Mutterunternehmens mehrheitlich das unternehmerische Denken und Handeln der VE. Die unabhängige Variable S1[1521] verzeichnet einen Wert von 3,6 (arithmetisches Mittel) bzw. 4,0 (Median). 7 (26%) der ICV-Einheiten bewerten S1 mit dem Wert 5, welcher einer Begünstigung des unternehmerischen Denkens und Handelns der VE durch die Unternehmensstrategie des CP entspricht, 7 (26%) mit dem Wert 4, 8 (30%) mit dem Wert 3, 5 (19%) mit dem Wert 2 und keine mit dem Wert 1, welcher eine Einschränkung des unternehmerischen Denkens und Handelns der VE durch die Unternehmensstrategie des CP beschreiben würde.

Hinsichtlich der Häufigkeit der Hinterfragung bzw. Anpassung der Unternehmensstrategie durch das CP aufgrund der bottom-up initiierten Innovationsvorhaben der VE ergibt sich keine eindeutige Tendenz. Die unabhängige Variable S2[1522] weist einen Wert von 3,2 (arithmetisches Mittel) bzw. 3,0 (Median) aus. 3 (11%) der ICV-Einheiten bewerten S2 mit dem Wert 5, welcher einer regelmäßigen Hinterfragung bzw. Anpassung der Unternehmensstrategie aufgrund der Initiativen der VE entspricht, 7 (26%) mit dem Wert 4, 11 (41%) mit dem Wert 3, 5 (19%) mit dem Wert 2 und 1 (4%) mit dem Wert 1, welcher keine derartige Hinterfragung bzw. Anpassung beschreibt.

Bei den in der Stichprobe dieser Arbeit vertretenen ICV-Einheiten findet eine regelmäßige und intensive Kommunikation zwischen CP und VE über Funktions- und Hierarchieebenen hinweg statt, was die unabhängige Variable S3 mit einem Wert von 3,8 (arithmetisches Mittel) bzw. 4,0 (Median) verdeutlicht. 8 (30%) bewerten S3 [1523] mit dem Wert 5, welcher einer regelmäßigen und intensiven Kommunikation zwischen CP und VE entspricht, 8 (30%) mit dem Wert 4, 8 (30%) mit dem Wert 3, 3 (11%) mit dem Wert 2 und keine mit dem Wert 1, welcher keine entsprechende Kommunikation beschreiben würde.

Zudem werden die innovationsbetroffenen operativen Bereiche des CP in die Initiativen der VE eingebunden. Die unabhängige Variable S4[1524] verzeichnet einen Wert von 3,3 (arithmetisches Mittel) bzw. 3,0 (Median). 5 (19%) der ICV-Einheiten bewerten S4 mit dem Wert 5, welcher

[1521] (S1): 1 = Die Unternehmensstrategie des Mutterunternehmens schränkt unternehmerisches Denken und Handeln der Venture-Einheiten ein, 5 = Die Unternehmensstrategie des Mutterunternehmens begünstigt unternehmerisches Denken und Handeln der Venture-Einheiten (vgl. Kapitel 6.2.3.5).

[1522] (S2): 1 = Die Unternehmensstrategie des Mutterunternehmens wird nicht hinterfragt und nicht angepasst; 5 = Die Unternehmensstrategie des Mutterunternehmens wird regelmäßig aufgrund der Initiativen der Venture-Einheiten hinterfragt und ggf. angepasst (vgl. Kapitel 6.2.3.5).

[1523] (S3): 1 = Es findet keine Kommunikation zwischen Mutterunternehmen und Venture-Einheiten statt; 5 = Es findet eine regelmäßige und intensive Kommunikation zwischen Mutterunternehmen und Venture-Einheiten über Funktions- und Hierarchieebenen hinweg statt (vgl. Kapitel 6.2.3.5).

[1524] (S4): 1 = Die innovationsbetroffenen operativen Bereiche des Mutterunternehmens sind nicht in die Initiativen der Venture-Einheiten eingebunden; 5 = Die innovationsbetroffenen operativen Bereiche des Mutterunternehmens sind stark in die Initiativen der Venture-Einheiten eingebunden (vgl. Kapitel 6.2.3.5).

einer starken Einbindung der innovationsbetroffenen operativen Bereiche entspricht, 5 (19%) mit dem Wert 4, 12 (44%) mit dem Wert 3, 3 (11%) mit dem Wert 2 und 2 (7%) mit dem Wert 1, welcher keine entsprechende Einbindung der innovationsbetroffenen operativen Bereiche beschreibt.

Darüber hinaus erhalten die VE mehrheitlich alle erforderlichen Ressourcen sowie die Unterstützung des Top-Managements, was die unabhängige Variable S5[1525] mit einem Wert von 3,6 (arithmetisches Mittel) bzw. 4,0 (Median) wiedergibt. 3 (11%) der ICV-Einheiten bewerten S5 mit dem Wert 5, welcher einer Bereitstellung aller erforderlichen Ressourcen sowie der Unterstützung des Top-Managements für die VE im Rahmen des Ressourcenallokationsprozesses entspricht, 12 (44%) mit dem Wert 4, 10 (37%) mit dem Wert 3, 2 (7%) mit dem Wert 2 und keine mit dem Wert 1, welcher keine entsprechende Bereitstellung und Unterstützung beschreibt.[1526]

Hieraus ergibt sich für die Konstrukte Innovationsstrategie (S_0) sowie (S), welche sich jeweils aus dem arithmetischen Mittel von S1, S2, S3, S4 und S5 bilden[1527], ein Wert von 3,5 (arithmetisches Mittel) bzw. 3,6 (Median). Damit liegt ein hohes Bewusstsein hinsichtlich der Wichtigkeit einer regelmäßigen Hinterfragung bzw. Anpassung der Unternehmensstrategie auf Basis der bottom-up initiierten Innovationsvorhaben auf den ICV-Erfolg der in der Stichprobe dieser Arbeit vertretenen ICV-Einheiten vor.

Abbildung 6-39: Innovationsstrategie S1, S2, S3, S4, S5

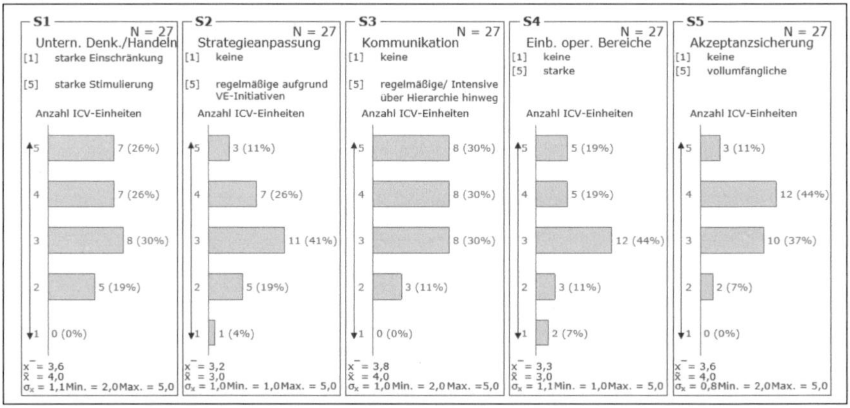

Quelle: Eigene Erhebung und Analyse (vgl. Fragebogen Frage 38)

[1525] (S5): 1 = Im Rahmen des Ressourcenallokationsprozesses werden den Venture-Einheiten weder Ressourcen noch die Top-Management-Unterstützung bereitgestellt; 5 = Im Rahmen des Ressourcenallokationsprozesses werden den Venture-Einheiten alle erforderlichen Ressourcen sowie die Top-Management-Unterstützung bereitgestellt (vgl. Kapitel 6.2.3.5).

[1526] Vgl. Fragebogen Frage 38.

[1527] Vgl. Kapitel 6.2.3.5.

Dabei findet bei den meisten in der Stichprobe dieser Arbeit vertretenen ICV-Einheiten eine jährliche Hinterfragung bzw. Anpassung der Unternehmensstrategie aufgrund der bottom-up initiierten Innovationsvorhaben der VE statt. Keine der ICV-Einheiten macht dies monatlich, 1 (4%) quartalsweise, 1 (4%) halbjährlich und 14 (52%) jährlich. 11 (41%) der ICV-Einheiten führt eine entsprechende Hinterfragung bzw. Anpassung der Unternehmensstrategie seltener als jährlich durch.[1528]

Abbildung 6-40: Hinterfragung/Anpassung der Unternehmensstrategie

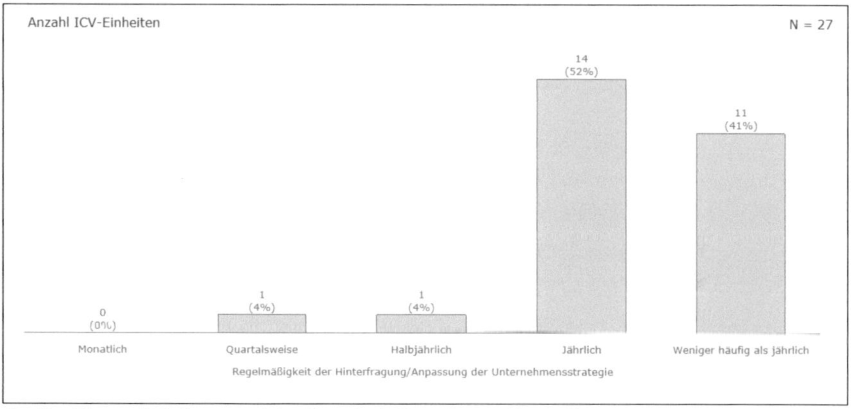

Quelle: Eigene Erhebung und Analyse (vgl. Fragebogen Frage 8)

Exkurs ICV/ECV-Vergleich: Innovationsstrategie

Im Gegensatz zu den Unternehmen mit ICV-Aktivitäten richten die Unternehmen mit ECV-Aktivitäten ihre Unternehmensstrategie weniger stark auf eine Stimulierung von unternehmerischem Denken und Handeln aus. Dies mag der Grund dafür sein, warum die Innovationsvorhaben in externe VE ausgelagert werden. Zudem wird bei den externen Innovationsvorhaben weniger Akzeptanzsicherung in Form der Bereitstellung erforderlicher Ressourcen und Kompetenzen sowie des Commitments durch das Top-Management des CP betrieben. Dies kann an der umfangreichen eigenständigen Ressourcenausstattung der externen VE liegen, wodurch politische Probleme der Ressourcenteilung entfallen und somit keine langfristige Festlegung und Abgrenzung von Ressourcen und Verantwortlichkeiten notwendig ist.[1529] Auch weisen externe Innovationsvorhaben in der Regel einen geringeren Bezug zum Kerngeschäft des CP auf, und ihnen kommt eine geringere strategische Bedeutung zu, als dies bei den internen VE der Fall ist,[1530] weshalb das Commitment des Top-Managements geringer ausfällt.

1528 Vgl. Fragebogen Frage 8.
1529 Vgl. Kapitel 5.3.5.
1530 Vgl. Kapitel 3.3.1.

Allerdings binden die externen VE die innovationsbetroffenen operativen Bereiche stärker ein als dies die internen VE praktizieren.

Abbildung 6-41: Exkurs ICV/ECV-Vergleich: Innovationsstrategie

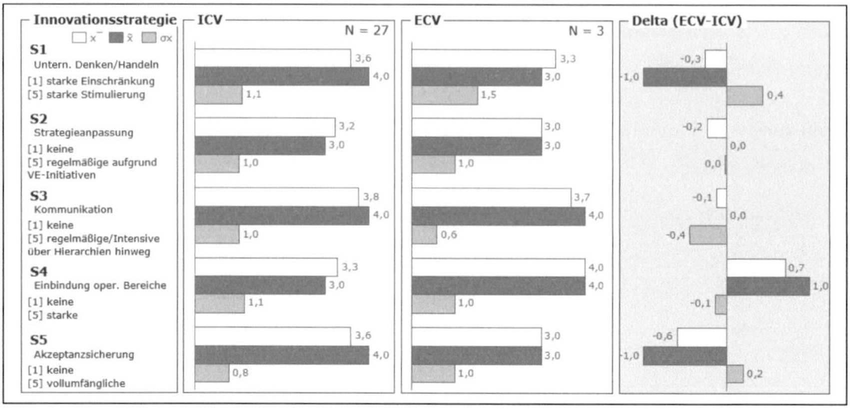

Quelle: Eigene Erhebung und Analyse (vgl. Fragebogen Frage 38)

6.3.4 Kontrollvariablen

Das durchschnittliche Alter der VE, welche durch die in der Stichprobe dieser Arbeit vertretenen ICV-Einheiten in den letzten 5 Jahren initiiert wurden, liegt bei 3,8 (arithmetisches Mittel) bzw. 4,0 (Median) Jahren.

Abbildung 6-42: Alter und Entwicklungsstufe der VE

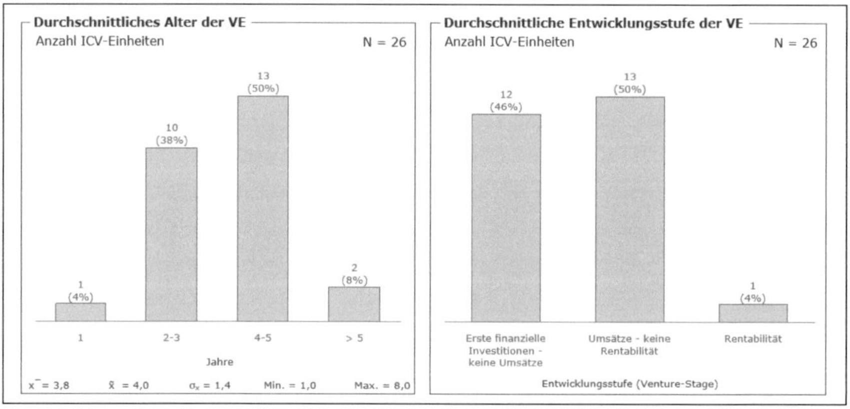

Quelle: Eigene Erhebung und Analyse (vgl. Fragebogen Frage 39 und 42)

Die VE von 1 (4%) ICV-Einheit sind durchschnittlich 1 Jahr, die von 10 (38%) sind zwischen 2 und 3 Jahre, die von 13 (50%) zwischen 4 und 5 Jahre und die von 2 (8%) älter als 5 Jahre alt. Das Minimum liegt bei 1 Jahr und das Maximum bei 8 Jahren.[1531]

Wie beschrieben, werden im Rahmen dieser Arbeit drei VE-Entwicklungsstufen (Venture-Stages) betrachtet.[1532] Die in den letzten 5 Jahren initiierten aktiven sowie inaktiven VE von 12 (46%) ICV-Einheiten entsprechen im Durchschnitt der Entwicklungsstufe 1 und erhalten somit erste finanzielle Mittel, erzielen jedoch noch keine Umsätze. Die VE von 13 (50%) ICV-Einheiten können der Entwicklungsstufe 2 zugeordnet werden und erzielen entsprechend Umsätze, sind jedoch noch nicht rentabel. Nur die VE von 1 (4%) ICV-Einheit fallen in die Entwicklungsstufe 3 und sind rentabel.[1533]

Im Durchschnitt arbeiten 16,6 (arithmetisches Mittel) bzw. 8,0 (Median) Mitarbeiter in den durch die in der Stichprobe dieser Arbeit vertretenen ICV-Einheiten in den letzten 5 Jahren initiierten VE. Das Minimum liegt bei 1 und das Maximum bei 60 Mitarbeitern pro VE. Bei 9 (39%) der ICV-Einheiten arbeiten durchschnittlich 5 Mitarbeiter oder weniger in einer VE.

Abbildung 6-43: Mitarbeiterzahl pro VE und ICV

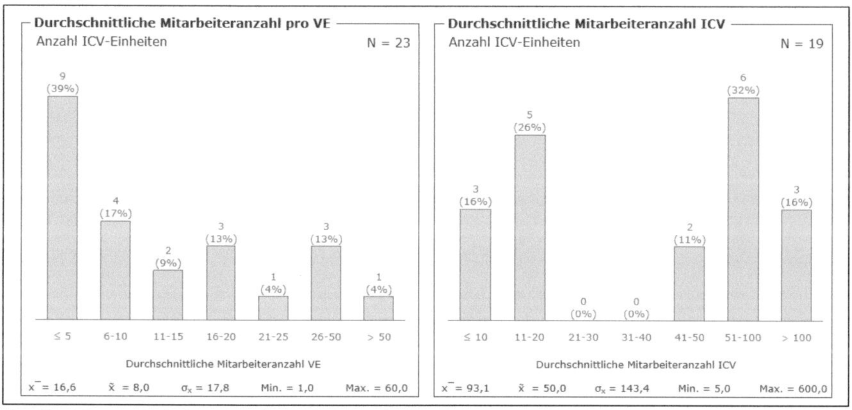

Quelle: Eigene Erhebung und Analyse (vgl. Fragebogen Frage 40)

Bei 4 (17%) sind dies 6-10, bei 2 (9%) sind dies 11-15, bei 3 (13%) sind dies 16-20, bei 1 (4%) sind dies 21-25, bei 3 (13%) sind dies 26-50 und bei 1 (4%) mehr als 50. Über alle VE hinweg arbeiten in den ICV-Einheiten durchschnittlich 93,1 (arithmetisches Mittel) bzw. 50,0 (Median) Mitarbeiter. Das Minimum liegt bei 5 und das Maximum bei 600 Mitarbeitern. Bei 3 (16%) der

[1531] Vgl. Fragebogen Frage 39.
[1532] Vgl. Kapitel 6.2.4.
[1533] Vgl. Fragebogen Frage 42.

ICV-Einheiten arbeiten 10 oder weniger Mitarbeiter, bei 5 (26%) sind dies 11-20, bei 2 (11%) sind dies 41-50, bei 6 (32%) sind dies 51-100 und bei 3 (16%) mehr als 100.[1534]

Im Durchschnitt investieren die in der Stichprobe dieser Arbeit vertretenen ICV-Einheiten 6,3 (arithmetisches Mittel) bzw. 2,6 (Median) Mio. € in jede von ihnen in den letzten 5 Jahren initiierte VE. Das Minimum liegt bei 0,4 Mio. € und das Maximum bei 37,8 Mio. € pro VE. 2 (13%) der ICV-Einheiten investieren durchschnittlich 1 Mio. € oder weniger pro VE, 6 (38%) investieren 2-3 Mio. €, 3 (19%) investieren 4-5 Mio. €, 2 (13%) investieren 5-10 Mio. €, 1 (6%) investiert 10-15 Mio. € und 2 (13%) mehr als 15 Mio. €. Über alle VE hinweg investieren die ICV-Einheiten durchschnittlich 63,5 (arithmetisches Mittel) bzw. 53,0 (Median) Mio. €. Das Minimum liegt bei 2,3 und das Maximum bei 189,2 Mio. €. 4 (31%) der ICV-Einheiten investieren 10 Mio. € oder weniger, 2 (15%) investieren 11-20 Mio. €, 4 (31%) investieren 51-100 Mio. €, 1 (8%) investiert 101-150 Mio. € und 2 (15%) mehr als 150 Mio. €.[1535]

Wie beschrieben, kann die Gründung neuer Geschäftsbereiche auf Basis radikaler bzw. disruptiver Innovationen im Rahmen des ICV auf zweierlei Arten erfolgen: zum einen durch die Exploitation latent vorhandener Innovationspotenziale und zum anderen durch die Exploration neuer Innovationspotenziale.[1536]

Abbildung 6-44: Investiertes Kapital pro VE und ICV

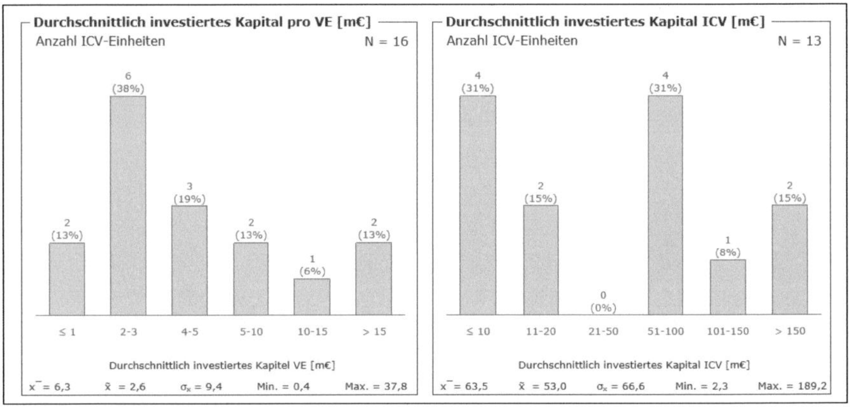

Quelle: Eigene Erhebung und Analyse (vgl. Fragebogen Frage 41)

Die in der Stichprobe dieser Arbeit vertretenen ICV-Einheiten fokussieren mehrheitlich auf die Exploration neuer Innovationspotenziale und damit auf die Entwicklung bzw. Internalisierung

[1534] Vgl. Fragebogen Frage 40.
[1535] Vgl. Fragebogen Frage 41.
[1536] Vgl. Kapitel 3.3.1.

neuer Innovationspotenziale und weniger auf die Weiterentwicklung latent vorhandener Innovationspotenziale. Der Wert für den Fokus der durch die ICV-Einheiten initiierten VE liegt bei 3,7 (arithmetisches Mittel) bzw. 4,0 (Median), wobei der Wert 5 einer ausschließlichen Exploration neuer Innovationspotenziale und der Wert 1 einer ausschließlichen Exploitation latent vorhandener Innovationspotenziale entspricht. 4 (15%) der ICV-Einheiten bewerten den Fokus ihrer VE mit dem Wert 5, 15 (56%) mit dem Wert 4, 6 (22%) mit dem Wert 3, 1 (4%) mit dem Wert 2 und 1 (4%) mit dem Wert 1.[1537]

Der Fokus der CP der in der Stichprobe dieser Arbeit vertretenen ICV-Einheiten ist hingegen weniger deutlich. Der Wert für den Fokus der CP liegt bei 2,7 (arithmetisches Mittel) bzw. 3,0 (Median), wobei der Wert 5 einer ausschließlichen Fokussierung auf radikale bzw. disruptive Innovationen mit hohem Risiko sowie großen Auswirkungen auf die bestehenden Produkte, Dienstleistungen und/oder Prozesse entspricht und der Wert 1 eine ausschließliche Fokussierung auf inkrementelle Innovationen mit entsprechend geringem Risiko sowie geringen Auswirkungen auf die bestehenden Produkte, Dienstleistungen und/oder Prozesse beschreibt. 3 (11%) der ICV-Einheiten bewerten den Fokus ihrer CP mit dem Wert 5, 4 (15%) mit dem Wert 4, 7 (26%) mit dem Wert 3, 9 (33%) mit dem Wert 2 und 4 (15%) mit dem Wert 1.[1538]

Abbildung 6-45: Fokus VE und Fokus CP

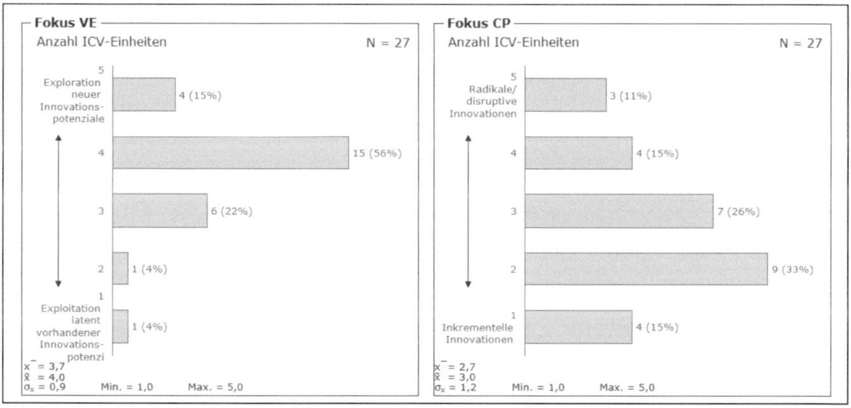

Quelle: Eigene Erhebung und Analyse (vgl. Fragebogen Frage 44 und 45)

Die Exit-Strategie der in der Stichprobe dieser Arbeit vertretenen ICV-Einheiten ist sehr unterschiedlich. Das Exit-Ziel der Integration und damit der Überführung der VE aus dem innovativen in das operative System des CP in Form eines neuen Geschäftsbereichs wurde 23 Mal (88%) genannt (Mehrfachnennungen möglich).

[1537] Vgl. Fragebogen Frage 44.
[1538] Vgl. Fragebogen Frage 45.

Abbildung 6-46: Exit-Strategie

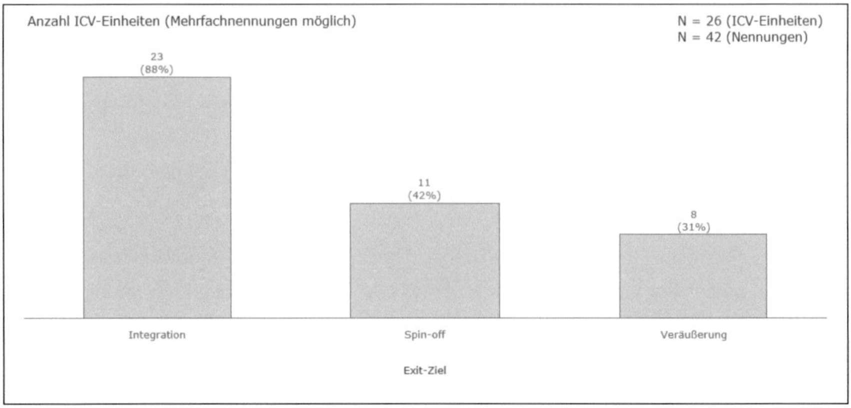

Quelle: Eigene Erhebung und Analyse (vgl. Fragebogen Frage 43)

Das Exit-Ziel des Spin-off und damit die Ausgründung der VE in Form eines eigenständigen Unternehmens außerhalb des CP kommt auf 11 (42%) Nennungen. Der Veräußerung, und damit dem Verkauf der VE an Dritte, kommt als Exit-Ziel mit 8 (31%) Nennungen nur eine untergeordnete Rolle zu.[1539]

6.4 Bivariate Analyse (Hypothesentests)

Nachfolgend werden im Rahmen einer bivariaten Analyse die entwickelten Hypothesen getestet. Wie beschrieben, wird zur explorativen Analyse der linearen Zusammenhänge auf den bivariaten Bravais-Pearson-Korrelationskoeffizienten r sowie die nicht-parametrischen Rangkorrelationskoeffizienten Kendall's Tau (τ) bzw. Spearman's Roh (ρ) zurückgegriffen.[1540] Die weitere Quantifizierung der Zusammenhänge erfolgt mittels der bivariaten linearen Regressionsanalyse.[1541] Hierbei ist b der nicht-standardisierte Regressionskoeffizient, β der standardisierte Regressionskoeffizient (BETA-Wert), R^2 das Bestimmtheitsmaß und R^2_{korr} das korrigierte Bestimmtheitsmaß. Wie bereits beschrieben, wird im Rahmen dieser Arbeit ein Signifikanzniveau von mindestens $p \leq 0,10$ gefordert, damit die Hypothese nicht verworfen werden muss. Dabei wird bei einem $p \leq 0,10$ von schwachsignifikant (+), bei einem $p \leq 0,05$ von signifikant (*) und bei einem $p \leq 0,01$ von hochsignifikant (**) gesprochen. Die Kontrollvariablen werden beidseitig getestet, da die Richtung des Effekts nicht a priori unterstellt werden sollte.

[1539] Vgl. Fragebogen Frage 43.
[1540] Vgl. Kapitel 6.1.4.2.
[1541] Vgl. Kapitel 6.1.4.3.

Die unabhängigen und abhängigen Variablen werden entsprechend der in Kapitel 6.2.2 bzw. 6.2.3 beschriebenen Operationalisierungen verwendet.

6.4.1 Zusammenfassung der Hypothesen

Integrationsgrad

- HI1a: Der Integrationsgrad (Integration, partielle Integration, Segregation) der VE in die Strukturen, Prozesse und (Management-)Systeme des CP hat keinen Einfluss auf den Erfolg.
- HI1b: Je größer die Segregation (Integration) der VE hinsichtlich der Strukturen, Prozesse und Systeme des CP, desto stärker ist diese auf die Exploration (Exploitation) von Innovationspotenzialen ausgerichtet.
- HI2: Je stärker die Trennung der VE von den kurzfristigen Erlöszielen der operativen Bereiche und die Ausrichtung an den langfristigen strategischen und finanziellen Zielen des CP, desto größer ist der Erfolg.
- HI3: Je stärker der Zugriff der VE auf die vorhandenen Ressourcen und Kompetenzen des CP, desto größer ist der Erfolg.
- HI4: Es besteht ein umgekehrt u-förmiger Zusammenhang zwischen der Stärke der Ausrichtung der VE am Kerngeschäft des CP und dem Erfolg.
- HI5: Die Installation einer VU hat einen positiven Effekt auf den Erfolg.

Finanzierung

- HF1: Je höher die Kapitalausstattung der VE, desto größer ist der Erfolg.
- HF2: Je stärker der Einsatz der Stufenfinanzierung (Staged Financing) mittels Meilensteinen im Rahmen der Kapitalbereitstellung, desto größer ist der Erfolg.
- HF3: Je stärker die Entscheidung über Investitionen in VE bei der VU bzw. dem mittleren Management liegt, desto größer ist der Erfolg.
- HF4: Je stärker der Einsatz einer automatischen Reinvestition erwirtschafteter finanzieller Mittel (Intrakapitalfonds), desto größer ist der Erfolg.
- HF5: Je zeitlich unbegrenzter die finanziellen Mittel den VE bereitgestellt werden, desto größer ist der Erfolg.

Anreiz- und Vergütungssysteme

- HA1: Je stärker die Anreiz- und Vergütungssysteme auf ein Gleichgewicht zwischen materiellen bzw. monetaren und immateriellen bzw. nicht-monetären Elementen ausgerichtet sind, desto größer ist der Erfolg.

- HA2: Je stärker die VE-Mitarbeiter am VE-Wertzuwachs beteiligt werden (Carried Interest), desto größer ist der Erfolg.
- HA3: Je häufiger die VE-Mitarbeiter Rückmeldung hinsichtlich ihrer Zielerreichung erhalten, desto größer ist der Erfolg.
- HA4: Je stärker die Anreiz-/Vergütungssysteme am kollektiven VE-Teamerfolg ausgerichtet sind, desto größer ist der Erfolg.
- HA5: Je stärker das Commitment des Top-Managements zu den VE, desto größer ist der Erfolg.

Abbruch und Lernpotenziale

- HL1: Eine rechtzeitige Trennung von unrentablen VE hat einen positiven Effekt auf den Erfolg.
- HL2: Je stärker die Entscheidung hinsichtlich des Abbruchs einer VE bei der VU bzw. dem mittleren Management verankert ist, desto größer ist der Erfolg.
- HL3: Je detaillierter die Erfolgs- bzw. Misserfolgsfaktoren analysiert werden, desto größer ist der Erfolg.
- HL4: Je intensiver der Austausch von Wissen und Kompetenzen unter den VE sowie zwischen den VE und der VU bzw. dem CP, desto größer ist der Erfolg.
- HL5: Je höher die Fehlertoleranz des CP bzw. der VU gegenüber den Innovationsvorhaben der VE, desto größer ist der Erfolg.

Innovationsstrategie

- HS1: Je stärker die Unternehmensstrategie auf eine Stimulierung von unternehmerischem Denken und Handeln ausgerichtet ist, desto größer ist der Erfolg.
- HS2: Je regelmäßiger die Unternehmensstrategie aufgrund von VE-Initiativen hinterfragt/angepasst wird, desto größer ist der Erfolg.
- HS3: Je regelmäßiger/intensiver die Kommunikation zwischen CP und VE stattfindet, desto größer ist der Erfolg.
- HS4: Je stärker die innovationsbetroffenen operativen Bereiche des CP in die VE-Initiativen eingebunden sind, desto größer ist der Erfolg.
- HS5: Je umfangreicher die notwendigen Ressourcen sowie die Unterstützung des Top-Managements bereitgestellt werden, desto größer ist der Erfolg.

6.4.2 Analyse der Kontrollvariablen

Als Kontrollvariablen werden das durchschnittliche Alter der VE (AlterVE), die durchschnittliche Anzahl an Mitarbeitern pro VE (MaVE) und das durchschnittlich investierte Kapital pro VE (KapVE) in die Analyse aufgenommen.[1542]

Der Zusammenhang zwischen dem durchschnittlichen Alter der VE (AlterVE) und dem strategischen Erfolg Zusatz (SEZ) ist signifikant. Der bivariate Bravais-Pearson-Korrelationskoeffizient beträgt r=0,435* bei einem Signifikanzniveau von p=0,023. Die nicht-parametrischen Rangkorrelationskoeffizienten Kendall's Tau bzw. Spearman's Roh verzeichnen Werte von τ=0,360* auf einem Signifikanzniveau von 0,015 bzw. ρ=0,476* auf einem Signifikanzniveau von 0,012. Der nicht-standardisierte Regressionskoeffizient beträgt b=0,174*, der standardisierte Regressionskoeffizient (BETA-Wert) β=0,435*, das Bestimmtheitsmaß R^2=0,189 und das korrigierte Bestimmtheitsmaß R^2_{korr}=0,157. Es handelt sich somit um einen mittelstarken positiven Zusammenhang, wobei das durchschnittliche Alter der VE (AlterVE) 18,9% der Varianz des strategischen Erfolgs Zusatz (SEZ) erklärt. Hinsichtlich des strategischen Erfolgs (SE) ist der Zusammenhang mittelstark, positiv und signifikant mit r=0,417* bei p=0,030 und b=0,172*, β=0,417*, R^2=0,174 und R^2_{korr}=0,141

Auch der Zusammenhang zum langfristigen finanziellen Erfolg Zusatz (LFEZ) ist signifikant. Der bivariate Bravais-Pearson-Korrelationskoeffizient beträgt r=0,402* bei einem Signifikanzniveau von p=0,038. Die nicht-parametrischen Rangkorrelationskoeffizienten Kendall's Tau bzw. Spearman's Roh verzeichnen Werte von τ=0,367* auf einem Signifikanzniveau von 0,015 bzw. ρ=0,504** auf einem Signifikanzniveau von 0,007. Der nicht-standardisierte Regressionskoeffizient beträgt b=0,216*, der standardisierte Regressionskoeffizient (BETA-Wert) β=0,402*, das Bestimmtheitsmaß R^2=0,161 und das korrigierte Bestimmtheitsmaß R^2_{korr}=0,128. Es handelt sich somit ebenfalls um einen mittelstarken positiven Zusammenhang, wobei das durchschnittliche Alter der VE (AlterVE) 16,1% der Varianz des langfristigen finanziellen Erfolgs Zusatz (LFEZ) erklärt. Die Korrelations- und Regressionskoeffizienten haben zwar auch hinsichtlich des langfristigen finanziellen Erfolgs (LFE) sowie des finanziellen Erfolgs Zusatz (FEZ, FE) positive Vorzeichen und lassen einen schwachen positiven Zusammenhang vermuten, sind jedoch nach dem Verständnis dieser Arbeit nicht signifikant.

Gegenüber dem gesamten Erfolg Zusatz (FZ) ist der Zusammenhang ebenfalls signifikant. Der bivariate Bravais-Pearson-Korrelationskoeffizient beträgt r=0,386* bei einem Signifikanzniveau von p=0,047.

[1542] Vgl. Kapitel 6.2.4.

Abbildung 6-47: Zusammenhang AlterVE und SEZ, LFEZ, EZ (Regression)

Strategischer Erfolg

N = 27

Eingegebene/Entfernte Variablen[a]

Modell	Eingegebene Variablen	Entfernte Variablen	Methode
1	AlterVE[b]		Aufnehmen

a. Abhängige Variable: SEZ
b. Alle angeforderten Variablen wurden eingegeben.

Modellübersicht[b]

Modell	R	R-Quadrat	Angepasstes R-Quadrat	Standardfehler der Schätzung	Durbin-Watson
1	,435[a]	,189	,157	,52410	2,242

a. Prädiktoren: (Konstante), AlterVE
b. Abhängige Variable: SEZ

ANOVA[a]

Modell		Quadratsumme	df	Mittel der Quadrate	F	Sig.
1	Regression	1,600	1	1,600	5,824	,023[b]
	Residuum	6,867	25	,275		
	Gesamtsumme	8,467	26			

a. Abhängige Variable: SEZ
b. Prädiktoren: (Konstante), AlterVE

Koeffizienten[a]

Modell		Nicht standardisierte Koeffizienten B	Standardfehler	Standard. Koeffiz. Beta	t	Sig.
1	(Konstante)	2,647	,293		9,027	,000
	AlterVE	,174	,072	,435	2,413	,023

a. Abhängige Variable: SEZ

Finanzieller Erfolg

N = 27

Eingegebene/Entfernte Variablen[a]

Modell	Eingegebene Variablen	Entfernte Variablen	Methode
1	AlterVE[b]		Aufnehmen

a. Abhängige Variable: LFEZ
b. Alle angeforderten Variablen wurden eingegeben.

Modellübersicht[b]

Modell	R	R-Quadrat	Angepasstes R-Quadrat	Standardfehler der Schätzung	Durbin-Watson
1	,402[a]	,161	,128	,71226	2,444

a. Prädiktoren: (Konstante), AlterVE
b. Abhängige Variable: LFEZ

ANOVA[a]

Modell		Quadratsumme	df	Mittel der Quadrate	F	Sig.
1	Regression	2,440	1	2,440	4,810	,038[b]
	Residuum	12,683	25	,507		
	Gesamtsumme	15,123	26			

a. Abhängige Variable: LFEZ
b. Prädiktoren: (Konstante), AlterVE

Koeffizienten[a]

Modell		Nicht standardisierte Koeffizienten B	Standardfehler	Standard. Koeffiz. Beta	t	Sig.
1	(Konstante)	2,117	,398		5,312	,000
	AlterVE	,216	,098	,402	2,193	,038

a. Abhängige Variable: LFEZ

Erfolg

N = 27

Eingegebene/Entfernte Variablen[a]

Modell	Eingegebene Variablen	Entfernte Variablen	Methode
1	AlterVE[b]		Aufnehmen

a. Abhängige Variable: EZ
b. Alle angeforderten Variablen wurden eingegeben.

Modellübersicht[b]

Modell	R	R-Quadrat	Angepasstes R-Quadrat	Standardfehler der Schätzung	Durbin-Watson
1	,386[a]	,149	,115	,56335	2,116

a. Prädiktoren: (Konstante), AlterVE
b. Abhängige Variable: EZ

ANOVA[a]

Modell		Quadratsumme	df	Mittel der Quadrate	F	Sig.
1	Regression	1,389	1	1,389	4,377	,047[b]
	Residuum	7,934	25	,317		
	Gesamtsumme	9,323	26			

a. Abhängige Variable: EZ
b. Prädiktoren: (Konstante), AlterVE

Koeffizienten[a]

Modell		Nicht standardisierte Koeffizienten B	Standardfehler	Standard. Koeffiz. Beta	t	Sig.
1	(Konstante)	2,518	,315		7,990	,000
	AlterVE	,163	,078	,386	2,092	,047

a. Abhängige Variable: EZ

Quelle: Eigene Erhebung und Analyse (vgl. Fragebogen Frage 39 und 14-16, 21-23)

Die nicht-parametrischen Rangkorrelationskoeffizienten Kendall's Tau bzw. Spearman's Roh verzeichnen Werte von τ=0,331* auf einem Signifikanzniveau von 0,025 bzw. ρ=0,461* auf einem Signifikanzniveau von 0,015. Der nicht-standardisierte Regressionskoeffizient beträgt b=0,163*, der standardisierte Regressionskoeffizient (BETA-Wert) β=0,386*, das Bestimmtheitsmaß R^2=0,149 und das korrigierte Bestimmtheitsmaß R^2_{korr}=0,115. Es handelt sich somit um einen schwachen positiven Zusammenhang, wobei das durchschnittliche Alter der VE (AlterVE) 14,9% der Varianz des gesamten Erfolgs Zusatz (EZ) erklärt. Bezogen auf den gesamten Erfolg (E) ist der Zusammenhang hingegen mittelstark, positiv und signifikant mit r=0,417* bei p=0,030 und b=0,172*, β=0,417*, R^2=0,174 und R^2_{korr}=0,141.

Darüber hinaus wurden zweiseitige t-Tests der Pearson-Korrelationskoeffizienten von AlterVE und den unabhängigen Modellvariablen durchgeführt. Keine der Korrelationen ist auf dem Niveau $p \leq 0,10$ signifikant. AlterVE und unabhängige Variablen stehen somit in keinem signifikanten Verhältnis.

Der Zusammenhang zwischen der durchschnittlichen Anzahl an Mitarbeitern pro VE (MaVE) und dem strategischen Erfolg Zusatz (SEZ) ist signifikant. Der bivariate Bravais-Pearson-Korrelationskoeffizient beträgt r=0,395* bei einem Signifikanzniveau von p=0,042. Die nicht-parametrischen Rangkorrelationskoeffizienten Kendall's Tau bzw. Spearman's Roh verzeichnen Werte von τ=0,332* auf einem Signifikanzniveau von 0,020 bzw. ρ=0,440* auf einem Signifikanzniveau von 0,022. Der nicht-standardisierte Regressionskoeffizient beträgt b=0,014*, der standardisierte Regressionskoeffizient (BETA-Wert) β=0,395*, das Bestimmtheitsmaß R^2=0,156 und das korrigierte Bestimmtheitsmaß R^2_{korr}=0,122. Es handelt sich somit um einen schwachen positiven Zusammenhang, wobei die durchschnittliche Anzahl an Mitarbeitern pro VE (MaVE) 15,6% der Varianz des strategischen Erfolgs Zusatz (SEZ) erklärt. Hinsichtlich des strategischen Erfolgs (SE) ist der Zusammenhang schwach, positiv und schwachsignifikant mit r=0,344$^+$ bei p=0,079 und b=0,012$^+$, β=0,344$^+$, R^2=0,118 und R^2_{korr}=0,083.

Der Zusammenhang zum finanziellen Erfolg Zusatz (FEZ) ist schwachsignifikant. Der bivariate Bravais-Pearson-Korrelationskoeffizient beträgt r=0,354$^+$ bei einem Signifikanzniveau von p=0,070. Der nicht-parametrische Rangkorrelationskoeffizient Kendall's Tau verzeichnet einen Wert von τ=0,248$^+$ auf einem Signifikanzniveau von 0,081. Der nicht-parametrische Rangkorrelationskoeffizient Spearman's Roh ist auf dem Niveau von $p \leq 0,10$ nicht signifikant. Der nicht-standardisierte Regressionskoeffizient beträgt b=0,014$^+$, der standardisierte Regressionskoeffizient (BETA-Wert) β=0,354$^+$, das Bestimmtheitsmaß R^2=0,125 und das korrigierte

Bestimmtheitsmaß R^2_{korr}=0,090. Es handelt sich somit um einen schwachen positiven Zusammenhang, wobei die durchschnittliche Anzahl an Mitarbeitern pro VE (MaVE) 12,5% der Varianz des finanziellen Erfolgs Zusatz (FEZ) erklärt. Die Korrelations- und Regressionskoeffizienten haben zwar auch hinsichtlich des finanziellen Erfolgs (FE) positive Vorzeichen und lassen einen schwachen positiven Zusammenhang vermuten, sind jedoch nach dem Verständnis dieser Arbeit nicht signifikant.

Gegenüber dem gesamten Erfolg Zusatz (EZ) ist der Zusammenhang ebenfalls schwachsignifikant. Der bivariate Bravais-Pearson-Korrelationskoeffizient beträgt $r=0{,}375^{+}$ bei einem Signifikanzniveau von p=0,054. Die nicht-parametrischen Rangkorrelationskoeffizienten Kendall's Tau bzw. Spearman's Roh verzeichnen Werte von τ=0,287* auf einem Signifikanzniveau von 0,043 bzw. $\rho=0{,}356^{+}$ auf einem Signifikanzniveau von 0,068. Der nicht-standardisierte Regressionskoeffizient beträgt $b=0{,}014^{+}$, der standardisierte Regressionskoeffizient (BETA-Wert) $\beta=0{,}375^{+}$, das Bestimmtheitsmaß R^2=0,141 und das korrigierte Bestimmtheitsmaß R^2_{korr}=0,106. Es handelt sich somit um einen schwachen positiven Zusammenhang, wobei die durchschnittliche Anzahl an Mitarbeitern pro VE (MaVE) 14,1% der Varianz des gesamten Erfolgs Zusatz (EZ) erklärt. Bezogen auf den gesamten Erfolg (E) ist der Zusammenhang schwach, positiv und schwachsignifikant mit $r=0{,}344^{+}$ bei p=0,079 und $b=0{,}012^{+}$, β=0,344+, R^2=0,118 und R^2_{korr}=0,083.

Darüber hinaus wurden zweiseitige t-Tests der Pearson-Korrelationskoeffizienten von MaVE und den unabhängigen Modellvariablen durchgeführt. MaVE steht in einem schwachsignifikanten positiven Zusammenhang mit I1 ($r=0{,}365^{+}$; p=0,061), in einem schwachsignifikanten positiven Zusammenhang mit L5 ($r=0{,}351^{+}$; p=0,073), in einem schwachsignifikanten positiven Zusammenhang mit A1 ($r=0{,}346^{+}$; p=0,077), in einem signifikanten positiven Zusammenhang mit A2 (r=0,407*; p=0,035), in einem schwachsignifikanten positiven Zusammenhang mit F1 ($r=0{,}323^{+}$; p=0,100), in einem schwachsignifikanten positiven Zusammenhang mit F4 ($r=0{,}336^{+}$; p=0,086) und in einem signifikanten positiven Zusammenhang mit S1 (r=0,485*; p=0,010).

Auf dem Niveau von $p \leq 0{,}10$ besteht kein signifikanter Zusammenhang zwischen dem durchschnittlich investierten Kapital pro VE (KapVE) und dem Erfolg.

Zweiseitige t-Tests der Pearson-Korrelationskoeffizienten von KapVE und den unabhängigen Variablen ergeben einen schwachsignifikanten positiven Zusammenhang mit I4 ($r=0{,}358^{+}$; p=0,067), einen schwachsignifikanten positiven Zusammenhang mit A1 ($r=0{,}325^{+}$; p=0,099), einen signifikanten positiven Zusammenhang mit A2 (r=0,427*; p=0,026) und einen signifikanten negativen Zusammenhang mit S4 (r=-0,457*; p=0,016).

Abbildung 6-48: Zusammenhang MaVE und SEZ, FEZ, EZ (Regression)

Strategischer Erfolg

N = 27

Eingegebene/Entfernte Variablen[a]

Modell	Eingegebene Variablen	Entfernte Variablen	Methode
1	MaVE[b]		Aufnehmen

a. Abhängige Variable: SEZ
b. Alle angeforderten Variablen wurden eingegeben

Modellübersicht[b]

Modell	R	R-Quadrat	Angepasstes R-Quadrat	Standardfehler der Schätzung	Durbin-Watson
1	,395[a]	,156	,122	,53466	1,893

a. Prädiktoren: (Konstante), MaVE
b. Abhängige Variable: SEZ

ANOVA[a]

Modell		Quadratsumme	df	Mittel der Quadrate	F	Sig.
1	Regression	1,320	1	1,320	4,618	,042[b]
	Residuum	7,147	25	,286		
	Gesamtsumme	8,467	26			

a. Abhängige Variable: SEZ
b. Prädiktoren: (Konstante), MaVE

Koeffizienten[a]

Modell		Nicht standardisierte Koeffizienten		Standard Koeffiz	t	Sig.
		B	Standardfehler	Beta		
1	(Konstante)	3,083	,148		20,849	,000
	MaVE	,014	,006	,395	2,149	,042

a. Abhängige Variable: SEZ

Finanzieller Erfolg

N = 27

Eingegebene/Entfernte Variablen[a]

Modell	Eingegebene Variablen	Entfernte Variablen	Methode
1	MaVE[b]		Aufnehmen

a. Abhängige Variable: FEZ
b. Alle angeforderten Variablen wurden eingegeben

Modellübersicht[b]

Modell	R	R-Quadrat	Angepasstes R-Quadrat	Standardfehler der Schätzung	Durbin-Watson
1	,354[a]	,125	,090	,62375	1,879

a. Prädiktoren: (Konstante), MaVE
b. Abhängige Variable: FEZ

ANOVA[a]

Modell		Quadratsumme	df	Mittel der Quadrate	F	Sig.
1	Regression	1,394	1	1,394	3,58[illegible]	,070[b]
	Residuum	9,727	25	,389		
	Gesamtsumme	11,121	26			

a. Abhängige Variable: FEZ
b. Prädiktoren: (Konstante), MaVE

Koeffizienten[a]

Modell		Nicht standardisierte Koeffizienten		Standard Koeffiz	t	Sig.
		B	Standardfehler	Beta		
1	(Konstante)	2,747	,173		15,924	,000
	MaVE	,014	,007	,354	1,893	,070

a. Abhängige Variable: FEZ

Erfolg

N = 27

Eingegebene/Entfernte Variablen[a]

Modell	Eingegebene Variablen	Entfernte Variablen	Methode
1	MaVE[b]		Aufnehmen

a. Abhängige Variable: EZ
b. Alle angeforderten Variablen wurden eingegeben

Modellübersicht[b]

Modell	R	R-Quadrat	Angepasstes R-Quadrat	Standardfehler der Schätzung	Durbin-Watson
1	,375[a]	,141	,106	,56606	1,892

a. Prädiktoren: (Konstante), MaVE
b. Abhängige Variable: EZ

ANOVA[a]

Modell		Quadratsumme	df	Mittel der Quadrate	F	Sig.
1	Regression	1,312	1	1,312	4,096	,054[b]
	Residuum	8,011	25	,320		
	Gesamtsumme	9,323	26			

a. Abhängige Variable: EZ
b. Prädiktoren: (Konstante), MaVE

Koeffizienten[a]

Modell		Nicht standardisierte Koeffizienten		Standard Koeffiz	t	Sig.
		B	Standardfehler	Beta		
1	(Konstante)	2,909	,157		18,585	,000
	MaVE	,014	,007	,375	2,024	,054

a. Abhängige Variable: EZ

Quelle: Eigene Erhebung und Analyse (vgl. Fragebogen Frage 40 und 14-16, 21-23)

6.4.3 Ergebnisse der Hypothesentests

In diesem Kapitel werden die Ergebnisse der statistischen Überprüfung der im theoretischen Teil dieser Arbeit hergeleiteten Hypothesen dargestellt. Erkenntnisinteresse ist hierbei, ob sich die Gestaltungsdimensionen von ICV-Programmen entsprechend der Hypothesen auf den strategischen, finanziellen und gesamten Erfolg auswirken.

6.4.3.1 Integrationsgrad

Die Hypothese HI1a kann bestätigt werden. Auf dem Niveau von $p \leq 0{,}10$ besteht kein signifikanter linearer Zusammenhang zwischen dem Integrationsgrad der VE in die Strukturen, Prozesse und (Management-)Systeme des CP (I1) und dem Erfolg. Die Korrelations- und Regressionskoeffizienten haben zwar negative Vorzeichen hinsichtlich des strategischen Erfolgs (Zusatz) (SEZ, SE), des finanziellen Erfolgs (FE) sowie des gesamten Erfolgs (Zusatz) (EZ, E) und positive Vorzeichen hinsichtlich des finanziellen Erfolgs Zusatz (FEZ), sind jedoch nach dem Verständnis dieser Arbeit nicht signifikant. Allerdings kann aufgrund der Korrelations- und Regressionskoeffizienten ein sehr schwacher positiver Zusammenhang zwischen der Integration der VE in die Strukturen, Prozesse und (Management-)Systeme des CP und dem strategischen Erfolg vermutet werden, während eine entsprechende Segregation den finanziellen Erfolg begünstigt. Dies entspricht der Proklamation von Siegel et al. (1988), wonach die Segregation den finanziellen Erfolg stimuliert und die Integration bei der Verfolgung strategischer Ziele vorteilhaft ist.[1543] Auf dem Niveau $p \leq 0{,}10$ kann jedoch empirisch keine Aussage hinsichtlich der Vorteilhaftigkeit einer der drei Integrationsgrade „segregiert" (vollständige strukturelle Autonomie), „partiell integriert" (teilweise Anpassung an die Strukturen der Muttergesellschaft) und „integriert" (vollständige strukturelle Integration) getroffen werden.[1544] Der Theorie des situationsspezifischen Ansatzes folgend, hängt damit die Wahl der operativen Venture-Strukturform[1545] „Product Champion", „Venture Team", „New Poduct/Business Department" oder „Independent/Special Business Unit" vom verfolgten Innovationsvorhaben und dem damit verbundenen erforderlichen Integrationsgrad der VE zum CP ab.

Diese Schlussfolgerung stützt auch die Bestätigung der Hypothese HI1b.

[1543] Vgl. 3.3.1.
[1544] Vgl. Kapitel 3.2.
[1545] Vgl. Kapitel 3.2.1.

Abbildung 6-49: Zusammenhang I1 und FVE (Korrelation und Regression)

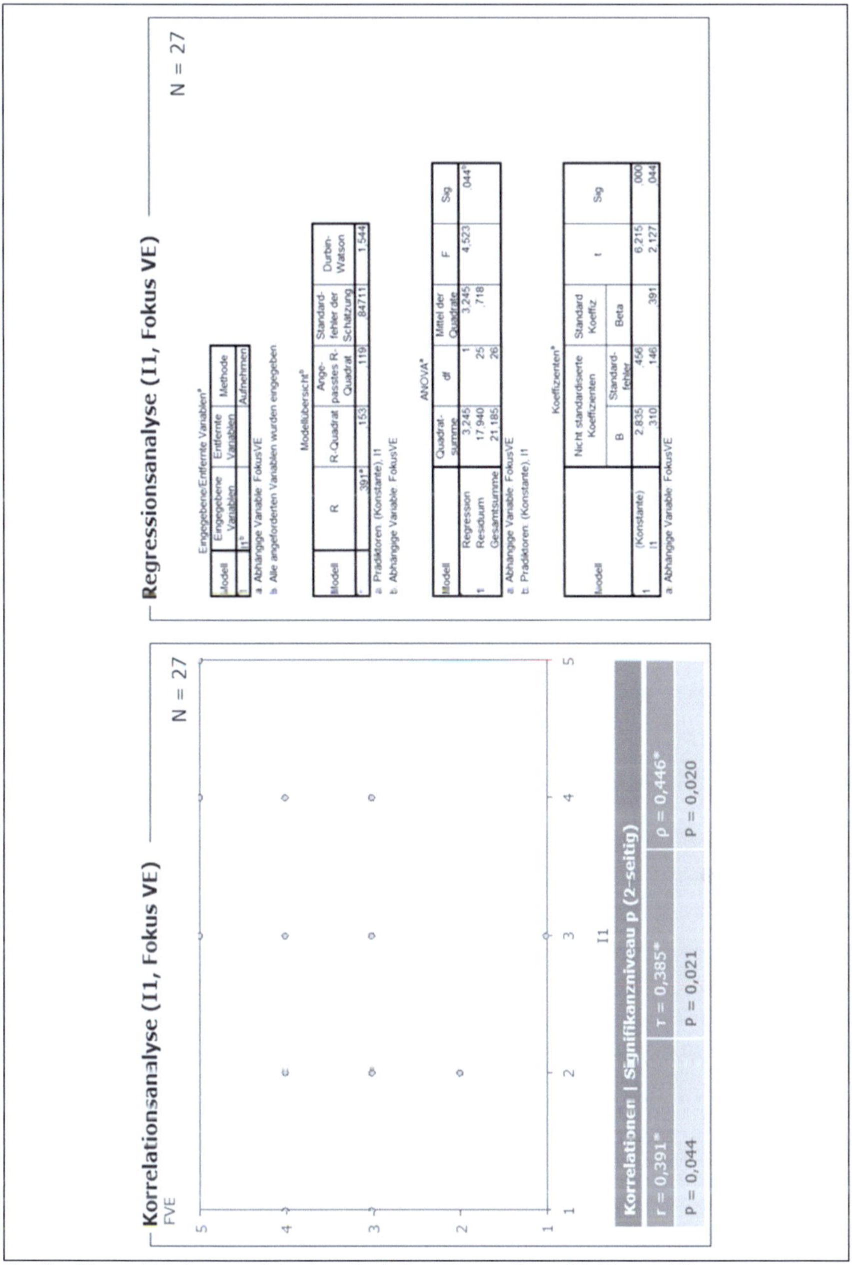

Quelle: Eigene Erhebung und Analyse (vgl. Fragebogen Frage 30 (1) und 44)

Es liegt ein signifikanter positiver linearer Zusammenhang zwischen der Segregation bzw. Integration der VE hinsichtlich der Strukturen, Prozesse und (Management-)Systeme des CP (I1) und deren Fokussierung auf die Exploration neuer Innovationspotenziale bzw. die Exploitation latent vorhandener Innovationspotenziale (FVE) vor.[1546] Während segregierte VE auf die Entwicklung neuer Innovationspotenziale und/oder deren Transfer von außen in das Unternehmen fokussieren, verfolgen integrierte VE die Weiterentwicklung latent vorhandener Innovationspotenziale.[1547] Der bivariate Bravais-Pearson-Korrelationskoeffizient beträgt $r=0{,}391^*$ bei einem Signifikanzniveau von $p=0{,}044$. Die nicht-parametrischen Rangkorrelationskoeffizienten Kendall's Tau bzw. Spearman's Roh verzeichnen Werte von $\tau=0{,}385^*$ auf einem Signifikanzniveau von 0,021 bzw. $\rho=0{,}446^*$ auf einem Signifikanzniveau von 0,020. Der nicht-standardisierte Regressionskoeffizient beträgt $b=0{,}310^*$, der standardisierte Regressionskoeffizient (BETA-Wert) $\beta=0{,}391^*$, das Bestimmtheitsmaß $R^2=0{,}153$ und das korrigierte Bestimmtheitsmaß $R^2_{korr}=0{,}119$. Es handelt sich somit um einen schwachen positiven Zusammenhang, wobei der Integrationsgrad in die Strukturen, Prozesse und (Management-)Systeme (I1) 15,3% der Varianz des Fokus der VE (FVE) erklärt.

Die Hypothese HI2 kann auf einem Signifikanzniveau von $p \leq 0{,}10$ bestätigt werden. Es ergibt sich ein positiver linearer Zusammenhang zwischen der Orientierung der VE an den langfristigen strategischen und finanziellen Zielen des CP (I2) und dem Erfolg. Damit kann empirisch die Vorteilhaftigkeit einer Trennung der VE von den kurzfristigen Erlöszielen der operativen Bereiche und damit die Ausrichtung der Innovationsvorhaben an den langfristigen strategischen und finanziellen Unternehmenszielen bestätigt werden. Dies entspricht der Forderung von Burgelman (1985, 1986), das innovative System aufgrund von Strukturinkompatibilitäten in Form von unterschiedlichen Zielvorstellungen (strategische Interessenkonflikte) sowie Arbeitsweisen (administrative Interessenkonflikte) vom operativen System zu trennen.[1548] Hinsichtlich des strategischen Erfolgs Zusatz (SEZ) ist der Zusammenhang hochsignifikant. Der bivariate Bravais-Pearson-Korrelationskoeffizient beträgt $r=0{,}491^{**}$ bei einem Signifikanzniveau von $p=0{,}009$. Die nicht-parametrischen Rangkorrelationskoeffizienten Kendall's Tau bzw. Spearman's Roh verzeichnen Werte von $\tau=0{,}417^{**}$ auf einem Signifikanzniveau von 0,007 bzw. $\rho=0{,}555^{**}$ auf einem Signifikanzniveau von 0,003. Der nicht-standardisierte Regressionskoeffizient beträgt $b=0{,}250^{**}$, der standardisierte Regressionskoeffizient (BETA-Wert) $\beta=0{,}491^{**}$, das Bestimmtheitsmaß $R^2=0{,}241$ und das korrigierte Bestimmtheitsmaß

[1546] (I1): 1 = Die Venture-Einheiten sind vollständig in die Strukturen, Prozesse und (Management-)Systeme des Mutterunternehmens integriert; 5 = Die Venture-Einheiten sind vollständig von den Strukturen, Prozessen und (Management-)Systemen des Mutterunternehmens getrennt (vgl. Kapitel 6.2.3.1).
(FVE): 1 = Exploitation latent vorhandener Innovationspotenziale; 5 = Exploration neuer Innovationspotenziale.

[1547] Vgl. Kapitel 3.3.1.

[1548] Vgl. Kapitel 2.3.2.

R^2_{korr}=0,211. Es handelt sich somit um einen mittelstarken positiven Zusammenhang, wobei die Zielorientierung der VE (I2) 24,1% der Varianz des strategischen Erfolgs Zusatz (SEZ) erklärt. Hinsichtlich des strategischen Erfolgs (SE) ist der Zusammenhang mittelstark, positiv und signifikant mit r=0,442* bei p=0,021 und b=0,231*, β=0,442*, R^2=0,195 und R^2_{korr}=0,163.

Auch der Zusammenhang zum langfristigen finanziellen Erfolg Zusatz (LFEZ) ist signifikant. Der bivariate Bravais-Pearson-Korrelationskoeffizient beträgt r=0,388* bei einem Signifikanzniveau von p=0,046. Die nicht-parametrischen Rangkorrelationskoeffizienten Kendall's Tau bzw. Spearman's Roh verzeichnen Werte von τ=0,351* auf einem Signifikanzniveau von 0,025 bzw. ρ=0,431* auf einem Signifikanzniveau von 0,025. Der nicht-standardisierte Regressionskoeffizient beträgt b=0,264*, der standardisierte Regressionskoeffizient (BETA-Wert) β=0,388*, das Bestimmtheitsmaß R^2=0,150 und das korrigierte Bestimmtheitsmaß R^2_{korr}=0,117. Es handelt sich somit um einen schwachen positiven Zusammenhang, wobei die Zielorientierung der VE (I2) 15,0% der Varianz des langfristigen finanziellen Erfolgs Zusatz (LFEZ) erklärt. Die Korrelations- und Regressionskoeffizienten haben zwar auch hinsichtlich des langfristigen finanziellen Erfolgs (LFE) sowie des finanziellen Erfolgs (Zusatz) (FEZ, FE) positive Vorzeichen und lassen einen schwachen bis sehr schwachen positiven Zusammenhang vermuten, sind jedoch nach dem Verständnis dieser Arbeit nicht signifikant.

Abbildung 6-50: Zusammenhang I2 und SEZ, LFEZ, EZ (Korrelation)

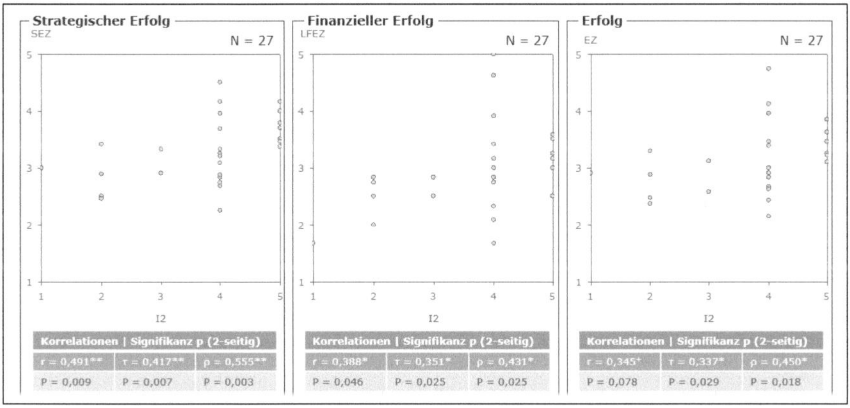

Quelle: Eigene Erhebung und Analyse (vgl. Fragebogen Frage 30 (2) und 14-16, 21-23)

Gegenüber dem gesamten Erfolg Zusatz (EZ) ist der Zusammenhang schwachsignifikant. Der bivariate Bravais-Pearson-Korrelationskoeffizient beträgt r=0,345⁺ bei einem Signifikanzniveau von p=0,078. Die nicht-parametrischen Rangkorrelationskoeffizienten Kendall's Tau bzw. Spearman's Roh verzeichnen Werte von τ=0,337* auf einem Signifikanzniveau von 0,029 bzw. ρ=0,450* auf einem Signifikanzniveau von 0,018. Der nicht-standardisierte Regressionskoeffizient beträgt b=0,184$^+$, der standardisierte Regressionskoeffizient (BETA-Wert) β=0,345$^+$, das Bestimmtheitsmaß R^2=0,119 und das korrigierte Bestimmtheitsmaß R^2_{korr}=0,084. Es handelt sich somit um einen schwachen positiven Zusammenhang, wobei die Zielorientierung der VE (I2) 11,9% der Varianz des gesamten Erfolgs Zusatz (EZ) erklärt. Bezogen auf den gesamten Erfolg (E) ist der Zusammenhang hingegen mittelstark, positiv und signifikant mit r=0,442* bei p=0,021 und b=0,231*, β=0,442*, R^2=0,195 und R^2_{korr}=0,163.

Bei Aufnahme der Kontrollvariablen AlterVE, MaVE und KapVE beträgt der partielle Korrelationskoeffizient für den Zusammenhang zwischen I2 und dem strategischen Erfolg Zusatz (SEZ) rp=0,453* bei einem Signifikanzniveau von p=0,026. Die hierarchische Regression ergibt einen nicht-standardisierten Regressionskoeffizienten von b=0,205* und einen standardisierten Regressionskoeffizienten (BETA-Wert) von β=0,403*. Die Kontrollvariablen erklären alleine 26,7% der Varianz des strategischen Erfolgs Zusatz (SEZ). Wird I2 mit aufgenommen, erhöht sich die Varianzaufklärung auf insgesamt 41,7%. Keine der Kontrollvariablen hat auf dem Niveau $p \leq 0,10$ einen signifikanten Einfluss auf den Zusammenhang zwischen I2 und SEZ. Weder die partielle Korrelation noch die hierarchische Regression liefern für den Zusammenhang zwischen I2 und dem langfristigen strategischen Erfolg Zusatz (LFEZ) auf dem Niveau $p \leq 0,10$ signifikante Ergebnisse. Es kann jedoch ein schwacher positiver Zusammenhang vermutet werden. Keine der Kontrollvariablen hat auf dem Niveau $p \leq 0,10$ einen signifikanten Einfluss auf den Zusammenhang zwischen I2 und LFEZ.

Auch hinsichtlich des Zusammenhangs zwischen I2 und dem gesamten Erfolg Zusatz (EZ) liefern weder die partielle Korrelation noch die hierarchische Regression signifikante Werte auf dem Niveau $p \leq 0,10$. Es kann jedoch auch hier ein schwacher positiver Zusammenhang vermutet werden. Die Kontrollvariablen haben auf dem Niveau von $p \leq 0,10$ ebenfalls keinen signifikanten Einfluss auf den Zusammenhang zwischen I2 und EZ. Allerdings wird der partielle Korrelationskoeffizient für den Zusammenhang zwischen I2 und E schwachsignifikant mit rp=0,388$^+$ und p=0,61. Im Rahmen der hierarchischen Regression beträgt der nicht-standardisierte Regressionskoeffizient b=0,185$^+$ und der standardisierte Regressionskoeffizient (BETA-Wert) β=0,354$^+$. Die Kontrollvariablen erklären alleine 22,8% der Varianz des gesamten Erfolgs (E). Wird I2 mit aufgenommen, erhöht sich die Varianzaufklärung auf insgesamt 34,5%. Keine der Kontrollvariablen hat auf dem Niveau $p \leq 0,10$ einen signifikanten Einfluss auf den Zusammenhang zwischen I2 und E.

Abbildung 6-51: Zusammenhang I2 und SEZ, LFEZ, EZ (Regression)

Strategischer Erfolg

N = 27

Eingegebene/Entfernte Variablen[a]

Modell	Eingegebene Variablen	Entfernte Variablen	Methode
1	I2[b]		Aufnehmen

a. Abhängige Variable: SEZ
b. Alle angeforderten Variablen wurden eingegeben

Modellübersicht[b]

Modell	R	R-Quadrat	Angepasstes R-Quadrat	Standardfehler der Schätzung	Durbin-Watson
1	,491[a]	,241	,211	,50695	2,509

a. Prädiktoren: (Konstante), I2
b. Abhängige Variable: SEZ

ANOVA[a]

Modell		Quadratsumme	df	Mittel der Quadrate	F	Sig.
1	Regression	2,042	1	2,042	7,944	,009[b]
	Residuum	6,425	25	,257		
	Gesamtsumme	8,467	26			

a. Abhängige Variable: SEZ
b. Prädiktoren: (Konstante), I2

Koeffizienten[a]

Modell		Nicht standardisierte Koeffizienten		Standard Koeffiz	t	Sig.
		B	Standardfehler	Beta		
1	(Konstante)	2,367	,349		6,781	,000
	I2	,250	,089	,491	2,819	,009

a. Abhängige Variable: SEZ

Finanzieller Erfolg

N = 27

Eingegebene/Entfernte Variablen[a]

Modell	Eingegebene Variablen	Entfernte Variablen	Methode
1	I2[b]		Aufnehmen

a. Abhängige Variable: LFEZ
b. Alle angeforderten Variablen wurden eingegeben

Modellübersicht[b]

Modell	R	R-Quadrat	Angepasstes R-Quadrat	Standardfehler der Schätzung	Durbin-Watson
1	,388[a]	,150	,117	,71686	2,488

a. Prädiktoren: (Konstante), I2
b. Abhängige Variable: LFEZ

ANOVA[a]

Modell		Quadratsumme	df	Mittel der Quadrate	F	Sig.
1	Regression	2,276	1	2,276	4,429	,046[b]
	Residuum	12,847	25	,514		
	Gesamtsumme	15,123	26			

a. Abhängige Variable: LFEZ
b. Prädiktoren: (Konstante), I2

Koeffizienten[a]

Modell		Nicht standardisierte Koeffizienten		Standard Koeffiz	t	Sig.
		B	Standardfehler	Beta		
1	(Konstante)	1,940	,494		3,931	,001
	I2	,264	,125	,388	2,104	,046

a. Abhängige Variable: LFEZ

Erfolg

N = 27

Eingegebene/Entfernte Variablen[a]

Modell	Eingegebene Variablen	Entfernte Variablen	Methode
1	I2[b]		Aufnehmen

a. Abhängige Variable: EZ
b. Alle angeforderten Variablen wurden eingegeben

Modellübersicht[b]

Modell	R	R-Quadrat	Angepasstes R-Quadrat	Standardfehler der Schätzung	Durbin-Watson
1	,345[a]	,119	,084	,57316	2,260

a. Prädiktoren: (Konstante), I2
b. Abhängige Variable: EZ

ANOVA[a]

Modell		Quadratsumme	df	Mittel der Quadrate	F	Sig.
1	Regression	1,110	1	1,110	3,380	,078[b]
	Residuum	8,213	25	,329		
	Gesamtsumme	9,323	26			

a. Abhängige Variable: EZ
b. Prädiktoren: (Konstante), I2

Koeffizienten[a]

Modell		Nicht standardisierte Koeffizienten		Standard Koeffiz	t	Sig.
		B	Standardfehler	Beta		
1	(Konstante)	2,441	,395		6,185	,000
	I2	,184	,100	,345	1,838	,078

a. Abhängige Variable: EZ

Quelle: Eigene Erhebung und Analyse (vgl. Fragebogen Frage 30 (2) und 14-16, 21-23)

Die Hypothese HI3 kann auf einem Signifikanzniveau von $p \leq 0,10$ ebenfalls bestätigt werden. Es ergibt sich ein negativer linearer Zusammenhang zwischen der Beschränkung des Zugriffs der VE auf die vorhandenen Ressourcen sowie Kompetenzen des CP (I3) und dem Erfolg. Damit kann empirisch die Vorteilhaftigkeit einer systematischen Nutzung von komplementären Ressourcen und Kompetenzen des CP durch die VE im Rahmen der Durchführung von Innovationsvorhaben bestätigt werden. Die Nutzung von Synergien ist im Rahmen der Ressourcenrekonfiguration zur Erzielung eines verteidigbaren Wettbewerbsvorteils und der Generierung von Schumpeter-Renten erfolgskritisch.[1549] Hinsichtlich des kurzfristigen strategischen Erfolgs (KSE) ist der Zusammenhang schwachsignifikant. Der bivariate Bravais-Pearson-Korrelationskoeffizient beträgt $r=-0,336^{+}$ bei einem Signifikanzniveau von $p=0,086$. Die nicht-parametrischen Rangkorrelationskoeffizienten Kendall's Tau bzw. Spearman's Roh verzeichnen Werte von $\tau=-0,287^{+}$ auf einem Signifikanzniveau von 0,077 bzw. $\rho=-0,323^{+}$ auf einem Signifikanzniveau von 0,100. Der nicht-standardisierte Regressionskoeffizient beträgt $b=-0,176^{+}$, der standardisierte Regressionskoeffizient (BETA-Wert) $\beta=-0,336^{+}$, das Bestimmtheitsmaß $R^2=0,113$ und das korrigierte Bestimmtheitsmaß $R^2_{korr}=0,078$. Es handelt sich somit um einen schwachen negativen Zusammenhang, wobei der Grad des Zugriffs der VE auf die vorhandenen Ressourcen sowie Kompetenzen des CP (I3) 11,3% der Varianz des kurzfristigen strategischen Erfolgs (KSE) erklärt.

Abbildung 6-52: Zusammenhang I3 und KSE (Korrelation)

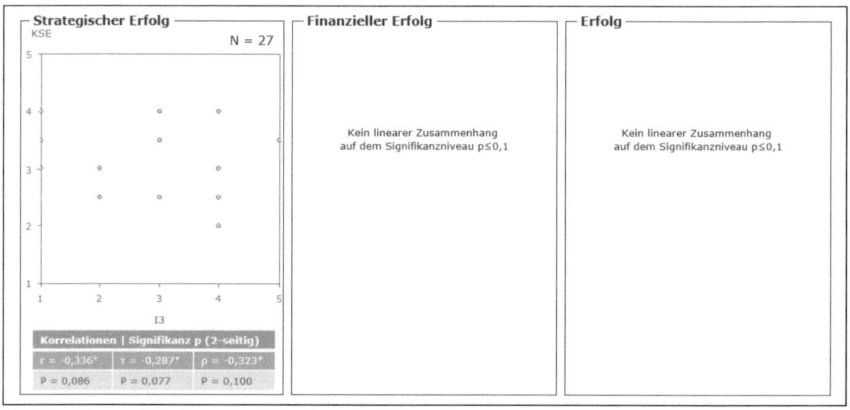

Quelle: Eigene Erhebung und Analyse (vgl. Fragebogen Frage 30 (3) und 14-16, 21-23)

Die Korrelations- und Regressionskoeffizienten haben zwar auch hinsichtlich des strategischen Erfolgs (Zusatz) (SEZ, SE), des finanziellen Erfolgs (Zusatz) (FEZ, FE) sowie des gesamten

[1549] Vgl. Kapitel 2.4.

Erfolgs (Zusatz) (EZ, E) negative Vorzeichen, sind jedoch nach dem Verständnis dieser Arbeit nicht signifikant. Allerdings kann aufgrund der Korrelations- und Regressionskoeffizienten ein sehr schwacher bis schwacher positiver Zusammenhang zwischen dem Zugriff der VE auf die Ressourcen sowie Kompetenzen des CP und dem Erfolg vermutet werden.

Bei Aufnahme der Kontrollvariablen AlterVE, MaVE und KapVE beträgt der partielle Korrelationskoeffizient für den Zusammenhang zwischen I3 und dem kurzfristigen strategischen Erfolg (KSE) rp=-0,441* bei einem Signifikanzniveau von p=0,031. Die hierarchische Regression ergibt einen nicht-standardisierten Regressionskoeffizienten von b=-0,217* und einen standardisierten Regressionskoeffizienten (BETA-Wert) von β=-0,414*. Die Kontrollvariablen erklären alleine 22,4% der Varianz des kurzfristigen strategischen Erfolgs (KSE). Wird I3 mit aufgenommen, erhöht sich die Varianzaufklärung auf insgesamt 37,5%. Keine der Kontrollvariablen hat auf dem Niveau p≤0,10 einen signifikanten Einfluss auf den Zusammenhang zwischen I3 und KSE.

Darüber hinaus wird bei Aufnahme der Kontrollvariablen AlterVE, MaVE und KapVE der Zusammenhang zwischen I3 und dem strategischen Erfolg (SE) sowie dem gesamten Erfolg (E) schwachsignifikant. Der partielle Korrelationskoeffizient beträgt für den Zusammenhang zwischen I3 und dem strategischen Erfolg (SE) rp=-0,421* bei einem Signifikanzniveau von p=0,040. Die hierarchische Regression ergibt einen nicht-standardisierten Regressionskoeffizienten von b=-0,184 und einen standardisierten Regressionskoeffizienten (BETA-Wert) von β=-0,394^{+}. Die Kontrollvariablen erklären alleine 22,8% der Varianz des strategischen Erfolgs (SE). Wird I3 mit aufgenommen, erhöht sich die Varianzaufklärung auf insgesamt 36,5%.
Die Kontrollvariable AlterVE hat einen mittelstarken, positiven und signifikanten Effekt (b=0,178*; β=0,432*; p=0,028) auf den Zusammenhang zwischen I3 und SE. Die übrigen Kontrollvariablen MaVE und KapVE haben auf dem Niveau p≤0,10 keinen signifikanten Einfluss auf den Zusammenhang zwischen I3 und SE.

Für den Zusammenhang zwischen I3 und dem gesamten Erfolg (E) beträgt der partielle Korrelationskoeffizient ebenfalls rp=-0,421* bei einem Signifikanzniveau von p=0,040. Die hierarchische Regression ergibt einen nicht-standardisierten Regressionskoeffizienten von b=-0,184 und einen standardisierten Regressionskoeffizienten (BETA-Wert) von β=-0,394^{+}. Die Kontrollvariablen erklären alleine 22,8% der Varianz des gesamten Erfolgs (E). Wird I3 mit aufgenommen, erhöht sich die Varianzaufklärung auf insgesamt 36,5%. Die Kontrollvariable AlterVE hat einen mittelstarken, positiven und signifikanten Effekt (b=0,178*; β=0,432*; p=0,028) auf den Zusammenhang zwischen I3 und E. Die übrigen Kontrollvariablen MaVE und KapVE haben auf dem Niveau p≤0,10 keinen signifikanten Einfluss auf den Zusammenhang zwischen I3 und E.

Abbildung 6-53: Zusammenhang I3 und KSE (Regression)

Strategischer Erfolg

N = 27

Eingegebene/Entfernte Variablen[a]

Modell	Eingegebene Variablen	Entfernte Variablen	Methode
1	I3[b]		Aufnehmen

a. Abhängige Variable: KSE
b. Alle angeforderten Variablen wurden eingegeben

Modellübersicht[b]

Modell	R	R-Quadrat	Angepasstes R-Quadrat	Standardfehler der Schätzung	Durbin-Watson
1	,336[a]	,113	,078	,62940	1,904

a. Prädiktoren: (Konstante), I3
b. Abhängige Variable: KSE

ANOVA[a]

Modell		Quadratsumme	df	Mittel der Quadrate	F	Sig.
1	Regression	1,263	1	1,263	3,188	,086[b]
	Residuum	9,904	25	,396		
	Gesamtsumme	11,167	26			

a. Abhängige Variable: KSE
b. Prädiktoren: (Konstante), I3

Koeffizienten[a]

Modell		Nicht standardisierte Koeffizienten B	Nicht standardisierte Koeffizienten Standardfehler	Standard. Koeffiz. Beta	t	Sig.
1	(Konstante)	3,653	,270		13,532	,000
	I3	-,176	,099	-,336	-1,786	,086

a. Abhängige Variable: KSE

Finanzieller Erfolg

Kein linearer Zusammenhang
auf dem Signifikanzniveau p≤0,1

Erfolg

Kein linearer Zusammenhang
auf dem Signifikanzniveau p≤0,1

Quelle: Eigene Erhebung und Analyse (vgl. Fragebogen Frage 30 (3) und 14-16, 21-23)

Die Hypothese HI4 muss hingegen verworfen werden. Empirisch zeigt sich, dass kein umgekehrt u-förmiger, sondern ein u-förmiger Zusammenhang zwischen der Ausrichtung der VE am Kerngeschäft des CP (I4) und dem Erfolg besteht. Damit ist sowohl eine vollkommene Übereinstimmung der VE-Aktivitäten mit dem Kerngeschäft des CP als auch eine vollständige Differenzierung von diesem vorteilhaft. Einerseits können durch die Investition in zum Kerngeschäft des CP vollkommen übereinstimmende VE Skaleneffekte (Economies of Scale) und Verbundeffekte (Economies of Scope) sowie Effekte des organisationalen Lernens realisiert und darüber hinaus Suchkosten nach potenziellen Opportunitäten reduziert werden. Andererseits obliegt den VE in erster Linie die Generierung von Neugeschäft außerhalb des bestehenden Kerngeschäfts des CP, wodurch die Grundlage langfristiger Wettbewerbsvorteile geschaffen wird. Hierdurch lassen sich auch politische Probleme der Ressourcenteilung reduzieren und der Potenzialtransfer stimulieren. Allerdings sollte berücksichtigt werden, dass sich eine Opportunität im Kerngeschäft des CP aufgrund der zusätzlichen organisationalen Komplexität der CV-Einheit sowie der beschriebenen Interessenkonflikte ggf. besser durch die Linienmanager erschließen lässt und zudem die Gefahr besteht, dass die VE zum Sammelpool an schlechten Ideen werden. Wenn nicht substitutiv ausgerichtet, sollten die VE deshalb zumindest eine gewisse Komplementarität zum Kerngeschäft des CP aufweisen und dieses somit ergänzen, verstärken bzw. ausbauen. Hinsichtlich des strategischen Erfolgs Zusatz (SEZ) ist der u-förmige Zusammenhang signifikant auf dem Niveau von $p=0{,}017$. Der nicht-standardisierte Regressionskoeffizient beträgt für I4 b=-1,372* und für I4Quadrat b=0,212*. Der standardisierte Regressionskoeffizient (BETA-Wert) ist für I4 β=-2,537* und für I4Quadrat β=2,555*. Das Bestimmtheitsmaß beträgt $R^2=0{,}217$ und das korrigierte Bestimmtheitsmaß $R^2_{korr}=0{,}151$. Hinsichtlich des strategischen Erfolgs (SE) ist der Zusammenhang ebenfalls u-förmig und signifikant mit b=-1,438* für I4 und b=0,215* für I4Quadrat bzw. β=-2,593* für I4 und β=2,535* für I4Quadrat und $R^2=0{,}223$ bzw. $R^2_{korr}=0{,}158$.

Der u-förmige Zusammenhang zum finanziellen Erfolg Zusatz (FEZ) ist hochsignifikant auf dem Niveau von $p=0{,}000$. Der nicht-standardisierte Regressionskoeffizient beträgt für I4 b=-2,161** und für I4Quadrat b=0,331**. Der standardisierte Regressionskoeffizient (BETA-Wert) ist für I4 β=-3,488** und für I4Quadrat β=3,484**. Das Bestimmtheitsmaß beträgt $R^2=0{,}406$ und das korrigierte Bestimmtheitsmaß $R^2_{korr}=0{,}356$. Hinsichtlich des finanziellen Erfolgs (FE) ist der Zusammenhang ebenfalls u-förmig und hochsignifikant mit b=-2,001** für I4 und b=0,300** für I4Quadrat bzw. β=-3,186** für I4 und β=3,116** für I4Quadrat und $R^2=0{,}336$ bzw. $R^2_{korr}=0{,}281$.

Gegenüber dem gesamten Erfolg Zusatz (EZ) ist der Zusammenhang ebenfalls hochsignifikant auf dem Niveau von $p=0{,}002$. Der nicht-standardisierte Regressionskoeffizient beträgt für I4 b=-1,825** und für I4Quadrat b=0,280**. Der standardisierte Regressionskoeffizient (BETA-

Wert) ist für I4 β=-3,217** und für I4Quadrat β=3,225**. Das Bestimmtheitsmaß beträgt R^2=0,346 und das korrigierte Bestimmtheitsmaß R^2_{korr}=0,292. Hinsichtlich des gesamten Erfolgs (E) ist der Zusammenhang u-förmig und signifikant mit b=-1,438* für I4 und b=0,215* für I4Quadrat bzw. β=-2,593* für I4 und β=2,535* für I4Quadrat und R^2=0,223 bzw. R^2_{korr}=0,158.

Abbildung 6-54: Zusammenhang I4 und SEZ, FEZ, EZ (Korrelation)

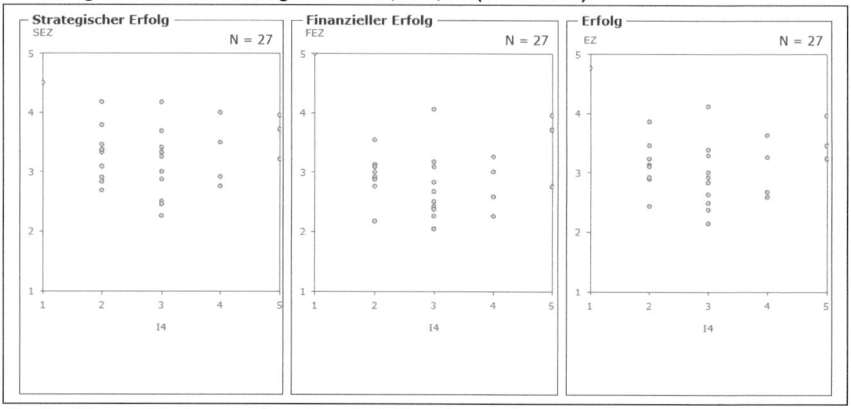

Quelle: Eigene Erhebung und Analyse (vgl. Fragebogen Frage 30 (4) und 14-16, 21-23

Bei Aufnahme der Kontrollvariablen AlterVE, MaVE und KapVE ergibt die hierarchische Regression für den u-förmigen Zusammenhang zwischen I4 und dem strategischen Erfolg Zusatz (SEZ) einen nicht-standardisierten Regressionskoeffizienten von b=-1,473** bei einem Signifikanzniveau von p=0,005 und einen standardisierten Regressionskoeffizienten (BETA-Wert) von β=-2,724** für I4 und b=0,236**, β=2,852** bei p=0,004 für I4Quadrat. Die Kontrollvariablen erklären alleine 26,7% der Varianz des strategischen Erfolgs Zusatz (SEZ). Werden I4 und I4Quadrat mit aufgenommen, erhöht sich die Varianzaufklärung auf insgesamt 51,1%. Die Kontrollvariable AlterVE hat einen schwachen, positiven und signifikanten Effekt (b=0,142*; β=0,354*; p=0,042) und MaVE einen schwachen, positiven und schwachsignifikanten Effekt (b=$0{,}014^{+}$; β=$0{,}392^{+}$; p=0,064) auf den Zusammenhang zwischen I4 und SEZ. Die Kontrollvariable KapVE hat auf dem Niveau p≤0,10 keinen signifikanten Einfluss auf den Zusammenhang zwischen I4 und SEZ.

Für den u-förmigen Zusammenhang zwischen I4 und dem finanziellen Erfolg Zusatz (FEZ) liefert die hierarchische Regression einen nicht-standardisierten Regressionskoeffizienten von b=-2,215** bei einem Signifikanzniveau von p=0,000 und einen standardisierten Regressionskoeffizienten (BETA-Wert) von β=-3,574** für I4 und b=0,343**, β=3,617** bei p=0,000 für I4Quadrat.

Abbildung 6-55: Zusammenhang I4 und SEZ, FEZ, EZ (Regression)

Strategischer Erfolg

N = 27

Eingegebene/Entfernte Variablen[a,b]

Modell	Eingegebene Variablen	Entfernte Variablen	Methode
1	I4Quadrat, I4[b]		Aufnehmen

a. Abhängige Variable: SEZ
b. Alle angeforderten Variablen wurden eingegeben

Modellübersicht[b]

Modell	R	R-Quadrat	Angepasstes R-Quadrat	Standardfehler der Schätzung	Durbin-Watson
1	,465[a]	,217	,151	,52570	2,055

a. Prädiktoren: (Konstante), I4Quadrat, I4
b. Abhängige Variable: SEZ

ANOVA[a]

Modell		Quadratsumme	df	Mittel der Quadrate	F	Sig.
1	Regression	1,834	2	,917	3,318	,053[b]
	Residuum	6,633	24	,276		
	Gesamtsumme	8,467	26			

a. Abhängige Variable: SEZ
b. Prädiktoren: (Konstante), I4Quadrat, I4

Koeffizienten[a]

Modell		Nicht standardisierte Koeffizienten		Standard. Koeffiz.	t	Sig.
		B	Standardfehler	Beta		
1	(Konstante)	5,290	,814		6,501	,000
	I4	-1,372	,537	-2,537	-2,555	,017
	I4Quadrat	,212	,082	2,565	2,572	,017

a. Abhängige Variable: SEZ

Finanzieller Erfolg

N = 27

Eingegebene/Entfernte Variablen[a]

Modell	Eingegebene Variablen	Entfernte Variablen	Methode
1	I4Quadrat, I4[b]		Aufnehmen

a. Abhängige Variable: FEZ
b. Alle angeforderten Variablen wurden eingegeben

Modellübersicht[b]

Modell	R	R-Quadrat	Angepasstes R-Quadrat	Standardfehler der Schätzung	Durbin-Watson
1	,637[a]	,406	,356	,52482	2,046

a. Prädiktoren: (Konstante), I4Quadrat, I4
b. Abhängige Variable: FEZ

ANOVA[a]

Modell		Quadratsumme	df	Mittel der Quadrate	F	Sig.
1	Regression	4,510	2	2,255	8,188	,002[b]
	Residuum	6,610	24	,275		
	Gesamtsumme	11,121	26			

a. Abhängige Variable: FEZ
b. Prädiktoren: (Konstante), I4Quadrat, I4

Koeffizienten[a]

Modell		Nicht standardisierte Koeffizienten		Standard. Koeffiz.	t	Sig.
		B	Standardfehler	Beta		
1	(Konstante)	6,127	,812		7,541	,000
	I4	-2,161	,536	-3,488	-4,032	,000
	I4Quadrat	,331	,082	3,484	4,027	,000

a. Abhängige Variable: FEZ

Erfolg

N = 27

Eingegebene/Entfernte Variablen[a]

Modell	Eingegebene Variablen	Entfernte Variablen	Methode
1	I4Quadrat, I4[b]		Aufnehmen

a. Abhängige Variable: EZ
b. Alle angeforderten Variablen wurden eingegeben

Modellübersicht[b]

Modell	R	R-Quadrat	Angepasstes R-Quadrat	Standardfehler der Schätzung	Durbin-Watson
1	,588[a]	,346	,292	,50392	2,060

a. Prädiktoren: (Konstante), I4Quadrat, I4
b. Abhängige Variable: EZ

ANOVA[a]

Modell		Quadratsumme	df	Mittel der Quadrate	F	Sig.
1	Regression	3,229	2	1,614	6,357	,006[b]
	Residuum	6,094	24	,254		
	Gesamtsumme	9,323	26			

a. Abhängige Variable: EZ
b. Prädiktoren: (Konstante), I4Quadrat, I4

Koeffizienten[a]

Modell		Nicht standardisierte Koeffizienten		Standard. Koeffiz.	t	Sig.
		B	Standardfehler	Beta		
1	(Konstante)	5,784	,780		7,414	,000
	I4	-1,825	,515	-3,217	-3,546	,002
	I4Quadrat	,280	,079	3,225	3,555	,002

a. Abhängige Variable: EZ

Quelle: Eigene Erhebung und Analyse (vgl. Fragebogen Frage 30 (4) und 14-16, 21-23)

Die Kontrollvariablen erklären alleine 17,2% der Varianz des strategischen Erfolgs Zusatz (SEZ). Werden I4 und I4Quadrat mit aufgenommen, erhöht sich die Varianzaufklärung auf insgesamt 57,4%. Die Kontrollvariable MaVE hat einen schwachen, positiven und schwachsignifikanten Effekt ($b=0{,}014^{+}$; $\beta=0{,}338^{+}$; $p=0{,}085$) auf den Zusammenhang zwischen I4 und FEZ. Die Kontrollvariablen AlterVE und KapVE haben auf dem Niveau $p\leq0{,}10$ keinen signifikanten Einfluss auf den Zusammenhang zwischen I4 und FEZ.

Hinsichtlich des u-förmigen Zusammenhangs zwischen I4 und dem gesamten Erfolg (EZ) ergibt die hierarchische Regression einen nicht-standardisierten Regressionskoeffizienten von $b=-1{,}906^{**}$ bei einem Signifikanzniveau von $p=0{,}000$ und einen standardisierten Regressionskoeffizienten (BETA-Wert) von $\beta=-3{,}360^{**}$ für I4 und $b=0{,}300^{**}$, $\beta=3{,}453^{**}$ bei $p=0{,}000$ für I4Quadrat. Die Kontrollvariablen erklären alleine 22,8% der Varianz des gesamten Erfolgs Zusatz (EZ). Werden I4 und I4Quadrat mit aufgenommen, erhöht sich die Varianzaufklärung auf insgesamt 58,8%. Die Kontrollvariablen AlterVE ($b=0{,}130^{+}$; $\beta=0{,}309^{+}$; $p=0{,}052$) und MaVE ($b=0{,}013^{+}$; $\beta=0{,}360^{+}$; $p=0{,}063$) haben einen schwachen, positiven und schwachsignifikanten Effekt auf den Zusammenhang zwischen I4 und EZ. Die Kontrollvariable KapVE hat auf dem Niveau $p\leq0{,}10$ keinen signifikanten Einfluss auf den Zusammenhang zwischen I4 und EZ.

Die Hypothese HI5 muss auf einem Signifikanzniveau von $p\leq0{,}10$ verworfen werden. Die Korrelations- und Regressionskoeffizienten haben zwar hinsichtlich des strategischen Erfolgs (Zusatz) (SEZ, SE), des finanziellen Erfolgs (Zusatz) (FEZ, FE) sowie des gesamten Erfolgs (Zusatz) (EZ, E) positive Vorzeichen, sind jedoch nach dem Verständnis dieser Arbeit nicht signifikant. Damit lässt sich empirisch keine Aussage hinsichtlich des Einflusses der Installation einer VU als Schnittstelle (Intermediär) zwischen VE und CP und der damit verbundenen Managementunterstützung in Form einer aktiven Kontroll- und Beratungsfunktion auf den Erfolg treffen. Allerdings kann aufgrund der Korrelations- und Regressionskoeffizienten ein sehr schwacher positiver Zusammenhang zwischen der Installation einer VU und dem Erfolg und damit die Vorteilhaftigkeit einer VU als Intermediär vermutet werden.

6.4.3.2 *Finanzierung*

Die Hypothese HF1 kann auf einem Signifikanzniveau von $p\leq0{,}10$ bestätigt werden. Es ergibt sich ein positiver linearer Zusammenhang zwischen der Höhe der Kapitalausstattung der VE (F1) und dem Erfolg. Damit kann empirisch die Vorteilhaftigkeit einer hohen Kapitalausstattung der VE (ggf. mittels Quasi-Fonds) und damit der Möglichkeit der Finanzierung kapitalintensiver Innovationsvorhaben bestätigt werden. Allerdings sollte sich die Höhe des bereitgestellten Kapitals an den strategischen Zielsetzungen, der angestrebten Risikodiversifikation und damit Portfoliogröße sowie den Lebensphasen der VE orientieren.[1550] Hinsichtlich des strategischen Erfolgs Zusatz (SEZ) ist der Zusammenhang hochsignifikant. Der bivariate Bravais-Pearson-Korrelationskoeffizient beträgt r=0,567** bei einem Signifikanzniveau von p=0,002. Die nicht-parametrischen Rangkorrelationskoeffizienten Kendall's Tau bzw. Spearman's Roh verzeichnen Werte von τ=0,426** auf einem Signifikanzniveau von 0,004 bzw. ρ=0,538** auf einem Signifikanzniveau von 0,004. Der nicht-standardisierte Regressionskoeffizient beträgt b=0,262**, der standardisierte Regressionskoeffizient (BETA-Wert) β=0,567**, das Bestimmtheitsmaß R^2=0,322 und das korrigierte Bestimmtheitsmaß R^2_{korr}=0,295. Es handelt sich somit um einen mittelstarken positiven Zusammenhang, wobei die Höhe der Kapitalausstattung der VE (F1) 32,2% der Varianz des strategischen Erfolgs Zusatz (SEZ) erklärt. Hinsichtlich des strategischen Erfolgs (SE) ist der Zusammenhang ebenfalls mittelstark, positiv und hochsignifikant mit r=0,567** bei p=0,002 und b=0,268**, β=0,567**, R^2=0,321 und R^2_{korr}=0,294.

Der Zusammenhang zum finanziellen Erfolg Zusatz (FEZ) ist signifikant. Der bivariate Bravais-Pearson-Korrelationskoeffizient beträgt r=0,459* bei einem Signifikanzniveau von p=0,016. Die nicht-parametrischen Rangkorrelationskoeffizienten Kendall's Tau bzw. Spearman's Roh verzeichnen Werte von τ=0,339* auf einem Signifikanzniveau von 0,024 bzw. ρ=0,433* auf einem Signifikanzniveau von 0,024. Der nicht-standardisierte Regressionskoeffizient beträgt b=0,242*, der standardisierte Regressionskoeffizient (BETA-Wert) β=0,459*, das Bestimmtheitsmaß R^2=0,211 und das korrigierte Bestimmtheitsmaß R^2_{korr}=0,179. Es handelt sich somit um einen mittelstarken positiven Zusammenhang, wobei die Höhe der Kapitalausstattung der VE (F1) 21,1% der Varianz des finanziellen Erfolgs Zusatz (FEZ) erklärt. Hinsichtlich des finanziellen Erfolgs (FE) ist der Zusammenhang mittelstark, positiv und hochsignifikant mit r=0,500** bei p=0,008 und b=0,268**, β=0,500**, R^2=0,250 und R^2_{korr}=0,220.

Gegenüber dem gesamten Erfolg Zusatz (EZ) ist der Zusammenhang hochsignifikant. Der bivariate Bravais-Pearson-Korrelationskoeffizient beträgt r=0,533** bei einem Signifikanzniveau von p=0,004. Die nicht-parametrischen Rangkorrelationskoeffizienten Kendall's Tau bzw. Spearman's Roh verzeichnen Werte von τ=0,377* auf einem Signifikanzniveau von 0,012 bzw. ρ=0,474* auf einem Signifikanzniveau von 0,013. Der nicht-standardisierte Regressionskoeffizient beträgt b=0,258**, der standardisierte Regressionskoeffizient (BETA-Wert) β=0,533**, das Bestimmtheitsmaß R^2=0,284 und das korrigierte Bestimmtheitsmaß R^2_{korr}=0,255. Es handelt sich somit um einen mittelstarken positiven Zusammenhang, wobei die Höhe der Kapitalausstattung der VE (F1) 28,4% der Varianz des gesamten Erfolgs Zusatz (EZ) erklärt. Bezogen auf den gesamten Erfolg (E) ist der Zusammenhang ebenfalls mittelstark,

[1550] Vgl. Kapitel 3.4.1.

positiv und hochsignifikant mit r=0,567** bei p=0,002 und b=0,268**, β=0,567**, R^2=0,321 und R^2_{korr}=0,294.

Abbildung 6-56: Zusammenhang F1 und SEZ, FEZ, EZ (Korrelation)

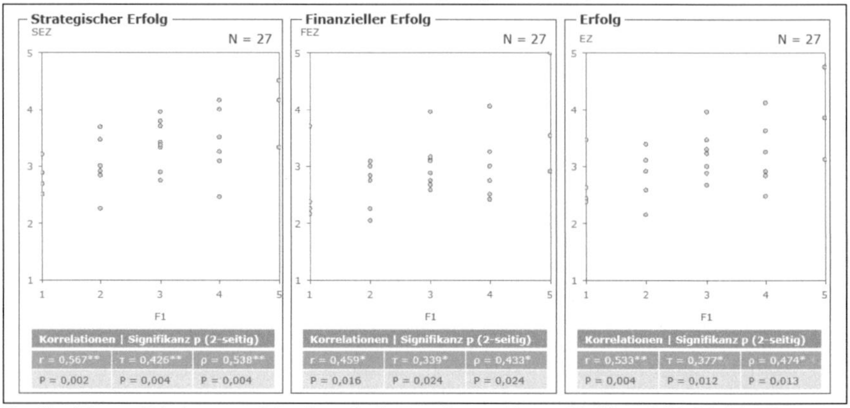

Quelle: Eigene Erhebung und Analyse (vgl. Fragebogen Frage 32 (1) und 14-16, 21-23)

Bei Aufnahme der Kontrollvariablen AlterVE, MaVE und KapVE beträgt der partielle Korrelationskoeffizient für den Zusammenhang zwischen F1 und dem strategischen Erfolg Zusatz (SEZ) rp=0,611** bei einem Signifikanzniveau von p=0,002. Die hierarchische Regression ergibt einen nicht-standardisierten Regressionskoeffizienten von b=0,265** und einen standardisierten Regressionskoeffizienten (BETA-Wert) von β=0,574**. Die Kontrollvariablen erklären alleine 26,7% der Varianz des strategischen Erfolgs Zusatz (SEZ). Wird F1 mit aufgenommen, erhöht sich die Varianzaufklärung auf insgesamt 54,0%. Die Kontrollvariable AlterVE hat einen mittelstarken, positiven und hochsignifikanten Effekt (b=0,175**; β=0,437**; p=0,010) auf den Zusammenhang zwischen F1 und SEZ. Die übrigen Kontrollvariablen MaVE und KapVE haben auf dem Niveau $p \leq 0,10$ keinen signifikanten Einfluss auf den Zusammenhang zwischen F1 und SEZ.

Für den Zusammenhang zwischen F1 und dem finanziellen Erfolg Zusatz (FEZ) beträgt der partielle Korrelationskoeffizient rp=0,469* bei einem Signifikanzniveau von p=0,021. Die hierarchische Regression ergibt einen nicht-standardisierten Regressionskoeffizienten von b=0,247* und einen standardisierten Regressionskoeffizienten (BETA-Wert) von β=0,468*. Die Kontrollvariablen erklären alleine 17,2% der Varianz des finanziellen Erfolgs Zusatz (FEZ). Wird F1 mit aufgenommen, erhöht sich die Varianzaufklärung auf insgesamt 35,4%. Keine der Kontrollvariablen hat auf dem Niveau $p \leq 0,10$ einen signifikanten Einfluss auf den Zusammenhang zwischen F1 und FEZ.

Abbildung 6-57: Zusammenhang F1 und SEZ, FEZ, EZ (Regression)

Strategischer Erfolg

N = 27

Eingegebene/Entfernte Variablen[a]

Modell	Eingegebene Variablen	Entfernte Variablen	Methode
1	F1[b]		Aufnehmen

a. Abhängige Variable: SEZ
b. Alle angeforderten Variablen wurden eingegeben

Modellübersicht[b]

Modell	R	R-Quadrat	Angepasstes R-Quadrat	Standardfehler der Schätzung	Durbin-Watson
1	,567[a]	,322	,295	,47921	1,851

a. Prädiktoren: (Konstante), F1
b. Abhängige Variable: SEZ

ANOVA[a]

Modell		Quadratsumme	df	Mittel der Quadrate	F	Sig.
1	Regression	2,726	1	2,726	11,869	,002[b]
	Residuum	5,741	25	,230		
	Gesamtsumme	8,467	26			

a. Abhängige Variable: SEZ
b. Prädiktoren: (Konstante), F1

Koeffizienten[a]

Modell		Nicht standardisierte Koeffizienten: B	Nicht standardisierte Koeffizienten: Standardfehler	Standard Koeffiz: Beta	t	Sig.
1	(Konstante)	2,546	,240		10,586	,000
	F1	,262	,076	,567	3,445	,002

a. Abhängige Variable: SEZ

Finanzieller Erfolg

N = 27

Eingegebene/Entfernte Variablen[a]

Modell	Eingegebene Variablen	Entfernte Variablen	Methode
1	F1[b]		Aufnehmen

a. Abhängige Variable: FEZ
b. Alle angeforderten Variablen wurden eingegeben

Modellübersicht[b]

Modell	R	R-Quadrat	Angepasstes R-Quadrat	Standardfehler der Schätzung	Durbin-Watson
1	,459[a]	,211	,179	,59255	1,920

a. Prädiktoren: (Konstante), F1
b. Abhängige Variable: FEZ

ANOVA[a]

Modell		Quadratsumme	df	Mittel der Quadrate	F	Sig.
1	Regression	2,343	1	2,343	6,673	,016[b]
	Residuum	8,778	25	,351		
	Gesamtsumme	11,121	26			

a. Abhängige Variable: FEZ
b. Prädiktoren: (Konstante), F1

Koeffizienten[a]

Modell		Nicht standardisierte Koeffizienten: B	Nicht standardisierte Koeffizienten: Standardfehler	Standard Koeffiz: Beta	t	Sig.
1	(Konstante)	2,272	,297		7,640	,000
	F1	,242	,094	,459	2,583	,016

a. Abhängige Variable: FEZ

Erfolg

N = 27

Eingegebene/Entfernte Variablen[a]

Modell	Eingegebene Variablen	Entfernte Variablen	Methode
1	F1[b]		Aufnehmen

a. Abhängige Variable: EZ
b. Alle angeforderten Variablen wurden eingegeben

Modellübersicht[b]

Modell	R	R-Quadrat	Angepasstes R-Quadrat	Standardfehler der Schätzung	Durbin-Watson
1	,533[a]	,284	,255	,51669	1,916

a. Prädiktoren: (Konstante), F1
b. Abhängige Variable: EZ

ANOVA[a]

Modell		Quadratsumme	df	Mittel der Quadrate	F	Sig.
1	Regression	2,649	1	2,649	9,921	,004[b]
	Residuum	6,674	25	,267		
	Gesamtsumme	9,323	26			

a. Abhängige Variable: EZ
b. Prädiktoren: (Konstante), F1

Koeffizienten[a]

Modell		Nicht standardisierte Koeffizienten: B	Nicht standardisierte Koeffizienten: Standardfehler	Standard Koeffiz: Beta	t	Sig.
1	(Konstante)	2,383	,259		9,189	,000
	F1	,258	,082	,533	3,150	,004

a. Abhängige Variable: EZ

Quelle: Eigene Erhebung und Analyse (vgl. Fragebogen Frage 32 (1) und 14-16, 21-23)

Hinsichtlich des Zusammenhangs zwischen F1 und dem gesamten Erfolg Zusatz (EZ) beträgt der partielle Korrelationskoeffizient rp=0,570** bei einem Signifikanzniveau von p=0,004. Die hierarchische Regression ergibt einen nicht-standardisierten Regressionskoeffizienten von b=0,266** und einen standardisierten Regressionskoeffizienten (BETA-Wert) von β=0,550**. Die Kontrollvariablen erklären alleine 22,8% der Varianz des gesamten Erfolgs Zusatz (EZ). Wird L5 mit aufgenommen, erhöht sich die Varianzaufklärung auf insgesamt 47,9%. Die Kontrollvariable AlterVE hat einen schwachen, positiven und signifikanten Effekt (b=0,167*; β=0,396*; p=0,026) auf den Zusammenhang zwischen F1 und EZ. Die übrigen Kontrollvariablen MaVE und KapVE haben auf dem Niveau p≤0,10 keinen signifikanten Einfluss auf den Zusammenhang zwischen F1 und EZ.

Auch die Hypothese HF2 kann auf einem Signifikanzniveau von p≤0,10 bestätigt werden. Es ergibt sich ein positiver linearer Zusammenhang zwischen dem Einsatz der Stufenfinanzierung mittels der durch die VE planmäßig zu erreichenden Meilensteine im Rahmen der Kapitalbereitstellung (F2) und dem Erfolg. Damit kann empirisch die Vorteilhaftigkeit der Übertragung der Stufenfinanzierung (Staged Financing) aus der VC-Industrie auf die Unternehmensebene bestätigt werden. Als Instrument der Kapitalrationierung zwingt die Stufenfinanzierung die VE zu einem effizienten Umgang mit ihren Ressourcen und zu einem planmäßigen Umsetzen der vorgegebenen Meilensteine im Sinne des Business Plans. Erfolglose Beteiligungen können rechtzeitig beendet werden, wodurch finanzielle Verluste vermieden und die begrenzten Ressourcen effizienter allokiert werden können. Die Stufenfinanzierung reduziert durch eine permanente Neubewertung bzw. Korrekturbewertung der VE die Effekte der Adversen Selektion sowie mittels Lerneffekte Transaktionskosten und Principal-Agent-Probleme aufgrund von Informationsasymmetrien.[1551] Hinsichtlich des langfristigen strategischen Erfolgs Zusatz (LSEZ) ist der Zusammenhang signifikant. Der bivariate Bravais-Pearson-Korrelationskoeffizient beträgt r=0,382* bei einem Signifikanzniveau von p=0,049. Die nicht-parametrischen Rangkorrelationskoeffizienten Kendall's Tau bzw. Spearman's Roh sind auf einem Niveau von p≤0,10 nicht signifikant. Der nicht-standardisierte Regressionskoeffizient beträgt b=0,244*, der standardisierte Regressionskoeffizient (BETA-Wert) β=0,382*, das Bestimmtheitsmaß R^2=0,146 und das korrigierte Bestimmtheitsmaß R^2_{korr}=0,112. Es handelt sich somit um einen schwachen positiven Zusammenhang, wobei der Einsatz der Stufenfinanzierung mittels der durch die VE planmäßig zu erreichenden Meilensteine im Rahmen der Kapitalbereitstellung (F2) 14,6% der Varianz des langfristigen strategischen Erfolgs Zusatz (LSEZ) erklärt. Hinsichtlich des langfristigen strategischen Erfolgs (LSE) ist der Zusammenhang schwach, positiv und schwachsignifikant mit r=0,338$^+$ bei p=0,085 und b=0,222$^+$,

[1551] Vgl. Kapitel 3.4.2.

β=0,338^{+}, R^2=0,114 und R^2_{korr}=0,079. Die Korrelations- und Regressionskoeffizienten haben zwar auch hinsichtlich des strategischen Erfolgs (Zusatz) (SEZ, SE) positive Vorzeichen und lassen einen schwachen positiven Zusammenhang vermuten, sind jedoch nach dem Verständnis dieser Arbeit nicht signifikant.

Der Zusammenhang zum finanziellen Erfolg Zusatz (FEZ) ist signifikant. Der bivariate Bravais-Pearson-Korrelationskoeffizient beträgt r=0,399* bei einem Signifikanzniveau von p=0,039. Die nicht-parametrischen Rangkorrelationskoeffizienten Kendall's Tau bzw. Spearman's Roh sind auf einem Niveau von $p \leq 0,10$ nicht signifikant. Der nicht-standardisierte Regressionskoeffizient beträgt b=0,268*, der standardisierte Regressionskoeffizient (BETA-Wert) β=0,399*, das Bestimmtheitsmaß R^2=0,159 und das korrigierte Bestimmtheitsmaß R^2_{korr}=0,126. Es handelt sich somit um einen schwachen positiven Zusammenhang, wobei der Einsatz der Stufenfinanzierung mittels durch die VE planmäßig zu erreichender Meilensteine im Rahmen der Kapitalbereitstellung (F2) 15,9% der Varianz des finanziellen Erfolgs Zusatz (FEZ) erklärt. Hinsichtlich des finanziellen Erfolgs (FE) ist der Zusammenhang schwach, positiv und schwachsignifikant mit r=0,332^{+} bei p=0,091 und b=0,226^{+}, β=0,332^{+}, R^2=0,110 und R^2_{korr}=0,074.

Abbildung 6-58: Zusammenhang F2 und LSEZ, FEZ, EZ (Korrelation)

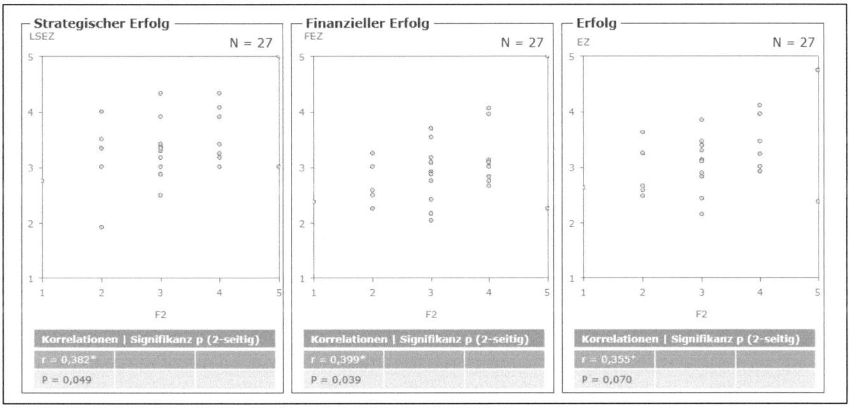

Quelle: Eigene Erhebung und Analyse (vgl. Fragebogen Frage 32 (2) und 14-16, 21-23)

Gegenüber dem gesamten Erfolg Zusatz (EZ) ist der Zusammenhang schwachsignifikant. Der bivariate Bravais-Pearson-Korrelationskoeffizient beträgt r=0,355^{+} bei einem Signifikanzniveau von p=0,070. Die nicht-parametrischen Rangkorrelationskoeffizienten Kendall's Tau bzw. Spearman's Roh sind auf einem Niveau von $p \leq 0,10$ nicht signifikant. Der nicht standardisierte Regressionskoeffizient beträgt b=0,218^{+}, der standardisierte Regressionskoeffizient (BETA-Wert) $\beta=0{,}355^{+}$, das Bestimmtheitsmaß $R^2=0{,}126$ und das korrigierte Bestimmtheitsmaß $R^2_{korr}=0{,}091$. Es handelt sich somit um einen schwachen positiven Zusammenhang, wobei der Einsatz der Stufenfinanzierung mittels durch die VE planmäßig zu erreichender Meilensteine im Rahmen der Kapitalbereitstellung (F2) 12,6% der Varianz des gesamten Erfolgs Zusatz (EZ) erklärt. Die Korrelations- und Regressionskoeffizienten haben zwar auch hinsichtlich des gesamten Erfolgs (E) positive Vorzeichen und lassen einen schwachen positiven Zusammenhang vermuten, sind jedoch nach dem Verständnis dieser Arbeit nicht signifikant.

Darüber hinaus besteht ein mittelstarker, positiver und signifikanter Zusammenhang zwischen dem Einsatz der Stufenfinanzierung mittels durch die VE planmäßig zu erreichender Meilensteine im Rahmen der Kapitalbereitstellung (F2) und dem beabsichtigten ICV-Engagement in 5 Jahren gegenüber heute (T). Der bivariate Bravais-Pearson-Korrelationskoeffizient beträgt $r=0{,}403^{*}$ bei einem Signifikanzniveau von $p=0{,}037$. Die nicht-parametrischen Rangkorrelationskoeffizienten Kendall's Tau bzw. Spearman's Roh verzeichnen Werte von $\tau=0{,}355^{*}$ auf einem Signifikanzniveau von 0,034 bzw. $\rho=0{,}417^{*}$ auf einem Signifikanzniveau von 0,031. Der nicht-standardisierte Regressionskoeffizient beträgt $b=0{,}536^{*}$, der standardisierte Regressionskoeffizient (BETA-Wert) $\beta=0{,}403^{*}$, das Bestimmtheitsmaß $R^2=0{,}162$ und das korrigierte Bestimmtheitsmaß $R^2_{korr}=0{,}129$.

Bei Aufnahme der Kontrollvariablen AlterVE, MaVE und KapVE beträgt der partielle Korrelationskoeffizient für den Zusammenhang zwischen F2 und dem langfristigen strategischen Erfolg Zusatz (LSEZ) $rp=0{,}371^{+}$ bei einem Signifikanzniveau von $p=0{,}074$. Die hierarchische Regression ergibt einen nicht-standardisierten Regressionskoeffizienten von $b=0{,}223^{+}$ und einen standardisierten Regressionskoeffizienten (BETA-Wert) von $\beta=0{,}349^{+}$. Die Kontrollvariablen erklären alleine 18,9% der Varianz des langfristigen strategischen Erfolgs Zusatz (LSEZ). Wird F2 mit aufgenommen, erhöht sich die Varianzaufklärung auf insgesamt 30,1%. Die Kontrollvariable AlterVE hat einen schwachen, positiven und schwachsignifikanten Effekt ($b=0{,}159^{+}$; $\beta=0{,}364^{+}$; $p=0{,}068$) auf den Zusammenhang zwischen F2 und LSEZ. Die übrigen Kontrollvariablen MaVE und KapVE haben auf dem Niveau $p\leq 0{,}10$ keinen signifikanten Einfluss auf den Zusammenhang zwischen F2 und LSEZ.

Für den Zusammenhang zwischen F2 und dem finanziellen Erfolg Zusatz (FEZ) beträgt der partielle Korrelationskoeffizient $rp=0{,}396^{+}$ bei einem Signifikanzniveau von $p=0{,}055$. Die hierarchische Regression ergibt einen nicht-standardisierten Regressionskoeffizienten von $b=0{,}252^{+}$ und einen standardisierten Regressionskoeffizienten (BETA-Wert) von $\beta=0{,}375^{+}$.

Abbildung 6-59: Zusammenhang F2 und LSEZ, FEZ, EZ (Regression)

Strategischer Erfolg

N = 27

Eingegebene/Entfernte Variablen[a]

Modell	Eingegebene Variablen	Entfernte Variablen	Methode
1	F2[b]		Aufnehmen

a. Abhängige Variable: LSEZ
b. Alle angeforderten Variablen wurden eingegeben

Modellübersicht[b]

Modell	R	R-Quadrat	Angepasstes R-Quadrat	Standardfehler der Schätzung	Durbin-Watson
1	,382[a]	,146	,112	,58569	1,617

a. Prädiktoren: (Konstante), F2
b. Abhängige Variable: LSEZ

ANOVA[a]

Modell		Quadratsumme	df	Mittel der Quadrate	F	Sig.
1	Regression	1,465	1	1,465	4,270	,049[b]
	Residuum	8,576	25	,343		
	Gesamtsumme	10,041	26			

a. Abhängige Variable: LSEZ
b. Prädiktoren: (Konstante), F2

Koeffizienten[a]

Modell		Nicht standardisierte Koeffizienten B	Standardfehler	Standard Koeffiz Beta	t	Sig.
1	(Konstante)	2,596	,396		6,550	,000
	F2	,244	,118	,382	2,066	,049

a. Abhängige Variable: LSEZ

Finanzieller Erfolg

N = 27

Eingegebene/Entfernte Variablen[a]

Modell	Eingegebene Variablen	Entfernte Variablen	Methode
1	F2[b]		Aufnehmen

a. Abhängige Variable: FEZ
b. Alle angeforderten Variablen wurden eingegeben

Modellübersicht[b]

Modell	R	R-Quadrat	Angepasstes R-Quadrat	Standardfehler der Schätzung	Durbin-Watson
1	,399[a]	,159	,126	,61152	1,648

a. Prädiktoren: (Konstante), F2
b. Abhängige Variable: FEZ

ANOVA[a]

Modell		Quadratsumme	df	Mittel der Quadrate	F	Sig.
1	Regression	1,772	1	1,772	4,738	,039[b]
	Residuum	9,349	25	,374		
	Gesamtsumme	11,121	26			

a. Abhängige Variable: FEZ
b. Prädiktoren: (Konstante), F2

Koeffizienten[a]

Modell		Nicht standardisierte Koeffizienten B	Standardfehler	Standard Koeffiz Beta	t	Sig.
1	(Konstante)	2,118	,414		5,118	,000
	F2	,268	,123	,399	2,177	,039

a. Abhängige Variable: FEZ

Erfolg

N = 27

Eingegebene/Entfernte Variablen[a]

Modell	Eingegebene Variablen	Entfernte Variablen	Methode
1	F2[b]		Aufnehmen

a. Abhängige Variable: EZ
b. Alle angeforderten Variablen wurden eingegeben

Modellübersicht[b]

Modell	R	R-Quadrat	Angepasstes R-Quadrat	Standardfehler der Schätzung	Durbin-Watson
1	,355[a]	,126	,091	,57098	1,692

a. Prädiktoren: (Konstante), F2
b. Abhängige Variable: EZ

ANOVA[a]

Modell		Quadratsumme	df	Mittel der Quadrate	F	Sig.
1	Regression	1,172	1	1,172	3,596	,070[b]
	Residuum	8,151	25	,326		
	Gesamtsumme	9,323	26			

a. Abhängige Variable: EZ
b. Prädiktoren: (Konstante), F2

Koeffizienten[a]

Modell		Nicht standardisierte Koeffizienten B	Standardfehler	Standard Koeffiz Beta	t	Sig.
1	(Konstante)	2,435	,386		6,301	,000
	F2	,218	,115	,355	1,896	,070

a. Abhängige Variable: EZ

Quelle: Eigene Erhebung und Analyse (vgl. Fragebogen Frage 32 (2) und 14-16, 21-23)

Abbildung 6-60: Zusammenhang F2 und T (Korrelation und Regression)

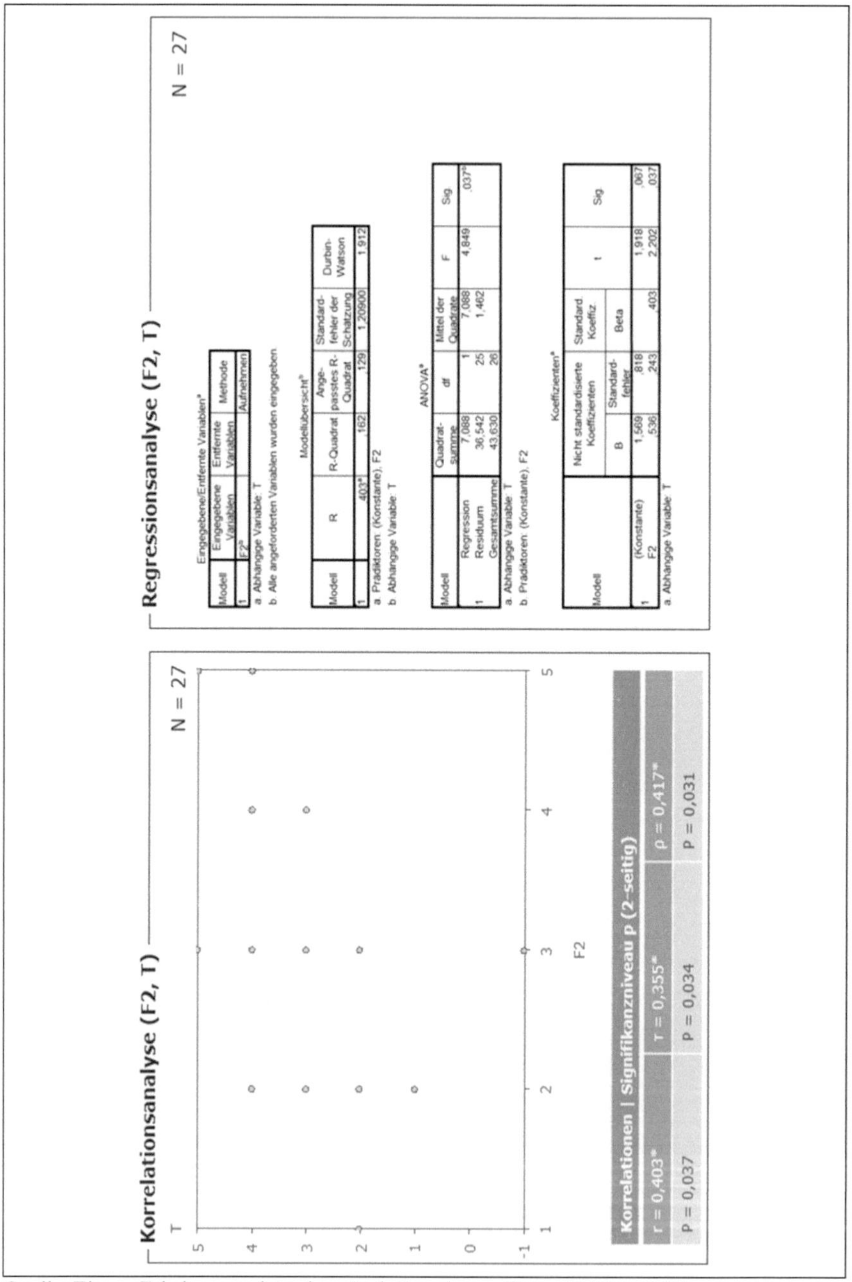

Quelle: Eigene Erhebung und Analyse (vgl. Fragebogen Frage 32 (2) und 28)

Die Kontrollvariablen erklären alleine 17,2% der Varianz des finanziellen Erfolgs Zusatz (FEZ). Wird F2 mit aufgenommen, erhöht sich die Varianzaufklärung auf insgesamt 30,2%. Keine der Kontrollvariablen hat auf dem Niveau $p \leq 0{,}10$ einen signifikanten Einfluss auf den Zusammenhang zwischen F2 und FEZ.

Hinsichtlich des Zusammenhangs zwischen F2 und dem gesamten Erfolg (EZ) beträgt der partielle Korrelationskoeffizient $rp=0{,}344^{+}$ bei einem Signifikanzniveau von $p=0{,}100$. Die hierarchische Regression ergibt einen nicht-standardisierten Regressionskoeffizienten von $b=0{,}193^{+}$ und einen standardisierten Regressionskoeffizienten (BETA-Wert) von $\beta=0{,}315^{+}$. Die Kontrollvariablen erklären alleine 22,8% der Varianz des gesamten Erfolgs Zusatz (EZ). Wird F2 mit aufgenommen, erhöht sich die Varianzaufklärung auf insgesamt 31,9%. Die Kontrollvariable AlterVE hat einen schwachen, positiven und schwachsignifikanten Effekt ($b=0{,}136^{+}$; $\beta=0{,}324^{+}$; $p=0{,}098$) auf den Zusammenhang zwischen F2 und EZ. Die übrigen Kontrollvariablen MaVE und KapVE haben auf dem Niveau $p \leq 0{,}10$ keinen signifikanten Einfluss auf den Zusammenhang zwischen F2 und EZ.

Darüber hinaus beträgt der partielle Korrelationskoeffizient für den Zusammenhang zwischen F2 und dem beabsichtigten ICV-Engagement in 5 Jahren gegenüber heute (T) $rp=0{,}391^{+}$ bei einem Signifikanzniveau von $p=0{,}059$. Die hierarchische Regression ergibt einen nicht-standardisierten Regressionskoeffizienten von $b=0{,}521^{+}$ und einen standardisierten Regressionskoeffizienten (BETA-Wert) von $\beta=0{,}392^{+}$. Die Kontrollvariablen erklären alleine 7,7% der Varianz des beabsichtigten ICV-Engagements in 5 Jahren gegenüber heute (T). Wird F2 mit aufgenommen, erhöht sich die Varianzaufklärung auf insgesamt 21,8%. Keine der Kontrollvariablen hat auf dem Niveau $p \leq 0{,}10$ einen signifikanten Einfluss auf den Zusammenhang zwischen F2 und T.

Die Hypothese HF3 muss hingegen verworfen werden. Es ergibt sich ein negativer linearer Zusammenhang zwischen der Allokation der Entscheidungshoheit über Investitionen in die VE bei der VU bzw. dem mittleren Management (F3) und dem Erfolg. Die empirischen Ergebnisse lassen den Rückschluss zu, dass der Neuigkeits-, Unsicherheits- und Komplexitätsgrad der Innovationsvorhaben auf Basis radikaler bzw. disruptiver Innovationen die Zentralisierung der Investitionsentscheidung in VE beim Top-Management des CP erfordert.[1552] Die spezifische Erfahrung und Expertise der VU bzw. des mittleren Managements sowie die Zeitvorteile, die mit einer weitestgehenden Entscheidungseigenständigkeit der VU bzw. des mittleren Managements einhergehen, spielen demnach im Rahmen von Investitionsentscheidungen in VE im Sinne der grundsätzlich durch das CP bereitgestellten finanziellen Ressourcen nur eine untergeordnete Rolle. Die Korrelations- und Regressionskoeffizienten hinsichtlich des

[1552] Vgl. Kapitel 3.4.3.

strategischen Erfolgs (Zusatz) (SEZ, SE) sind nach dem Verständnis dieser Arbeit nicht signifikant. Da sie jedoch negative Vorzeichen haben, kann ein sehr schwacher negativer Zusammenhang zwischen der Allokation der Entscheidung über Investitionen in VE bei der VU bzw. dem mittleren Management (F3) und dem strategischen Erfolg vermutet werden.

Der Zusammenhang zum langfristigen finanziellen Erfolg (LFE) ist hingegen schwachsignifikant. Der bivariate Bravais-Pearson-Korrelationskoeffizient beträgt $r=-0{,}330^{+}$ bei einem Signifikanzniveau von $p=0{,}093$. Die nicht-parametrischen Rangkorrelationskoeffizienten Kendall's Tau bzw. Spearman's Roh sind auf einem Niveau von $p\leq 0{,}10$ nicht signifikant. Der nicht-standardisierte Regressionskoeffizient beträgt $b=-0{,}254^{+}$, der standardisierte Regressionskoeffizient (BETA-Wert) $\beta=-0{,}330^{+}$, das Bestimmtheitsmaß $R^2=0{,}109$ und das korrigierte Bestimmtheitsmaß $R^2_{korr}=0{,}073$. Es handelt sich somit um einen schwachen negativen Zusammenhang, wobei die Allokation der Entscheidungshoheit über Investitionen in die VE bei der VU bzw. dem mittleren Management (F3) 10,9% der Varianz des langfristigen finanziellen Erfolgs (LFE) erklärt. Die Korrelations- und Regressionskoeffizienten haben zwar auch hinsichtlich des langfristigen finanziellen Erfolgs Zusatz (LFEZ) sowie des finanziellen Erfolgs (Zusatz) (FEZ, FE) negative Vorzeichen und lassen einen schwachen bis sehr schwachen negativen Zusammenhang zwischen der Allokation der Entscheidung über Investitionen in VE bei der VU bzw. dem mittleren Management (F3) und dem finanziellen Erfolg vermuten, sind jedoch nach dem Verständnis dieser Arbeit nicht signifikant.

Abbildung 6-61: Zusammenhang F3 und LFE (Korrelation)

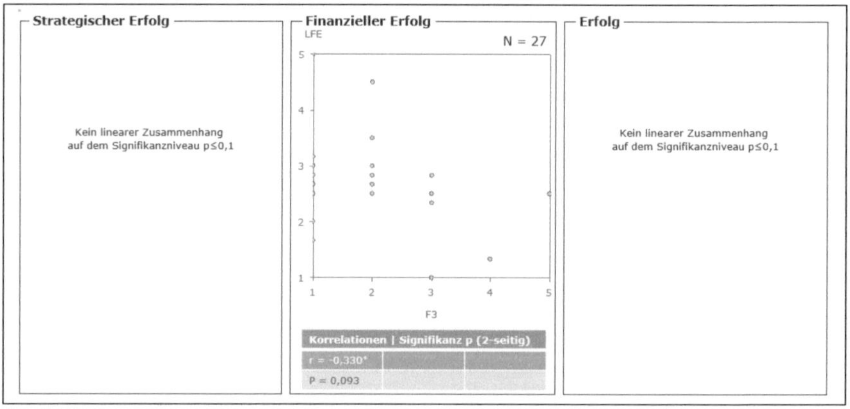

Quelle: Eigene Erhebung und Analyse (vgl. Fragebogen Frage 32 (3) und 14-16, 21-23)

Abbildung 6-62: Zusammenhang F3 und LFE (Regression)

Strategischer Erfolg

Kein linearer Zusammenhang
auf dem Signifikanzniveau p≤0,1

Finanzieller Erfolg

N = 27

Eingegebene/Entfernte Variablen[a]

Modell	Eingegebene Variablen	Entfernte Variablen	Methode
1	F3[b]		Aufnehmen

a. Abhängige Variable: LFE
b. Alle angeforderten Variablen wurden eingegeben

Modellübersicht[b]

Modell	R	R-Quadrat	Angepasstes R-Quadrat	Standardfehler der Schätzung	Durbin-Watson
1	,330[a]	,109	,073	,78131	2,052

a. Prädiktoren: (Konstante), F3
b. Abhängige Variable: LFE

ANOVA[a]

Modell		Quadratsumme	df	Mittel der Quadrate	F	Sig.
1	Regression	1,866	1	1,866	3,057	,093[b]
	Residuum	15,261	25	,610		
	Gesamtsumme	17,127	26			

a. Abhängige Variable: LFE
b. Prädiktoren: (Konstante), F3

Koeffizienten[a]

Modell		Nicht standardisierte Koeffizienten		Standard Koeffiz	t	Sig.
		B	Standardfehler	Beta		
1	(Konstante)	3,246	,322		10,075	,000
	F3	-,254	,145	-,330	-1,748	,093

a. Abhängige Variable: LFE

Erfolg

Kein linearer Zusammenhang
auf dem Signifikanzniveau p≤0,1

Quelle: Eigene Erhebung und Analyse (vgl. Fragebogen Frage 32 (3) und 14-16, 21-23)

Auch die Korrelations- und Regressionskoeffizienten hinsichtlich des gesamten Erfolgs (Zusatz) (EZ, E) haben negative Vorzeichen und lassen einen sehr schwachen negativen Zusammenhang zwischen der Allokation der Entscheidung über Investitionen in VE bei der VU bzw. dem mittleren Management (F3) und dem gesamten Erfolg vermuten, sind jedoch nach dem Verständnis dieser Arbeit ebenfalls nicht signifikant.

Bei Aufnahme der Kontrollvariablen AlterVE, MaVE und KapVE ist der Zusammenhang zwischen F3 und dem Erfolg nicht mehr signifikant auf dem Niveau $p \leq 0,10$.

Die Hypothese HF4 kann hingegen auf einem Signifikanzniveau von $p \leq 0,10$ bestätigt werden. Es ergibt sich ein positiver linearer Zusammenhang zwischen einer automatischen Reinvestition der erwirtschafteten finanziellen Mittel in Innovationsvorhaben (Intrakapitalfonds) (F4) und dem Erfolg. Damit kann empirisch die Vorteilhaftigkeit der Übertragung sog. Intrakapitalfonds aus der VC-Industrie auf die Unternehmensebene bestätigt werden. Dabei berücksichtigt ein Intrakapitalfonds sowohl die erwähnte und aufgrund des Neuigkeits-, Unsicherheits- und Komplexitätsgrads der Innovationsvorhaben erforderliche Zentralisierung der Investitionsentscheidungen durch das Top-Management des CP[1553] als auch das Autonomiestreben der Intrapreneure. Es bestätigt sich die Vorteilhaftigkeit der Kombination der durch das Top-Management des CP bereitgestellten finanziellen Mittel mit einer finanziellen Selbstverwaltung der Intrapreneure.[1554] Hierdurch wird Verschwendung im Intra-Kapital-System reduziert und der Intrapreneur durch die Erweiterung seiner Handlungs- und Entscheidungsräume intrinsisch motiviert. Die Korrelations- und Regressionskoeffizienten hinsichtlich des strategischen Erfolgs (Zusatz) (SEZ, SE) sind nach dem Verständnis dieser Arbeit nicht signifikant. Da sie jedoch positive Vorzeichen haben, kann ein sehr schwacher bis schwacher positiver Zusammenhang zwischen dem Einsatz von Intrakapitalfonds und dem strategischen Erfolg vermutet werden.

Der Zusammenhang zum finanziellen Erfolg Zusatz (FEZ) ist hingegen schwachsignifikant. Der bivariate Bravais-Pearson-Korrelationskoeffizient beträgt $r=0,346^{+}$ bei einem Signifikanzniveau von $p=0,077$. Die nicht-parametrischen Rangkorrelationskoeffizienten Kendall's Tau bzw. Spearman's Roh sind auf einem Niveau von $p \leq 0,10$ nicht signifikant. Der nicht-standardisierte Regressionskoeffizient beträgt $b=0,182^{+}$, der standardisierte Regressionskoeffizient (BETA-Wert) $\beta=0,346^{+}$, das Bestimmtheitsmaß $R^2=0,120$ und das korrigierte Bestimmtheitsmaß $R^2_{korr}=0,085$. Es handelt sich somit um einen schwachen positiven Zusammenhang, wobei der Einsatz von Intrakapitalfonds (F4) 12,0% der Varianz des finanziellen Erfolgs Zusatz (FEZ) erklärt. Die Korrelations- und Regressionskoeffizienten haben zwar auch

[1553] Vgl. die empirischen Ergebnisse hinsichtlich des Zusammenhangs von F3 und dem Erfolg.
[1554] Vgl. Kapitel 3.4.4.

hinsichtlich des finanziellen Erfolgs (FE) positive Vorzeichen und lassen einen schwachen positiven Zusammenhang vermuten, sind jedoch nach dem Verständnis dieser Arbeit nicht signifikant.

Gegenüber dem gesamten Erfolg Zusatz (EZ) ist der Zusammenhang ebenfalls schwachsignifikant. Der bivariate Bravais-Pearson-Korrelationskoeffizient beträgt $r=0{,}326^{+}$ bei einem Signifikanzniveau von $p=0{,}097$. Die nicht-parametrischen Rangkorrelationskoeffizienten Kendall's Tau bzw. Spearman's Roh sind auf einem Niveau von $p\leq 0{,}10$ nicht signifikant. Der nicht-standardisierte Regressionskoeffizient beträgt $b=0{,}158^{+}$, der standardisierte Regressionskoeffizient (BETA-Wert) $\beta=0{,}326^{+}$, das Bestimmtheitsmaß $R^2=0{,}106$ und das korrigierte Bestimmtheitsmaß $R^2_{korr}=0{,}071$. Es handelt sich somit um einen schwachen positiven Zusammenhang, wobei der Einsatz von Intrakapitalfonds (F4) 10,6% der Varianz des gesamten Erfolgs Zusatz (EZ) erklärt. Die Korrelations- und Regressionskoeffizienten haben zwar auch hinsichtlich des gesamten Erfolgs (E) positive Vorzeichen und lassen einen sehr schwachen positiven Zusammenhang vermuten, sind jedoch nach dem Verständnis dieser Arbeit nicht signifikant.

Abbildung 6-63: Zusammenhang F4 und FEZ, EZ (Korrelation)

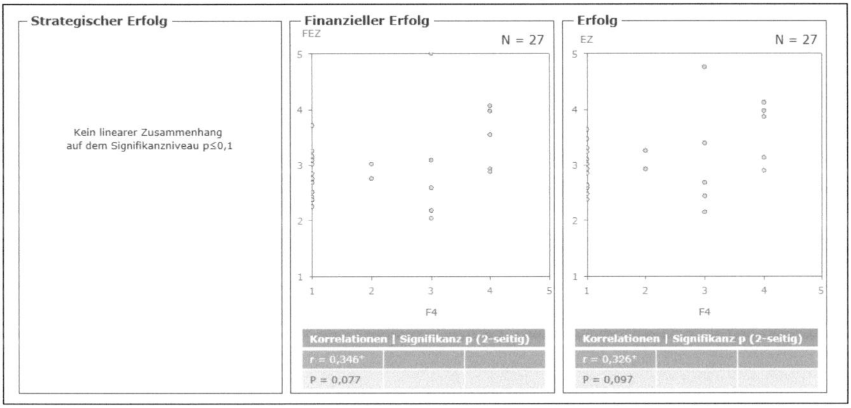

Quelle: Eigene Erhebung und Analyse (vgl. Fragebogen Frage 32 (4) und 14-16, 21-23)

Bei Aufnahme der Kontrollvariablen AlterVE, MaVE und KapVE ist der Zusammenhang zwischen F4 und dem Erfolg nicht mehr signifikant auf dem Niveau $p\leq 0{,}10$.

Abbildung 6-64: Zusammenhang F4 und FEZ, EZ (Regression)

Strategischer Erfolg

Kein linearer Zusammenhang auf dem Signifikanzniveau p≤0,1

Finanzieller Erfolg

N = 27

Eingegebene/Entfernte Variablen[a]

Modell	Eingegebene Variablen	Entfernte Variablen	Methode
1	F4[b]		Aufnehmen

a. Abhängige Variable: FEZ
b. Alle angeforderten Variablen wurden eingegeben.

Modellübersicht[b]

Modell	R	R-Quadrat	Angepasstes R-Quadrat	Standardfehler der Schätzung	Durbin-Watson
1	,346[a]	,120	,085	,62573	2,080

a. Prädiktoren: (Konstante), F4
b. Abhängige Variable: FEZ

ANOVA[a]

Modell		Quadratsumme	df	Mittel der Quadrate	F	Sig.
1	Regression	1,332	1	1,332	3,403	,077[b]
	Residuum	9,788	25	,392		
	Gesamtsumme	11,121	26			

a. Abhängige Variable: FEZ
b. Prädiktoren: (Konstante), F4

Koeffizienten[a]

Modell		Nicht standardisierte Koeffizienten		Standard. Koeffiz.	t	Sig.
		B	Standardfehler	Beta		
1	(Konstante)	2,616	,232		11,296	,000
	F4	,183	,099	,346	1,845	,077

a. Abhängige Variable: FEZ

Erfolg

N = 27

Eingegebene/Entfernte Variablen[a]

Modell	Eingegebene Variablen	Entfernte Variablen	Methode
1	F4[b]		Aufnehmen

a. Abhängige Variable: EZ
b. Alle angeforderten Variablen wurden eingegeben.

Modellübersicht[b]

Modell	R	R-Quadrat	Angepasstes R-Quadrat	Standardfehler der Schätzung	Durbin-Watson
1	,326[a]	,106	,071	,57726	2,121

a. Prädiktoren: (Konstante), F4
b. Abhängige Variable: EZ

ANOVA[a]

Modell		Quadratsumme	df	Mittel der Quadrate	F	Sig.
1	Regression	,992	1	,992	2,978	,097[b]
	Residuum	8,331	25	,333		
	Gesamtsumme	9,323	26			

a. Abhängige Variable: EZ
b. Prädiktoren: (Konstante), F4

Koeffizienten[a]

Modell		Nicht standardisierte Koeffizienten		Standard. Koeffiz.	t	Sig.
		B	Standardfehler	Beta		
1	(Konstante)	2,822	,214		13,206	,000
	F4	,158	,091	,326	1,726	,097

a. Abhängige Variable: EZ

Quelle: Eigene Erhebung und Analyse (vgl. Fragebogen Frage 32 (4) und 14-16, 21-23)

Die Hypothese HF5 muss auf einem Signifikanzniveau von $p \leq 0{,}10$ verworfen werden. Die Vorzeichen der Korrelations- und Regressionskoeffizienten sind zwar hinsichtlich des strategischen Erfolgs (Zusatz) (SEZ, SE) sowie des gesamten Erfolgs (E) positiv und hinsichtlich des finanziellen Erfolgs (Zusatz) (FEZ, FE) sowie des gesamten Erfolgs Zusatz (EZ) negativ, sind jedoch nach dem Verständnis dieser Arbeit nicht signifikant. Damit lässt sich empirisch keine Aussage hinsichtlich des Einflusses des Zeithorizontes für die Bereitstellung der finanziellen Mittel an die VE (F5) auf den Erfolg treffen. Damit kann empirisch der Vorteil von Großunternehmen bei der Finanzierung langfristiger Innovationsvorhaben aufgrund eines geringeren Liquidationsdrucks nicht bestätigt werden.[1555]

Allerdings kann aufgrund der Korrelations- und Regressionskoeffizienten ein sehr schwacher positiver Zusammenhang zwischen der Länge des Zeithorizontes und dem strategischen Erfolg bzw. ein sehr schwacher negativer Zusammenhang hinsichtlich des finanziellen Erfolgs vermutet werden.

Zudem besteht ein mittelstarker, negativer und signifikanter Zusammenhang zwischen der Lange des Zeithorizontes für die Bereitstellung der finanziellen Mittel an die VE (F5) und dem beabsichtigten ICV-Engagement in 5 Jahren gegenüber heute (T). Der bivariate Bravais-Pearson-Korrelationskoeffizient beträgt r=-0,408* bei einem Signifikanzniveau von p=0,035. Die nicht-parametrischen Rangkorrelationskoeffizienten Kendall's Tau bzw. Spearman's Roh verzeichnen Werte von τ=-0,482** auf einem Signifikanzniveau von 0,004 bzw. ρ=-0,543** auf einem Signifikanzniveau von 0,003. Der nicht-standardisierte Regressionskoeffizient beträgt b=-0,532*, der standardisierte Regressionskoeffizient (BETA-Wert) β=-0,408*, das Bestimmtheitsmaß R^2=0,166 und das korrigierte Bestimmtheitsmaß R^2_{korr}=0,133.

Bei Aufnahme der Kontrollvariablen AlterVE, MaVE und KapVE wird der Zusammenhang zwischen F5 und dem langfristigen finanziellen Erfolg Zusatz (LFEZ) schwachsignifikant. Der partielle Korrelationskoeffizient beträgt rp=-0,376$^+$ bei einem Signifikanzniveau von p=0,070. Die hierarchische Regression ergibt einen nicht-standardisierten Regressionskoeffizienten von b=-0,246$^+$ und einen standardisierten Regressionskoeffizienten (BETA-Wert) von β=-0,320$^+$. Die Kontrollvariablen erklären alleine 28,6% der Varianz des langfristigen finanziellen Erfolgs Zusatz (LFEZ). Wird F5 mit aufgenommen, erhöht sich die Varianzaufklärung auf insgesamt 38,7%. Die Kontrollvariable AlterVE hat einen schwachen, positiven und schwachsignifikanten Effekt (b=0,164$^+$; β=0,306$^+$; p=0,099) auf den Zusammenhang zwischen F5 und LFEZ. Die übrigen Kontrollvariablen MaVE und KapVE haben auf dem Niveau $p \leq 0{,}10$ keinen signifikanten Einfluss auf den Zusammenhang zwischen F5 und LFEZ.

[1555] Vgl. Kapitel 3.4.5.

Abbildung 6-65: Zusammenhang F5 und T (Korrelation und Regression)

Korrelationsanalyse (F5, T)

N = 27

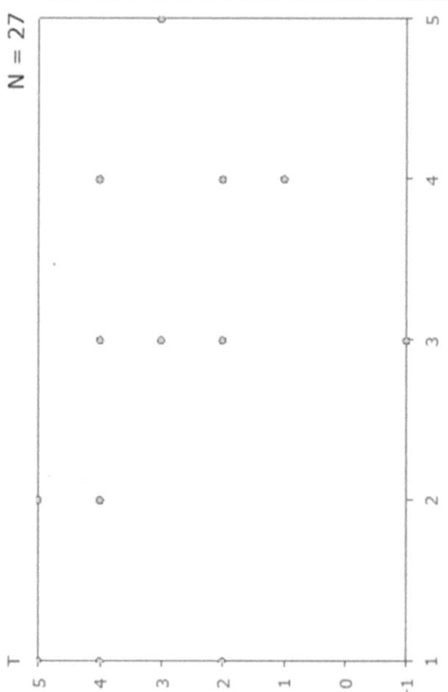

Korrelationen | Signifikanzniveau p (2-seitig)		
r = -0,408*	τ = -0,482**	ρ = -0,543**
P = 0,035	P = 0,004	P = 0,003

Regressionsanalyse (F5, T)

N = 27

Eingegebene/Entfernte Variablen[a]

Modell	Eingegebene Variablen	Entfernte Variablen	Methode
1	F5[b]		Aufnehmen

a. Abhängige Variable: T
b. Alle angeforderten Variablen wurden eingegeben.

Modellübersicht[b]

Modell	R	R-Quadrat	Angepasstes R-Quadrat	Standardfehler der Schätzung	Durbin-Watson
1	,408[a]	,166	,133	1,20634	2,083

a. Prädiktoren: (Konstante), F5
b. Abhängige Variable: T

ANOVA[a]

Modell		Quadratsumme	df	Mittel der Quadrate	F	Sig.
1	Regression	7,248	1	7,248	4,981	,035[b]
	Residuum	36,382	25	1,455		
	Gesamtsumme	43,630	26			

a. Abhängige Variable: T
b. Prädiktoren: (Konstante), F5

Koeffizienten[a]

Modell		Nicht standardisierte Koeffizienten		Standard. Koeffiz.	t	Sig.
		B	Standardfehler	Beta		
1	(Konstante)	4,734	,685		6,913	,000
	F5	-,532	,238	-,408	-2,232	,035

a. Abhängige Variable: T

Quelle: Eigene Erhebung und Analyse (vgl. Fragebogen Frage 32 (5) und 28)

Darüber hinaus beträgt der partielle Korrelationskoeffizient für den Zusammenhang zwischen F5 und dem beabsichtigten ICV-Engagement in 5 Jahren gegenüber heute (T) bei Aufnahme der Kontrollvariablen AlterVE, MaVE und KapVE rp=-0,435* bei einem Signifikanzniveau von p=0,033. Die hierarchische Regression ergibt einen nicht-standardisierten Regressionskoeffizienten von b=-0,549* und einen standardisierten Regressionskoeffizienten (BETA-Wert) von β=-0,421*. Die Kontrollvariablen erklären alleine 7,7% der Varianz des beabsichtigten ICV-Engagements in 5 Jahren gegenüber heute (T). Wird F5 mit aufgenommen, erhöht sich die Varianzaufklärung auf insgesamt 25,2%. Keine der Kontrollvariablen hat auf dem Niveau $p \leq 0,10$ einen signifikanten Einfluss auf den Zusammenhang zwischen F2 und T.

6.4.3.3 Anreiz- und Vergütungssysteme

Die Hypothese HA1 muss auf einem Signifikanzniveau von $p \leq 0,10$ verworfen werden. Es ergibt sich ein positiver linearer Zusammenhang zwischen der Ausrichtung der Anreiz- und Vergütungssysteme an materiellen bzw. monetären Elementen (A1) und dem Erfolg. Damit zeigt sich empirisch die Vorteilhaftigkeit des Einsatzes von materiellen bzw. monetären Elementen bei der Ausgestaltung der Anreiz- und Vergütungssysteme, und es bestätigt sich die Möglichkeit der Addition von intrinsischer und extrinsischer Motivation im Rahmen von Innovationsvorhaben. Materielle bzw. monetäre Anreize stellen demnach nicht nur Hygienefaktoren dar, sondern sind – zumindest kurzfristig – auch Motivatoren. Im Besonderen tragen sie in Form von Risikoprämien dem erhöhten Arbeitsplatzrisiko Rechnung. Extrinsische Motivation verdrängt demnach nicht zwangsläufig intrinsische Motivation, solange die Selbstbestimmung und/oder Selbstachtung der Intrapreneure nicht eingeschränkt wird.[1556] Neben Empowerment in Form von Qualifikation und erweiterten Handlungs- und Entscheidungsräumen wirken vor allem materielle bzw. monetäre Anreize motivierend auf die Intrapreneure und gewährleisten deren konformes Verhalten zu den Unternehmenszielen. Hinsichtlich des kurzfristigen strategischen Erfolgs (KSE) ist der Zusammenhang schwachsignifikant. Der bivariate Bravais-Pearson-Korrelationskoeffizient beträgt $r=0,343^{+}$ bei einem Signifikanzniveau von p=0,080. Die nicht-parametrischen Rangkorrelationskoeffizienten Kendall's Tau bzw. Spearman's Roh sind auf einem Niveau von $p \leq 0,10$ nicht signifikant. Der nicht-standardisierte Regressionskoeffizient beträgt $b=0,162^{+}$, der standardisierte Regressionskoeffizient (BETA-Wert) $\beta=0,343^{+}$, das Bestimmtheitsmaß $R^2=0,118$ und das korrigierte Bestimmtheitsmaß $R^2_{korr}=0,082$. Es handelt sich somit um einen schwachen positiven Zusammenhang, wobei die Ausrichtung der Anreiz- und Vergütungssysteme an materiellen bzw. monetären Elementen (A1) 11,8% der Varianz des kurzfristigen strategischen Erfolgs (KSE) erklärt.

[1556] Vgl. Kapitel 4.3.1.

Die Korrelations- und Regressionskoeffizienten haben zwar auch hinsichtlich des strategischen Erfolgs (Zusatz) (SEZ, SE), des finanziellen Erfolgs (Zusatz) (FEZ, FE) sowie des gesamten Erfolgs (Zusatz) (EZ, E) positive Vorzeichen, sind jedoch nach dem Verständnis dieser Arbeit nicht signifikant. Allerdings kann aufgrund der Korrelations- und Regressionskoeffizienten ein sehr schwacher bis schwacher positiver Zusammenhang zwischen der Ausrichtung der Anreiz- und Vergütungssysteme an materiellen bzw. monetären Elementen und dem Erfolg vermutet werden.

Abbildung 6-66: Zusammenhang A1 und KSE (Korrelation)

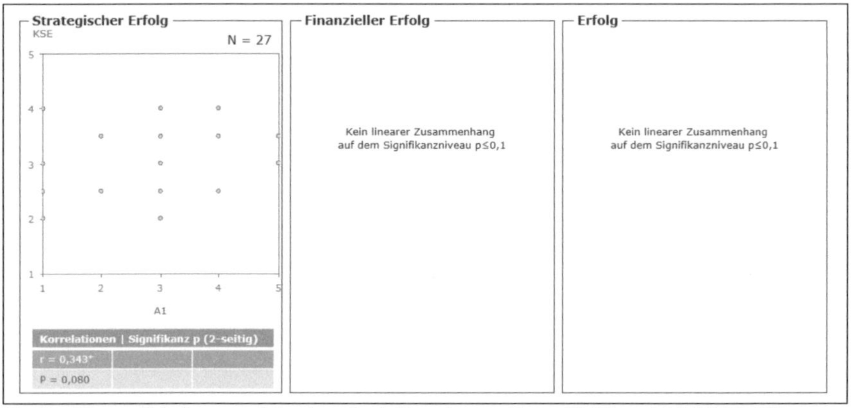

Quelle: Eigene Erhebung und Analyse (vgl. Fragebogen Frage 35 (1) und 14-16, 21-23)

Bei Aufnahme der Kontrollvariablen AlterVE, MaVE und KapVE ist der Zusammenhang zwischen A1 und dem Erfolg nicht mehr signifikant auf dem Niveau $p \leq 0,10$.

Abbildung 6-67: Zusammenhang A1 und KSE (Regression)

Strategischer Erfolg

N = 27

Eingegebene/Entfernte Variablen[a]

Modell	Eingegebene Variablen	Entfernte Variablen	Methode
1	A1[b]		Aufnehmen

a. Abhängige Variable: KSE
b. Alle angeforderten Variablen wurden eingegeben.

Modellübersicht[b]

Modell	R	R-Quadrat	Angepasstes R-Quadrat	Standardfehler der Schätzung	Durbin-Watson
1	,348[a]	,118	,082	,62778	1,851

a. Prädiktoren: (Konstante), A1
b. Abhängige Variable: KSE

ANOVA[a]

Modell		Quadratsumme	df	Mittel der Quadrate	F	Sig.
1	Regression	1,314	1	1,314	3,334	,080[b]
	Residuum	9,853	25	,394		
	Gesamtsumme	1 ,167	26			

a. Abhängige Variable: KSE
b. Prädiktoren: (Konstante), A1

Koeffizienten[a]

Modell		Nichtstandardisierte Koeffizienten		Standard Koeffiz.	t	Sig.
		B	Standardfehler	Beta		
1	(Konstante)	2,766	,277		9,972	,000
	A1	162	,089	,343	1,826	,080

a. Abhängige Variable: KSE

Finanzieller Erfolg

Kein linearer Zusammenhang
auf dem Signifikanzniveau p≤0,1

Erfolg

Kein linearer Zusammenhang
auf dem Signifikanzniveau p≤0,1

Quelle: Eigene Erhebung und Analyse (vgl. Fragebogen Frage 35 (1) und 14-16, 21-23)

Die Hypothese HA2 kann hingegen auf einem Signifikanzniveau von $p \leq 0,10$ bestätigt werden. Es ergibt sich ein positiver linearer Zusammenhang zwischen der Erfolgsbeteiligung der VE-Mitarbeiter am VE-Wertzuwachs (Carried Interest) (A2) und dem Erfolg. Damit kann empirisch die Vorteilhaftigkeit der Übertragung des Carried-Interest-Modells aus der VC-Industrie auf die Unternehmensebene bestätigt werden. Die Erfolgsbeteiligung der Intrapreneure führt zu einem Interessenausgleich zwischen CP und VU bzw. VU und VE und reduziert die Fokussierung der VE-Manager auf risikoärmere inkrementelle Innovationen. Durch eine entsprechende Erfolgsbeteiligung können geeignete leistungsstarke Mitarbeiter gewonnen und gebunden werden, da nach dem Übervarianzprinzip nur diese in der Lage sind, die geforderte Risikoprämie zu erzielen (Selektionsfunktion). Auch wird ein unternehmerisches Umfeld geschaffen, welches motivierend auf die Intrapreneure wirkt (Motivationsfunktion). Des Weiteren können die Intrapreneure noch stärker an den Unternehmenszielen ausgerichtet werden (Koordinationsfunktion).[1557] Die Gefahr der Vernachlässigung strategischer Werte kann empirisch nicht belegt werden. Dies liegt wohl auch daran, dass sich diese letztlich ebenfalls in finanziellen Werten niederschlagen. Hinsichtlich des strategischen Erfolgs Zusatz (SEZ) ist der Zusammenhang schwachsignifikant. Der bivariate Bravais-Pearson-Korrelationskoeffizient beträgt $r=0,324^{+}$ bei einem Signifikanzniveau von $p=0,099$. Die nicht-parametrischen Rangkorrelationskoeffizienten Kendall's Tau bzw. Spearman's Roh sind auf einem Niveau von $p \leq 0,10$ nicht signifikant. Der nicht-standardisierte Regressionskoeffizient beträgt $b=0,189^{+}$, der standardisierte Regressionskoeffizient (BETA-Wert) $\beta=0,324^{+}$, das Bestimmtheitsmaß $R^2=0,105$ und das korrigierte Bestimmtheitsmaß $R^2_{korr}=0,069$. Es handelt sich somit um einen schwachen positiven Zusammenhang, wobei die Erfolgsbeteiligung der VE-Mitarbeiter am VE-Wertzuwachs (Carried Interest) (A2) 10,5% der Varianz des strategischen Erfolgs Zusatz (SEZ) erklärt. Hinsichtlich des strategischen Erfolgs (SE) ist der Zusammenhang auf einem Niveau von $p \leq 0,10$ nicht signifikant.

Der Zusammenhang zum finanziellen Erfolg Zusatz (FEZ) ist ebenfalls schwachsignifikant. Der bivariate Bravais-Pearson-Korrelationskoeffizient beträgt $r=0,347^{+}$ bei einem Signifikanzniveau von $p=0,076$. Die nicht-parametrischen Rangkorrelationskoeffizienten Kendall's Tau bzw. Spearman's Roh sind auf einem Niveau von $p \leq 0,10$ nicht signifikant. Der nicht-standardisierte Regressionskoeffizient beträgt $b=0,232^{+}$, der standardisierte Regressionskoeffizient (BETA-Wert) $\beta=0,347^{+}$, das Bestimmtheitsmaß $R^2=0,120$ und das korrigierte Bestimmtheitsmaß $R^2_{korr}=0,085$. Es handelt sich somit um einen schwachen positiven Zusammenhang, wobei die Erfolgsbeteiligung der VE-Mitarbeiter am VE-Wertzuwachs (Carried Interest) (A2) 12,0% der Varianz des finanziellen Erfolgs Zusatz (FEZ) erklärt. Hinsichtlich

[1557] Vgl. Kapitel 4.3.2.

des finanziellen Erfolgs (FE) ist der Zusammenhang schwach, positiv und signifikant mit $r=0,390^*$ bei $p=0,044$ und $b=0,264^*$, $\beta=0,390^*$, $R^2=0,152$ und $R^2_{korr}=0,118$.

Gegenüber dem gesamten Erfolg Zusatz (EZ) ist der Zusammenhang schwachsignifikant. Der bivariate Bravais-Pearson-Korrelationskoeffizient beträgt $r=0,343^+$ bei einem Signifikanzniveau von $p=0,080$. Die nicht-parametrischen Rangkorrelationskoeffizienten Kendall's Tau bzw. Spearman's Roh sind auf einem Niveau von $p\leq0,10$ nicht signifikant. Der nicht-standardisierte Regressionskoeffizient beträgt $b=0,210^+$, der standardisierte Regressionskoeffizient (BETA-Wert) $\beta=0,343^+$, das Bestimmtheitsmaß $R^2=0,118$ und das korrigierte Bestimmtheitsmaß $R^2_{korr}=0,083$. Es handelt sich somit um einen schwachen positiven Zusammenhang, wobei die Erfolgsbeteiligung der VE-Mitarbeiter am VE-Wertzuwachs (Carried Interest) (A2) 11,8% der Varianz des gesamten Erfolgs Zusatz (EZ) erklärt. Bezogen auf den gesamten Erfolg (E) ist der Zusammenhang auf einem Niveau von $p\leq0,10$ nicht signifikant.

Abbildung 6-68: Zusammenhang A2 und SEZ, FEZ, EZ (Korrelation)

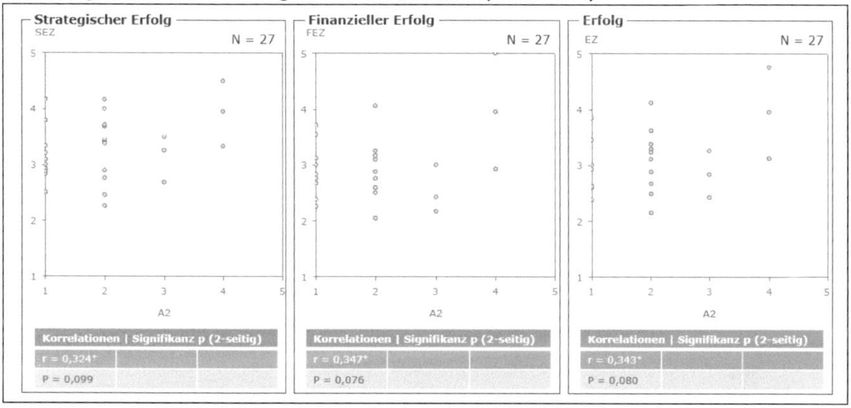

Quelle: Eigene Erhebung und Analyse (vgl. Fragebogen Frage 35 (2) und 14-16, 21-23)

Bei Aufnahme der Kontrollvariablen AlterVE, MaVE und KapVE ist der Zusammenhang zwischen A2 und dem strategischen Erfolg Zusatz (SEZ) nicht mehr signifikant. Lediglich hinsichtlich des kurzfristigen strategischen Erfolgs (KSE) beträgt der partielle Korrelationskoeffizient $rp=0,355^+$ bei einem Signifikanzniveau von $p=0,089$. Die hierarchische Regression ergibt einen nicht-standardisierten Regressionskoeffizienten von $b=0,244^+$ und einen standardisierten Regressionskoeffizienten (BETA-Wert) von $\beta=0,365^+$.

Abbildung 6-69: Zusammenhang A2 und SEZ, FEZ, EZ (Regression)

Strategischer Erfolg

N = 27

Eingegebene/Entfernte Variablen[a]

Modell	Eingegebene Variablen	Entfernte Variablen	Methode
1	A2[b]		Aufnehmen

a. Abhängige Variable: SEZ
b. Alle angeforderten Variablen wurden eingegeben.

Modellübersicht[b]

Modell	R	R-Quadrat	Angepasstes R-Quadrat	Standardfehler der Schätzung	Durbin-Watson
1	,324[a]	,105	,069	,55055	2,033

a. Prädiktoren: (Konstante), A2
b. Abhängige Variable: SEZ

ANOVA[a]

Modell		Quadratsumme	df	Mittel der Quadrate	F	Sig.
1	Regression	,889	1	,889	2,933	,099[b]
	Residuum	7,578	25	,303		
	Gesamtsumme	8,467	26			

a. Abhängige Variable: SEZ
b. Prädiktoren: (Konstante), A2

Koeffizienten[a]

Modell		Nicht standardisierte Koeffizienten		Standard. Koeffiz.	t	Sig.
		B	Standardfehler	Beta		
1	(Konstante)	2,941	,241		12,209	,000
	A2	,189	,110	,324	1,713	,099

a. Abhängige Variable: SEZ

Finanzieller Erfolg

N = 27

Eingegebene/Entfernte Variablen[a]

Modell	Eingegebene Variablen	Entfernte Variablen	Methode
1	A2[b]		Aufnehmen

a. Abhängige Variable: FEZ
b. Alle angeforderten Variablen wurden eingegeben.

Modellübersicht[b]

Modell	R	R-Quadrat	Angepasstes R-Quadrat	Standardfehler der Schätzung	Durbin-Watson
1	,347[a]	,120	,085	,62552	1,938

a. Prädiktoren: (Konstante), A2
b. Abhängige Variable: FEZ

ANOVA[a]

Modell		Quadratsumme	df	Mittel der Quadrate	F	Sig.
1	Regression	1,339	1	1,339	3,422	,076[b]
	Residuum	9,782	25	,391		
	Gesamtsumme	11,121	26			

a. Abhängige Variable: FEZ
b. Prädiktoren: (Konstante), A2

Koeffizienten[a]

Modell		Nicht standardisierte Koeffizienten		Standard. Koeffiz.	t	Sig.
		B	Standardfehler	Beta		
1	(Konstante)	2,527	,274		9,234	,000
	A2	,232	,125	,347	1,850	,076

a. Abhängige Variable: FEZ

Erfolg

N = 27

Eingegebene/Entfernte Variablen[a]

Modell	Eingegebene Variablen	Entfernte Variablen	Methode
1	A2[b]		Aufnehmen

a. Abhängige Variable: EZ
b. Alle angeforderten Variablen wurden eingegeben.

Modellübersicht[b]

Modell	R	R-Quadrat	Angepasstes R-Quadrat	Standardfehler der Schätzung	Durbin-Watson
1	,343[a]	,118	,083	,57356	2,010

a. Prädiktoren: (Konstante), A2
b. Abhängige Variable: EZ

ANOVA[a]

Modell		Quadratsumme	df	Mittel der Quadrate	F	Sig.
1	Regression	1,099	1	1,099	3,340	,080[b]
	Residuum	8,224	25	,329		
	Gesamtsumme	9,323	26			

a. Abhängige Variable: EZ
b. Prädiktoren: (Konstante), A2

Koeffizienten[a]

Modell		Nicht standardisierte Koeffizienten		Standard. Koeffiz.	t	Sig.
		B	Standardfehler	Beta		
1	(Konstante)	2,725	,251		10,861	,000
	A2	,210	,115	,343	1,828	,080

a. Abhängige Variable: EZ

Quelle: Eigene Erhebung und Analyse (vgl. Fragebogen Frage 35 (2) und 14-16, 21-23)

Die Kontrollvariablen erklären alleine 22,4% der Varianz des kurzfristigen strategischen Erfolgs (KSE). Wird A2 mit aufgenommen, erhöht sich die Varianzaufklärung auf insgesamt 32,1%. Die Kontrollvariable AlterVE hat einen schwachen, positiven und schwachsignifikanten Effekt ($b=0{,}166^{+}$; $\beta=0{,}360^{+}$; p=0,074) auf den Zusammenhang zwischen A2 und KSE. Die übrigen Kontrollvariablen MaVE und KapVE haben auf dem Niveau $p\leq 0{,}10$ keinen signifikanten Einfluss auf den Zusammenhang zwischen A2 und KSE.

Auch der Zusammenhang zwischen A2 und dem finanziellen Erfolg Zusatz (FEZ) ist bei Aufnahme der Kontrollvariablen AlterVE, MaVE und KapVE nicht signifikant. Allerdings beträgt der partielle Korrelationskoeffizient hinsichtlich des Zusammenhangs zwischen A2 und dem finanziellen Erfolg (FE) $rp=0{,}349^{+}$ bei einem Signifikanzniveau von p=0,094. Die hierarchische Regression ergibt einen nicht-standardisierten Regressionskoeffizienten von $b=0{,}259^{+}$ und einen standardisierten Regressionskoeffizienten (BETA-Wert) von $\beta=0{,}382^{+}$. Die Kontrollvariablen erklären alleine 12,2% der Varianz des finanziellen Erfolgs (FE). Wird A2 mit aufgenommen, erhöht sich die Varianzaufklärung auf insgesamt 23,0%. Keine der Kontrollvariablen hat auf dem Niveau $p\leq 0{,}10$ einen signifikanten Einfluss auf den Zusammenhang zwischen A2 und FE.

Ebenfalls ist bei Aufnahme der Kontrollvariablen AlterVE, MaVE und KapVE der Zusammenhang zwischen A2 und dem gesamten Erfolg (Zusatz) (EZ, E) nicht signifikant auf dem Niveau $p\leq 0{,}10$.

Die Hypothese HA3 muss auf einem Signifikanzniveau von $p\leq 0{,}10$ verworfen werden. Die Korrelations- und Regressionskoeffizienten haben zwar hinsichtlich des strategischen Erfolgs (Zusatz) (SEZ, SE), des finanziellen Erfolgs (Zusatz) (FEZ, FE) sowie des gesamten Erfolgs (Zusatz) (EZ, E) positive Vorzeichen, sind jedoch nach dem Verständnis dieser Arbeit nicht signifikant. Damit lässt sich empirisch keine Aussage hinsichtlich des Einflusses einer häufigen Rückmeldung des Zielerreichungsgrades an die VE-Mitarbeiter (A3) auf den Erfolg treffen. Die Länge der Zeitdifferenz zwischen der Leistungserbringung und der damit verbundenen Vergütung bzw. Rückmeldung hinsichtlich des Zielerreichungsgrades kann zu einer Reduktion des Anreizeffekts führen.[1558] Dies kann aufgrund der Korrelations- und Regressionskoeffizienten angenommen werden, da diese einen sehr schwachen positiven Zusammenhang zwischen der Häufigkeit der Rückmeldung und dem Erfolg vermuten lassen.

Hingegen kann die Hypothese HA4 auf einem Signifikanzniveau von $p\leq 0{,}10$ bestätigt werden. Es ergibt sich ein positiver linearer Zusammenhang zwischen der Ausrichtung der Anreiz- und Vergütungssysteme am kollektiven VE-Teamerfolg (A4) und dem Erfolg. Damit kann

[1558] Vgl. Kapitel 4.3.3.

empirisch die Vorteilhaftigkeit des VE-Teamerfolgs gegenüber dem individuellen Mitarbeitererfolg als Messgröße bestätigt werden. Dabei ist ein gruppenergebnisbezogenes Anreiz- und Vergütungssystem sowohl aufgrund der Beeinflussbarkeit des Innovationserfolgs durch alle Hierarchieebenen als auch aufgrund der engen Zusammenarbeit und Kooperation verschiedener Mitarbeiter (Gruppenanreizprinzip) erfolgsentscheidend.[1559] Hinsichtlich des kurzfristigen strategischen Erfolgs (KSE) ist der Zusammenhang signifikant. Der bivariate Bravais-Pearson-Korrelationskoeffizient beträgt r=0,384* bei einem Signifikanzniveau von p=0,048. Die nicht-parametrischen Rangkorrelationskoeffizienten Kendall's Tau bzw. Spearman's Roh sind auf einem Niveau von $p \leq 0{,}10$ nicht signifikant. Der nicht-standardisierte Regressionskoeffizient beträgt b=0,285*, der standardisierte Regressionskoeffizient (BETA-Wert) β=0,384*, das Bestimmtheitsmaß R^2=0,147 und das korrigierte Bestimmtheitsmaß R^2_{korr}=0,113. Es handelt sich somit um einen schwachen positiven Zusammenhang, wobei die Erfolgsgröße der Anreiz- und Vergütungssysteme (A4) 14,7% der Varianz des kurzfristigen strategischen Erfolgs (KSE) erklärt.

Die Korrelations- und Regressionskoeffizienten haben zwar auch hinsichtlich des strategischen Erfolgs (Zusatz) (SEZ, SE), des finanziellen Erfolgs (Zusatz) (FEZ, FE) sowie des gesamten Erfolgs (Zusatz) (EZ, E) positive Vorzeichen, sind jedoch nach dem Verständnis dieser Arbeit nicht signifikant. Allerdings kann aufgrund der Korrelations- und Regressionskoeffizienten ein sehr schwacher bis schwacher positiver Zusammenhang zwischen der Ausrichtung der Anreiz- und Vergütungssysteme am kollektiven VE-Teamerfolg (A4) und dem Erfolg vermutet werden.

Abbildung 6-70: Zusammenhang A4 und KSE (Korrelation)

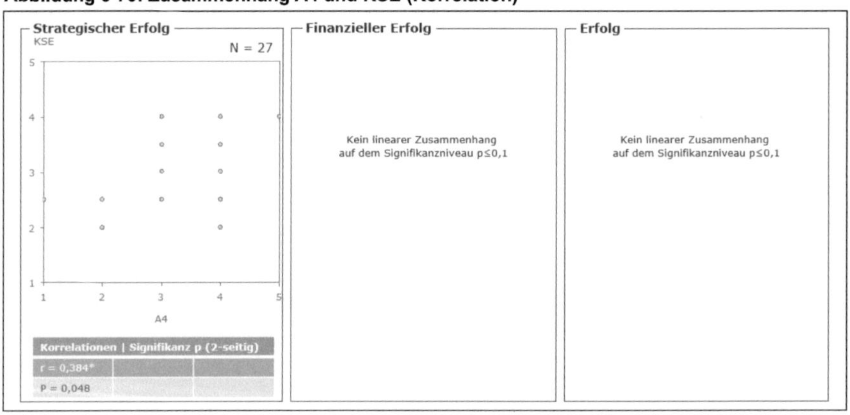

Quelle: Eigene Erhebung und Analyse (vgl. Fragebogen Frage 35 (4) und 14-16, 21-23)

[1559] Vgl. Kapitel 4.3.4.

Abbildung 6-71: Zusammenhang A4 und KSE (Regression)

Strategischer Erfolg

N = 27

Eingegebene/Entfernte Variablen[a]

Modell	Eingegebene Variablen	Entfernte Variablen	Methode
1	A4[b]		Aufnehmen

a. Abhängige Variable: KSE
b. Alle angeforderten Variablen wurden eingegeben.

Modellübersicht[b]

Modell	R	R-Quadrat	Angepasstes R-Quadrat	Standardfehler der Schätzung	Durbin-Watson
1	,384[a]	,147	,113	,61715	1,629

a. Prädiktoren: (Konstante), A4
b. Abhängige Variable: KSE

ANOVA[a]

Modell		Quadratsumme	df	Mittel der Quadrate	F	Sig.
1	Regression	1,645	1	1,645	4,318	,048[b]
	Residuum	9,522	25	,381		
	Gesamtsumme	11,167	26			

a. Abhängige Variable: KSE
b. Prädiktoren: (Konstante), A4

Koeffizienten[a]

Modell		Nicht standardisierte Koeffizienten B	Standardfehler	Standardisierte Koeffizienten Beta	t	Sig.
1	(Konstante)	2,263	,477		4,746	,000
	A4	,285	,137	,384	2,078	,048

a. Abhängige Variable: KSE

Finanzieller Erfolg

Kein linearer Zusammenhang
auf dem Signifikanzniveau p≤0,1

Erfolg

Kein linearer Zusammenhang
auf dem Signifikanzniveau p≤0,1

Quelle: Eigene Erhebung und Analyse (vgl. Fragebogen Frage 35 (4) und 14-16, 21-23)

Bei Aufnahme der Kontrollvariablen AlterVE, MaVE und KapVE beträgt der partielle Korrelationskoeffizient für den Zusammenhang zwischen A4 und dem kurzfristigen strategischen Erfolg (KSE) rp=0,493* bei einem Signifikanzniveau von p=0,014. Die hierarchische Regression ergibt einen nicht-standardisierten Regressionskoeffizienten von b=0,330* und einen standardisierten Regressionskoeffizienten (BETA-Wert) von β=0,445*. Die Kontrollvariablen erklären alleine 22,4% der Varianz des kurzfristigen strategischen Erfolgs (KSE). Wird L5 mit aufgenommen, erhöht sich die Varianzaufklärung auf insgesamt 41,2%. Die Kontrollvariable AlterVE hat einen schwachen, positiven und signifikanten Effekt (b=0,172*; β=0,374*; p=0,047) auf den Zusammenhang zwischen A4 und KSE. Die übrigen Kontrollvariablen MaVE und KapVE haben auf dem Niveau p≤0,10 keinen signifikanten Einfluss auf den Zusammenhang zwischen A4 und KSE.

Darüber hinaus ergibt sich bei Aufnahme der Kontrollvariablen AlterVE, MaVE und KapVE ein schwachsignifikanter Zusammenhang zwischen A4 und dem strategischen Erfolg Zusatz (SEZ). Der partielle Korrelationskoeffizient beträgt rp=0,377^{+} bei einem Signifikanzniveau von p=0,069. Die hierarchische Regression ergibt einen nicht-standardisierten Regressionskoeffizienten von b=0,214^{+} und einen standardisierten Regressionskoeffizienten (BETA-Wert) von β=0,331^{+}. Die Kontrollvariablen erklären alleine 26,7% der Varianz des strategischen Erfolgs Zusatz (SEZ). Wird A4 mit aufgenommen, erhöht sich die Varianzaufklärung auf insgesamt 37,1%. Die Kontrollvariable AlterVE hat einen mittelstarken, positiven und signifikanten Effekt (b=0,169*; β=0,421*; p=0,032) auf den Zusammenhang zwischen A4 und SEZ. Die übrigen Kontrollvariablen MaVE und KapVE haben auf dem Niveau p≤0,10 keinen signifikanten Einfluss auf den Zusammenhang zwischen A4 und SEZ.

Auch ergibt sich bei Aufnahme der Kontrollvariablen AlterVE, MaVE und KapVE ein signifikanter Zusammenhang zwischen A4 und dem gesamten Erfolg (E). Der partielle Korrelationskoeffizient beträgt rp=0,440* bei einem Signifikanzniveau von p=0,031. Die hierarchische Regression ergibt einen nicht-standardisierten Regressionskoeffizienten von b=0,263* und einen standardisierten Regressionskoeffizienten (BETA-Wert) von β=0,396*. Die Kontrollvariablen erklären alleine 22,8% der Varianz des gesamten Erfolgs (E). Wird A4 mit aufgenommen, erhöht sich die Varianzaufklärung auf insgesamt 37,8%. Die Kontrollvariable AlterVE hat einen mittelstarken, positiven und signifikanten Effekt (b=0,180*; β=0,437*; p=0,026) auf den Zusammenhang zwischen A4 und E. Die übrigen Kontrollvariablen MaVE und KapVE haben auf dem Niveau p≤0,10 keinen signifikanten Einfluss auf den Zusammenhang zwischen A4 und E.

Auch kann die Hypothese HA5 auf einem Signifikanzniveau von p≤0,10 bestätigt werden. Es ergibt sich ein positiver linearer Zusammenhang zwischen dem Commitment des Top-

Managements hinsichtlich der VE (A5) und dem Erfolg. Damit kann empirisch die Vorteilhaftigkeit des Top-Management-Commitments bezüglich der Innovationsvorhaben bestätigt werden. Die Einordnung von ICV als Führungskonzept erfordert eine aktive Unterstützung durch das Top-Management. Im Besonderen bei der Umsetzung von Innovationsvorhaben ist eine entsprechende Abstimmung der Anreiz- und Vergütungssysteme zwischen Top-Management und hierarchisch nachgelagerten Managementebenen erfolgsentscheidend.[1560] Hinsichtlich des strategischen Erfolgs Zusatz (SEZ) ist der Zusammenhang signifikant. Der bivariate Bravais-Pearson-Korrelationskoeffizient beträgt r=0,453* bei einem Signifikanzniveau von p=0,018. Die nicht-parametrischen Rangkorrelationskoeffizienten Kendall's Tau bzw. Spearman's Roh verzeichnen Werte von τ=0,374* auf einem Signifikanzniveau von 0,014 bzw. ρ=0,505** auf einem Signifikanzniveau von 0,007. Der nicht-standardisierte Regressionskoeffizient beträgt b=0,231*, der standardisierte Regressionskoeffizient (BETA-Wert) β=0,453*, das Bestimmtheitsmaß R^2=0,206 und das korrigierte Bestimmtheitsmaß R^2_{korr}=0,174. Es handelt sich somit um einen mittelstarken positiven Zusammenhang, wobei das Commitment des Top-Managements hinsichtlich der VE (A5) 20,6% der Varianz des strategischen Erfolgs Zusatz (SEZ) erklärt. Hinsichtlich des strategischen Erfolgs (SE) ist der Zusammenhang schwach, positiv und schwachsignifikant mit r=0,357$^+$ bei p=0,067 und b=0,187$^+$, β=0,357$^+$, R^2=0,128 und R^2_{korr}=0,093.

Abbildung 6-72: Zusammenhang A5 und SEZ, E (Korrelation)

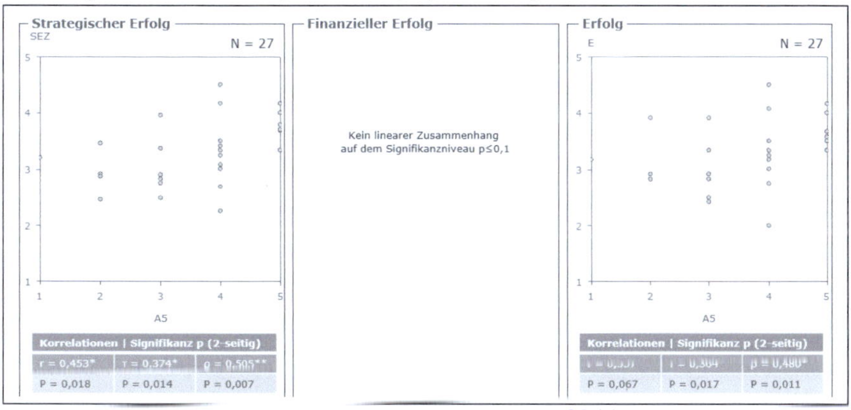

Quelle: Eigene Erhebung und Analyse (vgl. Fragebogen Frage 35 (5) und 14-16, 21-23)

[1560] Vgl. Kapitel 4.3.5.

Abbildung 6-73: Zusammenhang A5 und SEZ, E (Regression)

Strategischer Erfolg

N = 27

Eingegebene/Entfernte Variablen[a]

Modell	Eingegebene Variablen	Entfernte Variablen	Methode
1	A5[b]		Aufnehmen

a. Abhängige Variable: SEZ
b. Alle angeforderten Variablen wurden eingegeben.

Modellübersicht[b]

Modell	R	R-Quadrat	Angepasstes R-Quadrat	Standardfehler der Schätzung	Durbin-Watson
1	,453[a]	,206	,174	,51871	1,854

a. Prädiktoren: (Konstante), A5
b. Abhängige Variable: SEZ

ANOVA[a]

Modell		Quadratsumme	df	Mittel der Quadrate	F	Sig.
1	Regression	1,740	1	1,740	6,467	,018[b]
	Residuum	6,727	25	,269		
	Gesamtsumme	8,467	26			

a. Abhängige Variable: SEZ
b. Prädiktoren: (Konstante), A5

Koeffizienten[a]

Modell		Nicht standardisierte Koeffizienten		Standard. Koeffiz.	t	Sig.
		B	Standardfehler	Beta		
1	(Konstante)	2,480	,342		7,258	,000
	A5	,231	,091	,453	2,543	,018

a. Abhängige Variable: SEZ

Finanzieller Erfolg

Kein linearer Zusammenhang auf dem Signifikanzniveau p≤0,1

Erfolg

N = 27

Eingegebene/Entfernte Variablen[a]

Modell	Eingegebene Variablen	Entfernte Variablen	Methode
1	A5[b]		Aufnehmen

a. Abhängige Variable: E
b. Alle angeforderten Variablen wurden eingegeben.

Modellübersicht[b]

Modell	R	R-Quadrat	Angepasstes R-Quadrat	Standardfehler der Schätzung	Durbin-Watson
1	,357[a]	,128	,093	,55752	1,932

a. Prädiktoren: (Konstante), A5
b. Abhängige Variable: E

ANOVA[a]

Modell		Quadratsumme	df	Mittel der Quadrate	F	Sig.
1	Regression	1,136	1	1,136	3,655	,067[b]
	Residuum	7,771	25	,311		
	Gesamtsumme	8,907	26			

a. Abhängige Variable: E
b. Prädiktoren: (Konstante), A5

Koeffizienten[a]

Modell		Nicht standardisierte Koeffizienten		Standard. Koeffiz.	t	Sig.
		B	Standardfehler	Beta		
1	(Konstante)	2,617	,367		7,127	,000
	A5	,187	,098	,357	1,912	,067

a. Abhängige Variable: E

Quelle: Eigene Erhebung und Analyse (vgl. Fragebogen Frage 35 (5) und 14-16, 21-23)

Die Korrelations- und Regressionskoeffizienten haben zwar auch hinsichtlich des finanziellen Erfolgs (Zusatz) (FEZ, FE) positive Vorzeichen, sind jedoch nach dem Verständnis dieser Arbeit nicht signifikant. Allerdings kann aufgrund der Korrelations- und Regressionskoeffizienten ein schwacher positiver Zusammenhang zwischen dem Commitment des Top-Managements hinsichtlich der VE (A5) und dem finanziellen Erfolg vermutet werden.

Gegenüber dem gesamten Erfolg (E) ist der Zusammenhang schwachsignifikant. Der bivariate Bravais-Pearson-Korrelationskoeffizient beträgt $r=0,357^{+}$ bei einem Signifikanzniveau von $p=0,067$. Die nicht-parametrischen Rangkorrelationskoeffizienten Kendall's Tau bzw. Spearman's Roh verzeichnen Werte von $\tau=0,364^{*}$ auf einem Signifikanzniveau von 0,017 bzw. $\rho=0,480^{*}$ auf einem Signifikanzniveau von 0,011. Der nicht-standardisierte Regressionskoeffizient beträgt $b=0,187^{+}$, der standardisierte Regressionskoeffizient (BETA-Wert) $\beta=0,357^{+}$, das Bestimmtheitsmaß $R^2=0,128$ und das korrigierte Bestimmtheitsmaß $R^2_{korr}=0,093$. Es handelt sich somit um einen schwachen positiven Zusammenhang, wobei das Commitment des Top-Managements hinsichtlich der VE (A5) 12,8% der Varianz des gesamten Erfolgs (E) erklärt. Bezogen auf den gesamten Erfolg Zusatz (EZ) ist der Zusammenhang auf einem Niveau von $p\leq0,10$ nicht signifikant.

Bei Aufnahme der Kontrollvariablen AlterVE, MaVE und KapVE beträgt der partielle Korrelationskoeffizient für den Zusammenhang zwischen A5 und dem strategischen Erfolg Zusatz (SEZ) $rp=0,442^{*}$ bei einem Signifikanzniveau von $p=0,031$. Die hierarchische Regression ergibt einen nicht-standardisierten Regressionskoeffizienten von $b=0,208^{*}$ und einen standardisierten Regressionskoeffizienten (BETA-Wert) von $\beta=0,408^{*}$. Die Kontrollvariablen erklären alleine 26,7% der Varianz des strategischen Erfolgs Zusatz (SEZ). Wird A5 mit aufgenommen, erhöht sich die Varianzaufklärung auf insgesamt 41,0%. Die Kontrollvariable AlterVE hat einen schwachen, positiven und schwachsignifikanten Effekt ($b=0,137^{+}$; $\beta=0,342^{+}$; $p=0,062$) auf den Zusammenhang zwischen A5 und SEZ. Die übrigen Kontrollvariablen MaVE und KapVE haben auf dem Niveau $p\leq0,10$ keinen signifikanten Einfluss auf den Zusammenhang zwischen A5 und SEZ.

Der Zusammenhang zwischen A5 und dem gesamten Erfolg (E) ist bei Aufnahme der Kontrollvariablen MaVE und KapVE nicht mehr signifikant auf dem Niveau $p\leq0,10$.

6.4.3.4 Abbruch und Lernpotenziale

Wird aus L1 eine Stellvertreter-Variable bzw. Dummy-Variable (DummyL1) für einen rechtzeitigen Abbruch erfolgloser VE gebildet, wobei der Wert 3 in den Wert 1 überführt wird und die übrigen Werte in den Wert 0, kann die Hypothese HL1 auf einem Signifikanzniveau von $p\leq0,10$ bestätigt werden. Es ergibt sich ein positiver linearer Zusammenhang zwischen dem rechtzeitigen Abbruch erfolgloser VE (DummyL1) und dem Erfolg. Damit kann empirisch die Vorteilhaftigkeit eines rechtzeitigen Abbruchs erfolgloser VE und damit die Allokation der begrenzten Ressourcen auf Erfolg versprechende VE im Rahmen von Innovationsvorhaben bestätigt werden.[1561] Hinsichtlich des langfristigen strategischen Erfolgs (LSE) ist der Zusammenhang signifikant. Der bivariate Bravais-Pearson-Korrelationskoeffizient beträgt r=0,420* bei einem Signifikanzniveau von p=0,029. Die nicht-parametrischen Rangkorrelationskoeffizienten Kendall's Tau bzw. Spearman's Roh verzeichnen Werte von τ=343* auf einem Signifikanzniveau von 0,044 bzw. ρ=396* auf einem Signifikanzniveau von 0,041. Der nicht-standardisierte Regressionskoeffizient beträgt b=0,600*, der standardisierte Regressionskoeffizient (BETA-Wert) β=0,420*, das Bestimmtheitsmaß R^2=0,176 und das korrigierte Bestimmtheitsmaß R^2_{korr}=0,143. Es handelt sich somit um einen mittelstarken positiven Zusammenhang, wobei der rechtzeitige Abbruch erfolgloser VE (DummyL1) 17,6% der Varianz des langfristigen strategischen Erfolgs erklärt.

Die Korrelations- und Regressionskoeffizienten haben zwar auch hinsichtlich des strategischen Erfolgs (Zusatz) (SEZ, SE), des finanziellen Erfolgs (Zusatz) (FEZ, FE) sowie des gesamten Erfolgs (Zusatz) (EZ, E) positive Vorzeichen, sind jedoch nach dem Verständnis dieser Arbeit nicht signifikant. Allerdings kann aufgrund der Korrelations- und Regressionskoeffizienten ein sehr schwacher bis schwacher positiver Zusammenhang zwischen einem rechtzeitigen Abbruch unrentabler VE (DummyL1) und dem Erfolg vermutet werden.

Abbildung 6-74: Zusammenhang DummyL1 und LSE (Korrelation)

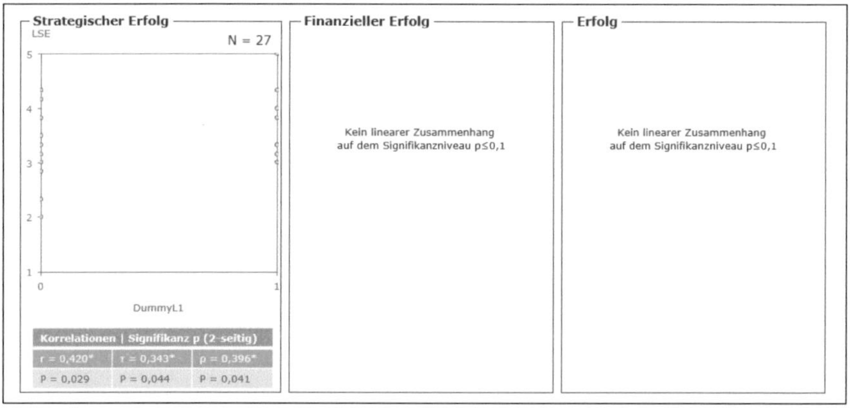

Quelle: Eigene Erhebung und Analyse (vgl. Fragebogen Frage 37 (1) und 14-16, 21-23)

[1561] Vgl. Kapitel 4.4.1.

Abbildung 6-75: Zusammenhang DummyL1 und LSE (Regression)

Strategischer Erfolg

N = 27

Eingegebene/Entfernte Variablen[a]

Modell	Eingegebene Variablen	Entfernte Variablen	Methode
1	DummyL1[b]		Aufnehmen

a. Abhängige Variable: LSE
b. Alle angeforderten Variablen wurden eingegeben

Modellübersicht[b]

Modell	R	R-Quadrat	Angepasstes R-Quadrat	Standardfehler der Schätzung	Durbin-Watson
1	,420[a]	,176	,143	,59127	2,153

a. Prädiktoren: (Konstante), DummyL1
b. Abhängige Variable: LSE

ANOVA[a]

Modell		Quadratsumme	df	Mittel der Quadrate	F	Sig.
1	Regression	1,867	1	1,867	5,339	,029[b]
	Residuum	8,740	25	,350		
	Gesamtsumme	10,607	26			

a. Abhängige Variable: LSE
b. Prädiktoren: (Konstante), DummyL1

Koeffizienten[a]

Modell		Nicht standardisierte Koeffizienten B	Standardfehler	Standard. Koeffiz. Beta	t	Sig.
1	(Konstante)	3,200	,132		24,204	,000
	DummyL1	,600	,260	,420	2,311	,029

a. Abhängige Variable: LSE

Finanzieller Erfolg

Kein linearer Zusammenhang auf dem Signifikanzniveau p≤0,1

Erfolg

Kein linearer Zusammenhang auf dem Signifikanzniveau p≤0,1

Quelle: Eigene Erhebung und Analyse (vgl. Fragebogen Frage 37 (1) und 14-16, 21-23)

Bei Aufnahme der Kontrollvariablen AlterVE, MaVE und KapVE beträgt der partielle Korrelationskoeffizient für den Zusammenhang zwischen DummyL1 und dem langfristigen strategischen Erfolg (LSE) rp=0,644** bei einem Signifikanzniveau von p=0,001. Die hierarchische Regression ergibt einen nicht-standardisierten Regressionskoeffizienten von b=0,910** und einen standardisierten Regressionskoeffizienten (BETA-Wert) von β=0,636**. Die Kontrollvariablen erklären alleine 15,2% der Varianz des langfristigen strategischen Erfolgs (LSE). Wird DummyL1 mit aufgenommen, erhöht sich die Varianzaufklärung auf insgesamt 50,4%. Die Kontrollvariable AlterVE hat einen mittelstarken, positiven und hochsignifikanten Effekt (b=0,220**; β=0,489**; p=0,007) auf den Zusammenhang zwischen DummyL1 und LSE. Die übrigen Kontrollvariablen MaVE und KapVE haben auf dem Niveau $p \leq 0,10$ keinen signifikanten Einfluss auf den Zusammenahng zwischen DummyL1 und LSE. Für den Zusammenhang zwischen DummyL1 und dem strategischen Erfolg (SE) beträgt der partielle Korrelationskoeffizient bei Aufnahme der Kontrollvariablen AlterVE, MaVE und KapVE $rp=0,403^{+}$ bei einem Signifikanzniveau von p=0,051. Die hierarchische Regression ergibt einen nicht-standardisierten Regressionskoeffizienten von $b=0,498^{+}$ und einen standardisierten Regressionskoeffizienten (BETA-Wert) von $\beta=0,380^{+}$. Die Kontrollvariablen erklären alleine 22,8% der Varianz des strategischen Erfolgs (SE). Wird DummyL1 mit aufgenommen, erhöht sich die Varianzaufklärung auf insgesamt 35,4%. Die Kontrollvariable AlterVE hat einen mittelstarken, positiven und signifikanten Effekt (b=0,181*; β=0,438*; p=0,028) auf den Zusammenhang zwischen DummyL1 und SE. Die übrigen Kontrollvariablen MaVE und KapVE haben auf dem Niveau $p \leq 0,10$ keinen signifikanten Einfluss auf den Zusammenhang zwischen DummyL1 und SE.

Für den Zusammenhang zwischen DummyL1 und dem finanziellen Erfolg Zusatz (FEZ) beträgt der partielle Korrelationskoeffizient rp=0,485* bei einem Signifikanzniveau von p=0,016. Die hierarchische Regression ergibt einen nicht-standardisierten Regressionskoeffizienten von b=0,694* und einen standardisierten Regressionskoeffizienten (BETA-Wert) von β=0,474*. Die Kontrollvariablen erklären alleine 17,2% der Varianz des finanziellen Erfolgs Zusatz (FEZ). Wird DummyL1 mit aufgenommen, erhöht sich die Varianzaufklärung auf insgesamt 36,7%. Die Kontrollvariable AlterVE hat einen schwachen, positiven und schwachsignifikanten Effekt ($b=0,150^{+}$; $\beta=0,326^{+}$; p=0,092) auf den Zusammenhang zwischen DummyL1 und FEZ. Die übrigen Kontrollvariablen MaVE und KapVE haben auf dem Niveau $p \leq 0,10$ keinen signifikanten Einfluss auf den Zusammenhang zwischen DummyL1 und FEZ. Hinsichtlich des Zusammenhangs zwischen DummyL1 und dem gesamten Erfolg Zusatz (EZ) beträgt der partielle Korrelationskoeffizient rp=0,427* bei einem Signifikanzniveau von p=0,037. Die hierarchische Regression ergibt einen nicht-standardisierten Regressionskoeffizienten von b=0,540* und einen standardisierten Regressionskoeffizienten (BETA-Wert) von β=0,403*. Die Kontrollvariablen erklären alleine 22,8% der Varianz des gesamten Erfolgs Zusatz (EZ). Wird DummyL1 mit aufgenommen, erhöht sich die Varianzaufklärung auf insgesamt 36,9%. Die Kontrollvariable AlterVE hat einen mittelstarken, positiven und signifikanten Effekt (b=0,170*; β=0,404*; p=0,039) auf den Zusammenhang zwischen DummyL1 und EZ. Die übrigen Kontrollvariablen MaVE und KapVE haben auf dem Niveau p≤0,10 keinen signifikanten Einfluss auf den Zusammenhang zwischen DummyL1 und EZ.

Die Hypothese HL2 muss hingegen auf einem Signifikanzniveau von p≤0,10 verworfen werden. Zwar haben die Korrelations- und Regressionskoeffizienten hinsichtlich des strategischen Erfolgs (Zusatz) (SEZ, SE), des finanziellen Erfolgs (Zusatz) (FEZ, FE) sowie des gesamten Erfolgs (Zusatz) (EZ, E) positive Vorzeichen, sind jedoch nach dem Verständnis dieser Arbeit nicht signifikant. Damit hat die Allokation der Entscheidungshoheit hinsichtlich des Abbruchs von VE entweder beim Top-Management des CP oder bei der VU bzw. dem mittleren Management empirisch keinen Einfluss auf den Erfolg. Die Korrelations- und Regressionskoeffizienten lassen jedoch einen sehr schwachen positiven Zusammenhang zwischen der Allokation der Entscheidungshoheit hinsichtlich Abbruch einer VE aufseiten der VU bzw. dem mittleren Management und dem Erfolg vermuten. Hierdurch könnte die VU bzw. das mittlere Management schnell auf Misserfolge reagieren. Auch entspricht dies der geforderten Kombination der durch das CP bereitgestellten finanziellen Mittel und deren Selbstverwaltung durch die VU im Rahmen eines Intra-Kapital-Systems.

Die Hypothese HL3 kann auf einem Signifikanzniveau von p≤0,10 bestätigt werden. Es ergibt sich ein positiver linearer Zusammenhang zwischen dem Umfang der Analyse der Erfolgs- bzw. Misserfolgsfaktoren (L3) und dem Erfolg. Damit kann empirisch die Vorteilhaftigkeit einer detaillierten und kontinuierlichen Analyse der Erfolgs- bzw. Misserfolgsfaktoren von Innovationsvorhaben bestätigt werden. Grundlegend hierfür sind individuelle und organisationale Lernprozesse, wodurch neues Wissen generiert und damit die Wissensbasis des Unternehmens kontinuierlich verändert und weiterentwickelt wird. Organisationales Lernen basiert dabei auf den drei Phasen der Wissens-Schaffung, der Wissens-Verbreitung und der Wissens-Veränderung.[1562] Erfolgsentscheidend sind somit individuelle und organisationale Lerneffekte im Rahmen von (Miss-)Erfolgen und das experimentelle Lernen in Anlehnung an die Trial-and-Error-Theorie nach Thorndike. Hinsichtlich des strategischen Erfolgs Zusatz (SEZ) ist der Zusammenhang schwachsignifikant. Der bivariate Bravais-Pearson-Korrelationskoeffizient beträgt $r=0{,}368^{+}$ bei einem Signifikanzniveau von p=0,059. Die nicht-parametrischen Rangkorrelationskoeffizienten Kendall's Tau bzw. Spearman's Roh verzeichnen Werte von

[1562] Vgl. Kapitel 4.4.3.

$\tau=0{,}284^{+}$ auf einem Signifikanzniveau von 0,063 bzw. $\rho=0{,}347^{+}$ auf einem Signifikanzniveau von 0,076. Der nicht-standardisierte Regressionskoeffizient beträgt $b=0{,}207^{+}$, der standardisierte Regressionskoeffizient (BETA-Wert) $\beta=0{,}368^{+}$, das Bestimmtheitsmaß $R^2=0{,}136$ und das korrigierte Bestimmtheitsmaß $R^2_{korr}=0{,}101$. Es handelt sich somit um einen schwachen positiven Zusammenhang, wobei der Umfang der Analyse der Erfolgs- bzw. Misserfolgsfaktoren (L3) 13,6% der Varianz des strategischen Erfolgs Zusatz (SEZ) erklärt. Hinsichtlich des strategischen Erfolgs (SE) ist der Zusammenhang schwach, positiv und schwachsignifikant mit $r=0{,}355^{+}$ bei $p=0{,}069$ und $b=0{,}205^{+}$, $\beta=0{,}355^{+}$, $R^2=0{,}126$ und $R^2_{korr}=0{,}091$.

Auch der Zusammenhang zum finanziellen Erfolg Zusatz (FEZ) ist schwachsignifikant. Der bivariate Bravais-Pearson-Korrelationskoeffizient beträgt $r=0{,}330^{+}$ bei einem Signifikanzniveau von $p=0{,}093$. Die nicht-parametrischen Rangkorrelationskoeffizienten Kendall's Tau bzw. Spearman's Roh sind auf einem Niveau von $p\leq0{,}10$ nicht signifikant. Der nicht-standardisierte Regressionskoeffizient beträgt $b=0{,}213^{+}$, der standardisierte Regressionskoeffizient (BETA-Wert) $\beta=0{,}330^{+}$, das Bestimmtheitsmaß $R^2=0{,}109$ und das korrigierte Bestimmtheitsmaß $R^2_{korr}=0{,}073$. Es handelt sich somit um einen schwachen positiven Zusammenhang, wobei der Umfang der Analyse der Erfolgs- bzw. Misserfolgsfaktoren (L3) 10,9% der Varianz des finanziellen Erfolgs Zusatz (FEZ) erklärt. Hinsichtlich des finanziellen Erfolgs (FE) ist der Zusammenhang schwach, positiv und schwachsignifikant mit $r=0{,}365^{+}$ bei $p=0{,}061$ und $b=0{,}239^{+}$, $\beta=0{,}365^{+}$, $R^2=0{,}133$ und $R^2_{korr}=0{,}098$.

Gegenüber dem gesamten Erfolg Zusatz (EZ) ist der Zusammenhang ebenfalls schwachsignifikant. Der bivariate Bravais-Pearson-Korrelationskoeffizient beträgt $r=0{,}364^{+}$ bei einem Signifikanzniveau von $p=0{,}062$. Die nicht-parametrischen Rangkorrelationskoeffizienten Kendall's Tau bzw. Spearman's Roh verzeichnen Werte von $\tau=0{,}270^{+}$ auf einem Signifikanzniveau von 0,076 bzw. $\rho=0{,}337^{+}$ auf einem Signifikanzniveau von 0,085. Der nicht-standardisierte Regressionskoeffizient beträgt $b=0{,}215^{+}$, der standardisierte Regressionskoeffizient (BETA-Wert) $\beta=0{,}364^{+}$, das Bestimmtheitsmaß $R^2=0{,}133$ und das korrigierte Bestimmtheitsmaß $R^2_{korr}=0{,}098$. Es handelt sich somit um einen schwachen positiven Zusammenhang, wobei der Umfang der Analyse der Erfolgs- bzw. Misserfolgsfaktoren (L3) 13,3% der Varianz des gesamten Erfolgs Zusatz (EZ) erklärt. Auch bezogen auf den gesamten Erfolg (E) ist der Zusammenhang schwach, positiv und schwachsignifikant mit $r=0{,}355^{+}$ bei $p=0{,}069$ und $b=0{,}205^{+}$, $\beta=0{,}355^{+}$, $R^2=0{,}126$ und $R^2_{korr}=0{,}091$.

Bei Aufnahme der Kontrollvariablen AlterVE, MaVE und KapVE beträgt der partielle Korrelationskoeffizient für den Zusammenhang zwischen L3 und dem strategischen Erfolg Zusatz (SEZ) $r_p=0{,}449^{*}$ bei einem Signifikanzniveau von $p=0{,}028$. Die hierarchische Regression ergibt einen nicht-standardisierten Regressionskoeffizienten von b=0,224* und einen standardisierten Regressionskoeffizienten (BETA-Wert) von β=0,398*.

Abbildung 6-76: Zusammenhang L3 und SEZ, FEZ, EZ (Korrelation)

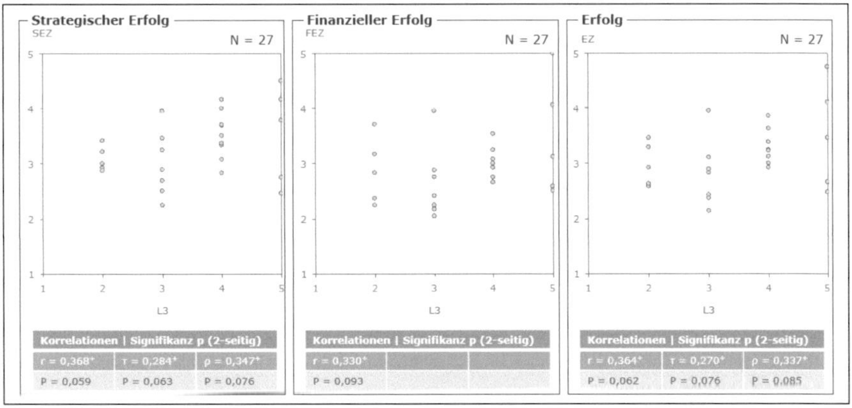

Quelle: Eigene Erhebung und Analyse (vgl. Fragebogen Frage 37 (3) und 14-16, 21-23)

Die Kontrollvariablen erklären alleine 26,7% der Varianz des strategischen Erfolgs Zusatz (SEZ). Wird L3 mit aufgenommen, erhöht sich die Varianzaufklärung auf insgesamt 41,4%. Die Kontrollvariable AlterVE hat einen schwachen, positiven und signifikanten Effekt (b=0,145*; β=0,362*; p=0,048) auf den Zusammenhang zwischen L3 und SEZ. Die übrigen Kontrollvariablen MaVE und KapVE haben auf dem Niveau p≤0,10 keinen signifikanten Einfluss auf den Zusammenhang zwischen L3 und SEZ.

Für den Zusammenhang zwischen L3 und dem finanziellen Erfolg Zusatz (FEZ) beträgt der partielle Korrelationskoeffizient rp=0,408* bei einem Signifikanzniveau von p=0,048. Die hierarchische Regression ergibt einen nicht-standardisierten Regressionskoeffizienten von b=0,248* und einen standardisierten Regressionskoeffizienten (BETA-Wert) von β=0,385*. Die Kontrollvariablen erklären alleine 17,2% der Varianz des finanziellen Erfolgs Zusatz (FEZ). Wird L3 mit aufgenommen, erhöht sich die Varianzaufklärung auf insgesamt 31,0%. Keine der Kontrollvariablen hat auf dem Niveau p≤0,10 einen signifikanten Einfluss auf den Zusammenhang zwischen L3 und FEZ.

Hinsichtlich des Zusammenhangs zwischen L3 und dem gesamten Erfolg Zusatz (EZ) beträgt der partielle Korrelationskoeffizient rp=0,450* bei einem Signifikanzniveau von p=0,027. Die hierarchische Regression ergibt einen nicht-standardisierten Regressionskoeffizienten von b=0,242* und einen standardisierten Regressionskoeffizienten (BETA-Wert) von β=0,409*.

Abbildung 6-77: Zusammenhang L3 und SEZ, FEZ, EZ (Regression)

Strategischer Erfolg

N = 27

Eingegebene/Entfernte Variablen[a]

Modell	Eingegebene Variablen	Entfernte Variablen	Methode
1	L3[b]		Aufnehmen

a. Abhängige Variable: SEZ
b. Alle angeforderten Variablen wurden eingegeben.

Modellübersicht[b]

Modell	R	R-Quadrat	Angepasstes R-Quadrat	Standardfehler der Schätzung	Durbin-Watson
1	,368[a]	,136	,101	,54105	2,347

a. Prädiktoren: (Konstante), L3
b. Abhängige Variable: SEZ

ANOVA[a]

Modell		Quadratsumme	df	Mittel der Quadrate	F	Sig.
1	Regression	1,148	1	1,148	3,922	,059[b]
	Residuum	7,319	25	,293		
	Gesamtsumme	8,467	26			

a. Abhängige Variable: SEZ
b. Prädiktoren: (Konstante), L3

Koeffizienten[a]

Modell		Nicht standardisierte Koeffizienten		Standard. Koeffiz.	t	Sig.
		B	Standardfehler	Beta		
1	(Konstante)	2,573	,387		6,653	,000
	L3	,208	,105	,368	1,980	,059

a. Abhängige Variable: SEZ

Finanzieller Erfolg

N = 27

Eingegebene/Entfernte Variablen[a]

Modell	Eingegebene Variablen	Entfernte Variablen	Methode
1	L3[b]		Aufnehmen

a. Abhängige Variable: FEZ
b. Alle angeforderten Variablen wurden eingegeben.

Modellübersicht[b]

Modell	R	R-Quadrat	Angepasstes R-Quadrat	Standardfehler der Schätzung	Durbin-Watson
1	,330[a]	,109	,073	,62966	2,194

a. Prädiktoren: (Konstante), L3
b. Abhängige Variable: FEZ

ANOVA[a]

Modell		Quadratsumme	df	Mittel der Quadrate	F	Sig.
1	Regression	1,209	1	1,209	3,049	,093[b]
	Residuum	9,912	25	,396		
	Gesamtsumme	11,121	26			

a. Abhängige Variable: FEZ
b. Prädiktoren: (Konstante), L3

Koeffizienten[a]

Modell		Nicht standardisierte Koeffizienten		Standard. Koeffiz.	t	Sig.
		B	Standardfehler	Beta		
1	(Konstante)	2,224	,450		4,941	,000
	L3	,213	,122	,330	1,746	,093

a. Abhängige Variable: FEZ

Erfolg

N = 27

Eingegebene/Entfernte Variablen[a]

Modell	Eingegebene Variablen	Entfernte Variablen	Methode
1	L3[b]		Aufnehmen

a. Abhängige Variable: EZ
b. Alle angeforderten Variablen wurden eingegeben.

Modellübersicht[b]

Modell	R	R-Quadrat	Angepasstes R-Quadrat	Standardfehler der Schätzung	Durbin-Watson
1	,364[a]	,133	,098	,56870	2,289

a. Prädiktoren: (Konstante), L3
b. Abhängige Variable: EZ

ANOVA[a]

Modell		Quadratsumme	df	Mittel der Quadrate	F	Sig.
1	Regression	1,237	1	1,237	3,826	,062[b]
	Residuum	8,086	25	,323		
	Gesamtsumme	9,323	26			

a. Abhängige Variable: EZ
b. Prädiktoren: (Konstante), L3

Koeffizienten[a]

Modell		Nicht standardisierte Koeffizienten		Standard. Koeffiz.	t	Sig.
		B	Standardfehler	Beta		
1	(Konstante)	2,371	,407		5,832	,000
	L3	,215	,110	,364	1,956	,062

a. Abhängige Variable: EZ

Quelle: Eigene Erhebung und Analyse (vgl. Fragebogen Frage 37 (3) und 14-16, 21-23)

Die Kontrollvariablen erklären alleine 22,8% der Varianz des gesamten Erfolgs Zusatz (EZ). Wird L3 mit aufgenommen, erhöht sich die Varianzaufklärung auf insgesamt 38,4%.

Die Kontrollvariable AlterVE hat einen schwachen, positiven und schwachsignifikanten Effekt ($b=0,137^+$; $\beta=0,325^+$; $p=0,081$) auf den Zusammenhang zwischen L3 und EZ. Die übrigen Kontrollvariablen MaVE und KapVE haben auf dem Niveau $p\leq0,10$ keinen signifikanten Einfluss auf den Zusammenhang zwischen L3 und EZ.

Die Hypothese HL4 kann ebenfalls auf einem Signifikanzniveau von $p\leq0,10$ bestätigt werden. Es ergibt sich ein positiver linearer Zusammenhang zwischen der Intensität des Wissens- und Kompetenzaustausches (L4) und dem Erfolg. Damit kann empirisch die Vorteilhaftigkeit eines Wissens- und Kompetenzaustausches zwischen den VE sowie zwischen den VE und der VU bzw. dem CP bestätigt werden. Hierzu ist das individuelle Wissen der Mitarbeiter zu kollektivieren und anschließend zu institutionalisieren, indem Handlungsregeln abgeleitet und in konkrete Handlungsabläufe überführt werden.[1563] Hinsichtlich des strategischen Erfolgs Zusatz (SEZ) ist der Zusammenhang signifikant. Der bivariate Bravais-Pearson-Korrelationskoeffizient beträgt $r=0,390^*$ bei einem Signifikanzniveau von $p=0,044$. Die nicht-parametrischen Rangkorrelationskoeffizienten Kendall's Tau bzw. Spearman's Roh verzeichnen Werte von $\tau=0,269^+$ auf einem Signifikanzniveau von 0,076 bzw. $\rho=0,327^+$ auf einem Signifikanzniveau von 0,096. Der nicht-standardisierte Regressionskoeffizient beträgt $b=0,196^*$, der standardisierte Regressionskoeffizient (BETA-Wert) $\beta=0,390^*$, das Bestimmtheitsmaß $R^2=0,152$ und das korrigierte Bestimmtheitsmaß $R^2_{korr}=0,118$. Es handelt sich somit um einen schwachen positiven Zusammenhang, wobei die Intensität des Wissens- und Kompetenzaustausches (L4) 15,2% der Varianz des strategischen Erfolgs Zusatz (SEZ) erklärt. Hinsichtlich des strategischen Erfolgs (SE) ist der Zusammenhang schwach, positiv und schwachsignifikant mit $r=0,379^+$ bei $p=0,051$ und $b=0,196^+$, $\beta=0,379^+$, $R^2=0,144$ und $R^2_{korr}=0,110$.

Auch der Zusammenhang zum finanziellen Erfolg Zusatz (FEZ) ist signifikant. Der bivariate Bravais-Pearson-Korrelationskoeffizient beträgt $r=0,419^*$ bei einem Signifikanzniveau von $p=0,030$. Der nicht-parametrische Rangkorrelationskoeffizient Kendall's Tau verzeichnet einen Wert von $\tau=0,233^+$ auf einem Signifikanzniveau von 0,096. Der nicht-parametrische Rangkorrelationskoeffizient Spearman's Roh ist auf einem Niveau von $p\leq0,10$ nicht signifikant. Der nicht-standardisierte Regressionskoeffizient beträgt $b=0,242^*$, der standardisierte Regressionskoeffizient (BETA-Wert) $\beta=0,419^*$, das Bestimmtheitsmaß $R^2=0,175$ und das korrigierte Bestimmtheitsmaß $R^2_{korr}=0,142$. Es handelt sich somit um einen mittelstarken positiven Zusammenhang, wobei die Intensität des Wissens- und Kompetenzaustausches (L4)

[1563] Vgl. Kapitel 4.4.4

17,5% der Varianz des finanziellen Erfolgs Zusatz (FEZ) erklärt. Hinsichtlich des finanziellen Erfolgs (FE) ist der Zusammenhang ebenfalls mittelstark, positiv und signifikant mit r=0,427* bei p=0,026 und b=0,250*, β=0,427*, R^2=0,182 und R^2_{korr}=0,150.

Gegenüber dem gesamten Erfolg Zusatz (EZ) ist der Zusammenhang ebenfalls signifikant. Der bivariate Bravais-Pearson-Korrelationskoeffizient beträgt r=0,417* bei einem Signifikanzniveau von p=0,031. Die nicht-parametrischen Rangkorrelationskoeffizienten Kendall's Tau bzw. Spearman's Roh verzeichnen Werte von τ=0,269$^+$ auf einem Signifikanzniveau von 0,076 bzw. ρ=0,345$^+$ auf einem Signifikanzniveau von 0,078. Der nicht-standardisierte Regressionskoeffizient beträgt b=0,220*, der standardisierte Regressionskoeffizient (BETA-Wert) β=0,417*, das Bestimmtheitsmaß R^2=0,174 und das korrigierte Bestimmtheitsmaß R^2_{korr}=0,140. Es handelt sich somit um einen mittelstarken positiven Zusammenhang, wobei die Intensität des Wissens- und Kompetenzaustausches (L4) 17,4% der Varianz des gesamten Erfolgs Zusatz (EZ) erklärt. Bezogen auf den gesamten Erfolg (E) ist der Zusammenhang schwach, positiv und schwachsignifikant mit r=0,379$^+$ bei p=0,051 und b=0,196$^+$, β=0,379$^+$, R^2=0,144 und R^2_{korr}=0,110.

Abbildung 6-78: Zusammenhang L4 und SEZ, FEZ, EZ (Korrelation)

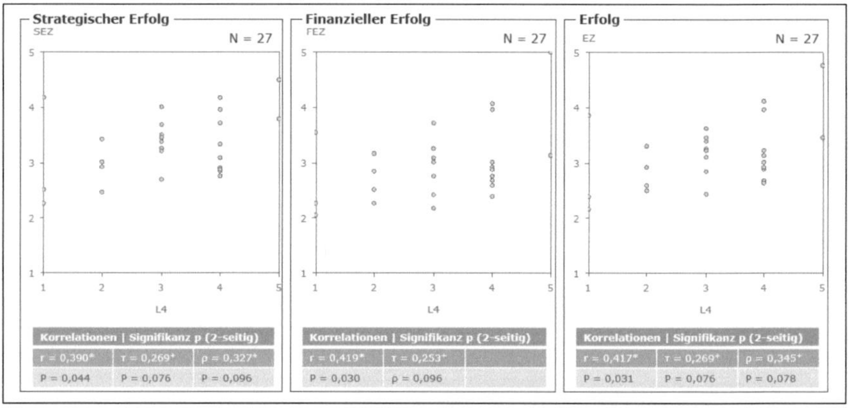

Quelle: Eigene Erhebung und Analyse (vgl. Fragebogen Frage 37 (4) und 14-16, 21-23)

Bei Aufnahme der Kontrollvariablen AlterVE, MaVE und KapVE beträgt der partielle Korrelationskoeffizient für den Zusammenhang zwischen L4 und dem strategischen Erfolg Zusatz (SEZ) rp=0,428* bei einem Signifikanzniveau von p=0,037. Die hierarchische Regression ergibt einen nicht-standardisierten Regressionskoeffizienten von b=0,188* und einen standardisierten Regressionskoeffizienten (BETA-Wert) von β=0,373*. Die Kontrollvariablen erklären alleine 26,7% der Varianz des strategischen Erfolgs Zusatz (SEZ).

Abbildung 6-79: Zusammenhang L4 und SEZ, FEZ, EZ (Regression)

Strategischer Erfolg

N = 27

Eingegebene/Entfernte Variablen[a]

Modell	Eingegebene Variablen	Entfernte Variablen	Methode
1	L4[b]		Aufnehmen

a. Abhängige Variable: SEZ
b. Alle angeforderten Variablen wurden eingegeben

Modellübersicht[b]

Modell	R	R-Quadrat	Angepasstes R-Quadrat	Standardfehler der Schätzung	Durbin-Watson
1	,390[a]	,52	,118	,53592	2,648

a. Prädiktoren: (Konstante), L4
b. Abhängige Variable: SEZ

ANOVA[a]

Modell		Quadratsumme	df	Mittel der Quadrate	F	Sig.
1	Regression	1,286	1	1,286	4,479	,044[b]
	Residuum	7,180	25	,287		
	Gesamtsumme	8,467	26			

a. Abhängige Variable: SEZ
b. Prädiktoren: (Konstante), L4

Koeffizienten[a]

Modell		Nicht standardisierte Koeffizienten		Standard Koeffiz	t	Sig.
		B	Standardfehler	Beta		
1	(Konstante)	2,693	,310		8,700	,000
	L4	,196	,093	,390	2,116	,044

a. Abhängige Variable: SEZ

Finanzieller Erfolg

N = 27

Eingegebene/Entfernte Variablen[a]

Modell	Eingegebene Variablen	Entfernte Variablen	Methode
1	L4[b]		Aufnehmen

a. Abhängige Variable: FEZ
b. Alle angeforderten Variablen wurden eingegeben.

Modellübersicht[b]

Modell	R	R-Quadrat	Angepasstes R-Quadrat	Standardfehler der Schätzung	Durbin-Watson
1	,419[a]	,175	,142	,60562	2,369

a. Prädiktoren: (Konstante), L4
b. Abhängige Variable: FEZ

ANOVA[a]

Modell		Quadratsumme	df	Mittel der Quadrate	F	Sig.
1	Regression	1,951	1	1,951	5,320	,030[b]
	Residuum	9,169	25	,367		
	Gesamtsumme	11,121	26			

a. Abhängige Variable: FEZ
b. Prädiktoren: (Konstante), L4

Koeffizienten[a]

Modell		Nicht standardisierte Koeffizienten		Standard Koeffiz	t	Sig.
		B	Standardfehler	Beta		
1	(Konstante)	2,221	,350		6,347	,000
	L4	,242	,105	,419	2,307	,030

a. Abhängige Variable: FEZ

Erfolg

N = 27

Eingegebene/Entfernte Variablen[a]

Modell	Eingegebene Variablen	Entfernte Variablen	Methode
1	L4[b]		Aufnehmen

a. Abhängige Variable: EZ
b. Alle angeforderten Variablen wurden eingegeben.

Modellübersicht[b]

Modell	R	R-Quadrat	Angepasstes R-Quadrat	Standardfehler der Schätzung	Durbin-Watson
1	,417[a]	,174	,140	,55516	2,553

a. Prädiktoren: (Konstante), L4
b. Abhängige Variable: EZ

ANOVA[a]

Modell		Quadratsumme	df	Mittel der Quadrate	F	Sig.
1	Regression	1,618	1	1,618	5,249	,031[b]
	Residuum	7,705	25	,308		
	Gesamtsumme	9,323	26			

a. Abhängige Variable: EZ
b. Prädiktoren: (Konstante), L4

Koeffizienten[a]

Modell		Nicht standardisierte Koeffizienten		Standard Koeffiz	t	Sig.
		B	Standardfehler	Beta		
1	(Konstante)	2,444	,321		7,622	,000
	L4	,220	,096	,417	2,291	,031

a. Abhängige Variable: EZ

Quelle: Eigene Erhebung und Analyse (vgl. Fragebogen Frage 37 (4) und 14-16, 21-23)

Wird L4 mit aufgenommen, erhöht sich die Varianzaufklärung auf insgesamt 40,1%. Die Kontrollvariable AlterVE hat einen schwachen, positiven und schwachsignifikanten Effekt ($b=0,136^{+}$; $\beta=0,340^{+}$; p=0,066) auf den Zusammenhang zwischen L4 und SEZ. Die übrigen Kontrollvariablen MaVE und KapVE haben auf dem Niveau $p\leq0,10$ keinen signifikanten Einfluss auf den Zusammenhang zwischen L4 und SEZ.

Für den Zusammenhang zwischen L4 und dem finanziellen Erfolg Zusatz (FEZ) beträgt der partielle Korrelationskoeffizient rp=0,420* bei einem Signifikanzniveau von p=0,041. Die hierarchische Regression ergibt einen nicht-standardisierten Regressionskoeffizienten von b=0,225* und einen standardisierten Regressionskoeffizienten (BETA-Wert) von β=0,389*. Die Kontrollvariablen erklären alleine 17,2% der Varianz des finanziellen Erfolgs Zusatz (FEZ). Wird L4 mit aufgenommen, erhöht sich die Varianzaufklärung auf insgesamt 31,9%. Keine der Kontrollvariablen hat auf dem Niveau $p\leq0,10$ einen signifikanten Einfluss auf den Zusammenhang zwischen L4 und FEZ.

Hinsichtlich des Zusammenhangs zwischen L4 und dem gesamten Erfolg Zusatz (EZ) beträgt der partielle Korrelationskoeffizient rp=0,439* bei einem Signifikanzniveau von p=0,032. Die hierarchische Regression ergibt einen nicht-standardisierten Regressionskoeffizienten von b=0,207* und einen standardisierten Regressionskoeffizienten (BETA-Wert) von β=0,393*. Die Kontrollvariablen erklären alleine 22,8% der Varianz des gesamten Erfolgs Zusatz (EZ). Wird L4 mit aufgenommen, erhöht sich die Varianzaufklärung auf insgesamt 37,6%. Keine der Kontrollvariablen hat auf dem Niveau $p\leq0,10$ einen signifikanten Einfluss auf den Zusammenhang zwischen L4 und EZ.

Die Hypothese HL5 kann ebenfalls auf einem Signifikanzniveau von $p\leq0,10$ bestätigt werden. Es ergibt sich ein positiver linearer Zusammenhang zwischen der Fehlertoleranz des CP gegenüber den VE (L5) und dem Erfolg. Damit kann empirisch die Vorteilhaftigkeit einer hohen Fehlertoleranz der VU bzw. des CP im Rahmen der Durchführung von Innovationsvorhaben durch die VE bestätigt werden. Die Vorteile unterliegen dem Konzept des Intelligent Failure und damit der systematischen Nutzung von Lernpotenzialen aus erfolgreichen sowie weniger erfolgreichen Innovationsvorhaben.[1564] Hinsichtlich des strategischen Erfolgs Zusatz (SEZ) ist der Zusammenhang hochsignifikant. Der bivariate Bravais-Pearson-Korrelationskoeffizient beträgt r=0,562** bei einem Signifikanzniveau von p=0,002. Die nicht-parametrischen Rangkorrelationskoeffizienten Kendall's Tau bzw. Spearman's Roh verzeichnen Werte von τ=0,466** auf einem Signifikanzniveau von 0,003 bzw. ρ=0,560** auf einem Signifikanzniveau von 0,002. Der nicht-standardisierte Regressionskoeffizient beträgt b=0,320**, der standardisierte Regressionskoeffizient (BETA-Wert) β=0,562**, das Bestimmtheitsmaß R^2=0,315

[1564] Vgl. Kapitel 4.4.5.

und das korrigierte Bestimmtheitsmaß R^2_{korr}=0,288. Es handelt sich somit um einen mittelstarken positiven Zusammenhang, wobei die Fehlertoleranz des CP gegenüber den VE (L5) 31,5% der Varianz des strategischen Erfolgs Zusatz (SEZ) erklärt. Hinsichtlich des strategischen Erfolgs (SE) ist der Zusammenhang mittelstark, positiv und signifikant mit r=0,463* bei p=0,015 und b=0,271*, β=0,463*, R^2=0,214 und R^2_{korr}=0,183.

Abbildung 6-80: Zusammenhang L5 und SEZ, FEZ, EZ (Korrelation)

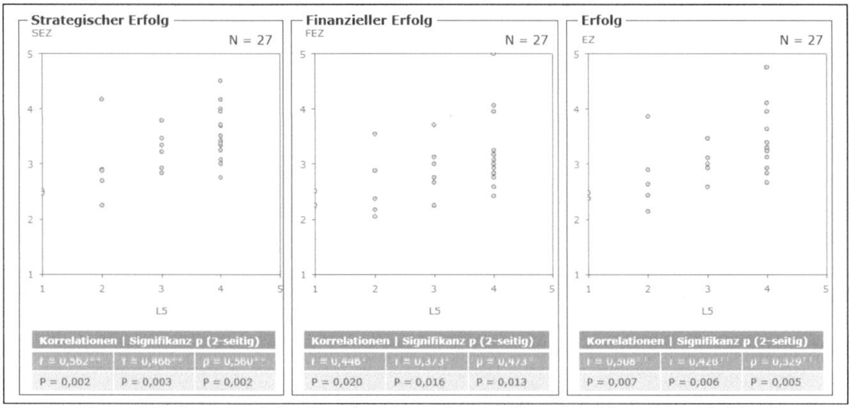

Quelle: Eigene Erhebung und Analyse (vgl. Fragebogen Frage 37 (5) und 14-16, 21-23)

Der Zusammenhang zum finanziellen Erfolg Zusatz (FEZ) ist signifikant. Der bivariate Bravais-Pearson-Korrelationskoeffizient beträgt r=0,446* bei einem Signifikanzniveau von p=0,020. Die nicht-parametrischen Rangkorrelationskoeffizienten Kendall's Tau bzw. Spearman's Roh verzeichnen Werte von τ=0,373* auf einem Signifikanzniveau von 0,016 bzw. ρ=0,473* auf einem Signifikanzniveau von 0,013. Der nicht-standardisierte Regressionskoeffizient beträgt b=0,291*, der standardisierte Regressionskoeffizient (BETA-Wert) β=0,446*, das Bestimmtheitsmaß R^2=0,199 und das korrigierte Bestimmtheitsmaß R^2_{korr}=0,167. Es handelt sich somit um einen mittelstarken positiven Zusammenhang, wobei die Fehlertoleranz des CP gegenüber den VE (L5) 19,9% der Varianz des finanziellen Erfolgs Zusatz (FEZ) erklärt. Hinsichtlich des finanziellen Erfolgs (FE) ist der Zusammenhang ebenfalls mittelstark, positiv und signifikant mit r=0,426* bei p=0,027 und b=0,282*, β=0,426*, R^2=0,182 und R^2_{korr}=0,149. Gegenüber dem gesamten Erfolg Zusatz (EZ) ist der Zusammenhang hochsignifikant. Der bivariate Bravais-Pearson-Korrelationskoeffizient beträgt r=0,508** bei einem Signifikanzniveau von p=0,007. Die nicht-parametrischen Rangkorrelationskoeffizienten Kendall's Tau bzw. Spearman's Roh verzeichnen Werte von τ=0,426** auf einem Signifikanzniveau von 0,006 bzw. ρ=0,529** auf einem Signifikanzniveau von 0,005. Der nicht-standardisierte Regressionskoeffizient beträgt b=0,304**, der standardisierte Regressionskoeffizient (BETA-

Wert) β=0,508**, das Bestimmtheitsmaß R^2=0,258 und das korrigierte Bestimmtheitsmaß R^2_{korr}=0,228. Es handelt sich somit um einen mittelstarken positiven Zusammenhang, wobei die Fehlertoleranz des CP gegenüber den VE (L5) 25,8% der Varianz des gesamten Erfolgs Zusatz (EZ) erklärt. Bezogen auf den gesamten Erfolg (E) ist der Zusammenhang mittelstark, positiv und signifikant mit r=0,463* bei p=0,015 und b=0,271*, β=0,463*, R^2=0,214 und R^2_{korr}=0,183.

Bei Aufnahme der Kontrollvariablen AlterVE, MaVE und KapVE beträgt der partielle Korrelationskoeffizient für den Zusammenhang zwischen L5 und dem strategischen Erfolg Zusatz (SEZ) rp=0,617** bei einem Signifikanzniveau von p=0,001. Die hierarchische Regression ergibt einen nicht-standardisierten Regressionskoeffizienten von b=0,332** und einen standardisierten Regressionskoeffizient (BETA-Wert) von β=0,582**. Die Kontrollvariablen erklären alleine 26,7% der Varianz des strategischen Erfolgs Zusatz (SEZ). Wird L5 mit aufgenommen, erhöht sich die Varianzaufklärung auf insgesamt 54,6%. Die Kontrollvariable AlterVE hat einen mittelstarken, positiven und hochsignifikanten Effekt (b=0,188**; β=0,468**; p=0,007) auf den Zusammenhang zwischen L5 und SEZ. Die übrigen Kontrollvariablen MaVE und KapVE haben auf dem Niveau $p \leq 0,10$ keinen signifikanten Einfluss auf den Zusammenhang zwischen L5 und SEZ.

Für den Zusammenhang zwischen L5 und dem finanziellen Erfolg Zusatz (FEZ) beträgt der partielle Korrelationskoeffizient rp=0,448* bei einem Signifikanzniveau von p=0,028. Die hierarchische Regression ergibt einen nicht-standardisierten Regressionskoeffizienten von b=0,293* und einen standardisierten Regressionskoeffizienten (BETA-Wert) von β=0,448*. Die Kontrollvariablen erklären alleine 17,2% der Varianz des finanziellen Erfolgs Zusatz (FEZ). Wird L5 mit aufgenommen, erhöht sich die Varianzaufklärung auf insgesamt 33,8%. Keine der Kontrollvariablen hat auf dem Niveau $p \leq 0,10$ einen signifikanten Einfluss auf den Zusammenhang zwischen L5 und FEZ.

Hinsichtlich des Zusammenhangs zwischen L5 und dem gesamten Erfolg Zusatz (EZ) beträgt der partielle Korrelationskoeffizient rp=0,544** bei einem Signifikanzniveau von p=0,006. Die hierarchische Regression ergibt einen nicht-standardisierten Regressionskoeffizienten von b=0,315** und einen standardisierten Regressionskoeffizienten (BETA-Wert) von β=0,526**. Die Kontrollvariablen erklären alleine 22,8% der Varianz des gesamten Erfolgs Zusatz (EZ). Wird L5 mit aufgenommen, erhöht sich die Varianzaufklärung auf insgesamt 45,6%. Die Kontrollvariable AlterVE hat einen mittelstarken, positiven und signifikanten Effekt (b=0,177*; β=0,419*; p=0,022) auf den Zusammenhang zwischen L5 und EZ. Die übrigen Kontrollvariablen MaVE und KapVE haben auf dem Niveau $p \leq 0,10$ keinen signifikanten Einfluss auf den Zusammenhang zwischen L5 und EZ.

Abbildung 6-81: Zusammenhang L5 und SEZ, FEZ, EZ (Regression)

Strategischer Erfolg

N = 27

Eingegebene/Entfernte Variablen[a]

Modell	Eingegebene Variablen	Entfernte Variablen	Methode
1	L5[b]		Aufnehmen

a. Abhängige Variable: SEZ
b. Alle angeforderten Variablen wurden eingegeben

Modellübersicht[b]

Modell	R	R-Quadrat	Angepasstes R-Quadrat	Standardfehler der Schätzung	Durbin-Watson
1	,562[a]	,315	,288	,48151	2,315

a. Prädiktoren: (Konstante), L5
b. Abhängige Variable: SEZ

ANOVA[a]

Modell		Quadratsumme	df	Mittel der Quadrate	F	Sig.
1	Regression	2,670	1	2,670	11,518	,002[b]
	Residuum	5,796	25	,232		
	Gesamtsumme	8,467	26			

a. Abhängige Variable: SEZ
b. Prädiktoren: (Konstante), L5

Koeffizienten[a]

Modell		Nicht standardisierte Koeffizienten B	Standardfehler	Standard Koeffiz Beta	t	Sig.
1	(Konstante)	2,292	,314		7,291	,000
	L5	,320	,094	,562	3,394	,002

a. Abhängige Variable: SEZ

Finanzieller Erfolg

N = 27

Eingegebene/Entfernte Variablen[a]

Modell	Eingegebene Variablen	Entfernte Variablen	Methode
1	L5[b]		Aufnehmen

a. Abhängige Variable: FEZ
b. Alle angeforderten Variablen wurden eingegeben

Modellübersicht[b]

Modell	R	R-Quadrat	Angepasstes R-Quadrat	Standardfehler der Schätzung	Durbin-Watson
1	,446[a]	,199	,167	,59699	2,182

a. Prädiktoren: (Konstante), L5
b. Abhängige Variable: FEZ

ANOVA[a]

Modell		Quadratsumme	df	Mittel der Quadrate	F	Sig.
1	Regression	2,211	1	2,211	6,204	,020[b]
	Residuum	8,910	25	,356		
	Gesamtsumme	11,121	26			

a. Abhängige Variable: FEZ
b. Prädiktoren: (Konstante), L5

Koeffizienten[a]

Modell		Nicht standardisierte Koeffizienten B	Standardfehler	Standard Koeffiz Beta	t	Sig.
1	(Konstante)	2,054	,390		5,271	,000
	L5	,291	,117	,446	2,491	,020

a. Abhängige Variable: FEZ

Erfolg

N = 27

Eingegebene/Entfernte Variablen[a]

Modell	Eingegebene Variablen	Entfernte Variablen	Methode
1	L5[b]		Aufnehmen

a. Abhängige Variable: EZ
b. Alle angeforderten Variablen wurden eingegeben

Modellübersicht[b]

Modell	R	R-Quadrat	Angepasstes R-Quadrat	Standardfehler der Schätzung	Durbin-Watson
1	,508[a]	,258	,228	,52613	2,291

a. Prädiktoren: (Konstante), L5
b. Abhängige Variable: EZ

ANOVA[a]

Modell		Quadratsumme	df	Mittel der Quadrate	F	Sig.
1	Regression	2,403	1	2,403	8,679	,007[b]
	Residuum	6,920	25	,277		
	Gesamtsumme	9,323	26			

a. Abhängige Variable: EZ
b. Prädiktoren: (Konstante), L5

Koeffizienten[a]

Modell		Nicht standardisierte Koeffizienten B	Standardfehler	Standard Koeffiz Beta	t	Sig.
1	(Konstante)	2,170	,343		6,319	,000
	L5	,304	,103	,508	2,946	,007

a. Abhängige Variable: EZ

Quelle: Eigene Erhebung und Analyse (vgl. Fragebogen Frage 37 (5) und 14-16, 21-23)

6.4.3.5 Innovationsstrategie

Die Hypothese HS1 kann auf einem Signifikanzniveau von $p \leq 0{,}10$ bestätigt werden. Es ergibt sich ein positiver linearer Zusammenhang zwischen der Ausrichtung der Unternehmensstrategie auf eine Stimulierung von unternehmerischem Denken und Handeln (S1) und dem Erfolg. Damit kann empirisch die Vorteilhaftigkeit der Formulierung und Implementierung einer unternehmerisch orientierten Unternehmensstrategie bestätigt werden. Zur Implementierung einer unternehmerischen Strategie sind durch das Top-Management eine entsprechende strategische Leitlinie vorzugeben und die hierarchisch nachgelagerten Managementebenen in den strategischen Veränderungsprozess einzubinden, um unternehmensweite Innovationspotenziale zu aktivieren.[1565] Hinsichtlich des strategischen Erfolgs Zusatz (SEZ) ist der Zusammenhang hochsignifikant. Der bivariate Bravais-Pearson-Korrelationskoeffizient beträgt r=0,611** bei einem Signifikanzniveau von p=0,001. Die nicht-parametrischen Rangkorrelationskoeffizienten Kendall's Tau bzw. Spearman's Roh verzeichnen Werte von τ=0,459** auf einem Signifikanzniveau von 0,003 bzw. ρ=0,614** auf einem Signifikanzniveau von 0,001. Der nicht-standardisierte Regressionskoeffizient beträgt b=0,322**, der standardisierte Regressionskoeffizient (BETA-Wert) β=0,611**, das Bestimmtheitsmaß R^2=0,373 und das korrigierte Bestimmtheitsmaß R^2_{korr}=0,348. Es handelt sich somit um einen starken positiven Zusammenhang, wobei die Ausrichtung der Unternehmensstrategie auf eine Stimulierung von unternehmerischem Denken und Handeln (S1) 37,3% der Varianz des strategischen Erfolgs Zusatz (SEZ) erklärt. Hinsichtlich des srategischen Erfolgs (SE) ist der Zusammenhang mittelstark, positiv und hochsignifikant mit r=0,538** bei p=0,004 und b=0,291**, β=0,538**, R^2=0,290 und R^2_{korr}=0,262.

Der Zusammenhang zum finanziellen Erfolg Zusatz (FEZ) ist signifikant. Der bivariate Bravais-Pearson-Korrelationskoeffizient beträgt r=0,483* bei einem Signifikanzniveau von p=0,011. Die nicht-parametrischen Rangkorrelationskoeffizienten Kendall's Tau bzw. Spearman's Roh verzeichnen Werte von τ=0,400** auf einem Signifikanzniveau von 0,009 bzw. ρ=0,519** auf einem Signifikanzniveau von 0,006. Der nicht-standardisierte Regressionskoeffizient beträgt b=0,292*, der standardisierte Regressionskoeffizient (BETA-Wert) β=0,483*, das Bestimmtheitsmaß R^2=0,233 und das korrigierte Bestimmtheitsmaß R^2_{korr}=0,203. Es handelt sich somit um einen mittelstarken positiven Zusammenhang, wobei die Ausrichtung der Unternehmensstrategie auf eine Stimulierung von unternehmerischem Denken und Handeln (S1) 23,3% der Varianz des finanziellen Erfolgs Zusatz (FEZ) erklärt. Hinsichtlich des finanziellen Erfolgs (FE) ist der Zusammenhang ebenfalls mittelstark, positiv und signifikant mit r=0,443* bei p=0,021 und b=0,271*, β=0,443*, R^2=0,196 und R^2_{korr}=0,164.

[1565] Vgl. Kapitel 5.3.1.

Gegenüber dem gesamten Erfolg Zusatz (EZ) ist der Zusammenhang hochsignifikant. Der bivariate Bravais-Pearson-Korrelationskoeffizient beträgt $r=0{,}552^{**}$ bei einem Signifikanzniveau von $p=0{,}003$. Die nicht-parametrischen Rangkorrelationskoeffizienten Kendall's Tau bzw. Spearman's Roh verzeichnen Werte von $\tau=0{,}439^{**}$ auf einem Signifikanzniveau von 0,004 bzw. $\rho=0{,}558^{**}$ auf einem Signifikanzniveau von 0,002. Der nicht-standardisierte Regressionskoeffizient beträgt $b=0{,}305^{**}$, der standardisierte Regressionskoeffizient (BETA-Wert) $\beta=0{,}552^{**}$, das Bestimmtheitsmaß $R^2=0{,}304$ und das korrigierte Bestimmtheitsmaß $R^2_{korr}=0{,}277$. Es handelt sich somit um einen mittelstarken positiven Zusammenhang, wobei die Ausrichtung der Unternehmensstrategie auf eine Stimulierung von unternehmerischem Denken und Handeln (S1) 30,4% der Varianz des gesamten Erfolgs Zusatz (EZ) erklärt. Bezogen auf den gesamten Erfolg (E) ist der Zusammenhang ebenfalls mittelstark, positiv und hochsignifikant mit $r=0{,}538^{**}$ bei $p=0{,}004$ und $b=0{,}291^{**}$, $\beta=0{,}538^{**}$, $R^2=0{,}290$ und $R^2_{korr}=0{,}262$.

Abbildung 6-82: Zusammenhang S1 und SEZ, FEZ, EZ (Korrelation)

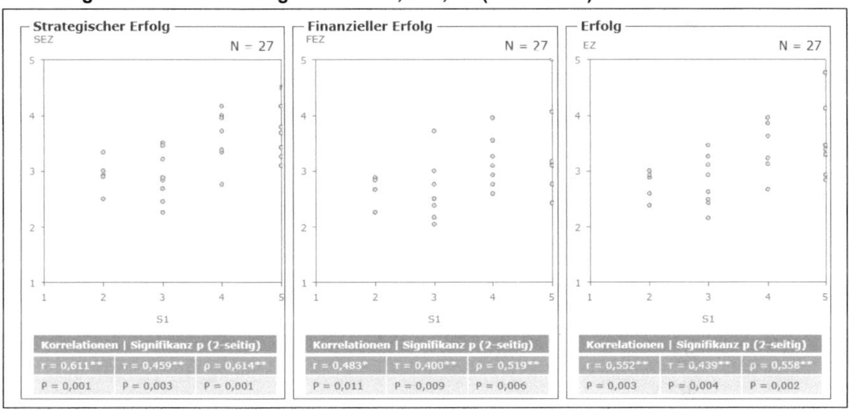

Quelle: Eigene Erhebung und Analyse (vgl. Fragebogen Frage 38 (1) und 14-16, 21-23)

Darüber hinaus besteht ein schwacher, positiver und schwachsignifikanter Zusammenhang zwischen der Ausrichtung der Unternehmensstrategie auf eine Stimulierung von unternehmerischem Denken und Handeln (S1) und dem beabsichtigten ICV-Engagement in 5 Jahren gegenüber heute (T). Der bivariate Bravais-Pearson-Korrelationskoeffizient beträgt $r=0{,}363^{+}$ bei einem Signifikanzniveau von $p=0{,}062$. Die nicht-parametrischen Rangkorrelationskoeffizienten Kendall's Tau bzw. Spearman's Roh sind auf einem Niveau von $p\leq 0{,}10$ nicht signifikant. Der nicht-standardisierte Regressionskoeffizient beträgt $b=0{,}434^{+}$, der standardisierte Regressionskoeffizient (BETA-Wert) $\beta=0{,}363^{+}$, das Bestimmtheitsmaß $R^2=0{,}132$ und das korrigierte Bestimmtheitsmaß $R^2_{korr}=0{,}079$.

Abbildung 6-83: Zusammenhang S1 und SEZ, FEZ, EZ (Regression)

Strategischer Erfolg

N = 27

Eingegebene/Entfernte Variablen[a]

Modell	Eingegebene Variablen	Entfernte Variablen	Methode
1	S1[b]		Aufnehmen

a. Abhängige Variable: SEZ
b. Alle angeforderten Variablen wurden eingegeben.

Modellübersicht[b]

Modell	R	R-Quadrat	Angepasstes R-Quadrat	Standardfehler der Schätzung	Durbin-Watson
1	,611[a]	,373	,348	,46067	2,431

a. Prädiktoren: (Konstante), S1
b. Abhängige Variable: SEZ

ANOVA[a]

Modell		Quadratsumme	df	Mittel der Quadrate	F	Sig.
1	Regression	3,161	1	3,161	14,896	,001[b]
	Residuum	5,305	25	,212		
	Gesamtsumme	8,467	26			

a. Abhängige Variable: SEZ
b. Prädiktoren: (Konstante), S1

Koeffizienten[a]

Modell		Nicht standardisierte Koeffizienten		Standard. Koeffiz.	t	Sig.
		B	Standardfehler	Beta		
1	(Konstante)	2,155	,312		6,897	,000
	S1	,322	,083	,611	3,860	,001

a. Abhängige Variable: SEZ

Finanzieller Erfolg

N = 27

Eingegebene/Entfernte Variablen[a]

Modell	Eingegebene Variablen	Entfernte Variablen	Methode
1	S1[b]		Aufnehmen

a. Abhängige Variable: FEZ
b. Alle angeforderten Variablen wurden eingegeben.

Modellübersicht[b]

Modell	R	R-Quadrat	Angepasstes R-Quadrat	Standardfehler der Schätzung	Durbin-Watson
1	,483[a]	,233	,203	,58404	2,108

a. Prädiktoren: (Konstante), S1
b. Abhängige Variable: FEZ

ANOVA[a]

Modell		Quadratsumme	df	Mittel der Quadrate	F	Sig.
1	Regression	2,593	1	2,593	7,603	,011[b]
	Residuum	8,527	25	,341		
	Gesamtsumme	11,121	26			

a. Abhängige Variable: FEZ
b. Prädiktoren: (Konstante), S1

Koeffizienten[a]

Modell		Nicht standardisierte Koeffizienten		Standard. Koeffiz.	t	Sig.
		B	Standardfehler	Beta		
1	(Konstante)	1,934	,396		4,883	,000
	S1	,292	,106	,483	2,757	,011

a. Abhängige Variable: FEZ

Erfolg

N = 27

Eingegebene/Entfernte Variablen[a]

Modell	Eingegebene Variablen	Entfernte Variablen	Methode
1	S1[b]		Aufnehmen

a. Abhängige Variable: EZ
b. Alle angeforderten Variablen wurden eingegeben.

Modellübersicht[b]

Modell	R	R-Quadrat	Angepasstes R-Quadrat	Standardfehler der Schätzung	Durbin-Watson
1	,552[a]	,304	,277	,50929	2,265

a. Prädiktoren: (Konstante), S1
b. Abhängige Variable: EZ

ANOVA[a]

Modell		Quadratsumme	df	Mittel der Quadrate	F	Sig.
1	Regression	2,839	1	2,839	10,944	,003[b]
	Residuum	6,484	25	,259		
	Gesamtsumme	9,323	26			

a. Abhängige Variable: EZ
b. Prädiktoren: (Konstante), S1

Koeffizienten[a]

Modell		Nicht standardisierte Koeffizienten		Standard. Koeffiz.	t	Sig.
		B	Standardfehler	Beta		
1	(Konstante)	2,041	,345		5,910	,000
	S1	,305	,092	,552	3,308	,003

a. Abhängige Variable: EZ

Quelle: Eigene Erhebung und Analyse (vgl. Fragebogen Frage 38 (1) und 14-16, 21-23)

Abbildung 6-84: Zusammenhang S1 und T (Korrelation und Regression)

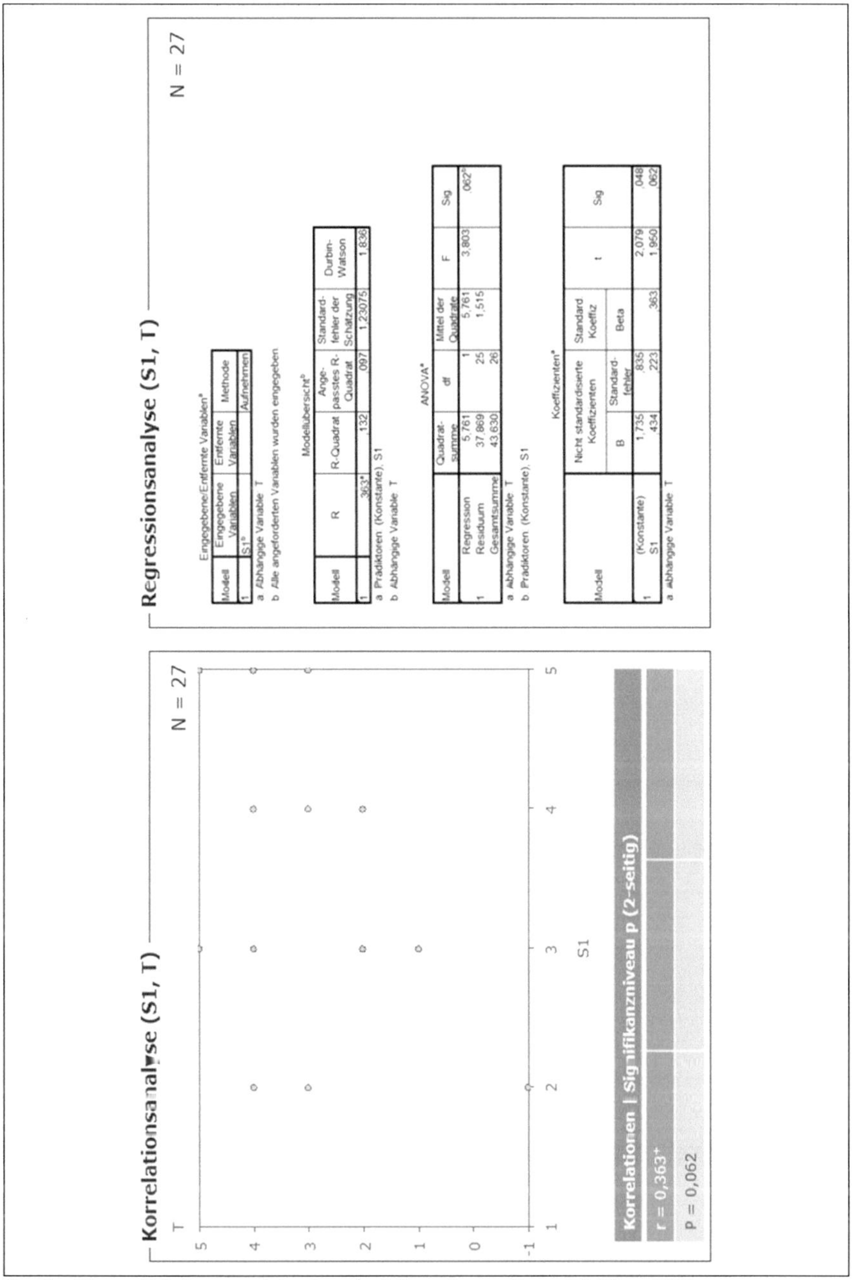

Quelle: Eigene Erhebung und Analyse (vgl. Fragebogen Frage 38 (1) und 28)

Bei Aufnahme der Kontrollvariablen AlterVE, MaVE und KapVE beträgt der partielle Korrelationskoeffizient für den Zusammenhang zwischen S1 und dem strategischen Erfolg Zusatz (SEZ) rp=0,557** bei einem Signifikanzniveau von p=0,005. Die hierarchische Regression ergibt einen nicht-standardisierten Regressionskoeffizienten von b=0,299** und einen standardisierten Regressionskoeffizient (BETA-Wert) von β=0,567**. Die Kontrollvariablen erklären alleine 26,7% der Varianz des strategischen Erfolgs Zusatz (SEZ). Wird S1 mit aufgenommen, erhöht sich die Varianzaufklärung auf insgesamt 49,4%. Die Kontrollvariable AlterVE hat einen schwachen, positiven und signifikanten Effekt (b=0,135*; β=0,337*; p=0,048) auf den Zusammenhang zwischen S1 und SEZ. Die übrigen Kontrollvariablen MaVE und KapVE haben auf dem Niveau p≤0,10 keinen signifikanten Einfluss auf den Zusammenhang zwischen S1 und SEZ.

Für den Zusammenhang zwischen S1 und dem finanziellen Erfolg Zusatz (FEZ) beträgt der partielle Korrelationskoeffizient rp=0,422* bei einem Signifikanzniveau von p=0,040. Die hierarchische Regression ergibt einen nicht-standardisierten Regressionskoeffizienten von b=0,276* und einen standardisierten Regressionskoeffizienten (BETA-Wert) von β=0,456*. Die Kontrollvariablen erklären alleine 17,2% der Varianz des finanziellen Erfolgs Zusatz (FEZ). Wird S1 mit aufgenommen, erhöht sich die Varianzaufklärung auf insgesamt 32,0%. Keine der Kontrollvariablen hat auf dem Niveau p≤0,10 einen signifikanten Einfluss auf den Zusammenhang zwischen S1 und FEZ.

Hinsichtlich des Zusammenhangs zwischen S1 und dem gesamten Erfolg Zusatz (EZ) beträgt der partielle Korrelationskoeffizient rp=0,496* bei einem Signifikanzniveau von p=0,014. Die hierarchische Regression ergibt einen nicht-standardisierten Regressionskoeffizienten von b=0,286* und einen standardisierten Regressionskoeffizienten (BETA-Wert) von β=0,518*. Die Kontrollvariablen erklären alleine 22,8% der Varianz des gesamten Erfolgs Zusatz (EZ). Wird S1 mit aufgenommen, erhöht sich die Varianzaufklärung auf insgesamt 41,8%. Die Kontrollvariable AlterVE hat einen schwachen, positiven und schwachsignifikanten Effekt ($b=0{,}127^{+}$; $\beta=0{,}301^{+}$; p=0,096) auf den Zusammenhang zwischen S1 und EZ. Die übrigen Kontrollvariablen MaVE und KapVE haben auf dem Niveau p≤0,10 keinen signifikanten Einfluss auf den Zusammenhang zwischen S1 und EZ.

Darüber hinaus beträgt der partielle Korrelationskoeffizient für den Zusammenhang zwischen S1 und dem beabsichtigten ICV-Engagement in 5 Jahren gegenüber heute (T) bei Aufnahme der Kontrollvariablen AlterVE, MaVE und KapVE $rp=0{,}375^{+}$ bei einem Signifikanzniveau von p=0,071. Die hierarchische Regression ergibt einen nicht-standardisierten Regressionskoeffizienten von $b=0{,}512^{+}$ und einen standardisierten Regressionskoeffizienten (BETA-Wert) von $\beta=0{,}429^{+}$. Die Kontrollvariablen erklären alleine 7,7% der Varianz des beabsichtigten ICV-Engagements in 5 Jahren gegenüber heute (T). Wird S1 mit aufgenommen, erhöht sich die

Varianzaufklärung auf insgesamt 20,7%. Keine der Kontrollvariablen hat auf dem Niveau $p \leq 0{,}10$ einen signifikanten Einfluss auf den Zusammenhang zwischen S1 und T.

Zudem kann die Hypothese HS2 auf einem Signifikanzniveau von $p \leq 0{,}10$ bestätigt werden. Es ergibt sich ein positiver linearer Zusammenhang zwischen der Regelmäßigkeit der Hinterfragung und ggf. Anpassung der Unternehmensstrategie und dem Erfolg. Damit kann empirisch die Vorteilhaftigkeit einer regelmäßigen Hinterfragung bzw. Anpassung der Unternehmensstrategie im Rahmen eines iterativen Prozesses der Strategieentwicklung auf Basis der Kombination von Top-down-Vorgaben und Bottom-up-Initiativen bestätigt werden. Erfolgskritisch ist damit eine lern- und erfahrungsorientierte (emergente) Strategieentwicklung, bei welcher die Unternehmen ihre Strategie aufgrund der bottom-up initiierten Innovationsvorhaben und den damit einhergehenden Lern- und Erfahrungseffekten kontinuierlich hinterfragen und ggf. anpassen.[1566] Hinsichtlich des strategischen Erfolgs Zusatz (SEZ) ist der Zusammenhang signifikant. Der bivariate Bravais-Pearson-Korrelationskoeffizient beträgt $r=0{,}415^*$ bei einem Signifikanzniveau von $p=0{,}031$. Die nicht-parametrischen Rangkorrelationskoeffizienten Kendall's Tau bzw. Spearman's Roh verzeichnen Werte von $\tau=0{,}343^*$ auf einem Signifikanzniveau von 0,025 bzw. $\rho=0{,}453^*$ auf einem Signifikanzniveau von 0,018. Der nicht-standardisierte Regressionskoeffizient beträgt $b=0{,}234^*$, der standardisierte Regressionskoeffizient (BETA-Wert) $\beta=0{,}415^*$, das Bestimmtheitsmaß $R^2=0{,}172$ und das korrigierte Bestimmtheitsmaß $R^2_{korr}=0{,}139$. Es handelt sich somit um einen mittelstarken positiven Zusammenhang, wobei die Regelmäßigkeit der Hinterfragung bzw. Anpassung der Unternehmensstrategie (S2) 17,2% der Varianz des strategischen Erfolgs Zusatz (SEZ) erklärt. Hinsichtlich des strategischen Erfolgs (SE) ist der Zusammenhang ebenfalls mittelstark, positiv und signifikant mit $r=0{,}472^*$ bei $p=0{,}013$ und $b=0{,}273^*$, $\beta=0{,}472^*$, $R^2=0{,}222$ und $R^2_{korr}=0{,}191$.

Der Zusammenhang zum langfristigen finanziellen Erfolg (LFE) ist schwachsignifikant. Der bivariate Bravais-Pearson-Korrelationskoeffizient beträgt $r=0{,}342^+$ bei einem Signifikanzniveau von $p=0{,}081$. Die nicht-parametrischen Rangkorrelationskoeffizienten Kendall's Tau bzw. Spearman's Roh verzeichnen Werte von $\tau=0{,}276^+$ auf einem Signifikanzniveau von 0,076 bzw. $\rho=0{,}367^+$ auf einem Signifikanzniveau von 0,060. Der nicht-standardisierte Regressionskoeffizient beträgt $b=0{,}274^+$, der standardisierte Regressionskoeffizient (BETA-Wert) $\beta=0{,}342^+$, das Bestimmtheitsmaß $R^2=0{,}117$ und das korrigierte Bestimmtheitsmaß $R^2_{korr}=0{,}082$. Es handelt sich somit um einen schwachen positiven Zusammenhang, wobei die Regelmäßigkeit der Hinterfragung bzw. Anpassung der Unternehmensstrategie (S2) 11,7% der Varianz des langfristigen finanziellen Erfolgs (LFE) erklärt. Die Korrelations- und Regressionskoeffizienten haben zwar auch hinsichtlich des langfristigen finanziellen Erfolgs

[1566] Vgl. Kapitel 5.3.2.

Zusatz (LFEZ) sowie des finanziellen Erfolgs (Zusatz) (FEZ, FE) positive Vorzeichen und lassen einen schwachen positiven Zusammenhang vermuten, sind jedoch nach dem Verständnis dieser Arbeit nicht signifikant.

Gegenüber dem gesamten Erfolg Zusatz (EZ) ist der Zusammenhang schwachsignifikant. Der bivariate Bravais-Pearson-Korrelationskoeffizient beträgt $r=0{,}335^{+}$ bei einem Signifikanzniveau von p=0,088. Die nicht-parametrischen Rangkorrelationskoeffizienten Kendall's Tau bzw. Spearman's Roh verzeichnen Werte von $\tau=0{,}319^{*}$ auf einem Signifikanzniveau von 0,036 bzw. $\rho=0{,}394^{*}$ auf einem Signifikanzniveau von 0,042. Der nicht-standardisierte Regressionskoeffizient beträgt $b=0{,}198^{+}$, der standardisierte Regressionskoeffizient (BETA-Wert) $\beta=0{,}335^{+}$, das Bestimmtheitsmaß $R^2=0{,}112$ und das korrigierte Bestimmtheitsmaß $R^2_{korr}=0{,}077$. Es handelt sich somit um einen schwachen positiven Zusammenhang, wobei die Regelmäßigkeit der Hinterfragung bzw. Anpassung der Unternehmensstrategie (S2) 11,2% der Varianz des gesamten Erfolgs Zusatz (EZ) erklärt. Bezogen auf den gesamten Erfolg (E) ist der Zusammenhang hingegen mittelstark, positiv und signifikant mit $r=0{,}472^{*}$ bei p=0,013 und $b=0{,}273^{*}$, $\beta=0{,}472^{*}$, $R^2=0{,}222$ und $R^2_{korr}=0{,}191$.

Abbildung 6-85: Zusammenhang S2 und SEZ, LFE, EZ (Korrelation)

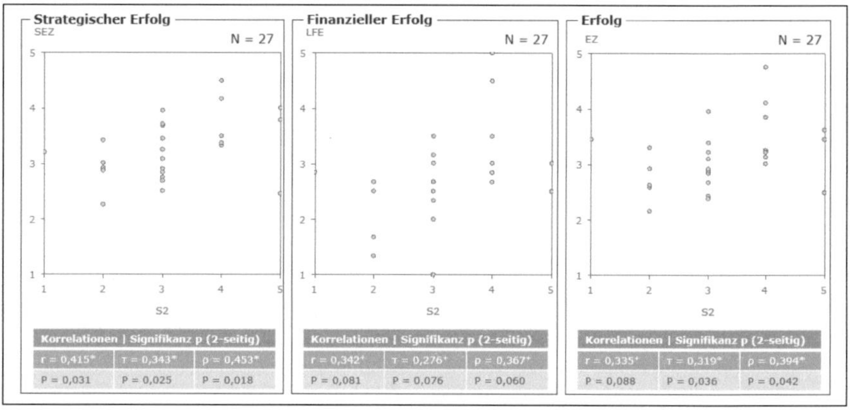

Quelle: Eigene Erhebung und Analyse (vgl. Fragebogen Frage 38 (2) und 14-16, 21-23)

Bei Aufnahme der Kontrollvariablen AlterVE, MaVE und KapVE beträgt der partielle Korrelationskoeffizient für den Zusammenhang zwischen S2 und dem strategischen Erfolg Zusatz (SEZ) $rp=0{,}411^{*}$ bei einem Signifikanzniveau von p=0,046. Die hierarchische Regression ergibt einen nicht-standardisierten Regressionskoeffizienten von $b=0{,}205^{*}$ und einen standardisierten Regressionskoeffizienten (BETA-Wert) von $\beta=0{,}364^{*}$.

Abbildung 6-86: Zusammenhang S2 und SEZ, LFE, EZ (Regression)

Strategischer Erfolg

N = 27

Eingegebene/Entfernte Variablen[a]

Modell	Eingegebene Variablen	Entfernte Variablen	Methode
1	S2[b]		Aufnehmen

a. Abhängige Variable: SEZ
b. Alle angeforderten Variablen wurden eingegeben

Modellübersicht[b]

Modell	R	R-Quadrat	Angepasstes R-Quadrat	Standardfehler der Schätzung	Durbin-Watson
1	,415[a]	,172	,139	,52951	2,118

a. Prädiktoren: (Konstante), S2
b. Abhängige Variable: SEZ

ANOVA[a]

Modell		Quadratsumme	df	Mittel der Quadrate	F	Sig.
1	Regression	1,457	1	1,457	5,197	,031[b]
	Residuum	7,010	25	,280		
	Gesamtsumme	8,467	26			

a. Abhängige Variable: SEZ
b. Prädiktoren: (Konstante), S2

Koeffizienten[a]

Modell		Nicht standardisierte Koeffizienten		Standard Koeffiz	t	Sig.
		B	Standardfehler	Beta		
1	(Konstante)	2,558	,346		7,398	,000
	S2	,234	,103	,415	2,280	,031

a. Abhängige Variable: SEZ

Finanzieller Erfolg

N = 27

Eingegebene/Entfernte Variablen[a]

Modell	Eingegebene Variablen	Entfernte Variablen	Methode
1	S2[b]		Aufnehmen

a. Abhängige Variable: LFE
b. Alle angeforderten Variablen wurden eingegeben

Modellübersicht[b]

Modell	R	R-Quadrat	Angepasstes R-Quadrat	Standardfehler der Schätzung	Durbin-Watson
1	,342[a]	,117	,082	,77776	2,472

a. Prädiktoren: (Konstante), S2
b. Abhängige Variable: LFE

ANOVA[a]

Modell		Quadratsumme	df	Mittel der Quadrate	F	Sig.
1	Regression	2,004	1	2,004	3,314	,081[b]
	Residuum	15,123	25	,605		
	Gesamtsumme	17,127	26			

a. Abhängige Variable: LFE
b. Prädiktoren: (Konstante), S2

Koeffizienten[a]

Modell		Nicht standardisierte Koeffizienten		Standard Koeffiz	t	Sig.
		B	Standardfehler	Beta		
1	(Konstante)	1,865	,508		3,672	,001
	S2	,274	,151	,342	1,820	,081

a. Abhängige Variable: LFE

Erfolg

N = 27

Eingegebene/Entfernte Variablen[a]

Modell	Eingegebene Variablen	Entfernte Variablen	Methode
1	S2[b]		Aufnehmen

a. Abhängige Variable: EZ
b. Alle angeforderten Variablen wurden eingegeben

Modellübersicht[b]

Modell	R	R-Quadrat	Angepasstes R-Quadrat	Standardfehler der Schätzung	Durbin-Watson
1	,335[a]	,112	,077	,57544	2,105

a. Prädiktoren: (Konstante), S2
b. Abhängige Variable: EZ

ANOVA[a]

Modell		Quadratsumme	df	Mittel der Quadrate	F	Sig.
1	Regression	1,045	1	1,045	3,154	,088[b]
	Residuum	8,278	25	,331		
	Gesamtsumme	9,323	26			

a. Abhängige Variable: EZ
b. Prädiktoren: (Konstante), S2

Koeffizienten[a]

Modell		Nicht standardisierte Koeffizienten		Standard Koeffiz	t	Sig.
		B	Standardfehler	Beta		
1	(Konstante)	2,499	,376		6,651	,000
	S2	,198	,111	,335	1,776	,088

a. Abhängige Variable: EZ

Quelle: Eigene Erhebung und Analyse (vgl. Fragebogen Frage 38 (2) und 14-16, 21-23)

Die Kontrollvariablen erklären alleine 26,7% der Varianz des strategischen Erfolgs Zusatz (SEZ). Wird S2 mit aufgenommen, erhöht sich die Varianzaufklärung auf insgesamt 39,0%. Keine der Kontrollvariablen hat auf dem Niveau $p \leq 0,10$ einen signifikanten Einfluss auf den Zusammenhang zwischen S2 und SEZ.

Für den Zusammenhang zwischen S2 und dem langfristigen finanziellen Erfolg (LFE) beträgt der partielle Korrelationskoeffizient $rp=0,352^{+}$ bei einem Signifikanzniveau von $p=0,092$. Die hierarchische Regression ergibt einen nicht-standardisierten Regressionskoeffizienten von $b=0,267^{+}$ und einen standardisierten Regressionskoeffizienten (BETA-Wert) von $\beta=0,334^{+}$. Die Kontrollvariablen erklären alleine 15,9% der Varianz des langfristigen finanziellen Erfolgs (LFE). Wird S2 mit aufgenommen, erhöht sich die Varianzaufklärung auf insgesamt 26,3%. Keine der Kontrollvariablen hat auf dem Niveau $p \leq 0,10$ einen signifikanten Einfluss auf den Zusammenhang zwischen S2 und LFE.

Der Zusammenhang zwischen S2 und dem gesamten Erfolg Zusatz (EZ) ist bei Aufnahme der Kontrollvariablen AlterVE, MaVE und KapVE nicht signifikant auf dem Niveau von $p \leq 0,10$. Allerdings beträgt der partielle Korrelationskoeffizient hinsichtlich des Zusammenhangs zwischen S2 und dem gesamten Erfolg (E) $rp=0,471^{*}$ bei einem Signifikanzniveau von $p=0,020$. Die hierarchische Regression ergibt einen nicht-standardisierten Regressionskoeffizienten von $b=0,248^{*}$ und einen standardisierten Regressionskoeffizienten (BETA-Wert) von $\beta=0,429^{*}$. Die Kontrollvariablen erklären alleine 22,8% der Varianz des gesamten Erfolgs (E). Wird S2 mit aufgenommen, erhöht sich die Varianzaufklärung auf insgesamt 40,0%. Keine der Kontrollvariablen hat auf dem Niveau $p \leq 0,10$ einen signifikanten Einfluss auf den Zusammenhang zwischen S2 und E.

Darüber hinaus kann auch die Hypothese HS3 auf einem Signifikanzniveau von $p \leq 0,10$ bestätigt werden. Es ergibt sich ein positiver linearer Zusammenhang zwischen der Regelmäßigkeit bzw. Intensität der Kommunikation zwischen dem CP und den VE (S3) und dem Erfolg. Damit kann empirisch die Vorteilhaftigkeit einer regelmäßigen bzw. intensiven Top-down- bzw. Bottom-up-Kommunikation (vertikale Einbindung) bestätigt werden. Erfolgskritisch ist damit die Einbindung hierarchisch untergeordneter Ebenen in den Strategiebildungsprozess, damit diese die Möglichkeit besitzen, die durch das Top-Management vorgegebenen Pläne schrittweise zu ändern, zu ergänzen und zu aggregieren.[1567] Hinsichtlich des kurzfristigen strategischen Erfolgs (KSE) ist der Zusammenhang schwachsignifikant. Der bivariate Bravais-Pearson-Korrelationskoeffizient beträgt $r=0,338^{+}$ bei einem Signifikanzniveau von $p=0,085$. Die nicht-parametrischen Rangkorrelationskoeffizienten Kendall's Tau bzw. Spearman's Roh

[1567] Vgl. Kapitel 5.3.3.

verzeichnen Werte von τ=0,298^{+} auf einem Signifikanzniveau von 0,068 bzw. ρ=0,342^{+} auf einem Signifikanzniveau von 0,081. Der nicht-standardisierte Regressionskoeffizient beträgt b=0,219^{+}, der standardisierte Regressionskoeffizient (BETA-Wert) β=0,338^{+}, das Bestimmtheitsmaß R^2=0,114 und das korrigierte Bestimmtheitsmaß R^2_{korr}=0,079. Es handelt sich somit um einen schwachen positiven Zusammenhang, wobei die Regelmäßigkeit bzw. Intensität der Kommunikation zwischen dem CP und den VE (S3) 11,4% der Varianz des kurzfristigen strategischen Erfolgs (KSE) erklärt.

Die Korrelations- und Regressionskoeffizienten haben zwar auch hinsichtlich des strategischen Erfolgs (Zusatz) (SEZ, SE), des finanziellen Erfolgs (Zusatz) (FEZ, FE) sowie des gesamten Erfolgs (Zusatz) (EZ, E) positive Vorzeichen, sind jedoch nach dem Verständnis dieser Arbeit nicht signifikant. Allerdings kann aufgrund der Korrelations- und Regressionskoeffizienten ein sehr schwacher bis schwacher positiver Zusammenhang zwischen der Regelmäßigkeit bzw. Intensität der Kommunikation zwischen dem CP und den VE (S3) und dem Erfolg vermutet werden.

Abbildung 6-87: Zusammenhang S3 und KSE (Korrelation)

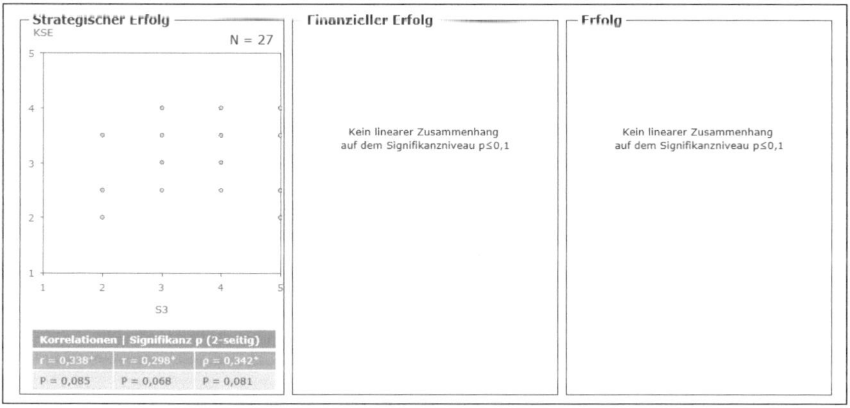

Quelle: Eigene Erhebung und Analyse (vgl. Fragebogen Frage 38 (3) und 14-16, 21-23)

Darüber hinaus besteht ein schwacher, positiver und schwachsignifikanter Zusammenhang zwischen der Regelmäßigkeit bzw. Intensität der Kommunikation zwischen dem CP und den VE (S3) und dem beabsichtigten ICV-Engagement in 5 Jahren gegenüber heute (T). Der bivariate Bravais-Pearson-Korrelationskoeffizient beträgt r=0,345^{+} bei einem Signifikanzniveau von p=0,078.

Abbildung 6-88: Zusammenhang S3 und KSE (Regression)

Strategischer Erfolg

N = 27

Eingegebene/Entfernte Variablen[a]

Modell	Eingegebene Variablen	Entfernte Variablen	Methode
1	S3[b]		Aufnehmen

a. Abhängige Variable: KSE
b. Alle angeforderten Variablen wurden eingegeben.

Modellübersicht[b]

Modell	R	R-Quadrat	Angepasstes R-Quadrat	Standardfehler der Schätzung	Durbin-Watson
1	,338[a]	,114	,079	,62899	1,950

a. Prädiktoren: (Konstante), S3
b. Abhängige Variable: KSE

ANOVA[a]

Modell		Quadratsumme	df	Mittel der Quadrate	F	Sig.
1	Regression	1,276	1	1,276	3,225	,085[b]
	Residuum	9,891	25	,396		
	Gesamtsumme	11,167	26			

a. Abhängige Variable: KSE
b. Prädiktoren: (Konstante), S3

Koeffizienten[a]

Modell		Nicht standardisierte Koeffizienten		Standard. Koeffiz.	t	Sig.
		B	Standardfehler	Beta		
1	(Konstante)	2,396	,476		5,035	,000
	S3	,219	,122	,338	1,796	,085

a. Abhängige Variable: KSE

Finanzieller Erfolg

Kein linearer Zusammenhang
auf dem Signifikanzniveau p≤0,1

Erfolg

Kein linearer Zusammenhang
auf dem Signifikanzniveau p≤0,1

Quelle: Eigene Erhebung und Analyse (vgl. Fragebogen Frage 38 (3) und 14-16, 21-23)

Abbildung 6-89: Zusammenhang S3 und T (Korrelation und Regression)

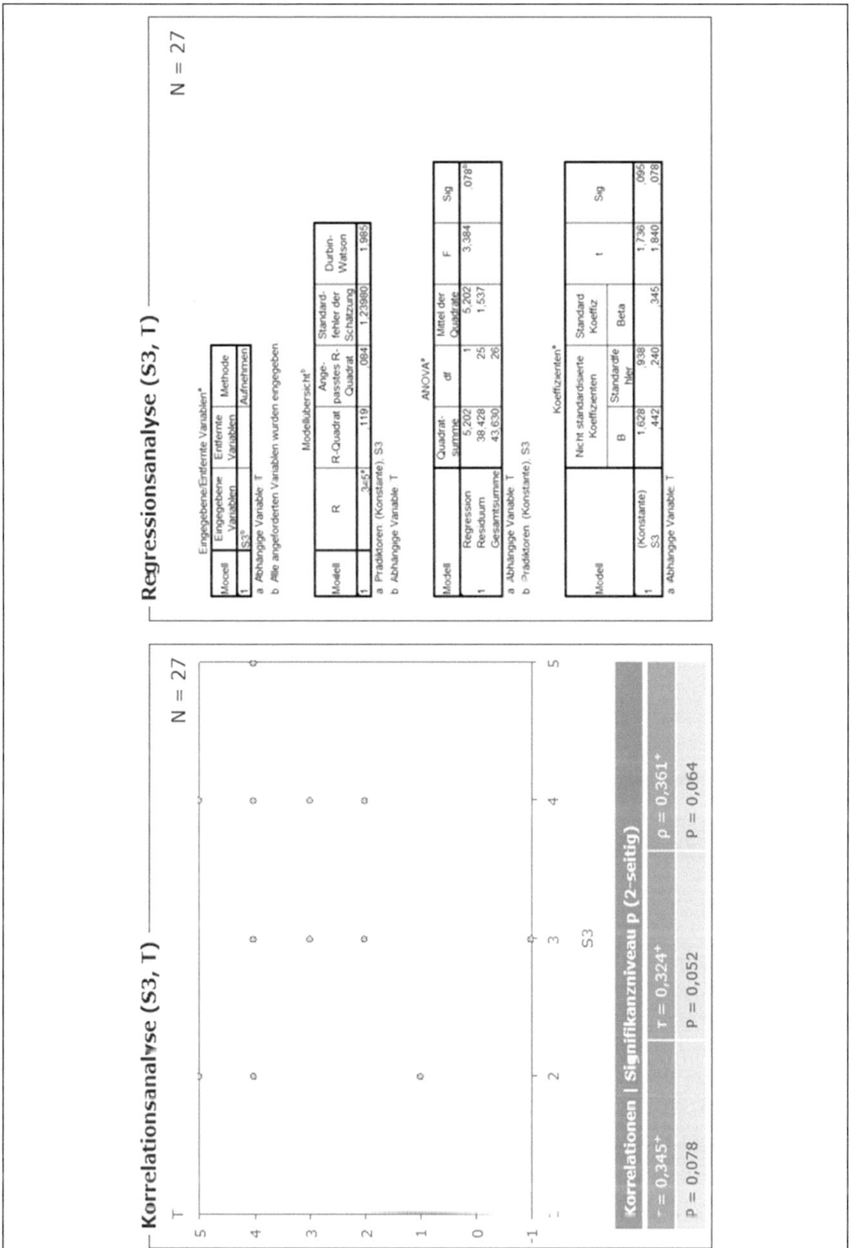

Quelle: Eigene Erhebung und Analyse (vgl. Fragebogen Frage 38 (3) und 28)

Die nicht-parametrischen Rangkorrelationskoeffizienten Kendall's Tau bzw. Spearman's Roh verzeichnen Werte von $\tau=0{,}324^{+}$ auf einem Signifikanzniveau von 0,052 bzw. $\rho=0{,}361^{+}$ auf einem Signifikanzniveau von 0,064. Der nicht-standardisierte Regressionskoeffizient beträgt $b=0{,}442^{+}$, der standardisierte Regressionskoeffizient (BETA-Wert) $\beta=0{,}345^{+}$, das Bestimmtheitsmaß $R^2=0{,}119$ und das korrigierte Bestimmtheitsmaß $R^2_{korr}=0{,}084$.

Bei Aufnahme der Kontrollvariablen AlterVE, MaVE und KapVE ist der Zusammenhang zwischen S3 und dem Erfolg nicht mehr signifikant auf dem Niveau $p\leq0{,}10$.

Auch der Zusammenhang zwischen S3 und dem beabsichtigten ICV-Engagement in 5 Jahren gegenüber heute (T) ist bei Aufnahme der Kontrollvariablen AlterVE, MaVE und KapVE nicht mehr signifikant auf dem Niveau $p\leq0{,}10$.

Die Hypothese HS4 muss auf einem Signifikanzniveau von $p\leq0{,}10$ verworfen werden. Die Korrelations- und Regressionskoeffizienten haben zwar hinsichtlich des strategischen Erfolgs (Zusatz) (SEZ, SE), des finanziellen Erfolgs (Zusatz) (FEZ, FE) sowie des gesamten Erfolgs (Zusatz) (EZ, E) positive Vorzeichen, sind jedoch nach dem Verständnis dieser Arbeit nicht signifikant. Damit lässt sich empirisch keine Aussage hinsichtlich des Einflusses der Einbindung der innovationsbetroffenen operativen Bereiche des CP in die VE-Initiativen (horizontale Einbindung) (S4) auf den Erfolg treffen. Die damit einhergehenden beschriebenen Vorteile einer Berücksichtigung notwendiger unternehmensinterner Verfahren und Prozesse, einer effizienten Reintegration der Innovationsvorhaben in das Kerngeschäft sowie eines Abbaus innovationshemmender Widerstände können empirisch nicht belegt werden.[1568] Allerdings kann aufgrund der Korrelations- und Regressionskoeffizienten ein sehr schwacher positiver Zusammenhang zwischen der Einbindung der operativen Bereiche in die Innovationsvorhaben (S4) und dem Erfolg vermutet werden.

Dies bestätigt sich bei Aufnahme der Kontrollvariablen AlterVE, MaVE und KapVE. Der Zusammenhang zwischen S4 und dem strategischen Erfolg Zusatz (SEZ) wird schwachsignifikant. Der partielle Korrelationskoeffizient beträgt $rp=0{,}351^{+}$ bei einem Signifikanzniveau von $p=0{,}093$. Die hierarchische Regression ergibt einen nicht-standardisierten Regressionskoeffizienten von $b=0{,}172^{+}$ und einen standardisierten Regressionskoeffizienten (BETA-Wert) von $\beta=0{,}342^{+}$. Die Kontrollvariablen erklären alleine 26,7% der Varianz des strategischen Erfolgs Zusatz (SEZ). Wird S4 mit aufgenommen, erhöht sich die Varianzaufklärung auf insgesamt 35,7%. Die Kontrollvariable AlterVE hat einen mittelstarken, positiven und signifikanten Effekt ($b=0{,}160^{*}$; $\beta=0{,}400^{*}$; $p=0{,}041$) auf den Zusammenhang zwischen S4 und SEZ.

[1568] Vgl. Kapitel 5.3.4.

Die übrigen Kontrollvariablen MaVE und KapVE haben auf dem Niveau $p \leq 0,10$ keinen signifikanten Einfluss auf den Zusammenhang zwischen S4 und SEZ.

Zudem wird bei Aufnahme der Kontrollvariablen AlterVE, MaVE und KapVE der Zusammenhang zwischen S4 und dem langfristigen finanziellen Erfolg Zusatz (LFEZ) schwachsignifikant. Der partielle Korrelationskoeffizient beträgt $rp=0,351^+$ bei einem Signifikanzniveau von $p=0,093$. Die hierarchische Regression ergibt einen nicht-standardisierten Regressionskoeffizienten von $b=0,227^+$ und einen standardisierten Regressionskoeffizient (BETA-Wert) von $\beta=0,338^+$. Die Kontrollvariablen erklären alleine 28,6% der Varianz des langfristigen finanziellen Erfolgs Zusatz (LFEZ). Wird S4 mit aufgenommen, erhöht sich die Varianzaufklärung auf insgesamt 37,4%. Die Kontrollvariable AlterVE hat einen schwachen, positiven und schwachsignifikanten Effekt ($b=0,189^+$; $\beta=0,352^+$; $p=0,065$) auf den Zusammenhang zwischen S4 und LFEZ. Die übrigen Kontrollvariablen MaVE und KapVE haben auf dem Niveau $p \leq 0,10$ keinen signifikanten Einfluss auf den Zusammenhang zwischen S4 und LFEZ.

Auch wird bei Aufnahme der Kontrollvariablen AlterVE, MaVE und KapVE der Zusammenhang zwischen S4 und dem gesamten Erfolg (E) signifikant. Der partielle Korrelationskoeffizient beträgt $rp=0,405^*$ bei einem Signifikanzniveau von $p=0,049$. Die hierarchische Regression ergibt einen nicht-standardisierten Regressionskoeffizienten von $b=0,209^*$ und einen standardisierten Regressionskoeffizienten (BETA-Wert) von $\beta=0,405^*$. Die Kontrollvariablen erklären alleine 22,8% der Varianz des gesamten Erfolgs (E). Wird S4 mit aufgenommen, erhöht sich die Varianzaufklärung auf insgesamt 35,5%. Die Kontrollvariable AlterVE hat einen schwachen, positiven und schwachsignifikanten Effekt ($b=0,169^*$; $\beta=0,411^*$; $p=0,036$) auf den Zusammenhang zwischen S4 und E. Die übrigen Kontrollvariablen MaVE und KapVE haben auf dem Niveau $p \leq 0,10$ keinen signifikanten Einfluss auf den Zusammenhang zwischen S4 und E.

Die Hypothese HS5 kann wiederum auf einem Signifikanzniveau von $p \leq 0,10$ bestätigt werden. Es ergibt sich ein positiver linearer Zusammenhang zwischen der Bereitstellung der notwendigen Ressourcen sowie dem Top-Management-Commitment (S5) und dem Erfolg. Erfolgskritisch sind somit die Akzeptanzsicherung der Innovationsvorhaben durch eine langfristige Festlegung und Abgrenzung der erforderlichen Ressourcen und Kompetenzen sowie das Commitment des Top-Managements zur Sicherstellung der Mitarbeitermotivation.[1569] Hinsichtlich des kurzfristigen strategischen Erfolgs (KSE) ist der Zusammenhang signifikant. Der bivariate Bravais-Pearson-Korrelationskoeffizient beträgt $r=0,475^*$ bei einem Signifikanzniveau von $p=0,012$. Die nicht-parametrischen Rangkorrelationskoeffizienten Kendall's Tau bzw. Spearman's Roh verzeichnen Werte von $\tau=0,405^*$ auf einem Signifikanzniveau von 0,015

[1569] Vgl. Kapitel 5.3.5.

bzw. ρ=0,470* auf einem Signifikanzniveau von 0,013. Der nicht-standardisierte Regressionskoeffizient beträgt b=0,390*, der standardisierte Regressionskoeffizient (BETA-Wert) β=0,475*, das Bestimmtheitsmaß R^2=0,225 und das korrigierte Bestimmtheitsmaß R^2_{korr}=0,194. Es handelt sich somit um einen mittelstarken positiven Zusammenhang, wobei die Bereitstellung der notwendigen Ressourcen sowie das Top-Management-Commitment (S5) 22,5% der Varianz des kurzfristigen strategischen Erfolgs (KSE) erklärt. Die Korrelations- und Regressionskoeffizienten haben zwar auch hinsichtlich des strategischen Erfolgs (Zusatz) (SEZ, SE) positive Vorzeichen, sind jedoch nach dem Verständnis dieser Arbeit nicht signifikant. Allerdings kann aufgrund der Korrelations- und Regressionskoeffizienten ein sehr schwacher positiver Zusammenhang zwischen der Bereitstellung der notwendigen Ressourcen sowie dem Top-Management-Commitment (S5) und dem strategischen Erfolg vermutet werden.

Der Zusammenhang zum langfristigen finanziellen Erfolg Zusatz (LFEZ) ist schwachsignifikant. Der bivariate Bravais-Pearson-Korrelationskoeffizient beträgt r=0,355$^+$ bei einem Signifikanzniveau von p=0,069. Die nicht-parametrischen Rangkorrelationskoeffizienten Kendall's Tau bzw. Spearman's Roh verzeichnen Werte von τ=0,285$^+$ auf einem Signifikanzniveau von 0,072 bzw. ρ=0,358$^+$ auf einem Signifikanzniveau von 0,067. Der nicht-standardisierte Regressionskoeffizient beträgt b=0,339$^+$, der standardisierte Regressionskoeffizient (BETA-Wert) β=0,355$^+$, das Bestimmtheitsmaß R^2=0,126 und das korrigierte Bestimmtheitsmaß R^2_{korr}=0,091. Es handelt sich somit um einen schwachen positiven Zusammenhang, wobei die Bereitstellung der notwendigen Ressourcen sowie das Top-Management-Commitment (S5) 12,6% der Varianz des langfristigen finanziellen Erfolgs Zusatz (LFEZ) erklärt. Hinsichtlich des langfristigen finanziellen Erfolgs (LFE) ist der Zusammenhang schwach, positiv und signifikant mit r=0,388* bei p=0,045 und b=0,395*, β=0,388*, R^2=0,151 und R^2_{korr}=0,117. Die Korrelations- und Regressionskoeffizienten haben zwar auch hinsichtlich des finanziellen Erfolgs (Zusatz) (FEZ, FE) positive Vorzeichen und lassen einen schwachen bis sehr schwachen positiven Zusammenhang zwischen der Bereitstellung der notwendigen Ressourcen sowie dem Top-Management-Commitment (S5) und dem finanziellen Erfolg vermuten, sind jedoch nach dem Verständnis dieser Arbeit nicht signifikant. Auch die Korrelations- und Regressionskoeffizienten hinsichtlich des gesamten Erfolgs (Zusatz) (EZ, E) haben positive Vorzeichen, sind jedoch nach dem Verständnis dieser Arbeit ebenfalls nicht signifikant. Allerdings kann aufgrund der Korrelations- und Regressionskoeffizienten ein schwacher positiver Zusammenhang zwischen der Bereitstellung der notwendigen Ressourcen sowie dem Top-Management-Commitment (S5) und dem gesamten Erfolg vermutet werden.

Abbildung 6-90: Zusammenhang S5 und KSE, LFEZ (Korrelation)

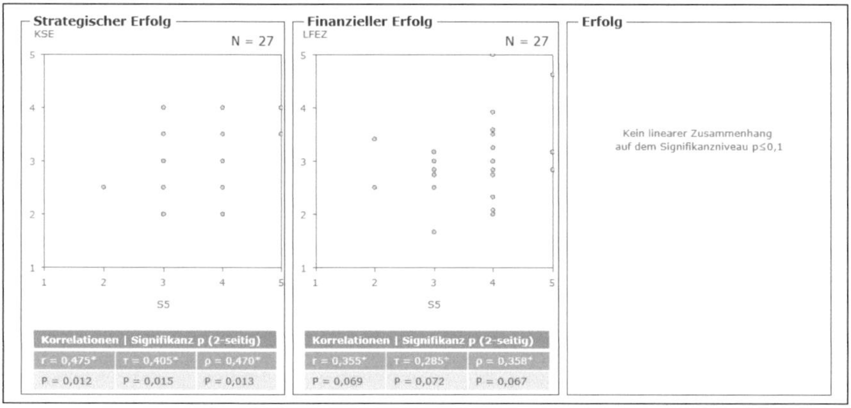

Quelle: Eigene Erhebung und Analyse (vgl. Fragebogen Frage 38 (5) und 14-16, 21-23)

Bei Aufnahme der Kontrollvariablen AlterVE, MaVE und KapVE beträgt der partielle Korrelationskoeffizient für den Zusammenhang zwischen S5 und dem kurzfristigen strategischen Erfolg (KSE) rp=0,435* bei einem Signifikanzniveau von p=0,033. Die hierarchische Regression ergibt einen nicht-standardisierten Regressionskoeffizienten von b=0,325* und einen standardisierten Regressionskoeffizienten (BETA-Wert) von β=0,395*. Die Kontrollvariablen erklären alleine 22,4% der Varianz des kurzfristigen strategischen Erfolgs (KSE). Wird S5 mit aufgenommen, erhöht sich die Varianzaufklärung auf insgesamt 37,1%. Keine der Kontrollvariablen hat auf dem Niveau p≤0,10 einen signifikanten Einfluss auf den Zusammenhang zwischen S5 und KSE.

Bei Aufnahme der Kontrollvariablen AlterVE, MaVE und KapVE ist der Zusammenhang zwischen S5 und dem finanziellen sowie gesamten Erfolg nicht mehr signifikant auf dem Niveau p≤0,10.

Abbildung 6-91: Zusammenhang S5 und KSE, LFEZ (Regression)

Strategischer Erfolg

N = 27

Eingegebene/Entfernte Variablen[a]

Modell	Eingegebene Variablen	Entfernte Variablen	Methode
1	S5[b]		Aufnehmen

a. Abhängige Variable: KSE
b. Alle angeforderten Variablen wurden eingegeben.

Modellübersicht[b]

Modell	R	R-Quadrat	Angepasstes R-Quadrat	Standardfehler der Schätzung	Durbin-Watson
1	,475[a]	,225	,194	,58830	2,023

a. Prädiktoren: (Konstante), S5
b. Abhängige Variable: KSE

ANOVA[a]

Modell		Quadratsumme	df	Mittel der Quadrate	F	Sig.
1	Regression	2,514	1	2,514	7,264	,012[b]
	Residuum	8,652	25	,346		
	Gesamtsumme	11,167	26			

a. Abhängige Variable: KSE
b. Prädiktoren: (Konstante), S5

Koeffizienten[a]

Modell		Nicht standardisierte Koeffizienten		Standard. Koeffiz.	t	Sig.
		B	Standardfehler	Beta		
1	(Konstante)	1,821	,532		3,421	,002
	S5	,390	,145	,475	2,695	,012

a. Abhängige Variable: KSE

Finanzieller Erfolg

N = 27

Eingegebene/Entfernte Variablen[a]

Modell	Eingegebene Variablen	Entfernte Variablen	Methode
1	S5[b]		Aufnehmen

a. Abhängige Variable: LFEZ
b. Alle angeforderten Variablen wurden eingegeben.

Modellübersicht[b]

Modell	R	R-Quadrat	Angepasstes R-Quadrat	Standardfehler der Schätzung	Durbin-Watson
1	,355[a]	,126	,091	,72717	2,445

a. Prädiktoren: (Konstante), S5
b. Abhängige Variable: LFEZ

ANOVA[a]

Modell		Quadratsumme	df	Mittel der Quadrate	F	Sig.
1	Regression	1,904	1	1,904	3,600	,069[b]
	Residuum	13,219	25	,529		
	Gesamtsumme	15,123	26			

a. Abhängige Variable: LFEZ
b. Prädiktoren: (Konstante), S5

Koeffizienten[a]

Modell		Nicht standardisierte Koeffizienten		Standard. Koeffiz.	t	Sig.
		B	Standardfehler	Beta		
1	(Konstante)	1,717	,658		2,611	,015
	S5	,339	,179	,355	1,897	,069

a. Abhängige Variable: LFEZ

Erfolg

Kein linearer Zusammenhang auf dem Signifikanzniveau p≤0,1

Quelle: Eigene Erhebung und Analyse (vgl. Fragebogen Frage 38 (5) und 14-16, 21-23)

6.4.4 Zusammenfassung der Ergebnisse der Hypothesentests

Nachfolgend werden die Ergebnisse der Hypothesentests zusammengefasst. Für die Interpretation gilt: (✓) Hypothese kann bestätigt werden; (X) Hypothese muss verworfen werden; b: Nicht-standardisierter Regressionskoeffizient; β: Standardisierter Regressionskoeffizient (BETA-Wert) bzw. Korrelationskoeffizient von Bravais/Pearson; R^2: Bestimmtheitsmaß; R^2_{korr}: Korrigiertes Bestimmtheitsmaß +: Signifikant beim Niveau 0,10; *: Signifikant beim Niveau 0,05; **: Signifikant beim Niveau 0,01.

Integrationsgrad

✓ EI1a: Kein linearer Zusammenhang auf dem Signifikanzniveau $p \leq 0,1$; der Integrationsgrad (Integration, partielle Integration, Segregation) der VE in die Strukturen, Prozesse und (Management-)Systeme des CP hat keinen Einfluss auf den Erfolg.

✓ EI1b: Je größer die Segregation (Integration) der VE hinsichtlich der Strukturen, Prozesse und Systeme des CP, desto stärker ist diese auf die Exploration (Exploitation) von Innovationspotenzialen ausgerichtet (b=0,310*; β=0,391*; R^2=0,153; R^2_{korr}=0,119).

✓ EI2: Je stärker die Orientierung der VE an den langfristigen strategischen und finanziellen Zielen des CP, desto größer ist der strategische (b=0,250**; β=0,491**; R^2=0,241; R^2_{korr}=0,211), langfristig finanzielle (b=0,264*; β=0,388*; R^2=0,150; R^2_{korr}=0,117) und der gesamte Erfolg (b=0,184$^+$; β=0,345$^+$; R^2=0,119; R^2_{korr}=0,084).

✓ EI3a: Je stärker der Zugriff der VE auf die vorhandenen Ressourcen und Kompetenzen des CP, desto größer ist der kurzfristige strategische Erfolg (b=-0,176$^+$; β=-0,336$^+$; R^2=0,113; R^2_{korr}=0,078).

X EI4: Es besteht ein signifikanter u-förmiger Zusammenhang zwischen der Stärke der Ausrichtung der VE am Kerngeschäft des CP und dem strategischen, finanziellen und gesamten Erfolg.

X EI5: Kein linearer Zusammenhang auf dem Signifikanzniveau $p \leq 0,1$.

Finanzierung

✓ EF1: Je höher die Kapitalausstattung der VE, desto größer ist der strategische (b=0,262**; β=0,567**; R^2=0,322; R^2_{korr}=0,295), finanzielle (b=0,242*; β=0,459*, R^2=0,211; R^2_{korr}=0,179) und gesamte Erfolg (b=0,258**; β=0,533**; R^2=0,284; R^2_{korr}=0,255).

✓ EF2: Je stärker der Einsatz der Stufenfinanzierung (Staged Financing) mittels Meilensteinen im Rahmen der Kapitalbereitstellung, desto größer ist der langfristige strategische (b=0,244*; β=0,382*; R^2=0,146; R^2_{korr}=0,112), finanzielle (b=0,268*; β=0,399*; R^2=0,159; R^2_{korr}=0126) und gesamte Erfolg (b=0,218+; β=0,355+; R^2=0,126; R^2_{korr}=0,091), desto stärker wird das zukünftige ICV-Engagement in 5 Jahren gegenüber heute bewertet (b=0,536*; β=0,403*; R^2=0,162; R^2_{korr}=0129).

X EF3: Je stärker die Entscheidung über Investitionen in VE bei der VU bzw. dem mittleren Management liegt, desto geringer ist der langfristige finanzielle Erfolg (b=-0,254$^+$; β=-0,330$^+$; R^2=0,109; R^2_{korr}=0,073).

✓ EF4: Je stärker der Einsatz einer automatischen Reinvestition erwirtschafteter finanzieller Mittel (Intrakapitalfonds), desto größer ist der finanzielle (b=0,182$^+$; β=0,346$^+$; R^2=0,120; R^2_{korr}=0,085) und gesamte Erfolg (b=0,159$^+$; β=0,326$^+$; R^2=0,106; R^2_{korr}=0,071).

X EF5: Je zeitlich (un-)begrenzter die finanziellen Mittel den VE bereitgestellt werden, desto (schwächer) bzw. stärker wird das zukünftige ICV-Engagement in 5 Jahren gegenüber heute bewertet (b=-0,532*; β=-0,408*; R^2=0,166; R^2_{korr}=0,133).

Anreiz- und Vergütungssysteme

X EA1: Je stärker die Anreiz-/Vergütungssysteme auf materielle/monetäre Elemente ausgerichtet sind, desto größer ist der kurzfristige strategische Erfolg (b=0,162$^+$; β=0,343$^+$; R^2=0,118; R^2_{korr}=0,082).

✓ EA2: Je stärker die VE-Mitarbeiter am VE-Wertzuwachs beteiligt werden (Carried Interest), desto größer ist der strategische (b=0,189$^+$; β=0,324$^+$; R^2=0,105; R^2_{korr}=0,069), finanzielle (b=0,232$^+$; β=0,347$^+$; R^2=0,120; R^2_{korr}=0,085) und gesamte Erfolg (b=0,210$^+$; β=0,343$^+$; R^2=0,118; R^2_{korr}=0,083).

X EA3: Kein linearer Zusammenhang auf dem Signifikanzniveau $p \leq 0,1$.

✓ EA4: Je stärker die Anreiz-/Vergütungssysteme am kollektiven VE-Teamerfolg ausgerichtet sind, desto größer ist der kurzfristige strategische Erfolg (b=0,285*; β=0,384*; R^2=0,147; R^2_{korr}=0,113).

✓ EA5: Je stärker das Commitment des Top-Managements zu VE, desto größer ist der strategische (b=0,231*; β=0,453*; R^2=0,206; R^2_{korr}=0,174) und gesamte Erfolg (b=0,187$^+$; β=0,357$^+$; R^2=0,128; R^2_{korr}=0,093.

Abbruch und Lernpotenziale

✓ EL1: Der rechtzeitige Abbruch erfolgloser VE hat einen positiven Effekt auf den langfristigen strategischen Erfolg (b=0,260*; β=0,420*; R^2=0,176; R^2_{korr}=0,143).

X EL2: Kein linearer Zusammenhang auf dem Signifikanzniveau $p \leq 0,1$.

✓ EL3: Je detaillierter die Erfolgs- bzw. Misserfolgsfaktoren analysiert werden, desto größer ist der strategische (b=0,207$^+$; β=0,368$^+$; R^2=0,136; R^2_{korr}=0,101), finanzielle (b=0,213$^+$; β=0,330$^+$; R^2=0,109; R^2_{korr}=0,073) und gesamte Erfolg (b=0,215$^+$; β=0,364$^+$; R^2=0,133; R^2_{korr}=0,098).

✓ EL4: Je intensiver der Austausch von Wissen und Kompetenzen unter den VE sowie zwischen den VE und der VU bzw. dem CP, desto größer ist der strategische (b=0,196*; β=0,390*; R^2=0,152; R^2_{korr}=0,118), finanzielle (b=0,242*; β=0,419*; R^2=0,175; R^2_{korr}=0,142) und gesamte Erfolg (b=0,220*; β=0,417*; R^2=0,174; R^2_{korr}=0,140).

✓ EL5: Je höher die Fehlertoleranz des CP bzw. der VU gegenüber den Innovationsvorhaben der VE, desto größer ist der strategische (b=0,320**; β=0,562**; R^2=0,315; R^2_{korr}=0,288), finanzielle (b=0,291*; β=0,446*; R^2=0,199; R^2_{korr}=0,167) und gesamte Erfolg (b=0,304**; β=0,508**; R^2=0,258; R^2_{korr}=0,228).

Innovationsstrategie

✓ ES1: Je stärker die Unternehmensstrategie auf eine Stimulierung von unternehmerischem Denken und Handeln ausgerichtet ist, desto größer ist der strategische (b=0,322**; β=0,611**; R^2=0,373; R^2_{korr}=0,348), finanzielle (b=0,292*; β=0,483*; R^2=0,233; R^2_{korr}=0,203) und gesamte Erfolg (b=0,305**; β=0,552**; R^2=0,304; R^2_{korr}=0,277), desto stärker wird das zukünftige ICV-Engagement in 5 Jahren gegenüber heute bewertet (b=0,434$^+$; β=0,363$^+$; R^2=0,132; R^2_{korr}=0,097).

✓ ES2: Je regelmäßiger die Unternehmensstrategie aufgrund von VE-Initiativen hinterfragt/angepasst wird, desto größer ist der strategische (b=0,234*; β=0,415*; R^2=0,172; R^2_{korr}=0,139), langfristige finanzielle (b=0,274$^+$; β=0,342$^+$; R^2=0,117; R^2_{korr}=0,082) und gesamte Erfolg (b=0,198$^+$; β=0,335$^+$; R^2=0,112; R^2_{korr}=0,077).

✓ ES3: Je regelmäßiger/intensiver die Kommunikation zwischen CP und VE stattfindet, desto größer ist der kurzfristige strategische Erfolg (b=0,219+; β=0,338+; R^2=0,114; R^2_{korr}=0,079), desto stärker wird das zukünftige ICV-Engagement in 5 Jahren gegenüber heute bewertet (b=0,442$^+$; β=0,345$^+$; R^2=0,119; R^2_{korr}=0,084).

X ES4: Kein linearer Zusammenhang auf dem Signifikanzniveau $p \leq 0,1$.

✓ ES5: Je umfangreicher die notwendigen Ressourcen sowie die Unterstützung des Top-Managements bereitgestellt werden, desto größer ist der kurzfristige strategische (b=0,390*; β=0,475*; R^2=0,225; R^2_{korr}=0,194) und langfristige finanzielle Erfolg (b=0,339$^+$; β=0,355$^+$; R^2=0,126; R^2_{korr}=0,091).

Die nachfolgende Tabelle fasst nochmals die Richtung, Stärke und Signifikanzniveaus der bivariaten Bravais-Pearson-Korrelationskoeffizienten (r) bzw. standardisierten Regressionskoeffizienten (β) für die entwickelten Hypothesen zusammen; es werden nur Werte mit einem Signifikanzniveau von p≤0,10 dargestellt.

Tabelle 6-3: Korrelations- und Regressionskoeffizienten (Hypothesen, bivariat)

	Strategischer Erfolg					Finanzieller Erfolg					Gesamter Erfolg		
	KSE	LSE	LSEZ	SE	SEZ	KFE	LFE	LFEZ	FE	FEZ	E	EZ	T
I1													
I2	0,436 (*)	0,340 (+)	0,430 (*)	0,442 (*)	0,491 (**)			0,388 (*)			0,442 (*)	0,345 (+)	
I3	-0,336 (+)												
I4													
I5													
F1	0,614 (**)	0,414 (*)	0,383 (*)	0,567 (**)	0,567 (**)	0,376 (+)	0,455 (*)	0,410 (*)	0,500 (**)	0,459 (*)	0,567 (**)	0,533 (**)	
F2		0,338 (+)	0,382 (*)					0,418 (*)	0,332 (+)	0,399 (*)		0,355 (+)	0,403 (*)
F3							-0,330 (+)						
F4								0,361 (+)		0,346 (+)		0,326 (+)	
F5													-0,408 (*)
A1	0,343 (+)												
A2	0,372 (+)				0,324 (+)		0,394 (*)	0,326 (+)	0,390 (*)	0,347 (+)		0,343 (+)	
A3													
A4	0,384 (*)												
A5	0,522 (**)			0,357 (+)	0,453 (*)						0,357 (+)		
DummyL1		0,420 (*)											
L2													
L3	0,386 (*)			0,355 (+)	0,368 (+)		0,345 (+)	0,325 (+)	0,365 (+)	0,330 (+)	0,355 (+)	0,364 (+)	
L4	0,342 (+)	0,328 (+)	0,386 (*)	0,379 (+)	0,390 (*)		0,435 (*)	0,438 (*)	0,427 (*)	0,419 (*)	0,379 (+)	0,417 (*)	
L5	0,580 (**)		0,432 (*)	0,463 (*)	0,562 (**)	0,416 (*)			0,426 (*)	0,446 (*)	0,463 (*)	0,508 (**)	
S1	0,620 (**)		0,445 (*)	0,538 (**)	0,611 (**)		0,426 (*)	0,503 (**)	0,443 (*)	0,483 (*)	0,538 (**)	0,552 (**)	0,363 (+)
S2	0,502 (**)	0,348 (+)		0,472 (*)	0,415 (*)		0,342 (+)				0,472 (*)	0,335 (+)	
S3	0,338 (+)												0,345 (+)
S4													
S5	0,475 (*)						0,388 (*)	0,355 (+)					

Quelle: Eigene Erhebung und Analyse

Zudem fasst die nächste Tabelle nochmals die Richtung, Stärke und Signifikanzniveaus der partiellen Korrelationskoeffizienten (rp) für die entwickelten Hypothesen unter Berücksichtigung der Kontrollvariablen AlterVE, MaVE und KapVE zusammen; auch hier werden nur Werte mit einem Signifikanzniveau von p≤0,10 dargestellt.

Tabelle 6-4: Korrelationskoeffizienten unter Kontrollvariablen (Hypothesen, bivariat)

	Strategischer Erfolg					Finanzieller Erfolg					Gesamter Erfolg		
	KSE	LSE	LSEZ	SE	SEZ	KFE	LFE	LFEZ	FE	FEZ	E	EZ	T
I1													
I2	0,397 (+)		0,371 (+)	0,388 (+)	0,453 (*)						0,388 (+)		
I3	-0,441 (*)			-0,421 (*)							-0,421 (*)		
I4													
I5													
F1	0,652 (**)	0,457 (*)	0,396 (+)	0,623 (**)	0,611 (**)	0,412 (*)	0,446 (*)	0,397 (+)	0,522 (**)	0,469 (*)	0,623 (**)	0,570 (**)	
F2			0,371 (+)					0,413 (*)		0,396 (+)		0,344 (+)	0,391 (+)
F3													
F4													
F5								-0,376 (+)					-0,435 (*)
A1													
A2	0,355 (+)						0,352 (+)		0,349 (+)				
A3													
A4	0,493 (*)			0,440 (*)	0,377 (+)						0,440 (*)		
A5	0,532 (**)				0,442 (*)								
DummyL1		0,644 (**)	0,516 (**)	0,403 (+)		0,363 (+)	0,357 (+)	0,436 (*)	0,443 (*)	0,485 (*)	0,403 (+)	0,427 (*)	
L2													
L3	0,469 (*)			0,428 (*)	0,449 (*)		0,411 (*)	0,418 (*)	0,438 (*)	0,408 (*)	0,428 (*)	0,450 (*)	
L4	0,354 (+)		0,421 (*)	0,404 (*)	0,428 (*)		0,441 (*)	0,478 (*)	0,419 (*)	0,420 (*)	0,404 (*)	0,439 (*)	
L5	0,614 (**)		0,477 (*)	0,505 (*)	0,617 (**)	0,450 (*)			0,426 (*)	0,448 (*)	0,505 (*)	0,544 (**)	
S1	0,571 (**)		0,379 (+)	0,487 (*)	0,557 (**)			0,391 (+)	0,401 (+)	0,422 (*)	0,487 (*)	0,496 (*)	0,375 (+)
S2	0,526 (**)			0,471 (*)	0,411 (*)		0,352 (+)				0,471 (*)		
S3													
S4		0,417 (*)		0,405 (*)	0,351 (+)		0,404 (+)	0,351 (+)			0,405 (*)		
S5	0,435 (*)												

Quelle: Eigene Erhebung und Analyse

6.5 Konstrukt- und multiple Analyse

Nachfolgend werden im Rahmen einer bivariaten Analyse die auf Basis der Faktoranalyse identifizierten Konstrukte auf ihren Zusammenhang mit den abhängigen Variablen und damit mit dem Erfolg analysiert. Darüber hinaus werden im Rahmen einer multiplen Analyse weitere Zusammenhänge zwischen den unabhängigen Variablen sowie den aus ihnen gebildeten Konstrukten und den abhängigen Variablen untersucht. Wie im vorangegangenen Kapitel wird hierzu auf den bivariaten Bravais-Pearson-Korrelationskoeffizienten r sowie die nicht-parametrischen Rangkorrelationskoeffizienten Kendall's Tau (τ) bzw. Spearman's Roh (ρ) zurückgegriffen.[1570] Die weitere Quantifizierung der Zusammenhänge erfolgt mittels der bivariaten bzw. multiplen linearen Regressionsanalyse.[1571] Hierbei ist b der nicht-standardisierte Regressionskoeffizient, β der standardisierte Regressionskoeffizient (BETA-Wert), R^2 das Bestimmtheitsmaß und R^2_{korr} das korrigierte Bestimmtheitsmaß. Wie bereits beschrieben, wird im Rahmen dieser Arbeit ein Signifikanzniveau von mindestens $p \leq 0,10$ gefordert, damit die Hypothese nicht verworfen werden muss. Dabei wird bei einem $p \leq 0,10$ von schwachsignifikant (+), bei einem $p \leq 0,05$ von signifikant (*) und bei einem $p \leq 0,01$ von hochsignifikant (**) gesprochen. Die unabhängigen und abhängigen Variablen sowie die Konstrukte werden entsprechend der in Kapitel 6.2.2 bzw. 6.2.3 beschriebenen Operationalisierungen und nach den dort wiedergegebenen Validitäts- und Reliabilitätsprüfungen verwendet.

[1570] Vgl. Kapitel 6.1.4.2.
[1571] Vgl. Kapitel 6.1.4.3.

6.5.1 Ergebnisse der Konstrukt- und multiplen Analyse

6.5.1.1 Integrationsgrad

Der Zusammenhang zwischen dem Konstrukt Integration (IE) und dem strategischen Erfolg (Zusatz) (SEZ, SE), dem finanziellen Erfolg (Zusatz) (FEZ, FE) sowie dem gesamten Erfolg (Zusatz) (EZ, E) ist auf dem Niveau $p \leq 0,10$ nicht signifikant. Damit bestätigt sich die Forderung nach einer situationsspezifischen Wahl des Integrationsgrades in Abhängigkeit vom verfolgten Innovationsvorhaben.[1572] Allerdings haben die Regressionskoeffizienten negative Vorzeichen, was auf die Vorteilhaftigkeit der Integration der VE in die Organisation und das Kerngeschäft des CP hindeutet.

Bei Aufnahme der Kontrollvariablen AlterVE, MaVE und KapVE beträgt der partielle Korrelationskoeffizient für den Zusammenhang zwischen IE und dem langfristigen strategischen Erfolg (LSE) $rp=-0,351^{+}$ bei einem Signifikanzniveau von $p=0,093$. Die hierarchische Regression ergibt einen nicht-standardisierten Regressionskoeffizienten von $b=-0,259^{+}$ und einen standardisierten Regressionskoeffizienten (BETA-Wert) von $\beta=-0,348^{+}$. Die Kontrollvariablen erklären alleine 15,2% der Varianz des langfristigen strategischen Erfolgs (LSE). Wird IE mit aufgenommen, erhöht sich die Varianzaufklärung auf insgesamt 25,7%. Die Kontrollvariable AlterVE hat einen schwachen, positiven und schwachsignifikanten Effekt ($b=0,156^{+}$; $\beta=0,348^{+}$; $p=0,089$) auf den Zusammenhang zwischen IE und LSE. Die übrigen Kontrollvariablen MaVE und KapVE haben auf dem Niveau $p \leq 0,10$ keinen signifikanten Einfluss auf den Zusammenhang zwischen IE und LSE.

Die multiple lineare Regression mit den beiden Regressoren IE (Einbindung) und I2 (Zielorientierung) zeigt, dass lediglich I2 und damit die Orientierung der VE an den langfristigen strategischen und finanziellen Zielen des CP einen signifikant positiven Einfluss auf den Erfolg ausübt. Damit bestätigt sich erneut empirisch, dass aufgrund der Strukturinkompatibilitäten die Trennung des innovativen vom operativen System und damit die Trennung der VE von den kurzfristigen Erlöszielen der operativen Bereiche und deren Ausrichtung an den langfristigen Unternehmenszielen vorteilhaft ist.[1573] Die Einbindung der VE in die Organisation und das Kerngeschäft des CP sollte hingegen situationsspezifisch vor dem Hintergrund des verfolgten Innovationsvorhabens erfolgen.[1574]

Hinsichtlich des strategischen Erfolgs Zusatz (SEZ) ist der Einfluss von I2 – bei Kontrolle von IE – signifikant. Der nicht-standardisierte Regressionskoeffizient beträgt $b=0,249^{*}$ und der

[1572] Vgl. Kapitel 3.3.1.
[1573] Vgl. Kapitel 2.3.2.
[1574] Vgl. Kapitel 3.3.1.

standardisierte Regressionskoeffizient (BETA-Wert) β=0,488* bei einem Signifikanzniveau von p=0,011. Es handelt sich somit um einen mittelstarken positiven Einfluss. Hinsichtlich des strategischen Erfolgs (SE) ist der Einfluss von I2 – bei Kontrolle von IE – ebenfalls mittelstark, positiv und signifikant mit b=0,224* und β=0,429* bei p=0,026. Die Regressionskoeffizienten von IE – bei Kontrolle von I2 – haben negative Vorzeichen, was auf die Vorteilhaftigkeit der Integration der VE in die Organisation und das Kerngeschäft des CP hindeutet, jedoch sind diese nach dem Verständnis dieser Arbeit nicht signifikant, und deren Ausprägung ist sehr schwach.

Der Einfluss von I2 – bei Kontrolle von IE – auf den langfristigen finanziellen Erfolg Zusatz (LFEZ) ist schwachsignifikant. Der nicht-standardisierte Regressionskoeffizient beträgt $b=0,259^{+}$ und der standardisierte Regressionskoeffizient (BETA-Wert) $\beta=0,381^{+}$ bei einem Signifikanzniveau von p=0,054. Es handelt sich somit um einen schwachen positiven Einfluss. Hinsichtlich des langfristigen finanziellen Erfolgs (LFE) sowie des finanziellen Erfolgs (Zusatz) (FEZ, FE) verzeichnet keiner der beiden Regressoren einen signifikanten Einfluss auf dem Niveau von p≤0,10. Die Vorzeichen der Regressionskoeffizienten lassen jedoch eine analoge Aussage wie zum strategischen Erfolg vermuten.

Auch hinsichtlich des gesamten Erfolgs Zusatz (EZ) ist der Einfluss von I2 – bei Kontrolle von IE – schwachsignifikant. Der nicht-standardisierte Regressionskoeffizient beträgt $b=0,184^{+}$ und der standardisierte Regressionskoeffizient (BETA-Wert) $\beta=0,344^{+}$ bei einem Signifikanzniveau von p=0,086. Es handelt sich somit um einen schwachen positiven Einfluss. Bezogen auf den gesamten Erfolg (E) ist der Einfluss von I2 – bei Kontrolle von IE – hingegen mittelstark, positiv und signifikant mit b=0,224* und β=0,429* bei p=0,026. Die Regressionskoeffizienten von IE – bei Kontrolle von I2 – haben negative Vorzeichen, was auf die Vorteilhaftigkeit der Segregation der VE von der Organisation und dem Kerngeschäft des CP hindeutet. Dies würde wiederum die Aussage von Siegel et al. (1988) stützen, wonach die Integration der VE bei der Verfolgung strategischer Ziele vorteilhaft ist und die Segregation vor allem den finanziellen Erfolg positiv beeinflusst.[1575] Jedoch sind die Regressionskoeffizienten nach dem Verständnis dieser Arbeit nicht signifikant, und deren Ausprägung ist sehr schwach.

Bei Aufnahme der Kontrollvariablen AlterVE, MaVE und KapVE beträgt der partielle Korrelationskoeffizient für den Zusammenhang zwischen I2 – bei Kontrolle von IE – und dem strategischen Erfolg Zusatz (SEZ) rp=0,453* bei einem Signifikanzniveau von p=0,026.

[1575] Vgl. Kapitel 3.3.1

Abbildung 6-92: Einfluss I2, IE auf SEZ, LFEZ, EZ (Regression)

Strategischer Erfolg

N = 27

Eingegebene/Entfernte Variablen[a]

Modell	Eingegebene Variablen	Entfernte Variablen	Methode
1	IE, I2[b]		Aufnehmen

a. Abhängige Variable: SEZ
b. Alle angeforderten Variablen wurden eingegeben.

Modellübersicht[b]

Modell	R	R-Quadrat	Angepasstes R-Quadrat	Standardfehler der Schätzung	Durbin-Watson
1	,492[a]	,242	,179	,51700	2,477

a. Prädiktoren: (Konstante), IE, I2
b. Abhängige Variable: SEZ

ANOVA[a]

Modell		Quadratsumme	df	Mittel der Quadrate	F	Sig.
1	Regression	2,052	2	1,026	3,838	,036[b]
	Residuum	6,415	24	,267		
	Gesamtsumme	8,467	26			

a. Abhängige Variable: SEZ
b. Prädiktoren: (Konstante), IE, I2

Koeffizienten[a]

Modell		Nicht standardisierte Koeffizienten B	Standardfehler	Standard. Koeffiz. Beta	t	Sig.
1	(Konstante)	2,436	,507		4,803	,000
	I2	,249	,091	,488	2,738	,011
	IE	-,023	,118	-,034	-,193	,849

a. Abhängige Variable: SEZ

Finanzieller Erfolg

N = 27

Eingegebene/Entfernte Variablen[a]

Modell	Eingegebene Variablen	Entfernte Variablen	Methode
1	IE, I2[b]		Aufnehmen

a. Abhängige Variable: LFEZ
b. Alle angeforderten Variablen wurden eingegeben.

Modellübersicht[b]

Modell	R	R-Quadrat	Angepasstes R-Quadrat	Standardfehler der Schätzung	Durbin-Watson
1	,396[a]	,157	,087	,72881	2,410

a. Prädiktoren: (Konstante), IE, I2
b. Abhängige Variable: LFEZ

ANOVA[a]

Modell		Quadratsumme	df	Mittel der Quadrate	F	Sig.
1	Regression	2,375	2	1,187	2,236	,129[b]
	Residuum	12,748	24	,531		
	Gesamtsumme	15,123	26			

a. Abhängige Variable: LFEZ
b. Prädiktoren: (Konstante), IE, I2

Koeffizienten[a]

Modell		Nicht standardisierte Koeffizienten B	Standardfehler	Standard. Koeffiz. Beta	t	Sig.
1	(Konstante)	2,160	,715		3,020	,006
	I2	,259	,128	,381	2,026	,054
	IE	-,072	,167	-,081	-,432	,670

a. Abhängige Variable: LFEZ

Erfolg

N = 27

Eingegebene/Entfernte Variablen[a]

Modell	Eingegebene Variablen	Entfernte Variablen	Methode
1	IE, I2[b]		Aufnehmen

a. Abhängige Variable: EZ
b. Alle angeforderten Variablen wurden eingegeben.

Modellübersicht[b]

Modell	R	R-Quadrat	Angepasstes R-Quadrat	Standardfehler der Schätzung	Durbin-Watson
1	,345[a]	,119	,046	,58496	2,252

a. Prädiktoren: (Konstante), IE, I2
b. Abhängige Variable: EZ

ANOVA[a]

Modell		Quadratsumme	df	Mittel der Quadrate	F	Sig.
1	Regression	1,111	2	,555	1,623	,218[b]
	Residuum	8,212	24	,342		
	Gesamtsumme	9,323	26			

a. Abhängige Variable: EZ
b. Prädiktoren: (Konstante), IE, I2

Koeffizienten[a]

Modell		Nicht standardisierte Koeffizienten B	Standardfehler	Standard. Koeffiz. Beta	t	Sig.
1	(Konstante)	2,457	,574		4,281	,000
	I2	,184	,103	,344	1,791	,086
	IE	-,006	,134	-,008	-,041	,967

a. Abhängige Variable: EZ

Quelle: Eigene Erhebung und Analyse (vgl. Fragebogen Frage 30 und 14-16, 21-23)

Die hierarchische Regression hinsichtlich des Einflusses von I2 – bei Kontrolle von IE – auf den strategischen Erfolg Zusatz (SEZ) ergibt einen nicht-standardisierten Regressionskoeffizienten von b=0,201* und einen standardisierten Regressionskoeffizienten (BETA-Wert) von β=0,394* bei einem Signifikanzniveau von p=0,033.

Die Kontrollvariablen erklären alleine 26,7% der Varianz des strategischen Erfolgs Zusatz (SEZ). Werden I2 und IE mit aufgenommen, erhöht sich die Varianzaufklärung auf insgesamt 42,4%. Keine der Kontrollvariablen hat auf dem Niveau p≤0,10 einen signifikanten Einfluss auf den Zusammenhang zwischen I2, IE und SEZ. Zudem wird bei Aufnahme der Kontrollvariablen AlterVE, MaVE und KapVE der Zusammenhang zwischen IE – bei Kontrolle von I2 – und dem langfristigen strategischen Erfolg (LSE) schwachsignifikant. Der partielle Korrelationskoeffizient beträgt rp=-0,351⁺ bei einem Signifikanzniveau von p=0,093. Die hierarchische Regression hinsichtlich des Einflusses von IE – bei Kontrolle von I2 – auf den langfristigen strategischen Erfolg (LSE) ist nach dem Verständnis dieser Arbeit nicht signifikant.

Bei Aufnahme der Kontrollvariablen AlterVE, MaVE und KapVE ist der Einfluss von I2 – unter Kontrolle von IE – auf den langfristigen finanziellen Erfolg Zusatz (LFEZ) sowie den gesamten Erfolg Zusatz (EZ) nicht mehr signifikant auf dem Niveau p≤0,10. Allerdings beträgt der partielle Korrelationskoeffizient für den Zusammenhang zwischen I2 – bei Kontrolle von IE – und dem gesamten Erfolg (E) bei Aufnahme der Kontrollvariablen AlterVE, MaVE und KapVE rp=0,388⁺ bei einem Signifikanzniveau von p=0,061. Die hierarchische Regression hinsichtlich des Einflusses von I2 – bei Kontrolle von IE – auf den gesamten Erfolg (E) ergibt einen nicht-standardisierten Regressionskoeffizienten von b=0,174⁺ und einen standardisierten Regressionskoeffizienten (BETA-Wert) von β=0,333⁺ bei einem Signifikanzniveau von p=0,076. Die Kontrollvariablen erklären alleine 22,8% der Varianz des gesamten Erfolgs (E). Werden I2 und IE mit aufgenommen, erhöht sich die Varianzaufklärung auf insgesamt 38,6%. Keine der Kontrollvariablen hat auf dem Niveau p≤0,10 einen signifikanten Einfluss auf den Zusammenhang zwischen I2, IE und E.

6.5.1.2 Finanzierung

Es ergibt sich ein positiver linearer Zusammenhang zwischen dem Konstrukt Kapitalvolumen (FV) und dem Erfolg. Damit kann empirisch sowohl eine hohe Kapitalausstattung der VE als auch die Implementierung eines Intra-Kapital-Systems in Form eines Intrakapitalfonds für Reinvestitionen in Innovationsvorhaben als erfolgskritisch bestätigt werden. Zum einen können somit auch kapitalintensive Innovationsvorhaben durchgeführt werden, und zum anderen wird durch Selbstverwaltung dem Autonomiestreben der Intrapreneure Rechnung getragen bei gleichzeitiger Kapitalkontrolle durch das CP.[1576] Hinsichtlich des strategischen Erfolgs Zusatz (SEZ) ist der Zusammenhang hochsignifikant. Der bivariate Bravais-Pearson-Korrelationskoeffizient beträgt r=0,506** bei einem Signifikanzniveau von p=0,007. Die nicht-parametrischen Rangkorrelationskoeffizienten Kendall's Tau bzw. Spearman's Roh verzeichnen Werte von τ=0,330* auf einem Signifikanzniveau von 0,023 bzw. ρ=0,428* auf einem Signifikanzniveau von 0,026. Der nicht-standardisierte Regressionskoeffizient beträgt b=0,281**, der standardisierte Regressionskoeffizient (BETA-Wert) β=0,506**, das Bestimmtheitsmaß R^2=0,256 und das korrigierte Bestimmtheitsmaß R^2_{korr}=0,226. Es handelt sich somit um einen mittelstarken positiven Zusammenhang, wobei das Konstrukt Kapitalvolumen (FV) 25,6% der Varianz des strategischen Erfolgs Zusatz (SEZ) erklärt. Hinsichtlich des strategischen Erfolgs (SE) ist der Zusammenhang mittelstark, positiv und signifikant mit r=0,453* bei p=0,018 und b=0,258*, β=0,453*, R^2=0,205 und R^2_{korr}=0,174.

Der Zusammenhang zum finanziellen Erfolg Zusatz (FEZ) ist hochsignifikant. Der bivariate Bravais-Pearson-Korrelationskoeffizient beträgt r=0,485** bei einem Signifikanzniveau von p=0,010. Die nicht-parametrischen Rangkorrelationskoeffizienten Kendall's Tau bzw. Spearman's Roh verzeichnen Werte von τ=0,296* auf einem Signifikanzniveau von 0,042 bzw. ρ=0,396* auf einem Signifikanzniveau von 0,041. Der nicht-standardisierte Regressionskoeffizient beträgt b=0,309**, der standardisierte Regressionskoeffizient (BETA-Wert) β=0,485**, das Bestimmtheitsmaß R^2=0,236 und das korrigierte Bestimmtheitsmaß R^2_{korr}=0,205. Es handelt sich somit um einen mittelstarken positiven Zusammenhang, wobei das Konstrukt Kapitalvolumen (FV) 23,6% der Varianz des finanziellen Erfolgs Zusatz (FEZ) erklärt. Hinsichtlich des finanziellen Erfolgs (FE) ist der Zusammenhang mittelstark, positiv und signifikant mit r=0,467* bei p=0,012 und b=0,307*, β=0,467*, R^2=0,227 und R^2_{korr}=0,196.

Gegenüber dem gesamten Erfolg Zusatz (EZ) ist der Zusammenhang hochsignifikant. Der bivariate Bravais-Pearson-Korrelationskoeffizient beträgt r=0,518** bei einem Signifikanzniveau von p=0,006. Die nicht-parametrischen Rangkorrelationskoeffizienten Kendall's Tau bzw. Spearman's Roh verzeichnen Werte von τ=0,317* auf einem Signifikanzniveau von 0,029 bzw. ρ=0,406* auf einem Signifikanzniveau von 0,036. Der nicht-standardisierte Regressionskoeffizient beträgt b=0,302**, der standardisierte Regressionskoeffizient (BETA-Wert) β=0,518**, das Bestimmtheitsmaß R^2=0,268 und das korrigierte Bestimmtheitsmaß R^2_{korr}=0,239. Es handelt sich somit um einen mittelstarken positiven Zusammenhang, wobei das Konstrukt Kapitalvolumen (KV) 26,8% der Varianz des gesamten Erfolgs Zusatz (EZ) erklärt. Bezogen auf den gesamten Erfolg (E) ist der Zusammenhang mittelstark, positiv und signifikant mit r=0,453* bei p=0,018 und b=0,258*, β=0,453*, R^2=0,205 und R^2_{korr}=0,174.

[1576] Vgl. Kapitel 3.4.1 und 0.

Abbildung 6-93: Zusammenhang FV und SEZ, FEZ, EZ (Korrelation)

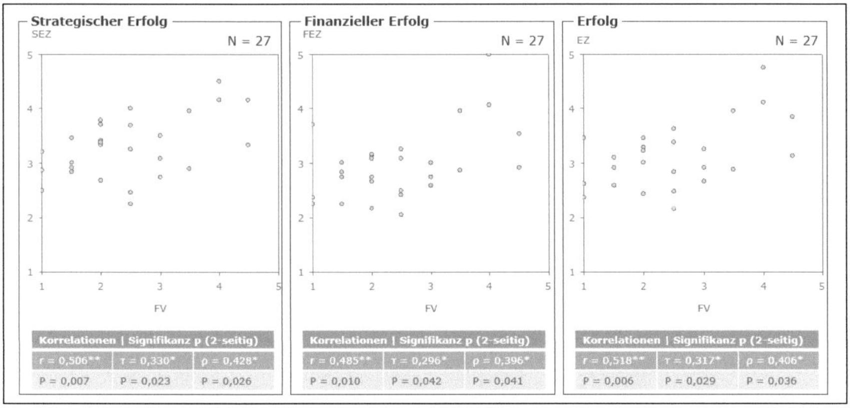

Quelle: Eigene Erhebung und Analyse (vgl. Fragebogen Frage 32 und 14-16, 21-23)

Bei Aufnahme der Kontrollvariablen AlterVE, MaVE und KapVE beträgt der partielle Korrelationskoeffizient für den Zusammenhang zwischen FV und dem strategischen Erfolg Zusatz (SEZ) rp=0,533** bei einem Signifikanzniveau von p=0,007. Die hierarchische Regression ergibt einen nicht-standardisierten Regressionskoeffizienten von b=0,283** und einen standardisierten Regressionskoeffizienten (BETA-Wert) von β=0,509**. Die Kontrollvariablen erklären alleine 26,7% der Varianz des strategischen Erfolgs Zusatz (SEZ). Wird FV mit aufgenommen, erhöht sich die Varianzaufklärung auf insgesamt 47,5%. Die Kontrollvariable AlterVE hat einen mittelstarken, positiven und signifikanten Effekt (b=0,182*; β=0,453*; p=0,013) auf den Zusammenhang zwischen FV und SEZ. Die übrigen Kontrollvariablen MaVE und KapVE haben auf dem Niveau p≤0,10 keinen signifikanten Einfluss auf den Zusammenhang zwischen FV und SEZ.

Für den Zusammenhang zwischen FV und dem finanziellen Erfolg Zusatz (FEZ) beträgt der partielle Korrelationskoeffizient bei Aufnahme der Kontrollvariablen AlterVE, MaVE und KapVE rp=0,475* bei einem Signifikanzniveau von p=0,019. Die hierarchische Regression ergibt einen nicht-standardisierten Regressionskoeffizienten von b=0,307* und einen standardisierten Regressionskoeffizienten (BETA-Wert) von β=0,482*. Die Kontrollvariablen erklären alleine 17,2% der Varianz des strategischen Erfolgs Zusatz (SEZ). Wird FV mit aufgenommen, erhöht sich die Varianzaufklärung auf insgesamt 35,9%. Keine der Kontrollvariablen hat auf dem Niveau p≤0,10 einen signifikanten Einfluss auf den Zusammenhang zwischen FV und FEZ.

Abbildung 6-94: Zusammenhang FV und SEZ, FEZ, EZ (Regression)

Strategischer Erfolg

N = 27

Eingegebene/Entfernte Variablen[a]

Modell	Eingegebene Variablen	Entfernte Variablen	Methode
1	FV[b]		Aufnehmen

a. Abhängige Variable: SEZ
b. Alle angeforderten Variablen wurden

Modellübersicht[b]

Modell	R	R-Quadrat	Angepasstes R-Quadrat	Standardfehler der Schätzung	Durbin-Watson
1	,506[a]	,256	,226	,50206	1,961

a. Prädiktoren: (Konstante), FV
b. Abhängige Variable: SEZ

ANOVA[a]

Modell		Quadratsumme	df	Mittel der Quadrate	F	Sig.
1	Regression	2,165	1	2,165	8,590	,007[b]
	Residuum	6,302	25	,252		
	Gesamtsumme	8,467	26			

a. Abhängige Variable: SEZ
b. Prädiktoren: (Konstante), FV

Koeffizienten[a]

Modell		Nicht standardisierte Koeffizienten		Standard. Koeffiz.	t	Sig.
		B	Standardfehler	Beta		
1	(Konstante)	2,620	,255		10,274	,000
	FV	,281	,096	,506	2,931	,007

a. Abhängige Variable: SEZ

Finanzieller Erfolg

N = 27

Eingegebene/Entfernte Variablen[a]

Modell	Eingegebene Variablen	Entfernte Variablen	Methode
1	FV[b]		Aufnehmen

a. Abhängige Variable: FEZ
b. Alle angeforderten Variablen wurden

Modellübersicht[b]

Modell	R	R-Quadrat	Angepasstes R-Quadrat	Standardfehler der Schätzung	Durbin-Watson
1	,485[a]	,236	,205	,58314	1,981

a. Prädiktoren: (Konstante), FV
b. Abhängige Variable: FEZ

ANOVA[a]

Modell		Quadratsumme	df	Mittel der Quadrate	F	Sig.
1	Regression	2,619	1	2,619	7,703	,010[b]
	Residuum	8,501	25	,340		
	Gesamtsumme	11,121	26			

a. Abhängige Variable: FEZ
b. Prädiktoren: (Konstante), FV

Koeffizienten[a]

Modell		Nicht standardisierte Koeffizienten		Standard. Koeffiz.	t	Sig.
		B	Standardfehler	Beta		
1	(Konstante)	2,221	,296		7,499	,000
	FV	,309	,111	,485	2,775	,010

a. Abhängige Variable: FEZ

Erfolg

N = 27

Eingegebene/Entfernte Variablen[a]

Modell	Eingegebene Variablen	Entfernte Variablen	Methode
1	FV[b]		Aufnehmen

a. Abhängige Variable: EZ
b. Alle angeforderten Variablen wurden

Modellübersicht[b]

Modell	R	R-Quadrat	Angepasstes R-Quadrat	Standardfehler der Schätzung	Durbin-Watson
1	,518[a]	,268	,239	,52239	2,018

a. Prädiktoren: (Konstante), FV
b. Abhängige Variable: EZ

ANOVA[a]

Modell		Quadratsumme	df	Mittel der Quadrate	F	Sig.
1	Regression	2,501	1	2,501	9,163	,006[b]
	Residuum	6,822	25	,273		
	Gesamtsumme	9,323	26			

a. Abhängige Variable: EZ
b. Prädiktoren: (Konstante), FV

Koeffizienten[a]

Modell		Nicht standardisierte Koeffizienten		Standard. Koeffiz.	t	Sig.
		B	Standardfehler	Beta		
1	(Konstante)	2,394	,265		9,023	,000
	FV	,302	,100	,518	3,027	,006

a. Abhängige Variable: EZ

Quelle: Eigene Erhebung und Analyse (vgl. Fragebogen Frage 32 und 14-16, 21-23)

Hinsichtlich des Zusammenhangs zwischen FV und dem gesamten Erfolg (EZ) beträgt der partielle Korrelationskoeffizient rp=0,540** bei einem Signifikanzniveau von p=0,006. Die hierarchische Regression ergibt einen nicht-standardisierten Regressionskoeffizienten von b=0,309** und einen standardisierten Regressionskoeffizienten (BETA-Wert) von β=0,530**. Die Kontrollvariablen erklären alleine 22,8% der Varianz des gesamten Erfolgs Zusatz (EZ). Wird FV mit aufgenommen, erhöht sich die Varianzaufklärung auf insgesamt 45,3%. Die Kontrollvariable AlterVE hat einen mittelstarken, positiven und signifikanten Effekt (b=0,177*; β=0,419*; p=0,023) auf den Zusammenhang zwischen FV und EZ. Die übrigen Kontrollvariablen MaVE und KapVE haben auf dem Niveau p≤0,10 keinen signifikanten Einfluss auf den Zusammenhang zwischen FV und EZ.

Zudem ergibt sich ein negativer linearer Zusammenhang zwischen dem Konstrukt Kapitalzugriff (FZ) und dem finanziellen Erfolg. Damit zeigt sich empirisch die Vorteilhaftigkeit der Zentralisierung der Investitionsentscheidung in VE beim Top-Management des CP sowie der zeitlich begrenzten Bereitstellung der finanziellen Mittel an die VE. Diese Erkenntnis steht im Einklang mit der Aussage, dass die Übertragung des Konzepts der Stufenfinanzierung (Staged Financing) mittels Meilensteinen auf die Unternehmensebene zu empfehlen ist, und trägt dem Neuigkeits-, Unsicherheits- und Komplexitätsgrad radikaler bzw. disruptiver Innovationen durch eine starke Zentralisierung Rechnung.[1577] Allerdings steht sie im Widerspruch zur Forderung der Möglichkeit der Finanzierung langfristiger und strategisch wertvoller Innovationsvorhaben.[1578] Die Korrelations- und Regressionskoeffizienten hinsichtlich des strategischen Erfolgs (Zusatz) (SEZ, SE) sind nach dem Verständnis dieser Arbeit nicht signifikant. Da sie jedoch negative Vorzeichen haben, kann ein sehr schwacher negativer Zusammenhang zwischen dem Konstrukt Kapitalzugriff (FZ) und dem strategischen Erfolg vermutet werden.

Der Zusammenhang zum langfristigen finanziellen Erfolg Zusatz (LFEZ) ist hingegen schwachsignifikant. Der bivariate Bravais-Pearson-Korrelationskoeffizient beträgt $r=-0{,}326^{+}$ bei einem Signifikanzniveau von p=0,097. Die nicht-parametrischen Rangkorrelationskoeffizienten Kendall's Tau bzw. Spearman's Roh sind auf einem Niveau von p≤0,10 nicht signifikant. Der nicht-standardisierte Regressionskoeffizient beträgt $b=-0{,}308^{+}$, der standardisierte Regressionskoeffizient (BETA-Wert) $\beta=-0{,}326^{+}$, das Bestimmtheitsmaß $R^2=0{,}107$ und das korrigierte Bestimmtheitsmaß $R^2_{korr}=0{,}071$. Es handelt sich somit um einen schwachen negativen Zusammenhang, wobei das Konstrukt Kapitalzugriff (FZ) 10,7% der Varianz des langfristigen finanziellen Erfolgs Zusatz (LFEZ) erklärt. Hinsichtlich des langfristigen finanziellen Erfolgs (LFE) ist der Zusammenhang ebenfalls schwach, positiv und

[1577] Vgl. Kapitel 3.4.2 und 3.4.3.
[1578] Vgl. Kapitel 3.4.5.

schwachsignifikant mit r=-0,327⁺ bei p=0,096 und b=-0,328⁺, β=-0,327⁺, R^2=0,107 und R^2_{korr}=0,071. Die Korrelations- und Regressionskoeffizienten haben zwar auch hinsichtlich des finanziellen Erfolgs (Zusatz) (FEZ, FE) negative Vorzeichen und lassen einen sehr schwachen negativen Zusammenhang zwischen dem Konstrukt Kapitalzugriff (FZ) und dem finanziellen Erfolg vermuten, sind jedoch nach dem Verständnis dieser Arbeit nicht signifikant.

Auch die Korrelations- und Regressionskoeffizienten hinsichtlich des gesamten Erfolgs (Zusatz) (EZ, E) haben negative Vorzeichen und lassen ebenfalls einen sehr schwachen negativen Zusammenhang zwischen dem Konstrukt Kapitalzugriff (FZ) und dem gesamten Erfolg vermuten, sind jedoch nach dem Verständnis dieser Arbeit ebenfalls nicht signifikant.
Bei Aufnahme der Kontrollvariablen AlterVE, MaVE und KapVE ist der Zusammenhang zwischen FZ und dem Erfolg nicht mehr signifikant auf dem Niveau p≤0,10.

Abbildung 6-95: Zusammenhang FZ und LFEZ (Korrelation)

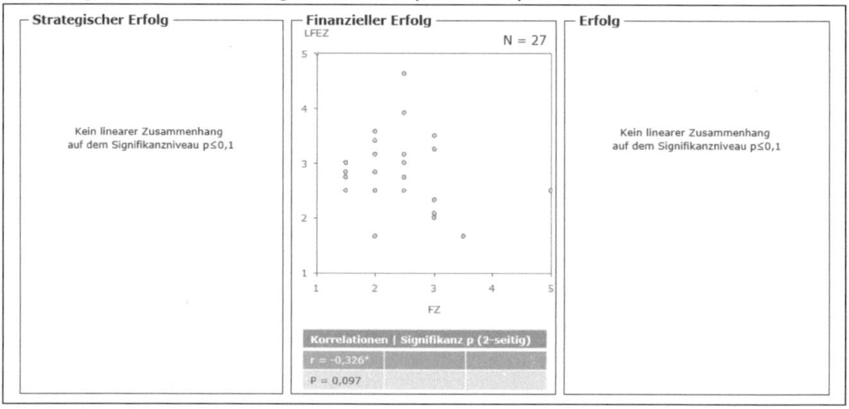

Quelle: Eigene Erhebung und Analyse (vgl. Fragebogen Frage 32 und 14-16, 21-23)

Die multiple lineare Regression mit den Regressoren FV (Kapitalvolumen) und FZ (Kapitalzugriff) zeigt, dass beide Konstrukte einen signifikant positiven Einfluss auf den Erfolg ausüben. Für FZ – unter Kontrolle von FV – gilt dies allerdings erneut nur für den finanziellen Erfolg. Hinsichtlich des strategischen Erfolgs Zusatz (SEZ) ist der Einfluss von FV – bei Kontrolle von FZ – hochsignifikant. Der nicht-standardisierte Regressionskoeffizient beträgt b=0,282** und der standardisierte Regressionskoeffizient (BETA-Wert) β=0,508** bei einem Signifikanzniveau von p=0,008. Es handelt sich somit um einen mittelstarken positiven Einfluss. Hinsichtlich des strategischen Erfolgs (SE) ist der Einfluss von FV – bei Kontrolle von FZ – mittelstark, positiv und signifikant mit b=0,260* und β=0,457* bei p=0,019.

Abbildung 6-96: Zusammenhang FZ und LFEZ (Regression)

Strategischer Erfolg

Kein linearer Zusammenhang auf dem Signifikanzniveau p≤0,1

Finanzieller Erfolg

N = 27

Eingegebene/Entfernte Variablen[a]

Modell	Eingegebene Variablen	Entfernte Variablen	Methode
1	FZ[b]		Aufnehmen

a. Abhängige Variable: LFEZ
b. Alle angeforderten Variablen wurden

Modellübersicht[b]

Modell	R	R-Quadrat	Angepasstes R-Quadrat	Standardfehler der Schätzung	Durbin-Watson
1	,326[a]	,107	,071	,73517	2,106

a. Prädiktoren: (Konstante), FZ
b. Abhängige Variable: LFEZ

ANOVA[a]

Modell		Quadratsumme	df	Mittel der Quadrate	F	Sig.
1	Regression	1,611	1	1,611	2,981	,097[b]
	Residuum	13,512	25	,540		
	Gesamtsumme	15,123	26			

a. Abhängige Variable: LFEZ
b. Prädiktoren: (Konstante), FZ

Koeffizienten[a]

Modell		Nicht standardisierte Koeffizienten		Standard Koeffiz.	t	Sig.
		B	Standardfehler	Beta		
1	(Konstante)	3,655	,439		8,318	,000
	FZ	-,308	,178	-,326	-1,726	,097

a. Abhängige Variable: LFEZ

Erfolg

Kein linearer Zusammenhang auf dem Signifikanzniveau p≤0,1

Quelle: Eigene Erhebung und Analyse (vgl. Fragebogen Frage 32 und 14-16, 21-23)

Die Regressionskoeffizienten von FZ – bei Kontrolle von FV – haben negative Vorzeichen, was auf einen negativen Einfluss der Allokation der Entscheidung hinsichtlich Investitionen in VE aufseiten der VU bzw. dem mittleren Management sowie eines langen Zeithorizontes für die Bereitstellung der finanziellen Mittel auf den strategischen Erfolg hindeutet. Jedoch sind die Regressionskoeffizienten von FZ nach dem Verständnis dieser Arbeit nicht signifikant.

Der Einfluss von FV – bei Kontrolle von FZ – auf den finanziellen Erfolg Zusatz (FEZ) ist ebenfalls hochsignifikant. Der nicht-standardisierte Regressionskoeffizient beträgt b=0,320** und der standardisierte Regressionskoeffizient (BETA-Wert) β=0,503** bei einem Signifikanzniveau von p=0,008. Es handelt sich somit um einen mittelstarken positiven Einfluss. Hinsichtlich des finanziellen Erfolgs (FE) ist der Einfluss von FV – bei Kontrolle von FZ – mittelstark, positiv und signifikant mit b=0,318* und β=0,493* bei p=0,010. Die Regressionskoeffizienten von FZ – bei Kontrolle von FV haben in diesem Fall negative Vorzeichen, sind aber nach dem Verständnis dieser Arbeit ebenfalls nicht signifikant. Damit kann ein negativer Einfluss der Allokation der Entscheidung hinsichtlich Investitionen in VE bei der VU bzw. dem mittleren Management sowie eines langen Zeithorizontes für die Bereitstellung der finanziellen Mittel auf den finanziellen Erfolg vermutet werden. Letzteres kann empirisch zumindest für den Einfluss auf den langfristigen finanziellen Erfolg Zusatz (LFEZ) bestätigt werden. Für FV – bei Kontrolle von FZ – ist der nicht-standardisierte Regressionskoeffizient in diesem Fall b=0,369** und der standardisierte Regressionskoeffizient (BETA-Wert) β=0,497** bei einem Signifikanzniveau von p=0,006. Es handelt sich somit um einen mittelstarken positiven und hochsignifikanten Einfluss. Für FZ – bei Kontrolle von FV – beträgt der nicht-standardisierte Regressionskoeffizient in diesem Fall b=-0,348* und der standardisierte Regressionskoeffizient (BETA-Wert) β=-0,369* bei einem Signifikanzniveau von p=0,035. Es handelt sich somit um einen schwachen negativen und signifikanten Einfluss.

Hinsichtlich des gesamten Erfolgs Zusatz (EZ) ist der Einfluss von FV – bei Kontrolle von FZ – hochsignifikant. Der nicht-standardisierte Regressionskoeffizient beträgt b=0,309** und der standardisierte Regressionskoeffizient (BETA-Wert) β=0,530** bei einem Signifikanzniveau von p=0,005. Es handelt sich somit auch um einen mittelstarken positiven Einfluss. Bezogen auf den gesamten Erfolg (E) ist der Einfluss von FV – bei Kontrolle von FZ – mittelstark, positiv und signifikant mit b=0,260* und β=0,457* bei p=0,019. Die Regressionskoeffizienten von FZ – bei Kontrolle von FV – haben hier in beiden Fällen negative Vorzeichen. Jedoch sind die Regressionskoeffizienten von FZ nach dem Verständnis dieser Arbeit nicht signifikant.

Abbildung 6-97: Einfluss FZ, FV auf SEZ, FEZ, EZ (Regression)

Strategischer Erfolg

N = 27

Eingegebene/Entfernte Variablen[a]

Modell	Eingegebene Variablen	Entfernte Variablen	Methode
1	FZ, FV[b]		Aufnehmen

a. Abhängige Variable: SEZ
b. Alle angeforderten Variablen wurden

Modellübersicht[b]

Modell	R	R-Quadrat	Angepasstes R-Quadrat	Standardfehler der Schätzung	Durbin-Watson
1	,506[a]	,256	[illegible]	,51217	1,941

a. Prädiktoren: (Konstante), FZ, FV
b. Abhängige Variable: SEZ

ANOVA[a]

Modell		Quadratsumme	df	Mittel der Quadrate	F	Sig.
1	Regression	[illegible]	2	1,086	4,138	,029[b]
	Residuum	[illegible]	24	,262		
	Gesamtsumme	[illegible]	26			

a. Abhängige Variable: SEZ
b. Prädiktoren: (Konstante), FZ, FV

Koeffizienten[a]

Modell		Nicht standardisierte Koeffizienten		Standard Koeffiz	t	Sig.
		B	Standardfehler	Beta		
1	(Konstante)	[illegible]	,375		7,090	,000
	FV	,262	,098	,508	2,875	,008
	FZ	[illegible]	,125	-,026	-,150	,882

a. Abhängige Variable: SEZ

Finanzieller Erfolg

N = 27

Eingegebene/Entfernte Variablen[a]

Modell	Eingegebene Variablen	Entfernte Variablen	Methode
1	FZ, FV[b]		Aufnehmen

a. Abhängige Variable: FEZ
b. Alle angeforderten Variablen wurden

Modellübersicht[b]

Modell	R	R-Quadrat	Angepasstes R-Quadrat	Standardfehler der Schätzung	Durbin-Watson
1	,527[a]	,277	,217	,57968	1,742

a. Prädiktoren: (Konstante), FZ, FV
b. Abhängige Variable: FEZ

ANOVA[a]

Modell		Quadratsumme	df	Mittel der Quadrate	F	Sig.
1	Regression	3,084	2	1,542	4,604	,020[b]
	Residuum	8,037	24	,335		
	Gesamtsumme	11,121	26			

a. Abhängige Variable: FEZ
b. Prädiktoren: (Konstante), FZ, FV

Koeffizienten[a]

Modell		Nicht standardisierte Koeffizienten		Standard Koeffiz	t	Sig.
		B	Standardfehler	Beta		
1	(Konstante)	2,581	,424		6,087	,000
	FV	,320	,111	,503	2,887	,008
	FZ	-,166	,141	-,205	-1,178	,251

a. Abhängige Variable: FEZ

Erfolg

N = 27

Eingegebene/Entfernte Variablen[a]

Modell	Eingegebene Variablen	Entfernte Variablen	Methode
1	FZ, FV[b]		Aufnehmen

a. Abhängige Variable: EZ
b. Alle angeforderten Variablen wurden

Modellübersicht[b]

Modell	R	R-Quadrat	Angepasstes R-Quadrat	Standardfehler der Schätzung	Durbin-Watson
1	,536[a]	,287	,228	,52614	1,876

a. Prädiktoren: (Konstante), FZ, FV
b. Abhängige Variable: EZ

ANOVA[a]

Modell		Quadratsumme	df	Mittel der Quadrate	F	Sig.
1	Regression	2,679	2	1,340	4,839	,017[b]
	Residuum	6,644	24	,277		
	Gesamtsumme	9,323	26			

a. Abhängige Variable: EZ
b. Prädiktoren: (Konstante), FZ, FV

Koeffizienten[a]

Modell		Nicht standardisierte Koeffizienten		Standard Koeffiz	t	Sig.
		B	Standardfehler	Beta		
1	(Konstante)	2,617	,385		6,790	,000
	FV	,309	,101	,530	3,063	,005
	FZ	-,103	,128	-,139	-,803	,430

a. Abhängige Variable: EZ

Quelle: Eigene Erhebung und Analyse (vgl. Fragebogen Frage 32 und 14-16, 21-23)

Bei Aufnahme der Kontrollvariablen AlterVE, MaVE und KapVE beträgt der partielle Korrelationskoeffizient für den Zusammenhang zwischen FV – bei Kontrolle von FZ – und dem strategischen Erfolg Zusatz (SEZ) rp=0,533** bei einem Signifikanzniveau von p=0,007. Die hierarchische Regression hinsichtlich des Einflusses von FV – bei Kontrolle von FZ – auf den strategischen Erfolg Zusatz (SEZ) ergibt einen nicht-standardisierten Regressionskoeffizienten von b=0,284** und einen standardisierten Regressionskoeffizienten (BETA-Wert) von β=0,511** bei einem Signifikanzniveau von p=0,009. Die Kontrollvariablen erklären alleine 26,7% der Varianz des strategischen Erfolgs Zusatz (SEZ). Werden FV und FZ mit aufgenommen, erhöht sich die Varianzaufklärung auf insgesamt 47,5%. Die Kontrollvariable AlterVE hat einen mittelstarken, positiven und signifikanten Effekt (b=0,182*; β=0,453*; p=0,015) auf den Zusammenhang zwischen FV, FZ und SEZ. Die übrigen Kontrollvariablen MaVE und KapVE haben auf dem Niveau p≤0,10 keinen signifikanten Einfluss auf den Zusammenhang zwischen FV, FZ und SEZ.

Für den Zusammenhang zwischen FV – bei Kontrolle von FZ – und dem finanziellen Erfolg Zusatz (FEZ) beträgt der partielle Korrelationskoeffizient bei Aufnahme der Kontrollvariablen AlterVE, MaVE und KapVE rp=0,475* bei einem Signifikanzniveau von p=0,019. Die hierarchische Regression ergibt einen nicht-standardisierten Regressionskoeffizienten von b=0,329* und einen standardisierten Regressionskoeffizienten (BETA-Wert) von β=0,518* bei einem Signifikanzniveau von p=0,013. Die Kontrollvariablen erklären alleine 17,2% der Varianz des finanziellen Erfolgs Zusatz (FEZ). Werden FV und FZ mit aufgenommen, erhöht sich die Varianzaufklärung auf insgesamt 40,0%. Die Kontrollvariable AlterVE hat einen schwachen, positiven und schwachsignifikanten Effekt (b=0,150^{+}; β=0,327^{+}; p=0,090) auf den Zusammenhang zwischen FV, FZ und FEZ. Die übrigen Kontrollvariablen MaVE und KapVE haben auf dem Niveau p≤0,10 keinen signifikanten Einfluss auf den Zusammenhang zwischen FV, FZ und FEZ. Der Zusammenhang zwischen FZ – bei Kontrolle von FV – ist bei Aufnahme der Kontrollvariablen AlterVE, MaVE und KapVE nicht mehr signifikant auf dem Niveau p≤0,1.

Hinsichtlich des Zusammenhangs zwischen FV – bei Kontrolle von FZ – und dem gesamten Erfolg Zusatz (EZ) beträgt der partielle Korrelationskoeffizient bei Aufnahme der Kontrollvariablen AlterVE, MaVE und KapVE rp=0,540** bei einem Signifikanzniveau von p=0,006. Die hierarchische Regression ergibt einen nicht-standardisierten Regressionskoeffizienten von b=0,322** und einen standardisierten Regressionskoeffizienten (BETA-Wert) von β=0,553** bei einem Signifikanzniveau von p=0,006. Die Kontrollvariablen erklären alleine 22,8% der Varianz des gesamten Erfolgs Zusatz (EZ). Werden FV und FZ mit aufgenommen, erhöht sich die Varianzaufklärung auf insgesamt 47,1%. Die Kontrollvariable AlterVE hat einen mittelstarken, positiven und signifikanten Effekt (b=0,180*; β=0,427*; p=0,022) auf den Zusammenhang zwischen FV, FZ und EZ. Die übrigen Kontrollvariablen MaVE und KapVE haben auf dem Niveau $p \leq 0,10$ keinen signifikanten Einfluss auf den Zusammenhang zwischen FV, FZ und EZ.

6.5.1.3 Anreiz- und Vergütungssysteme

Es ergibt sich ein positiver linearer Zusammenhang zwischen dem Konstrukt Ausrichtung (AR) und dem Erfolg. Damit kann empirisch die Ausrichtung der Anreiz- und Vergütungssysteme neben immateriellen bzw. nicht-monetären Elementen besonders an materiellen bzw. monetären Elementen sowie einer damit in Einklang stehenden Erfolgsbeteiligung der VE-Mitarbeiter am VE-Wertzuwachs im Sinne des Carried-Interest-Modells als erfolgskritisch bestätigt werden. Dies zeigt, dass intrinsische und extrinsische Motivation addiert werden können und dass materielle bzw. monetäre Anreize nicht nur Hygienefaktoren, sondern auch Motivatoren sind.[1579] Zudem bestätigt sich die Selektions-, Motivations- und Koordinationsfunktion eines hohen variablen Anteils in der Vergütung der VE-Manager.[1580] Hinsichtlich des kurzfristigen strategischen Erfolgs (KSE) ist der Zusammenhang signifikant. Der bivariate Bravais-Pearson-Korrelationskoeffizient beträgt r=0,401* bei einem Signifikanzniveau von p=0,038. Die nicht-parametrischen Rangkorrelationskoeffizienten Kendall's Tau bzw. Spearman's Roh verzeichnen Werte von τ=0,316* auf einem Signifikanzniveau von 0,042 bzw. ρ=0,393* auf einem Signifikanzniveau von 0,042. Der nicht-standardisierte Regressionskoeffizient beträgt b=0,250*, der standardisierte Regressionskoeffizient (BETA-Wert) β=0,401*, das Bestimmtheitsmaß R^2=0,160 und das korrigierte Bestimmtheitsmaß R^2_{korr}=0,127. Es handelt sich somit um einen mittelstarken positiven Zusammenhang, wobei das Konstrukt Ausrichtung (AR) 16,0% der Varianz des kurzfristigen strategischen Erfolgs (KSE) erklärt.

Die Korrelations- und Regressionskoeffizienten haben zwar auch hinsichtlich des strategischen Erfolgs (Zusatz) (SEZ, SE), des finanziellen Erfolgs (Zusatz) (FEZ, FE) sowie des gesamten Erfolgs (Zusatz) (EZ, E) positive Vorzeichen, sind jedoch nach dem Verständnis dieser Arbeit nicht signifikant. Allerdings kann aufgrund der Korrelations- und Regressionskoeffizienten ein sehr schwacher bis schwacher positiver Zusammenhang zwischen dem Konstrukt Ausrichtung (AR) und dem Erfolg vermutet werden.

Bei Aufnahme der Kontrollvariablen AlterVE, MaVE und KapVE ist der Zusammenhang zwischen AR und dem Erfolg nicht mehr signifikant auf dem Niveau $p \leq 0,10$.

[1579] Vgl. Kapitel 4.3.1

[1580] Vgl. Kapitel 4.3.2.

Abbildung 6-98: Zusammenhang AR und KSE (Korrelation)

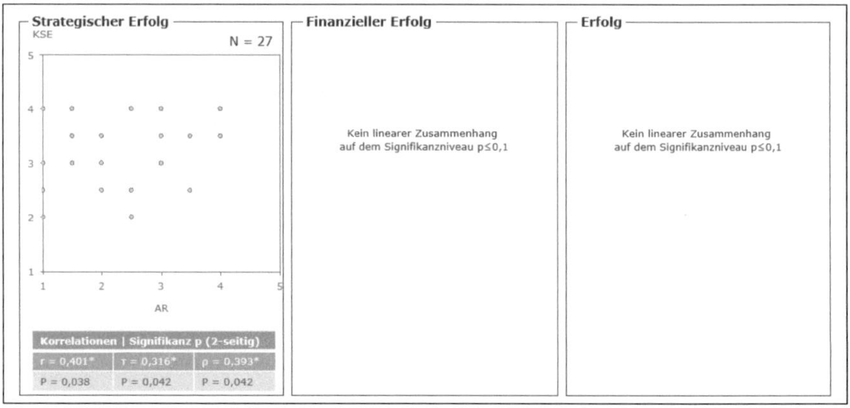

Quelle: Eigene Erhebung und Analyse (vgl. Fragebogen Frage 35 und 14-16, 21-23)

Es ergibt sich ein positiver linearer Zusammenhang zwischen dem Konstrukt Ausgestaltung (AG) und dem Erfolg. Damit können empirisch eine häufige Rückmeldung des Zielerreichungsgrades, die Installation von gruppenergebnisbezogenen Anreiz- und Vergütungssystemen in Abhängigkeit vom VE-Teamerfolg sowie ein hohes Commitment des Top-Managements bezüglich der Innovationsvorhaben als erfolgskritisch bestätigt werden. Erfolgsbeteiligungssysteme sind umso geeigneter, je kürzer der Zeitraum zwischen dem planmäßigen Erreichen eines Meilensteins und der daraus resultierenden Vergütung ist sowie je häufiger die Mitarbeiter Rückmeldung hinsichtlich ihrer Zielerreichung erhalten.[1581] Da die Beeinflussbarkeit der Innovationsvorhaben aufgrund flacher Hierarchien auf allen Ebenen möglich und bei der Durchführung eine enge Zusammenarbeit aller Mitarbeiter erforderlich ist, sind zudem gruppenergebnisbezogene Anreiz- und Vergütungssysteme vorteilhaft.[1582]

Darüber hinaus bedingt die Einordnung von ICV als Führungskonzept eine aktive Unterstützung der Innovationsvorhaben durch das Top-Management des CP.[1583] Hinsichtlich des strategischen Erfolgs Zusatz (SEZ) ist der Zusammenhang signifikant. Der bivariate Bravais-Pearson-Korrelationskoeffizient beträgt r=0,388* bei einem Signifikanzniveau von p=0,045. Die nicht-parametrischen Rangkorrelationskoeffizienten Kendall's Tau bzw. Spearman's Roh verzeichnen Werte von τ=0,326* auf einem Signifikanzniveau von 0,026 bzw. ρ=0,436* auf einem Signifikanzniveau von 0,023.

[1581] Vgl. Kapitel 4.3.3.
[1582] Vgl. Kapitel 4.3.4.
[1583] Vgl. Kapitel 4.3.5.

Abbildung 6-99: Zusammenhang AR und KSE (Regression)

Strategischer Erfolg

N = 27

Eingegebene/Entfernte Variablen[a]

Modell	Eingegebene Variablen	Entfernte Variablen	Methode
1	AR[b]		Aufnehme

a. Abhängige Variable: KSE
b. Alle angeforderten Variablen wurder

Modellübersicht[b]

Modell	R	R-Quadrat	Angepasstes R-Quadrat	Standardfehler der Schätzung	Durbin-Watson
1	,401[a]	,160	,1[illegible]7	,61237	1,792

a. Prädiktoren: (Konstante), AR
b. Abhängige Variable: KSE

ANOVA[a]

Modell		Quadratsumme	df	Mittel der Quadrate	F	Sig.
1	Regression	1,792	1	1,792	4,778	,038[b]
	Residuum	9,375	25	,375		
	Gesamtsumme	11,167	26			

a. Abhängige Variable: KSE
b. Prädiktoren: (Konstante), AR

Koeffizienten[a]

Modell		Nicht standardisierte Koeffizienten		Standard. Koeffiz.	t	Sig.
		B	Standardfehler	Beta		
1	(Konstante)	2,625	,298		8,822	,000
	AR	,250	,114	,401	2,186	,038

a. Abhängige Variable: KSE

Finanzieller Erfolg

Kein linearer Zusammenhang
auf dem Signifikanzniveau p≤0,1

Erfolg

Kein linearer Zusammenhang
auf dem Signifikanzniveau p≤0,1

Quelle: Eigene Erhebung und Analyse (vgl. Fragebogen Frage 35 und 14-16, 21-23)

Der nicht-standardisierte Regressionskoeffizient beträgt b=0,296*, der standardisierte Regressionskoeffizient (BETA-Wert) β=0,388*, das Bestimmtheitsmaß R^2=0,151 und das korrigierte Bestimmtheitsmaß R^2_{korr}=0,117. Es handelt sich somit um einen schwachen positiven Zusammenhang, wobei das Konstrukt Ausgestaltung (AG) 15,1% der Varianz des strategischen Erfolgs Zusatz (SEZ) erklärt. Hinsichtlich des strategischen Erfolgs (SE) ist der Zusammenhang schwach, positiv und schwachsignifikant mit $r=0{,}374^{+}$ bei p=0,055 und $b=0{,}292^{+}$, $\beta=0{,}374^{+}$, R^2=0,140 und R^2_{korr}=0,105.

Die Korrelations- und Regressionskoeffizienten haben zwar auch hinsichtlich des finanziellen Erfolgs (Zusatz) (FEZ, FE) positive Vorzeichen, sind jedoch nach dem Verständnis dieser Arbeit nicht signifikant. Allerdings kann aufgrund der Korrelations- und Regressionskoeffizienten ein sehr schwacher positiver Zusammenhang zwischen dem Konstrukt Ausgestaltung (AG) und dem finanziellen Erfolg vermutet werden.

Gegenüber dem gesamten Erfolg (E) ist der Zusammenhang schwachsignifikant. Der bivariate Bravais-Pearson-Korrelationskoeffizient beträgt $r=0{,}374^{+}$ bei einem Signifikanzniveau von p=0,055. Die nicht-parametrischen Rangkorrelationskoeffizienten Kendall's Tau bzw. Spearman's Roh verzeichnen Werte von τ=0,344* auf einem Signifikanzniveau von 0,020 bzw. ρ=0,444* auf einem Signifikanzniveau von 0,020. Der nicht-standardisierte Regressionskoeffizient beträgt b=0,292*, der standardisierte Regressionskoeffizient (BETA-Wert) β=0,374*, das Bestimmtheitsmaß R^2=0,140 und das korrigierte Bestimmtheitsmaß R^2_{korr}=0,105. Es handelt sich somit um einen schwachen positiven Zusammenhang, wobei das Konstrukt Ausrichtung (AG) 14,0% der Varianz des gesamten Erfolgs (E) erklärt. Bezogen auf den gesamten Erfolg Zusatz (EZ) ist der Zusammenhang auf einem Niveau von $p \leq 0{,}10$ nicht signifikant.

Abbildung 6-100: Zusammenhang AG und SEZ, E (Korrelation)

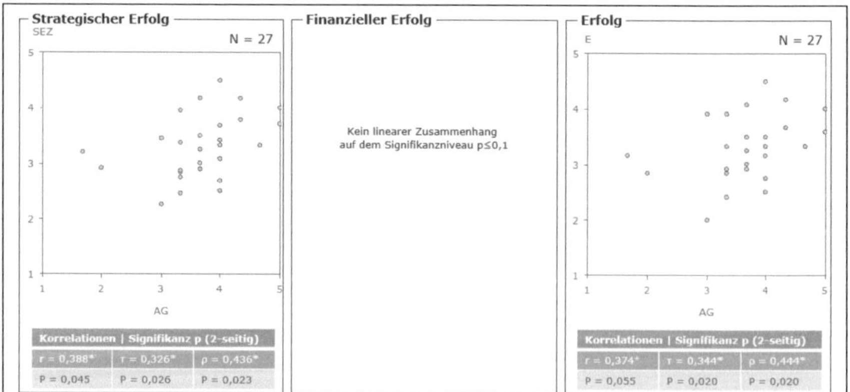

Quelle: Eigene Erhebung und Analyse (vgl. Fragebogen Frage 35 und 14-16, 21-23)

Abbildung 6-101: Zusammenhang AG und SEZ, E (Regression)

Strategischer Erfolg

N = 27

Eingegebene/Entfernte Variablen[a]

Modell	Eingegebene Variablen	Entfernte Variablen	Methode
1	AG[b]		Aufnehmen

a. Abhängige Variable: SEZ
b. Alle angeforderten Variablen wurden

Modellübersicht[b]

Modell	R	R-Quadrat	Angepasstes R-Quadrat	Standardfehler der Schätzung	Durbin-Watson
1	,388[a]	,151	,117	,53634	1,900

a. Prädiktoren: (Konstante), AG
b. Abhängige Variable: SEZ

ANOVA[a]

Modell		Quadratsumme	df	Mittel der Quadrate	F	Sig.
1	Regression	1,27[illegible]	1	1,275	4,432	,045[b]
	Residuum	7,19[illegible]	25	,288		
	Gesamtsumme	8,46[illegible]	26			

a. Abhängige Variable: SEZ
b. Prädiktoren: (Konstante), AG

Koeffizienten[a]

Modell		Nicht standardisierte Koeffizienten		Standard. Koeffiz.	t	Sig.
		B	Standardfehler	Beta		
1	(Konstante)	2,222	,527		4,214	,000
	AG	,2[illegible]6	,141	,388	2,105	,045

a. Abhängige Variable: SEZ

Finanzieller Erfolg

Kein linearer Zusammenhang auf dem Signifikanzniveau p≤0,1

Erfolg

N = 27

Eingegebene/Entfernte Variablen[a]

Modell	Eingegebene Variablen	Entfernte Variablen	Methode
1	AG[b]		Aufnehmen

a. Abhängige Variable: E
b. Alle angeforderten Variablen wurden

Modellübersicht[b]

Modell	R	R-Quadrat	Angepasstes R-Quadrat	Standardfehler der Schätzung	Durbin-Watson
1	,374[a]	,140	,105	,55364	1,929

a. Prädiktoren: (Konstante), AG
b. Abhängige Variable: E

ANOVA[a]

Modell		Quadratsumme	df	Mittel der Quadrate	F	Sig.
1	Regression	1,244	1	1,244	4,057	,055[b]
	Residuum	7,663	25	,307		
	Gesamtsumme	8,907	26			

a. Abhängige Variable: E
b. Prädiktoren: (Konstante), AG

Koeffizienten[a]

Modell		Nicht standardisierte Koeffizienten		Standard. Koeffiz.	t	Sig.
		B	Standardfehler	Beta		
1	(Konstante)	2,214	,544		4,066	,000
	AG	,292	,145	,374	2,014	,055

a. Abhängige Variable: E

Quelle: Eigene Erhebung und Analyse (vgl. Fragebogen Frage 35 und 14-16, 21-23)

Bei Aufnahme der Kontrollvariablen AlterVE, MaVE und KapVE beträgt der partielle Korrelationskoeffizient für den Zusammenhang zwischen AG und dem strategischen Erfolg Zusatz (SEZ) rp=0,436* bei einem Signifikanzniveau von p=0,033. Die hierarchische Regression ergibt einen nicht-standardisierten Regressionskoeffizienten von b=0,290* und einen standardisierten Regressionskoeffizienten (BETA-Wert) von β=0,381*. Die Kontrollvariablen erklären alleine 26,7% der Varianz des strategischen Erfolgs Zusatz (SEZ). Wird AG mit aufgenommen, erhöht sich die Varianzaufklärung auf insgesamt 40,6%. Die Kontrollvariable AlterVE hat einen schwachen, positiven und signifikanten Effekt (b=0,147*; β=0,366*; p=0,048) auf den Zusammenhang zwischen AG und SEZ. Die übrigen Kontrollvariablen MaVE und KapVE haben auf dem Niveau p≤0,10 keinen signifikanten Einfluss auf den Zusammenhang zwischen AG und SEZ.

Hinsichtlich des Zusammenhangs zwischen AG und dem gesamten Erfolg (E) beträgt der partielle Korrelationskoeffizient rp=0,418* bei einem Signifikanzniveau von p=0,042. Die hierarchische Regression ergibt einen nicht-standardisierten Regressionskoeffizienten von b=0,293* und einen standardisierten Regressionskoeffizienten (BETA-Wert) von β=0,374*. Die Kontrollvariablen erklären alleine 22,8% der Varianz des gesamten Erfolgs (E). Wird AG mit aufgenommen, erhöht sich die Varianzaufklärung auf insgesamt 36,3%. Die Kontrollvariable AlterVE hat einen schwachen, positiven und schwachsignifikanten Effekt ($b=0,152^{+}$; $β=0,368^{+}$; p=0,054) auf den Zusammenhang zwischen AG und E. Die übrigen Kontrollvariablen MaVE und KapVE haben auf dem Niveau p≤0,10 keinen signifikanten Einfluss auf den Zusammenhang zwischen AG und E.

Die multiple lineare Regression mit den beiden Regressoren AR (Ausrichtung) und AG (Ausgestaltung) zeigt, dass lediglich AG und damit das Konstrukt Ausgestaltung einen signifikant positiven Einfluss auf den Erfolg – und nur auf den strategischen Erfolg – ausübt. Hinsichtlich des kurzfristigen strategischen Erfolgs (KSE) ist der Einfluss von AG – bei Kontrolle von AR – signifikant. Der nicht-standardisierte Regressionskoeffizient beträgt b=0,382* und der standardisierte Regressionskoeffizient (BETA-Wert) β=0,436* bei einem Signifikanzniveau von p=0,020. Es handelt sich somit um einen mittelstarken positiven Einfluss. Hinsichtlich des langfristigen strategischen Erfolgs (Zusatz) (LFEZ, LFE) sowie des strategischen Erfolgs (Zusatz) (SEZ, SE) verzeichnet keiner der beiden Regressoren einen signifikanten Einfluss auf dem Niveau von p≤0,10. Die Vorzeichen der Regressionskoeffizienten lassen jedoch einen positiven Einfluss vermuten.

Bezogen auf den finanziellen Erfolg (Zusatz) (FEZ, FE) sowie den gesamten Erfolg (Zusatz) (EZ, E) haben die Regressionskoeffizienten von AR und AG zwar auch positive Vorzeichen, sind jedoch nach dem Verständnis dieser Arbeit nicht signifikant.

Abbildung 6-102: Einfluss AR, AG auf KSE (Regression)

Strategischer Erfolg

N = 27

Eingegebene/Entfernte Variablen[a]

Modell	Eingegebene Variablen	Entfernte Variablen	Methode
1	AG, AR[b]		Aufnehmen

a. Abhängige Variable: KSE
b. Alle angeforderten Variablen wurden

Modellübersicht[b]

Modell	R	R-Quadrat	Angepasstes R-Quadrat	Standardfehler der Schätzung	Durbin-Watson
1	,578[a]	,334	,279	,55659	1,532

a. Prädiktoren: (Konstante), AG, AR
b. Abhängige Variable: KSE

ANOVA[a]

Modell		Quadratsumme	df	Mittel der Quadrate	F	Sig.
1	Regression	3,732	2	1,866	6,023	,008[b]
	Residuum	7,435	24	,310		
	Gesamtsumme	11,167	26			

a. Abhängige Variable: KSE
b. Prädiktoren: (Konstante), AG, AR

Koeffizienten[a]

Modell		Nicht standardisierte Koeffizienten		Standard. Koeffiz.	t	Sig.
		B	Standardfehler	Beta		
1	(Konstante)	1,411	,555		2,542	,018
	AR	,170	,109	,272	1,558	,132
	AG	,382	,153	,436	2,502	,020

a. Abhängige Variable: KSE

Finanzieller Erfolg

Kein linearer Zusammenhang auf dem Signifikanzniveau p≤0,1

Erfolg

Kein linearer Zusammenhang auf dem Signifikanzniveau p≤0,1

Quelle: Eigene Erhebung und Analyse (vgl. Fragebogen Frage 35 und 14-16, 21-23)

Bei Aufnahme der Kontrollvariablen AlterVE, MaVE und KapVE beträgt der partielle Korrelationskoeffizient für den Zusammenhang zwischen AG – bei Kontrolle von AR – und dem kurzfristigen strategischen Erfolg (KSE) rp=0,579** bei einem Signifikanzniveau von p=0,003. Die hierarchische Regression hinsichtlich des Einflusses von AG – bei Kontrolle von AR – auf den kurzfristigen strategischen Erfolg (KSE) ergibt einen nicht-standardisierten Regressionskoeffizienten von b=0,420** und einen standardisierten Regressionskoeffizienten (BETA-Wert) von β=0,480** bei einem Signifikanzniveau von p=0,010. Die Kontrollvariablen erklären alleine 22,4% der Varianz des kurzfristigen strategischen Erfolgs (KSE). Werden AR und AG mit aufgenommen, erhöht sich die Varianzaufklärung auf insgesamt 59,5%. Die Kontrollvariable AlterVE hat einen schwachen, positiven und schwachsignifikanten Effekt ($b=0,140^+$; $β=0,303^+$; p=0,080) auf den Zusammenhang zwischen AR, AG und KSE. Die übrigen Kontrollvariablen MaVE und KapVE haben auf dem Niveau p≤0,10 keinen signifikanten Einfluss auf den Zusammenhang zwischen AR, AG und KSE. Zudem beträgt der partielle Korrelationskoeffizient für den Zusammenhang zwischen AG – bei Kontrolle von AR – und dem strategischen Erfolg Zusatz (SEZ) bei Aufnahme der Kontrollvariablen AlterVE, MaVE und KapVE rp=0,436* bei einem Signifikanzniveau von p=0,033. Die hierarchische Regression hinsichtlich des Einflusses von AG – bei Kontrolle von AR – auf den strategischen Erfolg Zusatz (SEZ) ergibt einen nicht-standardisierten Regressionskoeffizienten von $b=0,274^+$ und einen standardisierten Regressionskoeffizienten (BETA-Wert) von $β=0,359^+$ bei einem Signifikanzniveau von p=0,062. Die Kontrollvariablen erklären alleine 26,7% der Varianz des strategischen Erfolgs Zusatz (SEZ). Werden AR und AG mit aufgenommen, erhöht sich die Varianzaufklärung auf insgesamt 40,9%. Die Kontrollvariable AlterVE hat einen schwachen, positiven und schwachsignifikanten Effekt ($b=0,148^+$; $β=0,368^+$; p=0,052) auf den Zusammenhang zwischen AR, AG und SEZ. Die übrigen Kontrollvariablen MaVE und KapVE haben auf dem Niveau p≤0,10 keinen signifikanten Einfluss auf den Zusammenhang zwischen AR, AG und SEZ.

Darüber hinaus beträgt der beträgt der partielle Korrelationskoeffizient bei Aufnahme der Kontrollvariablen AlterVE, MaVE und KapVE hinsichtlich des Zusammenhangs zwischen AG – bei Kontrolle von AR – und dem gesamten Erfolg (E) rp=0,418* bei einem Signifikanzniveau von p=0,042. Die hierarchische Regression ergibt einen nicht-standardisierten Regressionskoeffizienten von $b=0,272^+$ und einen standardisierten Regressionskoeffizienten (BETA-Wert) von $β=0,348^+$ bei einem Signifikanzniveau von p=0,079. Die Kontrollvariablen erklären alleine 22,8% der Varianz des gesamten Erfolgs (E). Werden AR und AG mit aufgenommen, erhöht sich die Varianzaufklärung auf insgesamt 36,8%. Die Kontrollvariable AlterVE hat einen schwachen, positiven und schwachsignifikanten Effekt ($b=0,152^+$; $β=0,370^+$; p=0,058) auf den Zusammenhang zwischen AR, AG und E. Die übrigen Kontrollvariablen

MaVE und KapVE haben auf dem Niveau $p \leq 0,10$ keinen signifikanten Einfluss auf den Zusammenhang zwischen AR, AG und E.

6.5.1.4 *Abbruch und Lernpotenziale*

Es ergibt sich ein positiver linearer Zusammenhang zwischen dem Konstrukt Lernpotenzial (LL) und dem Erfolg. Damit kann empirisch eine detaillierte Analyse der Erfolgs- und Misserfolgsfaktoren der Innovationsvorhaben, ein intensiver Austausch von Wissen und Kompetenzen zwischen den VE sowie zwischen den VE und der VU bzw. dem CP sowie eine hohe Fehlertoleranz der VU bzw. des CP gegenüber den Innovationsvorhaben der VE als erfolgskritisch bestätigt werden.[1584] Hinsichtlich des strategischen Erfolgs Zusatz (SEZ) ist der Zusammenhang hochsignifikant. Der bivariate Bravais-Pearson-Korrelationskoeffizient beträgt $r=0,578^{**}$ bei einem Signifikanzniveau von $p=0,002$. Die nicht-parametrischen Rangkorrelationskoeffizienten Kendall's Tau bzw. Spearman's Roh verzeichnen Werte von $\tau=0,432^{**}$ auf einem Signifikanzniveau von 0,003 bzw. $\rho=0,524^{**}$ auf einem Signifikanzniveau von 0,005. Der nicht-standardisierte Regressionskoeffizient beträgt $b=0,419^{**}$, der standardisierte Regressionskoeffizient (BETA-Wert) $\beta=0,578^{**}$, das Bestimmtheitsmaß $R^2=0,334$ und das korrigierte Bestimmtheitsmaß $R^2_{korr}=0,308$. Es handelt sich somit um einen mittelstarken positiven Zusammenhang, wobei das Konstrukt Lernpotenzial (LL) 33,4% der Varianz des strategischen Erfolgs Zusatz (SEZ) erklärt. Hinsichtlich des strategischen Erfolgs (SE) ist der Zusammenhang ebenfalls mittelstark, positiv und signifikant mit $r=0,528^{**}$ bei $p=0,005$ und $b=0,392^{**}$, $\beta=0,528^{**}$, $R^2=0,279$ und $R^2_{korr}=0,250$.

Der Zusammenhang zum finanziellen Erfolg Zusatz (FEZ) ist ebenfalls hochsignifikant. Der bivariate Bravais-Pearson-Korrelationskoeffizient beträgt $r=0,535^{**}$ bei einem Signifikanzniveau von $p=0,004$. Die nicht-parametrischen Rangkorrelationskoeffizienten Kendall's Tau bzw. Spearman's Roh verzeichnen Werte von $\tau=0,357^{*}$ auf einem Signifikanzniveau von 0,014 bzw. $\rho=0,465^{*}$ auf einem Signifikanzniveau von 0,015. Der nicht-standardisierte Regressionskoeffizient beträgt $b=0,444^{**}$, der standardisierte Regressionskoeffizient (BETA-Wert) $\beta=0,535^{**}$, das Bestimmtheitsmaß $R^2=0,286$ und das korrigierte Bestimmtheitsmaß $R^2_{korr}=0,257$. Es handelt sich somit um einen mittelstarken positiven Zusammenhang, wobei das Konstrukt Lernpotenzial (LL) 28,6% der Varianz des finanziellen Erfolgs Zusatz (FEZ) erklärt. Hinsichtlich des finanziellen Erfolgs (FE) ist der Zusammenhang ebenfalls mittelstark, positiv und hochsignifikant mit $r=0,549^{**}$ bei $p=0,003$ und $b=0,462^{**}$, $\beta=0,549^{**}$, $R^2=0,301$ und $R^2_{korr}=0,273$.

[1584] Vgl. Kapitel 4.4.3, 4.4.4 und 4.4.5.

Gegenüber dem gesamten Erfolg Zusatz (EZ) ist der Zusammenhang ebenfalls hochsignifikant. Der bivariate Bravais-Pearson-Korrelationskoeffizient beträgt r=0,571** bei einem Signifikanzniveau von p=0,002. Die nicht-parametrischen Rangkorrelationskoeffizienten Kendall's Tau bzw. Spearman's Roh verzeichnen Werte von τ=0,406** auf einem Signifikanzniveau von 0,005 bzw. ρ=0,517** auf einem Signifikanzniveau von 0,006. Der nicht-standardisierte Regressionskoeffizient beträgt b=0,434**, der standardisierte Regressionskoeffizient (BETA-Wert) β=0,571**, das Bestimmtheitsmaß R^2=0,326 und das korrigierte Bestimmtheitsmaß R^2_{korr}=0,299. Es handelt sich somit um einen mittelstarken positiven Zusammenhang, wobei das Konstrukt Lernpotenzial (LL) 32,6% der Varianz des gesamten Erfolgs Zusatz (EZ) erklärt. Bezogen auf den gesamten Erfolg (E) ist der Zusammenhang ebenfalls mittelstark, positiv und hochsignifikant mit r=0,528** bei p=0,005 und b=0,392**, β=0,528**, R^2=0,279 und R^2_{korr}=0,250.

Bei Aufnahme der Kontrollvariablen AlterVE, MaVE und KapVE beträgt der partielle Korrelationskoeffizient für den Zusammenhang zwischen LL und dem strategischen Erfolg Zusatz (SEZ) rp=0,636** bei einem Signifikanzniveau von p=0,001. Die hierarchische Regression ergibt einen nicht-standardisierten Regressionskoeffizienten von b=0,402** und einen standardisierten Regressionskoeffizienten (BETA-Wert) von β=0,556**. Die Kontrollvariablen erklären alleine 26,7% der Varianz des strategischen Erfolgs Zusatz (SEZ). Wird LL mit aufgenommen, erhöht sich die Varianzaufklärung auf insgesamt 56,3%. Die Kontrollvariable AlterVE hat einen schwachen, positiven und signifikanten Effekt (b=0,159*; β=0,396*; p=0,015) auf den Zusammenhang zwischen LL und SEZ. Die übrigen Kontrollvariablen MaVE und KapVE haben auf dem Niveau $p \leq 0{,}10$ keinen signifikanten Einfluss auf den Zusammenhang zwischen LL und SEZ.

Abbildung 6-103: Zusammenhang LL und SEZ, FEZ, EZ (Korrelation)

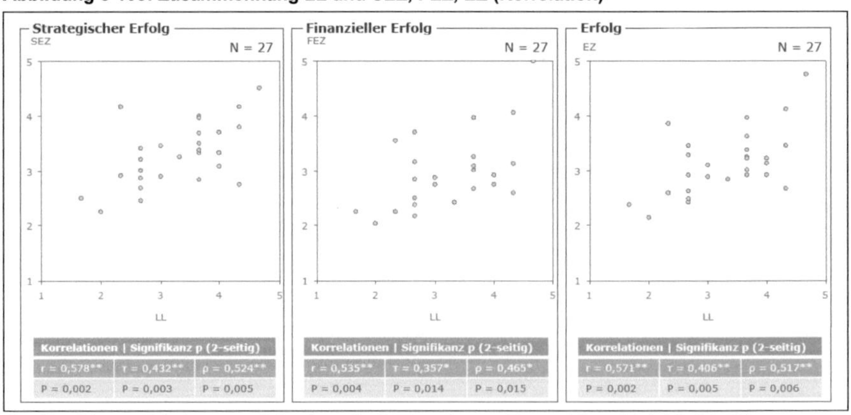

Quelle: Eigene Erhebung und Analyse (vgl. Fragebogen Frage 37 und 14-16, 21-23)

Abbildung 6-104: Zusammenhang LL und SEZ, FEZ, EZ (Regression)

Strategischer Erfolg

N = 27

Eingegebene/Entfernte Variablen[a]

Modell	Eingegebene Variablen	Entfernte Variablen	Methode
1	LL[b]		Aufnehmen

a. Abhängige Variable: SEZ
b. Alle angeforderten Variablen wurden

Modellübersicht[b]

Modell	R	R-Quadrat	Angepasstes R-Quadrat	Standardfehler der Schätzung	Durbin-Watson
1	,578[a]	,334	,3[illegible]8	,47484	2,622

a. Prädiktoren: (Konstante), LL
b. Abhängige Variable: SEZ

ANOVA[a]

Modell		Quadratsumme	df	Mittel der Quadrate	F	Sig.
1	Regression	2,83[illegible]	1	2,830	12,550	,002[b]
	Residuum	5,63[illegible]	25	,225		
	Gesamtsumme	8,46[illegible]	26			

a. Abhängige Variable: SEZ
b. Prädiktoren: (Konstante), LL

Koeffizienten[a]

Modell		Nicht standardisierte Koeffizienten B	Standardfehler	Standard Koeffiz. Beta	t	Sig.
1	(Konstante)	1,925	,401		4,798	,000
	LL	,419	,[illegible]18	,578	3,543	,002

a. Abhängige Variable: SEZ

Finanzieller Erfolg

N = 27

Eingegebene/Entfernte Variablen[a]

Modell	Eingegebene Variablen	Entfernte Variablen	Methode
1	LL[b]		Aufnehmen

a. Abhängige Variable: FEZ
b. Alle angeforderten Variablen wurden

Modellübersicht[b]

Modell	R	R-Quadrat	Angepasstes R-Quadrat	Standardfehler der Schätzung	Durbin-Watson
1	,535[a]	,286	,257	,56369	2,265

a. Prädiktoren: (Konstante), LL
b. Abhängige Variable: FEZ

ANOVA[a]

Modell		Quadratsumme	df	Mittel der Quadrate	F	Sig.
1	Regression	3,180	1	3,180	10,011	,004[b]
	Residuum	7,941	25	,318		
	Gesamtsumme	11,121	26			

a. Abhängige Variable: FEZ
b. Prädiktoren: (Konstante), LL

Koeffizienten[a]

Modell		Nicht standardisierte Koeffizienten B	Standardfehler	Standard Koeffiz. Beta	t	Sig.
1	(Konstante)	1,513	,477		3,176	,004
	LL	,444	,140	,535	3,164	,004

a. Abhängige Variable: FEZ

Erfolg

N = 27

Eingegebene/Entfernte Variablen[a]

Modell	Eingegebene Variablen	Entfernte Variablen	Methode
1	LL[b]		Aufnehmen

a. Abhängige Variable: EZ
b. Alle angeforderten Variablen wurden

Modellübersicht[b]

Modell	R	R-Quadrat	Angepasstes R-Quadrat	Standardfehler der Schätzung	Durbin-Watson
1	,571[a]	,326	,299	,50138	2,495

a. Prädiktoren: (Konstante), LL
b. Abhängige Variable: EZ

ANOVA[a]

Modell		Quadratsumme	df	Mittel der Quadrate	F	Sig.
1	Regression	3,038	1	3,038	12,087	,002[b]
	Residuum	6,284	25	,251		
	Gesamtsumme	9,323	26			

a. Abhängige Variable: EZ
b. Prädiktoren: (Konstante), LL

Koeffizienten[a]

Modell		Nicht standardisierte Koeffizienten B	Standardfehler	Standard Koeffiz. Beta	t	Sig.
1	(Konstante)	1,702	,424		4,015	,000
	LL	,434	,125	,571	3,477	,002

a. Abhängige Variable: EZ

Quelle: Eigene Erhebung und Analyse (vgl. Fragebogen Frage 37 und 14-16, 21-23)

Für den Zusammenhang zwischen LL und dem finanziellen Erfolg Zusatz (FEZ) beträgt der partielle Korrelationskoeffizient rp=0,555** bei einem Signifikanzniveau von p=0,005. Die hierarchische Regression ergibt einen nicht-standardisierten Regressionskoeffizienten von b=0,428** und einen standardisierten Regressionskoeffizienten (BETA-Wert) von β=0,516**. Die Kontrollvariablen erklären alleine 17,2% der Varianz des finanziellen Erfolgs Zusatz (FEZ). Wird LL mit aufgenommen, erhöht sich die Varianzaufklärung auf insgesamt 42,8%. Keine der Kontrollvariablen hat auf dem Niveau p≤0,10 einen signifikanten Einfluss auf den Zusammenhang zwischen LL und FEZ.

Hinsichtlich des Zusammenhangs zwischen LL und dem gesamten Erfolg Zusatz (EZ) beträgt der partielle Korrelationskoeffizient rp=0,617** bei einem Signifikanzniveau von p=0,001. Die hierarchische Regression ergibt einen nicht-standardisierten Regressionskoeffizienten von b=0,420** und einen standardisierten Regressionskoeffizienten (BETA-Wert) von β=0,553**. Die Kontrollvariablen erklären alleine 22,8% der Varianz des gesamten Erfolgs Zusatz (EZ). Wird LL mit aufgenommen, erhöht sich die Varianzaufklärung auf insgesamt 52,1%. Die Kontrollvariable AlterVE hat einen schwachen, positiven und signifikanten Effekt (b=0,151*; β=0,359*; p=0,033) auf den Zusammenhang zwischen LL und EZ. Die übrigen Kontrollvariablen MaVE und KapVE haben auf dem Niveau p≤0,10 keinen signifikanten Einfluss auf den Zusammenhang zwischen LL und EZ.

Die multiple lineare Regression mit den beiden Regressoren LL (Lernpotenzial) und L2 (Abbruch) zeigt, dass lediglich LL und damit das Konstrukt Lernpotenzial einen signifikant positiven Einfluss auf den Erfolg ausübt. Hinsichtlich des strategischen Erfolgs Zusatz (SEZ) ist der Einfluss von LL – bei Kontrolle von L2 – hochsignifikant. Der nicht-standardisierte Regressionskoeffizient beträgt b=0,417** und der standardisierte Regressionskoeffizient (BETA-Wert) β=0,575** bei einem Signifikanzniveau von p=0,002. Es handelt sich somit um einen mittelstarken positiven Einfluss. Hinsichtlich des strategischen Erfolgs (SE) ist der Einfluss von LL – bei Kontrolle von L2 – ebenfalls mittelstark, positiv und hochsignifikant mit b=0,390** und β=0,525** bei p=0,006. Die Regressionskoeffizienten von L2 – bei Kontrolle von LL – haben ebenfalls positive Vorzeichen, was auf einen positiven Einfluss der Allokation der Entscheidungshoheit hinsichtlich des Abbruchs unrentabler VE aufseiten der VU bzw. dem mittleren Management hindeutet, jedoch sind diese nach dem Verständnis dieser Arbeit nicht signifikant.

Der Einfluss von LL – bei Kontrolle von L2 – auf den finanziellen Erfolg Zusatz (FEZ) ist ebenfalls hochsignifikant. Der nicht-standardisierte Regressionskoeffizient beträgt b=0,443** und der standardisierte Regressionskoeffizient (BETA-Wert) β=0,533** bei einem Signifikanzniveau von p=0,005. Es handelt sich somit um einen mittelstarken positiven Einfluss.

Abbildung 6-105: Einfluss L2, LL auf SEZ, FEZ, EZ (Regression)

Strategischer Erfolg

N = 27

Eingegebene/Entfernte Variablen[a]

Modell	Eingegebene Variablen	Entfernte Variablen	Methode
1	LL, L2[b]		Aufnehmen

a. Abhängige Variable: SEZ
b. Alle angeforderten Variablen wurden

Modellübersicht[b]

Modell	R	R-Quadrat	Angepasstes R-Quadrat	Standardfehler der Schätzung	Durbin-Watson
1	,585[a]	,343	,288	,48159	2,684

a. Prädiktoren: (Konstante), LL, L2
b. Abhängige Variable: SEZ

ANOVA[a]

Modell		Quadratsumme	df	Mittel der Quadrate	F	Sig.
1	Regression	2,9[illegible]0	2	1,450	6,253	,007[b]
	Residuum	5,5[illegible]6	24	,232		
	Gesamtsumme	8,4[illegible]7	26			

a. Abhängige Variable: SEZ
b. Prädiktoren: (Konstante), LL, L2

Koeffizienten[a]

Modell		Nicht standardisierte Koeffizienten		Standard Koeffiz	t	Sig.
		B	Standardfehler	Beta		
1	(Konstante)	1,813	,456		3,973	,001
	L2	,050	,090	,091	,552	,586
	LL	,[illegible]17	,120	,575	3,476	,002

a. Abhängige Variable: SEZ

Finanzieller Erfolg

N = 27

Eingegebene/Entfernte Variablen[a]

Modell	Eingegebene Variablen	Entfernte Variablen	Methode
1	LL, L2[b]		Aufnehmen

a. Abhängige Variable: FEZ
b. Alle angeforderten Variablen wurden

Modellübersicht[b]

Modell	R	R-Quadrat	Angepasstes R-Quadrat	Standardfehler der Schätzung	Durbin-Watson
1	,538[a]	,289	,230	,57386	2,298

a. Prädiktoren: (Konstante), LL, L2
b. Abhängige Variable: FEZ

ANOVA[a]

Modell		Quadratsumme	df	Mittel der Quadrate	F	Sig.
1	Regression	3,217	2	1,609	4,884	,017[b]
	Residuum	7,904	24	,329		
	Gesamtsumme	11,121	26			

a. Abhängige Variable: FEZ
b. Prädiktoren: (Konstante), LL, L2

Koeffizienten[a]

Modell		Nicht standardisierte Koeffizienten		Standard Koeffiz	t	Sig.
		B	Standardfehler	Beta		
1	(Konstante)	1,431	,544		2,632	,015
	L2	,036	,108	,058	,336	,740
	LL	,443	,143	,533	3,096	,005

a. Abhängige Variable: FEZ

Erfolg

N = 27

Eingegebene/Entfernte Variablen[a]

Modell	Eingegebene Variablen	Entfernte Variablen	Methode
1	LL, L2[b]		Aufnehmen

a. Abhängige Variable: EZ
b. Alle angeforderten Variablen wurden

Modellübersicht[b]

Modell	R	R-Quadrat	Angepasstes R-Quadrat	Standardfehler der Schätzung	Durbin-Watson
1	,577[a]	,333	,277	,50921	2,548

a. Prädiktoren: (Konstante), LL, L2
b. Abhängige Variable: EZ

ANOVA[a]

Modell		Quadratsumme	df	Mittel der Quadrate	F	Sig.
1	Regression	3,100	2	1,550	5,978	,008[b]
	Residuum	6,223	24	,259		
	Gesamtsumme	9,323	26			

a. Abhängige Variable: EZ
b. Prädiktoren: (Konstante), LL, L2

Koeffizienten[a]

Modell		Nicht standardisierte Koeffizienten		Standard Koeffiz	t	Sig.
		B	Standardfehler	Beta		
1	(Konstante)	1,596	,482		3,309	,003
	L2	,046	,095	,081	,487	,631
	LL	,432	,127	,569	3,408	,002

a. Abhängige Variable: EZ

Quelle: Eigene Erhebung und Analyse (vgl. Fragebogen Frage 37 und 14-16, 21-23)

Hinsichtlich des finanziellen Erfolgs (FE) ist der Einfluss von LL – bei Kontrolle von L2 – ebenfalls mittelstark, positiv und hochsignifikant mit b=0,462** und β=0,549** bei p=0,004. Die Regressionskoeffizienten von L2 – bei Kontrolle von LL – haben auch in diesem Fall positive Vorzeichen, sind aber nach dem Verständnis dieser Arbeit ebenfalls nicht signifikant. Auch hinsichtlich des gesamten Erfolgs Zusatz (EZ) ist der Einfluss von LL – bei Kontrolle von L2 – hochsignifikant. Der nicht-standardisierte Regressionskoeffizient beträgt b=0,432** und der standardisierte Regressionskoeffizient (BETA-Wert) β=0,569** bei einem Signifikanzniveau von p=0,002. Es handelt sich somit auch um einen mittelstarken positiven Einfluss. Bezogen auf den gesamten Erfolg (E) ist der Einfluss von LL – bei Kontrolle von L2 – mittelstark, positiv und hochsignifikant mit b=0,390** und β=0,525** bei p=0,006. Die Regressionskoeffizienten von L2 – bei Kontrolle von LL – haben auch hier positive Vorzeichen, sind jedoch nach dem Verständnis dieser Arbeit wiederum nicht signifikant.

Bei Aufnahme der Kontrollvariablen AlterVE, MaVE und KapVE beträgt der partielle Korrelationskoeffizient für den Zusammenhang zwischen LL – bei Kontrolle von L2 – und dem strategischen Erfolg Zusatz (SEZ) rp=0,636** bei einem Signifikanzniveau von p=0,001. Die hierarchische Regression hinsichtlich des Einflusses von LL – bei Kontrolle von L2 – auf den strategischen Erfolg Zusatz (SEZ) ergibt einen nicht-standardisierten Regressionskoeffizienten von b=0,401** und einen standardisierten Regressionskoeffizienten (BETA-Wert) von β=0,554** bei einem Signifikanzniveau von p=0,001. Die Kontrollvariablen erklären alleine 26,7% der Varianz des strategischen Erfolgs Zusatz (SEZ). Werden L2 und LL mit aufgenommen, erhöht sich die Varianzaufklärung auf insgesamt 56,4%. Die Kontrollvariable AlterVE hat einen schwachen, positiven und signifikanten Effekt (b=0,156*; β=0,390*; p=0,021) auf den Zusammenhang zwischen L2, LL und SEZ. Die übrigen Kontrollvariablen MaVE und KapVE haben auf dem Niveau $p \leq 0,10$ keinen signifikanten Einfluss auf den Zusammenhang zwischen L2, LL und SEZ.

Für den Zusammenhang zwischen LL – bei Kontrolle von L2 – und dem finanziellen Erfolg Zusatz (FEZ) beträgt der partielle Korrelationskoeffizient bei Aufnahme der Kontrollvariablen AlterVE, MaVE und KapVE rp=0,555** bei einem Signifikanzniveau von p=0,005. Die hierarchische Regression ergibt einen nicht-standardisierten Regressionskoeffizienten von b=0,428** und einen standardisierten Regressionskoeffizienten (BETA-Wert) von β=0,516** bei einem Signifikanzniveau von p=0,006. Die Kontrollvariablen erklären alleine 17,2% der Varianz des finanziellen Erfolgs Zusatz (FEZ). Werden L2 und LL mit aufgenommen, erhöht sich die Varianzaufklärung auf insgesamt 42,8%. Keine der Kontrollvariablen hat auf dem Niveau $p \leq 0,10$ einen signifikanten Einfluss auf den Zusammenhang zwischen L2, LL und FEZ.

Hinsichtlich des Zusammenhangs zwischen LL – bei Kontrolle von L2 – und dem gesamten Erfolg Zusatz (EZ) beträgt der partielle Korrelationskoeffizient bei Aufnahme der Kontrollvariablen AlterVE, MaVE und KapVE rp=0,617** bei einem Signifikanzniveau von p=0,001. Die hierarchische Regression ergibt einen nicht-standardisierten Regressionskoeffizienten von b=0,420** und einen standardisierten Regressionskoeffizient (BETA-Wert) von β=0,552** bei einem Signifikanzniveau von p=0,002. Die Kontrollvariablen erklären alleine 22,8% der Varianz des gesamten Erfolgs Zusatz (EZ). Werden L2 und LL mit aufgenommen, erhöht sich die Varianzaufklärung auf insgesamt 52,1%. Die Kontrollvariable AlterVE hat einen schwachen, positiven und signifikanten Effekt (b=0,150*; β=0,356*; p=0,041) auf den Zusammenhang zwischen L2, LL und EZ. Die übrigen Kontrollvariablen MaVE und KapVE haben auf dem Niveau p≤0,10 keinen signifikanten Einfluss auf den Zusammenhang zwischen L2, LL und EZ.

6.5.1.5 Innovationsstrategie

Es ergibt sich ein positiver linearer Zusammenhang zwischen dem Konstrukt Innovationsstrategie (S) und dem Erfolg. Damit kann empirisch die Stimulierung von unternehmerischem Denken und Handeln durch die Formulierung und Implementierung einer unternehmerischen Strategie als erfolgskritisch bestätigt werden.[1585] Auf Basis einer top-down vorgegebenen strategischen Leitlinie und bottom-up initiierter Innovationsvorhaben (unter Einbeziehung der innovationsbetroffenen operativen Bereiche sowie des Top-Managements) erfolgt eine regelmäßige Hinterfragung bzw. Anpassung der Unternehmensstrategie. Vorteilhaft ist somit ein iterativer Strategieentwicklungsprozess aus der Kombination von Top-down-Vorgaben und Bottom-up-Initiativen. Auf Basis der hieraus resultierenden Lern- und Erfahrungseffekte ist die Unternehmensstrategie kontinuierlich zu hinterfragen und ggf. anzupassen.[1586] Die hierarchisch nachgelagerten Bereiche haben dabei die Möglichkeit, Pläne schrittweise zu ändern, zu ergänzen und zu aggregieren.[1587] Durch die Einbindung der innovationsbetroffenen operativen Bereiche finden die zur Realisierung der Innovationsvorhaben erforderlichen unternehmensinternen Verfahren und Prozesse Berücksichtigung, kann die Reintegration der Innovationsvorhaben in das CP effizienter erfolgen und können Widerstände reduziert werden.[1588] Dem Top-Management kommt hierbei die Sicherung der Akzeptanz der Innovationsvorhaben durch die Bereitstellung der erforderlichen Ressourcen sowie Commitment zu.[1589] Hinsichtlich des strategischen Erfolgs Zusatz (SEZ) ist der Zusammenhang hochsignifikant. Der bivariate Bravais-Pearson-Korrelationskoeffizient beträgt r=0,523** bei einem Signifikanzniveau von p=0,005.

[1585] Vgl. Kapitel 5.3.1.
[1586] Vgl. Kapitel 5.3.2.
[1587] Vgl. Kapitel 5.3.3.
[1588] Vgl. Kapitel 5.3.4.
[1589] Vgl. Kapitel 5.3.5.

Die nicht-parametrischen Rangkorrelationskoeffizienten Kendall's Tau bzw. Spearman's Roh verzeichnen Werte von τ=0,346* auf einem Signifikanzniveau von 0,015 bzw. ρ=0,517** auf einem Signifikanzniveau von 0,006. Der nicht-standardisierte Regressionskoeffizient beträgt b=0,437**, der standardisierte Regressionskoeffizient (BETA-Wert) β=0,523**, das Bestimmtheitsmaß R^2=0,273 und das korrigierte Bestimmtheitsmaß R^2_{korr}=0,244. Es handelt sich somit um einen mittelstarken positiven Zusammenhang, wobei das Konstrukt Innovationsstrategie (S) 27,3% der Varianz des strategischen Erfolgs Zusatz (SEZ) erklärt. Hinsichtlich des strategischen Erfolgs (SE) ist der Zusammenhang ebenfalls mittelstark, positiv und signifikant mit r=0,519** bei p=0,006 und b=0,445**, β=0,519**, R^2=0,270 und R^2_{korr}=0,240.

Der Zusammenhang zum finanziellen Erfolg Zusatz (FEZ) ist schwachsignifikant. Der bivariate Bravais-Pearson-Korrelationskoeffizient beträgt r=0,378$^+$ bei einem Signifikanzniveau von p=0,052. Die nicht-parametrischen Rangkorrelationskoeffizienten Kendall's Tau bzw. Spearman's Roh verzeichnen Werte von τ=0,331* auf einem Signifikanzniveau von 0,020 bzw. ρ=0,456* auf einem Signifikanzniveau von 0,017. Der nicht-standardisierte Regressionskoeffizient beträgt b=0,363$^+$, der standardisierte Regressionskoeffizient (BETA-Wert) β=0,378$^+$, das Bestimmtheitsmaß R^2=0,143 und das korrigierte Bestimmtheitsmaß R^2_{korr}=0,109. Es handelt sich somit um einen schwachen positiven Zusammenhang, wobei das Konstrukt Innovationsstrategie (S) 14,3% der Varianz des finanziellen Erfolgs Zusatz (FEZ) erklärt. Hinsichtlich des finanziellen Erfolgs (FE) ist der Zusammenhang mittelstark, positiv und signifikant mit r=0,400* bei p=0,039 und b=0,388*, β=0,400*, R^2=0,160 und R^2_{korr}=0,126.

Gegenüber dem gesamten Erfolg Zusatz (EZ) ist der Zusammenhang ebenfalls signifikant. Der bivariate Bravais-Pearson-Korrelationskoeffizient beträgt r=0,452* bei einem Signifikanzniveau von p=0,018. Die nicht-parametrischen Rangkorrelationskoeffizienten Kendall's Tau bzw. Spearman's Roh verzeichnen Werte von τ=0,337* auf einem Signifikanzniveau von 0,018 bzw. ρ=0,469* auf einem Signifikanzniveau von 0,014. Der nicht-standardisierte Regressionskoeffizient beträgt b=0,397*, der standardisierte Regressionskoeffizient (BETA-Wert) β=0,452*, das Bestimmtheitsmaß R^2=0,204 und das korrigierte Bestimmtheitsmaß R^2_{korr}=0,172. Es handelt sich somit um einen mittelstarken positiven Zusammenhang, wobei das Konstrukt Innovationsstrategie (S) 20,4% der Varianz des gesamten Erfolgs Zusatz (EZ) erklärt. Bezogen auf den gesamten Erfolg (E) ist der Zusammenhang hingegen mittelstark, positiv und hochsignifikant mit r=0,519** bei p=0,006 und b=0,445**, β=0,519**, R^2=0,270 und R^2_{korr}=0,240.

Abbildung 6-106: Zusammenhang S und SEZ, FEZ, EZ (Korrelation)

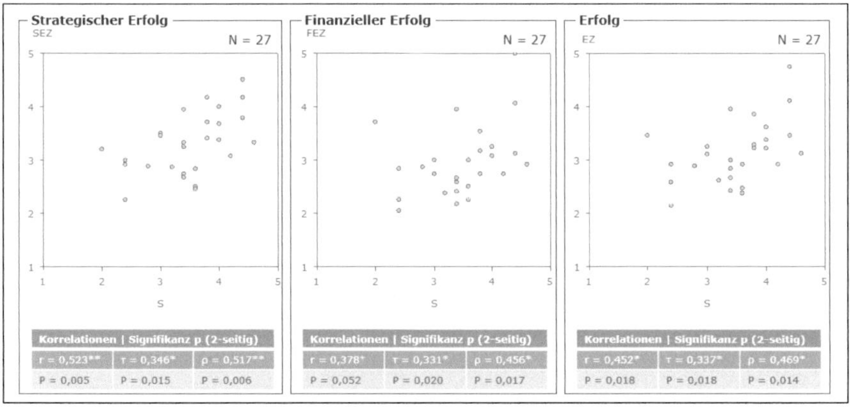

Quelle: Eigene Erhebung und Analyse (vgl. Fragebogen Frage 38 und 14-16, 21-23)

Bei Aufnahme der Kontrollvariablen AlterVE, MaVE und KapVE beträgt der partielle Korrelationskoeffizient für den Zusammenhang zwischen S und dem strategischen Erfolg Zusatz (SEZ) rp=0,530** bei einem Signifikanzniveau von p=0,008. Die hierarchische Regression ergibt einen nicht-standardisierten Regressionskoeffizienten von b=0,399** und einen standardisierten Regressionskoeffizienten (BETA-Wert) von β=0,477**. Die Kontrollvariablen erklären alleine 26,7% der Varianz des strategischen Erfolgs Zusatz (SEZ). Wird S mit aufgenommen, erhöht sich die Varianzaufklärung auf insgesamt 47,2%. Die Kontrollvariable AlterVE hat einen schwachen, positiven und signifikanten Effekt (b=0,137*; β=0,342*; p=0,049) auf den Zusammenhang zwischen S und SEZ. Die übrigen Kontrollvariablen MaVE und KapVE haben auf dem Niveau p≤0,10 keinen signifikanten Einfluss auf den Zusammenhang zwischen S und SEZ.

Für den Zusammenhang zwischen S und dem finanziellen Erfolg Zusatz (FEZ) beträgt der partielle Korrelationskoeffizient bei Aufnahme der Kontrollvariablen AlterVE, MaVE und KapVE rp=0,376$^+$ bei einem Signifikanzniveau von p=0,070. Die hierarchische Regression ergibt einen nicht-standardisierten Regressionskoeffizienten von b=0,345$^+$ und einen standardisierten Regressionskoeffizienten (BETA-Wert) von β=0,360$^+$. Die Kontrollvariablen erklären alleine 17,2% der Varianz des finanziellen Erfolgs Zusatz (FEZ). Wird S mit aufgenommen, erhöht sich die Varianzaufklärung auf insgesamt 28,9%. Keine der Kontrollvariablen hat auf dem Niveau p≤0,10 einen signifikanten Einfluss auf den Zusammenhang zwischen S und FEZ. Hinsichtlich des Zusammenhangs zwischen S und dem gesamten Erfolg (EZ) beträgt der partielle Korrelationskoeffizient rp=0,454* bei einem Signifikanzniveau von p=0,026. Die hierarchische Regression ergibt einen nicht-standardisierten Regressionskoeffizienten von b=0,369* und einen standardisierten Regressionskoeffizienten (BETA-Wert) von β=0,420*.

Abbildung 6-107: Zusammenhang S und SEZ, FEZ, EZ (Regression)

Strategischer Erfolg

N = 27

Eingegebene/Entfernte Variablen[a]

Modell	Eingegebene Variablen	Entfernte Variablen	Methode
1	S[b]		Aufnehmen

a. Abhängige Variable: SEZ
b. Alle angeforderten Variablen wurden

Modellübersicht[b]

Modell	R	R-Quadrat	Angepasstes R-Quadrat	Standardfehler der Schätzung	Durbin-Watson
1	,523[a]	,273	,244	,49614	2,128

a. Prädiktoren: (Konstante), S
b. Abhängige Variable: SEZ

ANOVA[a]

Modell		Quadratsumme	df	Mittel der Quadrate	F	Sig.
1	Regression	2,313	1	2,313	9,395	,005[b]
	Residuum	6,154	25	,246		
	Gesamtsumme	8,467	26			

a. Abhängige Variable: SEZ
b. Prädiktoren: (Konstante), S

Koeffizienten[a]

Modell		Nicht standardisierte Koeffizienten		Standard. Koeffiz.	t	Sig.
		B	Standardfehler	Beta		
1	(Konstante)	1,781	,508		3,504	,002
	S	,437	,143	,523	3,065	,005

a. Abhängige Variable: SEZ

Finanzieller Erfolg

N = 27

Eingegebene/Entfernte Variablen[a]

Modell	Eingegebene Variablen	Entfernte Variablen	Methode
1	S[b]		Aufnehmen

a. Abhängige Variable: FEZ
b. Alle angeforderten Variablen wurden

Modellübersicht[b]

Modell	R	R-Quadrat	Angepasstes R-Quadrat	Standardfehler der Schätzung	Durbin-Watson
1	,378[a]	,143	,109	,61735	1,910

a. Prädiktoren: (Konstante), S
b. Abhängige Variable: FEZ

ANOVA[a]

Modell		Quadratsumme	df	Mittel der Quadrate	F	Sig.
1	Regression	1,593	1	1,593	4,179	,052[b]
	Residuum	9,528	25	,381		
	Gesamtsumme	11,121	26			

a. Abhängige Variable: FEZ
b. Prädiktoren: (Konstante), S

Koeffizienten[a]

Modell		Nicht standardisierte Koeffizienten		Standard. Koeffiz.	t	Sig.
		B	Standardfehler	Beta		
1	(Konstante)	1,712	,632		2,706	,012
	S	,363	,177	,378	2,044	,052

a. Abhängige Variable: FEZ

Erfolg

N = 27

Eingegebene/Entfernte Variablen[a]

Modell	Eingegebene Variablen	Entfernte Variablen	Methode
1	S[b]		Aufnehmen

a. Abhängige Variable: EZ
b. Alle angeforderten Variablen wurden

Modellübersicht[b]

Modell	R	R-Quadrat	Angepasstes R-Quadrat	Standardfehler der Schätzung	Durbin-Watson
1	,452[a]	,204	,172	,54475	1,999

a. Prädiktoren: (Konstante), S
b. Abhängige Variable: EZ

ANOVA[a]

Modell		Quadratsumme	df	Mittel der Quadrate	F	Sig.
1	Regression	1,904	1	1,904	6,417	,018[b]
	Residuum	7,419	25	,297		
	Gesamtsumme	9,323	26			

a. Abhängige Variable: EZ
b. Prädiktoren: (Konstante), S

Koeffizienten[a]

Modell		Nicht standardisierte Koeffizienten		Standard. Koeffiz.	t	Sig.
		B	Standardfehler	Beta		
1	(Konstante)	1,749	,558		3,133	,004
	S	,397	,157	,452	2,533	,018

a. Abhängige Variable: EZ

Quelle: Eigene Erhebung und Analyse (vgl. Fragebogen Frage 38 und 14-16, 21-23)

Die Kontrollvariablen erklären alleine 22,8% der Varianz des gesamten Erfolgs Zusatz (EZ). Wird S mit aufgenommen, erhöht sich die Varianzaufklärung auf insgesamt 38,7%. Die Kontrollvariable AlterVE hat einen schwachen, positiven und schwachsignifikanten Effekt ($b=0{,}129^{+}$; $\beta=0{,}306^{+}$; $p=0{,}099$) auf den Zusammenhang zwischen FS und EZ. Die übrigen Kontrollvariablen MaVE und KapVE haben auf dem Niveau $p \leq 0{,}10$ keinen signifikanten Einfluss auf den Zusammenhang zwischen S und EZ.

Zur Innovationsstrategie kann keine multiple lineare Regressionsanalyse durchgeführt werden, da die Faktoranalyse nur einen Faktor und damit nur das Konstrukt Innovationsstrategie (S) als arithmetisches Mittel aus S1, S2, S3, S4 und S5 ergibt.

6.5.2 Zusammenfassung der Ergebnisse der Konstrukt- und multiplen Analyse

Die nachfolgenden Tabellen fassen nochmals die Richtung, Stärke und Signifikanzniveaus der bivariaten Bravais-Pearson-Korrelationskoeffizienten (r) bzw. standardisierten Regressionskoeffizienten (β) für die entwickelten Konstrukte zusammen; es werden nur Werte mit einem Signifikanzniveau von $p \leq 0{,}10$ dargestellt.

Tabelle 6-5: Korrelations- und Regressionskoeffizienten (Konstrukte)

	Strategischer Erfolg					Finanzieller Erfolg					Gesamter Erfolg		
	KSE	LSE	LSEZ	SE	SEZ	KFE	LFE	LFEZ	FE	FEZ	E	EZ	T
IE													
FV	0,470 (*)	0,340 (+)	0,411 (*)	0,453 (*)	0,506 (**)	0,360 (+)	0,410 (*)	0,466 (*)	0,476 (*)	0,485 (**)	0,453 (*)	0,518 (**)	
FZ							-0,327 (+)	-0,326 (+)					
AR	0,401 (*)												
AG	0,517 (**)			0,374 (+)	0,388 (*)						0,374 (+)		
LL	0,574 (**)	0,360 (+)	0,475 (*)	0,528 (**)	0,578 (**)	0,411 (*)	0,490 (**)	0,486 (*)	0,549 (**)	0,535 (**)	0,528 (**)	0,571 (**)	
S	0,589 (**)	0,340 (+)	0,350 (+)	0,519 (**)	0,523 (**)		0,466 (*)	0,435 (*)	0,400 (*)	0,378 (+)	0,519 (**)	0,452 (*)	

Quelle: Eigene Erhebung und Analyse

Tabelle 6-6: Korrelations- und Regressionskoeffizienten (Multipel)

Bei Kontrolle		Strategischer Erfolg					Finanzieller Erfolg					Gesamter Erfolg		
		KSE	LSE	LSEZ	SE	SEZ	KFE	LFE	LFEZ	FE	FEZ	E	EZ	T
IE	I2	0,433 (*)	0,319 (+)	0,425 (*)	0,429 (*)	0,488 (*)			0,381 (+)			0,429 (*)	0,344 (+)	
I2	IE													
FZ	FV	0,467 (*)	0,354 (+)	0,421 (*)	0,457 (*)	0,508 (**)	0,369 (+)	0,441 (*)	0,497 (**)	0,493 (**)	0,503 (**)	0,457 (*)	0,530 (**)	
FV	FZ							-0,365 (*)	-0,369 (*)					
AG	AR													
AR	AG	0,436 (*)												
LL	L2													
L2	LL	0,575 (**)	0,365 (+)	0,470 (*)	0,525 (**)	0,575 (**)	0,410 (*)	0,492 (*)	0,484 (*)	0,549 (**)	0,533 (**)	0,525 (**)	0,569 (**)	

Quelle: Eigene Erhebung und Analyse

Zudem fassen die nächsten Tabellen nochmals die Richtung, Stärke und Signifikanzniveaus der partiellen Korrelationskoeffizienten (rp) für die entwickelten Konstrukte unter Berücksichtigung der Kontrollvariablen AlterVE, MaVE und KapVE zusammen; es werden nur Werte mit einem Signifikanzniveau von $p \leq 0{,}10$ dargestellt.

Tabelle 6-7: Korrelationskoeffizienten unter Kontrollvariablen (Konstrukte)

	Strategischer Erfolg					Finanzieller Erfolg					Gesamter Erfolg		
	KSE	LSE	LSEZ	SE	SEZ	KFE	LFE	LFEZ	FE	FEZ	E	EZ	T
IE		-0,351 (+)											
FV	0,459 (*)	0,384 (+)	0,450 (*)	0,480 (*)	0,533 (**)	0,387 (+)	0,369 (+)	0,448 (*)	0,467 (*)	0,475 (*)	0,480 (*)	0,540 (**)	
FZ													
AR													
AG	0,578 (**)			0,417 (*)	0,436 (*)						0,418 (*)		
LL	0,610 (**)	0,394 (+)	0,508 (*)	0,574 (**)	0,636 (**)	0,419 (*)	0,496 (*)	0,521 (**)	0,562 (**)	0,555 (**)	0,574 (**)	0,617 (**)	
S	0,609 (**)			0,531 (**)	0,530 (**)		0,464 (*)	0,429 (*)	0,407 (*)	0,376 (+)	0,531 (**)	0,454 (*)	

Quelle: Eigene Erhebung und Analyse

Tabelle 6-8: Korrelationskoeffizienten unter Kontrollvariablen (Multipel)

Bei Kontrolle		Strategischer Erfolg					Finanzieller Erfolg					Gesamter Erfolg		
		KSE	LSE	LSEZ	SE	SEZ	KFE	LFE	LFEZ	FE	FEZ	E	EZ	T
IE	I2	0,397 (+)		0,371 (+)	0,388 (+)	0,453 (*)						0,388 (+)		
I2	IE		-0,351 (+)											
FZ	FV	0,459 (*)	0,385 (+)	0,450 (*)	0,481 (*)	0,533 (**)	0,387 (+)	0,369 (+)	0,449 (*)	0,467 (*)	0,475 (*)	0,481 (*)	0,540 (**)	
FV	FZ													
AG	AR													
AR	AG	0,579 (**)			0,418 (*)	0,436 (*)						0,418 (*)		
LL	L2													
L2	LL	0,611 (**)	0,395 (+)	0,509 (*)	0,574 (**)	0,636 (**)	0,419 (*)	0,496 (*)	0,521 (**)	0,563 (**)	0,555 (**)	0,574 (**)	0,617 (**)	

Quelle: Eigene Erhebung und Analyse

7 Fazit

7.1 Zusammenfassung der Ergebnisse

Ausgangspunkt dieser Arbeit war die Frage nach den Ursachen des Innovationserfolgs und damit den Erfolgsfaktoren für ICV in Großunternehmen. In diesem Zusammenhang wurden zwei Forschungsfragen formuliert:

- Welche Faktoren beeinflussen den Erfolg von ICV in Großunternehmen?
- Wie stark ist der Einfluss der Faktoren auf den Erfolg von ICV in Großunternehmen?

Das Ziel der Arbeit bestand in der explorativen Untersuchung der Ursachen des Erfolgs von ICV und der Stärke des Einflusses einzelner Erfolgsfaktoren.

Vor diesem Hintergrund wurde zunächst ein einheitliches Begriffsverständnis geschaffen und ein konzeptioneller Bezugsrahmen errichtet (Kapitel 2). Um das Thema der Innovationsträgheit von Großunternehmen aufzugreifen, wurde auf radikale bzw. disruptive Innovationen zurückgegriffen. Diese definieren völlig neue Märkte und/oder ändern grundlegend die Wettbewerbssituation und sind damit entscheidend für die Erschließung neuer Geschäftsbereiche und entsprechender Erfolgspotenziale. Hierauf aufbauend wurde auf das Konzept ICV als Möglichkeit, die erlahmende Innovationsfähigkeit von Großunternehmen zu revitalisieren, eingegangen und vom ECV abgegrenzt. ICV ist dem CE zuzuordnen, welches durch die Dimensionen Risikobereitschaft, Innovativität, Proaktivität, Autonomie und Wettbewerbsaggressivität darauf abzielt, unternehmerisches Denken und Handeln in Unternehmen zu etablieren bzw. zu stimulieren. CE ist wiederum ein Bereich des Entrepreneurship, wobei Entrepreneure versuchen, unternehmerische Gelegenheiten frühzeitig zu erkennen, zu kreieren, zu bewerten und auszuschöpfen. Im Rahmen des ICV werden neue Geschäftseinheiten in Form (teil-)autonomer Organisationseinheiten innerhalb der Grenzen von Großunternehmen auf Basis radikaler bzw. disruptiver Innovationen aufgebaut. Ziel ist die Verbindung und Kombination der Vorteile der bürokratisch-rationalen Strukturen der Großunternehmen mit den Vorteilen der individuell-flexiblen Strukturen von jungen Wachstumsunternehmen. Anschließend wurde ICV als Führungskonzept für die Hervorbringung radikaler bzw. disruptiver Innovationen betrachtet, welches die Organisationsebene in Form des IVM mit der Personalebene in Form des Intrapreneuring verbindet und einen wesentlichen Beitrag zur Unternehmensentwicklung leistet. Daher wurde zwischen organisations-, personen- und strategieorientierten Ansätzen unterschieden. Das IVM bildet als Organisationskonzept den organisatorischen Rahmen für die Innovationsvorhaben durch operative Venture-Strukturformen, welche sich hinsichtlich ihres Integrationsgrades unterscheiden. Das Intrapreneuring ist ein Motivationskonzept, in dessen Mittelpunkt der Intrapreneur steht. Top-down empowert initiiert und realisiert der Intrapreneur Bottom-up-Innovationsvorhaben, weshalb dieser häufig als „Unternehmer im Unternehmen“ bezeichnet wird. Der Strategieentwicklungsprozess verläuft iterativ durch die Top-down-Vorgabe einer strategischen Leitlinie und den bottom-up initiierten Innovationsvorhaben der Intrapreneure. Auf diesem konzeptionellen Bezugsrahmen aufsetzend, wurden für die Organisationsebene in Form des IVM die Konstrukte Integrationsgrad sowie Finanzierung und für die Personalebene in Form des Intrapreneuring die Konstrukte Anreiz- und Vergütungssysteme sowie Abbruch und Lernpotenziale entwickelt. Zudem wurde das Konstrukt Innovationsstrategie geschaffen.

Für jedes dieser Konstrukte wurden jeweils fünf Hypothesen hinsichtlich einer erfolgreichen Umsetzung von ICV in Großunternehmen formuliert, wobei neben dem Stand der Forschung auf Erkenntnisse und Instrumente des Ressourcenbasierten Ansatzes, des Wissensbasierten Ansatzes, der Venture-Capital-Industrie sowie der Neoinstitutionalistischen Finanzierungstheorie zurückgegriffen wurde (Kapitel 3-5).

Abschließend wurden abhängige und unabhängige Variablen operationalisiert und die Hypothesen quantitativ empirisch getestet (Kapitel 6). Vor dem Hintergrund der unbefriedigenden Datenlage zum Forschungsgegenstand der Erfolgsfaktoren für ICV führte diese Arbeit eine eigene Erhebung durch, deren methodische Grundlagen ebenfalls in Kapitel 6 erörtert wurden. Nachfolgend werden die wesentlichen Ergebnisse und Erkenntnisse dieser Arbeit hinsichtlich einer erfolgreichen Umsetzung von ICV in Großunternehmen zusammengefasst.

7.1.1 Integrationsgrad

Die Wahl der operativen Venture-Strukturform (Product Champion, Venture Team, New Poduct/Business Department oder Independent/Special Business Unit) und damit des Integrationsgrades (Integration, partielle Integration, Segregation) sollte in Abhängigkeit vom Innovationsvorhaben erfolgen (I1a). Dabei bestimmt die operative Venture-Strukturform einerseits die einer VE gewährte Autonomie und damit deren Handlungs- und Entscheidungsräume und andererseits die Kontrollmöglichkeiten des CP. Heuristiken zur Wahl der operativen Venture-Strukturform bilden u. a. die Ansätze von Roberts & Berry (1985) sowie Burgelman (1984, 1986). Empirisch lässt sich vermuten, dass die Segregation der VE von den Strukturen, Prozessen und (Management-)Systemen des CP den finanziellen Erfolg stimuliert, während die entsprechende Integration bei der Verfolgung strategischer Ziele vorteilhaft ist. Diese Zusammenhänge sind allerdings nicht signifikant auf dem Niveau $p \leq 0,10$. Jedoch lässt sich auf Basis der empirischen Untersuchung die Segregation der VE von den Strukturen, Prozessen und (Management-)Systemen des CP empfehlen, wenn das Ziel in der Exploration neuer Innovationspotenziale liegt, und entsprechend eine Integration, wenn die Exploitation latent vorhandener Innovationspotenziale angestrebt wird (I1b). Bei der Exploration werden neue Innovationspotenziale entwickelt und/oder diese von außen in das Unternehmen transferiert, während bei der Exploitation latent vorhandene Innovationspotenziale weiterentwickelt werden. Da die Exploration einen langen Zeithorizont und ein hohes Risiko aufweist und die Exploitation häufig keine wirklichen Innovationssprünge generiert, gilt es für Unternehmen, eine geeignete Balance zwischen Exploration und Exploitation zu finden.[1590]

Zudem ist aufgrund von Strukturinkompatibilitäten in Form von unterschiedlichen Zielvorstellungen (strategische Interessenkonflikte) sowie Arbeitsweisen (administrative Interessenkonflikte) das innovative vom operativen System zu trennen. Empirisch bestätigt sich die damit verbundene Forderung nach einer Trennung der VE von den kurzfristigen Erlöszielen der operativen Bereiche und deren Ausrichtung an den langfristigen strategischen und finanziellen Unternehmenszielen (I2). Hierdurch werden unternehmerisches Denken und Handeln stimuliert und die Intrapreneure über eine Erweiterung ihrer Handlungs- und Entscheidungsräume intrinsisch motiviert. Auch erlaubt die Entkoppelung die Konzentration auf neue Geschäftsbereiche, ohne die bestehenden zu beeinflussen oder zu gefährden. Die langfristige Ausrichtung reduziert zudem die Gefahr einer Fokussierung auf inkrementelle Innovationen mit kürzerem Zeithorizont und geringerem Kapitalbedarf. Allerdings sind hierzu die Ressourcen und Kompetenzen, Verantwortlichkeiten, Geschäftsbereiche und Risiken der beiden Systeme langfristig festzulegen und abzugrenzen.[1591]

Des Weiteren wird der Erfolg von ICV durch die Nutzung von Synergien im Rahmen der Ressourcenrekonfiguration zur Erzielung eines verteidigbaren Wettbewerbsvorteils und der Generierung von Schumpeter-Renten bestimmt. Empirisch zeigt sich, dass die systematische Nutzung von komplementären Ressourcen und Kompetenzen des CP durch die VE einen positiven Effekt auf den Erfolg hat (I3). Nach Ansicht der in der Stichprobe dieser Arbeit berücksichtigten ICV-Einheiten handelt es sich dabei im Wesentlichen um Expertenwissen hinsichtlich Technologie, Produkt und Markt sowie Vertriebsnetze, die Mitarbeiter der operativen Bereiche des CP, Patente und Markennamen.[1592] Für die VE ist es insofern vorteilhaft, als dass diese Ressourcen und Kompetenzen häufig nicht am freien Markt erworben werden können.[1593]

Darüber hinaus ergibt sich empirisch ein u-förmiger Zusammenhang zwischen der Orientierung der VE am Kerngeschäft des CP und dem Erfolg (I4). Damit sollten die Aktivitäten der VE

[1590] Vgl. zu I1 die Kapitel 3.3.1, 6.4.3.1 und 6.5.1.1.
[1591] Vgl. zu I2 die Kapitel 3.3.2, 6.4.3.1 und 6.5.1.1.
[1592] Vgl. Kapitel 6.3.3.1.
[1593] Vgl. zu I3 die Kapitel 3.3.3, 6.4.3.1 und 6.5.1.1.

entweder vollkommen mit dem Kerngeschäft des CP übereinstimmen oder sich von diesem vollständig differenzieren. Durch eine vollkommene Übereinstimmung der VE-Aktivitäten mit dem Kerngeschäft des CP können Skaleneffekte (Economies of Scale) sowie Verbundeffekte (Economies of Scope) realisiert, Suchkosten nach potenziellen Opportunitäten reduziert und organisationale Lerneffekte realisiert werden. Allerdings sollte hierbei berücksichtigt werden, dass sich eine Opportunität im Kerngeschäft des CP aufgrund der zusätzlichen organisationalen Komplexität der CV-Einheit sowie der beschriebenen Interessenkonflikte ggf. besser durch die Linienmanager erschließen lässt und zudem die Gefahr besteht, dass die VE zum Sammelpool an schlechten Ideen werden. Deshalb sollten die VE eine gewisse Komplementarität zum Kerngeschäft des CP aufweisen und dieses somit ergänzen, verstärken bzw. ausbauen.

Substitutive Aktivitäten kommen dem Selbstverständnis einer VE nach, deren wesentliche Aufgabe in der Generierung von Neugeschäft außerhalb des bestehenden Kerngeschäfts des CP besteht. Investitionen in substitutive Technologien bilden die Grundlage zur Schaffung langfristiger Wettbewerbsvorteile. VE sollten sich somit auf Innovationsvorhaben konzentrieren, welche nicht in das Gebiet der operativen Bereiche fallen oder von diesen abgelehnt wurden. Hierdurch können auch politische Probleme der Ressourcenteilung reduziert und damit der Potenzialtransfer stimuliert werden.[1594]

Abbildung 7-1: Empirische Ergebnisse zum Integrationsgrad

Variable	Erfolgsfaktor für ICV in Großunternehmen	Erfolgseinfluss			
		Strategisch	Finanziell	Gesamt	Engagement
I1a	Situationsspezifische Wahl der operativen Venture-Strukturform und damit des Integrationsgrades (Integration, partielle Integration, Segregation) in Abhängigkeit vom verfolgten Innovationsvorhaben	Kein signifikanter Zusammenhang auf dem Niveau p ≤ 0,10			
I1b	Segregation der VE von den Strukturen, Prozessen und (Management-) Systemen des CP bei Exploration neuer Innovationspotenziale bzw. Integration bei Exploitation latent vorhandener Innovationspotenziale				
I2	Trennung der VE von den kurzfristigen Erlöszielen der operativen Bereiche und Ausrichtung der Innovationsvorhaben an den langfristigen strategischen und finanziellen Unternehmenszielen	◑ β = 0,491**	◔ β = 0,388*	◔ β = 0,345⁺	
I3	Systematische Nutzung der vorhandenen Ressourcen und Kompetenzen des CP durch die VE	◔ β = -0,336⁺			
I4	Vollkommene Übereinstimmung sowie vollständige Differenzierung der VE-Aktivitäten hinsichtlich des Kerngeschäfts des CP (u-förmiger Zusammenhang)	U-förmiger Zusammenhang	u-förmiger Zusammenhang	u-förmiger Zusammenhang	
I5	*Vermutung: Installation einer Venture-Unterstützungsfunktion (VU) als Schnittstelle (Intermediär) zwischen CP und VE*	Kein signifikanter Zusammenhang auf dem Niveau p ≤ 0,10			

○ Sehr schwach ◔ Schwach ◑ Mittelstark ◕ Stark ● Sehr stark

β: Standardisierter Regressionskoeffizient (BETA-Wert) bzw. Korrelationskoeffizient von Bravais/ Pearson

⁺: Signifikant beim Niveau 0,10; *: Signifikant beim Niveau 0,05; **: Signifikant beim Niveau 0,01

Quelle: Eigene Erhebung und Analyse (vgl. Fragebogen Frage 30)

[1594] Vgl. zu I4 die Kapitel 3.3.4, 6.4.3.1 und 6.5.1.1.

Empirisch lässt sich darüber hinaus die Vorteilhaftigkeit der Installation einer VU als Schnittstelle (Intermediär) zwischen CP und VE mit aktiver Kontroll- und Beratungsfunktion vermuten (I5). Diese Zusammenhänge sind allerdings nicht signifikant auf dem Niveau $p \leq 0{,}10$.[1595]

Das Konstrukt IE (Einbindung: I1, I3, I4, I5) hat keinen signifikanten Einfluss auf den Erfolg, was wiederum für eine situationsspezifische Wahl der operativen Venture-Strukturform und damit des Integrationsgrades in Abhängigkeit vom verfolgten Innovationsvorhaben spricht. Die multiple lineare Regression mit den beiden Regressoren IE (Einbindung) und I2 (Zielorientierung) zeigt, dass lediglich I2 – bei Kontrolle von IE – einen signifikanten positiven Einfluss auf den Erfolg ausübt, wodurch die Vorteilhaftigkeit der Trennung der VE von den kurzfristigen Erlöszielen der operativen Bereiche und die Ausrichtung der Innovationsvorhaben an den langfristigen strategischen und finanziellen Unternehmenszielen unterstrichen wird.[1596]

7.1.2 Finanzierung

Es zeigt sich empirisch, dass eine hohe Kapitalausstattung entscheidend für den Erfolg der Innovationsvorhaben ist (F1). Hierbei besteht ein Vorteil bei der Finanzierung kapitalintensiver Innovationsvorhaben. Das Kapital kann mittels Quasi-Fonds bereitgestellt werden. Hierbei ist es denkbar, dass die finanziellen Mittel für Innovationsvorhaben ohne operative oder strategische Verbindung zu einem Geschäftsbereich bzw. in der Frühphase vom CP gestellt werden, während Innovationsvorhaben mit engem Bezug zu einem Geschäftsbereich bzw. in späteren Phasen vom innovationsbetroffenen Geschäftsbereich getragen werden. Allerdings sollte sich die Höhe des bereitgestellten Kapitals an den strategischen Zielsetzungen, der angestrebten Risikodiversifikation und damit Portfoliogröße sowie den Lebensphasen der VE orientieren.[1597]

Zudem kann empirisch die Übertragung der Stufenfinanzierung (Staged Financing) aus der VC-Industrie auf die Unternehmensebene bestätigt werden (F2). Als Instrument der Kapitalrationierung zwingt die Stufenfinanzierung die VE zu einem effizienten Umgang mit ihren Ressourcen und zu einem planmäßigen Umsetzen der vorgegebenen Meilensteine im Sinne des Business Plans. Im Rahmen der Stufenfinanzierung erhält die PU nur jenen Kapitalbetrag, der für das Erreichen der Zwischenziele bis zur nächsten Finanzierungsrunde unbedingt erforderlich ist. Werden die Meilensteine nicht planmäßig erreicht, kann die VCG eine Anschlussfinanzierung ablehnen. Damit können erfolglose Beteiligungen rechtzeitig beendet und damit beträchtliche Verluste vermieden und die begrenzten Ressourcen auf Erfolg versprechende VE

[1595] Vgl. zu I5 die Kapitel 3.3.5, 6.4.3.1 und 6.5.1.1.
[1596] Vgl. zur multiplen Analyse des Konstruktes Integrationsgrad (IE) Kapitel 6.5.1.1.
[1597] Vgl. zu F1 die Kapitel 3.4.1, 6.4.3.2 und 6.5.1.2.

allokiert und konzentriert werden. Auch reduziert die Stufenfinanzierung durch eine permanente Neubewertung bzw. Korrekturbewertung der VE die Effekte der Adversen Selektion sowie mittels Lerneffekten Transaktionskosten und Principal-Agent-Probleme aufgrund von Informationsasymmetrien.[1598] Die in der empirischen Untersuchung berücksichtigten ICV-Einheiten führen durchschnittlich vier Finanzierungsrunden pro Innovationsvorhaben durch.[1599]

Auch lassen die empirischen Ergebnisse den Rückschluss zu, dass der Neuigkeits-, Unsicherheits- und Komplexitätsgrad der Innovationsvorhaben auf Basis radikaler bzw. disruptiver Innovationen die Zentralisierung der Investitionsentscheidung in VE beim Top-Management des CP erfordert (F3). Die spezifische Erfahrung und Expertise der VU bzw. des mittleren Managements sowie die Zeitvorteile, die mit einer weitestgehenden Entscheidungseigenständigkeit der VU bzw. des mittleren Managements einhergehen, spielen demnach im Rahmen von Investitionsentscheidungen in VE im Sinne der grundsätzlich durch das CP bereitgestellten finanziellen Ressourcen nur eine untergeordnete Rolle.[1600]

Zudem kann empirisch die Vorteilhaftigkeit der Übertragung der Intrakapitalfonds aus der VC-Industrie auf die Unternehmensebene bestätigt werden. Die Implementierung eines Intra-Kapital-Systems in Form eines Intrakapitalfonds für Reinvestitionen in Innovationsvorhaben hat einen positiven Einfluss auf den Erfolg (F4). Dabei berücksichtigt ein Intrakapitalfonds sowohl die erwähnte und aufgrund des Neuigkeits-, Unsicherheits- und Komplexitätsgrads der radikalen bzw. disruptiven Innovationsvorhaben erforderliche Zentralisierung der Investitionsentscheidungen durch das Top-Management des CP als auch das Autonomiestreben der Intrapreneure. Erfolgreiche Intrapreneure können somit über steigende Innovationsbudgets verfügen. Erst wenn weiterer Finanzierungsbedarf entsteht, kommt eine zusätzliche finanzielle Unterstützung durch das CP in Betracht. Durch die Kombination der durch das CP bereitgestellten finanziellen Ressourcen und deren Selbstverwaltung durch den Intrapreneur können eine Verschwendung im Intra-Kapital-System vermieden und die Intrapreneure durch eine Erweiterung ihrer Handlungs- und Entscheidungsräume intrinsisch motiviert werden.[1601]

Hingegen kann empirisch keine Aussage hinsichtlich des Einflusses des Zeithorizontes für die Bereitstellung der finanziellen Mittel an die VE auf den Erfolg getroffen werden (F5). Allerdings kann ein positiver Zusammenhang zwischen der Länge des Zeithorizontes und dem strategischen Erfolg bzw. ein negativer Zusammenhang hinsichtlich des finanziellen Erfolgs vermutet werden. Diese Zusammenhänge sind jedoch auf dem Niveau $p \leq 0{,}10$ nicht signifikant.

[1598] Vgl. zu F2 die Kapitel 3.4.2, 6.4.3.2 und 6.5.1.2.
[1599] Vgl. Kapitel 6.3.3.2.
[1600] Vgl. zu F3 die Kapitel 3.4.3, 6.4.3.2 und 6.5.1.2.
[1601] Vgl. zu F4 die Kapitel 3.4.4, 6.4.3.2 und 6.5.1.2.

Da nachhaltige Erfolge radikaler bzw. disruptiver Innovationen häufig mehr Zeit benötigen und Großunternehmen nur einem geringen Liquidationsdruck unterliegen, besteht für diese ein Vorteil bei der Finanzierung langfristiger und strategisch wertvoller Innovationsvorhaben. Jedoch hat eine zeitlich unbegrenzte Bereitstellung der finanziellen Mittel an die VE negative Auswirkungen auf das beabsichtigte ICV-Engagement in 5 Jahren gegenüber heute.[1602]

Abbildung 7-2: Empirische Ergebnisse zur Finanzierung

Variable	Erfolgsfaktor für ICV in Großunternehmen	Erfolgseinfluss			
		Strategisch	Finanziell	Gesamt	Engagement
F1	Hohe Kapitalausstattung der VE ggf. mittels sog. Quasi-Fonds	◑ ß = 0,567**	◑ ß = 0,459*	◑ ß = 0,533**	
F2	Stufenfinanzierung (Staged Financing) mittels durch die VE planmäßig zu erreichender Meilensteine	◔ ß = 0,382*	◔ ß = 0,399*	◔ ß = 0,355⁺	◑ ß = 0,403*
F3	Zentralisierung der Investitionsentscheidung in VE beim Top-Management des CP		◔ ß = -0,330⁺		
F4	Implementierung eines Intra-Kapital-Systems in Form eines Intrakapitalfonds für Reinvestitionen in Innovationsvorhaben		◔ ß = 0,346⁺	◔ ß = 0,326⁺	
F5	Zeitlich begrenzte Bereitstellung der finanziellen Mittel an die VE				◑ ß = -0,408*

○ Sehr schwach ◔ Schwach ◑ Mittelstark ◕ Stark ● Sehr stark

β: Standardisierter Regressionskoeffizient (BETA-Wert) bzw. Korrelationskoeffizient von Bravais/ Pearson

⁺: Signifikant beim Niveau 0,10; *: Signifikant beim Niveau 0,05; **: Signifikant beim Niveau 0,01

Quelle: Eigene Erhebung und Analyse (vgl. Fragebogen Frage 32)

Das Konstrukt FV (Kapitalvolumen: F1, F4) hat einen positiven Einfluss auf den Erfolg, während das Konstrukt FZ (Kapitalzugriff: F3, F5) einen negativen Einfluss auf den finanziellen Erfolg hat. Dies bestätigt die Forderung nach einer hohen Kapitalaustattung der Innovationsvorhaben und der Implementierung eines Intra-Kapital-Systems, der Zentralisierung der Investitionsentscheidung beim Top-Management des CP und eines begrenzten Zeithorizontes der Mittelbereitstellung auch in Form der Stufenfinanzierung mittels Meilensteinen.

Die multiple lineare Regression mit den beiden Regressoren FV (Kapitalvolumen) und FZ (Kapitalzugriff) zeigt, dass FV – unter Kontrolle von FZ – einen positiven Einfluss auf den Erfolg und FZ – unter Kontrolle von FV – einen negativen Einfluss auf den finanziellen Erfolg hat, wodurch die getroffenen Aussagen bestätigt werden.[1603]

[1602] Vgl. zu F5 die Kapitel 3.4.5, 6.4.3.2 und 6.5.1.2.

[1603] Vgl. zur multiplen Analyse der Konstrukte Kapitalvolumen (FV) und Kapitalzugriff (FZ) Kapitel 6.5.1.2.

7.1.3 Anreiz- und Vergütungssysteme

Im Rahmen der empirischen Untersuchung wird deutlich, dass die Anreiz- und Vergütungssysteme neben immateriellen bzw. nicht-monetären Elementen besonders materielle bzw. monetäre Elemente umfassen sollten (A1). Damit bestätigt sich die Möglichkeit der Addition von intrinsischer und extrinsischer Motivation im Rahmen von Innovationsvorhaben. Materielle bzw. monetäre Anreize stellen demnach nicht nur Hygienefaktoren dar, sondern sind – zumindest kurzfristig – auch Motivatoren. Im Besonderen tragen sie in Form von Risikoprämien dem erhöhten Arbeitsplatzrisiko Rechnung.[1604] Zur Leistungsbeurteilung ziehen die in der Stichprobe dieser Arbeit vertretenen ICV-Einheiten dabei überwiegend Umsatz, Return on Investment (ROI) und EBIT heran.[1605]

Auch kann empirisch die Vorteilhaftigkeit der Übertragung des Carried-Interest-Modells aus der VC-Industrie auf die Unternehmensebene bestätigt werden (A2). Die Erfolgsbeteiligung der VE-Mitarbeiter am VE-Wertzuwachs im Sinne des Carried-Interest-Modells führt zu einem Interessenausgleich zwischen CP und VU bzw. VU und VE und reduziert die Fokussierung der VE-Manager auf risikoärmere inkrementelle Innovationen. Dabei kommt der Erfolgsbeteiligung eine Selektions-, Motivations- und Koordinationsfunktion zu. Da nach dem Übervarianzprinzip nur leistungsstarke Mitarbeiter in der Lage sind, die geforderte Risikoprämie zu erzielen, können diese gewonnen und gebunden werden (Selektionsfunktion). Auch wird ein unternehmerisches Umfeld geschaffen, welches motivierend auf die Intrapreneure wirkt (Motivationsfunktion). Zudem werden die Intrapreneure stärker an den Unternehmenszielen ausgerichtet (Koordinationsfunktion). Die Gefahr der Vernachlässigung strategischer Werte kann empirisch nicht belegt werden, was wohl auch daran liegt, dass sich diese letztlich ebenfalls in finanziellen Werten niederschlagen.[1606]

Zudem kann empirisch die Vorteilhaftigkeit einer häufigen Rückmeldung des Zielerreichungsgrades an die VE-Mitarbeiter vermutet werden (A3). Die Zusammenhänge sind jedoch nicht signifikant auf dem Niveau $p \leq 0{,}10$. Eine große Zeitdifferenz zwischen der Leistungserbringung und der damit verbundenen Vergütung bzw. Rückmeldung hinsichtlich des Zielerreichungsgrades führt demnach zu einer Reduktion des Anreizeffekts.[1607]

Nach dem Gruppenanreizprinzip ist die Installation eines gruppenergebnisbezogenen Anreiz- und Vergütungssystems in Abhängigkeit vom VE-Teamerfolg zu empfehlen, was sich empirisch bestätigen lässt (A4). Dies kann vor allem darauf zurückgeführt werden, dass aufgrund flacher Hierarchien innerhalb einer VE die Beeinflussbarkeit des Innovationserfolgs auch auf

---

[1604] Vgl. zu A1 die Kapitel 4.3.1, 6.4.3.3 und 6.5.1.3.
[1605] Vgl. Kapitel 6.3.3.3.
[1606] Vgl. zu A2 die Kapitel 4.3.2, 6.4.3.3 und 6.5.1.3.
[1607] Vgl. zu A3 die Kapitel 4.3.3, 6.4.3.3 und 6.5.1.3.

den unteren Ebenen gegeben ist und somit alle Mitarbeiter über variable Vergütungskomponenten am Innovationserfolg beteiligt werden sollten. Zudem wird hierdurch eine enge Zusammenarbeit der Mitarbeiter stimuliert.[1608]

Darüber hinaus erfordert die Einordnung von ICV als Führungskonzept eine aktive Unterstützung der Innovationsvorhaben durch das Top-Management des CP im Rahmen eines hohen Commitments (A5). Dies zeigt sich auch empirisch. Daher ist im Besonderen bei der Umsetzung von Innovationsvorhaben eine entsprechende Abstimmung der Anreiz- und Vergütungssysteme zwischen Top-Management und hierarchisch nachgelagerten Managementebenen erforderlich.[1609]

Abbildung 7-3: Empirische Ergebnisse zu Anreiz- und Vergütungssystemen

Variable	Erfolgsfaktor für ICV in Großunternehmen	Erfolgseinfluss			
		Strategisch	Finanziell	Gesamt	Engagement
A1	Ausrichtung der Anreiz- und Vergütungssysteme neben immateriellen bzw. nicht monetären Elementen besonders an materiellen bzw. monetären Elementen	ß = 0,343⁺			
A2	Erfolgsbeteiligung der VE-Mitarbeiter am VE-Wertzuwachs im Sinne des Carried-Interest-Modells	ß = 0,324⁺	ß = 0,347⁺	ß = 0,343⁺	
A3	*Vermutung: Häufige Rückmeldung des Zielerreichungsgrades an die VE-Mitarbeiter*	Kein signifikanter Zusammenhang auf dem Niveau $p \leq 0,10$			
A4	Installation gruppenergebnisbezogener Anreiz- und Vergütungssysteme in Abhängigkeit vom VE-Teamerfolg (Gruppenanreizprinzip)	ß = 0,384**			
A5	Hohes Top-Management- Commitment bezüglich der Innovationsvorhaben	ß = 0,453**		ß = 0,357⁺	

Sehr schwach · Schwach · Mittelstark · Stark · Sehr stark

ß: Standardisierter Regressionskoeffizient (BETA-Wert) bzw. Korrelationskoeffizient von Bravais/ Pearson

⁺: Signifikant beim Niveau 0,10; *: Signifikant beim Niveau 0,05; **: Signifikant beim Niveau 0,01

Quelle: Eigene Erhebung und Analyse (vgl. Fragebogen Frage 35)

Das Konstrukt AR (Ausrichtung: A1, A2) hat einen positiven Einfluss auf den strategischen Erfolg, wodurch die Forderung der Ausrichtung der Anreiz- und Vergütungssysteme neben immateriellen bzw. nicht-monetären Elementen besonders an monetären bzw. materiellen Elementen erfolgen sollte. So wird zudem eine damit im Einklang stehende Erfolgsbeteiligung der VE-Mitarbeiter am VE-Wertzuwachs im Sinne des Carried-Interest-Models unterstrichen. Außerdem ergibt sich empirisch ein positiver Erfolgseinfluss des Konstruktes AG (Ausgestaltung: A3, A4, A5) und damit der häufigen Rückmeldung des Zielerreichungsgrades

[1608] Vgl. zu A4 die Kapitel 4.3.4, 6.4.3.3 und 6.5.1.3.
[1609] Vgl. zu A5 die Kapitel 4.3.5, 6.4.3.3 und 6.5.1.3.

an die VE-Mitarbeiter, der Installation gruppenergebnisbezogener Anreiz- und Vergütungssysteme in Abhängigkeit vom VE-Teamerfolg sowie des hohen Top-Management-Commitments bezüglich der Innovationsvorhaben.

Die multiple lineare Regression mit den beiden Regressoren AR (Ausrichtung) und AG (Ausgestaltung) zeigt, dass lediglich AG – bei Kontrolle von AR – und damit das Konstrukt Ausgestaltung einen signifikant positiven Einfluss auf den Erfolg, und dies auch nur noch auf den strategischen Erfolg, ausübt.[1610] Die Ausrichtung der Anreiz- und Vergütungssysteme an materiellen bzw. monetären Elementen inkl. der Erfolgsbeteiligung der VE-Mitarbeiter am VE-Wertzuwachs im Sinne des Carried-Interest-Models spielt demnach gegenüber den Lernpotenzialen nur eine untergeordnete Rolle.

7.1.4 Abbruch und Lernpotenziale

Ein rechtzeitiger Abbruch unrentabler VE ist nach der empirischen Untersuchung ebenfalls erfolgsentscheidend (DummyL1). Hierdurch können finanzielle Verluste vermieden und die begrenzten Ressourcen auf Erfolg versprechende Innovationsvorhaben allokiert werden.[1611]

Im Gegensatz zur Vorteilhaftigkeit einer zentralen Investitionsentscheidung beim Top-Management des CP kann empirisch ein positiver Zusammenhang zwischen einer dezentralen Abbruchsentscheidung durch die VU bzw. das mittlere Management und dem Erfolg vermutet werden (L2). Allerdings sind die Zusammenhänge nicht signifikant auf dem Niveau $p \leq 1$. Hierdurch kann die VU bzw. das mittlere Management schnell auf Misserfolge reagieren. Auch entspricht dies der geforderten Kombination der durch das CP bereitgestellten finanziellen Mittel und deren Selbstverwaltung durch die VU im Rahmen eines Intra-Kapital-Systems.[1612]

Hierzu gehört eine detaillierte Analyse der Erfolgs- bzw. Misserfolgsfaktoren der Innovationsvorhaben, was auch empirisch bestätigt werden kann (L3). Grundlegend hierfür sind individuelle und organisationale Lernprozesse, wodurch neues Wissen generiert und damit die Wissensbasis des Unternehmens kontinuierlich verändert und weiterentwickelt wird (Ergänzung vorhandenen Wissens, Austausch offensichtlich falschen Wissens, Bestätigung richtigen Wissens). Damit basiert organisationales Lernen auf der Veränderung eines von allen Organisationsmitgliedern geteilten Wissens und kann in die drei Phasen der Wissens-Schaffung, der Wissens-Verbreitung und der Wissens-Veränderung unterteilt werden. Organisationale Lernprozesse können als eine Art Kreislauf der Erfahrungen der Organisationsmitglieder (individuelles Lernen), welche reflektiert und in einen kollektiven Wissensvorrat übernommen (kollektives Lernen) und anschließend in der Organisation institutionalisiert (organisationales

[1610] Vgl. zur multiplen Analyse der Konstrukte Ausrichtung (AR) und Ausgestaltung (AG) Kapitel 6.5.1.3.
[1611] Vgl. zu DummyL1 die Kapitel 4.4.1, 6.4.3.4 und 6.5.1.4.
[1612] Vgl. zu L2 die Kapitel 4.4.2, 6.4.3.4 und 6.5.1.4.

Lernen) werden, betrachtet werden. Erfolgsentscheidend sind somit individuelle und organisationale Lerneffekte im Rahmen von (Miss-)Erfolgen und das experimentelle Lernen in Anlehnung an die Trial-and-Error-Theorie nach Thorndike.[1613]

Auch kann in diesem Zusammenhang empirisch die Vorteilhaftigkeit eines intensiven Austausches von Wissen und Kompetenzen zwischen den VE sowie zwischen den VE und der VU bzw. dem CP bestätigt werden. Wissen kann als Kernkompetenz gelten, wenn es wertvoll, selten, schwer zu imitieren und durch das jeweilige Unternehmen verwertbar ist. Hierzu ist das individuelle Wissen der Mitarbeiter zu kollektivieren und anschließend zu institutionalisieren, indem Handlungsregeln abgeleitet und in konkrete Handlungsabläufe überführt werden.[1614]

Abbildung 7-4: Empirische Ergebnisse zu Abbruch und Lernpotenzialen

Variable	Erfolgsfaktor für ICV in Großunternehmen	Erfolgseinfluss			
		Strategisch	Finanziell	Gesamt	Engagement
Dummy L1	Rechtzeitiger Abbruch unrentabler VE	ß = 0,420*			
L2	*Vermutung: Dezentralisierung der Abbruchsentscheidung von VE bei der VU bzw. dem mittleren Management*	Kein signifikanter Zusammenhang auf dem Niveau $p \leq 0,10$			
L3	Detaillierte Analyse der Erfolgs- und Misserfolgsfaktoren der Innovationsvorhaben	ß = 0,368+	ß = 0,330+	ß = 0,364+	
L4	Intensiver Austausch von Wissen und Kompetenzen zwischen den VE sowie zwischen den VE und der VU bzw. dem CP	ß = 0,390*	ß = 0,419*	ß = 0,417*	
L5	Hohe Fehlertoleranz der VU bzw. des CP gegenüber den Innovationsvorhaben der VE	ß = 0,562**	ß = 0,446*	ß = 0,508**	

Sehr schwach · Schwach · Mittelstark · Stark · Sehr stark

β: Standardisierter Regressionskoeffizient (BETA-Wert) bzw. Korrelationskoeffizient von Bravais/ Pearson
+: Signifikant beim Niveau 0,10; *: Signifikant beim Niveau 0,05; **: Signifikant beim Niveau 0,01

Quelle: Eigene Erhebung und Analyse (vgl. Fragebogen Frage 37)

Ebenso zeigt sich empirisch ein positiver Erfolgseinfluss einer hohen Fehlertoleranz der VU bzw. des CP gegenüber den Innovationsvorhaben der VE. Die Vorteile unterliegen dem Konzept des Intelligent Failure und damit der systematischen Nutzung von Lernpotenzialen aus erfolgreichen sowie weniger erfolgreichen Innovationsvorhaben. Lernpotenziale ergeben sich somit für Großunternehmen im Rahmen von ICV-Aktivitäten sowohl aus Erfolgen als auch aus Misserfolgen (Post-mortem Learning) und können in neue Innovationsvorhaben einfließen oder zum Durchlaufen von Lernkurveneffekten beitragen. Unterstützt werden können diese Lernprozesse durch eine enge Vernetzung der einzelnen VE sowie der VE und der VU bzw. des CP sowie durch die Aufrechterhaltung von Venture Teams bei Misserfolgen. Letzteres

[1613] Vgl. zu L3 die Kapitel 4.4.3, 6.4.3.4 und 6.5.1.4.
[1614] Vgl. zu L4 die Kapitel 4.4.4, 6.4.3.4 und 6.5.1.4.

erfordert eine Unterscheidung von Management-Fehlern und durch das Management nicht beeinflussbare Faktoren durch das CP.[1615]

Das Konstrukt LL (Lernpotenzial: L3, L4, L5) hat einen positiven Einfluss auf den Erfolg. Dies hebt erneut die Wichtigkeit einer detaillierten Analyse der Erfolgs- und Misserfolgsfaktoren der Innovationsvorhaben, eines intensiven Austausches von Wissen und Kompetenzen zwischen den VE sowie zwischen den VE und der VU bzw. dem CP sowie eine hohe Fehlertoleranz der VU bzw. des CP gegenüber den Innovationsvorhaben der VE hervor.

Die multiple lineare Regression mit den beiden Regressoren LL (Lernpotenzial) und L2 (Abbruch) zeigt, dass lediglich LL – bei Kontrolle von L2 – und damit das Konstrukt Lernpotenzial einen signifikant positiven Einfluss auf den Erfolg ausübt. [1616] Der rechtzeitige Abbruch unrentabler VE sowie die Dezentralisierung der Abbruchsentscheidung spielen demnach gegenüber den Lernpotenzialen nur eine untergeordnete Rolle.

7.1.5 Innovationsstrategie

Empirisch zeigt sich auch ein Zusammenhang zwischen der Ausrichtung der Unternehmensstrategie auf eine Stimulierung von unternehmerischem Denken und Handeln und dem Erfolg (S1). Damit kann die Vorteilhaftigkeit der Formulierung und Implementierung einer unternehmerisch orientierten Unternehmensstrategie bestätigt werden. Zur Implementierung einer unternehmerischen Strategie ist durch das Top-Management eine entsprechende Leitlinie durch Mission, Vision und Unternehmenszielsetzungen inkl. entsprechender Kennzahlensysteme vorzugeben. Zudem sind die hierarchisch nachgelagerten Managementebenen in den strategischen Veränderungsprozess einzubinden, um unternehmensweite Innovationspotenziale zu aktivieren.[1617]

Vor diesem Hintergrund kann empirisch der positive Erfolgseinfluss einer regelmäßigen Hinterfragung und ggf. Anpassung der Unternehmensstrategie im Rahmen eines iterativen Prozesses der Strategieentwicklung auf Basis der Kombination von Top-down-Vorgaben und Bottom-up-Initiativen bestätigt werden (S2). Erfolgskritisch ist damit eine lern- und erfahrungsorientierte (emergente) Strategieentwicklung, bei welcher die Unternehmen ihre Strategie aufgrund der bottom-up initiierten Innovationsvorhaben und den damit einhergehenden Lern- und Erfahrungseffekten kontinuierlich hinterfragen und ggf. anpassen.[1618]

[1615] Vgl. zu L5 die Kapitel 4.4.5, 6.4.3.4 und 6.5.1.4.
[1616] Vgl. zur multiplen Analyse des Konstruktes Lernpotenzial (LL) Kapitel 6.5.1.4.
[1617] Vgl. zu S1 die Kapitel 5.3.1, 6.4.3.5 und 6.5.1.5.
[1618] Vgl. zu S2 die Kapitel 5.3.2, 6.4.3.5 und 6.5.1.5.

Hierzu ist eine regelmäßige und intensive Top-down- bzw. Bottom-up-Kommunikation (vertikale Einbindung) zwischen CP und VE unter Einbeziehung des mittleren Managements erforderlich (S3). Dies bestätigen auch die empirischen Ergebnisse. Erfolgskritisch ist damit die Einbindung hierarchisch untergeordneter Ebenen in den Strategiebildungsprozess, damit diese die Möglichkeit besitzen, die durch das Top-Management vorgegebenen Pläne schrittweise zu ändern, zu ergänzen und zu aggregieren.[1619]

Zudem kann aufgrund der empirischen Untersuchung ein positiver Erfolgseinfluss der Einbindung der innovationsbetroffenen operativen Bereiche des CP in die VE-Initiativen (horizontale Einbindung) vermutet werden (S4). Die Zusammenhänge sind jedoch auf dem Niveau p≤0,10 nicht signifikant. Die Vorteile einer horizontalen Einbindung liegen in der Berücksichtigung notwendiger unternehmensinterner Verfahren und Prozesse, der effizienten Reintegration der Innovationsvorhaben in das Kerngeschäft des CP sowie dem Abbau innovationshemmender Widerstände. Zudem wird hierdurch sichergestellt, dass neben der technologischen Machbarkeit auch die Marktfähigkeit der Innovationen berücksichtigt wird.[1620]

Letztlich ist eine Akzeptanzsicherung der Innovationsvorhaben durch das Top-Management des CP erfolgsentscheidend, was sich auch empirisch zeigt. Hierzu sind die erforderlichen Ressourcen und Kompetenzen langfristig festzulegen und abzugrenzen sowie das Commitment des Top-Managements sicherzustellen. Letzteres trägt entscheidend zur Mitarbeitermotivation bei.[1621]

Abbildung 7-5: Empirische Ergebnisse zur Innovationsstrategie

Variable	Erfolgsfaktor für ICV in Großunternehmen	Erfolgseinfluss			
		Strategisch	Finanziell	Gesamt	Engagement
S1	Formulierung und Implementierung einer unternehmerischen Strategie durch deren Ausrichtung auf eine Stimulierung von unternehmerischem Denken und Handeln	ß = 0,611**	ß = 0,483*	ß = 0,552**	ß = 0,363⁺
S2	Regelmäßige Hinterfragung und ggf. Anpassung der Unternehmensstrategie in Form eines iterativen Strategieentwicklungsprozesses auf Basis der VE-Initiativen	ß = 0,415*	ß = 0,342⁺	ß = 0,335⁺	
S3	Regelmäßige und intensive Kommunikation zwischen CP und VE unter Einbeziehung des mittleren Managements (vertikale Einbindung)	ß = 0,338⁺			ß = 0,345⁺
S4	Vermutung: Starke Einbindung der innovationsbetroffenen operativen Bereiche des CP in die VE-Initiativen (horizontale Einbindung)	Kein signifikanter Zusammenhang auf dem Niveau p ≤ 0,10			
S5	Sicherung der Akzeptanz durch das Top Management des CP durch eine langfristige Festlegung und Abgrenzung der erforderlichen Ressourcen sowie Commitment	ß = 0,475*	ß = 0,355⁺		

Sehr schwach · Schwach · Mittelstark · Stark · Sehr stark

β: Standardisierter Regressionskoeffizient (BETA-Wert) bzw. Korrelationskoeffizient von Bravais/ Pearson

⁺: Signifikant beim Niveau 0,10; *: Signifikant beim Niveau 0,05; **: Signifikant beim Niveau 0,01

Quelle: Eigene Erhebung und Analyse (vgl. Fragebogen Frage 38)

[1619] Vgl. zu S3 die Kapitel 5.3.3, 6.4.3.5 und 6.5.1.5.

[1620] Vgl. zu S4 die Kapitel 5.3.4, 6.4.3.5 und 6.5.1.5.

[1621] Vgl. zu S5 die Kapitel 5.3.5, 6.4.3.5 und 6.5.1.5.

7.2 Beitrag zur Entrepreneurshipforschung und Managementpraxis

Diese Arbeit leistet einen wichtigen Beitrag zum besseren Verständnis des Konzeptes ICV und zu dessen erfolgreicher Umsetzung in Großunternehmen. Dabei liegt der wissenschaftliche Beitrag dieser Arbeit im Wesentlichen in der Generierung und Testung von Hypothesen hinsichtlich der Erfolgsfaktoren für ICV. Auf Basis einer quantitativ fundierten empirischen Analyse gelang es, explorativ die Ursachen des Erfolgs von ICV und der Stärke des Einflusses einzelner Erfolgsfaktoren zu ermitteln. Da derartige Analysen zum Konzept ICV bisher nur für eine begrenzte Anzahl von Variablen und für einzelne Aspekte wie beispielsweise der Stufenfinanzierung vorliegen, schließt die umfassende Untersuchung in dieser Arbeit eine Forschungslücke in der Entrepreneurship-Forschung.

Darüber hinaus gibt diese Arbeit konkrete Empfehlungen für eine erfolgreiche Umsetzung von ICV in Großunternehmen. Die Erkenntnisse sind gerade für die Management-Praxis relevant. Primäre Adressaten sind Führungskräfte im Management von VE bzw. VU innerhalb von Großunternehmen, welche am Aufbau von VE beteiligt sind. Darüber hinaus hat die Arbeit auch Implikationen für Gründungsunternehmer, Stakeholder oder sonstige Ideengeber, die im Rahmen von Open Innovation vor der Entscheidung stehen, ob sie mit den ICV-Einheiten von Großunternehmen kollaborieren möchten.

Die Ergebnisse dieser Arbeit sollten als Grundlage für weitere empirische Untersuchungen dienen. Dabei kann versucht werden, auf Basis der vorliegenden Stichprobe ein Panel zu installieren, um im Rahmen einer Längsschnittstudie Veränderungen in der Umsetzung von ICV und den Erfolgsfaktoren über mehrere Zeitperioden zu betrachten. Zudem kann versucht werden, die Stichprobe weiter auszubauen und über eine größer angelegte Untersuchung die Reliabilität und Validität der getroffenen Empfehlungen zu erhöhen. Dies schließt deren Bestätigung bzw. Falsifizierung ein. Zukünftige empirische Arbeiten können in diesem Zusammenhang sowohl Erfolgsfaktoren für ICV in der Gesamtheit analysieren als auch Einzelaspekte tiefer gehend untersuchen. Dies schließt auch die Untersuchung von Branchenunterschieden ein. Da ICV nur eines von mehreren Instrumenten der Unternehmensentwicklung darstellt und alle mit spezifischen Stärken und Schwächen behaftet sind, könnten sowohl die Entrepreneurshipforschung als auch die Managementpraxis von einer empirischen Untersuchung und Gegenüberstellung aller Instrumente der Unternehmensentwicklung profitieren. Möglich wären ferner vertiefende Einzelfallstudien, welche die Motivation von Großunternehmen betrachten, die sich zur Beendigung ihres ICV-Engagements entschieden haben (Post-Mortem-Analyse). Damit könnte der in der betriebswirtschaftlichen Forschung verbreitete Survivor Bias durchbrochen werden.

Genau wie die vorliegende Arbeit unterliegen jedoch auch die zukünftigen empirischen Untersuchungen einigen Limitationen. Die Identifikation von ICV-Einheiten in Großunternehmen erfolgt auf Basis einer sehr begrenzten Informationslage, da ICV-Aktivitäten in den wenigsten Fällen öffentlichen Quellen wie etwa Geschäftsberichten zu entnehmen sind. Erschwerend kommt hinzu, dass ICV ein relativ junges Konzept darstellt, weshalb eine systematische Umsetzung in nur wenigen Großunternehmen stattfindet. Zudem bestehen die angesprochenen Schwierigkeiten der Erfolgsmessung anhand objektiver Erfolgsgrößen vor dem Hintergrund einer begrenzten Informationslage und -bereitschaft aufgrund der Gründungssituation, einer begrenzten Interpretations- und Vergleichsmöglichkeit aufgrund unterschiedlicher strategischer und finanzieller Zielsetzungen und einer begrenzten Aussagekraft aufgrund branchenspezifischer Einflussgrößen. Darüber hinaus stellt sich die Frage der Generalisierbarkeit einer Momentaufnahme, die dem begrenzten Erhebungszeitraum geschuldet ist. Letzterem kann mit einer Panelbefragung und einer Längsschnittanalyse über einen längeren Zeitraum entgegengewirkt werden.

Anhang

Fragebogen der empirischen Untersuchung

Sprache: Deutsch

Thema: Erfolgsfaktoren für Internal Corporate Venturing in Großunternehmen

---

Definitionen:

Als Komponente von Corporate Entrepreneurship (CE), fokussiert **Corporate Venturing (CV)** auf die Generierung von Neugeschäft innerhalb und außerhalb der Unternehmensgrenzen.

Unter **Internal Corporate Venturing (ICV)** werden Corporate Venturing Aktivitäten verstanden, bei denen (teil-)autonome Organisationseinheiten, sogenannte Venture-Einheiten (VE), innerhalb der Grenzen des Mutterunternehmens (CP) gegründet werden.

Unter **Corporate Parent (CP)** wird das Mutterunternehmen verstanden, in welchem die Venture Einheiten (VU) positioniert sind.

Unter **Venture-Einheit (VE)** werden (teil-)autonome Organisationseinheiten aus Individuen/Gruppen (Intrapreneuren) verstanden, welche mit der Generierung von Neugeschäft innerhalb der bestehenden Grenzen des Mutterunternehmens betraut sind und die Freiheit besitzen diese Organisationseinheiten in einer unternehmerischen Art und Weise abgegrenzt vom übrigen Unternehmen zu führen. Der Intrapreneur ist ein Mitarbeiter mit dem Raum wie ein freier externer Unternehmer zu agieren unter den mit dem Mutterunternehmen vereinbarten Rahmenbedingungen.

Unter **Venture-Unterstützungsfunktion (VU)** wird eine zentrale Mittlerfunktion verstanden, welche als Schnittstelle zwischen dem Mutterunternehmen (CP) und den Venture-Einheiten (VE) fungiert und sowohl finanzielle Mittel als auch Beratung sowie andere Formen der Betreuung für die Venture-Einheiten bereitstellt.

Unter **Neugeschäft** werden radikale/disruptive Innovationen (Produkte, Dienstleistungen oder Prozesse) verstanden, welche innerhalb eines Unternehmens und zugleich innerhalb einer Branche erstmalig eingeführt werden und völlig neue Märkte definieren und/oder die Wettbewerbssituation grundlegend verändern.

Venture-Stages/ Entwicklungsstufen

(1) Early Stage: Die Venture-Einheit erhält erste finanzielle Investitionen - erzielt aber noch keine Umsätze

(2) Middle Stage: Die Venture-Einheit erzielt Umsätze - ist aber noch nicht profitabel

(3) Established Stage: Die Venture-Einheit ist profitabel

Unter **External Corporate Venturing (ECV)** werden Corporate Venturing Aktivitäten außerhalb der bestehenden Grenzen des Mutterunternehmens verstanden. Hierzu gehört unter anderem das Corporate Venture Capital (CVC), wobei etablierte Unternehmen in externe Start-ups oder Jungunternehmen investieren.

(1) Allgemeine Angaben und Fragen

1. Angaben zum Interviewpartner

Name des Unternehmens	
Name der ICV-Einheit	
Name des Interviewpartners	
Funktion des Interviewpartners	
Straße, Stadt, Bundesland	
Land	
Telefon	
Email	

2. Angaben zum Funktionsbereich des Interviewpartners

- ◯ Mutterunternehmen | Corporate Parent (CP)
- ◯ Innovationsmanagementfunktion/-abteilung | Venture-Unterstützungsfunktion (VU)
- ◯ Venture-Einheit (VE)

3. Angaben zum Mutterunternehmen

Umsatz (2012)		in Mio. USD
EBITDA-Marge (2012)		EBITDA zu Umsatz in %
Mitarbeiteranzahl (2012)		im Mutterunternehmen
Marktkapitalisierung (2012), falls zutreffend		in Mio. USD

4. Angaben zur Industrie des Mutterunternehmens (Mehrfachauswahl möglich)

- ☐ Chemie/Pharma
- ☐ Biotechnologie/Medizintechnik
- ☐ Technologie (High Tech)
- ☐ Maschinen-/Anlagenbau
- ☐ Automobilindustrie
- ☐ Telekommunikation
- ☐ IT/Software/Internet
- ☐ Medien/Unterhaltung
- ☐ Konsumgüter/Handel
- ☐ Bauindustrie/Immobilien
- ☐ Energie/Rohstoffe/Versorger
- ☐ Finanzdienstleister
- ☐ Transport/Logistik
- ☐ Sonst: ________

5. Wie ist die Entwicklung der Märkte, in denen die Venture-Einheiten initiiert werden zu bewerten?

	stark rückläufig				stark wachsend
Entwicklung der Märkte, in denen Venture-Einheiten initiiert werden	◯	◯	◯	◯	◯

6. Wie ist das Risiko der Märkte, in denen die Venture-Einheiten initiiert werden, in Bezug auf Investitionsumfang und möglichen Misserfolg zu bewerten?

	sehr gering				sehr hoch
Risiko der Märkte, in denen Venture-Einheiten initiiert werden	◯	◯	◯	◯	◯

7. Wie lang ist der durchschnittliche Produktlebenszyklus in Ihrer Industrie?

Durchschnittlicher Produktlebenszyklus		in Jahren

8. In welchem Zyklus wird die Innovationsstrategie des Mutterunternehmens in der Regel hinterfragt und ggf. angepasst?

- ◯ Monatlich
- ◯ Quartalsweise
- ◯ Halbjährlich
- ◯ Jährlich
- ◯ Weniger häufig als jährlich

9. Wie sehen die Venture-Aktivitäten aus?

Seit wann werden interne Venture-Aktivitäten initiiert?		Jahr
Seit wann bestehen die Venture-Aktivitäten (Prozesse, Strukturen, Systeme) in heutiger Form?		Jahr
Wie viele aktive und inaktive Venture-Einheiten wurden in den letzten 5 Jahren initiiert?		Anzahl
Wie viele Venture-Einheiten waren 2012 aktiv?		Anzahl

10. Wann werden die Venture-Einheiten in das Mutterunternehmen integriert, ausgelagert oder an Dritte veräußert?

- ◯ Bei Erlangung der Technologiereife
- ◯ Bei Erlangung der Marktreife
- ◯ Sobald die Venture-Einheiten erste Umsätze erzielen
- ◯ Sobald die Venture-Einheiten profitabel sind

11. Wie ist die ICV-Einheit organisatorisch aufgestellt?

- ◯ Zentrale eigenständige Organisationseinheit
- ◯ Zentrale Organisationseinheit innerhalb der Forschung & Entwicklung (F&E) / Business Development
- ◯ Dezentrale Organisationseinheit(en)
- ◯ Sonst:

12. An wen berichtet die ICV-Einheit?

- ○ CEO (Chief Executive Officer)
- ○ CFO (Chief Financial Officer)
- ○ CIO (Chief Innovation Officer)
- ○ CTO (Chief Technology Officer)
- ○ Leiter Forschung & Entwickung (F&E)
- ○ Leiter Business Development
- ○ Business Unit
- ○ Sonst:

13. Was ist der Anteil der Venture-Einheiten, die mit externen Partnern (z.B. Kunden, Zulieferern, Universitäten, Wettbewerbern, etc.) initiiert wurden (aktive und inaktive Venture-Einheiten der letzten 5 Jahre über alle Entwicklungsstufen)?

Anteil Venture-Einheiten, die mit externen Partnern initiiert wurden [ ] in % der insgesamt initiierten Venture-Einheiten

(2) Erfolg

Strategischer Erfolg

14. Kurz-/Mittelfristiger strategischer Erfolg (aktive und inaktive Venture-Einheiten der letzten 5 Jahre über alle Entwicklungsstufen)

Wie zufrieden sind Sie mit der jeweiligen Zielerreichung?

Wie wichtig ist Ihnen die jeweilige Zielerreichung?

	weit unter Erwartungen – weit über Erwartungen (1 2 3 4 5)	sehr geringe Wichtigkeit – sehr hohe Wichtigkeit (1 2 3 4 5)
Die Venture-Einheiten erreichen die vorgegebenen kurz-/mittelfristigen strategischen Meilensteine (notwendige Events für den strategischen Venture-Erfolg) planmäßig	○○○○○	○○○○○

15. Langfristiger strategischer Erfolg (aktive und inaktive Venture-Einheiten der letzten 5 Jahre über alle Entwicklungsstufen)

Wie zufrieden sind Sie mit der jeweiligen Zielerreichung?

Wie wichtig ist Ihnen die jeweilige Zielerreichung?

	weit unter Erwartungen – weit über Erwartungen (1 2 3 4 5)	sehr geringe Wichtigkeit – sehr hohe Wichtigkeit (1 2 3 4 5)
Die Venture-Einheiten tragen zum Wachstum des Mutterunternehmens bei (Märkte, Produkte)	○○○○○	○○○○○
Die Venture-Einheiten tragen zum Aufbau neuer Kompetenzen im Mutterunternehmen bei	○○○○○	○○○○○
Die Venture-Einheiten tragen zur Hervorbringung radikaler/disruptiver Innovationen für das Mutterunternehmen bei	○○○○○	○○○○○

16. Anhand welcher zusätzlicher Ziele machen Sie den strategischen Venture-Erfolg fest? Bitte geben Sie analog Zufriedenheit (1 = weit unter den Erwartungen | 5 = weit über den Erwartungen) und Wichtigkeit (1 = sehr geringe Wichtigkeit | 5 = sehr hohe Wichtigkeit) der Zielerreichung an.

Ziel 1		Zufriedenheit mit Zielerreichung (1-5)		Wichtigkeit der Zielerreichung (1-5)	
Ziel 2		Zufriedenheit mit Zielerreichung (1-5)		Wichtigkeit der Zielerreichung (1-5)	
Ziel 3		Zufriedenheit mit Zielerreichung (1-5)		Wichtigkeit der Zielerreichung (1-5)	

17. Wie viele der initiierten Venture-Einheiten erreichten Technologiereife, und wie viele Jahre dauerte dies im Durchschnitt (aktive und inaktive Venture-Einheiten der letzten 5 Jahre über alle Entwicklungsstufen)?

Anteil Venture-Einheiten, welche Technologiereife erreichten		in % der initiierten Venture-Einheiten
Durchschnittliche Anzahl Jahre bis Venture-Einheiten Technologiereife erreichten		Jahre

18. Wie viele der initiierten Venture-Einheiten erreichten Marktreife, und wie viele Jahre dauerte dies im Durchschnitt (aktive und inaktive Venture-Einheiten der letzten 5 Jahre über alle Entwicklungsstufen)?

Anteil Venture-Einheiten, welche Marktreife erreichten		in % der initiierten Venture-Einheiten
Durchschnittliche Anzahl Jahre bis Venture-Einheiten Marktreife erreichten		Jahre

19. Wie hoch ist der Mitarbeiteranteil aktiver Venture-Einheiten bezogen auf die Mitarbeiteranzahl des Mutterunternehmens?

Im Jahr 2012 (Istwert)		Mitarbeiteranteil Venture-Einheiten zu Mitarbeiteranzahl Mutterunternehmen in %
Im Jahr 2017 (Schätzwert)		Mitarbeiteranteil Venture-Einheiten zu Mitarbeiteranzahl Mutterunternehmen in %

20. Wie hoch ist der Anteil neuer Patente aus aktiven und inaktiven Venture-Einheiten bezogen auf die Patentanzahl des Mutterunternehmens?

Im Jahr 2012 (Istwert)		Anteil neuer Patente aus Venture-Einheiten zu Patentanzahl Mutterunternehmen in %
Im Jahr 2017 (Schätzwert)		Anteil neuer Patente aus Venture-Einheiten zu Patentanzahl Mutterunternehmen in %

Finanzieller Erfolg

21. Kurz-/Mittelfristiger finanzieller Erfolg (aktive und inaktive Venture-Einheiten der letzten 5 Jahre über alle Entwicklungsstufen)

Wie zufrieden sind Sie mit der jeweiligen Zielerreichung?

Wie wichtig ist Ihnen die jeweilige Zielerreichung?

	weit unter Erwartungen – weit über Erwartungen (1 2 3 4 5)	sehr geringe Wichtigkeit – sehr hohe Wichtigkeit (1 2 3 4 5)
Die Venture-Einheiten erreichen die vorgegebenen kurz-/mittelfristigen finanziellen Meilensteine (notwendige Events für den finanziellen Venture-Erfolg) planmäßig		

22. Langfristiger finanzieller Erfolg (aktive und inaktive Venture-Einheiten der letzten 5 Jahre über alle Entwicklungsstufen)

Wie zufrieden sind Sie mit der jeweiligen Zielerreichung?

Wie wichtig ist Ihnen die jeweilige Zielerreichung?

	weit unter Erwartungen – weit über Erwartungen (1 2 3 4 5)	sehr geringe Wichtigkeit – sehr hohe Wichtigkeit (1 2 3 4 5)
Die Venture-Einheiten tragen zu den Umsatzzielen des Mutterunternehmens bei		
Die Venture-Einheiten tragen zu den Profitabilitätszielen des Mutterunternehmens bei (z.B. EBITDA)		
Die Venture-Einheiten tragen zur Steigerung des Wertes des Mutterunternehmens bei (z.B. Marktkapitalisierung | Economic Value Added)		

23. Anhand welcher zusätzlicher Ziele machen Sie den finanziellen Venture-Erfolg fest? Bitte geben Sie analog Zufriedenheit (1 = weit unter den Erwartungen | 5 = weit über den Erwartungen) und Wichtigkeit (1 = sehr geringe Wichtigkeit | 5 = sehr hohe Wichtigkeit) der Zielerreichung an.

Ziel 1		Zufriedenheit mit Zielerreichung (1-5)		Wichtigkeit der Zielerreichung (1-5)	
Ziel 2		Zufriedenheit mit Zielerreichung (1-5)		Wichtigkeit der Zielerreichung (1-5)	
Ziel 3		Zufriedenheit mit Zielerreichung (1-5)		Wichtigkeit der Zielerreichung (1-5)	

24. Wie viele der initiierten Venture-Einheiten erzielten Umsätze, und wie viele Jahre dauerte dies im Durchschnitt (aktive und inaktive Venture-Einheiten der letzten 5 Jahre über alle Entwicklungsstufen)?

Anteil Venture-Einheiten, welche Umsätze erzielten		in % der initiierten Venture-Einheiten
Durchschnittliche Anzahl Jahre bis Venture-Einheiten Umsätze erzielten		Jahre

25. Wie viele der initiierten Venture-Einheiten wurden profitabel, und wie viele Jahre dauerte dies im Durchschnitt (aktive und inaktive Venture-Einheiten der letzten 5 Jahre über alle Entwicklungsstufen)?

Anteil Venture-Einheiten, welche profitabel wurden		in % der initiierten Venture-Einheiten
Durchschnittliche Anzahl Jahre bis Venture-Einheiten profitabel wurden		Jahre

26. Wie hoch ist der Umsatzanteil aktiver und inaktiver Venture-Einheiten am Umsatz des Mutterunternehmens?

Im Jahr 2012 (Istwert)		Umsatzanteil Venture-Einheiten zu Umsatz Mutterunternehmen in %
Im Jahr 2017 (Schätzwert)		Umsatzanteil Venture-Einheiten zu Umsatz Mutterunternehmen in %

27. Wie hoch ist der EBITDA-Anteil aktiver und inaktiver Venture-Einheiten am EBITDA des Mutterunternehmens?

Im Jahr 2012 (Istwert)		EBITDA-Anteil Venture-Einheiten zu EBITDA Mutterunternehmen in %
Im Jahr 2017 (Schätzwert)		EBITDA-Anteil Venture-Einheiten zu EBITDA Mutterunternehmen in %

Zukünftiges ICV-Engagement

28. Zukünftiges ICV-Engagement

	sehr viel schwächer		gleich-beleibend		sehr viel stärker	Völlige Aufgabe
Wie schätzen Sie Ihr Engagement im Bereich des Internal Corporate Venturing in 5 Jahren gegenüber heute ein?	○	○	○	○	○	○

29. Wie hoch ist der Investitionsanteil in Venture-Einheiten bezogen auf den Umsatz des Mutterunternehmens?

Im Jahr 2012 (Istwert)		Investitionen in Venture-Einheiten zu Umsatz Mutterunternehmen in %
In 5 Jahren ab heute (Schätzwert)		Investitionen in Venture-Einheiten zu Umsatz Mutterunternehmen in %

(3) Ausgestaltung des ICV-Programms

Organisationsorientierte Ansätze

30. Integration

Die Venture-Einheiten sind vollständig in die Strukturen, Prozessen und (Management-)Systemen des Mutterunternehmens integriert	○○○○○	Die Venture-Einheiten sind vollständig von den Strukturen, Prozessen und (Management-)Systemen des Mutterunternehmens getrennt
Die Venture-Einheiten orientieren sich ausschließlich an den kurzfristigen Erlöszielen der operativen Bereiche im Mutterunternehmen	○○○○○	Die Venture-Einheiten orientieren sich ausschließlich an den langfristigen finanziellen/strategischen Zielen des Mutterunternehmens
Die Venture-Einheiten greifen ausschließlich auf die Ressourcen und Kompetenzen des Mutterunternehmens zurück	○○○○○	Die Venture-Einheiten haben keinen Zugriff auf die Ressourcen und Kompetenzen des Mutterunternehmens
Die Aktivitäten der Venture-Einheiten stimmen vollkommen mit dem Kerngeschäft des Mutterunternehmens überein	○○○○○	Die Aktivitäten der Venture-Einheiten stimmen überhaupt nicht mit dem Kerngeschäft des Mutterunternehmens überein
Zwischen den Venture-Einheiten und dem Mutterunternehmen bestehen ausschließlich direkte Schnittstellen	○○○○○	Zwischen den Venture-Einheiten und dem Mutterunternehmen besteht ausschließlich eine indirekte Schnittstelle in Form einer Innovationsmanagementfunktion/-abteilung (Venture-Unterstützungsfunktion)

31. Welche Ressourcen des Mutterunternehmens sind für den Erfolg der Venture-Einheiten besonders wichtig?

	sehr geringe Wichtigkeit				sehr hohe Wichtigkeit
Prozesse/Strukturen/Systeme	○	○	○	○	○
Experten (Technologie/Produkt/Markt)	○	○	○	○	○
Mitarbeiter der operativen Bereiche	○	○	○	○	○
Patente (IP)	○	○	○	○	○
Zugang zu möglichen Lieferanten	○	○	○	○	○
Markenname	○	○	○	○	○
Zugang zu möglichen Kunden	○	○	○	○	○
Sonst:	○	○	○	○	○
Sonst:	○	○	○	○	○
Sonst:	○	○	○	○	○
Sonst:	○	○	○	○	○
Sonst:	○	○	○	○	○

32. Finanzierung

Die Kapitalausstattung der Venture-Einheiten ist nicht ausreichend	○	○	○	○	○	Die Kapitalausstattung der Venture-Einheiten ist mehr als ausreichend
Die Bereitstellung des Kapitalbedarfs erfolgt nicht in Abhängigkeit des Erreichens vorgegebener Meilensteine durch die Venture-Einheiten (z.B. jährliches Budget)	○	○	○	○	○	Die Bereitstellung des Kapitalbedarfs erfolgt ausschließlich in Abhängigkeit des Erreichens vorgegebener Meilensteine durch die Venture-Einheiten in mehreren Finanzierungsrunden (Stufenfinanzierung)
Die Entscheidung hinsichtlich Investitionen in Venture-Einheiten obliegt ausschließlich dem Top-Management des Mutterunternehmens	○	○	○	○	○	Die Entscheidung hinsichtlich Investitionen in Venture-Einheiten obliegt ausschließlich der Venture-Unterstützungsfunktion/dem mittleren Management
Die durch erfolgreiche Venture-Einheiten erwirtschafteten finanziellen Ressourcen stehen nicht automatisch für Reinvestitionen in Venture-Einheiten zur Verfügung	○	○	○	○	○	Die durch erfolgreiche Venture-Einheiten erwirtschafteten finanziellen Ressourcen stehen in vollem Umfang automatisch für Reinvestitionen in Venture-Einheiten zur Verfügung (Intrakapitalfonds)
Die finanziellen Ressourcen werden den Venture-Einheiten mit sehr begrenztem Zeithorizont zur Verfügung gestellt	○	○	○	○	○	Die finanziellen Ressourcen werden den Venture-Einheiten mit unbegrenztem Zeithorizont zur Verfügung gestellt

33. Wie viele Finanzierungsrunden finden im Durchschnitt pro Venture-Einheit statt (aktive und inaktive Venture-Einheiten der letzten 5 Jahre über alle Entwicklungsstufen)?

Durchschnittliche Anzahl Finanzierungsrunden pro Venture-Einheit		Anzahl

34. Welche Kriterien werden zur Entscheidung über eine Bereitstellung weiterer finanzieller Mittel für die Venture-Einheiten herangezogen?

	stimme gar nicht zu				stimme vollkommen zu
Bisheriger Entwicklungsstatus der Venture-Einheit (Produkt/Dienstleistung, Prozess)	◯	◯	◯	◯	◯
Mögliche Kostenentwicklung	◯	◯	◯	◯	◯
Verbleibende Entwicklungszeit	◯	◯	◯	◯	◯
Umsatz	◯	◯	◯	◯	◯
EBIT	◯	◯	◯	◯	◯
EBITDA	◯	◯	◯	◯	◯
Return on Sales	◯	◯	◯	◯	◯
Return on Investment (ROI)	◯	◯	◯	◯	◯
Return on Assets	◯	◯	◯	◯	◯
Return on Capital Employed (ROCE)	◯	◯	◯	◯	◯
Economic Value Added (EVA)	◯	◯	◯	◯	◯
Sonst:	◯	◯	◯	◯	◯
Sonst:	◯	◯	◯	◯	◯
Sonst:	◯	◯	◯	◯	◯
Sonst:	◯	◯	◯	◯	◯
Sonst:	◯	◯	◯	◯	◯

Personenorientierte Ansätze

35. Anreiz- und Vergütungssysteme

Die Anreiz- und Vergütungssysteme bestehen ausschließlich aus immateriellen/nicht-monetären Elementen	◯	◯	◯	◯	◯	Die Anreiz- und Vergütungssysteme bestehen ausschließlich aus materiellen/monetären Elementen
Die Anreiz- und Vergütungssysteme sehen keine Partizipation der Venture-Mitarbeiter am Wertzuwachs der Venture-Einheiten vor	◯	◯	◯	◯	◯	Die Anreiz- und Vergütungssysteme sehen eine starke Partizipation der Venture-Mitarbeiter am Wertzuwachs der Venture-Einheiten vor (Erfolgsbeteiligung | Carried Interest)
Die Mitarbeiter der Venture-Einheiten erhalten keine Rückmeldung hinsichtlich ihrer Zielerreichung	◯	◯	◯	◯	◯	Die Mitarbeiter der Venture-Einheiten erhalten regelmäßig Rückmeldung hinsichtlich ihrer Zielerreichung
Die Anreiz- und Vergütungssysteme orientieren sich ausschließlich an individuellen Ergebnissen (Mitarbeitererfolg)	◯	◯	◯	◯	◯	Die Anreiz- und Vergütungssysteme orientieren sich ausschließlich an kollektiven Ergebnissen (Erfolg der Venture-Einheit)
Es besteht kein Commitment des Top-Managements des Mutterunternehmens hinsichtlich der Venture-Einheiten und deren Aktivitäten	◯	◯	◯	◯	◯	Es besteht ein hohes Commitment des Top-Managements des Mutterunternehmens hinsichtlich der Venture-Einheiten und deren Aktivitäten

36. An welchen Leistungskennzahlen (KPIs) orientieren sich die Anreiz- und Vergütungssysteme?

	keine Orientierung				sehr starke Orientierung
Umsatz	○	○	○	○	○
EBIT	○	○	○	○	○
EBITDA	○	○	○	○	○
Umsatzrendite	○	○	○	○	○
Return on Investment (ROI)	○	○	○	○	○
Gesamtkapitalrentabilität	○	○	○	○	○
Return on Capital Employed (ROCE)	○	○	○	○	○
Economic Value Added (EVA)	○	○	○	○	○
Sonst:	○	○	○	○	○
Sonst:	○	○	○	○	○
Sonst:	○	○	○	○	○
Sonst:	○	○	○	○	○
Sonst:	○	○	○	○	○

37. Abbruch und Lernpotenziale

Erfolglose Venture-Einheiten werden zu spät abgebrochen	○	○	○	○	○	Erfolglose Venture-Einheiten werden zu früh abgebrochen
Die Entscheidung hinsichtlich Abbruch von Venture-Einheiten obliegt ausschließlich dem Top-Management des Mutterunternehmens	○	○	○	○	○	Die Entscheidung hinsichtlich Abbruch von Venture-Einheiten obliegt ausschließlich der Venture-Unterstützungsfunktion/dem mittleren Management
Weder Erfolge noch Misserfolge der Venture-Einheiten werden analysiert, und es besteht somit kein Lernprozess	○	○	○	○	○	Sowohl Erfolge als auch Misserfolge der Venture-Einheiten werden genauestens analysiert, und es besteht somit ein kontinuierlicher Lernprozess
Es findet kein Austausch hinsichtlich Wissen und Kompetenzen zwischen den VE sowie zwischen den VE und der VU bzw. dem CP statt	○	○	○	○	○	Es findet ein kontinuierlicher und starker Austausch hinsichtlich Wissen und Kompetenzen zwischen den VE sowie zwischen den VE und der VU bzw. dem CP statt
Es herrscht keine Fehlertoleranz gegenüber den Venture-Einheiten	○	○	○	○	○	Es herrscht eine hohe Fehlertoleranz gegenüber den Venture-Einheiten

Strategieorientierte Ansätze

38. Innovationsstrategie

Die Unternehmensstrategie des Mutterunternehmens schränkt unternehmerisches Denken und Handeln der Venture-Einheiten ein	○	○	○	○	○	Die Unternehmensstrategie des Mutterunternehmens begünstigt unternehmerisches Denken und Handeln der Venture-Einheiten
Die Unternehmensstrategie des Mutterunternehmens wird nicht hinterfragt und nicht angepasst	○	○	○	○	○	Die Unternehmensstrategie des Mutterunternehmens wird regelmäßig aufgrund der Initiativen der Venture-Einheiten hinterfragt und ggf. angepasst
Es findet keine Kommunikation zwischen Mutterunternehmen und Venture-Einheiten statt	○	○	○	○	○	Es findet eine regelmäßige und intensive Kommunikation zwischen Mutterunternehmen und Venture-Einheiten über Funktions- und Hierarchieebenen hinweg statt
Die innovationsbetroffenen operativen Bereiche des Mutterunternehmens sind nicht in die Initiativen der Venture-Einheiten eingebunden	○	○	○	○	○	Die innovationsbetroffenen operativen Bereiche des Mutterunternehmens sind stark in die Initiativen der Venture-Einheiten eingebunden
Im Rahmen des Ressourcenallokationsprozesses werden den Venture-Einheiten weder Ressourcen noch die Top-Management-Unterstützung bereitgestellt	○	○	○	○	○	Im Rahmen des Ressourcenallokationsprozesses werden den Venture-Einheiten alle erforderlichen Ressourcen sowie die Top-Management Unterstützung bereitgestellt

(4) Kontrollvariablen

39. Was ist das durchschnittliche Alter der Venture-Einheiten (aktive und inaktive Venture-Einheiten der letzten 5 Jahre über alle Entwicklungsstufen)?

Durchschnittliches Alter der Venture-Einheiten		in Jahren

40. Was ist die durchschnittliche Anzahl an Mitarbeitern (aktive und inaktive Venture-Einheiten der letzten 5 Jahre über alle Entwicklungsstufen)?

Pro Venture-Einheit		Anzahl
Über alle Venture-Einheiten		Anzahl

41. Was ist das durchschnittlich investierte Kapital (aktive und inaktive Venture-Einheiten der letzten 5 Jahre über alle Entwicklungsstufen)?

Pro Venture-Einheit		in Mio. USD
Über alle Venture-Einheiten		in Mio. USD

42. Was ist die durchschnittliche Venture-Stage (aktive und inaktive Venture-Einheiten der letzten 5 Jahre über alle Entwicklungsstufen)?

- ◯ Die Venture-Einheiten erhalten erste finanzielle Investitionen – erzielen aber noch keine Umsätze
- ◯ Die Venture-Einheiten erzielen Umsätze – sind aber noch nicht profitabel
- ◯ Die Venture-Einheiten sind profitabel

43. Welche Ziele verfolgen Sie im Rahmen Ihres ICV-Engagements/Exit-Strategie (Mehrfachauswahl möglich)?

- ☐ Gründung von Neugeschäft innerhalb des Mutterunternehmens (Integration)
- ☐ Gründung von neuen Unternehmen außerhalb des Mutterunternehmens (Spin-off)
- ☐ Verkauf der Venture-Einheuten an Dritte

44. Worauf fokussieren die Venture-Einheiten?

Exploitation latent vorhandener Innovationspotenziale	◯◯◯◯◯	Exploration neuer Innovationspotenziale

45. Worauf fokussiert das Mutterunternehmen?

Inkrementelle Innovationen mit geringem Risiko und geringen Auswirkungen auf bestehende Produkte/Dienstleistungen oder Prozesse	◯◯◯◯◯	Radikale/disruptive Innovationen mit hohem Risiko und großen Auswirkungen auf bestehende Produkte/Dienstleistungen oder Prozesse

G) Future Participation and Comments | Zukünftige Teilnahme und Kommentare:

46. Dürfen wir Sie zukünftig zwecks einer erneuten Teilnahme an dieser Befragung kontaktieren?

	ja	nein
Sie dürfen mich gerne zwecks einer erneuten Teilnahme an dieser Befragung kontaktieren.	○	○

47. Kommentare

Teilnehmer der empirischen Untersuchung (ICV)

Astrium GmbH:	Astrium Navigation Applications Robert-Koch-Str. 1, Taufkirchen, Deutschland Juni 2013
Audi AG:	Audi Electronics Venture Sachsstrasse 20, Gaimersheim, Deutschland Oktober 2013
Axel Springer AG:	Axel Springer Plug & Play Axel Springer Strasse 65, Berlin, Deutschland September 2013
BASF SE:	New Business Development Carl-Bosch-Strasse 38, Ludwigshafen, Deutschland Juni 2013
Bayer AG:	Bayer Innovation Kaiser-Wilhelm-Allee 1, Leverkusen, Deutschland August 2013
Deutsche Telekom AG:	Telekom Innovation Laboratories Ernst-Reuter-Platz 7, Berlin, Deutschland Juni 2013
EADS N.V.	Innovation Nursery Willy-Messerschmitt-Strasse 1, Ottobrunn, Deutschland Juli 2013
Evonik Industries AG:	Creavis Paul-Baumann-Strasse 1, Marl, Deutschland Oktober 2013
General Motors Co.:	Technology and Business Support 30500 Mound Road, Warren, USA Mai 2013
Giesecke & Devrient GmbH:	New Business Prinzregentenstrasse 159, München, Deutschland Oktober 2013

Linde AG:	Corporate Innovation Management Seitnerstrasse 70, Pullach, Deutschland Oktober 2013
Merck KGaA:	Innovation & Entrepreneurship Incubator Frankfurterstrasse 250, Darmstadt, Deutschland Juni 2013
Nestlé Suisse S.A.:	Beverages Strategic Business Unit Avenue Nestle 55, Vevey, Schweiz Oktober 2013
Océ-Technologies B.V.:	Océ Corporate Venturing St. Urbanusweg 43, Venlo, Niederlande Juni 2013
Osram GmbH:	Osram Corporate Technology Marcel-Breuer-Strasse 6, München, Deutschland September 2013
PepsiCo Inc.:	Technology Scouting 700 Anderson Hill Road, Purchase, USA Mai 2013
Philips Technologie GmbH:	Business Center OLED Lighting Philipsstrasse 8, Aachen, Deutschland Oktober 2013
Robert Bosch GmbH:	Bosch Start-up Plattform Robert-Bosch-Strasse 2, Schwieberdingen, Deutschland August 2013
Royal DSM N.V.	DSM Venturing Mauritslaan 49, Urmond, Niederlande Juli 2013
Royal DSM N.V.	DSM Innovation Center Mauritslaan 49, Urmond, Niederlande Juli 2013

SFR S.A.:	SFR Développement 1 Place Carpeaux, Paris, Frankreich September 2013
SGL Carbon SE:	Technology & Innovation Werner-von-Siemens-Strasse 18, Meitingen, Deutschland Septembcr 2013
Royal Dutch Shell plc.:	Game Changer Hoge Weerd 201, Maastricht, Niederlande Juni 2013
Siemens AG:	Corporate Technology Otto-Hahn-Ring 6, München, Deutschland August 2013
Vivendi S.A.:	Innovation Department 42 Avenue de Friedland, Paris, Frankreich Oktober 2013
Vodafone GmbH:	Vodafone Innovation Am Seestern 1, Düsseldorf, Deutschland Juni 2013
Wacker Chemie AG:	New Business Johannes Hess Strasse 24, Burghausen, Deutschland September 2013

Teilnehmer der empirischen Untersuchung (ECV)

3M Deutschland GmbH:	3M New Ventures Lenbachplatz 5, München, Deutschland Oktober 2013
Bertelsmann SE & Co. KGaA:	BDMI Bertelsmann Digital Media Investments 1745 Broadway, New York, USA August 2013
Evonik Industries AG:	Evonik Corporate Venturing Rodenbacher Chaussee 4, Hanau-Wolfgang, Deutschland Juni 2013

Literaturverzeichnis

Abell, D. F. (1978). Strategic Windows. *Journal of Marketing, 42*(3), 21-26.

Achleitner, A.-K. (2001). Venture Capital. In R.-E. Breuer (Ed.), *Handbuch Finanzierung* (pp. 513-529). Wiesbaden: Gabler.

Achleitner, A.-K., & Engel, R. (2001). Situation und Entwicklungstendenzen auf dem Markt für Inkubatoren in Deutschland. *Finanz Betrieb, 3*(1), 76-82.

Achleitner, A.-K., & Nathusius, E. (2004). *Venture Valuation: Bewertung von Wachstumsunternehmen*. Stuttgart: Schäffer-Poeschel.

Ackermann, K. F. (1974). Anreizsysteme. In E. Grochla & W. Wittmann (Eds.), *Hanwörterbuch der Betriebswirtschaft* (pp. 156-163). Stuttgart: Schäffer-Poeschel.

Adenauer, P., & Opitz, M. (1988). Internal Corporate Venture: Ein Ansatz für Unternehmer. *Zeitschrift Führung + Organisation (ZFO), 57*(4), 242-246.

Admati, A. R., & Pfleiderer, P. (1994). Robust financial contracting and the role of venture capitalists. *Journal of Finance, 49*(2), 371-402.

Afuah, A. (1998). *Innovation management: Strategies, implementation and profits* New York, Oxford: Oxford University.

Afuah, A. (1999). Strategies to turn adversity into profits. *Sloan Management Review, 40*(2), 99-109.

Akerlof, G. A. (1970). The market for "lemons": Quality uncertainty and the market mechanism. *Quarterly Journal of Economics, 84*(3), 488-500.

Akerlof, G. A. (1976). The economics castle and the rat race and other woeful tales. *Quarterly Journal of Economics, 90*(4), 599-617.

Akerlof, G. A. (1982). Labor contracts as partial gift exchange. *Quarterly Journal of Economics, 97*(4), 543-569.

Akerlof, G. A., & Yellen, J. L. (1986). *Efficiency wage models of the labor market*. Cambridge, MA: Cambridge University Press.

Albach, H. (1983). *Zur Versorgung der Deutschen Wirtschaft mit Risikokapital* (Vol. Nr. 9). Bonn: ifm- Materialien.

Albach, H. (1988). Kosten, Transaktionen und externe Effekte im betrieblichen Rechnungswesen. *Die Betriebswirtschaft, 58*(11), 1143 1170.

Albach, H., Hunsdiek, D., & Kokalj, L. (1986). *Finanzierung mit Risikokapital*. Stuttgart: Schäffer-Poeschel.

Alchian, A. A. (1965). Some economics of property rights. *Il Politico, 30*(4), 816-829.

Alchian, A. A. (1984). Specificity, specialization and coalitions. *Zeitschrift für die gesamte Staatswissenschaft, 140*(1), 34-49.

Alchian, A. A., & Demsetz, H. (1972). Production, information costs and economic organization. *American Economic Review, 62*(5), 777-794.

Aldrich, H. E. (1979). *Organizations and environments*. Englewood Cliffs, NJ: Prentice-Hall.

Alvarez, S. A., & Barney, J. B. (2007). Discovery and creation: Alternative theories of entrepreneurial action. *Organizações em contexto, 3*(6), 123-152.

Amelingmeyer, J. (2004). *Wissensmanagement: Analyse und Gestaltung der Wissensbasis von Unternehmen*. Wiesbaden: Gabler.

Amit, R., Brander, J., & Zott, C. (1998). Why do venture capital firms exist? Theory and canadian evidence. *Journal of Business Venturing, 13*(6), 441-466.

Amit, R., Glosten, L., & Muller, E. (1990). Does venture capital foster the most promising entrepreneurial firms. *California Management Review, 32*(3), 102-111.

Amit, R., & Schoemaker, P. J. H. (1993). Strategic assets and organizational rent. *Strategic Management Journal, 14*(1), 33-46.

Andrews, K. R. (1971). *The concept of corporate strategy*. Boston, MA: McGraw-Hill/Irwin.

Ansoff, H. I. (1965). *Corporate strategy: An analytical approach to business policy for growth and expansion*. New York: McGraw-Hill.

Antoncic, B., & Hisrich, R. D. (2001). Intrapreneurship: Construct refinements and cross-cultural validation. *Journal of Business Venturing, 16*(5), 495-527.

Argyris, C., & Schön, D. A. (1978). *Organizational learning: A theory of action perspective*. Reading, MA: Addison Wesley.

Arnold, W. (1989). *Finanzierungsziele: Anforderungen mittelständischer Unternehmungen an Beteiligungskapital*. Frankfurt am Main: Peter Lang.

Aulinger, A. (2003). *Selbstverständnis und Perspektiven einer Forschungsdiziplin* (Vol. Arbeitspapier 01/2003). Oldenburg: Universität Oldenburg.

Backhaus, K., Erichson, B., Plinke, W., & Weiber, R. (2006). *Multivariate Analysemethoden: Eine anwendungsorientierte Einführung*. Berlin: Springer.

Baden-Fuller, C. W. F. (1995). Strategic innovation, corporate entrepreneurship and matching outside-in to inside-out approaches to strategy research. *British Journal of Management, 6*(Special Issue), 3-16.

Bailey, J. E. (1984). Intrapreneurship: Source of high growth start-ups or passing fad? In J. A. Hornaday, F. Tarpley, J. A. Timmons & K. H. Vesper (Eds.), *Frontiers of Entrepreneurship Research* (pp. 358-367). Wellesley, MA: Babson College.

Bain, J. S. (1959). *Industrial organization*. New York: Wiley.

Baker, T., & Nelson, R. E. (2005). Creating something from nothing: Resource construction through entrepreneurial bricolage. *Administrative Science Quarterly, 50*(3), 329-366.

Barmettler, P. K. (2006). *Gestaltungsmodell und Empfehlungen für den Aufbau eines Corporate Venturing-Programms*. Aachen: Shaker.

Barney, J. B. (1986). Strategic factor markets: Expectations, luck and business strategy. *Management Science, 32*(10), 1231-1241.

Barney, J. B. (1991). Firm resources and sustained competitive advantage. *Journal of Management, 17*(1), 99-120.

Barney, J. B. (1994). A hierarchy of corporate resources. In P. Shrivastava, A. S. Huff & J. E. Dutton (Eds.), *Advances in strategic management* (pp. 113-125). Greenwich, CT: JAI.

Barringer, B. R., & Bluedorn, A. C. (1999). The relationship between corporate entrepreneurship and strategic management. *Strategic Management Journal, 20*(5), 421-444.

Bart, C. K. (1988). New venture units: Use them wisely to manage innovation. *Sloan Management Review, 29*(4), 35-43.

Becker, F. G. (1990). *Anreizsysteme für Führungskräfte: Möglichkeiten zur strategisch-orientierten Steuerung des Managements*. Stuttgart: Schäffer-Poeschel.

Becker, F. G. (1991). Innovationsfördernde Anreizsysteme. In G. Schanz (Ed.), *Handbuch Anreizsysteme* (pp. 567-593). Stuttgart: Schäffer-Poeschel.

Becker, J. (1998). *Marketing-Konzeption*. München: Vahlen.

Bendkowski, J. (2013). Strukturelle Dimensionen der Vertrauensbildung in einer Wissensgemeinschaft. In S. Franken (Ed.), *Ideenräume gestalten* (pp. 99-126). Aachen: Shaker.

Benkenstein, M. (2001). Besonderheiten des Innovationsmanagements in Dienstleistungsunternehmungen. In M. Bruhn & H. Meffert (Eds.), *Handbuch Dienstleistungsmanagement – Von der strategischen Konzeption zur praktischen Umsetzung* (pp. 687-702). Wiesbaden: Gabler.

Benner, M. J., & Tushman, M. L. (2002). Process management and technological innovation: A longitudinal study of the photography and paint industries. *Administrative Science Quarterly, 47*(4), 676-706.

Berekoven, L., Eckert, W., & Ellenrieder, P. (1991). *Marktforschung: Methodische Grundlagen und praktische Anwendung*. Wiesbaden: Gabler.

Berger, P. L., & Luckmann, T. (1967). *The social construction of reality. A treatise in the sociology of knowledge*. Garden City, NY: Anchor Books Doubleday.

Berle, A. B., & Means, G. C. (1932). *The modern corporation and private property*. New York: MacMillan.

Betsch, O., Groh, A. P., & Lohmann, L. G. E. (1998). *Corporate Finance: Unternehmensbewertung, M&A und innovative Kapitalmarktfinanzierung*. München: Vahlen.

Betsch, O., Groh, A. P., & Schmidt, K. (2000). *Gründungs- und Wachstumsfinanzierung innovativer Unternehmen*. München: Oldenbourg.

Bhardwaj, G., Camillus, J. C., & Hounshell, D. A. (2006). Continual corporate entrepreneurial search for long-term growth. *Management Science, 52*(2), 248-261.

Biermann, T. (1999). *Dienstleistungs-Management*. München: Hanser.

Birkinshaw, J. (1997). Entrepreneurship in multinational corporations: The characteristics of subsidiary initiatives. *Strategic Management Journal, 18*(3), 207-229.

Birkinshaw, J. (2003). The paradox of corporate entrepreneurship. *Strategy and Business, 30*(Spring), 46-58.

Birkinshaw, J. (2005). The secret diary of corporate venturing. *Business Strategy Review, 16*(2), 19-24.

Birkinshaw, J., & Campbell, A. (2004). Know the limits of corporate venturing, *The Financial Times*.

Birkinshaw, J., & Hagström, P. (2000). *The flexible firm: Capability management in network organizations*. New York, Oxford: Oxford University.

Birkinshaw, J., & Hill, C. W. L. (2003). *Corporate venturing performance: An investigation into the applicability of venture capital models.* Paper presented at the Academy of Management 2003 Best Paper Proceedings, Briarcliff Manor, NY.

Birkinshaw, J., Van Basten Batenburg, R., & Murray, G. C. (2002a). *Corporate venturing: The state of the art and the prospects for the future*. London: London Business School.

Birkinshaw, J., Van Basten Batenburg, R., & Murray, G. C. (2002b). Venturing to succeed. *Business Strategy Review, 13*(4), 10-17.

Bitzer, M. (1991). *Intrapreneurship: Unternehmertum in der Unternehmung*. Stuttgart: Schäffer-Poeschel.

Bleicher, K. (2011). *Das Konzept Integriertes Management: Visionen, Missionen, Programme*. Frankfurt am Main: Campus.

Bleicher, K., & Paul, H. (1987). The external corporate venture capital fund: A valuable vehicle for growth. *Long Range Planning, 20*(6), 64-70.

Block, Z. (1982). Can corporate venturing succeed? *Journal of Business Strategy, 3*(2), 21-33.

Block, Z. (1989). Damage control for new corporate ventures. *Journal of Business Strategy, 10*(2), 22-28.

Block, Z., & MacMillan, I. C. (1993). *Corporate Venturing: Creating new businesses within the firm*. Boston, MA: Beard Books.

Block, Z., & Ornati, O. A. (1987). Compensating corporate venture managers. *Journal of Business Venturing, 2*(1), 41-51.

Bortz, J., & Döring, N. (2002). *Forschungsmethoden und Evaluation für Human- und Sozialwissenschaftler*. Berlin: Springer.

Bowden, R. J. (1994). Bargaining, size, and return in venture capital funds. *Journal of Business Venturing, 9*(4), 307-330.

Bower, J. L. (1970). *Managing the resource allocation process: A study of corporate planning and investment*. Boston, MA: Harvard Business School.

Bower, J. L., & Doz, Y. (1979). Strategy formulation: A social and political process. In D. E. Schendel & C. W. Hofer (Eds.), *Strategic management: A new view of business policy and planning* (pp. 152-166). Boston, MA: Little Brown.

Brachtendorf, G. (2004). *Gestaffelte Finanzierung junger Unternehmen: Eine empirische Untersuchung in Deutschland*. Wiesbaden: Deutscher Universitäts-Verlag.

Brazeal, D. V. (1993). Organizing for internally developed corporate ventures. *Journal of Business Venturing, 8*(1), 75-90.

Brettel, M., Rudolf, M., & Witt, P. (2005). *Finanzierung von Wachstumsunternehmen: Grundlagen - Finanzierungsquellen - Praxisbeispiele*. Wiesbaden: Gabler.

Bried, V. (1995). Aussagefähigkeit agencytheoretischer Ansätze im Hinblick auf die Verhaltenssteuerung von Entscheidungsträgern. *Zeitschrift für betriebswirtschaftliche Forschung und Praxis, 47*(9), 821-853.

Brinkrolf, A. (2002). *Managementunterstützung durch Venture Capital-Gesellschaften*. Wiesbaden: Deutscher Universitäts-Verlag.

Brockhoff, K. (1995). Zur Theorie des externen Erwerbs neuen technologischen Wissens. *Zeitschrift für Betriebswirtschaft, Ergänzungsheft*(1), 27-42.

Brockhoff, K. (1999). *Forschung und Entwicklung: Planung und Kontrolle*. München: Oldenbourg.

Brockhoff, K. (2000). Produktinnovation. In S. Albers & A. Herrmann (Eds.), *Handbuch Produktmanagement* (pp. 25-54). Wiesbaden: Gabler.

Brockhoff, K. (2001). Innovationsmanagement als Technologiemanagement. In S. Albers, K. Brockhoff & J. Hauschildt (Eds.), *Technologie- und Innovationsmanagement: Leistungsbilanz des Kieler Graduiertenkollegs* (pp. 17-73). Wiesbaden: Deutscher Universitats-Verlag.

Brockhoff, K. (2002). Technologiemanagement als Wissensmanagement *Berlin-Brandenburgische Akademie der Wissenschaften: Berichte und Abhandlungen* (Vol. Band 9, pp. 11-32). Berlin: Akademie-Verlag.

Brockhoff, K. (2011). Management des Wissens als Hauptaufgabe des Technologie- und Innovationsmanagements. In S. Albers & O. Gassmann (Eds.), *Handbuch Technologie- und Innovationsmanagement* (pp. 39-60). Wiesbaden: Gabler.

Brody, P., & Ehrlich, D. (1998). Can big companies become successful venture capitalists? *The McKinsey Quarterly*(2), 51-63.

Brose, P. (1982). *Planung, Bewertung, und Kontrolle technischer Innovationen*. Berlin: Erich Schmidt.

Brosius, F. (2004). *SPSS 12: Das mitp-Standardwerk*. Bonn: MITP.

Brown, T. E., Davidsson, P., & Wiklund, J. (2001). An operationalization of Stevenson's conceptualization of entrepreneurship as opportunity-based firm behavior. *Strategic Management Journal, 22*(10), 953-968.

Bruining, H., & Wright, M. (2002). Entrepreneurial orientation in management buy-outs and the contribution of venture capital. *Venture Capital, 4*(2), 147-168.

Bruyat, C., & Julien, P.-A. (2000). Defining the field of research in entrepreneurship. *Journal of Business Venturing, 16*(2), 165-180.

Buchanan, J. M. (1987). Constitutional economics. In J. Eatwell, M. Milgate & P. Newman (Eds.), *The new palgrave: A dictionary of economics* (pp. 585-588). London, New York: Palgrave Macmillan.

Buckland, W., Hatcher, A., & Birkinshaw, J. (2003). *Inventuring: Why big companies must think small*. New York: McGraw-Hill.

Bürgel, H. D., Haller, C., & Binder, M. (1996). *F&E-Management*. München: Vahlen.

Burgelman, R. A. (1983a). Corporate entrepreneurship and strategic management: Insights from a process study. *Management Science, 29*(12), 1349-1364.

Burgelman, R. A. (1983b). A model of the interaction of strategic behavior, corporate context, and the concept of strategy. *The Academy of Management Review, 8*(1), 61-70.

Burgelman, R. A. (1983c). A process model of internal corporate venturing in the diversified major firm. *Administrative Science Quarterly, 28*(2), 223-244.

Burgelman, R. A. (1984a). Designs for corporate entrepreneurship. *California Management Review, 26*(3), 154-166.

Burgelman, R. A. (1984b). Managing the internal corporate venturing process. *Sloan Management Review, 25*(2), 33-48.

Burgelman, R. A. (1985). Managing the new venture division: Research findings and implications for strategic management. *Strategic Management Journal, 6*(1), 39-54.

Burgelman, R. A. (1991). Intraorganizational ecology of strategy making and organizational adaptation: Theory and field research. *Organization Science, 2*(3), 239-262.

Burgelman, R. A., & Doz, Y. L. (2001). The power of strategic integration. *MIT Sloan Management Review, 42*(3), 28-38.

Burgelman, R. A., Maidique, M. A., & Wheelwright, S. C. (2001). *Strategic management of technology and innovation*. Boston, MA: McGraw-Hill/Irwin.

Burgelman, R. A., & Sayles, L. R. (1986). *Inside corporate innovation: Strategy, structure and managerial skills*. New York: Free Press.

Burgelman, R. A., & Välikangas, L. (2005). Managing internal corporate venturing cycles. *MIT Sloan Management Review, 46*(4), 26-34.

Burgers, J. H., Jansen, J. J. P., Van den Bosch, F. A. J., & Volberda, H. W. (2009). Structural differentiation and corporate venturing: The moderating role of formal and informal integration mechanisms. *Journal of Business Venturing, 24*(3), 206-220.

Burns, P. (2005). *Corporate entrepreneurship: Building an entrepreneurial organisation*. New York: Palgrave Macmillan.

Burr, W. (2004). *Innovationen in Organisationen*. Stuttgart: Kohlhammer.

Büschgen, H. E. (1985). Venture Capital: Der deutsche Ansatz. *Die Bank, 25*(6), 220-227.

Büschken, J., & von Thaden, C. (2000). Produktvariation, -differenzierung und -diversifikation. In S. Albers & A. Herrmann (Eds.), *Handbuch zum Produktmanagement* (pp. 595-616). Wiesbaden: Gabler.

Bygrave, W. D., & Timmons, J. A. (1992). *Venture capital at the crossroads*. Boston, MA: Harvard Business School.

Campbell, A., & Birkinshaw, J. (2004). Corporate venturing in its place. *The Ashridge Journal Herbst*, 6-10.

Campbell, A., Birkinshaw, J., Morrison, A., & Van Basten Batenburg, R. (2003). The future of corporate venturing. *Sloan Management Review, 45*(1), 30-37.

Campbell, D. T. (1969). Variation and selection retention in socio-cultural evolution. *General Systems, 14*, 69-85.

Campbell, D. T., & Fiske, D. W. (1959). Convergent and discriminant validation by the multitrait-multimethod matrix. *Psychological Bulletin, 56*(2), 81-105.

Campbell, D. T., & Stanley, J. C. (1966). *Experimental and quasi-experimental designs for research* Chicago: Rand McNally.

Cantillon, R. (1755). *Essai sur la nature du commerce en général: Traduit de l'anglois*. London: Gyles.

Casson, M. C. (1982). *The entrepreneur. An economic theory*. Oxford: Martin Robertson.

Casson, M. C. (1987). Entrepreneur. In J. Eatwell, M. Milgate & P. Newman (Eds.), *The new palgrave: A dictionary of economics* (pp. 151-153). London, New York: Palgrave Macmillan.

Chandler, A. D. (1962). *Strategy and structure: Chapters in the history of the industrial enterprise*. Cambridge, MA: MIT

Chandler, G. N., & Hanks, S. H. (1994) Market attractiveness, resource-based capabilities, venture strategies, and venture performance. *Journal of Business Venturing, 9*(4), 331-349.

Chesbrough, H. (2000). Designing corporate ventures in the shadow of private venture capital. *California Management Review, 42*(5), 31-49.

Chesbrough, H. (2001). Open innovation: A new paradigm for managing technology. *Presentation to OECD Conference on New Business Strategies for R&D*.

Chesbrough, H. (2002). Making sense of corporate venture capital. *Harvard Business Review, 80*(3), 90-99.

Chesbrough, H. (2003). *Open innovation: The new imperative for creating and profiting from technology*. Boston, MA: Harvard Business School.

Chesbrough, H. (2004). Managing open innovation. *Research Technology Management, 47*(1), 23-26.

Chesbrough, H., & Teece, D. (1996). Organizing for innovation: When is virtual virtuous. *Harvard Business Review, 74*(1), 65-74.

Chrisholm, T. A. (1987). Intrapreneurship and bureaucracy. *S.A.M. Advanced Management Journal, 52*(3), 36-40.

Chrisman, J. J., Chang, E. P. C., & Verbeke, A. (2005). *Corporate venturing and strategic renewal from the perspective of prospect theory.* Paper presented at the The U.S. Association for Small Business and Entrepreneurship, Chicago, IL.

Christensen, C. M. (1997). *The innovator's dilemma: When new technologies cause great firms to fail.* Boston, MA: Harvard Business School.

Christensen, C. M., Johnson, M. W., & Rigbey, D. K. (2002). Foundation of growth: How to identify and build disruptive new businesses. *Sloan Management Review, 43*(3), 22-31.

Chung, W. H. (1998). *Spezifität und Unternehmenskooperationen: Institutionenökonomische Ansätze unter besonderer Berücksichtigung dynamischer Aspekte*. Berlin: Duncker & Humblot.

Coase, R. H. (1937). The nature of the firm. *Economica, 4*(16), 386-405.

Coase, R. H. (1960). The problem of social cost. *Journal of Law and Economics, 3*, 1-44.

Cohen, W. M., Levinthal, D. A., & Daniel, A. (1990). Absorptive capacity: A new perspective on learning and innovation. *Administrative Science Quarterly, 35*(1), 128-152.

Collis, D. J. (1991). A resource-based analysis of global competition: The case of the bearings industry. *Strategic Management Journal, 12*(Special Issue), 49-68.

Commons, J. R. (1934). *Institutional economics: Its place in political economy*. Madison, WI: University of Wisconsin.

Cook, T. D., & Campbell, D. T. (1979). *Quasi-experimentation: Design and analysis issues for field settings*. Chicago: Rand McNally.

Cool, K., & Dierickx, I. (1994). Investments in strategic assets. In P. Shrivastava, A. S. Huff & J. E. Dutton (Eds.), *Advances in strategic management* (pp. 35-44). Greenwich, CT: JAI.

Cooper, A. C. (1979). Strategic management: New ventures and small business. In D. E. Schendel & C. W. Hofer (Eds.), *Strategic management: A new view of business policy and planning* (pp. 316-327). Boston, MA: Little, Brown and Company.

Cope, J. (2011). Entrepreneurial learning from failure: An interpretative phenomenological analysis. *Journal of Business Venturing, 26*(6), 604-623.

Copeland, T. E., & Weston, J. F. (1988). *Financial theory and corporate policy*. New York: Longman.

Corsten, H. (1989a). *Die Gestaltung von Innovationsprozessen: Hindernisse und Erfolgsfaktoren im Organisations-, Finanz- und Informationsbereich*. Berlin: Erich Schmidt.

Corsten, H. (1989b). Überlegungen zu einem Innovationsmanagement: Organisationale und personale Aspekte. In H. Corsten (Ed.), *Die Gestaltung von Innovationsprozessen: Hindernisse und Erfolgsfaktoren im Organisations-, Finanz- und Informationsbereich* (pp. 1-56). Berlin: Erich Schmidt.

Coveney, P. F., Elton, J. J., Shah, B. R., & Whitehead, B. W. (2002). Rebuilding business building. *The McKinsey Quarterly*(Special Edition), 39-47.

Covin, J. G., Green, K., & Slevin, D. P. (2006). Strategic process effects on the entrepreneurial orientation: Sales growth rate relationship. *Entrepreneurship Theory and Practice, 14*(4), 35-50.

Covin, J. G., & Miles, M. P. (1999). Corporate entrepreneurship and the pursuit of competitive advantage. *Entrepreneurship Theory and Practice, 23*(3), 47-63.

Covin, J. G., & Miles, M. P. (2007). Strategic use of corporate venturing. *Entrepreneurship Theory and Practice, 31*(2), 183-207.

Covin, J. G., & Slevin, D. P. (1989). Strategic management of small firms in hostile and benign environments. *Strategic Management Journal, 10*(1), 75-87.

Covin, J. G., & Slevin, D. P. (1990). New venture strategic posture, structure, and performance: An industry life cycle analysis. *Journal of Business Venturing, 5*(2), 123-135.

Covin, J. G., & Slevin, D. P. (1991). A conceptual model of entrepreneurship as firm behavior. *Entrepreneurship Theory and Practice, 16*(1), 7-25.

Covin, J. G., & Slevin, D. P. (1993). A response to Zahra's "critique and extension" of the Covin-Slevin entrepreneurship model. *Entrepreneurship Theory and Practice, 7*(4), 23-28.

Coyne, K. P., & Subramanian, S. (1996). Bringing discipline to strategy. *The McKinsey Quarterly, 22*(4), 14-25.

Crockett, D. R., McGee, J. E., & Payne, G. T. (2013). Employing new business divisions to exploit disruptive innovations: The interplay between characteristics of the corporation and those of the venture management team. *Journal of Product Innovation Management, 30*(5), 856-879.

Cronbach, L. J. (1951). Coefficient alpha and the internal structure of tests. *Psychometrika, 16*(3), 297-334.

Cunningham, J. B., & Lischeron, J. (1991). Defining entrepreneurship. *Journal of Small Business Management, 29*(1), 45-61.

Cyert, R. M., & March, J. G. (1963). *A behavioral theory of the firm*. Englewood Cliffs, NJ: Prentice-Hall.

Daft, R. L., & Huber, G. P. (1987). How organizations learn: A communication framework. In N. DiTomaso & S. B. Bacharach (Eds.), *Research in sociology of organizations* (pp. 1-36). Greenwich: JAI.

Daft, R. L., & Lengel, R. H. (1986). Organizational information requirements, media richness and structural design. *Management Science, 32*(5), 554-571.

Daft, R. L., & Weick, K. E. (1984). Toward a model of organizations as interpretation systems. *Academy of Management Review, 9*(2), 284-295.

Damanpour, F. (1991). Organizational innovation: A meta-anylsis of effects of determinant and moderators. *Academy of Management Journal, 34*(3), 555-590.

Danneels, E., & Kleinschmidt, E. J. (2001). Product innovativeness from the firm's perspective: It's dimensions and their relation with project selection and performance. *The Journal of Product Innovation Management, 18*(6), 357-373.

Day, G. S. (1994). Raising radicals: Different processes for championing innovative ventures. *Organization Science, 5*(2), 148-172.

Day, G. S., & Schoemaker, P. J. H. (2000). Avoiding the pitfalls of emerging technologies. *California Management Review, 42*(2), 8-33.

Day, G. S., & Schoemaker, P. J. H. (2004). A different game. In G. S. Day, P. J. Shoemaker & R. E. Gunther (Eds.), *Wharton on Managing Emerging Technologies* (pp. 1-23). New York: Wiley.

Day, J. D., Mang, P. Y., Richter, A., & Roberts, J. (2001). The innovative organization: Why new ventures need more than a room of their own. *The McKinsey Quarterly, 39*(2), 21-31.

DeCharms, R. (1968). *Personal Causation: The internal affective determinants of behavior*. New York: Academic Press.

Demsetz, H. (1967). Toward a theory of property rights. *The American Economic Review, 57*(2), 347-359.

Dess, G. G., Ireland, R. D., Zahra, S. A., Floyd, S. W., Janney, J. J., & Lane, P. J. (2003). Emerging issues in corporate entrepreneurship. *Journal of Management, 29*(3), 351-378.

Dess, G. G., Lumpkin, G. T., & McFarlin, D. (2005). The role of entrepreneurial orientation in stimulating effective corporate entrepreneurship. *Academy of Management Executive, 19*(1), 147-156.

Dess, G. G., Lumpkin, G. T., & McKee, J. E. (1999). Linking corporate entrepreneurship to strategy, structure, and process: Suggested research directions. *Entrepreneurship Theory and Practice, 23*(3), 85-103.

Diamond, D. W. (1984). Financial intermediation and delegated monitoring. *Review of Economic Studies, 51*(3), 393-414.

Dietl, H. (1993). *Institutionen und Zeit.* Tübingen: Mohr Siebeck.

Dimov, D., & Gedajlovic, E. (2010). A property rights perspective on venture capital investment decisions. *Journal of Management Studies, 47*(7), 1248-1271.

Dimov, D., Shepherd, D. A., & Sutcliffe, K. M. (2007). Requistite expertise, firm reputation, and status in venture capital investment allocation decisions. *Journal of Business Venturing, 22*(4), 481-502.

Dodgson, M. (1993). Organizational learning: A review of some literatures. *Organization Studies, 14*(3), 375-394.

Dorsch, F. (1976). *Psychologisches Wörterbuch.* Bern: Huber.

Dosi, G., Teece, D. J., & Winter, S. G. (1990). Toward a theory of corporate coherence, mimeo. *Mimeo, 3*, 8-16.

Dougherty, D. (1995). Managing your core competencies for corporate venturing. *Entrepreneurship Theory and Practice, 19*(3), 113-135.

Draeger-Ernst, A. (2003). *Vitalisierendes Intrapreneurship: Gestaltungskonzept und Fallstudie.* München: Rainer Hampp.

Drucker, P. F. (1974). *Management: Tasks, responsibilities, practices.* New York: Harper & Row.

Drucker, P. F. (1985). *Innovation and entrepreneurship: Practice and principles.* New York: Harper & Row.

Drucker, P. F. (2002). *Innovation and entrepreneurship: Practice and principles.* New York: Harper & Row.

Drucker, P. F. (2007). *Innovation and entrepreneurship: Practice and principles.* New York: Harper & Row.

Duncan, R. B., & Weiss, A. (1979). Organizational learning: Implications for organizational design. In B. M. Staw (Ed.), *Research in organizational behavior* (pp. 75-123). Greenwich: JAI

Dushnitsky, G., & Shapira, Z. (2010). Entrepreneurial finance meets organizational reality: Comparing investment practices and performance of corporate and independent venture capitalists. *Strategic Management Journal, 31*(9), 990-1017.

Dycke, A., & Schulte, C. (1986). Cafeteria-Systeme: Ziele, Gestaltungsformen, Beispiele und Aspekte der Implementierung. *Die Betriebswirtschaft, 46*(5), 577-589.

Eberl, P. (1996). *Die Idee des organisationalen Lernens: Konzeptionelle Grundlagen und Gestaltungsmöglichkeiten*. Bern, Stuttgart, Wien: Haupt.

Ebers, M., & Gotsch, W. (1999). Institutionsökonomische Theorien der Organisation. In A. Kieser (Ed.), *Organisationstheorien* (pp. 199-335). Stuttgart: Kohlhammer.

Eichborn, R. v. (1961). *Wirtschaftswörterbuch*. Düsseldorf: EconStor.

Eisenhardt, K. M. (1989). Agency theory: An assessment and review. *Academy of Management Review, 14*(1), 57-74.

Eisenhardt, K. M., & Martin, J. A. (2000). Dynamic capabilities: What are they? *Strategic Management Journal, 21*(10), 1105-1121.

Elfring, T. (2005). Dispersed and focused corporate entrepreneurship: Ways to balance exploitation and exploration. In T. Elfring (Ed.), *Corporate entrepreneurship and venturing* (pp. 1-22). New York: Springer.

Elschen, R. (1991). Gegenstand und Anwendungsmöglichkeiten der Agency-Theorie. *Zeitschrift für betriebswirtschaftiche Forschung, 43*(11), 1002-1012.

Erlei, M., & Jost, P.-J. (2001). Theoretische Grundlagen des Transaktionskostenansatzes. In P.-J. Jost (Ed.), *Der Transaktionskostenansatz in der Betriebswirtschaftslehre* (pp. 33-75). Stuttgat: Schäffer-Poeschel.

Erlei, M., Leschke, M., & Sauerland, D. (2007). *Neue Institutionenökonomik*. Stuttgart: Schäffer-Poeschel.

Ernst, H., Witt, P., & Brachtendorf, G. (2005). Corporate venture capital as a strategy for external innovation: An exploratory empirical study. *R&D Management, 35*(3), 233-242.

Eschenbach, A. (1977). *Job Enlargement und Job Enrichment: Methoden und Organisationsformen*. Würzburg: Lehmann.

Faisst, U. (2002). *Performance measurement in corporate venturing*. Lohmar: Josef Eul.

Falkenberg, P. (2013). Organisationale Rahmenbedingungen für das Ideenmanagement. In S. Franken (Ed.), *Ideenräume gestalten* (pp. 24-43). Aachen: Shaker.

Fallgatter, M. J. (2002). *Theorie des Entrepreneurship: Perspektiven zur Erforschung der Entstehung und Entwicklung junger Unternehmungen*. Wiesbaden: Deutscher Universitäts-Verlag.

Fallgatter, M. J. (2005). Zur Erforschung der Erfolgsfaktoren junger Unternehmen: Determinanten oder Impulse des unternehmerischen Handelns? In A.-K. Achleitner, H. Klandt, L. T. Koch & K.-I. Voigt (Eds.), *Jahrbuch Entrepreneurship 2004/05* (pp. 61-76). Berlin: Springer.

Fama, E. F. (1980). Agency problems and the theory of the firm. *Journal of Political Economy, 88*(2), 288-307.

Fama, E. F., & Jensen, M. C. (1983). Agency problems and residual claims. *Journal of Law and Economics, 26*(2), 327-349.

Fast, N. D. (1977). *The evolution of corporate new venture divisions*. Boston, MA: Harvard Business School.

Fast, N. D. (1978a). New venture departments: Organizing for innovation. *Industrial Marketing Management, 7*(5), 77-88.

Fast, N. D. (1978b). *The rise and fall of corporate new venture divisions*. Ann Arbor, MI: UMI Research.

Fast, N. D. (1979). The future of industrial new venture departments. *Industrial Marketing Management, 8*(1), 264-273.

Fast, N. D. (1981). Pitfalls of corporate venturing. *International Journal of Research Management, 14*(2), 21-24.

Feinendegen, S., Schmidt, D., & Wahrenburg, M. (2002). Die Vertragsbeziehung zwischen Investoren und Venture Capital-Fonds: Eine empirische Untersuchung des europäischen Venture Capital-Marktes. *CFS Working Paper: Johann Wolfgang Goethe-Universität, 2002*(01), 1-36.

Fiorito, S. S., & LaForge, R. W. (1986). A marketing strategy anaölysis for small retailers. *American Journal of Small Business, 10*(4), 7-17.

Fischer, L. (1987). Problemfelder und Perspektiven der Finanzierung durch Venture Capital in der Bundesrepublik Deutschland. *Die Betriebswirtschaft, 47*(1), 8-32.

Fiske, D. W. (1982). Convergent-discriminant validation in measurements in research strategies. In D. Brinberg & L. Kidder (Eds.), *New directions for methodology of social and behavioral science: Forms of validity in research* (pp. 77-92). San Francisco: Jossey- Bass.

Floyd, S. W., & Woolridge, B. (1990). The strategy process, middle management involvment, and organizational performance. *Strategic Management Journal, 11*(3), 231-242.

Floyd, S. W., & Woolridge, B. (1992). Middle management involvment in strategy and its association with strategic type: A research note. *Strategic Management Journal, 13*(Special Issue), 153-168.

Floyd, S. W., & Woolridge, B. (1994). Donosaurs or dynamos? Recognizing middle managements' strategic role. *Academy of Management Executive, 8*(4), 47-58.

Forrester, J. W. (1965). A new corporate design. *Sloan Management Review, 7*(1), 5-17.

Foss, N. J. (1997). Resources and strategy: A brief overview of themes and contributions. In N. J. Foss (Ed.), *Resources, firms and strategies* (pp. 3-18). New York, Oxford: Oxford University.

Foss, N. J., Knudsen, C., & Montgomery, C. A. (1995). An exploration of common ground: Integrating evolutionary and strategic theories of the firm. In C. A. Montgomery (Ed.),

Resource-based and evolutionary theories of the firm: Towards a synthesis (pp. 1-17). New York: Springer.

Franke, G., & Hax, H. (1995). *Finanzwirtschaft des Unternehmens und Kapitalmarkt*. Berlin, New York: Springer.

Franken, S. (2010). *Verhaltensorientierte Führung: Handeln, Lernen und Diversity in Unternehmen*. Wiesbaden: Gabler.

Franken, S. (2013). Ideen im Spannungsfeld zwischen Zielsetzung und Goodwill. In S. Franken (Ed.), *Ideenräume gestalten* (pp. 7-22). Aachen: Shaker.

Freese, B. (2006). *Corporate-Venture-Capital-Einheiten als Wissensbroker: Empirische Untersuchung interorganisationaler Beziehungen zwischen Industrie- und Start-up-Unternehmen*. Wiesbaden: Deutscher Universitäts-Verlag.

Frey, B. S., Osterloh, M., & Benz, M. (2001). Grenzen variabler Leistungslöhne: Die Rolle intrinsischer Motivation. In P.-J. Jost (Ed.), *Die Prinzipal-Agenten-Theorie in der Betriebswirtschaftslehre* (pp. 561-579). Stuttgart: Schäffer-Poeschel.

Frey, D., Kleinmann, M., & Barth, S. (1995). Intrapreneuring und Führung. In A. Kieser, G. Reber & R. Wunderer (Eds.), *Handwörterbuch der Führung* (pp. 1272-1284). Stuttgart: Schäffer-Poeschel.

Frommann, H. (1993). Beteiligungskapital und Management-Buy-Out. *Zeitschrift für das gesamte Kreditwesen, 46*(10), 444-446.

Frommann, H. (2001). Kapitalbeteiligungsgesellschaften. In W. Gerke & M. Steiner (Eds.), *Handwörterbuch des Bank- und Finanzwesens* (pp. 1247-1254). Stuttgart: Schäffer-Poeschel.

Furubotn, E. G., & Pejovich, S. (1972). Property rights and economic theory: A survey of recent literature. *Journal of Economic Literature, 10*(4), 1137-1162.

Gabler. (1997). *Wirtschaftslexikon*. Wiesbaden.

Gäfgen, G. (1983). *Entwicklung und Stand der Theorie der Property Rights: Eine kritische Bestandsaufnahme*. Konstanz: EconStor.

Gaitanides, M., & Wicher, H. (1985). Venture Management: Strategien und Strukturen der Unternehmensentwicklung. *Die Betriebswirtschaft, 45*(4), 414-426.

Gaitanides, M., & Wicher, H. (1986). Strategien und Strukturen innovationsfähiger Organisationen. *Zeitschrift für Betriebswirtschaft, 56*(4/5), 385-403.

Gälweiler, A., Malik, F., & Schwaninger, M. (1990). *Strategische Unternehmensführung*. Frankfurt am Main: Campus.

Garfield, C. A. (1986). *Peak performers: The new heroes of american business*. New York: W. Morrow.

Garrett, R. P., & Covin, J. G. (2013). Internal Corporate Venture operations independence and performance: A knowledge-based üerspective. *Entrepreneurship Theory and Practice, Early view*(Online version of record published before inclusion in an issue), 1-28.

Garrett, R. P., & Neubaum, D. O. (2013). Top management support and initial strategic assets: A dependency model for Internal Corporate Venture performance. *Journal of Product Innovation Management, 30*(5), 896-915.

Gartner, W. B. (1985). A conceptual framework for describing the phenomenon of new venture creation. *Academy of Management Review, 10*(4), 696-706.

Gartner, W. B. (1990). What are we talking about when we talk about entrepreneurship. *Journal of Business Venturing, 5*(1), 15-28.

Garvin, D. A. (2004). What every CEO should know about creating new businesses. *Harvard Business Review, 82*(7/8), 18-21.

Gassmann, O., & Enkel, E. (2004). *Towards a theory of open innovation: Three core process archetypes.* Paper presented at the The R&D Management Conference, Lissabon, Portugal.

Gassmann, O., & Fuchs, M. (2001). Führung von multilateralen Kooperationen. *Zeitschrift Führung + Organisation (ZFO), 70*(6), 346-353.

Gebert, D., Boerner, S., & Lanwehr, R. (2001). Innovation durch Empowerment: Eine Chance ohne Risiken? In H. Böhler & J. Sigloch (Eds.), *Unternehmensführung und empirische Forschung: Festschrift zum 65. Geburtstag von Peter Rütger Wossidlo* (pp. 259-288). Bayreuth: REA.

Gemünden, H. G., & Walter, A. (1996). Förderung des Technologietransfers durch Beziehungspromotoren. *Zeitschrift Führung + Organisation (ZFO), 65*(4), 237-245.

Gerke, W. (2001). Venture Capital. In W. Gerke & M. Steiner (Eds.), *Handwörterbuch des Bank- und Finanzwesens* (pp. 2128-2138). Stuttgart: Schäffer-Poeschel.

Gerpott, T. J. (1988). *Karriereentwicklung von Industrieforschern: Positionswechsel in der selben Unternehmung?* Berlin: De Gruyter.

Gerpott, T. J. (1999a). Innovations- und Technologiemanagement. In M. Bitz, K. Dellmann, M. Domsch & F. W. Wagner (Eds.), *Vahlens Kompendium der Betriebswirtschaftslehre* (pp. 289-339). München: Vahlen.

Gerpott, T. J. (1999b). *Strategisches Technologie- und Innovationsmanagement: eine konzentrierte Einführung.* Stuttgart: Schäffer-Poeschel.

Gerpott, T. J. (2005). *Strategisches Technologie- und Innovationsmanagement.* Stuttgart: Schäffer-Poeschel.

Geschka, H. (1970). *Forschung und Entwicklung als Gegenstand betrieblicher Entscheidungen.* Meisenheim: Hain.

Ghoshal, S., & Mintzberg, H. (1994). Diversification and diversifact. *California Management Review, 37*(1), 8-27.

Gibbons, R. (1998). Incentives in organizations. *Journal of Economic Perspective, 12*(4), 115-132.

Gillner, G. (1984). *Venture Capital: Leitfaden für die Praxis*. Hannover: Liebrecht.

Ginsberg, A., & Hay, M. (1993). *Managing the dilemmas of corporate venturing*. Budapest: Paper presented to the Rent VII Research in Entrepreneurship Workshop.

Ginsberg, A., & Hay, M. (1994). Confronting the challenges of corporate entrepreneurship: Guidelines for venture managers. *European Management Journal, 12*(4), 382-389.

Gmeiner, T. (1997). *Führung und Organisation interdisziplinärer Teams bei technologieorientierten Produktinnovationen*. Aachen: Shaker.

Göbel, E. (2002). *Neue Institutionenökonomik: Konzeption und betriebswirtschaftliche Anwendungen*. Stuttgart: UTB.

Goldenberg, J., R., L. D., & Mazursky, D. (2001). The idea itself and the circumstances of its emergence as predictors of new product success. *Management Science, 47*(1), 69-84.

Gompers, P. A. (1996). Grandstanding in the venture capital industry. *Journal of Finacial Economics, 42*(1), 133-156.

Gompers, P. A. (2002). Corporations and the financing of innovation: The corporate venturing experience. *Federal Reserve Bank of Atlanta Economic Review, 87*(4), 1-17.

Gompers, P. A., Kovner, A., & Lerner, J. (2009). Specialization and success: Evidence from venture capital. *Journal of Economics & Management Strategy, 18*(3), 817-844.

Gompers, P. A., & Lerner, J. (1998a). The determinantes of corporate venture capital success: organizational sructure, incentives, and complementarities. *National Bureau of Economic Research, Working Paper No. 6725*(September), 1-40.

Gompers, P. A., & Lerner, J. (1998b). Venture capital distributions: Short- and long-run reactions. *Journal of Finance, 53*(6), 2161-2183.

Gompers, P. A., & Lerner, J. (1999). *The venture capital cycle*. Cambridge, MA: MIT.

Gompers, P. A., & Sahlman, W. A. (2002). *Entrepreneurial finance: A case book*. Bosten, MA: Wiley.

Granig, P., & Hartlieb, E. (2012). *Die Kunst der Innovation: Von der Idee zum Erfolg*. Wiesbaden: Springer.

Grant, R. M. (1991). The resource-based theory of competitive advantage: Implications for strategy formulation. *California Management Review, 33*(3), 114-135.

Grant, R. M. (1996). Toward a knowledge-based theory of the firm. *Strategic Management Journal, 17*(3), 109-122.

Grant, R. M. (2010). *Contemporary strategy analysis*. West Sussex, UK: Chichester.

Green, P. G., Brush, C. G., & Hart, M. M. (1999). The corporate venture champion: A resource-based approach to role and process. *Entrepreneurship Theory and Practice, 23*(3), 103-122.

Grefermann, K., & Röthlingshöfer, K. C. (1974). *Patentwesen und technischer Fortschritt: Kritische Würdigung der Zusammenhänge in ausgewählten Branchen der Bundesrepublik Deutschland anhand empirischer Untersuchungen.* Göttingen: Schwartz.

Greiner, L. (1972). Evolution and revolution as organizations grow. *Harvard Business Review, 50*(4), 37-46.

Grewe, A. (2012). *Implementierung neuer Anreizsysteme: Grundlagen, Konzept und Gestaltungsempfehlungen.* München: Rainer Hampp.

Grichnik, D., Brettel, M., & Koropp, C. (2010). *Entrepreneurship: Unternehmerisches Denken, Entscheiden und Handeln in innovativen und technologieorientierten Unternehmungen.* Stuttgart: Schäffer-Poeschel.

Grimpe, C. (2006). Making use of the unused: Shelf warmer technologies in research and development. *Technovation, 26*(7), 770-774.

Grisebach, R. (1989). *Innovationsfinanzierung durch Venture Capital: Eine juristische und ökonomische Analyse.* Wiesbaden: VVF.

Güldenberg, S. (1998). *Wissensmanagement und Wissenscontrolling in lernenden Organisationen: Ein systemtheoretischer Ansatz.* Wiesbaden: Gabler.

Guler, I. (2007). Throwing good money after bad? Political and institutional influences on sequential decision making in the venture capital industry. *Administrative Science Quarterly, 52*(2), 248-285.

Gupta, A. K., Smith, K. G., & Shalley, C. E. (2006). The interplay between exploration and exploitation. *Academy of Management Journal, 49*(4), 693-706.

Guth, W. D., & Ginsberg, A. (1990). Guest editors' introduction: Corporate entrepreneurship. *Strategic Management Journal, 11*(Special Issue), 5-15.

Guth, W. D., & MacMillan, I. C. (1986). Strategy implementation versus middle management self-interest. *Strategic Management Journal, 7*(4), 313-327.

Guthof, P. (1995). *Strategische Anreizsysteme: Gestaltungsoptionen im Rahmen der Unternehmensentwicklung.* Wiesbaden: Gabler.

Haag, T. (1995). *Beteiligungsstrategien zur Erschließung von Innovationen.* Wiesbaden: Deutscher Universitäts-Verlag.

Haenecke, H. (2002). Methodenorientierte Systematisierung der Kritik an der Erfolgsfaktorenforschung. *Zeitschrift für Betriebswirtschaft, 72*(2), 165-183.

Haid, D. (2004). *Corporate Entrepreneurship im strategischen Management: Ansatz zur Implementierung des Unternehmertums im Unternehmen.* Wiesbaden: Deutscher Universitäts-Verlag.

Hair, J. F., Anderson, R. E., Tatham, R. L., & Black, W. C. (1995). *Multivariate data analysis.* Upper Saddle River: Prentice-Hall.

Hamel, G. (1999). Bringing silicon valley inside. *Harvard Business Review, 77*(5), 70-84.

Hamel, G. (2001). *Leading the revolution.* Boston, MA: Harvard Business School.

Hamel, G., & Prahalad, C. K. (1995). *Wettlauf um die Zukunft: Wie sie mit bahnbrechenden Strategien die Kontrolle über ihre Branche gewinnen und die Märkte von morgen schaffen.* Wien: Ueberreuter.

Hanan, M. (1969). Corporate growth through venture management. *Harvard Business Review, 47*(1), 43-61.

Hanan, M. (1976). *Venture management: A game plan for corporate growth and diversification.* New York: McGraw-Hill.

Hannan, M. T., & Freeman, J. (1977). The population ecology of organizations. *American Journal of Sociology, 82*(5), 929-964.

Hannan, M. T., & Freeman, J. (1984). Structural inertia and organizational change. *American Sociological Review, 49*(2), 149-164.

Hansen, M. T., Chesbrough, H., Nohria, N., & Sull, N. D. (2001). Die schnellen Brüter der New Economy. *Harvard Business Manager, 23*(2), 37-47.

Harman, H. H. (1967). *Modern factor Analysis.* Chicago: University of Chicago.

Harned, D. S., Keay, S. J., & Schrader, J. (1996). Beating high fail in high tech. *The McKinsey Quarterly, 2*, 155-165.

Hart, M. M., Stevenson, H. H., & Dial, J. (1995). Entrepreneurship: A definition revisited *Frontiers of Entrepreneurship Research* (pp. 89-95). Wellesley, MA: Babson College.

Hart, O. (1995). *Firms, contracts, and financial structure.* New York, Oxford: Oxford University.

Hartmann-Wendels, T. (1987). Venture Capital aus finanzierungstheoretischer Sicht. *Zeitschrift für betriebswirtschaftliche Forschung und Praxis, 39*(1), 16-30.

Hartmann-Wendels, T. (1989). Principal-Agent-Theorie und asymmetrische Informationsverteilung. *Zeitschrift für Betriebswirtschaft, 59*(7), 714-734.

Hartmann-Wendels, T. (1990). Zur Integration von Moral Hazard und Signalling in finanzierungstheoretischen Ansätzen. *Kredit und Kapital, 23*(2), 228-250.

Hartmann-Wendels, T. (2001). Finanzierung. In P.-J. Jost (Ed.), *Die Prinzipal-Agenten-Theorie in der Betriebswirtschaftslehre* (pp. 117-146). Stuttgart: Schäffer-Poeschel.

Hartmann, R. (1974). *Wagnisfinanzierung: Neue Möglichkeiten der Kapitalbeschaffung.* München: Moderne Industrie.

Hauschildt, J. (1992). Innovationsmanagement. In E. Frese (Ed.), *Handwörterbuch der Organisation* (pp. 1029-1041). Stuttgart: Schäffer-Poeschel.

Hauschildt, J. (1997). *Innovationsmanagement*. München: Vahlen.

Hauschildt, J. (2004). *Innovationsmanagement*. München: Vahlen.

Hauschildt, J., & Chakrabarti, A. K. (1988). Arbeitsteilung im Innovationsmanagement. *Zeitschrift für Führung und Organisation, 57*(6), 378-388.

Hauschildt, J., & Gemünden, H. G. (2011). Dimensionen der Innovation. In S. Albers & O. Gassmann (Eds.), *Handbuch Technologie- und Innovationsmanagement* (pp. 21-38). Wiesbaden: Gabler.

Hauschildt, J., & Salomo, S. (2005). Je innovativer, desto erfolgreicher? Eine kritische Analyse des Zusammenhangs zwischen Innovationsgrad und Innovationserfolg. *Journal für Betriebswirtschaft, 55*(1), 3-20.

Hauschildt, J., & Salomo, S. (2007). *Innovationsmanagement*. München: Vahlen.

Hax, H. (1991). Theorie der Unternehmung: Information, Anreize und Vertragsgestaltung. In D. Ordelheide, B. Rudolph & E. Büsselmann (Eds.), *Betriebswirtschaftlehre und ökonomische Theorie* (pp. 52-72). Stuttgart: Schäffer-Poeschel.

He, Z.-L., & Wong, P.-K. (2004). Exploration vs. exploitation: An empirical test of the ambidexterity hypothesis. *Organization Science, 15*(4), 481-494.

Hedberg, B. (1981). How organizations learn and unlearn. In P. C. Nystrom & W. H. Starbuck (Eds.), *Handbook of organizational design* (Vol. 3-27). New York: Oxford University Press.

Heimerl, P., & Sichler, R. (2012). *Strategie, Organisation, Personal, Führung*. Wien: Facultas.

Heiner, R. A. (1983). The origin of predictable behavior. *American Economic Review, 73*(4), 560-595.

Heitzer, B. (2000). *Finanzierung junger innovativer Unternehmen durch Venture-Capital Gesellschaften*. Köln: Josef Eul.

Hermes, M. (1995). *Eigenerstellung oder Fremdbezug neuer Technologie*. Solingen: Universität zu Kiel.

Herrmann, A., Gassmann, O., & Eisert, U. (2007). An empirical study of the antecedents for radical product innovations and capabilities for transformation. *Journal of Engineering and Technology Management, 24*(1), 92-120.

Herzberg, F. (1987). One more time: How do you motivate employees? *Harvard Business Review, 65*(5), 109-120.

Hielscher, U., Dorn, G., & Lampe, G. (1982). *Innovationsfinanzierung mittelständischer Unternehmen*. Stuttgart: Schäffer-Poeschel.

Hill, C. W. L., & Rothaermel, F. T. (2003). The performance of incumbent firms in the face of radical technological innovation. *Academy of Management Review, 28*(2), 257-274.

Hill, S. A., & Birkinshaw, J. (2008). Strategy – organization configurations in corporate venture units: Impact on performance and survival. *Journal of Business Venturing, 23*(4), 423-444.

Hill, S. A., Birkinshaw, J., & Murray, G. (2004). *Corporate entrepreneurship: Nothing ventured, nothing gained?* Wellesley, MA: Babson College.

Hill, S. A., Maula, M. V. J., Birkinshaw, J., & Murray, G. C. (2009). Transferability of the venture capital model to the corporate context: Implications for the performance of corporate venture units. *Strategic Entrepreneurship Journal, 3*(1), 3-27.

Hill, W., Fehlbaum, R., & Ulrich, P. (1989). *Organisationslehre 1: Ziele, Instrumente und Bedingungen der Organisation sozialer Systeme*. Bern: Paul Haupt.

Hippel, E. v. (1976). Successful and failing internal corporate ventures: An empirical analysis. *Industrial Marketing Management, 6*(3), 163-174.

Hippel, E. v. (1977). *The sources of innovation*. New York, Oxford: Oxford University.

Hisrich, R. D. (1986). *Entrepreneurship, intrapreneurship and venture capital: The foundation of economic renaissance*. Lexington, MA: Lexington Books.

Hisrich, R. D., & Brush, C. G. (1985). *The woman entrepreneur: Starting, financing, and Managing a successful new business*. Lexington, MA: Lexington Books.

Hisrich, R. D., & Peters, M. P. (1989). *Entrepreneurship: Starting, developing and managing a new enterprise*. Boston, MA: McGraw-Hill/Irwin.

Hisrich, R. D., & Peters, M. P. (2002). *Entrepreneurship*. Boston, MA: McGraw-Hill/Irwin.

Hisrich, R. D., Peters, M. P., & Shepherd, D. A. (2007). *Entrepreneurship*. Boston, MA: McGraw-Hill/Irwin.

Hitt, M. A., & Ireland, R. D. (2000). The intersection of entrepreneurship and strategic management research. In D. L. Sexton & H. Landström (Eds.), *Handbook of entrepreneurship* (pp. 45-63). Cambridge, MA: Blackwell.

Hofer, C. W., & Schendel, D. E. (1978). *Strategy formulation: Analytical concepts*. St. Paul, MN: South-Western.

Holmström, B. (1982). Moral hazard in teams. *Bell Journal of Economics, 13*(2), 324-340.

Holmström, B., & Milgrom, P. (1991). Multitask principal agent analysis: Incentive contracts, asset ownership and job design. *Journal of Law, Economics and Organization, 7*(2), 24-52.

Hornsby, J. S., Kuratko, D. F., Shepherd, D. A., & Bott, J. P. (2009). Managers' corporate entrepreneurial actions: Examining perception and position. *Journal of Business Venturing, 24*(3), 236-247.

Hornsby, J. S., Kuratko, D. F., & Zahra, S. A. (2002). Middle managers' perception of the internal environment for corporate entrepreneurship: Assessing a measurement scale. *Journal of Business Venturing, 17*(3), 253-273.

Huber, G. P. (1991). Organizational learning: The contribution process and the literatures. *Organization Science, 2*(1), 88-115.

Hübner, H. (2002). *Integratives Innovationsmanagement: Nachhaltigkeit als Herausforderung für ganzheitliche Erneuerungsprozesse*. Berlin: Erich Schmidt.

Jacob, A.-F. (1991). Finanzierungsregeln, Vertrauenskapital und Risikoaversion. In K.-P. Kistner & R. H. Schmidt (Eds.), *Unternehmensdynamik, Festschrift für Horst Albach zum 60. Geburtstag* (pp. 111-131). Wiesbaden: Gabler.

Jansen, H. (2005). Verfügungsrechte und Transaktionskosten. In A. Horsch, H. Meinhövel & S. Paul (Eds.), *Institutionenökonomie in der Betriebswirtschaftslehre* (pp. 101-119). München: Vahlen.

Jauch, L. R., & Glueck, W. F. (1988). *Business policy and strategic management*. New York: McGraw-Hill.

Jennings, D. F., & Lumpkin, J. R. (1989). Functioning modelling corporate entrepreneurship: An empirical integrative analysis. *Journal of Management, 15*(3), 485-502.

Jensen, M. C. (1983). Organization theory and methodology. *The Accounting Review, 53*(2), 319-339.

Jensen, M. C., & Meckling, W. H. (1976). Theory of the firm: Managerial behavior, agency costs and ownership structure. *Journal of Financial Economics, 3*(4), 305-360.

Jessen, J. P. (2002). *Venture Capital in Deutschland und in den USA: Methode zur Managementbetreuung von innovativen Frühphasenunternehmen*. Frankfurt am Main: Peter Lang.

Johnson, K. L. (2012). The role of structural and planning autonomy in the performance of internal corporate ventures. *Journal of Small Business Management, 50*(3), 469-497.

Jones, G. R., & Butler, J. E. (1992). Managing internal corporate entrepreneurship: An agency theory perspective. *Journal of Management, 18*(4), 733-749.

Jost, P.-J. (2001). Die Prinzipal-Agenten-Theorie im Unternehmenskontext. In P.-J. Jost (Ed.), *Die Prinzipal-Agenten-Theorie in der Betriebswirtschaftlehre* (pp. 11-43). Stuttgart: Schäffer-Poeschel.

Kaiser, H. F. (1958). The varimax criterion for analytic rotation in factor analysis. *Psychometrika, 23*(3), 187-200.

Kaiser, H. F. (1959). Computer program for varimax rotation in factor analysis. *Educational and Psychological Measurement, 19*(3), 413-420.

Kanter, R. M. (1985). Supporting innovation and venture development in established companies. *Journal of Business Venturing, 1*(1), 47-60.

Kanter, R. M. (1986). The reshaping of middle management. *Management Review, 75*(1), 19-20.

Kaplan, R. S., & Norton, D. P. (1997). *Balanced Scorecard: Strategien erfolgreich umsetzen.* Stuttgart: Schäffer-Poeschel.

Katz, L. F. (1986). Efficiency wage theories: A partial evaluation. In S. Fischer (Ed.), *NBER Macroeconomics Annual* (Vol. 1, pp. 235-290). Cambridge, MA: MIT Press.

Katz, R., & Allen, T. J. (1982). Investigating the not invented here (NIH) syndrome: A look at the performance, tenure, and communication patterns of 50 R&D project groups. *R&D Management, 12*(1), 7-19.

Kaufmann, J. (2003). *Intrapreneuring*. Frankfurt am Main: Peter Lang.

Keenan, M. (2003). Identifying emerging generic technologies at the national level: The UK experience. *Journal of Forecasting, 22*(2/3), 129–160.

Keil, T. (2000). *External corporate venturing: Cognition, speed, and capability development.* Espoo: Helsinki University: Institute of Strategy and International Business.

Keil, T. (2001). External corporate venturing: Exploration and exploitation. *Helsinki University of Technology: Institute of Strategy and International Business, 2001*(02).

Keil, T., McGrath, R. G., & Tukiainen, T. (2009). Gems from the ashes: Capability creation and transforming in internal corporate venturing. *Organization Science, 20*(3), 601-620.

Kelley, D. J., Neck, H. M., O'Connor, G. C., & Paulson, A. (2005). Corporate entrepreneurship through radical innovation: Key organization and initiative level mechanisms. In T. Elfring (Ed.), *Corporate entrepreneurship and venturing* (pp. 23-48). New York: Springer.

Kelley, R. E., & Caplan, J. (1993). How bell labs creates star performers. *Harvard Business Review, 71*(4), 128-139.

Keuschnigg, C., & Nielsen, S. B. (2004). Start-ups, venture capitalists, and the capital gains tax. *Journal of Public Economics, 88*(5), 1011-1042.

Kieser, A. (1984). Organisation der industriellen Forschung und Entwicklung. In M. Domsch & E. Jochum (Eds.), *Personal-Management in der industriellen Forschung und Entwicklung* (pp. 48-68). Köln: Heymanns.

Kieser, A., & Kubicek, H. (1992). *Organisation*. Berlin: Gruyter.

Kim, J., & Mahoney, J. T. (2005). Property rights theory, transaction cost theory, ang agency theory: An organizational economics approach to strategic management. *Managerial and Decision Economics, 26*(4), 223-242.

Kinlaw, D. C. (1995). *The practice of empowerment: Making the most human competence.* Hampshire: Gower.

Kirsch, W., & Reglin, B. (1991). Umsetzung strategischer Programme: Strategische Steuerung und operative Managementsysteme. In W. Kirsch (Ed.), *Beiträge zum Management strategischer Programme* (pp. 647-711). München: Herrsching : Kirsch.

Kirzner, I. M. (1973). *Competition and entrepeneurship*. Chicago, IL: University of Chicago.

Kirzner, I. M. (1978). *Wettbewerb und Unternehmertum*. Tübingen: Mohr Siebeck.

Kirzner, I. M. (1997). Entrepreneurial discovery and the competitive market process: An Austrian approach. *Journal of Economic Literature, 35*(1), 60-85.

Klandt, H. (1984). *Aktivität und Erfolg des Unternehmensgründers: Eine empirische Analyse unter Einbeziehung des mikrosozialen Umfeldes*. Bergisch Gladbach: Josef Eul.

Klein, B., Crawford, R. G., & Alchian, A. A. (1978). Vertical integration, appropriable rents and the competitive contracting. *Journal of Law and Economics, 21*(2), 297-328.

Klein, H. (2002). *Internal Corporate Venturing: Die Überwindung von Innovationsbarrieren in DAX 100-Unternehmen*. Wiesbaden: Deutscher Universitäts-Verlag.

Klemm, H. A. (1988). *Die Finanzierung und Betreuung von Innovationsvorhaben durch Venture Capital-Gesellschaften: Möglichkeiten und Grenzen der Übertragung des amerikanischen Venture Capital Konzeptes auf die Bundesrepublik Deutschland.* Frankfurt am Main: Peter Lang.

Klimecki, R., & Probst, G. J. B. (1990). Entstehung und Entwicklung der Unternehmenskultur. In C. Lattmann (Ed.), *Die Unternehmenskultur* (pp. 41-65). Heidelberg: Physica.

Knight, F. H. (1921). *Risk, uncertainty and profit*. New York: Houghton Mifflin.

Knight, R. M. (1987). Corporate innovation and entrepreneurship: A canadian study. *Journal of Product Innovation Management, 4*(4), 284-297.

Knyphausen-Aufseß, D. z. (1995). *Theorie der strategischen Unternehmensführung: State of the Art und neue Perspektiven*. Wiesbaden: Gabler.

Kolks, U. (1990). *Strategieimplementierung: Ein anwenderorientiertes Konzept*. Wiesbaden: Deutscher Universitäts-Verlag.

Kossbiel, H. (1994). Überlegungen zur Effizienz betrieblicher Anreizsysteme. *Die Betriebswirtschaft, 54*(1), 75-93.

Kotler, P. (1996). *Marketing management: Analysis, planning, implementation and control.* Englewood Cliffs, NJ: Prentice-Hall.

Kreysel, M.-A. (2006). *Venture Capital als Instrument der Innovationsfinanzierung von Großunternehmen. Eine theoretische und empirische Analyse*. Dresden: Verlag der Wissenschaften.

Krueger, A. B., & Summers, L. H. (1988). Efficiency wages and the inter-industry wage structure. *Econometrica, 56*(2), 259-293.

Krüger, W., & Homp, C. (1997). *Kernkompetenz-Management: Steigerung von Flexibilität und Schlagkraft im Wettbewerb*. Wiesbaden: Gabler.

Kubicek, H. (1975). *Empirische Organisationsforschung: Konzeption und Methodik*. Stuttgart: Schäffer-Poeschel.

Kuckertz, A. (2006). *Der Beteiligungsprozess bei Wagniskapitalfinanzierungen: Eine informationsökonomische Perspektive*. Wiesbaden: Gabler.

Kuhn, T. (2000). *Internes Unternehmertum: Begründung und Bedingungen einer 'kollektiven Kehrtwendung'*. München: Vahlen.

Kuratko, D. F., Ireland, R. D., Covin, J. G., & Hornsby, J. S. (2005). A model of middle-level managers' entrepreneurial behavior. *Entrepreneurship Theory and Practice, 29*(6), 699-716.

Kuratko, D. F., Ireland, R. D., & Hornsby, J. S. (2001). Improving firm performance through entrepreneurial actions: Acordia's corporate entrepreneurship strategy. *Academy of Management Executive, 15*(4), 60-71.

Kuratko, D. F., Montagno, R. V., & Hornsby, J. S. (1990). Developing an intrapreneurial assessment instrument for effective corporate entrepreneurial environment. *Strategic Management Journal, 11*(Special Issue), 49-58.

Kuratko, D. F., & Morris, M. H. (2003). Corporate entrepreneurship: The dynamic strategy for 21st century organizations. In G. D. Libecap (Ed.), *Issues in entrepreneurship: Contracts, corporate characteristics and country differences* (pp. 21-46). Amsterdam: JAI.

Kuratko, D. F., Morris, M. H., & Covin, J. G. (2011). *Corporate innovation and entrepreneurship: Entrepreneurial development within organizations*. Ohio: South-Western Cengage Learning.

Langenscheidt. (2005). *Handwörterbuch Lateinisch - Deutsch*. Berlin: Langenscheidt.

Lazear, E. P., & Rosen, S. (1981). Rank-order tournaments as optimal labor contracts. *Journal of Political Economy, 89*(5), 841-864.

Lehmann, A. (1994). *Wissensbasierte Analyse technologischer Diskontinuitäten*. Wiesbaden: Deutscher Universitäts-Verlag.

Leifer, R., McDermott, C. M., O'Connor, G. C., Peters, L. S., Rice, M. P., & Veryzer, R. W. (2000). *Radical innovation: How mature companies can outsmarkt upstarts*. Boston, MA: Harvard Business School.

Leker, J. (2005). Misserfolgsanalyse in der Forschung zum strategischen Management. In C. Burmann, J. Freiling & M. Hülsmann (Eds.), *Management von Ad-hoc-Krisen: Grundlagen - Strategien - Erfolgsfaktoren* (pp. 377-390). Wiesbaden: Gabler.

Lembke, G. (2004). *Die lernende Organisation als Grundlage einer entwicklungsfähigen Unternehmung*. Marburg: Tectum.

Lengnick-Hall, C. A. (1992). Strategic configurations and designs for corporate entrepreneurship: Exploring the relationship between cohesiveness and performance. *Journal of Engineering and Technology Management, 9*(2), 127-154.

Leonard-Barton, D. A. (1992). Core capabilities and core rigidities: A paradox in managing new product development. *Strategic Management Journal, 13*(Special Issue), 111-125.

Leonard, D. (1995). *Wellsprings of knowledge: Building and sustaining the sources of innovation*. Boston, MA: Harvard Business School.

Leopold, G., Frommann, H., & Kühr, T. (2003). *Private Equity - Venture Capital: Eigenkapital für innovative Unternehmen*. München: Vahlen.

Lerner, J. (2001). A note on corporate venture capital. *Harvard Business School Case, #9-202-036*.

Lerner, J. (2012). The architecture of innovation: The economics of creative organizations. *Harvard Business Review Press*.

Leten, B., & van Dyck, W. (2012). Corporate venturing: Strategies and success factors. *Review of Business and Economic Literature, 57*(4), 243-257.

Lichtenthaler, U. (2001). Open innovation: Past research, current debates, and future directions. *Academy of Management Perspectives, 25*(1), 75-93.

Liebsch, B. (2011). *Phänomen Organisationales Lernen: Kompendium der Theorien individuellen, sozialen und organisationalen Lernens sowie interorganisationalen Lernens in Netzwerken*. München: Rainer Hampp.

Ling, Y., Simsek, Z., Lubatkin, M., & Veiga, J. (2008). Transformational leadership's role in promoting entrepreneurship: Examining the CEO-TMT interface. *Academy of Management Journal, 51*(3), 557-576.

Linz, C. (2001). *Konzern als Gründer-Unternehmen: Revolutionäres Innovationsmanagement in beschleunigten Märkten*. Wiesbaden: Gabler.

Lohfert, O. T. (2003). *Innovationsmanagement durch internes Risikokapital: Zur Sicherung der Rationalität des Aufbaus neuer Ventures*. Wiesbaden: Deutscher Universitäts-Verlag.

Luchsinger, V., & Bagby, D. R. (1987). Entrepreneurship and intrapreneurship: Behaviors, comparisos, and contrasts. *S.A.M. Advanced Management Journal, 52*(3), 10-13.

Lumpkin, G. T., & Dess, G. G. (1996). Clarifying the entrepreneurial orientation construct and linking it to performance. *Academy of Management Review, 21*(1), 135-172.

Lundquist, G. (2004). The missing ingredients in corporate innovation. *Research Technology Management, 47*(5), 11-12.

Macharzina, K. (1999). *Unternehmensführung: Das internationale Managementwissen: Konzepte - Methoden - Praxis*. Wiesbaden: Gabler.

Macho-Stadler, I., & Pérez-Castrillo, D. (1997). *An introduction to the economics of information*. New York, Oxford: Oxford University.

MacMillan, I. C., Block, Z., & Narasimha, P. N. S. (1986). Corporate venturing: Alternatives, obstacles encountered, and experience effects. *Journal of Business Venturing, 1*(2), 177-191.

MacMillan, I. C., & Day, D. L. (1987). Corporate ventures into industrial markets: Dynamics of aggressive entry. *Journal of Business Venturing, 2*(1), 29-39.

Maidique, M. A., & Zirger, B. (1985). The new product learning cycle. *Research Policy, 14*(6), 299-313.

Maine, E. (2008). Radical innovation through internal corporate venturing: Degussa's commercialization of nanomaterials. *R&D Management, 38*(4), 359-371.

Mair, J. (2005). Entrepreneurial behavior in a large traditional firm: Exploring key drivers. In T. Elfring (Ed.), *Corporate entrepreneurship and venturing* (pp. 49-72). New York: Springer.

March, J. G. (1991). Exploration and exploitation in organizational learning. *Organization Science, 2*(1), 71-87.

March, J. G., & Olsen, J. P. (1975). The uncertainty of the past: Organizational learning under ambiguity. *European Journal of Political Research, 15*(3), 147-171.

March, J. G., & Sutton, R. I. (1997). Organizational performance as a dependent variable. *Organization Science, 8*(6), 698-706.

Markham, S. K., & Aiman-Smith, L. (2001). Product champions: Truths, Myths and Management. *Research Technology Management, 44*(3), 44-50.

Markides, C. C., & Williamson, P. J. (1994). Related diversification, core competences and corporate performance. *Strategic Management Journal, 15*(Special Issue), 149-165.

Markowitz, H. M. (1952). Portfolio selection. *The Journal of Finance, 7*(1), 77-91.

Maselli, A. (1997). *Spin-offs zur Durchführung von Innovationen: Eine Analyse aus institutionenökonomischer Sicht*. Wiesbaden: Gabler.

Mason, H., & Rohner, T. (2002). *The venture imperative: A new model for corporate innovation*. Boston, MA: Harvard Business School.

Matz, C. (2002). *Wettbewerbsentwicklung im deutschen Private-Equity-Markt. Strategieoptionen für Beteiligungskapital-Gesellschaften*. Wiesbaden: Deutscher Universitäts-Verlag.

Matz, S. K. (2007). *Erfolgsfaktoren im Innovationsmanagement von Industriebetrieben*. Wiesbaden: Deutscher Universitäts-Verlag.

Maula, M. V. J. (2001). *Corporate venture capital and the value-added for technology-based new firms*. Espoo: Helsinki University: Institute of Strategy and International Business.

Maula, M. V. J. (2007). Corporate venture capital as a strategic tool for corporations. In H. Landström (Ed.), *Handbook of research on venture capital* (pp. 371-392). Cheltenham, UK: Edward Elgar.

Maula, M. V. J., Autio, E., & Murray, G. C. (2005). Corporate venture capitalists and independent venture capitalists: What do they know, who do they know, and should entrepreneurs care? *Venture Capital: An International Journal of Entrepreneurial Finance, 7*(1), 3-21.

McBeth, E. W., & Rimac, T. (2004). The age of entrepreneurial turbulence: Creating sustainable advantage for individuals, organizations, and societies in the new century. In E. Bieto (Ed.), *Corporate entrepreneurship: An insight into organizational structures and behaviors that encourage entrepreneurial culture* (pp. 17-23). Barcelona: ESADE MBA Business Review.

McGrath, R. G. (1995). Advantage from adversity: Learning from disappointment in internal corporate ventures. *Journal of Business Venturing, 10*(2), 121-142.

McGrath, R. G., Keil, T., & Tukiainen, T. (2006). Extracting value from corporate venturing. *MIT Sloan Management Review, 48*(1), 50-56.

McGrath, R. G., Venkataraman, S., & MacMillan, I. C. (1994). The advantage chain: Antecedents to rents from internal corporate ventures. *Journal of Business Venturing, 9*(5), 351-369.

McMullan, W. E., & Long, W. A. (1983). The meaning of entrepreneurship. *American Journal of Small Business, 8*(2), 47-59.

McNally, K. (1997). *Corporate venture capital: Bridging the equity gap in the small business sector*. London: Routledge.

Meißner, W. (1987). *Innovation und Organisation: Die Initiierung von Innovationsprozessen in Organisationen*. Stuttgart: Verlag für Angewandte Psychologie.

Mes, F. (2011). *Internal Corporate Venturing zur Steigerung der Innovationsfähigkeit etablierter Unternehmen*. Wiesbaden: Gabler.

Mezias, S. J., & Glynn, M. A. (1993). The three faces of corporate renewal: Institution, revolution, and evolution. *Strategic Management Journal, 14*(2), 77-101.

Michaelis, E. (1985). *Organisation unternehmerischer Aufgaben: Transaktionskosten als Beurteilungskriterium*. Frankfurt am Main: Peter Lang.

Michalski, T. (2002). Corporate Entrepreneurship: Innovationen bei global tätigen Industrieunternehmen unter hyperkompetitiven Wettbewerbsbedingungen. *GMIP - Contributions to Management*(4), 1-25.

Michalski, T. (2008). Erfolgreiches Management von CV-Aktivitäten. In A. Eisenkopf, C. Opitz & H. Proff (Eds.), *Strategisches Kompetenz-Management in der Betriebswirtschaftslehre: Eine Standortbestimmung* (pp. 255-282). Wiesbaden: Gabler.

Miles, M. P., & Covin, J. G. (2002). Exploring the practice of corporate venturing: Some common forms and their organizational implications. *Entrepreneurship Theory and Practice, 26*(3), 21-40.

Milgrom, P., & Roberts, J. (1992). *Economics, organization and management*. Englewood Cliffs, NJ Prentice-Hall.

Miller, A., & Dess, G. G. (1998). *Strategic Management*. New York: McGraw Hill.

Miller, A., Spann, M. S., & Lerner, J. (1991). Competitive advantages in new corporate ventures: The impact of resource sharing and reporting level. *Journal of Business Venturing, 6*(5), 335-350.

Miller, A., Wilson, B., & Adams, M. (1988). Financial patterns of new corporate ventures: An alternative to traditional measures. *Journal of Business Venturing, 3*(4), 287-298.

Miller, D. (1983). The correlates of entrepreneurship in three types of firms. *Management Science, 29*(7), 770-791.

Miller, D. (1990). *The icarus paradox: How exceptional companies bring about their own downfall: New lessons in the dynamic of corporate success, decline, and renewal.* New York: Harper & Row.

Miller, D., & Toulouse, J. M. (1986). Strategy, structure, CEO personality and performance in small firms. *American Journal of Small Business, 10*(3), 47-62.

Miller, W. L. (2006). Innovation rules! *Research Technology Management, 49*(2), 8-14.

Mintzberg, H. (1978). Patterns in strategy formation. *Management Science, 24*(9), 934-948.

Mintzberg, H. (1989). *Mintzberg on management: Inside our strange world of ornaizations.* New York: Free Press.

Mintzberg, H. (1994). *The rise and fall of strategic planning.* New York: Free Press.

Mintzberg, H. (2003). Five Ps for strategy. In H. Mintzberg, J. B. Lampel, J. B. Quinn & S. Ghoshal (Eds.), *The strategy process: Concepts, contexts, cases* (pp. 3-7). Harlow, Essex, UK: Prentice Hall.

Mintzberg, H., Ahlstrand, B., & Lampel, J. B. (1998). *Strategy safari: A guided tour through the wilds of strategic management.* New York: Free Press.

Misirli, O. (1988). *Venture-Capital-Gesellschaften als Intermediäre auf dem Kapitalmarkt.* Bergisch Gladbach, Köln: Josef Eul.

Modigliani, F., & Miller, M. H. (1958). The cost of capital, corporate finance and the theory of investment. *The American Economic Review, 48*(3), 261-297.

Mohr, N. (1997). *Kommunikation und organisatorischer Wandel: Ein Ansatz für ein effizientes Kommunikationsmanagement im Veränderungsprozess.* Wiesbaden: Gabler.

Möller, M. (2003). *Rechtsformen der Wagnisfinanzierung: Eine rechtsvergleichende Studie zu den USA und zu Deutschland.* Frankfurt am Main: Peter Lang.

Montgomery, C. A. (1995). Of diamonds and rust: A new look at resources. In C. A. Montgomery (Ed.), *Resource-based and evolutionary theories of the firm: Towards a synthesis* (pp. 251-268). New York: Springer.

Morris, M. H., & Kuratko, D. F. (2002). *Corporate entrepreneurship: Entrepreneurial development within organizations.* Orlando, FL: Harcourt College.

Morris, M. H., & Trotter, J. D. (1990). Institutionalizing entrepreneurship in a large campany: A case study at AT&T. *Industrial Marketing Management, 19*(2), 131-139.

Müller-Stevens, G., & Pautzke, G. (1991). Führungskräfteentwicklung und organisatorisches Lernen. In T. Sattelberger (Ed.), *Die lernende Organisation: Konzepte für eine neue Qualität der Unternehmensentwicklung* (pp. 185-205). Wiesbaden: Gabler.

Müller-Stewens, G. (1992). DBW-Stichwort: New Venture Management. *Die Betriebswirtschaft, 52*(2), 267-268.

Müller-Stewens, G., & Bretz, H. (1991). Stimulierung unternehmerischer Tugenden durch New Venture Management. In G. Schanz (Ed.), *Handbuch Anreizsysteme* (pp. 547-566). Stuttgart: Schäffer-Poeschel.

Müller, G. F., Garrecht, M., Pikal, E., & Reedwisch, N. (2002). Führungskräfte mit unternehmerischer Verantwortung: Selbstständigkeitsrelevante Persönlichkeitsausprägungen im Vergleich zu anderen führungsgeeigneten Angestellten und freien Unternehmern oder Selbständigen. *Zeitschrift für Personalpsychologie, 1*(1), 19-26.

Mullins, J. W., & Cardozo, R. N. (1993). New venture strategies and start-up environment. In S. Birley & I. C. MacMillan (Eds.), *Entrepreneurship research: Global perspectives* (pp. 71-86). Amsterdam: Elsevier.

Naman, J., & Slevin, D. P. (1993). Entrepreneurship and the concept of fit: A model and empirical tests. *Strategic Management Journal, 14*(2), 137-153.

Narayanan, V. K., Yang, Y., & Zahra, S. A. (2009). Corporate venturing and value creation: A review and proposed framework. *Research Policy, 38*(1), 58-76.

Nathusius, K. (1979a). Grundansatz und Formen des Venture Managements. *Zeitschrift für betriebswirtschaftliche Forschung und Praxis, 31*(7), 507-526.

Nathusius, K. (1979b). *Venture Management: Ein Instrument zur innovativen Unternehmensentwicklung*. Berlin: Duncker & Humblot.

Nelson, R. R., & Winter, S. G. (1982). *An evolutionary theory of economic change*. Cambridge, MA: Harvard University.

Neubecker, J. (2006). *Finanzierung durch Corporate Venture Capital und Venture Capital: Empirische Untersuchung zum Value Added junger, innovativer Unternehmen in Deutschland.* Wiesbaden: Gabler.

Neus, W. (1989). Die Aussagekraft von Agency Costs. *Zeitschrift für Betriebswirtschaftliche Forschung und Praxis, 41*(6), 472-490.

Neus, W. (2001). Finanzierung. In P.-J. Jost (Ed.), *Der Transaktionskostenansatz in der Betriebswirtschaftslehre* (pp. 107-154). Stuttgart: Schäffer-Poeschel.

Nicolai, A., & Kieser, A. (2002). Trotz eklatanter Erfolgslosigkeit: Die Erfolgsfaktorenforschung weiter auf Erfolgskurs. *Die Betriebswirtschaft, 62*(6), 579-596.

Noda, T., & Bower, J. L. (1996). Strategy making as iterated processes of resource allocation. *Strategic Management Journal, 17*(S1), 159-192.

Nonaka, I. (1988). Toward middle-up-down management: Acceleration information creation. *Sloan Management Review, 29*(3), 9-18.

Nonaka, I., Krogh, G. v., & Voelpel, S. (2006). Organizational knowledge creation theory: Evolutionary paths and future advances. *Organization Studies, 27*(8), 1179-1208.

North, D. C. (1978). Structure and performance: The task of economic history. *Journal of Economic Literature, 16*(3), 963-978.

North, D. C. (2005). *Understanding the process of economic change*. Princeton.

Nunnally, J. C. (1967). *Psychometric theory*. New York: McGraw-Hill.

Nunnally, J. C. (1978). *Psychometric theory*. New York: McGraw-Hill.

O'Reilly, C. A., & Tushman, M. L. (2004). Neues schaffen, Altes bewahren. *Harvard Business Manager, 8*, 74-83.

Paul, H., & Wollny, V. (2011). *Instrumente des strategischen Managements*. München: Oldenbourg.

Pautzke, G. (1989). *Die Evolution der organisatorischen Wissensbasis: Bausteine zu einer Theorie des organisatorischen Lernens*. München: Herrsching : Kirsch.

Pearce, J. A., Kramer, T. R., & Robbins, D. K. (1997). Effects of managers' entrepreneurial behavior on subordinates. *Journal of Business Venturing, 12*(2), 147-160.

Penrose, E. T. (1959). *The theory of the growth of the firm*. New York, Oxford: Oxford University.

Penrose, E. T. (1960). The growth of the firm: A case study: The Hercules Powder Company. *Business History Review, 34*(1), 1-23.

Perridon, L., & Steiner, M. (2003). *Finanzwirtschaft der Unternehmung*. München: Vahlen.

Peter, J. P. (1979). Reliability: A Review of psychometric basic and recent marketing practices. *Journal of Marketing Research, 16*(1), 6-17.

Peters, T. J., & Waterman, R. H. (1983). *Auf der Suche nach Spitzenleistungen: Was man von den bestgeführten US-Unternehmen lernen kann*. Landsberg am Lech: Moderne Industrie.

Peterson, R. A. (1994). A meta-analysis of Cronbach's Coefficient Alpha. *Journal of Consumer Research, 21*(2), 381-391.

Peterson, R. W. (1967). New venture management in a large company. *Harvard Business Review, 45*(3), 68-76.

Pfeiffer, W. (1999). Funktionalmarkt-Konzept als Planungsinstrument bei prinzipiellen High-Tech-Innovationen. In H. Albach, E. Eymann, A. Luhmer & M. Steven (Eds.), *Die Theorie der Unternehmung in Theorie und Praxis* (pp. 421-440). Berlin: Springer.

Pfister, B. (1997). *Ein integriertes Gestaltungskonzept des internen Venture Managements*. St. Gallen: Universität St. Gallen.

Picot, A. (1982). Transaktionskostenansatz in der Organisationstheorie: Stand der Diskussion und Aussagewert. *Die Betriebswirtschaft, 42*(2), 267-284.

Picot, A. (1991). Ökonomische Theorie der Organisation: Ein Überblick über neuere Ansätze und deren betriebswirtschaftliches Anwendungspotenzial. In D. Ordelheide, B. Rudolph & E. Büsselmann (Eds.), *Betriebswirtschaftslehre und ökonomische Theorie* (pp. 143-170). Stuttgart: Schäffer-Poeschel.

Picot, A., & Dietl, H. (1990). Transaktionskostentheorie. *Wirtschaftswissenschaftliches Studium, 19*(4), 178-184.

Picot, A., Dietl, H., & Franck, E. (2002). *Organisation: Eine ökonomische Perspektive*. Stuttgart: Schäffer-Poeschel.

Picot, A., & Michaelis, E. (1984). Verteilung von Verfügungsrechten in Großunternehmen und Unternehmensverfassung. *Zeitschrift für Betriebswirtschaft, 54*(3), 252-272.

Picot, A., Reichwald, R., & Wigand, R. (1996). *Die grenzenlose Unternehmung*. Wiesbaden: Gabler.

Picot, A., & Schneider, D. (1988). Unternehmerisches Innovationsverhalten: Verfügungsrechte und Transaktionskosten. In D. Budäus, E. Gerum & G. Zimmermann (Eds.), *Betriebswirtschaftslehre und Theorie der Verfügungsrechte* (pp. 91-118). Wiesbaden: Gabler.

Pinchot, G. (1985). *Intrapreneuring: Why you don't have to leave the corporation to become an entrepreneur*. New York: Harper & Row.

Pinchot, G. (1988). *Intrapreneuring: Mitarbeiter als Unternehmer*. Wiesbaden: Gabler.

Pinchot, G., & Pellman, R. (1999). *Intrapreneuring in action: A handbook for business innovation*. San Francisco: Berrett-Koehler.

Pleschak, F. (1997). Development problems of small technology-based firms and ways of overcoming them. In K. Koschatzky (Ed.), *Technology-based firms in the innovation process: Management, financing and regional networks* (pp. 11-29). Heidelberg: Physica.

Pleschak, F., & Sabisch, H. (1996). *Innovationsmanagement*. Stuttgart: Schäffer-Poeschel.

Podsakoff, P. M., & Organ, D. W. (1986). Self-reports in organizational research: Problems and prospects. *Journal of Management, 12*(4), 531-344.

Porter, M. E. (1980). *Competitive strategy: Techniques for analyzing industries and competitors*. New York: Free Press.

Porter, M. E. (1985). *Competitive advantage: Creating and sustaining superior performance*. New York: Free Press.

Porter, M. E. (1991). Towards a dynamic theory of strategy *Strategic Management Journal, 12*(2), 95-117.

Poser, T. (2003). *The impact of corporate venture capital: Potentials of competitive advantages for the investing company*. Wiesbaden: Deutscher Universitäts-Verlag.

Probst, G. J. B., & Buchel, B. (1994). *Organisationales Lernen: Wettbewerbsvorteil der Zukunft*. Wiesbaden: Gabler.

Quinn, J. B. (1980). *Strategies for chnage: Logical incrementalism*. Homewood, IL: McGraw-Hill.

Rea, R. H. (1989). Factors affecting success and failure of seed capital/start-up negotiations. *Journal of Business Venturing, 4*(2), 149-158.

Reichardt, B. (2005). *Corporate Venture Capital: Rollen, Struktur, Management: Dissertation*. St. Gallen: Universität St. Gallen.

Reiß, M. (1997). Instrumente der Implementierung. In M. Reiß, L. v. Rosenstiel & A. Lanz (Eds.), *Change Management: Programme, Projekte und Prozesse* (pp. 91-108). Stuttgart: Schäffer-Poeschel.

Ricardo, D. (1817). *The principles of political economy and taxation*. London: John Murray.

Richter, N. (2006). *Möglichkeiten und Grenzen des Distressed Debt Investing in Deutschland: Am Beispiel von Unternehmensverbindlichkeiten*. Wiesbaden: Gabler.

Richter, R. (1994). *Institutionen ökonomisch analysiert*. Stuttgart: Schäffer-Poeschel.

Richter, R., & Furubotn, E. G. (1999). *Neue Institutionenökonomik: Eine Einführung und kritische Würdigung*. Tübingen: Mohr Siebeck.

Richter, R., & Furubotn, E. G. (2010). *Neue Institutionenökonomik: Eine Einführung und kritische Würdigung*. Tübingen: Mohr Siebeck.

Riekhof, H.-C. (1986). Kreative Köpfe, Mentoren und Innovationsmanager. *Harvard Business Manager, 8*(2), 11-14.

Riekhof, H.-C. (1995). Personalentwicklung als Führungsaufgabe. In A. Kieser, G. Reber & R. Wunderer (Eds.), *Handwörterbuch der Führung* (pp. 1704-1716). Stuttgart: Schäffer-Poeschel.

Rind, K. W. (1981). The role of venture capital in corporate development. *Strategic Management Journal, 2*(2), 169-180.

Rind, K. W. (1986). Dealing with the corporate venture capitalist. In S. E. Pratt & J. K. Morris (Eds.), *Pratt's guide to venture capital sources* (pp. 108-114). Wellesley Hills: Venture Economics.

Ripsas, S. (1997). *Entrepreneurship als ökonomischer Prozess: Perspektiven zur Förderung unternehmerischen Handelns*. Wiesbaden: Gabler.

Roberts, E. B. (1980). New venture for corporate growth. *Harvard Business Review, 58*(Juli), 134-142.

Roberts, E. B. (1981). Generating effective corporate innovation. In R. R. Rothberg (Ed.), *Corporate strategy and product innovation* (pp. 212-255). New York: Free Press.

Roberts, E. B. (1991). *Entrepreneurs in high technology: Lessons from MIT and beyond.* New York, Oxford: Oxford University.

Roberts, E. B., & Berry, C. A. (1985). Entering new businesses: Selecting strategies for success. *Sloan Management Review, 26*(3), 3-17.

Roberts, E. B., & Frohman, A. L. (1972). Internal entrepreneurship: Strategy for growth. *The Business Quarterly, 37*(1), 71-78.

Ronstadt, R. C. (1984). *Entrepreneurship.* Dover, MA: Lord.

Rosen, S. (1986). Prizes and incentives in elimination tournaments. *American Economic Review, 76*(4), 701-715.

Ross, S. A. (1973). The economic theory of agency: The principal's problem. *American Economic Review, 63*(2), 134-139.

Rubel, S. M. (1974). Raising capital for small companies: An Overview. In S. M. Rubel (Ed.), *Guide to venture capital sources* (pp. 25-29). Chicago, IL: Capital.

Rüdiger, M., & Vanini, S. (1998). Das Tacit knowledge-Phänomen und seine Implikationen für das Innovationsmanagement. *Die Betriebswirtschaft, 58*(4), 467-480.

Rumelt, R. P. (1984). Towards a stratgy theory of the firm. In R. Lamb (Ed.), *Competitive strategic management* (pp. 556-570). Englewood Cliffs, NJ: Prentice-Hall.

Rumelt, R. P. (1987). Theory, strategy and entrepreneurship. In D. J. Teece (Ed.), *The competitive challenge: Strategies for industrial innovation and renewal* (pp. 11-32). New York: Longman.

Ruppen, D. A. (2002). *Corporate Governance bei Venture-Capital-finanzierten Unternehmen.* Wiesbaden: Gabler.

Russel, R. D. (1999). Developing a process model of intrapreneuring systems: A cognitive mapping approach *Entrepreneurship Theory and Practice, 23*(3), 65-84.

Sahlman, W. A. (1988). Aspects of financial contracting in venture capital. *Journal of Applied Corporate Finance, 1*(2), 23-36.

Sahlman, W. A. (1990). The structure and governance of venture capital organizations. *Journal of Finacial Economics, 27*(2), 437-521.

Sahlman, W. A. (1992). Insights from the american venture capital organization. *Harvard Business School: Division of Research, 92*(047), Working Paper.

Salop, S. (1979). A model of the natural rate of unemployment. *American Economic Review, 69*(1), 117-125.

Salvato, C., Sciascia, S., & Alberti, F. (2009). The microfoundations of corporate entrepreneurship as an organizational capability. *International Journal of Entrepreneurship and Innovation, 10*(4), 279-298.

Saly, A. W. (2001). *Corporate entrepreneurship: Antecedents and consequences of entrepreneurship in large established firms*. Amsterdam: Thela Thesis.

Sanchez, R. (1993). Strategic flexibility, firm organization, and managerial work in dynamic markets: A strategic options perspective. *Advances in Strategic Management, 9*, 251-291.

Sanchez, R., Heene, A., & Thomas, H. (1996). Introduction: Towards the theory and practice of competence-based competition. In R. Sanchez, A. Heene & H. Thomas (Eds.), *Dynamics of competence-based competition* (pp. 1-35). Oxford: Pergamon.

Sandberg, B. (2007). Enthusiasm in the development of radical innovations. *Creativity and Innovation Management, 16*(3), 265-273.

Sandberg, W. R., & Hofer, C. W. (1987). Improving new venture performance: The role of strategy, industry structure, and the entrepreneur. *Journal of Business Venturing, 2*(1), 5-28.

Santos, J., Doz, Y. L., & Williamson, P. J. (2004). Is your innovation process global? *MIT Sloan Management Review, 45*(4), 31-37.

Sapienza, H. J., Smith, K. G., & Gannon, M. J. (1988). Using subjective evaluations of organizational performance in small business research. *American Journal of Small Business, 12*(3), 45-53.

Sarasvathy, S. D. (2001). Causation and effectuation: Toward a theoretical shift from economic inevitability to entrepreneurial contingency. *Academy of Management Review, 26*(2), 243-263.

Sarasvathy, S. D. (2008). *Effectuation: Elements of entrepreneurial expertise*. Cheltenham: Edward Elgar.

Sathe, V. (1985). *Managing an entrepreneurial dilemma: Nurturing entrepreneurship and control in large corporations*. Wellesley, MA: Babson College.

Sathe, V. (1989). Fostering entrepreneurship in large diversified firm. *Organizational Dynamics, 18*(1), 20-32.

Schanz, G. (1991). Motivationale Grundlagen der Gestaltung von Anreizsystemen. In G. Schanz (Ed.), *Handbuch Anreizsysteme in Wirtschaft und Verwaltung* (pp. 3-30). Stutgart: Schäffer-Poeschel.

Schefczyk, M. (2000). *Finanzieren mit Venture Capital: Grundlagen für Investoren, Finanzintermediäre, Unternehmer und Wissenschaftler*. Stuttgart: Schäffer-Poeschel.

Schefczyk, M. (2006). *Finanzieren mit Venture Capital und Private Equity: Grundlagen für Investoren, Finanzintermediäre, Unternehmer und Wissenschaftler*. Stuttgart: Schäffer-Poeschel.

Schefczyk, M., & Pankotsch, F. (2005). Corporate Governance bei Venture-Capital-Finanzierungen. In C. J. Börner & D. Grichnick (Eds.), *Entrepreneurial Finance* (pp. 301-324). Düsseldorf: Springer.

Schein, E. H. (1985). *Organizational culture and leadership*. San Francisco: Jossey-Bass.

Schmid, M. (1986). *Revitalisierung Bürokratischer Unternehmen: Möglichkeiten und Grenzen eines New Venture Management*. München: Herrsching : Kirsch.

Schmid, M. (1987). Intrapreneurship: Ein Konzept für innovatives Verhalten in bürokratischen Unternehmen? *Zeitschrift für Organisation, 36*(5), 537-557.

Schmidt, K. M. (2000). Anreizprobleme bei der Finanzierung von Wagniskapital. In W. Franz, H. Hesse, H. J. Ramser & M. Stadler (Eds.), *Ökonomische Analyse von Verträgen* (pp. 248-284). Tübingen: Mohr Siebeck.

Schmidt, R. H. (1985). Venture-Capital aus Sicht der Finanzierungstheorie. *Zeitschrift für betriebswirtschaftliche Forschung und Praxis, 37*(5), 421-437.

Schmidtke, A. (1985). *Praxis des Venture Capital-Geschäfts*. Landsberg am Lech: Moderne Industrie.

Schneider, D. (1995). *Betriebswirtschaftslehre*. München: Oldenbourg.

Schon, D. A. (1963). Champions for radical new investions. *Harvard Business Review, 41*(2), 77-86.

Schönenberger, H. (2005). *Kommunikation von Unternehmertum: Eine explorative Untersuchung im universitären Umfeld*. Wiesbaden: Deutscher Universitäts-Verlag.

Schreyögg, G., & Schmidt, S. (2010). Absorptive Capacity: Schlüsselpraktiken für die Innovationsfähigkeit von Unternehmen. *Wirtschaftswissenschaftliches Studium, 39*(10), 474-479.

Schröder, C. (1992). *Strategien und Management von Beteiligungsgesellschaften: Ein Einblick in Organisationsstrukturen und Entscheidungsprozesse von institutionellen Eigenkapitalinvestoren*. Baden-Baden: Nomos.

Schrottke, J. (2005). *Corporate Venturing: Erweiterung der bestehenden Grundformen unter Betrachtung industrieökonomischer und finanzieller Aspekte*. St. Gallen: Universität St. Gallen.

Schulte Zurhausen, M. (1995). *Organisation: Ein Lehr- und Managementbuch*. München: Vahlen.

Schumpeter, J. A. (1911). *Theorie der wirtschaftlichen Entwicklung: Eine Untersuchung über Unternehmergewinn, Kapital, Kredit, Zins und den Konjunkturzyklus*. Leipzig: Duncker & Humblot.

Schumpeter, J. A. (1928). Der Unternehmer. In L. Elster, A. Weber & F. Wieser (Eds.), *Handwörterbuch der Staatswissenschaften* Jena. Gustav Fischer.

Schumpeter, J. A. (1934). *Theorie der wirtschaftlichen Entwicklung: Eine Untersuchung über Unternehmergewinn, Kapital, Kredit, Zins und den Konjunkturzyklus*. Leipzig: Duncker & Humblot.

Schumpeter, J. A. (1939). *Business cycles: A theoretical, historical, and statistical analysis of the capitalist process*. New York: McGraw-Hill.

Schumpeter, J. A. (1950). *Capital, socialism, and democracy*. New York: Harper.

Schumpeter, J. A. (1961). *Konjunkturzyklen*. Göttingen: Vandenhoek & Ruprecht.

Schumpeter, J. A. (1970). *Das Wesen und der Hauptinhalt der Nationalökonomie*. Berlin: Duncker & Humblot.

Schumpeter, J. A., & Salin, E. (1975). *Kapitalismus, Sozialismus und Demokratie*. München: A. Francke.

Schuster, M. (2003). *Corporate Venture Capital: Innovationsvorsprung für große Unternehmen durch Technologiemanagement und Unternehmertum*. Wiesbaden: Ibidem.

Schwaninger, M. (1994). *Managementsysteme*. Frankfurt am Main: Campus.

Schween, K. (1996). *Corporate Venture Capital: Risikofinanzierung deutscher Industrieunternehmen*. Wiesbaden: Gabler.

Schweizer, U. (1999). *Vertragstheorie*. Tübingen: Mohr Siebeck.

Scigliano, D. (2003). *Das Management radikaler Innovationen: Eine strategische Perspektive*. Wiesbaden: Gabler.

Seeliger, C. W. (2004). *Corporate Venturing in der Praxis: Rolle im Rahmen des Innovationsmanagements und Ansätze für ein Konzept zur Beurteilung und Steuerung seiner Erfolgsbeiträge*. Wiesbaden: Deutscher Universitäts-Verlag.

Seibert, S. (1998). *Technisches Management: Innovationsmanagement, Projektmanagement, Qualitätsmanagement*. Stuttgart, Leipzig: Teubner.

Seng, T. (2003). *Anreizsysteme und Unternehmenserfolg in Wachstumsunternehmen: Ökonomische Analyse und empirische Befunde*. Frankfurt am Main: DVS.

Servatius, H.-G. (1986). *Methodik des strategischen Technologie-Managements: Grundlagen für erfolgreiche Innovationen*. Berlin: Schmidt Erich.

Servatius, H.-G. (1988). *New Venture Management: Erfolgreiche Lösung von Innovationsproblemen für Technologie-Unternehmen*. Wiesbaden: Gabler.

Servatius, H.-G. (1995). Venture Management und Spin-offs zur Förderung des Technologietransfers. In E. Zahn (Ed.), *Handbuch Technologiemanagement* (pp. 1038-1050). Stuttgart: Schäffer-Poeschel.

Shah, C. M., Zegveld, M. A., & Roodhart, L. (2008). Designing ventures that work *Research Technology Management, 51*(2), 17-25.

Shane, S. A. (2000). Prior knowledge and the discovery of entrepreneurial opportunities. *Organization Science, 11*(4), 448-469.

Shane, S. A. (2003). *A general theorie of entrepreneurship: The individual-opportunity nexus.* Northampton, MA: Edward Elgar.

Shane, S. A., & Venkataraman, S. (2000). The promise of entrepreneurship as a field of research. *Academy of Management Review, 25*(1), 217-226.

Shapiro, C., & Stiglitz, J. (1984). Equilibrium unemployment as a worker discipline device. *American Economic Review, 74*(3), 433-444.

Sharma, A. (1999). Central dilemmas of managing innovation in large firms. *California Management Review, 41*(3), 146-164.

Sharma, P., & Chrisman, S. J. J. (1999). Toward a reconciliation of the definitional issues in the field of corporate entrepreneurship. *Entrepreneurship Theory and Practice, 23*(3), 11-28.

Sharpe, W. F. (1964). Capital asset prices: A theory of market equilibrium under conditions of risk. *Journal of Finance, 19*(3), 425-431.

Shavell, S. (1979). Risk sharing and incentives in the principal agent relationship. *Bell Journal of Economics, 10*(1), 55-73.

Shrivastava, P. (1983). A typology of organizational learning systems. *Journal of Management Studies, 20*(1), 7-28.

Siegel, R., Siegel, E., & MacMillan, I. C. (1988). Corporate venture capitalists: Autonomy, obstacles, and performance. *Journal of Business Venturing, 3*(3), 233-247.

Sieger, P., Zellweger, T., & Aquino, K. (2013). Turning agents into psychological principals: Aligning interests of non-owners through psychological ownership. *Journal of Management Studies, 50*(3), 361–388.

Siemer, S. (1991). *Diversifizieren mit Venture Management: Effizienz und praktische Anwendung von Venture Einheiten zur Erschließung neuer Geschäftsfelder.* Berlin: Erich Schmidt.

Siemers, S. H. A. (1997). *Innovationsprozess im Mittelstand: Teamorientierte Arbeitsformen zur Förderung von Innovationen.* Wiesbaden: Deutscher Universitäts-Verlag.

Simon, H. A. (1956). Rational choice and the structure of the environment. *Psychological Review, 63*(2), 129-138.

Simon, H. A. (1957). *Models of man: Social and rational.* New York: Wiley.

Simon, H. A. (1983). *Reason in human affairs.* Stanford: Stanford University.

Simon, M., Houghton, S. M., & Gurney, J. (1999). Succeeding at internal corporate venturing: Roles needed to balance autonomy and control. *Journal of Applied Management Studies, 8*(2), 145-159.

Smith, K., Ferrier, W., & Grimm, C. (2001). King of the hill: Dethroning the industry leader. *Academy of Management Executive, 15*(2), 59-70.

Sorrentino, M., & Williams, M. L. (1995). Relatedness and corporate venturing: Does it really matter? *Journal of Business Venturing, 10*(1), 59-73.

Specht, D., & Beckmann, C. (1996). *F&E-Management*. Stuttgart: Schäffer-Poeschel.

Specht, D., & Möhrle, M. G. (2002). *Gabler Lexikon Technologiemanagement: Management von Innovationen und neuen Technologien im Unternehmen*. Wiesbaden: Gabler.

Specht, G., Beckmann, C., & Amelingmeyer, J. (2002). *F&E-Management: Kompetenz im Innovationsmanagement*. Stuttgart: Schäffer-Poeschel.

Spender, J.-C., & Grant, R. M. (1996). Knowledge and the firm: Overview. *Strategic Management Journal, 17*(2), 5-10.

Spörk, S. (1996). *Signalling als Instrument zur Verringerung von Informationsasymmetrien: Theoretische Grundlagen und empirische Ergebnisse dargestellt am Beispiel der Dividendenpolitik*. Marburg: Tectum.

Spremann, K. (1990). Asymmetrische Information. *Zeitschrift für Betriebswirtschaft, 60*(5/6), 561-586.

Sprenger, R. K. (2002). *Mythos Motivation: Wege aus einer Sackgasse*. Frankfurt am Main: Campus.

Srivastava, A., & Lee, H. (2005). Predicting order and timing of new product moves: The role of top management in corporate entrepreneurship. *Journal of Business Venturing, 20*(4), 459-481.

Staehle, W. (1999). *Management: Eine verhaltenswissenschaftliche Perspektive*. München: Vahlen.

Staudt, E., Block, J., Mühlemeyer, P., & Kriegsmann, B. (1990). Anreizsysteme als Instrument des betrieblichen Innovationsmanagement. *Zeitschrift für Betriebswirtschaft, 60*(1), 1183-1204.

Staw, B. M. (1981). The escalation of commitment to a course of action. *Academy of Management Review, 6*(4), 577-587.

Stedler, H. (1987). *Venture Capital und der geregelte Freiverkehr: Eine empirische Studie*. Frankfurt am Main: Knapp.

Steinle, C. (1978). *Führung: Grundlagen, Prozesse und Modelle der Führung in der Unternehmung*. Stuttgart: Schäffer-Poeschel.

Steinle, C. (1980). Zur Implementation partizipativer Führungsmodelle. In W. Grunwald & H.-G. Lilge (Eds.), *Partizipative Führung: Betriebswirtschaftliche und sozialpsychologische Aspekte* (pp. 285-314). Bern: Haupt.

Steinle, C. (1999). Unternehmensführung: Ein grundlegender Überblick. In C. Steinle & H. Bruch (Eds.), *Controlling: Ein Kompendium für Controller/innen und deren Ausbildung* (pp. 152-202). Stuttgart: Schäffer-Poeschel.

Steinle, C., & Draeger, A. (2002). Intrapreneurship: Begriff, Ansätze und Ausblick. *Wirtschaftswissenschaftliches Studium, 31*(5), 264-271.

Steinmann, H., & Schreyögg, G. (1999). *Management: Grundlagen der Unternehmensführung: Konzepte - Funktionen - Fallstudien*. Wiesbaden: Gabler.

Steinmann, H., & Schreyögg, G. (2005). *Management: Grundlagen der Unternehmensführung: Konzepte - Funktionen - Fallstudien*. Wiesbaden: Gabler.

Stevenson, H. H. (1983). *A perspective on entrepreneurship* (Vol. 9-384-131). Boston, MA: Harvard Business School.

Stevenson, H. H., & Jarillo, J. C. (1990). A paradigm of entrepreneurship: Entrepreneurial management. *Strategic Management Journal, 11*(Special Issue), 17-27.

Stolzenburg, J. H. (1997). Wahlmöglichkeiten für Mitarbeiter. *Personalwirtschaft, 24*(2), 28-30.

Stopford, J. M., & Baden-Fuller, C. W. F. (1994a). Creating corporate entrepreneurship. *Strategic Management Journal, 15*(7), 521-536.

Stopford, J. M., & Baden-Fuller, C. W. F. (1994b). Organizational strategies for building corporate entrepreneurship. In P. Lorange, B. Chakravarthy, J. Roos & A. H. Van de Ven (Eds.), *Implementing Strategic Processes: Change, Learning and Co-Operation* (pp. 43-70). Cambridge, MA: Blackwell.

Strautmann, K.-P. (1993). *Ein Ansatz zur strategischen Kooperationsplanung*. München: VVF.

Strebel, P. (1995). Creating industrie breakpoints: Changing the rules of the game. *Long Range Planning, 28*(4), 11-20.

Stringer, R. (2000). How to manage radical innovation. *California Management Review, 42*(4), 70-88.

Stubner, S. (2004). *Bedeutung und Erfolgsrelevanz der Managementunterstützung deutscher Venture Capital Gesellschaften: Eine empirische Untersuchung aus Sicht der Wachstumsunternehmen*. Erlangen-Nürnberg: Books on Demand.

Stummer, F., & Nolte, B. (2002). Die Entwicklung des deutschen Beteiligungskapitalmarkts. *Finanz Betrieb, 2*(12), 808-811.

Sundbo, J. (1997). Management of innovation in services. *Service Industries Journal, 17*(3), 432-455.

Süssmuth Dyckerhoff, C. (1995). *Intrapreneuring: Ein Ansatz zur Vitalisierung reifer Groß-Unternehmen*. St. Gallen: Universität St. Gallen.

Sykes, H. B. (1986). The anatomy of a corporate venturing program: Factors influencing success. *Journal of Business Venturing, 1*(3), 275-293.

Sykes, H. B. (1990). Corporate venture capital: Strategies for success. *Journal of Business Venturing, 5*(1), 37-47.

Sykes, H. B. (1992). Incentive compensation for corporate venture personnel. *Journal of Business Venturing, 7*(4), 253-265.

Sykes, H. B., & Block, Z. (1989). Corporate venturing obstacles: Sources and solutions. *Journal of Business Venturing, 4*(3), 159-167.

Szyperski, N., & Nathusius, K. (1977). *Probleme der Unternehmensgründung: Eine betriebswirtschaftliche Analyse unternehmerischer Startbedingungen.* Stuttgart: Josef Eul.

Tang, M.-J. (1981). An economic perspective on escalating commitment. *Strategic Management Journal, 9*(S1), 79-92.

Tanriverdi, H., & Venkatraman, N. (2005). Knowledge relatedness and the performance of multibusiness firms. *Strategic Management Journal, 26*(2), 97-119.

Teece, D. J. (1986). Profiting from technological innovation: Implications for integration, collaboration, licensing and public policy. *Research Policy, 15*(6), 285-305.

Teece, D. J. (1998). Capturing value from knowledge assets: The new economy, markets for know-how, and intangible assets. *California Management Review, 40*(3), 55-79.

Teece, D. J., & Pisano, G. (1994). Dynamic capabilities and strategic management. *Industrial and Corporate Change, 3*(3), 537-556.

Teece, D. J., Pisano, G., & Shuen, A. (1997). Dynamic capabilities and strategic management. *Strategic Management Journal, 18*(7), 509-533.

Thom, N. (1980). *Grundlagen des betrieblichen Innovationsmanagements.* Königstein/Ts.: Hanstein.

Thompson, A. A., & Strickland, A. J. (1998). *Crafting and implementing strategy.* Boston, MA: McGraw-Hill/Irwin.

Thornberry, N. (2001). Corporate entrepreneurship: Antidote or oxymoron? *European Management Journal, 19*(5), 526-533.

Thornberry, N. (2003). Corporate entrepreneurship: Teaching managers to be entrepreneurs. *Journal of Management Development, 22*(4), 329-344.

Thornhill, S., & Amit, R. (2001). A dynamic perspective of internal fit in corporate venturing. *Journal of Business Venturing, 16*(1), 25-50.

Tidd, J., Bessant, J. R., & Pavitt, K. (2005). *Managing innovation: Integrating technological, market and organization change.* Chichester: Wiley.

Tidd, J., & Taurins, S. (1999). Learn or leverage? Strategic diversification and organizational learning through corporate venturing. *Creativity and Innovation Management, 8*(2), 122-129.

Tietzel, M. (1981). Die Ökonomie der Property Rights: Ein Überblick. *Zeitschrift für Wirtschaftspolitik, 30*(3), 207-243.

Timmons, J. A. (1999). *New venture creation: Entrepreneurship for the 21st century*. Boston, MA: McGraw-Hill.

Timmons, J. A., & Spinelli, S. (2003). *New venture creation: Entrepreneurship for the 21st century*. New York: McGraw-Hill.

Timmons, J. A., & Spinelli, S. (2009). *New venture creation: Entrepreneurship for the 21st century*. New York: McGraw-Hill.

Tobin, J. (1957). Liquidity preference as behavior towards risk. *Review of Statistics and Economics, 26*(2), 65-86.

Totterdell, P., Leach, D., Birdi, K., Clegg, C., & Wall, T. (2002). An investigation of the contents and consequences of major organizational innovations. *International Journal of Innovation Management, 6*(4), 343-368.

Trott, P., & Hartmann, D. A. P. (2009). Why 'Open Innovation' is old wine in new bottles. *International Journal of Innovation Management, 13*(4), 715-736.

Tukiainen, T. (2004). *The unexpected benefits of internal corporate ventures: An empirical examination of the consequences of investment in corporate ventures* (Vol. 2004/1). Espoo: Helsinki University of Technology: Laboratory of Industrial Management.

Tushman, M. L., & Nadler, D. (1986). Organizing for innovation. *California Management Review, 28*(3), 74-92.

Tushman, M. L., & O'Reilly, C. A. (1996). Ambidextrous organisations: Managing evolutionary and revolutionary change *California Management Review, 38*(4), 8-30.

Tyebjee, T. T., & Bruno, A. V. (1984). A model of venture capitalist investment activity. *Management Science, 30*(9), 1051-1066.

Urban, D., & Mayerl, J. (2006). Regressionsanalyse: Theorie, Technik und Anwendung. Wiesbaden: VS Verlag für Sozialwissenschaften.

Utterback, J. M. (1994). *Mastering the dynamics of innovation: How companies can seize opportunities in the face of technological change*. Boston, MA: Harvard Business School.

Utterback, J. M. (1996). *Mastering the dynamics of innovation*. Boston, MA: Harvard Business School.

Vahs, D., & Burmester, R. (2002). *Innovationsmanagement: von der Produktidee zur erfolgreichen Vermarktung*. Stuttgart: Schäffer-Poeschel.

Välikangas, L. (2003). Manage innovation as a corporate capability. *Chemical Engineering Progress, 99*(1), 64-69.

Van Burg, E., De Jager, S., Reymen, I. M. M. J., & Cloodt, M. (2012). Design principles for corporate venture transition processes in established technology firms. *R&D Management, 42*(5), 455-472.

Van de Ven, A. H. (1986). Central problems in the management of innovation. *Management Science, 32*(5), 590-607.

Van de Ven, A. H., & Engleman, R. M. (2004). Central problems in managing corporate innovation and entrepreneurship. In J. A. Katz & D. A. Shepherd (Eds.), *Corporate Entrepreneurship: Advances in Entrepreneurship, Firm Emergence and Growth* (pp. 47-72). Amsterdam: Elsevier.

Vanberg, V. J. (1975). *Die zwei Soziologien: Individualismus und Kollektivismus in der Sozialtheorie*. Tübingen: Mohr Siebeck.

Vanhaverbeke, W., & Peeters, N. (2005). Embracing innovation as strategy: Corporate venturing, competence building and corporate strategy making. *Creativity and Innovation Management, 14*(3), 246-257.

Venkataraman, S., McGrath, R. G., & MacMillan, I. C. (1992). Progress in research on corporate venturing. In D. L. Sexton & J. D. Kasarda (Eds.), *The state of the art of entrepreneurship*. Boston, MA: PWS Kent.

Veryzer, R. W. (1998). Discontinous innovation and the new product development process. *The Journal of Product Innovation Management, 15*(4), 304-321.

Vesper, K. H. (1984). Three faces of corporate entrepreneurship: A pilot study. In J. A. Hornaday, F. Tarpley, J. A. Timmons & K. H. Vesper (Eds.), *Frontiers of Entrepreneurship Research* (pp. 294-320). Wellesley, MA: Babson College.

Voigt, S. (2009). *Institutionenökonomik*. Paderborn: Wilhelm Fink.

Volkmann, C. K., & Tokarski, K. O. (2006). *Entrepreneurship: Gründung und Wachstum von jungen Unternehmen*. Stuttgart: Lucius & Lucius.

Wälchli, A. (1995). *Strategische Anreizgestaltung : Modell eines Anreizsystems für strategisches Denken und Handeln des Managements*. Bern: Haupt.

Walgenbach, P. (1994). *Mittleres Management: Aufgaben, Funktionen, Arbeitsverhalten*. Wiesbaden: Gabler.

Walz, H., & Barth, C. (1990). Intrapreneuring. *Personal, 42*(9), 358-363.

Weick, K. E. (1979). *The social psychology of organizing*. Reading, MA: Addison-Wesley.

Weiss, A. (1980). Job queues and layoffs in labor markets with flexible wages. *Journal of Political Economy, 88*(3), 526-538.

Weitnauer, W. (2001). *Handbuch Venture Capital: Von der Innovation zum Börsengang*. München: C. H. Beck.

Weitnauer, W. (2011). *Handbuch Venture Capital: Von der Innovation zum Börsengang*. München: C. H. Beck.

Welge, M. K., & Al-Laham, A. (2012). *Strategisches Management; Grundlagen - Prozesse - Implementierung*. Wiesbaden: Gabler.

Welzel, B. (1995). *Der Unternehmer in der Nationalökonomie. Untersuchungen zur Wirtschaftspolitik* (Vol. Band 101). Köln: Institut für Wirtschaftspolitik an der Universität zu Köln.

Wenger, E. (1995). Markt für Unternehmenskontrolle. In W. Gerke & M. Steiner (Eds.), *Handwörterbuch des Bank- und Finanzwesens* (pp. 1409-1419). Stuttgart: Schäffer-Poeschel.

Wenger, E., & Terberger, E. (1988). Die Beziehung zwischen Agent und Prinzipal als Baustein einer ökonomischen Theorie der Organisation. *Wirtschaftswissenschaftliches Studium, 17*(10), 506-514.

Wermeyer, F. (1994). *Marketing und Produktion: Schnittstellenmanagement aus unternehmensstrategischer Sicht*. Wiesbaden: Deutscher Universitäts-Verlag.

Wernerfelt, B. (1984). A resource-based view of the firm. *Strategic Management Journal, 5*(2), 171-180.

Wernerfelt, B. (1989). From critical resources to corporate strategy. *Journal of General Management, 14*(3), 4-12.

Wheelwright, S. C., & Clark, K. B. (1992). *Revolutionizing product development: Quantum leaps in seed, efficiency, and quality*. New York: Free Press.

Wicher, H. (1991). *Betriebliches Innovationsmanagement*. Ammersbek bei Hamburg: Verlag an der Lottbek Jensen.

Wiklund, J., & Shepherd, D. A. (2003). Knowledge-based resources, enrepreneurial orientation, and the performance of small and medium-sized businesses. *Strategic Management Journal, 24*(13), 1307-1314.

Wiklund, J., & Shepherd, D. A. (2005). Entrepreneurial orientation and small business performance: A configurational approach. *Journal of Business Venturing, 20*(1), 71-91.

Williamson, O. E. (1975). *Markets and hierarchies: Analysis and antitrust implications: A study in the economics of internal organization*. New York: Free Press.

Williamson, O. E. (1985). *The economic institutions of capitalism*. New York: Free Press.

Williamson, O. E. (1988). Corporate finance and corporate governance. *The Journal of Finance, 43*(3), 567-591.

Williamson, O. E. (1989). Transaction cost economics. In R. Schmalensee & E. Willig (Eds.), *Handbook of Industrial Organization* (pp. 135-182). Amsterdam: North Holland.

Winter, S. (1996). *Prinzipien der Gestaltung von Managementanreizsystemen*. Wiesbaden: Gabler.

Winter, S. G. (1995). Four R's of profitability. In C. A. Montgomery (Ed.), *Resource-based and evolutionary theories of the firm: Towards a synthesis* (pp. 147-178). New York: Springer.

Witt, P. (2005). Corporate Venture Capital. In C. J. Börner & D. Grichnik (Eds.), *Entrepreneurial Finance* (pp. 259-276). Düsseldorf: Physica.

Witte, E. (1973). *Organisation für Innovationsentscheidungen: Das Promotoren-Modell.* Göttingen: Schwartz.

Wolfe, R. A. (1994). Organizational innovation: Review, critique and suggested research directions. *Journal of Management Studies, 31*(3), 405-431.

Wupperfeld, U. (1994). *Strategien und Management von Beteiligungsgesellschaften im deutschen Seed-Capital-Markt.* Karlsruhe: Fraunhofer-Institut.

Yamakawa, Y., Peng, M. W., & Deeds, D. L. (2013). Rising from the ashes: Cognitive determinants of venture growth after entrepreneurial failure. *Entrepreneurship Theory and Practice, Early view*(Online version of record published before inclusion in an issue), 1-28.

Zahn, E., & Weidler, A. (1995). Integriertes Innovationsmanagement. In E. Zahn (Ed.), *Handbuch Technologiemanagement* (pp. 351-376). Stuttgart: Schäffer-Poeschel.

Zahra, S. A. (1991). Predictors and financial outcomes of corporate entrepreneurship: An exploratory study. *Journal of Business Venturing, 6*(4), 259-286.

Zahra, S. A. (1993a). A conceptual model of entrepreneurship as firm behavior: A critique and extension. *Entrepreneurship Theory and Practice, 17*(4), 5-21.

Zahra, S. A. (1993b). Environment, corporate entrepreneurship, and financial performance: A taxonomic approach. *Journal of Business Venturing, 6*(4), 259-285.

Zahra, S. A. (1995). Corporate entrepreneurship and financial performance: The case of management leveraged buyouts. *Journal of Business Venturing, 10*(3), 225-247.

Zahra, S. A. (1996). Technology, strategy and new venture performance: A study of corporate sponsored and independent biotechnology ventures. *Journal of Business Venturing, 11*(4), 289-321.

Zahra, S. A., & Covin, J. G. (1995). Contextual influences on corporate entrepreneurship performance relationship: A longitudinal analysis. *Journal of Business Venturing, 10*(1), 43-58.

Zahra, S. A., Neubaum, D. O., & Huse, M. (2000). Entrepreneurship in medium-size companies: Exploring the effects of ownership and governance systems. *Journal of Management, 26*(5), 947-966.

Zemke, I. (1995). *Die Unternehmensverfassung von Beteiligungskapital-Gesellschaften: Analyse des institutionellen Designs deutscher Venture Capital-Gesellschaften.* Wiesbaden: Deutscher Universitäts-Verlag.

Zemke, I. (1998). Strategische Erfolgsfaktoren von Venture Capital- bzw. Private Equity-Gesellschaften. *Zeitschrift für das gesamte Kreditwesen, 51*(5), 212-215.

Zirger, B., & Maidique, M. A. (1990). A model of new product development: An empirical test. *Management Science, 36*(7), 867-883.